가스기능사

최신 출제기준 반영

2026 최신개정

名品

최갑규 저

필기

BEST
명품강의 보러가기
www.kisa.co.kr

실시간 카톡문의
@kisa
1544-8509

우리나라는 급속한 경제성장과 더불어 산업시설에서부터 가정에 이르기까지 가스설비의 수요가 큰 폭으로 증가하고 있다. 오늘날의 시설물에 있어 가스 설비의 환경 유지하기 위하여 반드시 필요한 자격증이 가스기능사이다. 이 가스의 취급, 시공 및 유지관리, 점검을 하기 위해서는 광범위한 지식과 기술이 요구되며 이에 가스 취급 기술을 담당할 기술인으로서 그 수요는 계속될 것이다.

이에 저자는 가스기능사 필기시험을 짧은 기간 동안 본 교재 한 권으로도 공부할 수 있도록 가스기능사로 시험이 변경된 이후부터 현재까지의 과년도 문제를 전부 해설하였고 이론을 요약 정리한 본 교재를 집필하게 되었다.

본 교재의 특징으로는
1. 기능사 시험에 자주 출제되는 내용을 요약 정리하였습니다.
2. 각 년도별 시험문제를 보기 쉽게 정리하였습니다.
3. 계산문제는 공식과 풀이과정을 자세하게 정리하였습니다.
4. 이론문제도 이해하기 쉽도록 상세하게 설명하였습니다.

마지막으로 본 교재를 집필하는데 있어 오타나 잘못된 내용이 나오지 않도록 최대한의 노력을 기울였으나 내용 중 본의 아니게 미비 된 부분이나 오타가 있으면 지속적으로 수정할 것을 약속드리며 수험생 여러분의 필기시험 합격을 기원하며, 본 교재가 출판되도록 고생하신 도서출판 올배움 관계자 분께 감사드린다.

저자 씀

자격시험안내

1. 개요

경제성장과 더불어 산업체로부터 가정에 이르기까지 수요가 증가하고 있는 가스류 제품은 인화성과 폭발성이 있는 에너지자원이다. 이에 따라 고압가스와 관련된 생산, 공정, 시설, 기수의 안전관례에 대한 제도적 개편과 기능 인력을 양성하기 위해여 자격제도 시행.

2. 시행기관 및 원서접수

한국산업인력공단(www.q-net.or.kr)

3. 수행직무

고압가스 제조, 저장 및 공급시설, 용기, 기구 등의 제조 및 수리시설을 시공, 조작, 검사하기 위한 기술적 사항의 관리, 생산공정에서 가스생산기계 및 장비를 운전하고 충전 하기 위해 예방조치 점검과 고압가스충전용기의 운반, 관리 및 용기 부속품 교체 등의 업무 수행

4. 시험과목 및 검정방법

구분	시험과목	검정방법
필기시험	① 가스법령활용 ② 가스사고예방·관리 ③ 가스시설유지관리 ④ 가스특성활용	전과목혼합, 객관식 60문항
실기시험	가스 실무	복합형[필답형(1시간) + 작업형(1시간 정도)]

5. 합격기준

① 필기 : 100점을 만점으로 하여 과목당 40점 이상, 전 과목 평균 60점 이상
② 실기 : 100점을 만점으로 하여 60점 이상

6. 응시절차

1	필기원서접수	• Q-net를 통한 인터넷 원서접수 • 필기접수 기간 내 수험원서 인터넷 제출 • 사진(6개월 이내에 촬영한 90×120픽셀 사진파일(JPG) 수수료 전자결제 • 수험표 본인 선택(선착순)
2	필기시험	수험표, 신분증, 필기구(흑색 싸인펜 등), 공학용계산기 지참
3	합격자 발표	• Q-net를 통한 합격확인(마이페이지 등) • 응시자격(기술사, 기능장, 산업기사, 서비스 분야 일부종목) • 제한종목은 합격예정자 발표일부터 8일 이내에(토, 공휴일 제외) • 반드시 응시자격서류를 제출하여야되며 단, 실기접수는 4일 임.
4	실기원서 접수	• 실기접수기간 내 수험원서 인터넷(www. Q-net.or.kr)제출 • 사진(6개월 이내에 촬영한 반명함판 사진파일(JPG), 수수료(정액) • 시험일시, 장소, 본인 선택(선착순) 　단, 기술사 면접시험은 시행 10일 전 공고
5	실기시험	수험표, 신분증, 필기구, 공학용 계산기, 수험자 지참준비물(작업형 시험한정) 지참
6	최종합격자 발표	Q-net를 통한 합격확인(마이페이지 등)
7	자격증 발급	• (인터넷) 공인인증 등을 통한 발급, 택배가능 • (방문수령) 여권규격사진 및 신분확인 서류

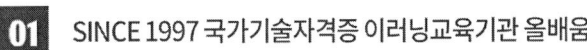

모두 바르게 빨리 **올배움** 한다.

이러닝교육기관 올배움이 특별한 이유!

01 SINCE 1997 국가기술자격증 이러닝교육기관 올배움

02 고객이 신뢰하는 브랜드대상 수상기관

03 합격생이 인정하는 최고의 명품강의

 www.kisa.co.kr　📞 1544-8509　 카톡 ID : kisa

전국 한국산업인력공단 안내

기관명	주소	연락처
서울지역본부	(02512)서울 동대문구 장안벚꽃로 279(휘경동 49-35)	02-2137-0590
서울서부지사	(03302)서울 은평구 진관3로 36(진관동 산100-23)	02-2024-1700
서울남부지사	(07225)서울시 영등포구 버드나루로 110(당산동)	02-876-8322
서울강남지사	(06193)서울시 강남구 테헤란로 412 알레르망타워 15층(대치동)	02-2161-9100
인천지사	(21634)인천시 남동구 남동서로 209(고잔동)	032-820-8600
경인지역본부	(16626)경기도 수원시 권선구 호매실로 46-68(탑동)	031-249-1201
경기동부지사	(13313)경기 성남시 수정구 성남대로 1214 광우빌딩(1~7층)	031-750-6200
경기서부지사	(14488) 경기도 부천시 길주로 463번길 69(춘의동)	032-719-0800
경기남부지사	(17561)경기 안성시 공도읍 공도로 51-23	031-615-9000
경기북부지사	(11801)경기도 의정부시 바대논길 21 해인프라자 3~5층(고산동)	031-850-9100
강원지사	(24408)강원특별자치도 춘천시 동내면 원창 고개길 135(학곡리)	033-248-8500
강원동부지사	(25440)강원특별자치도 강릉시 사천면 방동길 60(방동리)	033-650-5700
부산지역본부	(46519)부산시 북구 금곡대로 441번길 26(금곡동)	051-330-1910
부산남부지사	(48518)부산시 남구 신선로 454-18(용당동)	051-620-1910
경남지사	(51519)경남 창원시 성산구 두대로 239(중앙동)	055-212-7200
경남서부지사	(52733)경남 진주시 남강로 1689(초전동 260)	055-791-0700
울산지사	(44538)울산광역시 중구 종가로 347(교동)	052-220-3277
대구지역본부	(42704)대구시 달서구 성서공단로 213(갈산동)	053-580-2300
경북지사	(36616)경북 안동시 서후면 학가산 온천길 42(명리)	054-840-3000
경북동부지사	(37580)경북 포항시 북구 법원로 140번길 9(장성동)	054-230-3200
경북서부지사	(39371)경상북도 구미시 산호대로 253(구미첨단의료 기술타워 2층)	054-713-3000
광주지역본부	(61008)광주광역시 북구 첨단벤처로 82(대촌동)	062-970-1700
전북지사	(54852)전북특별자치도 전주시 덕진구 유상로 69(팔복동)	063-210-9200
전북서부지사	(54098)전북특별자치도 군산시 공단대로 197번지 풍산빌딩 2층(수송동)	063-731-5500
전남지사	(57948)전남 순천시 순광로 35-2(조례동)	061-720-8500
전남서부지사	(58604)전남 목포시 영산로 820(대양동)	061-288-3300
대전지역본부	(35000)대전광역시 중구 서문로 25번길 1(문화동)	042-580-9100
충북지사	(28456)충북 청주시 흥덕구 1순환로 394번길 81(신봉동)	043-279-9000
충북북부지사	(27480)충북 충주시 호암수청2로 14 (호암동) 충주농협 호암행복지점 3~4층	043-722-4300
충남지사	(31081)충남 천안시 서북구 상고1길 27(신당동)	041-620-7600
세종지사	(30128)세종특별자치시 한누리대로 296(나성동)	044-410-8000
제주지사	(63220)제주 제주시 복지로 19(도남동)	064-729-0701

기사 출제기준(필기)

직무분야	안전관리	중직무분야	안전관리	자격종목	가스기능사	적용기간	2025.1.1. ~ 2028.12.31.

○ 직무내용
　가스 시설의 운용, 유지관리 및 사고예방조치 등의 업무를 수행하는 직무이다.

필기검정방법	객관식	문제수	60	시험시간	1시간

필기과목명	문제수	주요항목	세부항목
가스법령활용, 가스사고예방·관리, 가스시설 유지관리, 가스특성활용	60	1. 가스법령활용	1. 가스제조 공급·충전 2. 가스저장·사용시설 3. 고압가스 관련 설비 등의 제조·검사 4. 가스판매, 운반·취급 5. 가스관련법 활용
		2. 가스사고 예방관리	1. 가스사고 예방·관리 및 조치 2. 가스화재·폭발예방 3. 부식·비파괴 검사
		3. 가스시설 유지관리	1. 가스장치 2. 가스설비 3. 가스계측기기
		4. 가스 특성 활용	1. 가스의 기초 2. 가스의 연소 3. 고압가스 특성 활용 4. 액화석유가스 특성 활용 5. 도시가스 특성 활용 6. 독성가스 특성 활용

차례

1과목 가스특성활용

1장 가스의 개론 ···································· 1
2장 가스의 특성 ···································· 11

2과목 가스사고예방관리 및 가스시설유지관리

1장 고압가스 장치 및 기기 ······················ 29
2장 용기 및 탱크 ·································· 37
3장 압축기 및 펌프 ································ 40
4장 고압장치의 재료강도 및 부식 ············· 48
5장 저온장치 ······································· 54
6장 가스설비 ······································· 55
7장 LP가스 설비 ·································· 60
8장 도시가스설비 ································· 70
9장 측정기기 및 가스분석 ······················· 74

3-1과목 가스법령활용 (고압가스 안전관리법)

1장 고압가스 구분 ································ 86
2장 용어의 정의 ··································· 87
3장 고압가스 특정제조의 시설 및 기술기준 ······· 93
4장 고압가스 일반제조 시설기준 및 기술기준 ······ 99
5장 기타 시설기준 및 기술기준 ················ 111
6장 용기제조의 시설기준 및 기술기준 ········ 112
7장 냉동기 제조의 시설기준 및 기술기준 ···· 113
8장 특정 설비제조의 시설기준 및 기술기준 ······ 114
9장 용기등 수리 자격별 수리 범위 ············ 115
10장 공급자의 안전점검기준 ···················· 115
11장 고압가스 제조자 및 판매자의 용기안전점검 및 유리 관리기준 ·························· 116
12장 용기의 재검사 기간 ························ 116
13장 특정설비의 재검사 기간 ·················· 117
14장 용기의 각인사항 ···························· 117
15장 용기의 도색 및 표시 ······················ 118
16장 용기 종류별 부속품 기호 ················· 120
17장 용기 검사 ····································· 121
18장 검사기준 ······································ 123
19장 특정고압가스 사용시설의 시설 및 기술기준 ·· 126
20장 고압가스 운반등의 기준 ·················· 128

3-2과목 가스법령활용 (액화석유가스의 안전관리 및 사업법)

1장 LPG충전 사업의 시설 및 기술기준 ········ 132
2장 LPG집단 공급사업의 시설 및 기술기준 ····· 135
3장 LPG판매사업 및 영업소 용기저장 장소의 시설기준 및 기술기준 ························· 137
4장 가스용품 제조사업의 시설 및 기술기준 ······ 138
5장 LPG저장소의 시설기준 및 기술기준 ······· 139
6장 공급자의 안전점검 기준 ···················· 140
7장 LPG충전자의 용기 안전점검 사항 ········ 140
8장 LPG공급방법 ································· 141

3-3과목 가스법령활용 (도시가스 사업법 활용하기)

1장 가스도매사업 가스공급시설의 시설 및 기술기준 · 144
2장 일반 도시가스사업의 가스공급 시설의 시설기준 및 기술기준 ······························ 146
3장 가스 사용시설의 시설기준 및 기술기준 ······ 151
4장 도시가스의 유해성분, 열량, 압력 및 연소성 측정등 · 152
5장 정압기 안전밸브 분출부 크기 ············· 152
6장 도시가스배관 공사(연료용 도시가스) ····· 153

3-4과목 가스법령활용
(수소경제육성 및 수소안전관리에 관한 법률)

1장 수소경제육성 및 수소안전관리에 관한 법률 --- 155

3-5과목 가스법령활용
(수소연료공급시설 설치 등)

1장 수소연료공급시설 설치 등 ------------------ 157

3-6과목 가스법령활용
(안전관리)

1장 안전관리 ----------------------------------- 159

3-7과목 가스법령활용
(수소설비)

1장 수소용품 안전관리체계 -------------------- 161
2장 수소연료사용시설 안전관리체계 ------------ 162

부록 I 가스기능사 출제문제

가스기능사 필기 기출문제 1회 -------------- 166
가스기능사 필기 기출문제 2회 -------------- 182
가스기능사 필기 기출문제 3회 -------------- 199
가스기능사 필기 기출문제 4회 -------------- 216
가스기능사 필기 기출문제 5회 -------------- 232
가스기능사 필기 기출문제 6회 -------------- 248
가스기능사 필기 기출문제 7회 -------------- 264
가스기능사 필기 기출문제 8회 -------------- 280
가스기능사 필기 기출문제 9회 -------------- 295
가스기능사 필기 기출문제 10회 ------------- 311
가스기능사 필기 기출문제 11회 ------------- 328
가스기능사 필기 기출문제 12회 ------------- 343
가스기능사 필기 기출문제 13회 ------------- 359
가스기능사 필기 기출문제 14회 ------------- 375
가스기능사 필기 기출문제 15회 ------------- 391
가스기능사 필기 기출문제 16회 ------------- 408
가스기능사 필기 기출문제 17회 ------------- 424
가스기능사 필기 기출문제 18회 ------------- 441
가스기능사 필기 기출문제 19회 ------------- 459
가스기능사 필기 기출문제 20회 ------------- 475
가스기능사 필기 기출문제 21회 ------------- 492
가스기능사 필기 기출문제 22회 ------------- 506
가스기능사 필기 기출문제 23회 ------------- 525

부록 II CBT 모의고사

가스기능사 필기 CBT 모의고사 1회 --------- 544
가스기능사 필기 CBT 모의고사 2회 --------- 563
가스기능사 필기 CBT 모의고사 3회 --------- 581
가스기능사 필기 CBT 모의고사 4회 --------- 598
가스기능사 필기 CBT 모의고사 5회 --------- 616
가스기능사 필기 CBT 모의고사 6회 --------- 633
가스기능사 필기 CBT 모의고사 7회 --------- 650
가스기능사 필기 CBT 모의고사 8회 --------- 667
가스기능사 필기 CBT 모의고사 9회 --------- 685
가스기능사 필기 CBT 모의고사 10회 -------- 704
가스기능사 필기 CBT 모의고사 11회 -------- 721
가스기능사 필기 CBT 모의고사 12회 -------- 741
가스기능사 필기 CBT 모의고사 13회 -------- 760

CHAPTER 1 가스특성활용(가스일반 및 연소)

가스기능사

01 가스의 개론

1. **고압가스 적용 범위**
   ① 압축가스 : 상용온도 또는 35°C에서 1MPa 이상
   ② 액화가스 : 상용온도 또는 35°C에서 0.2MPa 이상
   ③ 아세틸렌 : 상용온도 또는 15°C에서 0Pa 이상
   ④ HCN, C_2H_4O, CH_3Br : 액화가스 중 상용온도에서 0Pa 이상

2. **고압가스의 분류(상태에 따른 분류)**
   ① 압축가스 : 상온에서 압축시 액화되지 않는 가스를 압축한 가스
   예 산소(-183°C), 수소(-252°C), 질소(-196°C), 메탄(-162°C)
   ② 액화가스 : 상온에서 압축하면 비교적 쉽게 액화
   예 암모니아(-33.3°C), 염소(-34°C), 시안화수소(25.7°C), 프로판(-42°C), 부탄(-0.5°C)
   ③ 용해가스 : 용제 속에 가스를 용해시킨 가스
   예 C_2H_2(-84°C)

3. **성질에 따른 분류**
   ① 가연성 가스 : 폭발하한이 10% 이하, 하한과 상한의 차가 20% 이상시
   예 수소 : 4% ~ 75%   (차이 69)
         (하한) (상한)   (차이 71)
      CO : 12.5 ~ 74%   (차이 61.5)
      C_2H_2 : 2.1 ~ 81%   (차이 79)
      C_3H_8 : 2.2 ~ 9.5%   (차이 7.3)
      C_4H_{10} : 1.8 ~ 8.4%   (차이 6.6)

CH_4 : 5~15%   (차이 10%)

② 조연성 가스 : 자기 자신은 연소하지 않고 타물질의 연소를 돕는 가스
O_2, O_3, Cl_2, N_2O, NO_2

③ 불연성 가스 : N_2, CO_2

④ 불활성 가스 : He, Ne, Ar, Kr, Xe, Rn(헬륨, 네온, 아르곤, 크립톤, 크세논, 라돈)

4. **독성에 의한 분류**

① 독성가스 : 허용농도가 200ppm 이하인 가스

예) CO(일산화탄소) : 50ppm, Cl_2(염소) : 1ppm, $COCl_2$(포스겐) : 0.1ppm, C_2H_4O(산화에틸렌) : 50ppm

5. **허용농도**

건강한 성인남자가 1일 8시간 작업하여도 인체에 해를 끼치지 않는 한계농도. 1 ppm은 $\frac{1}{100만}$을 나타냄

6. **몰과 기체부피와의 관계**

① 아보가드로 법칙

㉠ 온도와 압력이 일정하면 모든 기체는 같은 부피 속에 같은 수의 분자가 들어있다.

㉡ 표준상태(0°C, 1 atm)에서 모든 기체의 체적은 1 kmol 당 22.4 Nm^3이고 분자 수는 6.02×10^{23}개다.

② $n(몰) = \frac{W(무게)}{M(분자량)} = \frac{부피}{22.4l} = \frac{분자수}{6.02 \times 10^{23}}$

7. **이상기체(완전가스)의 성질**

① 기체 분자 상호간의 작용하는 인력과 분자의 크기 무시, 분자간의 충돌은 완전 탄성체로 이루어짐.

② 보일-샤를의 법칙을 만족

③ 아보가드로 법칙을 따른다.

④ 온도에 관계없이 비열비 일정

⑤ 내부에너지는 체적에 관계없이 온도에 의해서만 결정(∵ 주울의 법칙 성립)

8. 이상기체의 법칙($P = V = T$)

① 보일의 법칙(온도 T=일정)

$$P_1 V_1 = P_2 V_2$$

$$\therefore V_2 = \frac{P_1 \times V_1}{P_2}$$

∴ 온도가 일정할 때 기체의 체적(V_2)은 압력(P_2)에 반비례한다.

② 샤를의 법칙(압력 P=일정)

$$\frac{V_1}{T_1} = \frac{V_2}{T_2}$$

$$\therefore V_2 = \frac{V_1 \times T_2}{T_1}$$

∴ 압력이 일정할 때 기체의 체적은 절대온도(T_2)에 비례한다.

③ 보일-샤를의 법칙

$$\frac{P_1 \times V_1}{T_1} = \frac{P_2 \times V_2}{T_2}$$

$$\therefore V_2 = \frac{P_1 \times V_1 \times T_2}{P_2 \times T_1}$$

∴ 기체의 체적은 압력에 반비례하고, 절대온도에 비례한다.

9. 이상기체 상태방정식(온도, 압력, 부피와의 관계)

$PV = nRT (R = 0.082\, \ell\cdot\text{atm/mol K})$

여기서 P : 압력, V : 부피, n : 몰, R : 기체상수, T : 절대온도, K : 기체상수

> **예제** 600ℓ의 용기에 40 atm, 27℃에서 O_2가 충전되어 있는지 계산
>
> **풀이** $PV = \frac{W}{M} RT$에서 $W = \frac{PVM}{RT}$
>
> $\therefore W = \dfrac{40\,\text{atm} \times 600\ell \times 32\,\text{g/mol}}{0.082 \ell \times \text{atm/mol K} \times (273+27)\text{K}} = 31{,}219.5 \text{ g} = 31.22 \text{ kg}$

10. $PV = GRT (R = \dfrac{848}{M} \text{ kg} \cdot \text{m/kg K})$

11. 기체상수 R 값

① $0.082\, l \cdot \text{atm/mol} \cdot \text{K}$ ② $1.987\, \text{cal/mol} \cdot \text{K}$

③ 848 $l \cdot atm/mol \cdot K$ ④ 8.314 $J/mol \cdot K$

12. 돌턴의 분압법칙

기체혼합물 전체압력은 각 성분기체의 분압의 합과 같다.

① 분압 = 전압 × $\dfrac{성분\ 기체\ 몰수}{전\ 몰수}$ = 전압 × $\dfrac{성분\ 기체\ 부피}{전\ 부피}$

= 전압 × $\dfrac{성분\ 기체\ 분자수}{전\ 분자수}$

> **예제** 수소 8몰과 질소 4몰의 혼합기체가 나타내는 전압이 18기압이었다면 이때의 수소의 분압은?
>
> **풀이** 분압 = 18기압 × $\dfrac{8}{8+4}$ = 12기압
>
> ∴ 압력비 = 몰수비 = 부피비 = 분자수비

13. 혼합기체의 전압을 구하는 식

$PV = P_1 V_1 + P_2 V_2$ 에서

$P(전압) = \dfrac{P_1 V_1 + P_2 V_2}{V(전체부피)}$

여기서, P_1 : 처음압력, V_1 : 처음체적, P_2 : 나중압력, V_2 : 나중체적

14. 실제기체의 상태방정식(반데르바알스의 방정식)

① 실제기체(분자간의 인력이 무시된 상태 성립)

$\left(P + \dfrac{a}{V^2}\right)(V - b) = RT$

여기서, $\dfrac{a}{V^2}$: 기체 분자간의 인력, b : 기체 자신이 차지하는 부피

15. $PV = ZnRT$

여기서 Z : 압축계수 = 보정계수

16. 기체의 확산속도의 법칙으로부터 구하는 법

$\dfrac{U_B}{U_A} = \sqrt{\dfrac{M_A}{M_B}} = \dfrac{t_A}{t_B}$

> **예제** 산소와 수소의 확산속도비는?
>
> **풀이** $\dfrac{H_2}{O_2} = \sqrt{\dfrac{32}{2}} = 4$ ∴ 1 : 4
>
> 즉, 분자량이 적을수록 확산속도비는 커진다.

17. 혼합기체의 조성

① 몰(%) = $\dfrac{\text{성분 기체의 몰수}}{\text{기체 전체의 몰수}} \times 100$

② 용량(%) = $\dfrac{\text{어느 성분 기체의 용량}}{\text{기체 전체의 용량}} \times 100$

③ 중량(%) = $\dfrac{\text{어느 성분 기체의 중량}}{\text{기체 전체의 중량}} \times 100$

18. 기체의 용해도

① 압력에 비례하고, 온도에 반비례
② 혼합기체의 용해도는 압력에 비례하므로 각 성분기체의 분압에 비례
  용액 = 용매 + 용질

19. 헨리의 법칙

① 정의 : 일정한 온도에서 용매에 용해하는 기체의 질량은 압력에 정비례한다.
② 용해도가 작은 기체만 적용 : O_2(산소), H_2(수소), N_2(질소), CO_2(이산화탄소)
  용해도가 큰 기체 적용 불가 : SO_2(이산화황), HCl(염소), H_2S(황화수소), NH_3(암모니아)

20. 연소의 3요소

① 가연물
② 산소공급원 : 공기, 일산화질소, 염소, 불소(지연성 가스)
③ 점화원 : 화기, 전기불꽃, 마찰, 충격, 산화열

21. 연소의 형태

① 확산연소 : 가연성 가스와 공기가 급격히 혼합 연소(수소, 아세틸렌)
② 자기연소 : 산소 없이 스스로 연소(질산에스테르, 초산에스테르, 화약, 폭약 등)
③ 표면연소 : 숯, 마그네슘, 알루미늄, 코크스, 목탄

④ 분해연소 : 열분해에 의해 가연성 가스 방출시켜 연소(석탄, 목재, 종이, 플라스틱, 고체 파라핀)

⑤ 증발연소 : 인화성 액체의 증발에 따른 증발에 의해 연소가 일어나는 것(알콜, 에테르, 등유, 경유, 휘발유 등)

22. **발화의 발생 원인**
    ① 온도
    ② 조성
    ③ 압력
    ④ 용기의 크기와 형태

23. **폭발의 유형**
    ① 산화폭발 : 가연성 가스의 폭발
    ② 분해폭발 : 가압하에서 단일가스의 폭발(아세틸렌, 산화에틸렌), N_2H_4(히드라진)
    ③ 중합폭발 : 중합열에 의한 폭발(시안화수소), 산화에틸렌
    ④ 촉매폭발 : 직사일광 등에 의한 폭발(수소와 염소 혼합가스), 염소+C_2H_2, 염소+NH_3
    ⑤ 분진폭발 : Mg, Al 등 분말의 폭발

24. **폭굉(detonation)이란**
    ① 폭발 중에서 특히 격렬한 경우를 폭굉이라 하며
    ② 폭굉 : 가스 중의 음속보다도 화염의 전파속도가 큰 경우로 이때는 파면선단에 충격파라고 하는 솟구치는 압력파가 발생하여 격렬한 파괴작용을 일으키는 현상
    ③ 폭굉시 : 1,000~3,500 m/sec
       정상 연소시 : 0.03~10 m/sec
    ④ 파면압력 : 2배
    ⑤ 폭굉파가 벽에 부딪치면 : 2.5배
    ⑥ 밀폐된 공간 : 7~8배

25. **폭굉유도거리란**
    최초의 완만한 연소가 격렬한 폭굉으로 발전할 때까지 거리

26. **폭굉유도거리가 짧아지는 경우**
    ① 고압일수록(압력이 높을수록)
    ② 정상연소속도가 큰 혼합가스일수록
    ③ 관 속에 방해물이 있거나 관지름이 작을수록
    ④ 점화원의 에너지가 클수록

27. **발화온도란**
 공기 중에서 가연성 물질을 가열하여 점화원 없이 스스로 연소할 수 있는 최저온도

28. **발화점에 영향을 주는 인자(원인)**
 ① 가연성 가스와 공기의 혼합비 ② 발화가 생기는 공간의 형태와 크기
 ③ 가열속도와 지속시간 ④ 기벽의 재질과 촉매 효과
 ⑤ 점화원 종류와 에너지 투여법

29. **가연성 물질의 착화온도(발화온도)**
 ① 가솔린 : 210~400℃ ② 아세틸렌 : 400~440℃
 ③ 부탄 : 430~510℃ ④ 프로판 : 460~520℃
 ⑤ 에틸렌 : 500~519℃ ⑥ 수소 : 580~590℃
 ⑦ 메탄 : 610~682℃ ⑧ 이황화탄소 : 100℃

30. 탄화수소의 발화점은 탄화수소가 많을수록 낮아진다.

31. **외부점화원** : 충격, 마찰, 충격파, 전기불꽃, 단열압축, 열복사, 자외선, 화염 등

32. **최소 점화 에너지란**
 가스가 발화하는데 필요한 최소 에너지, 온도, 조성, 압력에 따라 다름

33. **단독으로 폭발할 수 있는 것**
 ① 아세틸렌(C_2H_2)
 ② 산화에틸렌(C_2H_4O)
 ③ 히드라진(N_2H_4)

34. **르 샤틀리에 법칙의 혼합가스 폭발범위 구하는 식**

 $$\frac{100}{L} = \frac{V_1}{L_1} = \frac{V_2}{L_2} = \frac{V_3}{L_3}$$

 여기서, L : 혼합가스의 폭발한계값, L_1, L_2, L_3 : 각 성분의 단독폭발 한계값(%),
   V_1, V_2, V_3 : 각 성분의 체적

35. 압력의 영향
① 일반적으로 가스의 압력이 높아질수록 발화온도는 낮아지고 폭발범위는 넓어진다.
② 수소와 공기의 혼합가스는 10 atm까지 : 폭발범위 좁아진다.
③ 일산화탄소와 공기의 혼합가스 : 압력이 높을수록 폭발범위 좁아진다.
④ 가스압력이 대기압 이하로 낮아질 때 : 폭발범위 좁아진다.

36. 안전간격이란
8 l의 구형 용기 안에 폭발성 혼합가스를 채우고 점화시켜 발생된 화염이 용기 외부의 폭발성 혼합가스에 전달되는가의 여부를 측정하였을 때 화염을 전달시킬 수 없는 한계의 틈(안전간격 적은 가스 위험)

37. 안전간격에 따른 폭발등급
① 폭발 1등급 : 안전간격 0.6 mm 초과
   - ㉠ 아세톤
   - ㉡ 가솔린
   - ㉢ 벤젠
   - ㉣ 일산화탄소
   - ㉤ 암모니아
   - ㉥ 에탄
   - ㉦ 메탄
   - ㉧ 프로판
② 폭발 2등급 : 0.4 mm 초과~0.6 mm 이하
   - ㉠ 에틸렌
   - ㉡ 석탄가스
③ 폭발 3등급 : 0.4 mm 이하
   - ㉠ 이황화탄소
   - ㉡ 수소
   - ㉢ 수성가스
   - ㉣ 아세틸렌

38. 안전공간
액화가스 충전용기나 탱크에서 온도상승에 따른 가스의 팽창을 고려한 공간

$$안전공간 = \frac{V_1}{V} \times 100 = \frac{47-40}{47} \times 100 = 14.89\%$$

여기서 V : 전체 부피, V_1 : 기체상태 부피(전체부피 − 액체부피)

> **예제** LPG 내 용적 47ℓ에 프로판이 20 kg 충전되어 있다. 이때 안전공간은 몇 %인가?(프로판의 밀도는 0.5 kg/ℓ이다.)
>
> **풀이** 0.5 kg = 1 ℓ
>   20 kg = x $x = 40\ell$

39. **소화기 적응성**
   ① A급 화재(일반화재) : 주수소화, 산, 알카리, 강화액소화기
   ② B급 화재(유류 및 가스) : CO_2, 분말, 포말소화기
   ③ C급 화재(전기화재) : CO_2, 분말소화기
   ④ D급 화재(금속화재) : 건조사
   ⑤ K급 화재(주방화재)

40. **표준대기압** = 1atm = $1.0332kg/cm^2$ = $1033.2g/cm^2$ = $10332kg/m^2$
   = 76cmHg = 760mmHg = 0.76mHg = $10.332mH_2O$
   = $1033.2cmH_2O$ = $10332mmH_2O$ = 29.92inHg = 14.7PSI
   = 760Torr = 1.013bar = 101325Pa = $101325N/m^2$
   = 1013hPa = 0.10332MPa

41. **절대압력($kg/cm^2 \cdot a$)**

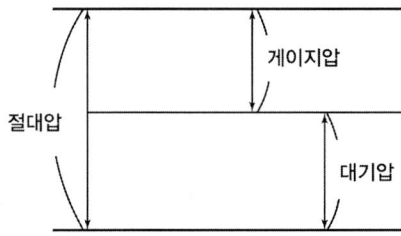

   ① 절대압력 = 게이지압력+대기압   ② 게이지압력 = 절대압력 - 대기압
   ③ 대기압 = 절대압력 − 게이지압력   ④ 대기압을 0으로 기준측정 : 게이지압력
   ⑤ 완전진공을 0으로 기준측정 : 절대압력

42. **온도**
   ① 섭씨온도(°C) = $\frac{5}{9}$(F-32)   ② 화씨온도(°F) = $\frac{9}{5} \times °C + 32$
   ③ K(켈빈온도) = °C + 273   ④ °R(랭킨온도) = °F + 460
   ⑤ °F = 1.8°C   ⑥ °R = 1.8K

43. 1CHu/lb°C : 순수한물 1lb(파운드)를 1°C(14.5~15.5)올리는데 필요한 열량
   1BTu/lb°F : 순수한물 1lb(파운드)를 1°F(60.5~61.5)올리는데 필요한 열량

44. 1kWh = 102kg·m/s × $\frac{1kcal}{427kg·m}$ × 3,600s/h = 860kcal/h = 3,612kJ/h (1kcal=4.2kJ)

1Psh = 75kg·m/s × $\frac{1kcal}{427kg·m}$ × 3,600s/h = 632kcal/h = 2,654kJ/h (1kcal=4.2kJ)

45. 현열과 잠열
① 현열(감열) : 상태변화없이 온도만 변함
　예 20℃ 물 → 80℃ 물
　$Q_1 = G_1 \times C_1 \times \triangle t_1$
② 잠열 : 온도변화 없이 상태만 변함
　예 0℃ 얼음 → 0℃ 물
　$Q_2 = G_2 \times r_2$

46. 열역학적 법칙
① 열역학 제0법칙 (열평형의 법칙, 온도를 정의한 법칙)
　예 20℃ 물 + 60℃ 물 = 40℃ 물
② 열역학 제1법칙(에너지 보존의 법칙)
　㉠ 일은 열로 변환시킬 수 있고 열은 일로 변화시킬 수 있다.
　㉡ 1kcal = 427kg·m
　㉢ 일의 열당량 = $\frac{1kcal}{427kg·m}$, 열의 일당량 = $\frac{427kg·m}{1kcal}$
③ 열역학 제2법칙(엔트로피의 법칙, 일할 수 있는 능력에 관한 법칙)
　㉠ 일은 열로 변환시킬 수 있으나 열은 일로 변화시킬 수 없다.
　㉡ 외부에서 열을 가해주지 않고는 저온에서 고온으로 열을 이동시킬 수 없다.
　㉢ 100%의 열효율을 가진 기관은 만들 수 없다.(제2종 영구기관)
　㉣ 열은 고온에서 저온으로 흐른다.
　㉤ 제1종영구기관은 제작이 불가능하다.

47. 밀도 = $\frac{M}{22.4} = \frac{PM}{RT}$

02 가스의 특성

1. **수소(H_2)**
   ① 상온에서 무색, 무미, 무취, 가연성 기체
   ② 확산속도가 가장 빠르다.
   ③ $2H_2+O_2 \rightarrow 2H_2O+133.6$ kcal(수소폭명기)
   $H_2+Cl_2 \rightarrow 2HCl+44$ kcal(염소폭명기)
   $H_2+F_2 \rightarrow 2HF+128$ kcal(불소폭명기)
   ④ 고온에서 금속산화물 환원시킴
   $CuO+H_2 \rightarrow Cu+H_2O$
   ⑤ 고온·고압하에서 탄소 성분과 반응하여 수소취성(탈탄반응)을 일으킨다.
   $Fe_3C+2H_2 \rightarrow CH_4+3Fe$
   ⑥ 고온·고압에서 질소와 반응하여 NH_3 생성
   $N_2+3H_2 \rightarrow 2NH_3+24$ kcal
   ⑦ 탈탄 방지 첨가 원소
   V, Mo, Ti, W, Cr(바나듐, 몰리브덴, 티탄, 텅스텐, 크롬)
   ⑧ 탈탄 방지 재료
   5~6% Cr강, 18-8 스테인리스 강
   ⑨ 탈탄 촉진 조건
   고온, 고압, 탄소함유량 많을수록

   (1) 공업적 제조법
   ① 물의 전기분해(수전해법)
      ㉠ 순도 높은 수소 제조
      ㉡ 소요전력 많이 소요
      ㉢ 음극(H_2), 양극(O_2) 2 : 1 비율로 발생
      $2H_2O \rightarrow 2H_2 + O_2$
               (−)   (+)
      ㉣ 전해액 : 농도 20% 정도의 수산화나트륨
      ㉤ 전극 : 니켈 도금한 강판
   ② 수성가스법(석탄 또는 코크스의 가스화법)
      ㉠ $C+H_2O \rightarrow CO + H_2 - 31.4$kcal
      ㉡ $C+H_2O \rightarrow CO + H_2 - 29.6$kcal

   ⓒ $C + \dfrac{1}{2}O_2 \rightarrow CO + 26.4\,kcal$

 ③ 석유분해법

  $C_3H_8 + 3H_2O \rightarrow 3CO + 7H_2$

 ④ 천연가스분해법

  ㉠ 수증기개질법(온도 1,400°C, 압력 1MPa)

   $CH_4 + H_2O \rightleftarrows CO + 3H_2 - 49.3\,kcal$

  ㉡ 부분산화법(파우더법) (온도 800~1,000°C, 압력 1.5MPa)

   $2CH_4 + O_2 \rightleftarrows 2CO + 4H_2 + 17\,kcal$

 ⑤ 일산화탄소 전화법

  ㉠ $CO + H_2O \rightleftarrows CO_2 + H_2 + 9.8\,kcal$

  ㉡ 제1단계 전화반응(고온전화반응)

   · 촉매 : Fe_2O_3, Cr_2O_3

   · 온도 : 350~500°C

  ㉢ 제2단계 전화반응(저온전화반응)

   · 촉매 : CuO, ZnO

   · 온도 : 200~250°C

(2) 용도

 ① 로켓 추진 연료

 ② 암모니아 합성 원료가스($N_2 + 3H_2 \rightarrow 2NH_3$)

 ③ 환원성 이용한 금속 제련($CuO + H_2 \rightarrow Cu + H_2O$)

 ④ 메탄올의 합성원료($CO + 2H_2 \rightarrow CH_3OH$)

 ⑤ 윤활유정제용, 나프타중유 등의 수소화 탈황

 ⑥ 비점 : −252.5°C

 ⑦ 임계압력 : 12.8atm

 ⑧ 임계온도 : −239.9°C

2. 산소(O_2)

(1) 일반적 성질

 ① 공기중 21% 함유. 무색, 무미, 무취

 ② 조연성 가스로 자신은 연소하지 않음

 ③ 유기물의 분해, 합성

 ④ 용제, 유지류는 산화 폭발 위험

⑤ 액체가 기화되면 800배 체적의 기체 됨
⑥ 산소 또는 공기중 방전시키면 O_3(오존) 생성
$$3O_2 \rightleftarrows 2O_3 - 117.3 kcal$$

(2) 연소에 관한 성질

① 고압에서 산소 사용시 유지류나 유기물 접촉시 산화 폭발 : 사염화탄소 세척제 사용
② 공기중 산소농도 증가시
  ㉠ 연소속도 증가
  ㉡ 화염온도 상승
  ㉢ 발화온도 저하
  ㉣ 화염길이 감소
  ㉤ 비점 : $-183°C$
  ㉥ 임계압력 : 50.1atm
  ㉦ 임계온도 : $-118.4°C$

(3) 산소 취급상 주의사항

① 가연성 가스용기와 구분하여 저장
② 용기나 계기류 : 윤활유, 그리스 부착 不
③ 압력계는 "금유"라는 표시 있는 산소전용 압력계
④ 용기는 보일러, 화기 등과 멀리 떨어져야 함

(4) 산소 용기 : 이음매 없는 용기

① 용기 재질 : Mn강, Cr강, 18-8 스테인리스강
② 최고충전압력 : 15MPa
③ 안전밸브 : 파열판식
④ 용기도색 : 녹색(의료용 백색)
⑤ 윤활유 : 물 또는 10% 이하의 묽은 글리세린수

(5) 산소의 제조법

① 실험적 제조법
$$2H_2O_2 + MnO_2 \rightarrow 2H_2O + MnO_2 + O_2$$
$$2KClO_3 \rightarrow 2KCl + 3O_2$$
$$2HgO \rightarrow 2Hg + O_2$$

② 공업적 제조법
  ㉠ 물의 전기분해
  $$2H_2O \rightarrow 2H_2 + O_2$$

② 공기액화분리법
  산소와 질소의 비등점 차 이용
  $O_2(-183°C)$, $N_2(-195.8°C)$ 상부에서 얻음

(6) 용도(산소)
① 로켓 추진용 ② 산소 호흡의 약용
③ 산소용접 ④ 제철, 열처리용
⑤ 탄화수소 부분산화용

(7) 공기액화분리장치
① 액화 순서 : 산소 먼저
② 기화 순서 : 질소 먼저
③ 공기액화분리장치의 종류
　㉠ 전저압식 공기분리장치
　　· 조작압력 : 5 kg/cm²g 이하
　　· 산소발생량 : 500 Nm³/h 이상
　　· 대용량 적합
　㉡ 중압식 공기분리장치
　　· 조작압력 : 10~30 kg/cm²g 정도
　　· 질소취득량 많을 때, 소용량
　㉢ 저압식 액산 플랜트
　　· 조작압력 : 25 kg/cm²g　　· 중압팽창터빈 사용
　　· Ar 회수가 가능
④ 공기액화분리장치 세척
　1년 1회(사염화탄소)

3. 질소(N_2 : Nitrogen)
① 무색, 무미, 무취의 기체
② 상온에서 다른 원소와 반응 않고, 타지도 않는 불연성
③ 고온에서 산소와 반응, 산화질소가 된다.

$$N_2 + O_2 \xrightarrow[\text{방전}]{3000℃} 2NO$$

④ Mg, Li, Ca 등과 화합하여 질화마그네슘(Mg_3N_2), 질화리튬(Li_3N_2), 질화칼슘(Ca_3N_2) 생성

⑤ $N_2 + 3H_2 \xrightarrow[550℃ \cdot 250 \text{ atm}]{Fe \cdot Al_2O_3} 2NH_3$

⑥ 비점(195.8℃) 극저온냉매로 이용
⑦ 임계온도 : -147.0
　임계압력 : 33.5 atm

(1) 용도

① 암모니아 합성 원료 가스

② 가연성 가스장치 퍼지용

③ 액체질소 : 식품 등의 급속동결용

④ 기밀시험용 및 치환용

⑤ 금속의 산화방지용 및 전구의 필라멘트 보호제

4. 희가스(Rare gas)

(1) 일반적 성질

① 주기율표 0족 다른 원소와 거의 화합하지 않는 불활성가스이다.

② 무색, 무미, 무취

③ 희가스 방전시키면 특유의 빛

· He : 황백색　　　· Ne : 주황색　　　· Ar : 적색

· Kr : 녹자색　　　· Xe : 청자색　　　· Rn : 청록색

④ Ar : $-185.87°C$, 임계압력 : 40

Ne : $-245.9°C$, 임계압력 : 26.9

He : $-268.9°C$, 임계압력 : 2.26

(2) 용도

① 네온사인용

② 가스크로마토그래피 분석 캐리어 가스용

③ 형광등의 방전관용

④ 금속의 제련 및 열처리 등에서 보호가스용

5. 염소(Cl_2 : Chlorine)

(1) 일반적 성질

① 자극성 냄새 나는 황록색 기체

② 조연성 가스

③ 수분을 함유하면 철 등의 금속과 반응, 부식 발생(온도 120°C 이상)

$H_2O + Cl_2 \rightarrow HClO$(차아염소산) $+ HCl$(염산)

$Fe + 2HCl \rightarrow FeCl_2 + H_2$

④ HClO(차아염소산) 생성 : 살균, 표백작용

⑤ $H_2 + Cl_2 \rightarrow 2HCl$(염소폭명기)

⑥ 비점 : $-34.05°C$, 임계압력 : 76.1 atm

(2) 공업적 제조법

① 수은법에 의한 소금의 전기분해

$2NaCl + (Hg) \rightarrow Cl_2 + 2Na(Hg)$

$2Na(Hg) + 2H_2O \rightarrow 2NaOH + H_2 + (Hg)$

② 격막법에 의한 소금의 전기분해

$NaCl \rightarrow Na + Cl$

$2Na + 2H_2O \rightarrow 2NaOH + H_2$

③ 염산의 전기분해

$2HCl \rightarrow Cl_2 + H_2$

(3) 특징

① 용기 재질 : 탄소강, 이음매 없는 용기

② 도색 : 갈색

③ 밸브 재질 : 황동

④ 안전밸브 : 가용전(65~68°C 용융)

⑤ 염소재해제

 ㉠ 소석회($Ca(OH)_2$, 620 kg)

 ㉡ 가성소다수용액(NaOH, 670 kg)

 ㉢ 탄산소다수용액($NaCO_3$, 870 kg)

⑥ 용도

 ㉠ 종이, 펄프, 포스겐의 원료, 염화비닐, 염화수소

 ㉡ 상수도 : 살균용

 ㉢ 금속티탄 : 알루미늄 공업용

6. 암모니아(NH_3) (비점 : -33.3°C, 임계압력 : 111.3 atm)

(1) 일반적 성질

① 무색, 자극성의 기체, 물에 잘 용해

$NH_3 + H_2O \rightarrow NH_4OH$(암모니아수)

용해량 : 물 1cc(800~900cc)

② 상온 : 8.46 atm 액화

③ 증발잠열 크므로 : 대형 냉매 사용

④ 허용농도 : 25 ppm, 폭발범위 : 15~28%

(2) 화학적 성질

① 염화수소(HCl)와 만나면 흰 연기를 낸다.

$NH_3 + HCl \rightarrow NH_4Cl$

② 암모니아는 동(Cu)이나 동합금과 반응하여 착염 생성하여 완전하게 보관이 어렵다.

$Cu(OH)_2 + 4NH_3 \rightarrow Cu(NH_4)^{+2} + 2OH^-$

③ 용기 재질 : 탄소강

④ 고온·고압하 강재를 질화, 취화시키므로 18-8 스테인리스강 사용

(3) 공업적 제조법

① 하버 보시법

$N_2 + 3H_2 \leftrightarrows 2NH_3 + 22kcal$

450~550°C, 촉매 : Fe + Al_2O_3, 200~1000 atm

② 석회질소법

$CaCO_3 \rightarrow CaO + CO_2$

$CaO + 3C \rightarrow CaC_2 + CO$

$CaC_2 + N_2 \rightarrow CaCN_2 + C$

$CaCN_2 + 3H_2O \rightarrow CaCl_3 + 2NH_3\uparrow$

(4) 암모니아 합성 공정에 따라 분류 (1MPa = 10kg/cm²)

① 저압법 : 15MPa(구우데법, 케로그법)

② 중압법 : 30MPa(뉴파우더법, IG법, 동공시법, 신파우더법, J.C.I법)

③ 고압법 : 60~100MPa(클로드, 카쟈레법)

(5) 용도

① 드라이아이스 제조

② 요소, 질소 비료 제조(가장 많이 사용)

③ 대형 냉매 사용(소형 : 프레온)

④ 탄산마그네슘, 탄산암모늄 등 탄산염 제조

(6) 누설 검사

① 네슬러 시약 : 소량(황색), 다량(자색)

② 적색 리트머스 시험지 : 청색

③ 염화수소(HCl) : 백색 연기

④ 페놀프탈레인지 : 홍색

⑤ 취기

7. 일산화탄소(CO : Carbon Oxide)

(1) 물리적 성질

① 무색, 무미, 무취의 기체
② 비점 : $-192°C$
③ 물에 녹지 않아 수상치환으로 포집
④ 독성가스 : 50 ppm
⑤ 임계압력 : 35 atm

(2) 화학적 성질

① 상온에서 염소와 반응, 포스겐 생성
$$CO + Cl_2 \rightarrow COCl_2$$
② 강한 환원성을 가지고 있음(금속야금법에 사용)
$$CuO + CO \rightarrow CO_2 + Cu$$
③ 고온·고압하에서 카보닐을 생성
$$Ni + 4CO \rightarrow Ni(CO)_4 \text{(니켈카보닐)}$$
$$Fe + 5CO \rightarrow Fe(CO)_5 \text{(철카보닐)}$$
그러므로 CO는 Fe, Ni 용기 보관 不
④ 카보닐 방지 원소 : 은, 동, 알루미늄 등 라이닝

(3) 제조법

① 실험실적 제조법(개미산에 진황산 작용시켜 얻음)
$$HCOOH \xrightarrow{H_2SO_4} CO + H_2O$$
② 공업적 제조법
$$CH_4 + H_2O \rightarrow CO + 3H_2$$
$$C + H_2O \rightarrow CO + H_2$$

(4) 용도

① 메탄올 합성
$$CO + 2H_2 \rightarrow CH_3OH$$
· 촉매 : CuO, ZnO, Cr_2O_3
② 포스겐 제조

8. 이산화탄소(CO_2 : Carbon Dioxide)

   (1) 물리적 성질

   ① 공기중 0.03% 포함
   ② 불연성
   ③ 드라이아이스의 제조 원료
   ④ 비점 : -78.5°C
   ⑤ 임계압력 : 72.9 atm

   (2) 화학적 성질

   ① 물에 거의 녹지 않으나, 조금은 녹아 탄산을 만들어 약산성 나타냄
   ② 배관 속에 CO_2가 습기와 반응, 탄산을 만들어 습기와 반응
   $$CO_2 + H_2O \rightarrow H_2CO_3$$
   ③ 석회유와 반응하면 백색 침전이 생긴다.
   $$CO_2 + Ca(OH)_2 \rightarrow CaCO_3\downarrow + H_2O$$
   ④ 드라이아이스 제조
   CO_2 기체를 100 atm까지 액화한 후 -25°C로 냉각하여 단열팽창시키면 된다.

   (3) 제조법

   ① 일산화탄소 전화반응
   $$CO + H_2O \rightarrow CO_2\uparrow + H_2$$
   ② 석회석을 가열 분해시켜 제조
   $$CaCO_3 \rightarrow CaO + CO_2\uparrow$$
   ③ 코크스 연소시 발생
   $$C + O_2 \rightarrow CO_2\uparrow$$

   (4) 용도

   ① 탄산수, 사이다 등의 청량제에 이용
   ② 소화제
   ③ 요소($(NH_2)_2CO$)의 원료
   ④ 드라이아이스 제조

9. L.P.G(Liquefied Petroleum Gas)

   (1) 주성분

   C_3H_8(프로판), C_3H_6(프로필렌), C_4H_{10}(부탄), C_4H_8(부틸렌), C_4H_6(부타디엔), C_3H_4(프로틴)

   (2) 탄화수소의 분류

   ① 알칸족(2n+2) C_nH_{2n+2}
   CH_4, C_2H_6, C_3H_8, C_4H_{10}, C_5H_{12}(펜탄)

② 알켄족(2n)

C_2H_4, C_3H_6, C_4H_8, C_5H_{10}(펜텐)

③ 알킨족(2n-2)

C_2H_2, C_4H_6

(3) 특성

① 공기보다 무겁다(1.52배).

누설시 낮은 곳에 모여 인화의 위험성 크다.

② 액체상태 물보다 가볍다(물 비중 : 1 kg/l).

C_3H_8 : 0.509, C_4H_{10} : 0.582

③ 기화하면 체적은 250배 정도 늘어남

예 44 g = 22.4 l

509 g = x

$$x = \frac{509 \text{ g} \times 22.4 \, l}{44 \text{ g}} = 250 \, l$$

④ 기화, 액화가 용이하다.

1 atm 상태 : 프로판 -42.1℃, 부탄 : -0.5℃, 냉각시 액화

⑤ 기화잠열이 크다(누설시 주의. 열량을 빼앗아 용기 주위 서리가 생김).

C_3H_8 : 101.8 kcal/kg, C_4H_{10} : 92 kcal/kg

⑥ 무색, 무미, 무취이다. (사람이 냄새로 감지할 수 있도록 메르캅탄 첨가. 공기중의 $\frac{1}{1000}$ 상태(0.1%)

⑦ 용해성이 있다.

물에 녹지 않고, 에테르, 알콜 등에 녹고 천연고무를 녹임.

⑧ 발열량이 크다.

$C_3H_8 + 5O_2 \rightarrow 3CO_2 + 4H_2O + 530$ kcal/kg

$C_4H_{10} + 6.5O_2 \rightarrow 4CO_2 + 5H_2O + 700$ kcal/kg

⑨ 프로판 1 kg이 완전연소할 경우 $\frac{1000 \text{ g}}{44 \text{ g}} \times 530 \text{ kcal} = 12000 \text{ kcal/kg}$

프로판 1 m³이 완전연소할 경우 $\frac{1000 \, l}{22.4 \, l} \times 530 \text{ kcal} = 24000 \text{ kcal/m}^3$

⑩ 연소시 다량의 공기가 필요하다.

⑪ 연소범위가 좁다.

· C_3H_8 : 2.1~9.5%

· C_4H_{10} : 1.8~8.4%

⑫ 발화온도가 높다.
- C_3H_8 : 460~520°C
- C_4H_{10} : 430~510°C

⑬ 발화점에 영향을 주는 요소
  ㉠ 가연성가스와 공기의 혼합비
  ㉡ 발화가 생기는 공간의 형태와 크기
  ㉢ 가열속도와 지속시간
  ㉣ 가열의 재질과 촉매 효과
  ㉤ 점화원의 종류와 에너지투여법

10. 메탄(CH_4)

(1) 물리적 성질
① 무색, 무취의 기체로서 가연성
② 비점 : -161.5°C, 압력 : 45.8 atm
③ 할로겐원소와 치환반응

(2) 제조법
$CO + 3H_2 \rightarrow CH_4\uparrow + H_2O$

(3) 용도
① 메탄올 합성가스 원료($CO + 2H_2 \rightarrow CH_3OH$)
② 연료용
③ 블랙의 흑색잉크 제조용
④ 메탄 속에 A-C 방전시켜 아세틸렌 제조

11. 에틸렌(C_2H_4)

(1) 물리적 성질
① 물에 용해되지 않는다.
② 비점 : -103.71°C
③ 무색의 달콤한 냄새를 가진 마취성 가스
④ 알콜, 에테르는 잘 용해됨
⑤ 임계압력 : 50 atm

(2) 화학적 성질
부가반응 일으킴

$$C_2H_4 + H_2O \rightarrow C_2H_5OH$$
$$C_2H_4 + H_2 \rightarrow C_2H_6$$

(3) 용도

① 폴리에틸렌 제조

② 산화에틸렌 제조 $C_2H_4 + \frac{1}{2}O_2 \rightarrow C_2H_4O$

③ 에틸알콜 제조 $C_2H_4 + H_2O \rightarrow C_2H_5OH$

④ 에틸렌글리콜 제조

⑤ 금속의 용접, 절단 이용

12. 포스겐($COCl_2$)

(1) 물리적 성질

① 상온에서 자극적인 냄새

② 독성가스(농도 : 0.1 ppm)

③ 유기용매에 잘 녹음(벤젠, 에테르)

④ 무색의 액체이며, 담황녹색으로 시판

(2) 화학적 성질

① 포스겐 압력 가하면 쉽게 액화

$$COCl_2 + H_2O \rightarrow CO_2 + 2HCl$$

② 흡수제로 알칼리 사용

$$COCl_2 + 4NaOH \rightarrow Na_2CO_3 + NaCl + 2H_2O$$

(3) 용도

① 염료, 의약, 가소제

② 농약 제조

③ 접착제, 도료 등 원료

13. 아세틸렌(C_2H_2)

(1) 물리적 성질

① 무색의 기체로 약간 에테르 향기가 있고 <u>불순물로 인해 특이한 냄새가 남.</u>
   H_2S, PH_2(인화수소), NH_3, SiH_4(규화수소) ↵

② 고체 아세틸렌은 승화함.

③ 액체보다 고체 아세틸렌이 안전하다.

④ 물에는 거의 녹지 않고 유기용매(아세톤, D.M.F)에 용해된다.

(2) 화학적 성질

① 흡열화합물이므로 압축하면 분해폭발

$$C_2H_2 \rightarrow 2C + H_2 + 54.2 \text{ kcal}$$

② Cu, Ag, Hg 등의 금속과 화합시 폭발성 물질인 아세틸라이드 생성

$C_2H_2 + 2Cu \rightarrow Cu_2C_2 + H_2$　　(동아세틸라이드)

$C_2H_2 + 2Ag \rightarrow Ag_2C_2 + H_2$　　(은아세틸라이드)

$C_2H_2 + 2Hg \rightarrow Hg_2C_2 + H_2$　　(수은아세틸라이드)

(3) 제조법

① 카바이드에 물을 가하여 제조　　$CaC_2 + 2H_2O \rightarrow Ca(OH)_2 + C_2H_2\uparrow$

② 석유 크래킹으로 제조　　$C_3H_8 \xrightarrow[1000 \sim 1200℃]{\text{Creaking}} C_2H_2\uparrow + CH_4 + H_2$

(4) 가스발생기를 압력에 따라 구분하면

① 저압식 : 0.07 kg/cm^2 미만 (0.007MPa 미만)

② 중압식 : $0.07 \sim 1.3 \text{ kg/cm}^2$ 미만 (0.007MPa 이상 0.13MPa 미만)

③ 고압식 : 1.3 kg/cm^2 이상 (0.13MPa 이상)

(5) 가스발생기 자체로서 구비 조건

① 안전기를 갖추고 산소 역류, 역화시 발생기에 위험이 미치지 않을 것

② 가스 수요에 맞고 일정한 압력을 유지할 것

③ 가열, 지연 발생이 적을 것

④ 구조가 간단하고 취급이 간편할 것

⑤ 발생기의 적당한 온도 : 50~60℃

　　습식 아세틸렌 발생기 표면온도 : 70℃이하

(6) 쿨러

수분, 암모니아 제거

(7) 가스청정기(불순물 제거)

① 불순물 : PH_3, H_2S, N_2, O_2, NH_3, H_2, CO, CH_4

② 불순물 존재 : 아세틸렌의 순도 저하

　　　　　　　아세틸렌의 용해도 저하

　　　　　　　아세틸렌의 악취 발생

(8) 아세틸렌 청정제
에퓨렌, 카타리솔, 리카솔

(9) 유분리기(오일세퍼레이터)
압축기에서 압축된 가스중의 오일 제거

(10) 건조기
$CaCl_2$로 수분 제거

(11) 아세틸렌 압축기
① 윤활유 : 양질의 광유
② 온도상승 방지 위해 압축기는 수중에서 작동
③ 충전중 온도에 불구하고 2.5MPa 압력으로 할 것. 희석제(CH_4, CO, C_2H_4, N_2) 첨가
④ 역화방지기 내부 : 물, 모래, 자갈, 페로실리콘

(12) 다공물질
석면, 석회석, 규조토, 목탄, 탄산마그네슘, 산화철, 다공성 플라스틱
① 다공도 : 75% 이상~92% 미만
② 다공질의 구비 조건
   ㉠ 고다공도일 것   ㉡ 기계적 강도가 클 것
   ㉢ 가스 충전이 쉬울 것   ㉣ 안전성이 있을 것
   ㉤ 경제적일 것   ㉥ 화학적으로 안정할 것

(13) 용도
용접 및 절단용

(14) 가스발생기
① 주수식, 침지식, 투입식
② 투입식이 공업적으로 가장 많이 사용

(15) 다공도 측정 방법
$$\frac{V-E}{V} \times 100 = 다공도(\%)$$

여기서, V : 다공질물의 용적, E : 아세톤 침윤 잔용적

14. 산화에틸렌(C_2H_4O)

(1) 물리적 성질
① 물, 알콜, 에테르, 유기용매에 잘 녹는다.
② 독성가스(50 ppm)
③ 비점 : 10.78°C
④ 폭발범위 : 3~80%

(2) 화학적 성질
① 가연성이며, 중합 및 분해폭발
② 물과 반응하여 에틸렌글리콜 생성
$$C_2H_4O + H_2O \rightarrow C_2H_4(OH)_2$$
③ 암모니아와 반응하여 아민을 생성
$$C_2H_4O + NH_3 \rightarrow HOC_2H_4NH_2 (에탄올아민)$$

15. 프레온(Freon)

(1) 일반적 성질
① 무색, 무미, 무취
② 불연성, 비폭발성, 열에 대해 안정
③ 액화 쉽고, 증발잠열이 커서 냉매로 사용
  프레온 12 : CCl_2F_2
  프레온 22 : $CHClF_2$
  프레온 13 : $CClF_3$
④ 800°C의 불에 접촉하면 포스겐의 유독가스 발생
⑤ 전기적 절연내력이 크다.
⑥ 천연고무나 수지침식
  Mg 및 Mg을 2% 함유한 Al 합금 부식

(2) 용도
① 가정용 냉장고, 공기조화용, 제빙용 등의 냉매
② 에어졸 용제
③ 우레탄의 발포재(제)

(3) 누설검사
① 비눗물의 기포 발생 유무
② 헤라이드 토치 램프의 불꽃색으로 검사

㉠ 누설 없을 때 : 청색　　㉡ 소량 누설시 : 녹색
㉢ 다량 누설시 : 자색　　㉣ 극심할 때 : 불이 꺼짐

16. 시안화수소(HCN)

(1) 일반적 성질

① 무색이고, 복숭아 냄새가 나는 기체. 독성이 강하다(10ppm).
② 휘발하기 쉽고, 물에 잘 용해된다.
③ 오래된 시안화수소는 급격한 중합에 의해 폭발 위험이 있으므로 충전 후 60일을 넘지 않도록 한다.
④ 안정제 : 황산, 아황산가스, 염화칼슘, 인산(H_3PO_4), 오산화인(P_2O_5), 동망(Cu)
⑤ 인화성 액체
⑥ 아세틸렌과 반응하여 아크릴로니트릴을 만들 수 있다.
$$C_2H_2 + HCN \rightarrow CH_2=CHCN$$
⑦ 수분 2% 함유시 중합열에 의한 폭발의 위험이 있다.

(2) 용도

살충제, 아크릴 섬유의 원료

17. 벤젠(C_6H_6)

(1) 물리적 성질

① 무색, 특유의 냄새가 나는 휘발성 액체
② 물에 녹지 않고, 유기용매에 잘 녹음

(2) 화학적 성질

① 연소시 그을음이 난다.
② 2중결합, 치환반응

(3) 용도

① D.D.T 염료에 사용
② 페놀수지, 나일론 제조용

(4) 비점 : 25.6°C

임계압력 : 55 atm

18. 황화수소(H_2S)

(1) 일반적 성질

① 화산 속에 포함되어 있다.
② 달걀 썩은 냄새, 물에 약간 녹아 산성 나타냄.
③ 공기 중에서 완전연소

$$2H_2S + 3O_2 \rightarrow 2H_2O + 2SO_2\uparrow$$

④ 연당지와 반응하여 흑색으로 변화시킨다.
⑤ 비점 : 61.80°C
　임계압력 : 88.9 atm

(2) 제조법

$$FeS + 2HCl \rightarrow FeCl_2 + H_2S\uparrow$$

(3) 용도

① 환원제로 이용
② 정성 분석 이용
③ 공업약품, 의약품 제조 원료
④ 금속정련, 형광물질 제조 원료

19. 이황화탄소(CS_2)

(1) 일반적 성질

① 상온에서 무색, 투명 또는 담황색 액체. 일반적으로 불쾌한 냄새
② 인화하기 쉬운 액체로 유독(허용농도 20 ppm)
③ 비교적 불안정, 상온에서 빛에 의해 천천히 분해
④ 인화점 -30°C, 발화온도 100°C로 전구 표면이나 증기파이프에 접촉만 해도 발화한다.

$$CS_2 + 3O_2 \rightarrow CO_2 + 2SO_2$$

⑤ 증기를 흡입하거나 액체에 장시간 접촉시 신경계의 장애를 일으킴

20. 아황산가스(SO_2)

(1) 일반적 성질
① 강한 자극성을 가진 무색의 기체, 불활성으로 안정된 기체 2,000°C로 가열해도 분해되지 않음
② 물에 용해(20°C에서 36배) 산성
③ 액체 이산화황은 순수하면 전도도가 낮음

(2) 용도
① 황산 제조용
② 하이드로설파이드의 제조
③ 제당, 펄프공업에서 표백제로 이용

CHAPTER 2 가스사고예방관리 및 가스시설유지관리

01 고압가스 장치 및 기기

1. **기화기 사용시 이점**
   ① 한랭시에도 충분히 기화시킬 수 있다.
   ② 공급가스 조성이 일정
   ③ 기화량 가감 용이
   ④ 설비비 및 인건비 절감

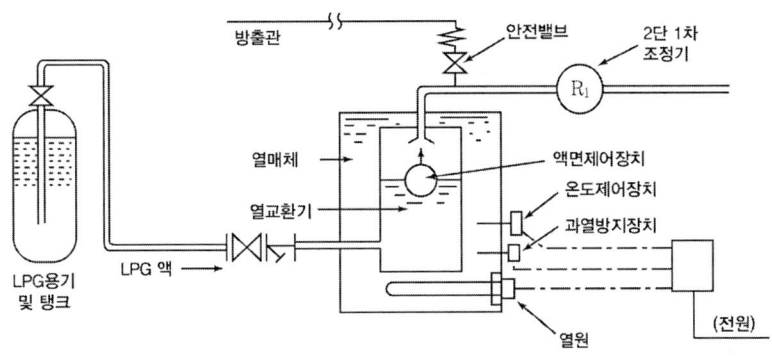

기화장치의 구조도

2. **정압기 설치 시공 기준**
   ① 입구 및 출구, 가스차단자치 설치
   ② 정압기 출구 배관 : 경보장치
   ③ (침수위험 있는) 지하에 설치시 : 침수방지 조치
   ④ 수분동결 우려 : 동결방지 조치
   ⑤ 분해점검 : 2년 1회 이상
   　작동상황 : 1주일에 1회 이상

⑥ 출구 : 가스압력 측정 기록할 수 있는 장치
⑦ 전기설비 : 방폭설비

3. ① 정특성 : 유량과 2차압력의 관계
   ② 동특성 : 부하변화 큰 곳, 응답의 신속성과 안정성
   ③ 유량특성 : 메인밸브 열림과 유량의 관계
   ④ 사용최대차압 : 사용할 수 있는 범위에서 최대로 되었을 때의 차압

4. **정압기의 종류**

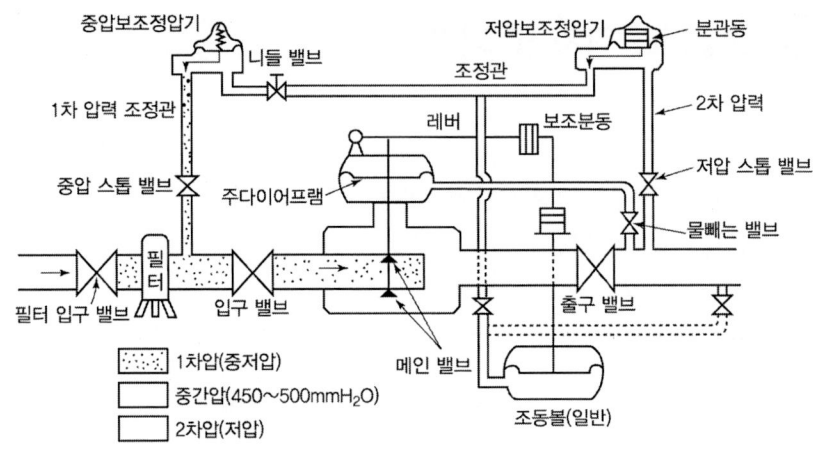

레이놀드식 정압기

   ① 피셔식 정압기   ② 레이놀드 정압기   ③ 엑셀 플로우(axial flow)

5. **이상감압 방지 조치**
   ① 2차측 압력 감시 장치   ② 정압기 2계열 설치   ③ 저압배관의 루프화

6. **신축 조인트**
   ① 상온 스프링 : 자유팽창량의 $\frac{1}{2}$ 만큼 짧게 시공
   ② 루프형(만곡형) : 고온·고압 옥외배관용
      굽힘반지름 6배 이상
   ③ 슬리브(미끄럼형)
   ④ 벨로즈형(펙레스 신축이음＝파상형＝주름통식)
      응력이 생기지 않음
   ⑤ 신축허용길이 큰 순서
      루프 > 슬리브 > 벨로즈 > 스위블

7. **고압장치에서의 안전밸브 설치장소(반장은 왕압봉)**
   ① 반응탑, 정류탑
   ② 저장탱크 상부
   ③ 왕복압축기 각단
   ④ 압축기, 펌프의 토출측, 흡입측
   ⑤ 액봉의 우려가 있는 배관
   ⑥ 감압밸브, 조정밸브 뒤의 배관

8. **플로그 밸브**
   ① 중·고압용
   ② 개폐 신속
   ③ 가스관의 불순물 따라 차단효과 불량

9. **글로브 밸브**
   ① 중·고압용
   ② 유량 조절 용이, 기밀성 유지 양호
   ③ 압력손실이 크다.

10. **볼 밸브**
    ① 저·중·고압용
    ② 배관안지름과 동일, 압력손실 적음
    ③ 압력계는 부르돈관 압력계

11. **배관용 강관**
    ① 배관용 탄소강관(SPP)
    사용압력 압력이 낮은 증기, 물, 기름 가스 배관, 1MPa이하
    ② 압력배관용 탄소강관(SPPS)
    1MPa 이상 ~ 10MPa 미만
    ③ 고압배관용 탄소강관(SPPH)
    10MPa 이상 사용
    ④ 고온배관용 탄소강관(SPHT) : 350℃이상시 사용
    ⑤ 배관용 아크용접 탄소강강관(SPPY, SPW)
    ⑥ 배관용 합금강관(SPA)
    ⑦ 저온배관용 탄소강관(SPLT) : 빙점이하의 관에 사용(0℃ 이하)

12. **열 전달용 강관**
    ① 보일러 열교환기용 탄소강강관(STH)
    ② 보일러 열교환기용 합금강강관(STHA or STHB)
    ③ 보일러 열교환기용 스테인리스강관(STS×TB)

13. **구조용 강관**
    ① 일반구조용 탄소강관(SPS)
    ② 기계구조용 탄소강관(STM, SM)
    ③ 구조용 합금강관(STA)

14. **배관재료비의 구비 조건**
    ① 절단 가공이 용이
    ② 토양, 지하수 등에 내식성을 가질 것
    ③ 관의 접합이 용이하고 가스의 누설을 방지할 수 있을 것
    ④ 내부의 가스압과 외부로부터의 하중 및 충격하중에 견디는 구조일 것
    ⑤ 가스 유통이 원활한 것

15. 스케줄 번호(SCH)$=\dfrac{P}{S}\times 10$(관의 두께 표시)

    여기서, S : 허용응력(kg/mm^2)=인장강도$\times\dfrac{1}{4}$, P : 사용압력(kg/cm^2)

16. **보온재의 구비 조건(비열한 사기꾼이다)**
    ① 비중이 적어야 한다(가벼워야 한다).
    ② 열 전도율이 적어야 한다.
    ③ 사용온도에 견디고 변질되지 말아야 한다.
    ④ 기계적 강도가 있어야 한다.
    ⑤ 시공이 용이
    ⑥ 다공질이며 기공이 균일
    ⑦ 흡수, 흡습성이 적어야 한다.

17. **유기질 보온재**
    ① 폼류 (80°C 이하)
        ㉠ 경질우레탄폼   ㉡ 폴리스틸렌폼   ㉢ 염화비닐폼
    ② 펠트류(100°C 이하)

㉠ 양모펠트　　　㉡ 우모펠트
③ 텍스류(120℃ 이하)
㉠ 톱밥　　　㉡ 녹재　　　㉢ 펄프

18. **무기질 보온재**
① 탄산마그네슘(250℃) : 염기성 탄산마그네슘 85%+석면 15%
② 그라스울(유리섬유) (300℃)
③ 석면(500℃) : 진동 받은 부분 사용 암 유발
④ 규조토(500℃) : 진동 받는 분분 사용 不
⑤ 암면(600℃) : 부스러지기 쉬움
⑥ 규산칼슘, 펄라이트 : 650℃
⑦ 실라카화이버 : 1,100℃
⑧ 세라믹화이버 : 1,300℃

19. **패킹 재료**
① 플랜지 패킹
㉠ 고무패킹 : 대표적(네오프렌 -46~121℃)
㉡ 오일시일패킹 : 한지내유 가공
㉢ 석면조인트시트 : 광물질의 미세한 섬유로 450℃의 고온배관에 사용
㉣ 합성수지패킹 : 대표적(테프론 -260~260℃)
② 나사용 패킹
㉠ 페인트
㉡ 일산화연 : 냉매 배관(페인트+소량의 일산화연)
㉢ 액상합성수지 : -30~130℃, 증기, 기름 약품 배관시 사용
③ 글랜드 패킹(밸브회전부분 사용)
㉠ 석면얀 : 석면을 꼬아서 만든 것으로 소형밸브, 수면계콕크, 소형밸브 글랜드
㉡ 석면각형 패킹 : 내열, 내산성 좋아 대형밸브 그랜드, 압축기용 글랜드
㉢ 아마존 패킹 : 면포+내열고무콤파운드 가공성형
압축기용 그랜드
㉣ 몰드 패킹 : (석면+흑연+수지) 배합성형
밸브, 펌프 등 사용

20. **행거 종류** : 배관의 하중을 위에서 잡아주는 장치
① 스프링 행거　　　② 리지드 행거　　　③ 콘스탄트 행거

21. **서포트의 종류** : 배관의 하중을 밑에서 떠받쳐 지지해 주는 장치
    ① 스프링 서포트
    ② 리지드 서포트 : H빔, E빔
    ③ 롤러 서포트 : 관의 축방향 이동 허용
    ④ 파이프 슈 : 수평, 수직 배관 연결부

22. **리스트 레인트** : 열팽창에 의한 배관의 상하, 좌우 이동을 구속 또는 제한하는 장치
    ① 앵커 : 관의 이동 및 회전을 방지하기 위한 지지점에 완전히 고정
    ② 스톱 : 배관의 일정방향과 회전만 구속하고 다른 방향은 자유롭게 이동
    ③ 가이드 : 배관의 곡관 부분이나 신축 조인트 부분에서 회전을 제한하거나 축방향 이동 허용

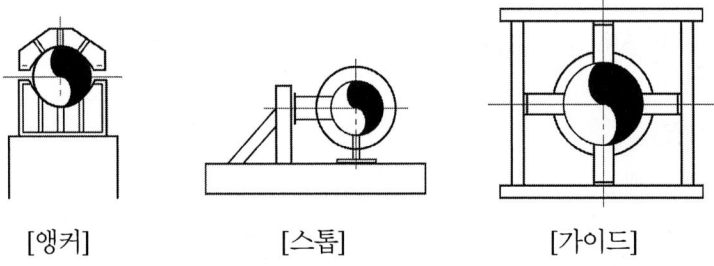

[앵커]   [스톱]   [가이드]

23. **배관을 시공할 때 고려할 사항**
    ① 배관 내의 압력 손실(허용압력손실)
    ② 배관경로의 결정(배관의 길이)
    ③ 관지름의 결정
    ④ 가스소비량의 결정
    ⑤ 용기의 크기 및 필요본수의 결정
    ⑥ 감압방식의 결정 및 조정기의 선정

24. **관지름 결정 4요소**
    ① 내압시험   ② 허용압력 손실
    ③ 가스의 종류   ④ 배관거리와 부속품 수

25. **배관 설비의 완성 검사법**
    ① 내압시험   ② 기밀시험
    ③ 가스치환   ④ 기능검사

26. **마찰저항에 의한 압력 손실**
    ① 유속의 2제곱에 비례한다.
    ② 관의 길이에 비례
    ③ 관의 내경 5제곱에 반비례
    ④ 유체의 점도에 따라 변화한다.

27. **압력강하산출식(압력손실 Pa)**
    $H = 1.293(S-1)h$
    여기서, H : 가스의 압력손실(mmH₂O), S : 가스비중, h : 배관의 입상높이(m)

28. **LP 가스 공급 및 소비설비의 압력손실 요인**
    ① 배관의 직관부에서 발생하는 압력손실
    ② 관의 입상에 의한 압력손실
    ③ 엘보우, 티, 밸브 등에 의한 압력손실
    ④ 가스미터, 콕 등에 의한 압력손실

29. **노즐에 의한 LP 가스 분출량 계산식**
    $$Q = 0.009 D^2 \sqrt{\frac{P}{d}} \qquad Q = 0.011 K D^2 \sqrt{\frac{P}{d}}$$
    여기서, Q : 가스분출량(m³/h), D : 노즐지름(mm),
    　　　　P : 노즐 직전의 가스압력(mmH₂O), d : 가스비중

30. **저압배관의 굵기**
    $$Q = K\sqrt{\frac{D^5 \cdot h}{S \cdot K}}$$
    여기서, Q : 가스유량(m³/h), K : 유량계수(폴의 정수 : 0.707),
    　　　　D : 파이프의 안지름(cm), h : 허용압력손실(mmH₂O), S : 가스비중,
    　　　　L : 파이프 길이(m)

31. **중·고압 배관의 굵기**
    $$Q = K\sqrt{\frac{D^5(P_1^2 - P_2^2)}{S \cdot L}}$$
    여기서, P_1 : 초압(kg/cm²a), P_2 : 종압(kg/cm²a)

32. **가스 배관 경로 선정 4요소**
    ① 최단거리로 할 것

② 구부러지거나 오르내림을 적게 할 것
③ 은폐하거나 매설을 피할 것
④ 가능한 옥외 설치

33. 배관계에서 발생하는 응력의 원인
① 열창에 의한 응력
② 내압에 의한 응력
③ 용접에 의한 응력
④ 냉간가공에 의한 응력
⑤ 배관부속품, 밸브, 플랜지 등에 의한 응력
⑥ 파이프 속을 흐르는 유체무게에 의한 응력

34. 배관계에서 발생하는 진동의 원인
① 펌프 및 압축기에 의한 영향
② 관의 굴곡에 의한 영향
③ 안전밸브 작동에 의한 영향
④ 관내를 흐르는 유체의 압력 변화에 의한 영향
⑤ 바람 및 지진 등에 의한 영향

35. 배관지하 매설
① 지면으로부터 : 1 m 이상
② 폭 8 m 이상의 도로 매설시 : 1.2 m 이상

36. 배관의 고정
① 관경이 13mm 미만 : 1m 마다
② 관경이 13mm 이상 33mm 미만 : 2m 마다
③ 관경이 33mm 이상 : 3m 마다

37. 입상관 높이
지면으로부터 1.6m 이상 2m 이하

38. 배관의 이음부와의 거리
① 절연조치한 전선 : 10cm 이상
② 절연조치 하지 아니한 전선 : 15cm 이상
③ 전기점멸기, 전기접속기 : 15cm 이상
④ 전기계량기, 전기개폐기 : 60cm 이상

02 용기 및 탱크

1. **고압가스 용기의 구비 조건**
   ① 경량이고 충분한 강도를 가질 것
   ② 내식성 및 내마모성을 가질 것
   ③ 가공성, 용접성이 좋고 가공 중 결함이 생기지 않을 것
   ④ 저온 및 사용온도에 견디는 연성, 점성강도를 가질 것

2. **염소, 아세틸렌, 암모니아, LPG : 탄소강 사용**
   ① 산소, 수소, 탄산가스 : 망간강
   ② 산소, 질소, 탄산가스, 프로판의 저온용기 : 알루미늄합금
   ③ 초저온가스용기 : 오스테나이트계 스테인레스강(Cr 18% + Ni 8%)

3. **탄소강을 탄소함유량에 따라 분류**
   ① 저탄소강 : 0.3% 미만
   ② 중탄소강 : 0.3% ~ 0.5% 미만
   ③ 고탄소강 : 0.5% ~ 2.0% 이하

4. **가스충전구의 형식에 의한 종류**
   ① A형 : 가스충전구가 숫나사인 것
   ② B형 : 가스충전구가 암나사인 것
   ③ C형 : 가스충전구에 나사가 없는 것

5. **그랜드 너트 개폐 방향**
   왼나사, 오른나사가 있으며, "왼나사"인 것은 그랜드 너트 육각모서리에 "V"자형 홈 각인

6. **초저온 용기**
   ① 인장시험   ② 기밀시험   ③ 내압시험   ④ 외관검사
   ⑤ 용접부에 관한 시험   ⑥ 단열성능시험   ⑦ 압궤시험

7. **납붙임 또는 접합용기의 검사**
   ① 외관검사   ② 기밀시험   ③ 고압가압시험

8. **내압시험 압력**
   ① 액화가스 및 압축가스 = $FP \times \dfrac{5}{3}$배
   ② 아세틸렌 = $FP \times 3$배
   ③ 고압가스설비 = 상용압력 × 1.5배

9. **기밀시험 압력**
   ① 초저온 및 저온용기 = $FP \times 1.1$배
   ② 아세틸렌 용기 = $FP \times 1.8$배
   ③ 기타 용기 = 최고충전압력 이상

10. **용접용기의 장점**
    ① 저렴한 강판을 사용하므로 경제적이다.
    ② 용기의 형태 및 치수가 자유로이 선택된다.
    ③ 두께공차가 적다(두께가 균일하다).

11. **고압가스 용기의 구비 조건**
    ① 경량이고 충분한 강도를 가질 것
    ② 내식성 및 내마모성을 가질 것
    ③ 가공성, 용접성이 좋고 가공 중 결함이 생기지 않을 것
    ④ 저온 및 사용온도에 견디는 연성, 점성강도 가질 것

12. **용기의 재료**
    ① 탄소강 : 염소, 아세틸렌, 암모니아, LPG(저압)
    ② 망간강 : 산소, 수소, 탄소(고압)
    ③ 알루미늄합금 : 산소, 질소, 탄산가스 프로판(저온가스용기)
    ④ 오스테나이트계 스테인리스강(18-8) : 초저온용기

13. **용기용 밸브**
    가스충전구는 : 왼나사, 기타 : 오른나사(단, NH_3, CH_3Br : 오른나사)

14. **강으로 제조한 이음매 없는 용기의 신규검사 항목**
    ① 인장시험   ② 기밀시험   ③ 내압시험
    ④ 외관검사   ⑤ 파열시험   ⑥ 충격시험   ⑦ 압궤시험

15. **수조식 내압시험 특징**
   ① 소형 용기에 행한다.
   ② 비수조식에 비해 측정결과에 대한 신뢰성이 크다.
   ③ 내압시험압력까지의 각 압력에서 팽창이 정확하게 측정됨
   ④ 항구증가율 $= \dfrac{\text{항구 증가량}}{\text{전 증가량}} \times 100$

   이때, 항구증가율이 10% 이하시 합격

16. **기밀시험 : 누설 여부 측정**
   질소, 탄산가스(CO_2), 건조공기 등 사용

17. **단열 성능 시험**
   ① 액화질소, 액화산소, 액화아르곤 같은 초저온용기의 단열상태를 보는 것. 이때 충전량은 내용적의 $\dfrac{1}{3}$ 이상 ~ $\dfrac{1}{2}$ 이하 되도록.
   ② 침입열량
      ㉠ 1,000l 이하 : 0.0005 kcal/lh°C (2.09J/lh°C)
      ㉡ 1,000l 초과 : 0.002 kcal/lh°C (8.37J/lh°C)
   ③ $Q = \dfrac{W \cdot q}{H \cdot \Delta t \cdot V}$ 산소 : -183°C, 아르곤 : -186°C, 질소 : -196°C(비점)

   여기서, Q : 침입열량(kcal/lh°C), W : 측정중 기화 가스량(kg),
   q : 시험용 액화가스의 기화잠열(kcal/kg),
   Δt : 시험용 저온액화가스의 비점과 외기와의 온도차(°C),
   H : 측정시간(h), V : 용기내용적(l)

18. **질량검사 : 용기의 두께감소율 측정**
   ① 내용적 500l 미만 용기 : 최초각인 질량이 95% 이상이면 합격
   ② 내압시험에서 영구팽창률이 6% 이하인 것은 90%가 합격이다.

19. **구형 저장탱크의 특징**
   ① 강도가 크다.　　　　　　② 용량이 크다.
   ③ 형태가 아름답다.　　　　④ 표면적이 적다.
   ⑤ 기초구조 단순, 공사 용이　⑥ 건설비가 싸다.
   ⑦ 보존면에서 유리하고 누설 완전 방지

20. 구형 저장탱크 내용적 계산

$$V = \frac{4}{3}\pi r^3 = \frac{\pi D^3}{6}$$

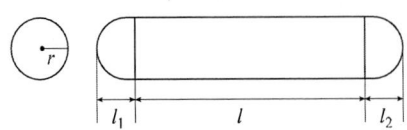

21. 횡형 저장탱크

$$V = \pi r^2 \left(l + \frac{l_1 + l_2}{3}\right)$$

22. 기밀압력시험(AP)
   ① 아세틸렌 용기 : $FP \times 1.8$
   ② 저온 및 초저온 : $FP \times 1.1$
   ③ 기타 용기 : FP 이상
   ④ FP : 최고충전압력

03 압축기 및 펌프

1. 압축기의 분류
   ① 용적식(체적식)
      ㉠ 왕복동식
      ㉡ 회전식
      ㉢ 스크루식
      ㉣ 로터리식
   ② 터보식(원심식)
      ㉠ 원심식
         · 터보형 : 임펠러 출구 각이 90°일 때
         · 레이디얼형 : 90°보다 적을 때
         · 다익형 : 90°보다 클 때
      ㉡ 축류식
      ㉢ 혼류식

   ■ 원심압축기의 특징
      ① 대용량의 용량제어가 가능
      ② 왕복압축기와 같은 맥동현상 없다.
      ③ 소형이므로 설치면적이 적다.
      ④ 압축유체에 윤활유가 혼입되지 않음
      ⑤ 무급유식이다.
      ⑥ 효율이 좋다.

> **TIP**
>
> ■ 왕복압축기의 특징
>
> ① 고압을 얻을 수 있다.
> ② 용량 조절이 용이하고 범위가 넓다.
> ③ 용적형이다.
> ④ 기체의 송출에 맥동이 있으므로 방진장치가 필요
> ⑤ 저속회전, 형태 크고, 중량이 무겁고, 고가, 설치면적 크다.
>
> ■ 터보압축기의 특징
>
> ① 무급유식이며 원심형
> ② 기체의 맥동이 없고 연속적
> ③ 서징 현상 있으므로 운전중 주의
> ④ 고속회전이므로 형태가 적고 경량
> ⑤ 용량조절이 가능하나 비교적 어렵고 범위가 좁다.
> ⑥ 대용량에 적당하고 설치면적 적음

2. **작동압력에 따른 분류**

   ① 팬(fan) : 토출압력이 $0.1\ kg/cm^2(1,000\ mmAq)$ 미만 ($0.01MPa$ 미만)
   ② 송풍기(blower) : 토출압력이 $0.1kg/cm^2$ 이상 ~ $1kg/cm^2$ 미만(0.01~$0.1MPa$)
   ③ 압축기(compressor) : $1kg/cm^2$ 이상($0.1MPa$ 이상)

3. **밸브의 구비 조건**

   ① 운전 중 분해하지 않을 것
   ② 유체저항이 적을 것.
   ③ 파손에 강하고 고온에서 변형이 적을 것
   ④ 작동이 확실할 것

4. **압축기의 안전장치**

   ① 안전두 : 작동압력 = 정상고압+0.3MPa
   ② 안전밸브
   　・작동압력 = 정상고압+0.5MPa
   　　또는 내압시험압력×0.8
   ③ 고압스위치 = 정상고압 + 0.4MPa

5. **왕복동 압축기 용량제어 방법**
   ① 회전수를 가감하는 방법
   ② 타임드밸브에 의한 방법
   ③ 흡입주밸브를 폐쇄시키는 방법
   ④ 바이패스밸브에 의해 압축가스를 흡입측으로 되돌리는 방법

6. **왕복동 압축기 이론 피스톤 압출량**

   $$V_a = \frac{\pi D^2}{4} L \cdot N \cdot R \cdot 60$$

   여기서, V : 피스톤압출량(m^3/h), D : 피스톤지름(m), L : 행정거리(m),
   N : 기통수, R : 분당회전수(rpm)

7. **실제적인 피스톤 압출량**

   $$V_g = \frac{\pi D^2}{4} L \cdot N \cdot R \cdot 60 \eta_v$$

   여기서, η_v : 체적효율(%)

8. **왕복동 압축기의 체적 효율**

   $$\eta_v = \frac{V_g}{V_a} \times 100$$

9. **왕복동 압축기의 압축 효율**

   $$\eta_c = \frac{이론적\ 동력}{지시\ 동력} \times 100 (실제가스의\ 압축소모동력)$$

10. **왕복동 압축기의 기체 효율**

    $$\eta_m = \frac{실제적인\ 가스의\ 압축소요동력}{축동력} \times 100 = \frac{유효한\ 기계적\ 일}{공급받은\ 에너지}$$

11. **압축비**
    ① 단단압축기의 경우 = $r = \frac{P_2(토출절대압)}{P_1(흡입절대압)}$

    ② 다단압축기의 경우 = $r = Z\sqrt{\frac{P_2}{P_1}}$

12. 압축비가 클 때 장치에 미치는 영향
① 토출가스온도 상승으로 인한 실린더 과열 우려
② 윤활유 열화 및 탄화
③ 체적효율 감소
④ 소요동력 및 축수하중 증대
⑤ 압축기 능력 감퇴

> **TIP**
> ■ 냉매의 구비조건
> ① 비체적이 적을 것　　　　　② 독성 및 가연성이 아닐 것
> ③ 증발잠열이 클 것　　　　　④ 증발온도가 낮을 것
> ⑤ 악취가 없고 인체에 무해할 것　⑥ 부식성이 없을 것
> ⑦ 응고온도가 낮고, 응축압력 높을 것　⑧ 임계온도가 높을 것

13. 다단압축의 목적
① 소요일량이 절약된다.
② 가스의 온도 상승을 방지할 수 있다.
③ 힘의 평형이 양호해진다.
④ 이용효율이 증가한다.

14. 서징(surging) 현상
① 송출압력과 송출유량의 주기적 변동으로 인하여 펌프 입구 및 출구 압력계 지침이 흔들리는 현상
② 압축기, 송풍기, 펌프에서 토출측 저항이 커지면 중량이 감소하고 어느 중량까지 감소하였을 때 관로에 강한 공기의 맥동과 진동을 발생시켜 불안전한 운전되는 현상
③ 방지법(교회가 경사졌네)
　㉠ 배관내 경사를 완만하게 고려한다.
　㉡ 가이드 베인을 컨트롤해 풍량을 감소시킨다.
　㉢ 교축밸브를 압축기 가까이 설치
　㉣ 회전수를 변화시킨다.
　㉤ 토출가스를 흡입측에 바이패스 시키거나 방출밸브에 의해 대기로 방출시킨다.

15. 터보압축기의 용량제어 방법
① 베인 컨트롤(깃각도) 조절에 의한 방법

② 바이패스에 의한 방법
③ 회전수 가감에 의한 방법
④ 흡입 및 토출댐퍼에 의한 조절

16. **윤활의 목적**
    ① 마찰저항을 줄이고 운전을 원활하게
    ② 기계수명을 연장시킨다.
    ③ 기계효율을 높인다.
    ④ 가스의 누설을 방지
    ⑤ 방청효과 지닌다.

17. **윤활유의 구비 조건**
    ① 사용가스와 반응하지 않고, 화학적으로 안정할 것
    ② 인화점이 높고 응고점이 낮을 것
    ③ 점도가 적당하고 항유화성이 클 것
    ④ 수분 및 산 등의 불순물이 적을 것
    ⑤ 정제도가 높아 잔류탄소가 적을 것
    ⑥ 열 안정성이 좋아 쉽게 열분해하지 않을 것

18. **압축기의 내부 윤활유**
    ① 공기압축기, 수소압축기, 아세틸렌압축기 : 양질의 광유
    ② 염화메탄압축기, 아황산가스압축기 : 화이트유
    ③ 산소압축기 : 물 또는 10% 이하의 묽은글리세린수
    ④ 염소압축기 : 농황산(진한황산)
    ⑤ LP 가스 압축기 : 식물성유

19. **공기압축기의 내부 윤활유**

잔류탄소전질량	인화점	교반온도	교반시간
1% 이하	200℃	170℃	8시간
1%~1.5%	230℃	170℃	12시간

20. **중간압력 이상상승 원인**
    ① 다음단의 흡입·토출밸브 불량

② 다음단의 피스톤링 마모
③ 다음단의 클리어런스 밸브 불완전 폐쇄
④ 토출배관의 저항 증대
⑤ 중간단 냉각기의 능력 저하
⑥ 중간단의 바이패스 순환

21. **토출압의 저하 원인**
    ① 흡입·토출밸브 불량
    ② 흡입관 저항 증대
    ③ 흡입관로의 누설
    ④ 흡입측 바이패스 순환
    ⑤ 전단 냉각기의 과냉
    ⑥ 전단 피스톤링의 마모

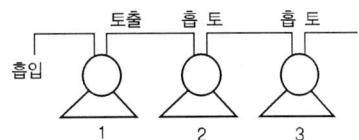

22. **압축기 점검 주기**
    ① 1,500~2,000시간
       ㉠ 흡입·토출밸브   ㉡ 오일필터   ㉢ 프레임윤활유
       ㉣ 흡입필터   ㉤ 실린더 내면
    ② 3,500~4,500시간
       ㉠ 피스톤 로드   ㉡ 메탈릭 패킹
    ③ 8,000~9,000시간
       ㉠ 프레임   ㉡ 커넥팅 로드   ㉢ 크로스 헤드
       ㉣ 크랭크 샤프트   ㉤ 주베어링   ㉥ 실린더
       ㉦ 피스톤   ㉧ 피스톤 로드   ㉨ 안전밸브
       ㉩ 실린더 헤드

23. **펌프의 종류**
    ① 터보형(원사축)
       ㉠ 왕복식
          ·피스톤   ·플런저   ·다이어프램
       ㉡ 회전식
          ·베인펌프   ·기어펌프   ·나사펌프
       ㉢ 특수형
          ·마찰펌프   ·기포펌프   ·제트펌프   ·수격펌프

24. 터보형 펌프의 양정 범위
① 축류펌프 : 1~5 m
② 사류펌프 : 5~8 m
③ 볼트류 펌프 : 10~12 m
④ 터빈펌프 : 20~30 m

25. 메카니컬 시일 방식 중 더블 시일형을 사용할 경우
① 인화성 또는 유독액이 강한 액일 때
② 기체를 시일할 때
③ 보온·보냉이 필요한 때
④ 내부가 고진공일 때
⑤ 누설되면 응고되는 액일 때

26. 펌프의 동력
① $PS = \dfrac{r \times Q \times H}{75 \times \eta}$ $(Q = m^3/sec)$

② $PS = \dfrac{r \times Q \times H}{76 \times \eta \times 60}$ $(Q = m^3/min)$

③ $PS = \dfrac{r \times Q \times H}{75 \times \eta \times 3600}$ $(Q = m^3/h)$

④ $kW = \dfrac{r \times Q \times H}{102 \times \eta}$ $(Q = m^3/sec)$

⑤ $kW = \dfrac{r \times Q \times H}{102 \times \eta \times 60}$ $(Q = m^3/min)$

⑥ $kW = \dfrac{r \times Q \times H}{102 \times \eta \times 3600}$ $(Q = m^3/h)$

27. 펌프의 회전수
$$N = n\left(1 - \dfrac{S}{100}\right) = \dfrac{120f}{P}\left(1 - \dfrac{S}{100}\right)$$

$$n = \dfrac{120f}{P}$$

여기서, n : 등기속도(rpm), S : 미끄럼율(%), P : 전동기극수,
f : 전원의 주파수

28. 펌프의 상사 법칙

① 풍량(Q) = $Q_1 \times \left(\dfrac{N_2}{N_1}\right)^1$

② 풍압(P) = $P_1 \times \left(\dfrac{N_2}{N_1}\right)^2$

③ 풍마력(HP) = $HP_1 \times \left(\dfrac{N_2}{N_1}\right)^3$

29. 비교회전속도(비속도)

① 1단일 때 : $N_s = \dfrac{N \times \sqrt{Q}}{H^{\frac{3}{4}}}$

② n단일 때 : $N_s = \dfrac{N \times \sqrt{Q}}{\left(\dfrac{H}{n}\right)^{\frac{3}{4}}}$

여기서, N : 임펠러의 회전수(rpm), Q : 토출량(m³/min), H : 양정(m), n : 단수

30. 캐비테이션(공동현상)

급격한 압력강하로 인하여 액체로부터 기체가 분리되면서 소음, 진동, 충격을 발생하는 현상

① 영향
  ㉠ 소음과 진동 발생
  ㉡ 양정곡선과 효율곡선 저하
  ㉢ 깃에 대한 침식

② 발생 조건
  ㉠ 과속으로 유량이 증가될 때
  ㉡ 관로 내의 온도 상승 시
  ㉢ 흡입양정이 지나치게 길 때
  ㉣ 흡입관 입구 등에서 마찰저항 증가 시

③ 방지 대책
  ㉠ 양흡입 펌프를 사용한다.
  ㉡ 두 대 이상의 펌프를 사용한다.
  ㉢ 회전수를 줄인다.
  ㉣ 회전자를 완전히 액중에 잠기게 한다.
  ㉤ 관경을 크게 하고 유속을 줄인다.

31. **수격작용(water hammer)**
    급히 펌프가 멈추거나 수량조절밸브를 급히 폐쇄할 때 심한 압력변화가 생겨 관벽을 치는 현상
    ① 방지법
       ㉠ 조압수조를 관로에 설치(surge tank)
       ㉡ 관경을 크게 하고 관내유속을 느리게 한다.
       ㉢ 밸브는 펌프 송출구 가까이에 설치하고 적당히 제어
       ㉣ 펌프에 플라이어휠을 설치하여 펌프의 속도가 급격히 변화하는 것을 막는다.

04 고압장치의 재료 강도 및 부식

1. **금속의 성질**
   ① 인성 : 질긴 성질
   ② 연성 : 늘어나는 성질(순서 : 금, 은, 알루미늄, 구리, 백금, 납, 아연, 철, 니켈)
   ③ 전성 : 타격, 압연작업에 의해 얇은 판으로 넓게 퍼질 수 있는 성질(순서 : 금, 은, 백금, 알루미늄, 철, 니켈, 구리, 아연)
   ④ 취성 : 잘 부서지고 깨지는 성질
   ⑤ 가단성 : 단조, 압연, 인발 등에 의해 변형할 수 있는 성질
   ⑥ 강도 : 외력에 대해서 재료 단면에 작용하는 최대 저항력(kg/mm^2)
   ⑦ 경도 : 재료의 단단한 정도
   ⑧ 피로 : 재료에 인장과 압축하중을 연속적으로 반복하여 작용시켰을 때 파괴되는 현상
   ⑨ 크리프 : 어느 온도(350°C) 이상에서 일정한 응력이 작용할 때 시간의 경과와 더불어 변형이 증대되고 때로는 파괴되는 현상

2. **금속재료의 종류**
   ① 탄소강 : 보통강이라고도 함(주성분 : Fe+C).
   ② 탄소함유량에 의한 분류
       ㉠ 순철 : 탄소 0.035% 이하
       ㉡ 강철 : 탄소 0.035%~1.7% 이하
              0.3% 이하(연강)
              0.3% 이상(경강)
       ㉢ 주철 : 탄소 1.7% 이상~6.68% 이하 함유

③ 18-8 스테인리스강(오스테나이트계 스테인리스강)
Cr(18%)+Ni(8%)

3. **특수강에 각종 원소가 미치는 영향**
① Ni(니켈) : 인성 증가, 저온에서 충격저항 증가, 질화 촉진, 주철의 흑연화 촉진
② Cr(크롬) : 내마모성, 내식성, 내열성, 담금질 증가, 흑연화 안정, 탄화물 안정
③ Mn(망간) : 강도, 경도, 인성 증가, 점성 크고 고온가공 쉽게 한다. 적열취성방지, 황의 해를 제거, 고온에서 결정립 성장 억제
④ Mo(몰리브덴) : 뜨임 취성 방지, 고온에서 인장강도 증가, 저온취성방지
⑤ S(황) : 적열취성 원인, 절삭성이 좋아진다.
　　　　　인장강도, 연신율 충격값 등을 저하
⑥ Cu : 내산화성 증가
⑦ Si(규소) : 자기 특성, 내열성 증가, 유동성 증가, 결정입자 조대화, 충격값, 연신율 감소
⑧ 티탄 : 탄화물 생성용이, 결정입자의 미세화

4. **동 및 동합금**
① 암모니아 및 아세틸렌 가스에는 침식 및 폭발의 위험성(동)
② 동합금
　㉠ 황동 : 동+아연합금(놋쇠라고도 함)
　㉡ 청동 : 동+주석합금
③ 알루미늄합금 : 실린더 헤드, 크랭크 케이스, 피스톤 등 압축기

5. **고온 · 고압장치의 조건**
① 고온강도 및 점성강도가 클 것
② 크리프 강도가 클 것
③ 조직의 균일화로 점성강도가 클 것
④ 장시간 가열해도 조직이 안정하고 내구성이 클 것

6. **열처리**
금속을 적당한 온도로 가열 냉각시켜 특별한 성질을 부여하는 것
① 담금질(퀜칭) : 강의 경도 및 강도 증가
② 뜨임(템퍼링) : 인성을 증가
③ 풀림(어닐링) : 상온가공을 용이하게 할 목적

가공경화나 내부응력 제거

④ 불림(노멀라이징) : 거칠어진 조직을 미세화하고 편석이나 잔류응력 제거

7. **응력변형도**

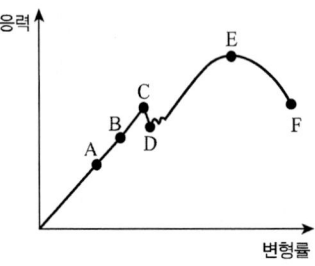

A : 비례한계점
B : 탄성한계점
C : 상항복점
D : 하항복점
E : 극한(인장)강도점
F : 파괴점

8. **부식이란**

수분과 공기중의 산소와 반응되어 산화됨으로써 금속의 화학적 및 전기화학적 반응에 의해 표면에서 소모되는 현상

① 부식의 원인
  ㉠ 미주전류에 의한 부식
  ㉡ 국부전지에 의한 부식
  ㉢ 박테리아에 의한 부식
  ㉣ 이종금속간의 접촉에 의한 부식
  ㉤ 농염전지작용에 의한 부식

② 부식의 형태
  ㉠ 전면부식
  ㉡ 국부부식 : 부식이 특정한 부분에 집중되는 양식
  ㉢ 선택부식 : 기계강도가 적은 다공질의 침식층을 형성하는 양식, 주철의 흑연화 부식, 황동의 탈아연 부식, 탈알루미늄 부식
  ㉣ 입계부식 : Cr량이 감소되어 내식성의 저하로 생기는 부식
  ㉤ 응력부식 : 부식환경이 되면 취성 파괴가 일어나는 현상

9. ① 에로션이란(황산의 이송배관 발생)
   펌프의 회전차 등 유속이 큰 부분에서 부식성 환경에서 마모

   ② 바나듐어택(V_2O_5 : 오산화바나듐)
   중유나 연료유의 회분중에 V_2O_5가 고온에서 용융시 다량의 산소가 금속 표면을 산화시켜 부식

10. 부식 속도에 영향을 끼치는 인자

① 내부인자

조성, 조직, 구조, 표면상태, 응력상태, 전기화학적 특성, 온도

② 외부인자

유동상태, 용존가스, 생물수식, 부식액의 조성, PH(수소이온농도)

11. 건식 부식

고온가스와 금속이 접촉될 경우 양자간의 화학적 친화력이 크면 금속의 산화, 황화, 질화, 할로겐화 등의 부식이 발생

① 수소(수소 취성)

고온·고압하에서 강에 침투하여 탄소와 결합하여 메탄(CH_4)가스를 형성시켜 탈탄반응 일으킴

㉠ $Fe_3C + 2H_2 \rightarrow CH_4 + 3\underline{Fe}$
  　　　　　　　　　(순철)

㉡ 탈탄방지첨가원소 : V, Mo, Ti, W, Cr
  　　　　　　　　　(바 몰 티 텅 크)

② 산소(산화 촉진)

수분이 존재할 때 고온뿐만 아니라 상온에서도 산화피막 형성 부식

㉠ 내산화성 원소 : Al, Cr, Ni, Si
  　　　　　　　　(알 크 니 소)

③ 질소(질화 촉진)

고온 상태에서 질소와 친화력이 큰 Al, Cr, Mo, Ti 등과 반응하여 부식
  　　　　　　　　(알 크 모 티)

㉠ 내질화성 원소 : Ni

④ 일산화탄소(침탄 및 카보닐화)

고온·고압하에서 자성체 금속인 Fe, Ni, CO 등과 반응, 금속 카보닐 생성 취화

㉠ $Ni + 4CO \rightarrow Ni(CO)_4$ 니켈카보닐

㉡ $Fe + 5CO \rightarrow Fe(CO)_5$ 철카보닐

㉢ 내침탄성 원소 : Al, Ti, V, Si
  　　　　　　　　(알 티 바 소)

⑤ 암모니아(탈탄반응 및 질화 촉진)

㉠ 고온·고압하에서 강재에 탈탄반응과 질화작용을 동시 발생, Cu 및 Cu합금 침식 사용 不

㉡ 황화수소 및 아황산가스(황화 촉진)

- 고온에서 거의 모든 금속과 작용, 황화현상
  Fe, Ni 심하게 부식시킴
- $SO_2 + H_2O \rightarrow H_2SO_3$(황산)

  $H_2SO_3 + \frac{1}{2}O_2 \rightarrow H_2SO_4$(황산)
- 내황화성 원소 : Al, Cr, Si

12. **방식법**
    ① 부식환경의 처리에 의한 방법
    ② 인히비터(부식억제제)에 의한 방법
    ③ 피복에 의한 방법
    ④ 전기방식법
      ㉠ 강제배류법   ㉡ 유전(희생)양극법
      ㉢ 선택배류법   ㉣ 외부전원법

13. **내압용기의 강도**

    $\sigma_1 = \dfrac{W}{A} = \dfrac{P \cdot D}{200t}$ (kg/mm²) : 원통접선 방향, $\dfrac{PD}{2t}(kg/cm^2)$

    여기서 D : 안지름, P : 내압(kg/cm²), t : 두께

    $\sigma_2 = \dfrac{P \cdot D}{400t}$ (원통의 축방향), $\dfrac{PD}{4t}(kg/cm^2)$

14. **동판 두께 구하는 식**

    $t = \dfrac{P \cdot D}{2S\eta - 1.2P} + C$

    여기서, t : 동판의 최소두께(mm), D : 동판의 안지름(mm), η : 용접이음효율,
    P : 설계압력(MPa), S : 허용응력(N/mm²) = 인장강도의 $\dfrac{1}{4}$,
    C : 부식여유치

15. **비파괴 검사**
    ① 음향검사 : 테스트 해머 이용, 결함 유무 판단, 청음 : 합격, 둔탁음 : 불합격
    ② 침투검사 : 표면에 나타난 미소균열 구멍 검출
    ③ 자분검사(자기검사) : 피검사물을 자석화시켜 자분의 밀집 여부로 검사
       표면결함 검사 : 표면균열의 검사를 X선이나 초음파보다 정밀도 높다.
    ④ 방사선투과검사 : X선이나 γ선 이용, 결함 유무 검출

용접부 결함 검사 가장 적합. 가장 널리 사용. 내부결함 측정
⑤ 초음파 검사 : 내부의 결함과 불균일층의 존재 여부 검사하는 방법
고압장치의 판두께 측정
⑥ 와류검사 : 내면 및 표면결함 측정
⑦ 전위차법 검사
⑧ 설파프린트법
강재중의 황의 편석분포상태 검출
묽은황산에 침적한 사진용 인화지 사용
⑨ 방사선 투과법
  ㉠ 장점 : ·필름에 의해 내부의 결함의 모양, 크기 등을 알 수 있다.
         ·결과의 기록이 가능
  ㉡ 단점 : ·장치가 크므로 가격이 비싸다.
         ·취급상 신체의 방호가 필요하다.
         ·두께가 두꺼운 개소는 검출이 곤란
         ·선에 평행한 크랙은 찾기 힘들다.

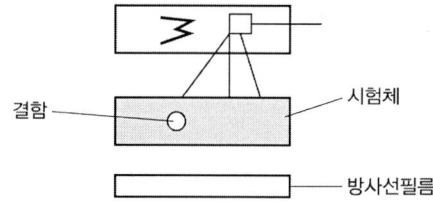

⑩ 초음파 탐상법
  ㉠ 장점 : ·고압장치의 왼두께 측정
         ·검사비용이 싸고 결과가 신속
         ·균열을 검출하기 쉽다.
  ㉡ 단점 : ·결함의 형태가 부적당하다.
         ·결과의 보존성이 없다.

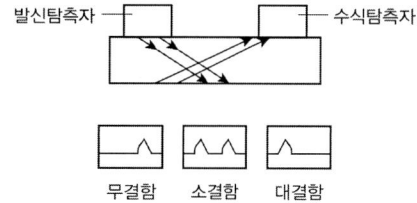

05 저온장치

1. **쥬울 톰슨 효과**
   압축가스를 단열팽창시키면 온도와 압력이 내려간다.

2. **가스액화분리장치**
   ① 가역가스액화 사이클
   ② 다원액화 사이클
   ③ 린 데의 공기액화 사이클
   ④ 필립스의 공기액화 사이클 : 상부에 피스톤과 보조피스톤이 있고 수소나 헬륨을 냉매로한 효율적인 냉동방식
   ⑤ 카피자의 공기액화 사이클 : 공기의 압축응력 7atm 정도 열교환에 축냉기를 사용, 원료공기 냉각시킴. 원료 공기중의 수분과 탄산가스를 제거하고 터빈식 팽창기를 사용
   ⑥ 캐스케이드사이클 : 비점이 점차 낮은 냉매를 사용하여 저비점의 기체를 액화하는 사이클

3. **저온장치의 단열법**
   ① 상압단열법 : 일반적으로 사용
   단열하는 공간에 분말, 섬유 등의 단열재를 충전 방법
   ② 진공단열법 : 공기의 열전도율보다 낮은 값을 얻기 위해 공기에 의한 전열을 제거한 단열법
   　㉠ 고진공단열법 : 압력이 10^{-3} Torr : 공기에 의한 전열은 압력이 10^{-3} Torr
   　㉡ 분말진공단열법 : 압력이 10^{-2} Torr(충진용 분말 : 펄라이트, 규조토, 알루미늄분말)
   　㉢ 다층진공단열법 : 10^{-5} Torr : 양면간에 복사방지용 시일드판으로서의 알루미늄박과 스페이서로서의 글라스울을 다수포개어 단열한다.

4. **저온장치에서 열의 침입 원인**
   ① 안전밸브 밸브 등에 의한 열전도
   ② 지지요크 등에 의한 열전도
   ③ 외면으로부터의 열복사
   ④ 단열재를 넣은 공간에 남은 가스분자의 열전도
   ⑤ 연결배관 등에 의한 열전도

5. **LNG의 주성분 : CH₄(메탄)**
    - 비점 : -162°C
    - 임계온도 : -82°C

06 가스설비

1. **오토클레이브란**
   고온·고압하에서 화학적인 반응을 위한 고압반응가마

   (1) 종류
   ① 교반형 : 교반기에 의해 내용물의 혼합 균일하게
      ㉠ 단점
         - 교반측의 스타핑 박스에서 가스 누설의 가능성 많다.
         - 회전속도를 증가시키거나 압력을 높이면 누설되기 쉬우므로 압력과 회전속도에 제한 있다.
   ② 진탕형 : 횡형 오토클레이브 전체가 수평 전·후운동을 하므로 내용을 교반시키는 형식
      ㉠ 장점
         - 뚜껑판 뚫어진 구멍에(안전밸브, 압력계) 촉매가 끼어들어갈 염려 있다.
         - 장치 전체가 진동하므로 압력계는 본체로부터 떨어져 설치
         - 가스 누설의 가능성이 없다.
         - 고압에 사용할 수 있고 반응물 오손 없다.
   ③ 회전형 : 오토클레이브 자체가 회전하는 형식
      ㉠ 고체를 액체로 처리할 때나 액체에 기체를 작용시키는 경우
   ④ 가스교반형 : 가늘고 긴 수직형 반응기로 유체가 순환됨으로써 교반이 행해지는 방식
      ㉠ 공업적으로 대형의 화학공장에 채택되거나 연속반응의 실험실에 사용

2. **고압가스 반응기**
   소형시 : 합성관, 내형 : 합성탑, 합성로, 전화로

   (1) 암모니아 합성탑
   ① 고압합성(60~100MPa) : 클로우드법, 카쟈레법
   ② 중압합성(30MPa 전후) : 뉴파우더법, IG법, 케미그법, 신파우더법, 뉴우데법, JCI법

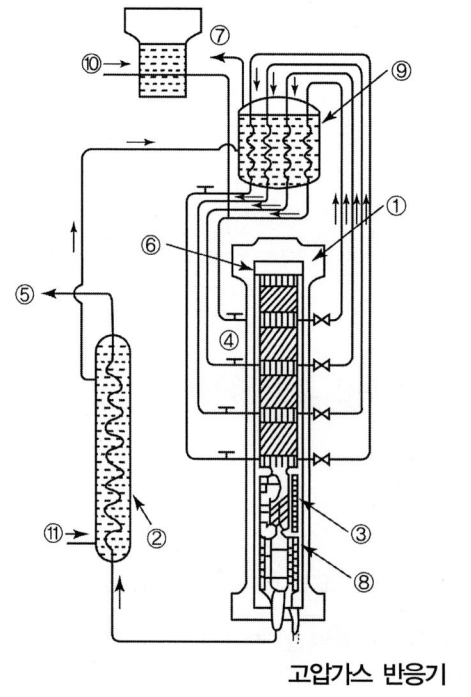

고압가스 반응기

① 합성관
② 급수예열기
③ 촉매를 충진한 열교환기
④ 촉매충
⑤ 냉각기
⑥ 전열기
⑦ 증기
⑧ 열교환기
⑨ 보일러
⑩ 순수한 물
⑪ 급수

③ 저압합성(15MPa 전후) : 구우데법, 케로그법

3. 석유화학장치

① 반응장치

  ㉠ 탱크식 반응기
  · 아크릴클로라이드와 합성   · 디클로로에탄의 합성

  ㉡ 탑식 반응기
  · 에틸벤젠의 제조   · 벤졸의 염소화

  ㉢ 관식 반응기
  · 에틸렌의 제조   · 염화비닐의 제조

  ㉣ 내부연소식 반응기
  · 합성용 가스의 제조   · 아세틸렌의 제조

  ㉤ 축열식 반응기
  · 아세틸렌의 제조

  ㉥ 유동층식 접촉반응기
  · 석유의 개질

  ㉦ 이동상식 접촉반응기
  · 에틸렌의 제조

4. **공기액화분리장치**
    ① 전저압식 공기액화분리장치
    - 장치조작압력 : 5 kg/cm^{2}g 이하
    - 산소발생량이 500 Nm^3 이상 대용량
    ⓛ 저압식 액산 플랜트
    - 장치조작압력 : 25 kg/cm^{2}g 정도
    - Ar 회수가 가능
    ⓒ 중압식 공기액화분리장치
    - 장치조작압력 : 10~30 kg/cm^{2}g, 중압이며
    - 산소 비해 질소 취득량 많을 때, 소용량 적합.

5. **복식 정류장치** : 현재 가장 많이 사용
    산소 순도 : 99.5%
    질소 순도 : 99.8%
    ① 종류
        ㉠ 고압식 액화분리장치
        - 하부탑의 압력 : 5 atm 정도, 온도 : -150℃
        - 상부탑의 압력 : 0.5 atm, 순도 : 99.6~99.8%
        ㉡ 저압식 액화분리장치
        - 원료공기는 터보압축기 압축 : 5 atm 정도
        - 하부탑 : 5 atm
        - 상부 : 98% 정도 액화질소, 하부 : 40% 정도의 액체공기로 분리
        - 순도 : 99.6~99.8%
        - 불순질소는 순도 96~98%로 상부탑 상부에서 분리

6. **탄산가스 흡착기**
    ① 탄산가스는 저온장치에서 고형의 드라이아이스가 되어 수분을 얼음으로 변하여 밸브 및 배관의 흐름을 폐쇄하기 때문
    ② CO_2 흡수제 : NaOH수용액 $\Rightarrow$ $2NaOH+CO_2 \rightarrow Na_2CO_3+H_2O$

7. **건조기**
    ① 물이나 기름이 압축기 내에 들어가면 햄머링이 일어나 압축기가 파손된다.
    ② 소다건조기의 흡수제 : 입상 가성소다
    ③ 겔건조기의 흡착제 : 실리카겔, 활성알루미나, 염화칼슘, 쿨테클레시브

8. 아세틸렌 제조장치

(1) 가스발생기

카바이드와 물을 가지고 C_2H_2를 발생시키는 철강제 탱크

주수식, 침지식, 투입식이 사용. 투입식이 가장 많이 사용

① 주수식 : 카바이드에 물을 넣는 방법
   ㉠ 불순가스 발생이 적고 잔류가스 발생이 적다.
   ㉡ 카바이드 교체시 공기혼입의 우려가 있다.
   ㉢ 카바이드에 접촉하는 물이 적기 때문에 온도 상승으로 분해 및 중합의 우려가 있다.

② 침지식(접촉식) : 물과 원료를 소량씩 접촉시키는 방법
   ㉠ 발생기의 온도 상승이 쉽다.
   ㉡ 가스발생량을 자동으로 조절할 수 있다.
   ㉢ 불순가스와 잔류가스가 발생할 수 있다.
   ㉣ 카바이드 교체시 공기의 혼입 우려

③ 투입식 : 물에 카바이드를 넣는 방법
   ㉠ 대량 생산에 적합하다.
   ㉡ 잔류가스가 발생한다.
   ㉢ 카바이드 투입량에 의해서 아세틸렌가스량을 조절
   ㉣ 카바이드가 수중에 있으므로 온도 상승이 적다.

> **TIP**
>
> ■ 가스발생기를 압력에 따라 구분
>   ① 저압식 : 0.007MPa미만
>   ② 중압식 : 0.007 ~ 0.13MPa 미만
>   ③ 고압식 : 0.13MPa 이상
>
> ■ 가스발생기 자체로서 구비 조건
>   ① 안전기를 갖추고 산소의 역류, 역화시 발생기의 위험이 미치지 않을 것.
>   ② 가스 수요에 맞고 일정한 압력을 유지할 것.
>   ③ 가열, 지연 발생이 적을 것.
>   ④ 구조가 간단하고 취급이 쉬울 것.
>   ⑤ 가스발생기 적당한 온도 50~60℃ 정도, 습식아세틸렌 발생기 표면온도 70℃ 이하 유지

(2) 쿨러
발생된 가스를 냉각하여 수분, 암모니아 제거

(3) 가스청정기
① 불순물 : PH_3, H_2S, O_2, NH_3, H_2, CH_4, CO
      (인화수소, 황화수소, 산소, 암모니아, 수소, 메탄, 일산화탄소)
② 불순물 존재시
    ㉠ 악취 발생   ㉡ 용해도 저하   ㉢ 순도 저하
③ 아세틸렌 청정제
    ㉠ 에퓨렌   ㉡ 리카솔   ㉢ 카타리솔

(4) 아세틸렌 압축기
① 윤활유 : 양질의 광유
② 온도 상승 방지 : 압축기는 수중에서 작동
③ 회전수 100rpm 전후의 2~3단의 왕복동압축기를 사용하며 압축기 용량은 보통 15~60m³/h 사용
④ 아세틸렌 충전중에는 온도에 불구하고 2.5MPa 이상 올리지 말 것
⑤ 2.5MPa 압력으로 할 경우 희석제 첨가
    CH_4, CO, C_2H_4, N_2
    (메탄, 일산화탄소, 에틸렌, 질소)

(5) 역화방지기
내부 : 물, 모래, 자갈, 페로실리콘

(6) 다공물질
① 다공물질의 명칭
    석면, 석회석, 규조토, 목탄, 탄산마그네슘, 산화철, 다공성 플라스틱
② 다공도 : 75% 이상~92% 미만
③ 다공질의 구비 조건
    ㉠ 고다공도일 것   ㉡ 기계적 강도가 클 것
    ㉢ 가스 충전이 쉬울 것   ㉣ 안전성이 있을 것
    ㉤ 경제적일 것   ㉥ 화학적으로 안정할 것

07 LP 가스 설비

1. **LP 가스의 일반적인 특성**

   LPG는 액화석유가스라고 하며, 저급탄화수소계로서 탄소수가 3~4개이며 주로 프로판(C_3H_8)과 부탄(C_4H_{10})이 주성분

   ① 기화 및 액화가 용이
   - ㉠ 상온 : 프로판 0.7MPa, 부탄 : 0.2MPa 가압액화
   - ㉡ 상압(대기압) : 프로판 : -42.1℃, 부탄 : -0.5℃ 냉각액화

   ② LP 가스는 공기보다 무겁다.
   - ㉠ 액화상태의 LP 가스는 물에 용해 不
   - ㉡ 비중 : C_3H_8 : 0.51 kg/l, C_4H_8 : 0.582 kg/l

   ③ 기화하면 체적이 커진다.
   - ㉠ C_3H_8 : 250배
   - ㉡ C_4H_8 : 230배

   ④ 증발잠열이 크다.
   - ㉠ C_3H_8 : 101.8 kcal/kg
   - ㉡ C_4H_8 : 92.1 kcal/kg

   ⑤ 프로필렌
   - ㉠ 비점 : -47.7℃
   - ㉡ 폭발범위 : 2.4~10.3%

   ⑥ 부틸렌
   - ㉠ 비점 : -6.26℃
   - ㉡ 폭발범위 : 1.6~9.3%

   ⑦ C_3H_8
   - ㉠ 임계온도 : 96.8℃
   - ㉡ 임계압력 : 42 atm

   ⑧ C_4H_8
   - ㉠ 임계온도 : 152℃
   - ㉡ 임계압력 : 37 atm

2. **LP 가스의 연소 특성**

   ① 연소시 많은 공기가 필요하다.
   - ㉠ 프로판의 연소반응식

     $C_3H_8 + 5O_2 \rightarrow 3CO_2 + 4H_2O + 530 \text{ kcal/mol}$

   - ㉡ 부탄의 연소반응식

     $C_4H_{10} + 6.5O_2 \rightarrow 4CO_2 + 5H_2O + 700 \text{ kcal/mol}$

   ② 연소시 발열량 크다.
   - ㉠ 프로판 : 12,000 kcal/1g
   - ㉡ 부탄 : 11,800 kcal/1g
   - ㉢ 등유 : 8,800 kcal/1g
   - ㉣ 경유 : 9,200 kcal/1g

ⓜ 전기 : 860 kWh
③ 연소범위가 좁다(폭발범위).
　ⓐ C$_3$H$_8$: 2.1~9.5%　　　ⓑ C$_4$H$_{10}$: 1.8~8.4%
④ 착화온도가 높다(발화온도).
　ⓐ CH$_4$: 460~520°C　　　ⓑ C$_4$H$_{10}$: 430~510°C
　ⓒ CH$_4$: 615~682°C　　　ⓓ C$_2$H$_2$: 400~440°C
　ⓜ CH$_4$: 500~519°C
⑤ 용해성이 있다.
　ⓐ 고무, 페인트, 그리스, 윤활유 등 용해
⑥ 연소 속도가 늦다.
　ⓐ 부탄 : 3.65 m/sec　ⓑ 프로판 : 4.45 m/sec　ⓒ 메탄 : 6.65 m/sec
⑦ 무색, 무취, 무독, 무미
　ⓐ 중독성이 없으나 많은 양 마시면 신경 마비
　ⓑ 공기중 : $\frac{1}{1000}$ 향료 첨가
　　(모노메르캅탄, 에틸메르캅탄) ⇒ 향료

3. 도시가스와 비교한 LP 가스의 특성

① 열용량이 크기 때문에 관지름이 작은 배관으로 공급
② 발열량이 높다.
③ 특별한 가압장치 불필요.
④ 입지적 제약 없다.
⑤ 일정하게 공급 가능.
⑥ 공급가스압을 자유로이 설정할 수 있어 다방면 이용
　가정용 85% 사용, 공업용 15% 정도
⑦ 조성 일정하고 가격이 저렴하여 경제성 높다.

(1) 단점

① 저장탱크 및 용기의 집합공급장치 필요. 부탄의 경우 재액화 방지
② 연소용 공기 또는 산소가 다량으로 필요. 도시가스 10배 정도에 비해 프로판 24배, 부탄 31배 필요
③ 예비용기 확보 고려

4. LP 가스 누설시의 조치사항

① 주위 화기를 제거한다.

② 용기의 원밸브를 닫는다.
③ 창문을 열고 환기를 시킨다.
④ 용기 및 가스기구 이상시 판매점에 연락하여 조치 취한다.

5. LP 가스 용기
① 용기 종류 : 용접용기
② 용기 재질 : 탄소강(C : 0.33%, P : 0.04%, S : 0.05%)
③ 용기 도색 : 회색(글씨는 적색)
④ 안전밸브 형식 : 스프링식
⑤ 최고충전압력 및 기밀시험압력 : 1.56MPa
⑥ 내압시험압력 : 2.6MPa(최고충전압력의 $\frac{5}{3}$배)
⑦ 용기중지부착대상 : 내용적 10 l 이상~125 l 미만
⑧ 용기스커트부착대상 : 내용적 20 l 이상~125 l 미만

6. LPG 용기 설치시 주의사항
① 가능한 옥외 설치
② 용기 주위 2 m 이내에는 화기를 두지 말 것
③ 통풍이 양호하고 직사광선을 받지 않을 것
④ 충전용기는 40℃ 이하 유지
⑤ 습기가 없는 곳에 설치하고 녹슬지 않게 받침대 위에 고정
⑥ 금속관과 고무관의 접속부는 호스밴드로 꼭 조일 것
⑦ 용기 교환시는 화기 없는 상태에서 밸브 및 콕을 잠그고 행할 것
⑧ 용기 교환 후 비눗물 등으로 누설검사 실시

7. LP 가스 공급방식
① 강제기화방식
　㉠ 생가스 공급방식
　　• 기화기(베이퍼라이져)에 의하여 기화된 그대로의 가스를 공급하는 방식
　　• 단점 : 0℃ 이하가 되면 재액화가 쉽기 때문에 가스 배관은 보온 처리
　㉡ 공기혼합가스 공급방식
　　기화한 부탄에 공기를 혼합하여 공급하는 방식. 부탄을 다량 소비하는 경우 사용
　㉢ 변성가스 공급방식
　　• 부탄을 고온의 촉매로서 분해하여 메탄, 수소, 일산화탄소 등의 연질가스로 변성시켜 공급

• 용도 : 금속의 열처리나 특수제품 가열 등 사용

(1) 공기혼합공급 목적
① 재액화 방지　　　　　　② 발열량 조절
③ 누설시 손실 감소　　　　④ 소요공기량 보충(연소효율증대)

(2) LP 가스를 변성하여 도시가스를 제조하는 방법
① 변성혼합방식　　② 공기혼합방식　　③ 직접혼합방식

8. LP 가스 이송 설비
① 탱크 자체 압력에 의한 이송
② 펌프에 의한 이송 기어펌프, 원심펌프 이용
③ 압축기에 의한 이송
　㉠ 압축기를 사용함으로써 오는 장·단점
　　• 장점
　　　- 충전시간이 짧다(펌프에 비해).
　　　- 잔가스 회수가 용이.
　　　- 베이퍼록 현상의 우려 없다.
　　• 단점
　　　- 압축기 오일이 저장탱크에 들어가 드레인 원인이 된다.
　　　- 저온에서 부탄이 재액화될 우려가 있다.
　㉡ 펌프 사용시 단점
　　• 충전시간이 길다.
　　• 잔가스 회수가 용이하지 못하다.
　　• 베이퍼록 현상 우려 있다.

9. LP 가스 부속설비
① 조정기(regulator)
　㉠ 역할 : 유출되는 공급가스의 압력을 연소기구에 알맞은 압력으로 감압시킨다 ($200\sim330mH_2O$).
　㉡ 소비 중단시 가스 차단
　㉢ 조정기의 사용 목적
　　가스의 공급압력을 조정하여 연소기에 알맞은 압력으로 공급, 안정된 연소를 도모하기 위함

② 조정기의 용어
　㉠ 조정기 입구압력 : 용기로부터 유출되는 고압측 압력
　㉡ 조정기 출구압력 : 조정기를 통과한 후 조정압력
　㉢ 폐쇄압력 : 가스 유출이 정지될 때의 압력
　㉣ 조정기 용량 : 조정기로부터 나온 가스유출량
　㉤ 안전장치 : 조정기의 압력 상승을 방지하는 장치

10. 조정기의 감압 방식

① 1단 감압방식 : 용기재의 가스압력을 한번에 사용, 압력까지 낮추는 방식
　㉠ 장점
　　• 장치 간단
　　• 조작 간단
　㉡ 단점
　　• 최종압력의 정확을 기하기 힘들다.
　　• 배관의 굵기가 비교적 굵어진다.
② 2단 감압방식 : 용기재의 가스압력을 소비압력보다 약간 높은 상태로 감압하고 다음 단계에서 소비압력까지 낮추는 방식
　㉠ 장점
　　• 공급압력이 일정하다.
　　• 중간배관이 가늘어도 된다.
　　• 배관 입상에 의한 압력강하를 보정
　　• 각 연소기구에 알맞은 압력으로 공급 가능
　㉡ 단점
　　• 재액화의 문제가 있다.
　　• 조정기가 많이 소요
　　• 검사방법 복잡
　　• 설비가 복잡하다.

> **TIP**
> ■ **자동교체식 조정기의 사용시 이점**
> ① 전체용기수량이 수동교체식의 경우보다 작아도 된다.
> ② 잔액이 거의 없어질 때까지 소비된다.
> ③ 용기교환주기의 폭을 넓힐 수 있다.
> ④ 자동절체식 분리형을 사용할 경우 1단 감압식의 경우에 비해 배관의 압력손실을 크게 해도 된다.

11. 조정기의 성능
① 조정압력 : 230~330 mmH$_2$O 범위 (2.3~3.3kPa)
② 최대폐쇄압력 : 350 mmH$_2$O 이하 (3.5kPa)
③ 저압조정기 안전장치 작동개시압력 : 700±140 mmH$_2$O (5.6~8.4kPa)

12. 조정기의 설치시 주의사항
① 조정기와 용기의 탈착작업은 판매자가 할 것
② 조정기의 규격용량 : 총가스소비량의 150% 이상
③ 통풍이 양호한 곳에 설치
④ 접속부는 반드시 비눗물 등으로 검사할 것

13. 가스미터
① 사용 목적 : 소비자에게 공급하는 가스의 체적 측정
② 고려할 사항
  ㉠ 사용최대유량에 적합한 계량능력일 것
  ㉡ 사용 중에 기차변화가 없고 정확하게 계량할 것
  ㉢ 내압, 내열성에 좋고 내구성이 좋으며 부착이 간단하여 유지관리가 용이할 것

14. 가스미터의 종류
① 실측식

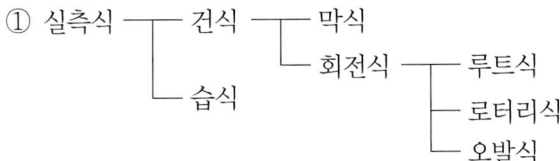

② 추측식
  - 오리피스식
  - 터빈식

15. 가스미터의 특징
① 막식 가스미터
  ㉠ 장점
    • 가격이 싸다.
    • 부착 후 유지관리에 시간을 요하지 않는다.
  ㉡ 단점
    • 대용량시 설치면적이 크다.

② 루트미터
　㉠ 장점
　　· 대유량의 가스 측정에 적합(100~5000 m^3/h)
　　· 중압가스 계량 용이
　　· 설치면적이 적다.
　㉡ 단점
　　· 스트레이너의 설치 후 유지관리가 필요
　　· 소유량(0.5 m^3/h)에서는 부동의 우려 있음
③ 습식 가스미터
　㉠ 장점
　　· 사용중 기차변동이 거의 없다.
　　· 계량이 정확하다.
　㉡ 단점
　　· 사용중 수위조정 등의 관리가 필요하다.
　　· 설치면적이 크다.
④ LP 가스미터의 최대유량은 : 압력차가 30 mmH$_2$O (0.3kPa)

16. **가스미터의 표지**

① MAX 1.5 m^3/h : 사용최대유량이 1.5 m^3/h임
② 0.5 l/rev : 계량실 1주기체적이 0.5 l

17. **가스미터의 성능**

① 가스미터의 기밀시험 : 1,000 mmH$_2$O 최근에는 1,500 mmH$_2$O
② 사용공차 : 실제 사용되고 있는 상태에서 ±4%가 되어야 함
③ 검정공차 : 사용최대유량의 20~80%의 범위에서 ±1.5%임
④ 감도유량 : 가스미터가 작동하는 최소유량
　㉠ 일반가정용 LP 가스미터 : 15 l/h
　㉡ 일반 막식 가스미터 : 3 l/h, 막식 가스미터의 검정유효기간 : 만5년

18. **가스미터의 설치 기준 : 가스미터는 저압배관 설치**

① 가스미터 부착시 구비 조건
　㉠ 건물 외부높이는 : 1.6 m 이상~2 m 이내 수직·수평으로 설치하고 밴드 등으로 고정
　㉡ 화기로부터 : 2 m 이상 떨어지고 화기에 대해 차열판을 설치

ⓒ 전선으로부터 : 15 cm 이상, 개폐기 및 안전기 : 60 m 이상 떨어진 장소 설치
② 직사광선 또는 빗물을 받을 우려가 있는 곳에 설치시 격납상자 내에 설치
⑩ 부식성의 가스 또는 용액이 비산하는 장소가 아닐 것
ⓑ 진동이 적은 장소일 것
ⓢ 검침이 용이한 장소일 것
ⓞ 부착 및 교환작업이 용이할 것
ⓩ 용기 등의 접촉에 의해 가스미터가 파손되지 않는 장소일 것

19. **가스미터의 부착 기준(수입배가)**
① 수평으로 부착할 것
② 입구와 출구의 구별을 혼돈치 말 것
③ 가스미터 입구 배관에는 드레인을 부착할 것
④ 가스미터 또는 배관의 상호 부당한 힘이 가해지지 않도록 주의할 것
⑤ 배관에 접촉할 때는 배관중에 먼지, 오수 등의 이물질을 배제한 후 부착

20. **최대소비수량**
1호당 1일 평균가스소비량×세대수×피크시 평균가스소비율

21. **용기설치 대수**

$$\frac{최대\ 소비수량(kg/h)}{가스\ 발생\ 능력(kg/h\ 대)}$$

22. **완성검사 항목**
내압시험, 기밀시험, 가스치환, 기능검사

23. ① LP 가스 소규모 설비 내압시험(수압시험)
㉠ 충전용기와 조정기 사이의 배관 : 3MPa
㉡ 정기와 중간밸브 사이 배관 : 8MPa
㉢ 용기에 접속하는 3 m 미만의 배관 : 0.2MPa
② 기밀시험
㉠ 시험매체 : 공기 및 질소 등의 불활성 가스
㉡ 시험압력 : 840 mmH$_2$O~1,000 mmH$_2$O (8.4~10kPa)
㉢ 시험기간 : 10 l 이하 : 5분, 10 l~50 l 이하 : 10분, 50 l 초과 : 24분

24. LP가스 연소방법

① 분젠식 연소법(온수기, 가스레인지)
  ㉠ 1차 공기량 60%, 2차 공기량 40% 연소하는 방식
  ㉡ 1차 공기량 조절 위에 댐퍼 조절 필요
  ㉢ 리프팅 현상과 소음이 발생
  ㉣ 연소실이 작아도 된다.
  ㉤ 연소속도가 빠르고 화염온도가 높다. (1,300℃)

② 세미분젠식 연소법
  ㉠ 1차(60%), 2차(40%)
  ㉡ 역화 우려 없어 대용량의 연소실 사용
  ㉢ 소형 온수기, 파일럿 버너
  ㉣ 불꽃색 1,000℃

③ 적화식 연소법 : 가스를 그대로 대기중에 분출하여 연소. 불꽃색은 적황색(2차 공기만 사용)
  ㉠ 역화현상이 거의 없다.
  ㉡ 가스압력이 낮은 곳에서도 사용할 수 있다.
  ㉢ 자동온도조절장치 사용 용이.
  ㉣ 불꽃의 온도 낮다(900℃ 적황색).

25. 연소의 이상현상

① 선화(lifting) : 가스의 유출속도가 연소속도에 비해 크게 되었을 때 불꽃이 염공을 떠나 공중에서 연소되는 현상
  ㉠ 원인
    · 가스의 공급압력이 너무 높은 경우
    · 노즐 구경이 작은 경우
    · 배기 불충분이나 환기 불충분시
    · 댐퍼를 너무 많이 열었을 경우
    · 염공에 먼지 등이 끼어 염공이 작게 된 경우

② 역화(back fire) : 가스의 연소속도가 유출속도에 비해 크게 되었을 때 불꽃이 염공에서 연소기 내부로 침입하는 현상
  ㉠ 원인
    · 가스의 공급압력이 너무 낮은 경우
    · 노즐 구경이 큰 경우
    · 부식에 의해 염공이 커지게 된 경우

・콕이 충분히 열리지 않았을 경우

・콕에 먼지나 이물질이 부착시

③ 블로우 오프(blow off)

불꽃의 기저부에 대한 공기의 움직임이 세어지면 불꽃이 노즐에서 정착하지 않고 떨어지게 되어 꺼져 버리는 현상

26. **불완전연소의 원인**

① 공기공급량 부족시
② 배기 및 환기 불충분
③ 가스 조성이 맞지 않을 때
④ 가스기구 및 연소기구가 맞지 않을 때
⑤ 프레임 냉각시
⑥ 과다한 가스량이 공급될 때

27. **급·배기 방식에 따른 연소기구의 분류**

① 개방형 연소기구 : 실내에서 공기를 흡입하여 연소하고 폐가스를 실내에 방출(가스난로, 석유난로, 가스렌지, 소형 순간온수기)
② 반밀폐형 연소기구 : 실내에서 공기를 흡입하여 연소하고 폐가스를 배기통에 의해 옥외로 배출(가스온수기, 소형 가스보일러)
③ 밀폐형 연소기구 : 공기를 옥외에서 흡입하고 폐가스도 옥외로 방출(대형 온수기나 대형 가스보일러)

28. **파일럿 버너**

베인 버너에 점화하기 위한 점화용 버너

29. **연통의 높이**

① 연통의 수평부 길이 : 5 m 이하
② 굴곡부 : 4개소 이하
③ 높이가 10 m를 초과할 때는 보온조치함

08 도시가스설비

1. **나프타**

   원유의 상압증류에 의해 얻어지는 비점이 200°C 이하의 유분을 말함.

   ① PONA 값

   　P : 파라핀계 탄화수소(많을수록 좋다.)

   　O : 올레핀계 탄화수소

   　N : 나프탄계 탄화수소 - 적은 것이 좋다

   　A : 방향족 탄화수소

   ② 탄소/수소(C/H비)

   　㉠ 탄소와 수소의 중량비 $\left(\dfrac{C}{H}\right)$ 표시. 가스와의 용이함을 평가하는 지수

   　㉡ $\dfrac{C}{H}$ 가 약 3에 가까운 원료 쪽이 가스화 용이(CH_4 : $\dfrac{12}{4}=3$, C_4H_{10} : $\dfrac{48}{10}=4.8$)

2. **액화천연가스(LNG)** : 천연가스를 -162°C까지 냉각액화

   ① 불순물을 포함하지 않는다.

   ② 주성분 : CH_4(메탄)

   ③ 액화하면 체적 : $\dfrac{1}{600}$ 이 줄어든다.

   ④ LNG의 제조

   　㉠ 전처리 : 제진 → 탈유 → 탈황 → 탈수 → 탈습

   　㉡ 액화방법

   　　• 단열팽창법

   　　• 캐스케이드법 : 초저온을 얻기 위해 2개의 냉동 사이클을 조합시켜 비점이 다른 냉매를 사용하는 방식

   ⑤ LNG의 성질

   　㉠ 무독, 무공해, 발열량이 높다.(9,500~11,000 kg/m^3)

   　㉡ 폭발한계 5~15%, 연소속도 느리다.

   　㉢ 공기보다 가볍다.

   　㉣ 액비중 0.425 kg/l

3. **천연가스를 도시가스로 공급하는 방법**

   ① 천연가스를 그대로 공급한다.

② 천연가스를 공기로 희석해 공급
③ 종래의 도시가스에 혼입하여 공급
④ 종래의 도시가스와 유사한 성질의 가스로 개질하여 공급

4. **도시가스의 제조**

   ① 원료송입법에 의한 분류
   ㉠ 연속식 : 원료를 연속적으로 공급
   ㉡ 배치식 : 원료를 일정하게 투입시킨 다음 가스 발생
   ㉢ 사이클링식 : 연속식과 배치식의 중간

   ② 가열 방식에 의한 분류
   ㉠ 부분연소식 : 원료 일부를 산소를 공급하여 연소시켜 열 이용
   ㉡ 자열식 : 산화나 수첨분해반응에 의한 발열반응
   ㉢ 외열식 : 외부에서 가열
   ㉣ 축열식 : 반응기 내에서 연소부 연료를 송입하여 열원으로 사용

   ③ 가스 제조 방식
   ㉠ 열분해 프로세스 : 나프타, 원유, 중유 등의 분자량이 큰 탄화수소를 800~900℃로 분해하여 10,000 kcal/m³ 정도의 고열량가스를 제조하는 방식
   ㉡ 접촉분해 프로세스 : 사용온도 400~800℃에서 탄화수소와 수증기와 반응, H_2, CH_4, CO, C_2H_4, CO_2, C_2H_6, C_3H_6 등의 저급 탄화수소로 변환
   ㉢ 수소화 분해 프로세스 : 탄화수소 원료를 열분해 또는 접촉분해하여 메탄올 주성분으로 하는 고열량 가스 제조
   ㉣ 부분연소 프로세스
   ㉤ 대체 천연가스 프로세스

5. **가스 공급 방식**

   ① 저압공급 : 일반주택의 공급(0.1MPa미만
   ② 중압공급 : 0.1MPa 이상 1MPa 미만
   ③ 고압공급 : 1MPa 이상(수송할 가스량이 많고 배관길이가 길 때 수송압력을 大 많은 양 가스 수송)

6. **가스 홀더(Gas holder)**

   ① 가스 홀더의 기능
   ㉠ 일시적 중단시 공급량 확보
   ㉡ 제조가 수요를 따르지 못할 때 공급량 확보

　　　　ⓒ 공급가스의 성분, 열량, 연소성 등을 균일화한다.
　　　　ⓔ 피크시 배관 수송량을 감소시킨다.
　　② 가스 홀더의 종류
　　　　㉠ 유수식
　　　　㉡ 무수식
　　　　㉢ 고압(구형) 홀더
　　③ 유수식 가스 홀더의 특징
　　　　㉠ 제조 설비가 저압인 경우 사용.
　　　　㉡ 구형 홀더에 비해 유효가동량이 크다.
　　　　㉢ 기초비가 크다.
　　　　㉣ 동결방지장치가 필요하다.
　　　　㉤ 가스가 건조해 있으면 물의 수분을 흡수한다.

7. **압송기**
　　공급지역이 넓어 수소가 많은 경우 가스압력이 부족하여 압송기를 사용하여 공급(종류 : 터보식, 복동식, 나사식(스크류식), 회전식)

8　**부취제 종류 및 특성**
　　① THT(테트리히드로리오펜) : 석탄가스 냄새
　　② TBM(터시어리부틸메르캅탄) : 양파 썩는 냄새
　　③ DMS(디메칠썰파이드) : 마늘 냄새

9. **부취제의 구비 조건(독도는 도보가면 가능)**
　　① 도관을 부식시키지 말 것
　　② 보통 존재하는 냄새와 명확히 구분될 것
　　③ 가스관이나 가스미터에 흡착되지 말 것
　　④ 화학적으로 안정할 것
　　⑤ 물에 용해되지 말 것
　　⑥ 토양에 대한 투과성이 좋을 것
　　⑦ 독성이 없을 것
　　⑧ 도관 내에서 응축하지 말 것

10. **부취제의 주입설비**
　　① 액체 주입 방식 : 가스 흐름에 부취제를 액체상태 그대로 직접 주입

㉠ 펌프 주입 방식 : 소용량의 다이어프램 펌프 등으로 직접 주입, 규모 큰 부취 설비 적합

㉡ 적하 주입 방식 : 부취제 주입용기를 가스압력으로 균형을 유지시켜 중력에 의해 떨어지게 하는 방식

㉢ 미터연결 바이패스 방식 : 가스 배관에 설치되어 있는 오리피스의 차압으로 바이패스 라인과 가스 유량을 변화시켜 가스 흐름 중에 주입하는 방식

② 증발식 부취설비 : 가스 흐름에 부취제의 증기를 직접 혼합시키는 방식. 동력 필요 없고, 설비 싸다.

㉠ 바이패스 증발식

㉡ 위크 증발식 : 석연(아스베스토)심을 통하여 부취제가 상승하고 여기에 가스가 접촉하는데 따라 부취제가 증발되어 부취

11. 부취제가 누설되었을 때 제거하는 방법

① 활성탄에 의한 흡착
② 화학적 산화 처리
③ 연소법

12. 저압공급

가스 홀더의 압력을 이용하여 가스를 공급하며 가스 제조 공장과 공급지역이 가깝거나 공급면적이 좁을 때

고압공급 : 원거리 지역에 대량의 가스를 공급

09 측정기기 및 가스분석

1. **압력계**
    ① 1차 압력계
        ㉠ 액주계(마노미터)   ㉡ 자유 피스톤식 압력계
    ② 2차 압력계
        ㉠ 부르돈관식   ㉡ 벨로즈
        ㉢ 다이어프램   ㉣ 전기저항식 압력계
        ㉤ 피에조 전기압력계
    ③ 1차 압력계
        ㉠ 액주계(마노미터) : u자관, 단관식, 경사관식

        $P_2 = P_1 + r \times h$

        여기서 r : 비중(g/cm²), P_1 : 대기압, P_2 : 측정압력, h : 높이
        ・대기압 측정이나 저압측정 많이 사용
        ㉡ 자유피스톤형(부유피스톤) 압력계
            ・부르동관 압력계의 눈금 교정 및 연구실용
            ・이상상태에서 측정해야 할 절대압(P)

            $P = \dfrac{W + W_1}{A} + P_1,\ A = \dfrac{\pi D^2}{4}$

            여기서 A : 실린더 단면적, P_1 : 대기압, W : 피스톤 무게, P : 절대압,
            　　　　W_1 : 추의 무게, D : 실린더 지름

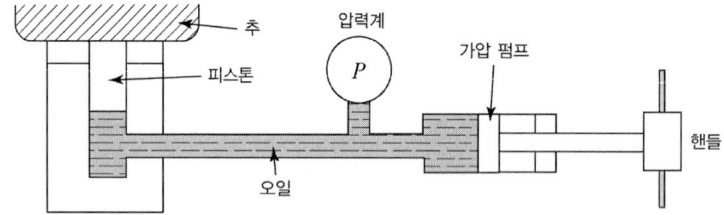

자유피스톤형 압력계

② 2차 압력계

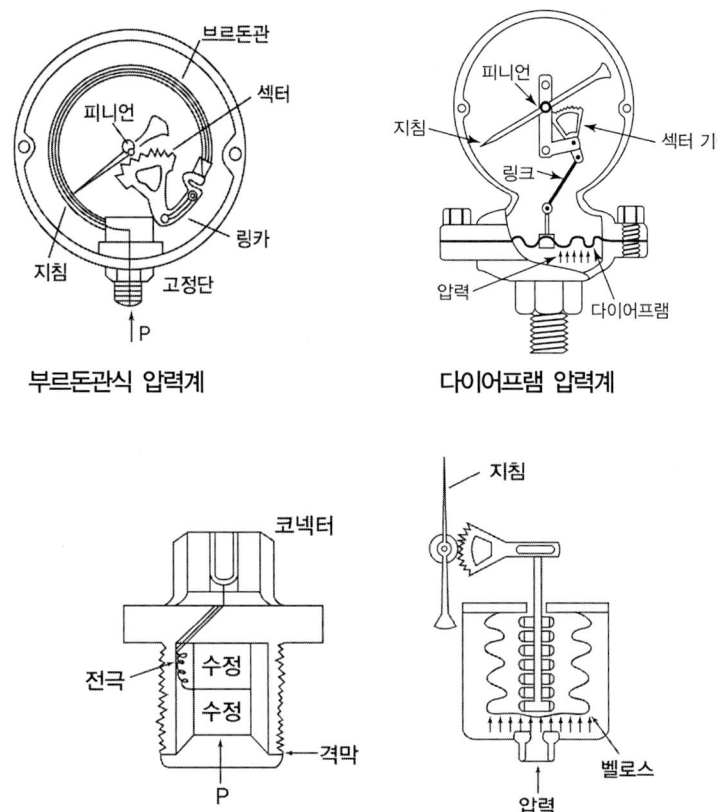

㉠ 부르돈관식 압력계
- 고압장치에 가장 많이 사용. 2차 압력계 대표적
- 재질 : 저압(황동, 청동, 인청동), 고압(니켈강, 특수강)
- 암모니아용, 아세틸렌용 압력계 : Cu 및 구리합금 不
- 산소압력계는 "금유" 표시된 산소 전용 압력계

㉡ 다이어프램 압력계(격막식 압력계)
- 미소압력 측정
- 부식성 유체의 측정 가능
- 온도의 영향을 받기 쉽다.
- 측정의 응답 속도가 빠르다.
- 이상압력으로 파손되어도 위험성이 적다.

㉢ 벨로즈 압력계
- 유체 내의 먼지 등의 영향이 적고 압력변동에 적용하기 어렵다.

- 신축에 의한 압력을 이용한다.
- 측정압력은 : 0.001 ~ 1MPa, 정밀도 ±1~2%

ⓔ 전기저항 압력계
- 초고압이나 특수목적 사용
- 금속의 전기저항이 압력에 의해 변화되는 것 이용

ⓜ 피에조 전기압력계
- C_2H_2 가스폭발 등 급격한 압력변화 측정
- 수성이나 전기석, 롯셈열 등의 결정체의 특수방향에 압력을 가하면 그 표면에 전기가 발생되고 발생한 전기량을 압력에 비례 측정
- 고압 측정용, 피에조 효과 이용

ⓗ 스트레인 게이지
- 금속이나 합금, 금속산화물 등에 기계적 변형이 일어나면 전기저항이 변화되는 것 이용
- 적당한 변형계 소자에 압력에 의한 변형을 주어 압력 측정

2. 온도계

(1) 접촉식 온도계

① 유리온도계
- ㉠ 수은온도계 : -35~350℃(측정범위)
- ㉡ 알콜온도계 : -100℃(측정범위)
- ㉢ 베크만온도계 : 사용온도에 따라 수은양 조절
  0.01~0.05℃ 미소온도 측정
  최고측정온도 150℃
- ㉣ 유점온도계 : 병원에서 사용하는 체온계

② 압력온도계
  일정한 부피의 액체나 기체의 압력이 온도변화에 따른 것 이용

③ 열전대온도계
  두 접점 사이의 온도차로 열기전력을 발생시켜 그 전위차를 측정하여 두 접점의 온도차를 알 수 있는 계기(제백효과 이용)
- ㉠ 2종의 금속선의 온도차에 따른 열기전력 이용
- ㉡ 특징
  - 전원이 필요없고, 자동제어기록 가능
  - 가장 높은 온도를 측정할 수 있다.

ⓒ 구비 조건
- 기전력이 크고 안정. 장시간 사용시 잘 견딜 것
- 온도상승과 함께 기전력도 연속적으로 상승
- 고온가스에 대한 내식, 내열성 클 것.

④ 열전대의 종류
㉠ 백금로듐-백금(PR) : 백금로듐(+극), 백금(-극) : R
- 측정온도 범위 : 0~1,600℃
- 산화성 분위기로 정도 높고, 금속증기에 침식되기 쉽고, 가격이 비싸다.

㉡ 크로멜-알루멜(CA) : 크로멜(+극), 알루멜(-극) : K
- 측정온도 : 0~1,600℃
- 가격이 저렴하나 산화성 분위기에서 노화가 빠르다.

㉢ 철-콘스탄탄(IC) : 철(+극), 콘스탄탄(-극) : J
- 환원성 분위기 가장 강하다.
- 측정온도 : -20~800℃

㉣ 동-콘스탄탄(CC) : 동(+극), 콘스탄탄(-극) : T
- 저온용으로 적합하고, 수분에 의한 내식성이 강하다.
- 측정온도 : -200~800℃

⑤ 더미스터
㉠ 저항체 : Fe, Cu, Mn, Ni, CO
㉡ 미소온도 측정 가능
㉢ 온도계수가 크다(백금의 10배). 응답속도 빠르다.
㉣ 국부온도 측정, 온도범위 : -100~300℃
㉤ 단점 : 넓은 온도 측정 부적합, 동일 특성 성질 얻기 어렵다. 외부전원 필요

> **TIP**
> **[온도계측의 비교]**
> ① 접촉식
>   ㉠ 각 개소의 온도 측정 ㉡ 1,000℃ 이하의 온도 측정
>   ㉢ 일반적 정도는 좋은 편 ㉣ 응답속도는 1~2분 정도 나쁘다.
> ② 비접촉식
>   ㉠ 표면온도를 측정한다. ㉡ 움직이는 물체 온도 측정
>   ㉢ 방사율 보정 ㉣ 10~20℃의 오차로 정확도가 나쁘다.
>   ㉤ 700℃ 이상 고온 측정용(3,000℃) ㉥ 피측정물의 열적교란이 없다.

(2) 비접촉식 온도계

복사에너지를 포착하여 측정 가능한 전기량으로 변환시켜 측정

① 광고온도계 : 물체의 방사 휘도의 고온계에 들어 있는 전구의 필라멘트 휘도를 특색 파장(적색 유리)을 통하여 육안으로 휘도를 비교관측

　㉠ 특징
- 개인오차가 발생하므로 다수 사람이 정밀 측정
- 비접촉식 중 가장 정확한 온도 측정
- 방사율의 보정량이 적다.
- 측정온도 : 700~3,000℃
- 자동제어 불가능

　㉡ 방사온도계 : 절대온도의 4제곱에 비례(스테판 볼츠만의 법칙)
- 측정거리 영향
- 방사율 보정량 크고 정밀도 어렵다.
- 측정지연시간 적다.
- 자동제어 및 기록 용이
- 50~3,000℃

　㉢ 광전관식 온도계 : 광고온도계의 단점을 보완, 측온체로부터 빛을 얻어 양지의 온도를 같도록 하여 필라멘트 전류로부터 온도 지시
- 구조 복잡
- 응답속도가 매우 빠르다.
- 자동제어 및 기록이 용이하다.

　㉣ 색온도계

600℃	암적색
800℃	적색
1,000℃	오렌지색
1,200℃	황색
1,500℃	눈부신 황색
2,000℃	눈부신 백색
2,500℃	푸른기 있는 눈부신 백색

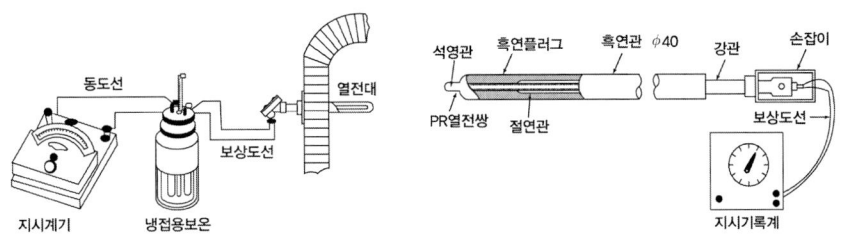

열전대 온도계 사용도

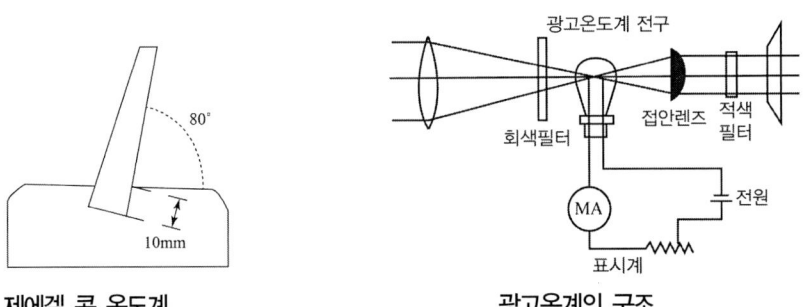

제에겔 콘 온도계 광고온계의 구조

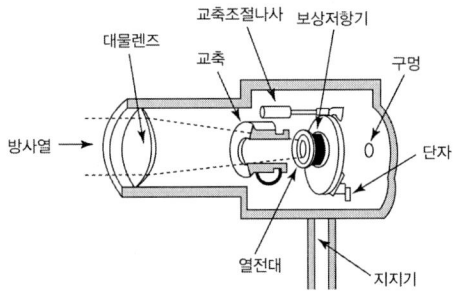

방사온도계의 구조

3. 유량계

- 직접법 : 유체의 부피나 질량 직접 측정(습식 가스미터)
- 간접법 : 유속이나 면적을 측정하고 이 값에 유량을 측정(벤튜리, 플로우미터, 오리피스, 피토관)

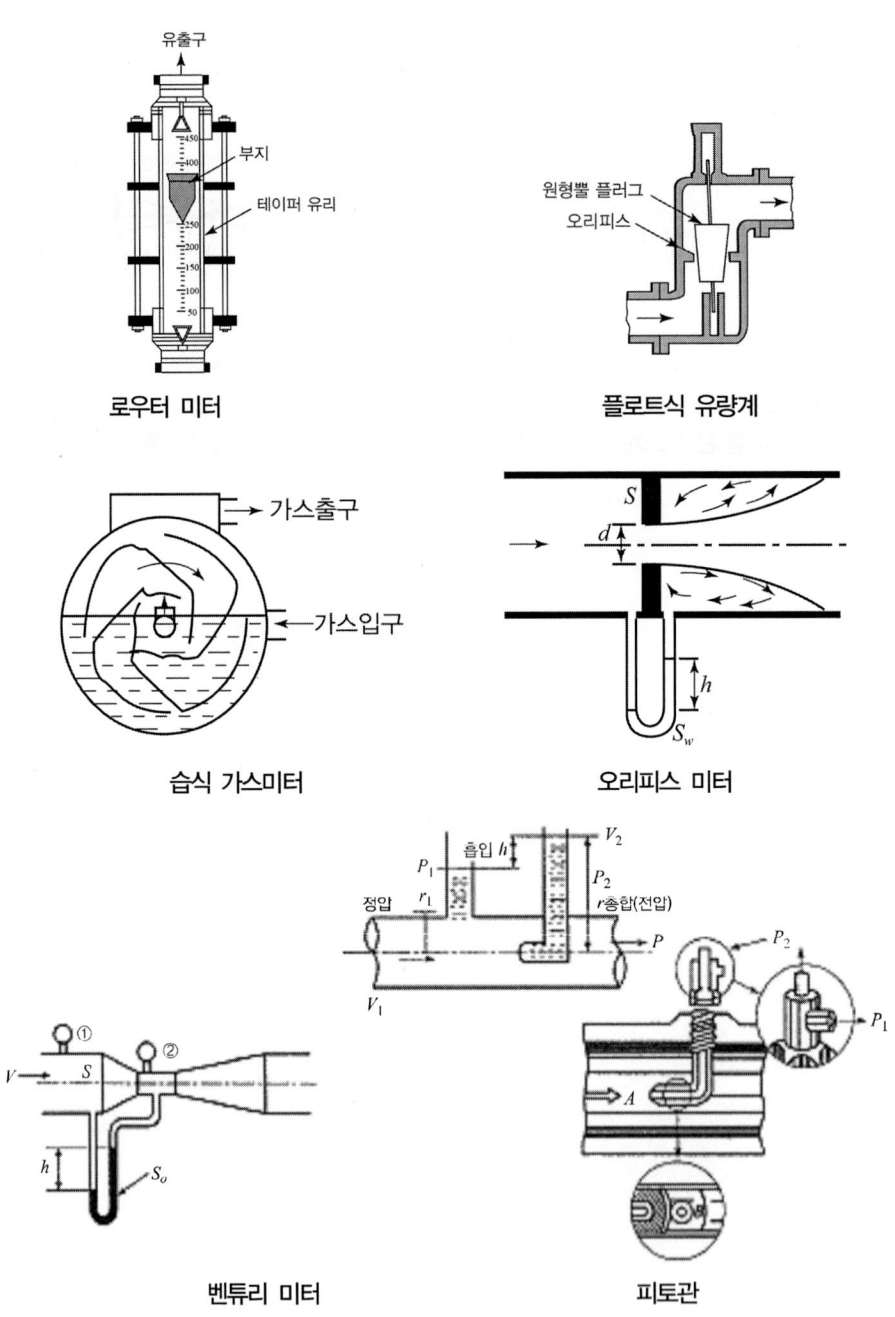

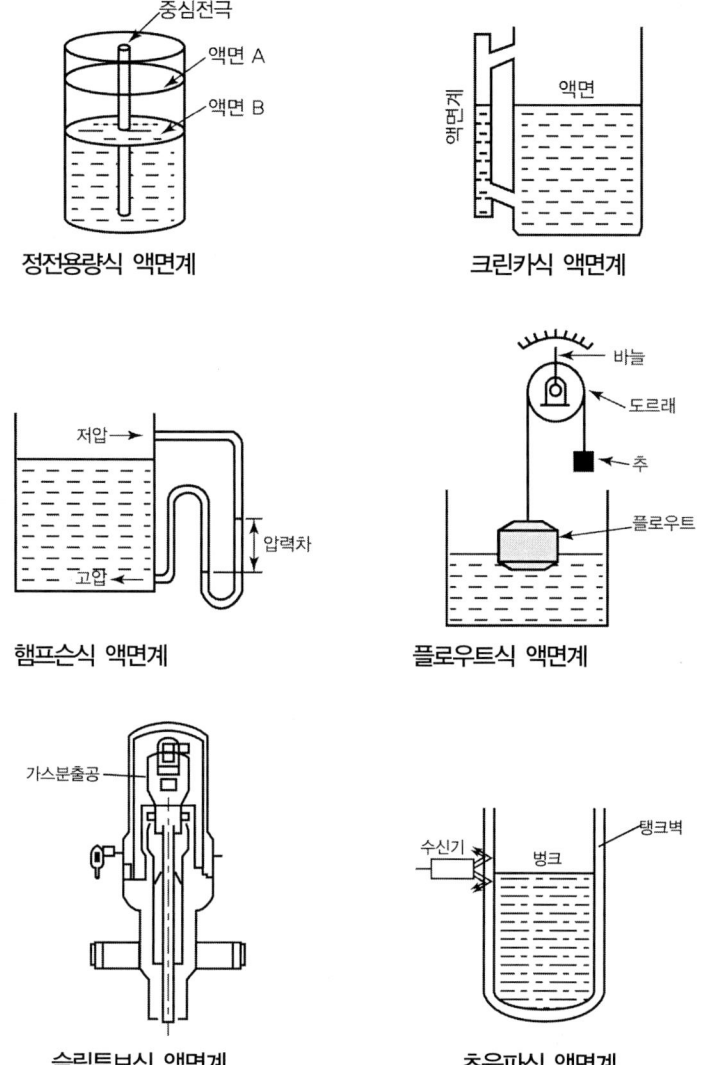

(1) 차압식 유량계

교측기구 설치 전후 압력차 이용, 순간유량 측정

① 벤츄리 노즐
   ㉠ 압력손실이 가장 적다.
   ㉡ 구조 복잡
   ㉢ 침전물 생성 없고 대형
② 플로우 노즐
   ㉠ 유압유체 측정 용이
   ㉡ 슬러지 유체 사용

③ 오리피스
  ㉠ 압력손실이 가장 크다.
  ㉡ 베르누이 정리 이용
  ㉢ 동심, 편심으로 제작
  ㉣ 좁은 장소 설치 가능

④ $Q = A \times \dfrac{C_v}{\sqrt{1-m^2}} \times \sqrt{\dfrac{2g(P_1 - P_2)}{r}} \times \epsilon$

  $Q = A \times \sqrt{1-m^2} \times \sqrt{2gh\left(\dfrac{S_o}{S} - 1\right)} \times \epsilon$

  여기서, Q : 유량(m³/h), C_v : 계수값, m : 교축비 $\dfrac{d^2}{D^2}$,
  P_1 : 교축기구 유입측 압력, P_2 : 교축기구 유출측 압력,
  S : 측정유체비중, S_o : 바로미터 속의 유체비중, ϵ : 기체팽창계수,
  r : 비중량(kg/m³), c : 교축기구 유량계수

(2) 용적식 유량계

① 특징
  ㉠ 고점도 유체측정 적합
  ㉡ 고형물의 혼입을 막기 위해 입구에 반드시 여과기 설치
  ㉢ 회전자의 재질 : 주철, 포금, 스테인리스
  ㉣ 맥동의 영향이 적어 정도 높다.

② 종류
  ㉠ 가스미터(습식, 건식)   ㉡ 오우벌 기어식
  ㉢ 로터리 피스톤   ㉣ 루츠식
  ㉤ 로터리 베인식

(3) 유속식 유량계

터빈이나 프로펠러를 설치하여 회전수 측정
① 종류 : 수도미터

(4) 전자식 유량계

도전성 유체의 유속 또는 유량을 구하는 것으로 전자유도에 의한 페러데이 법칙 이용
① 특징
  ㉠ 유량에 대한 직선의 눈금을 얻을 수 있다.
  ㉡ 압력손실이 거의 없다.
  ㉢ 고점도 및 슬러리 유체측정 정도 높다.

㉣ 도전성의 유체 측정

(5) 유속 측정에 의한 유량
관내 흐르는 유체의 유속을 측정하여 관의 단면적을 곱함으로 유량 측정
① 피토관식
　㉠ 더스트, 미스트 등 많은 유체 측정 부적합
　㉡ 기체의 속도가 5m/sec 이하는 부적합
　㉢ 일시적 시험용
　㉣ 비행기 등의 속도 측정
　㉤ 유체 흐름 방향과 평행하게 설치
② 열선식 유량계
　유체 내부 전류를 흐르게 하여 열을 발생시킨 후 유체를 직각으로 흐르게 하고 유속에 의한 온도변화로 유량 측정

(6) 면적식 유량계
교축의 면적을 변화시켜 이때 면적 측정 순간유량을 알아내는 방법으로 베르누이 정리 이용
① 특징
　㉠ 부식성 유체나 슬러지 유체 측정 가능
　㉡ 진동이 적은 장소 수직으로 설치
　㉢ 유량에 따른 균등눈금을 얻는다.

4. 액면계

(1) 종류
① 크린커식 액면계 : 평행유리판과 금속판을 조합하여 사용. 유리판의 파손 방지 위해 피복, 프로텍트 및 자동식 또는 수동식의 스톱밸브 설치
② 유리관식 액면 : 대기에 개방되어 있는 액체용 탱크에 사용. 고압장치에는 환형 유리관식 액면계는 사용 不
③ 고정튜브식 / 슬립튜브식 / 회전튜브식 가연성, 독성 액체의 액면 측정에는 인체에 해를 끼치므로 부적당
④ 햄프슨식 액면계
　액화산소 등과 같은 극저온 저장탱크의 액면 측정
⑤ 플로트식(부자식) 액면계
⑥ 벨로즈식 액면계 : 벨로즈의 신축치에 의한 압력변화 극저온 저장탱크의 압력 측정
⑦ 초음파식 액면계

⑧ 정전용량식
⑨ 전기저항식

5. **가스검지법**

① 시험지법

Cl$_2$(NO$_2$)	KI 전분지(요오드칼륨전분지)	청색
NH$_3$(산알칼리)	적색리트머스시험지	청색
HCN	질산구리벤젠지	청색
CO	염화파라듐지	흑색
H$_2$S	연당지	흑색
COCl$_2$	하리슨시험지	오렌지색
C$_2$H$_2$	염화제1동착염지	적색

② 검지관법

6. **가스 분석**

(1) **흡수분석법**

① 헴펠법
  ㉠ CO_2 : 수산화칼륨 30% 수용액
  ㉡ H_mH_n : 발연황산
  ㉢ O_2 : 알칼리성 피롤카롤 용액
  ㉣ CO : 암모니아성 염화제1동 용액

② 오르잣트법
  ㉠ CO_2 : 수산화칼륨 30% 수용액
  ㉡ O_2 : 알칼리성 피롤카롤 용액
  ㉢ CO : 암모니아성 염화제1동 용액

③ 게겔법

(2) **기기분석법**

① 가스크로마토그래피
  ㉠ 흡착제 : 활성탄, 실리카겔
  ㉡ 캐리어 가스 : H_2, He, N_2, Ar
  ㉢ 검출기
     · TCD : 열전도도형 검출기

- FID : 수소이온화 검출기
- ECD : 전자포획이온화 검출기
② FPD(염광광도검출기)
③ 적외선분석법
- H_2, O_2, Cl_2, N_2(분석 불가능)
- CO, CO_2, CH_4(분석 가능)

7. **가스분석기의 특징**
    ① 일반적으로 다른 계측기에 비해 구조 복잡, 설치 조건 및 보수 주의
    ② 선택성에 대한 고려
    ③ 교정시 표준시료가스 사용
    ④ 가스의 온도, 압력, 유속변화에 의한 오차주의

8. **가스분석계**
    ① 열전도율식 ② 적외선식 ③ 반응열식
    ④ 자기식 ⑤ 용액전도율식 ⑥ 비중계

9. **물리적 가스 분석계**
    ① 가스크로마토그래피
    ② 세라믹식 O_2계(지르코니아식 O_2계) : 주성분 ZrO_2
    ③ 밀도식 CO_2계
    ④ 열전도율 CO_2계
    ⑤ 자기식 O_2계
    ⑥ 적외선 가스분석계
    ⑦ 용액도전율식 가스분석계

10. **화학적 가스분석계**
    ① 오르쟈트 가스분석계
    ② 자동화학식 CO_2계

11. **CO_2계의 종류**
    ① 밀도식 CO_2계 ② 열전도율 CO_2계
    ③ 자동화학식 CO_2계

가스기능사

CHAPTER 3-1 가스법령활용
(고압가스 안전관리법 활용)

01 고압가스 구분

1. 고압가스 분류

(1) 저장상태(취급상태)에 의해

① 압축가스 : 수소, 산소, 질소, 네온, 아르곤 등과 같이 액화가 용이하지 않은 가스
② 액화가스 : 암모니아, 염소, 부탄, 시안화수소 등과 같이 액화가 용이한 가스
③ 용해가스 : 아세틸렌 등과 같이 용해시켜 충전되는 가스

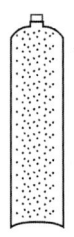

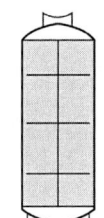

(a) 압축가스 용기	(b) 액화가스 용기	(c) 용해가스 용기(아세틸렌)
1. 빈용기 내에 기체상태로 충전 2. 35°C에서 15MPa이하로 충전 3. 이음매 없는 용기 사용	1. 빈용기 내에 액체로 충전 2. 가스 종류에 따라 충전 압력이 다름 3. 용접 용기 사용	1. 빈용기 내에 다공질물 주입 2. 다공질물 내에 아세톤(용제), DMF 등 주입 3. 용제에 C_2H_2 용해시켜 충전 4. 용접용기 사용 5. 충전량 3kg 이상

(2) 성질에 의해

[연소성에 의해]
① 가연성 가스

아세틸렌, 수소, 일산화탄소, 메탄, 프로판, 부탄 등과 같이 연소되는 가스
② 조연성(지연성)가스

공기, 산소, 염소, 불소, 일산화질소, 이산화질소 등과 같이 연소를 돕는 가스
③ 불연성가스

질소, 탄산가스, 네온, 아르곤 등과 같이 연소되지 않고 치환용으로 사용되는 가스

(3) 독성에 의해

① 독성 : 포스겐, 염소, 아황산, 암모니아 등과 같이 누설시 인체에 영향을 주는 가스
② 비독성 : 탄산가스, 질소 등과 같이 누설 시 인체에 크게 영향을 주지 않는 가스

02 용어의 정의

1. 압축가스

상온에서 압력을 가해도 액화되지 않는 가스로 일정한 압력에 의해 압축되어 있는 것

2. 액화가스

가압·냉각에 의해 액체상태로 되는 것으로 대기압에서 비점이 40℃이하 또는 상용의 온도 이하인 것

3. 가연성 가스

폭발 한계 하한이 10%이하인 가스와 상한과 하한의 차이가 20%이상인 가스
① NH_3, CH_3Br은 가연성가스의 정의에서는 해당되지 않으나 통상적으로 가연성 가스로 취급
② 폭발한계란 공기와 혼합될 경우 연소를 일으킬 수 있는 공기 중 가스 농도의 한계를 말함
③ C_2H_2, C_2H_4O, N_2H_4(히드라진)등은 조건에 따라 100%에서도 폭발 가능

가스명(분자식)	공기중 하한	공기중 상한	위험도	가스명(분자식)	공기중 하한	공기중 상한	위험도
이황화탄소(CS_2)	1.2	44	35.7	일산화탄소(CO)	12.5	74	4.9
아세틸렌(C_2H_2)	2.5	81	31.4	부탄(C_4H_{10})	1.8	8.4	3.7
산화에틸렌(C_2H_4O)	3.0	80	25.7	프로판(C_3H_8)	2.1	9.5	3.5
수소(H_2)	4.0	75	17.8	에탄(C_2H_6)	3.0	12.5	3.2
에틸렌(C_2H_4)	3.1	32	9.3	메탄(CH_4)	5.0	15	2
황화수소(H_2S)	4.3	45	9.5	암모니아(NH_3)	15	28	0.87
시안화수소(HCN)	6.0	41	5.8	브롬화메탄(CH_3Br)	13.5	14.5	0.07

4. **독성가스**

허용농도가 5,000/100만 이하인 가스(5000ppm 이하)

*허용농도 : 해당가스를 성숙한 흰 쥐 집단에게 대기중에서 1시간동안 노출 시킨 경우 14일 이내에 1/2이상이 죽게 되는 가스의 농도로 LC_{50}(50% 치사농도)으로도 표현한다.

[독성이 강한 순](LC_{50})

가스명(분자식)	허용농도(ppm)	가스명(분자식)	허용농도(ppm)	가스명(분자식)	허용농도(ppm)
포스겐($COCl_2$)	5	염소(Cl_2)	293	아황산가스(SO_2)	2520
오존(O_3)	9	황화수소(H_2S)	444	산화에틸렌(C_2H_4O)	2900
인화수소(PH_3)	20	아크릴로니트릴(CH_2CHCN)	666	염화수소(HCl)	3124
시안화수소(HCN)	140	브롬화메탄(CH_3Br)	850	일산화탄소(CO)	3760
불소(F_2)	185	불화수소(HF)	966	암모니아(NH_3)	7338

5. **가연성이면서 독성인 가스**

암모니아, 시안화수소, 황화수소, 일산화탄소, 이황화탄소, 염화메탄, 브롬화메탄, 산화에틸렌, 모노메틸아민, 디메틸아민, 트리메틸아민

6. 초 저온 탱크(용기)

-50℃이하의 액화가스를 저장(충전)하기 위한 탱크(용기)로서 단열재로 피복하거나 냉동설비로 냉각하는 등의 방법으로 탱크(용기)내의 가스온도가 상용의 온도를 초과하지 않도록 한 것

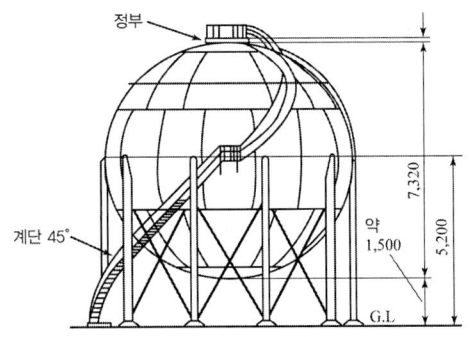
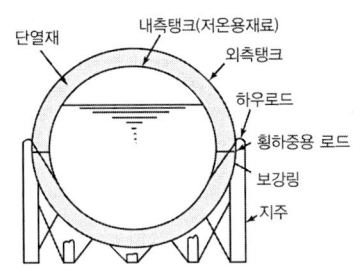

7. 충전용기

충전질량, 충전압력의 1/2이상이 충전되어 있는 상태의 용기

8. 잔 가스 용기

충전질량, 충전압력의 1/2미만이 충전되어 있는 상태의 용기

9. 처리설비

압축, 액화에 필요한 펌프, 압축기 및 기화장치

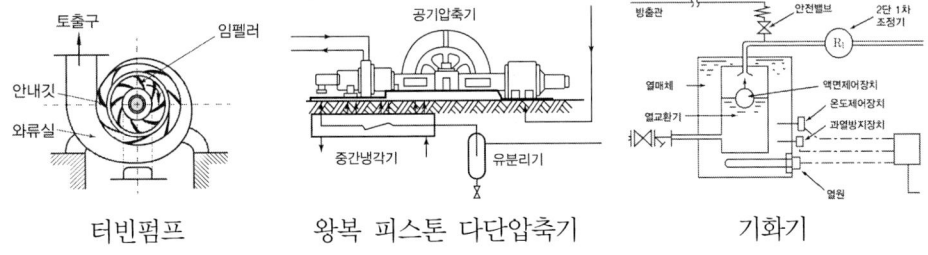

터빈펌프 　　　 왕복 피스톤 다단압축기 　　　 기화기

10. 감압설비

고압가스의 압력을 낮추는 설비(조정기, 정압기, 감압밸브등)

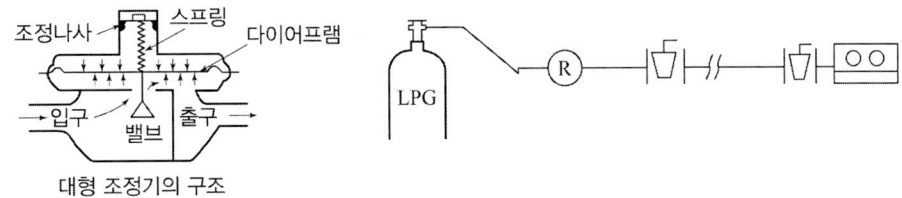

대형 조정기의 구조

11. 처리능력

처리설비, 감압설비에 의해 압축, 액화 그 밖의 방법으로 1일에 처리할 수 있는 가스량(0°C, 0Pa g 기준)

12. 방호벽

높이 2m 이상, 두께 12cm이상의 철근콘크리트(이와 동등 이상의 강도를 가지는 구조의)벽

종류		높이	두께	규격
철근콘크리트제		2m 이상	12cm 이상	ϕ9mm이상의 철근을 가로×세로 40cm이하로 배근 결속
콘크리트블럭제		2m 이상	15cm 이상	철근규격 상기와 동일, 단 블록 공동부에 몰탈 채움
강판제	박강판	2m 이상	3.2mm 이상	30×30mm이상의 앵글 강을 40×40cm이하로 용접보강. 1.8m이하로 지주 세움
	후강판	2m 이상	6mm 이상	1.8m이하로 지주 세움

[설치장소]

① 고압가스 제조 시설 중 아세틸렌 또는 압력이 100kg/cm²이상인 압축가스를 용기에 충전하는 경우로(※1kgf/cm² = 0.098MPa ≒ 0.1MPa)
  가. 압축기와 당해 충전장소 사이
  나. 압축기와 당해 충전 용기 보관장소 사이
  다. 당해 충전 장소와 충전용기 보관 장소 사이
  라. 당해 충전 장소와 당해 충전용 주관의 밸브 조작 장소 사이
② 특정 고압가스 사용시설로(액화 가스 300kg, 압축가스 60m³이상 저장시)용기 보관실 벽
③ 고압가스 저장 시설 중 탱크와 사업소 내의 보호시설과의 사이
④ 판매시설의 용기 보관실 벽
⑤ LPG 충전사업소에서 탱크와 충전 장소 사이
⑥ LPG 판매업소의 용기 보관실 벽

13. 보호시설

(1) 제1종 보호시설
① 학교, 유치원, 새마을 유아원, 학원, 병원, 의원, 도서관, 시장, 목욕탕, 호텔, 여관 등
② 독립된 연면적 1,000m² 이상의 건축물
③ 수용능력 300인 이상인 건축물(예식장, 장례식장, 공연장)
④ 수용능력 20인 이상인 아동 복지시설, 장애인 복지시설등
⑤ 지정 문화재로 지정된 건축물

(2) 제2종 보호시설
① 주택
② 독립된 연면적 100~1,000m²미만인 건축물

14. 안전거리
저장·처리설비와 보호시설 사이에 유지해야할 거리

처리 및 저장능력	가스종류	제1종보호시설	제2종보호시설
1만 이하 (kg또는m³)	산소	12m	8m
	독성 및 가연성	17m	12m
	기타	8m	5m
2만 이하 (kg또는m³)	산소	14m	9m
	독성 및 가연성	21m	14m
	기타	9m	7m
3만 이하 (kg또는m³)	산소	16m	11m
	독성 및 가연성	24m	16m
	기타	11m	8m
4만 이하 (kg또는m³)	산소	18m	13m
	독성 및 가연성	27m	18m
	기타	13m	9m
4만 초과 (kg또는m³)	산소	20m	14m
	독성 및 가연성	30m	20m
	기타	14m	10m

· 가연성가스 저온 저장탱크의 경우는 제외
· 액화가스는 kg, 압축가스는 m³의 단위 사용

15. 특정설비
저장탱크 및 그 부속품

16. 고압가스 관련설비

(1) 안전밸브, 긴급차단장치, 역화방지 장치
(2) 기화장치
(3) 압력용기
(4) 자동차용 가스 자동 주입기
(5) 독성가스 배관용 밸브
(6) 냉동설비
(7) 특정고압가스용 실린더 캐비넷
(8) 자동차용 압축천연가스 완속충전설비
(9) 액화석유가스용 용기잔류가스회수장치

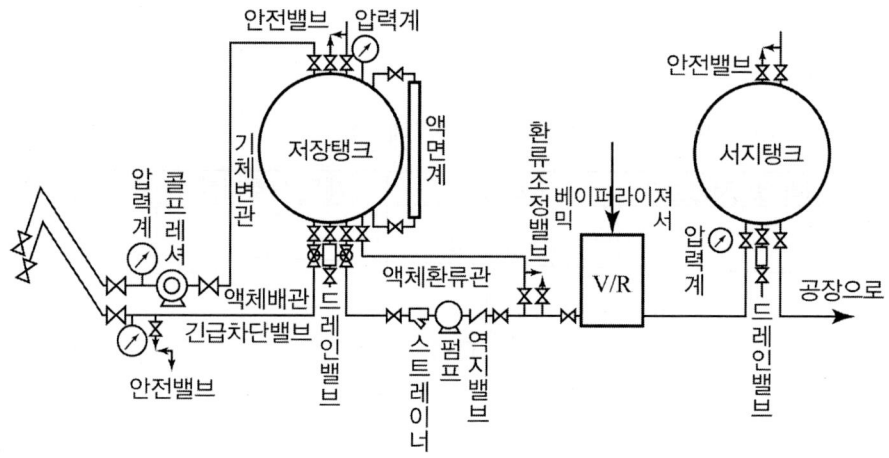

[그림] 공기 혼합가스 공급방식(부탄)

17. 저장능력 산정 기준

(1) 압축가스

$$Q = (10P+1)V_1$$

여기서, Q : 저장능력(m^3)
         P : 35℃에서의 FP(MPa)
         V_1 : 내용적(m^3)

(2) 액화가스(저장탱크)

$$W = 0.9dV_2$$

여기서, W : 저장능력(kg)
         d : 액화가스의 비중(kg/L)
         V_2 : 내용적(L)

(3) 액화가스(용기 및 차량에 고정된 탱크)

$$W = \frac{V_2}{C}$$

여기서, W : 저장능력(kg)
V_2 : 내용적(L)
C : 충전 정수(C_3H_8 : 2.35, C_4H_{10} : 2.05)

18. **냉동능력 산정기준**
   (1) 원심식 압축기를 사용하는 냉동설비의 1RT : 원동기 정격출력 : 1.2kW
   (2) 흡수식 냉동설비 1RT : 발생기 가열입열량 : 6,640kcal/hr
   (3) 기타 냉동설비 1RT : 3,320kcal/hr

03 고압가스 특정제조의 시설 및 기술기준

1. **안전구역내의 고압가스 설비와 설비 사이**
   30m이상의 거리유지

2. **제조설비는 제조소의 경계까지**
   20m이상의 거리 유지

3. **가연성 탱크**
   압축기(20만 m^3이상)와 30m이상의 거리 유지

4. **가연성 탱크와 가연성 탱크 또는 산소 탱크 사이**
   두 탱크의 최대지름 합산거리의 1/4이상의 거리 유지(단, 1m이상 일 것)

5. **인터록 기구 설치**
   잘못 조작되거나, 비정상 제조시 자동으로 원재료 공급 차단

6. 긴급 차단장치, 긴급이송설비, 벤트스택, 플레어스택을 설치

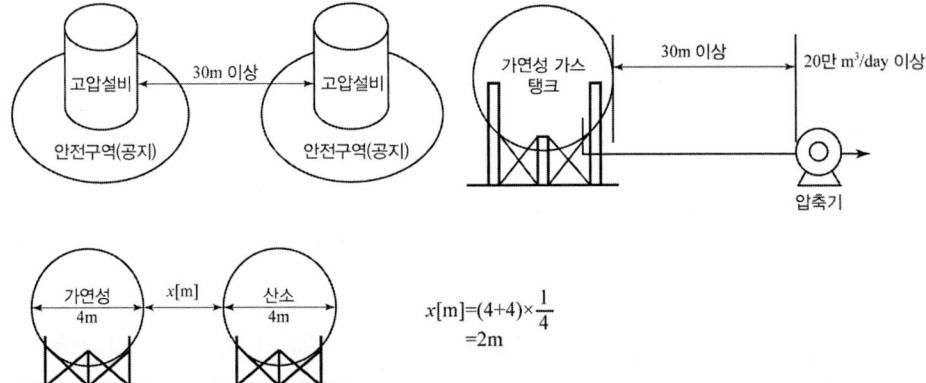

□ 참고

<긴급차단장치>
1. 기능 : 가스 누출시 자동 작동되어 차단(가연성, 독성가스의 액화가스 탱크)
2. 설치위치 : 내용적 5,000L이상의 배관으로 탱크내부 및 탱크 주 밸브 외측
3. 작동동력원 : 액압, 기압, 전기, 스프링(배관 및 탱크의 온도 110℃에서 작동)
4. 누출검사 및 작동검사 ; 1년 1회
5. 누출검사 : N_2, 공기사용, 공기를 사용하여 차압 0.5~0.6MPa에서 분당 누출량이 50cc×호칭경mm/25mm 초과하지 말 것
6. 조작위치 : 특정 제조소 → 10m 이상, 일반 제조소 → 5m 이상

- 벤트스택 방출구 위치 : 작업장소, 작업원 통행장소로부터 10m이상 떨어진 곳
- 플레어스택 설치위치 및 높이 : 플레어스택 지표면에 미치는 복사열이 4000kcal/m^2hr이하일 것

7. 가스 누출 검지 경보장치

(1) 가스 체류 장소(압축기, 밸브, 반응설비, 탱크)
(2) 신속검지, 경보 가능 한 수량 : 바닥면 둘레 10m 당 1개 이상, 단 건축물밖에는 20m당 1개
(3) 가스종류에 적합한 기능일 것

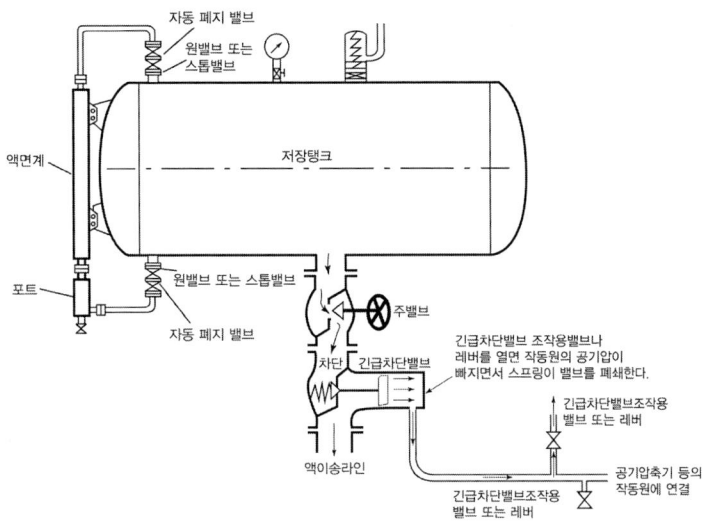

[그림] 긴급 차단 장치의 작동원리

□참고

<가스 누출 검지 경보장치>
1. 기능 : 가연성, 독성가스의 누출을 검지하여 농도를 지시함과 동시에 경보를 울릴 것
2. 검지 경보장치 방식 : 접촉연소방식, 격막 갈바니 전지방식, 반도체 방식
3. 경보 농도
    ① 가연성가스 : 폭발 하한의 1/4이하
    ② 독성가스 : 허용농도 이하
    ③ NH_3를 실내에서 사용할 때 : 50ppm
4. 경보기의 정밀도
    ① 가연성 가스용 : ±25%이하
    ② 독성가스용 : ±30%이하
5. 검지에서 발신까지의 시간(경보농도의 1.6배 농도에서)
    ① 일반가스 : 30초 이내
    ② NH_3, CO : 1분 이내
6. 지시계의 눈금
    ① 가연성가스 : 0 ~ 폭발하한계
    ② 독성가스 : 0 ~ 허용농도의 3배
    ③ NH_3실내서 사용할 때 : 150ppm

8. 방류둑 설치(액화가스 누출시 탱크 주위의 한정된 범위 벗어남을 방지)

    (1) 산소 탱크

    1,000톤 이상 시(수액기 내용적 10,000L이상 시 방류둑 설치)

    (2) 가연성 탱크

    500톤 이상시

    (3) 독성 태크

    5톤 이상시
    ① 일반 제조시설의 경우는 가연성과 산소 탱크는 모두 1,000톤 이상일시 방류둑을 설치
    ② 방류둑 용량
    　㉠ 산소 : 저장능력 상당용적의 60%
    　㉡ 일반탱크 : 저장능력 상당 용적
    　㉢ 냉동설비 수액기 : 내용적의 90%
    　(단, NH_3는 압력 0.7MPa 이상 ~ 2.1MPa 미만 : 90%, 압력 2.1MPa이상 : 80%)

9. 방류둑 내측 및 외면으로 부터 10m이내에는 탱크 부속 설비외의 것은 설치하지 않는다. (1,000ton미만 시 : 8m)

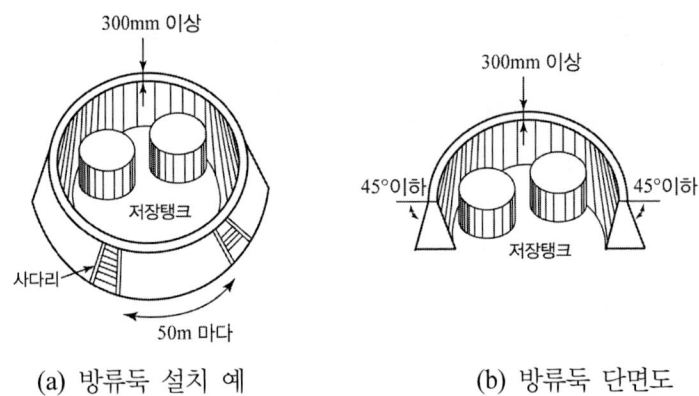

(a) 방류둑 설치 예　　　　　　(b) 방류둑 단면도

10. 긴급차단장치의 조작위치는 탱크 외면으로부터 10m이상(일반제조시설은 5m이상) (단, 이입배관에는 역류방지밸브로 가능)

11. 이중배관으로 해야 할 가스(입구 바닥면의 위치가 지상에서 2.5m이하일 시)

    (1) 암모니아
    (2) 아황산가스
    (3) 염소
    (4) 염화메탄
    (5) 산화에틸렌
    (6) 시안화수소
    (7) 황화수소
    (8) 포스겐

    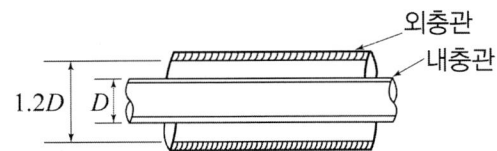

12. 배관 등의 접합은 용접한다. (아크용접, 동등이상의 효과를 갖는 용접)

13. 배관장치에는 이상사태가 발생시 경보하는 경보장치를 설치

    (1) 배관내 압력이 상용압력×1.05배 초과시
    (2) 상용압력이 4MPa이상 시는 상용압력 +0.2MPa초과 시
    (3) 배관내 압력이 정상 운전시 압력보다 15%이상 강하시
    (4) 배관내의 유량이 정상 운전시 유량보다 7%이상 변동시
    (5) 긴급차단밸브의 회로가 고장나거나 폐쇄 된 때

14. 배관의 설치

    (1) 지하 매설시

        ① 건축물 : 1.5m 이상
        ② 지하도로, 터널 : 10m이상
        ③ 수도시설(독성가스 배관시) : 300m이상
        ④ 다른 시설 : 0.3m 이상
        ⑤ 매설 깊이
           · 산과 들 : 1m 이상
           · 기타 : 1.2m 이상
           · 방호 구조물 안에 설치 : 0.6m이상(방호 구조물까지의 거리)

    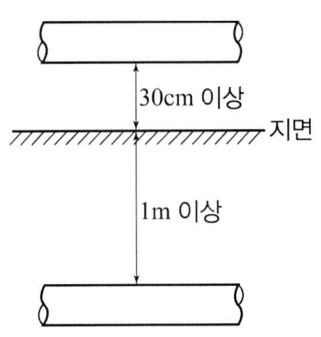

    (2) 도로 밑 매설시

        ① 배관 외면으로부터 도로의 경계까지 1m이상 유지
        ② 다른 시설물과 : 0.3m이상
        ③ 시가지의 도로 노면 밑에 매설 시 : 1.5m이상

④ 시가지외 도로 노면 밑에 매설 시 : 1.2m이상

⑤ 포장되어있는 차도에 매설 시 : 0.5m이상

(3) 철도 부지 밑 매설시

① 궤도 중심까지 : 4m 이상

② 철도부지의 경계까지 : 1m 이상

③ 지표면에서 배관의 외면까지 : 1.2m 이상

(4) 도로 횡단시

2중 보호관 및 방호구조물 안에 설치

(5) 해저 설치시

① 다른 배관과 교차하지 말 것

② 다른 배관과 30m이상의 수평거리 유지

(6) 하천등 횡단시

① 2중관으로 해야할 가스 : 염소, 포스겐, 불소, 아크릴 알데히드, 아황산, 시안화수소, 황화수소

② 기타의 독성, 가연성 : 방호 구조물 내 설치

(7) 공지를 유지한다.

상용 압력	공지의 폭
0.2MPa미만	5m
0.2~1MPa미만	9m
1MPa이상	15m

15. 사업소내의 배관

(1) 지상설치시 지면으로부터 30cm이상 유지

(2) 지하 매설시

① 지면으로부터 1m이상 깊이

② 도로 폭이 8m이상인 공도 : 1.2m 이상

③ 철도의 횡단부 지하 : 1.2m이상

④ 전철 횡단 매설 배관 : 전기 방식 조치

04 고압가스 일반제조 시설기준 및 기술기준

1. 고압가스 처리, 저장설비와 보호시설사이의 안전거리유지(지하의 저장설비는 규정 안전거리의 1/2유지)

2. 가연성 제조시설의 가스설비와 가연성 제조시설의 가스설비 사이
   5m이상 유지

3. 가연성 제조시설의 가스설비와 산소 제조시설의 가스설비 사이
   10m이상 유지

4. 가스 설비, 저장설비와 화기 취급 장소
   2m이상의 우회거리(단, 가연성 및 산소는 8m이상)

5. 경계표지와 경계책, 위험표지 설치

   (1) 경계표지

   설치장소 : 사업소 출입구(경계 울타리, 담 등에 설치) / 철도부지내의 배관표지판 : 200m마다

   (2) 경계책
   ① 설치장소 : 저장 설비, 처리 설비, 감압 설비 장소 주의
   ② 설치 높이 : 1.5m이상
   ③ 설치 목적 : 일반인들의 출입통제

   (3) 위험표시
   ① 설치 장소 : 독성가스 누출 우려 있는 부분
   ② 문자 크기 : 가로·세로 5cm 이상
   ③ 식별 거리 : 10m 이상
   ④ 바탕색 : 백색
   ⑤ 글씨 : 흑색(주의 : 적색)

   (4) 식별표시
   ① 설치장소 : 독성가스 제조시설 등의 보기 쉬운 곳
   ② 문자크기 : 가로·세로 10cm 이상
   ③ 식별거리 : 30m이상

④ 바탕색 : 백색
⑤ 글씨 : 흑색(가스명칭 : 적색)

6. **저장탱크**

    (1) 탱크 및 가스홀더는 5m³이상의 가스 저장시 가스 방출 장치 설치
    ① 가연성 저장 탱크 : 지면으로부터 5m, 탱크 정상 부로부터 2m높이 중 높은 위치
    ② 독성가스 탱크 : 중화를 위한 설비내
    ③ 기타 : 인근의 건축물, 시설물의 높이 이상

    (2) 탱크간의 거리
    두 탱크 최대지름 합산 거리의 1/4이상으로 1m미만 시는 1m이상(단, 물분무 장치 설치시 제외)

    (3) 물 분무 장치 설치 기준

물 분무 장치	전표면	내화구조	준내화구조
탱크표면적 1m²당 물 분무량	8L/min	4L/min	6.5L/min
소화전 ㉠ 호수 끝 수압 : 0.35MPa ㉡ 방수능력 : 400L/min	30m²	60m²	38m²

    ・수원 : 30분 이상 연속(도시가스 제조시설 : 60분) → 매월 1회 작동 상황 점검

7. **저장 탱크 설치 방법**

    (1) 지하에 매설시
    ① 탱크 외면 : 부식방지 코팅과 전기부식 방지 조치
    ② 저장 탱크 실에 설치 : 천정, 벽, 바닥의 두께가 30cm이상의 철근콘크리트
    ③ 탱크 주위 : 마른 모래를 채운다.
    ④ 지면과 탱크 정상부 : 60cm 이상
    ⑤ 탱크간의 걸이 : 1m 이상
    ⑥ 가스 방출관 : 5m 이상

    (2) 저장 탱크 및 처리 설비를 실내에 설치 시
    ① 각각 구분하고 강제 통풍 시설을 갖출 것(바닥 면적 1m²당 0.5m³/분 이상의 능력)
    ② 가연성, 독성 가스의 저장 탱크실과 처리 설비실에는 가스 누출 검지 경보 장치 설치

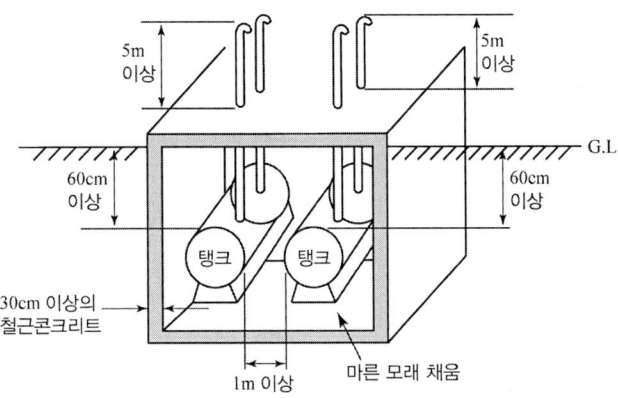

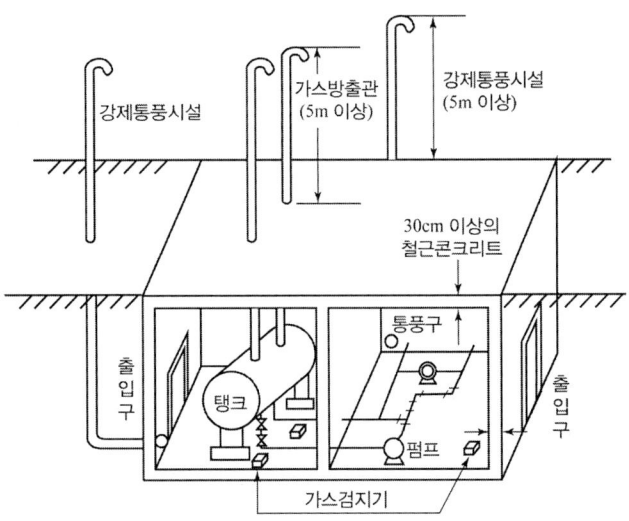

8. 액화가스 저장 탱크에는 액면계를 설치하며 액면계가 유리제 일시 파손방지 장치를 설치하고 액면계 상하 배관에는 자동식 및 수동식의 스톱밸브 설치(금속제 및 플라스틱제 프로텍터 설치)

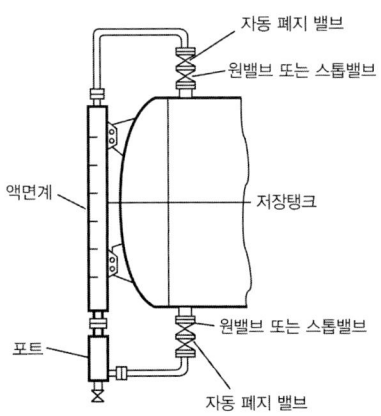

9. 가연성가스 저온 저장 탱크에는 탱크내부 압력이 외부압력보다 낮아짐에 따라 탱크가 파괴되는 것을 방지하는 조치할 것(압력계, 압력 경보 설비, 진공 안전 밸브, 가스 도입 배관(균압관), 냉동제어설비, 송액 설비등)

10. 가연성가스 및 독성가스 탱크 및 지주는 온도 상승 방지 조치 할 것

    (1) 내화구조

    온도 상승 방지 조치된 것으로 간주

    (2) 준내화구조 및 저온저장 탱크(2중각 단열구조)

    $1m^2$당 2.5L/분 이상

    (3) 일반 탱크

    $1m^2$당 5L/분 이상

    (4) 지주

    높이 1m 이상시 두께 50mm이상의 내화 콘크리트로 피복

    > □참고
    > 설비의 주위(온도 상승 방지조치)
    > ① 방류둑 외면으로부터 10m 이내
    > ② 방류둑 설치 아니할 시 탱크 외면으로부터 20m 이내
    > ③ 가연성 물질로부터 20m 이내

11. 방류둑 설치

    (1) 가연성, 산소탱크

    1,000톤 이상

    (2) 독성탱크

    5톤 이상

    (3) 방류둑 내측 및 외면으로부터 10m이내에는 탱크 부속 설비 외의 것을 설치말 것

    > □<방류둑 설치기준>
    > 1. 재료 : 철근콘크리트, 철골 철근 콘크리트, 금속, 흙
    > 2. 성토 : 수평에 대해 45°이하
    > 3. 성토 정상부 폭 : 30cm 이상
    > 4. 계단사다리 : 둘레 50m마다 1개씩(50m미만시 2개 이상 분산해 설치)

12. 독성 가스 탱크에는 탱크 내용적의 90%를 초과하는 것을 방지하는 장치 설치(액면 자동 검지 경보 장치)

13. 탱크 표시

    (1) 외부 : 은색, 백색 도료(LPG, 도시가스 : 은백색)
    (2) 가스 명칭 : 붉은 글씨

14. 탱크 지반 침하 방지 조치

    (1) 저장량

    ① 압축가스 : 100m³ 이상
    ② 액화가스 : 1톤 이상

    (2) 침하 상태 측정

    1년 1회(기초 수정한 후에는 3개월 2회, 그 후에는 6개월 1회 측정)

    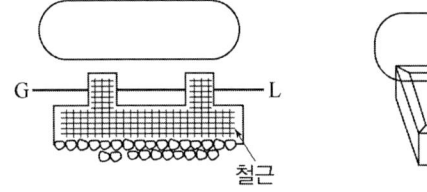 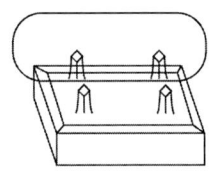 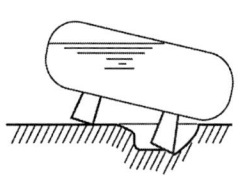

    ① 지주와 기초를 일체화시킨다   ② 지주와 기초를 긴밀히 연결한다

    (a) 지반침하 방지책   (b) 지반침하

15. 가스설비의 내진구조

    [저장량]

    ① 압축가스 : 500m³ 이상(비가연성, 비독성시 1,000m³)
    ② 액화가스 : 5톤 이상(비가연성, 비독성시 10톤)

16. 아세틸렌용 재료의 제한

    (1) 동 및 동함유량 62% 초과 합금 사용 금지

    (2) 충전용 지관

    탄소 함유량 0.1%이하의 강 사용

17. 방폭 구조

가연성가스 제조 설비, 저장 설비의 전기 설비

> □ <방폭구조>
> [종류]
> ① 내압 방폭 구조 : 폭발시 압력에 견디는 구조
> ② 압력 방폭 구조 : 공기, 질소 등을 압입하여 내압을 유지해 가스 침입 방지
> ③ 유입 방폭 구조 : 절연유로 격납시켜 점화되지 않도록 한 구조
> ④ 안전증방폭구조 : 온도 상승에 대해 구조상 안전성을 높인 구조
> ⑤ 본질안전방폭구조 : 점화 시험 등으로 확인된 구조
> ⑥ 특수방폭구조 : 상기외의 구조로 안전이 확인된 구조

18. 고압가스 설비

(1) 내압시험 압력

상용압력×1.5배 이상 (압력용기에 직접 연결된 배관 : 상용압력×1.25배 이상)

(2) 기밀시험 압력

상용압력 이상(기밀 시험 곤란시 누출 검사 실시)

(3) 설비의 강도

상용 압력×2배 이상에서 항복을 일으키지 않는 두께일 것

19. 안전 장치(용기, 탱크로리포함)

(1) 압력계

상용압력 1.5배 ~ 2배 이하의 최고눈금 있는 것

(2) 안전 밸브 작동 압력

설계압력 ~ 내압시험 압력 8/10이하 (L-O_2탱크 : 상용압력×1.5이하)

(3) 압력계 및 안전밸브 기능 점검

① 충전용 주관 압력계 : 매월 1회 이상
② 기타의 압력계 : 3개월에 1회 이상
③ 압축기 최종단의 안전밸브 : 1년에 1회 이상
④ 기타 안전 밸브 : 2년에 1회 이상

(4) 긴급 차단 장치

① 조작 거리 : 탱크 외면으로부터 5m이상

② 이입하는 배관 : 역류방지밸브로 갈음 가능

(5) 역류방지밸브 설치 장소
① 가연성가스 압축기와 충전용 주관과의 사이
② 아세틸렌 압축기의 유분리기와 고압 건조기 사이
③ 암모니아, 메탄올의 합성탑 및 정제탑과 압축기 사이의 배관
④ 독성가스의 감압설비와 그 가스의 반응 설비간의 배관(특정고압가스 사용시설)

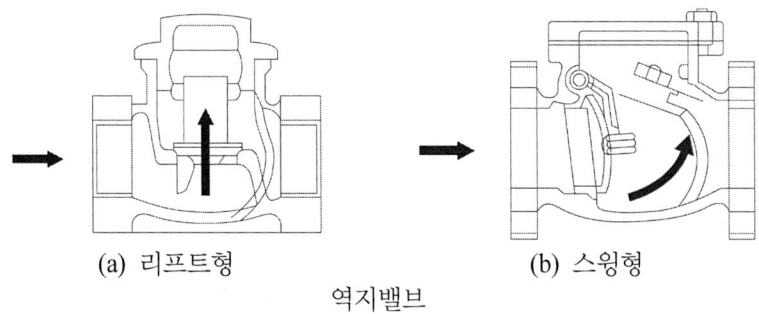

(a) 리프트형　　　　(b) 스윙형
역지밸브

(6) 역화 방지 장치
① 가연성가스 압축기와 오토 크레이브 사이의 배관
② 아세틸렌 고압 건조기와 충전용 교체밸브 사이의 배관
③ 아세틸렌 충전용 지관
④ 수소화염, 산소, 아세틸렌 화염을 사용하는 시설로 분리되는 각각의 배관(특정 고압가스 사용시설)

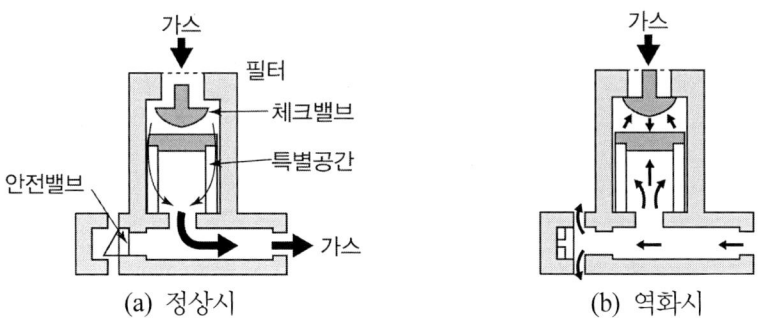

(a) 정상시　　　　(b) 역화시

20. 배관등
(1) 압축가스 배관에는 압력계, 액화가스 배관에는 압력계 및 온도계를 설치
(2) 산소, 천연메탄을 수송하기 위한 배관과 압축기 사이에는 수취기 설치
(3) 독성가스 배관, 관 이음매, 밸브의 접합은 용접한다. (단, 용접 부적당시 플렌지 접합으로 갈음)

21. **여과기 설치**

   공기액화 분리기의 액화 공기 탱크와 액화 산소 증발기 사이

22. **표준 압력계**

   처리량 1일 100m³이상인 사업소는 표준이 되는 압력계를 2개이상 배치

23. **에어졸 누출 시험 시설**

   46℃이상 50℃ 미만의 누출시험 할 수 있는 온수 시험 탱크 설치

24. **가스 분석 및 점검**

   [가연성·산소 제조중]
   ① 발생장치, 정제 장치, 저장 탱크 출구 : 1일 1회 이상
   ② 액화 산소통내의 액화산소 : 1일 1회 이상
   ③ 제조시설의 이상유무 및 작동상황 점검 : 1일 1회 이상

25. **압축 금지 사항**

   (1) 가연성 가스 중 산소용량이 전용량의 4%이상 시
   (2) 산소중의 가연성 용량이 전용량의 4%이상 시
   (3) 아세틸렌, 에틸렌, 수소중의 산소용량이 전용량의 2%이상 시
   (4) 산소중의 아세틸렌, 에틸렌, 수소의 용량 합계가 전용량의 2%이상 시

   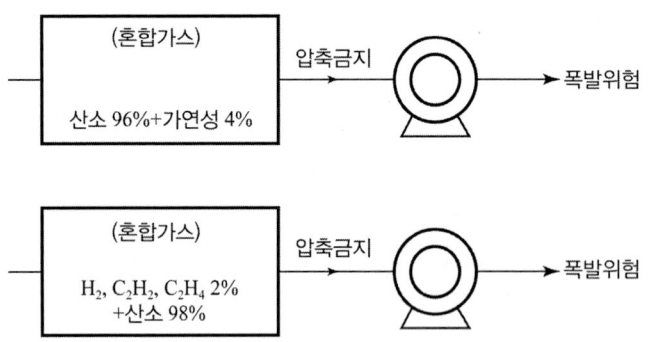

26. **운전 중지 사항**

   [액화 산소 통내의 액화 산소 5L중]
   ① 아세틸렌 : 5mg넘을 시, 운전 정지 후 액화 산소 방출
   ② 탄화수소의 탄소의 질량 : 500mg넘을 시, 운전 정지 후 액화 산소 방출

27. 윤활제

   (1) **산소압축기 내부윤활제**

   물, 10%이하의 묽은 글리세린수(석유류, 유지류, 글리세린 사용금지)

   (2) **염소압축기 내부윤활제**

   진한 황산

   (3) **수소, 아세틸렌, 공기압축기 연활제**

   양질의 광유

   (4) **공기압축기 내부 윤활제 규격**

전 질량에 대한 잔류 탄소	인화점	교반온도	교반시간	기준
1%이하	200℃ 이상	170℃	8시간	분해되지 않을 것
1%초과 ~ 1.5%이하	230℃ 이상	170℃	12시간	분해되지 않을 것

28. **고압가스 설비는 접속으로 상용압력이 20MPa이상이 되는 곳의 나사**

   나사 게이지로 검사한 것일 것

29. **안전밸브, 방출밸브에 설치된 스톱밸브**

   항상 완전히 열어 놓을 것(단, 수리 등의 경우는 제외)

   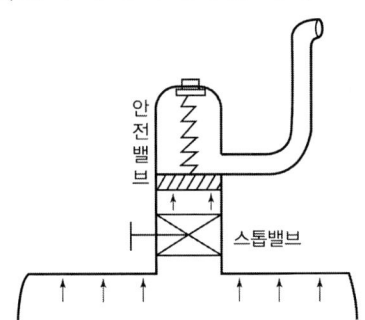

30. **음향검사 및 내부 조명 검사**

   [대상용기]

   압축가스 용기, 액화 암모니아, 액화 탄산가스, 액화 염소 용기로 이음매 없는 용기

31. 밸브 및 충전용 지관을 가열할 때
열습포(60℃), 40℃이하의 물을 사용

32. 시안화수소의 충전
(1) 독성·가연성이며 용기에 충전시 순도가 98%이상일 것
(2) 안정제 첨가 : 아황산, 황산, 오산화인, 인산, 인, 염화칼슘, 동망 등
(3) 충전 후 60일이 경과되기 전에 다른 용기에 옮겨 충전할 것(단, 순도가 98%이상으로 착색되지 아니한 것은 제외)
(4) 충전 후 24시간 정치 한다.(충전 년, 월, 일 명기된 표지 부착)
(5) 1일 1회 이상 질산구리 벤젠지로 누출검사 실시

33. 산화에틸렌의 충전
(1) 독성·가연성
(2) 충전시 내부를 질소, 탄산가스로 치환하여 산·알카리가 함유되지 않도록 하며 5℃ 이하를 유지
(3) 충전 후 45℃에서 압력이 0.4MPa 이상이 되도록 질소, 탄산가스를 충전

34. 아세틸렌의 충전
(1) 가연성으로 위험도가 가장 큰 가스로 산화폭발, 분해폭발, 화합폭발등이 있다.
(2) 충전중의 압력은 2.5MPa 이하로 하며 질소, 메탄, 일산화탄소, 에틸렌 등의 희석제를 첨가한다.
(3) 충전은 8시간에 걸쳐 2~3회로 나누어하며 충전 후 24시간 정지
(4) 충전 전 용기에 다공도가 75%이상 ~ 92%미만의 다공물질을 넣고, 아세톤 및 디메틸포름아미드를 침윤시킨다.
(5) 충전후 15℃에서 1.5MPa 이하가 되도록 정치한다.

35. 품질검사기준

(1) 검사장소 : 가스제조장에서 1일 1회 이상
(2) 검사원 : 안전관리 책임자
(3) 검사기준

가스명	시약	시험방법	순도	기준
산소	동·암모니아	오르잣드법	99.5%이상	35℃에서 11.8MPa이상일 것
수소	피로카롤 하이드로 썰파이드	오르잣드법	98.5%이상	35℃에서 11.8MPa이상일 것
아세틸렌	발연황산 브롬시약	오르잣드법 뷰렛법	98%이상	용기내 가스 충전량이 3kg이상
	질산은	정성시험	합격 : 흰색, 담황색 불합격 : 갈색, 흑색	

36. 용기의 보관

(1) 충전용기와 잔가스용기는 각각 구분하여 놓을 것
(2) 가연성, 독성, 산소용기는 각각 구분하여 놓을 것
(3) 계량기등 작업에 필요한 물건 외에는 두지 말 것
(4) 용기보관 장소 주위 2m이내에 화기, 인화성, 발화성 물질을 두지 말 것
(5) 충전용기는 40℃이하 유지, 직사광선 받지 않도록 할 것
(6) 가연성용기 보관장소에는 방폭형 휴대용 손전등이외의 등화 휴대 금지

37. 에어졸 제조 기준

(1) 1일 제조 최대 수량을 정하고 이를 준수할 것
(2) 에어졸 분사제는 독성가스를 사용하지말 것
(3) 용기의 내용적은 1L미만 일 것
(4) 내용적 100cm^{3}초과 용기 재료는 강, 경금속 사용
(5) 금속제 용기 두께는 0.125mm이상이고, 유리제 용기는 내·외면을 합성수지로 피복
(6) 용기는 50℃에서 용기 안의 압력×1.5배에서 변형말고 50℃에서 용기 안의 압력 ×1.8배에서 파열되지 말 것(단, 1.3MPa서 변형되지 않고 1.5MPa서 파열되지 않는 것은 제외)
(7) 내용적 100cm^{3}초과 용기는 용기제조자 명칭, 기호를 표시할 것
(8) 내용적 30cm^{3}이상의 용기는 에어졸제조에 재사용하지 말 것

(9) 에어졸 제조설비, 충전용기 저장소와 화기, 인화성 물질과는 8m이상의 우회거리 유지
(10) 에어졸은 35℃에서 내압이 0.8MPa 이하 이어야하며, 용량은 내용적의 90%이하일 것
(11) 에어졸온도는 46℃~50℃미만으로 온수시험 탱크에서 확인시 누출 없을 것
(12) 내용적 30cm³이상의 것에는 에어졸 제조자 명칭, 기호, 제조번호, 취급에 필요한 주의사항 명시

[인체용 에어졸 제품 용기에 표시할 사항]
· 특정 부위에 계속 장시간 사용하지 말 것
· 가능한 한 인체에서 20cm 이상 떨어져서 사용할 것
· 온도 40℃ 이상의 장소에 보관하지 말 것
· 사용 후 불 속에 버리지 말 것

> **□ 참고**
>
> **불꽃길이 시험**
> 버너의 불꽃 길이를 4.5~5.5cm 이하로 조절하고, 시료가스를 분사시켜 불꽃길이를 측정한다.

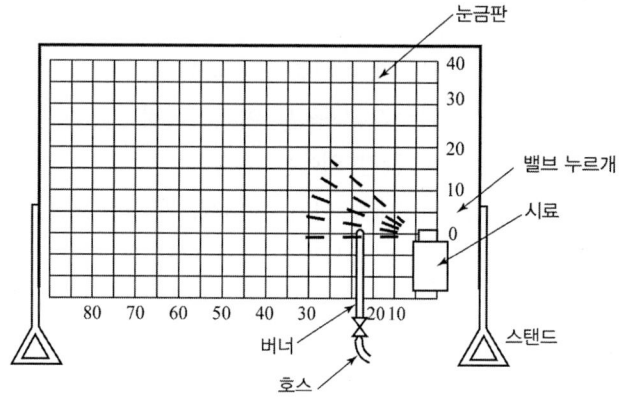

05 기타 시설 기준 및 기술 기준

1. **고압가스 충전시설 기준 및 기술 기준**

    충전 설비, 저장 설비는 화기 취급 장소까지 2m이상의 우회거리를 둔다.(가연성, 산소 충전설비, 저장 설비는 8m이상의 우회거리)

2. **냉동제조의 시설 기준 및 기술 기준**
    (1) 냉매설비에는 압력계를 설치
    (2) 가연성, 독성 냉매를 사용할 때 수액기의 액면계는 환형 유리관 액면계외의 것을 사용
    (3) 냉매설비
        ① 기밀시험 압력 : 설계압력 이상
        ② 내압시험 압력 : 설계압력×1.5배 이상(단, 물을 채워 내압시험을 하기 부적당시 설계압력×1.25배의 기체로 내압시험을 하며, 이때 기밀시험은 생략한다.)

3. **고압가스 판매 및 수입업소 시설기준 및 기술 기준**
    (1) 안전거리 유지
        ① 압축가스 : 300m^3이상 시
        ② 액화가스 : 3톤이상 시
    (2) 용기 보관실은 방호벽으로 한다.
    (3) 가연성, 독성가스 충전용기 보관실의 주위 2m이내에는 화기, 인화성, 발화성물질 두지 말 것
    (4) 고압가스는 계량법에 의한 법정단위로 계량한 용적 또는 질량으로 판매한다.

06 용기제조의 시설기준 및 기술기준

1. 용기재료는 스테인레스강, 알루미늄합금, 탄소강 및 이와 동등 이상의 것

용기의 종류	탄소 함유량	인 함유량	황 함유량	비고
이음새 없는 용기, 무계목 용기, 심레스 용기	0.55% 이하	0.04% 이하	0.05% 이하	압축가스 용기로서 고압용(O_2, H_2, Ne, Ar 등)
이음새 있는 용기 계목용기, 웰딩 용기, 용접 용기	0.33% 이상	0.04% 이하	0.05% 이하	액화가스 용기로 주로 저압용(C_3H_8, C_4H_{10}, C_2H_2, NH_3 등)

(1) 이음새 없는 용기 사용할 때의 장점
   ① 고압에 견딜 수 있다.
   ② 내압에 의한 응력분포가 균일

(2) 이음새 있는 용기 사용할 때의 장점
   ① 값이 싸다.
   ② 용기의 형태, 치수를 자유로이 선택
   ③ 두께공차가 적다.

(3) 용기의 재질
   ① LPG : 탄소강
   ② 산소 : 크롬강(Cr 30%)
   ③ 수소 : 크롬강(Cr 5~6%)
   ④ 암모니아 : 탄소강(고온에서는 18-8스테인레스강)
   ⑤ 아세틸렌 : 탄소강
   ⑥ 염소 : 탄소강

2. 동판의 최대 두께와 최소 두께와의 차이는 평균두께의 10%이하일 것

3. 용접용기 두께 계산식

(1) 동판 $t = \dfrac{PD}{2s\eta - 1.2P} + C$

(2) 접시형 경판 $t = \dfrac{PDW}{2s\eta - 0.2P} + C$

여기서, t : 두께(mm)
  η : 용접효율
  D : 동체의 내경(mm)
  W : 접시형 경판의 형상에 따른 계수
  s : 허용응력(인장강도×1/4)kg/mm^2
  P : FP(MPa)
  C : 부식여유치(mm)

4. 부식 여유의 두께

용기의 종류	내용적	부식여유(mm)
NH$_3$ 충전용기	1,000L이하	1
	1,000L초과	2
Cl$_2$ 충전용기	1,000L이하	3
	1,000L초과	5

07 냉동기 제조의 시설기준 및 기술기준

1. 냉동기 냉매설비로서 초음파 탐상시험에 합격해야할 재료

(1) 두께가 50mm이상인 탄소강
(2) 두께가 38mm이상인 저합금강
(3) 두께가 19mm이상이고 최소 인장강도가 5.8MPa이상인 강
(4) 두께가 19mm이상으로서 저온(0°C미만)에서 사용 가능하는 강
(5) 두께가 13mm이상인 2.5%니켈강, 또는 3.5%니켈강
(6) 두께가 6mm이상인 9%니켈강

08 특정 설비제조의 시설기준 및 기술기준

1. **허브 플렌지**

   특정설비의 설계압력이 20kg/cm²을 초과하거나 설계압력을 kg/cm²로 표시한 값과 호칭 내경을 mm로 표시한 값의 곱이 5,000초과 시

2. **스테이 부착 제외**

   두께 8mm미만인 판

3. **펀칭 가공 제외**

   두께 8mm이상의 판에 구멍을 뚫을 시

4. **가장자리 깎음**

   펀칭가공시 1.5mm 이상, 가스로 구멍 뚫을 시 3mm 이상

5. **관 부착 방법**

   (1) 확관에 의해 관을 부착하는 관판의 관구멍 중심거리는 관 바깥지름의 1.25배 이상일 것
   (2) 확관에 의해 관을 부착하는 관판의 관부착부 두께는 10mm이상일 것
   (3) 직관 굽힘 가공시 곡률 반경은 관 바깥지름의 4배 이상일 것

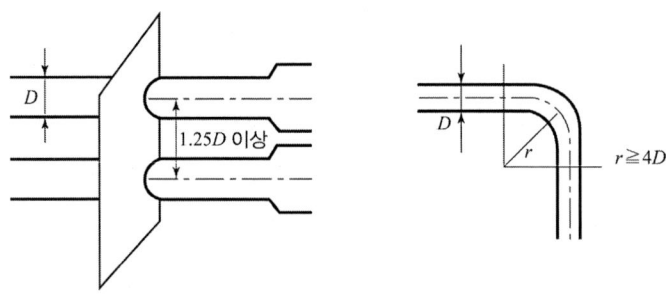

09 용기등 수리 자격별 수리 범위

수리자격자	수리범위
가. 용기제조자	1) 용기몸체의 용접 2) 아세틸렌 용기내의 다공물질의 교체 3) 용기의 스커트, 프로텍터 및 넥크링의 교체 및 가공 4) 용기 부속품의 부품교체 5) 저온 또는 초저온용기의 단열재 교체
나. 특정설비 제조자	1) 특정설비 몸체의 용접 2) 특정설비 부속품의 부품교체 및 가공 3) 저온 또는 초저온 저장 탱크의 단열재 교체
다. 고압가스 제조자	1) 용기밸브의 부품교체(그 용기밸브제조자가 그 밸브의 규격에 적합하게 제조한 부품의 교체에 한 한다.) 2) 특정설비의 부품교체 3) 냉동기의 부품교체 4) 단열재 교체(고압가스 특정제조자에 한 한다.) 5) 용접가공(고압가스 특정제조자에 한하며, 특정설비 몸체의 용접가공을 제외한다. 다만, 특정설비몸체의 용접수리를 할 수 있는 능력을 갖추었다고 공사가 인정하는 경우에는 특정설비 몸체의 용접가공도 할 수 있다.)
라. 액화석유가스 충전 사업자	액화석유가스용기용 밸브의 부품교체(안전에 관계되지 아니하는 핸들등 경미한 부품의 교체에 한 한다.)

10 공급자의 안전점검기준

1. **점검기준**
   (1) 충전용기의 설치 위치
   (2) 충전용기와 화기와의 거리
   (3) 충전용기 및 배관의 설치 상태
   (4) 배관, 호스에서의 누출여부 및 그 가스의 적합여부
   (4) 독성가스시 흡수, 제해장치 및 보호구에 대한 적합여부

2. **점검 방법**
   (1) 가스공급시마다 점검 실시
   (2) 점검 기록 작성, 보존(2년간 보존)
   (3) 정기 점검 2년1회 이상 실시(2년간 보존)

11 고압가스 제조자 및 판매자의 용기안전 점검 및 유지관리 기준

1. 용기내, 외면 점검(부식, 파손, 주름 여부)
2. 용기 도색, 표시 여부 확인
3. 용기스커트 찌그러짐 및 적정 간격 유지 여부
4. 유통중 열영향 받았는지 여부(열영향 받는 용기는 재검사 실시)
5. 용기 캡, 프로텍터 부착 여부
6. 재검사 기간의 도래 여부
7. 용기 아래부분 부식 여부
8. 밸브 몸체, 충전구 나사, 안전밸브등에 흠, 주름, 스프링 부식 여부
9. 그랜드 너트 고정핀 이탈방지 조치 여부
10. 밸브 개폐 조작이 쉬운 핸들 부착여부

12 용기의 재검사 기간

용기의 종류		재검사 주기		
		신규검사후 경과 연수		
		15년미만	15년이상 20년미만	20년이상
용접용기	500L이상	5년 마다	2년 마다	1년 마다
	500L미만	3년 마다	2년 마다	1년 마다
이음매없는용기	500L이상	5년 마다		
	500L미만	5년 마다(10년 경과 후 3년 마다)		
용기부속품(내용적 125L이하의 용기부속품은 제외한다.)	용기에 부착되지 아니한 것	2년 마다		
	용기에 부착한 것	검사후 2년을 경과하여 용기부속품을 부착한 당해용기의 재검사를 받을 때마다.		

1. 재검사일은 제조후 경과 년수가 15년미만인 것은 신규검사를 필한 날부터, 제조후 경과연수가 15년이상인 것은 신규검사를 필한 후 15년이 경과된 날부터 산정한다.
2. 제조 후 경과 년수가 15년 미만인 500L미만의 용접용기로서 산업통상자원부 장관이 정하여 고시하는 것은 재검사 기간을 그 고시에서 정하는 기간으로 한다.

· 제외용기 : 20L미만의 용접용기, 자동차용 용기접합 및 납붙임 용기
· LPG : 500L이상 - 용접용기 기준에 따른다.
　　　　500L미만 - 20년 미만 : 5년
　　　　　　　　　 20년 이상 : 2년(50L 미만은 4년)

13 특정설비의 재검사 기간

특정설비종류		재검사 주기		
		제조후 경과 년수		
		15년 미만	15년이상 20년미만	20년이상
차량에 고정된 탱크		5년마다	2년마다	1년마다
저장탱크		5년마다. 다만, 재검사에 불합격되어 수리한 것은 3년마다, 다른장소로 이동하여 설치한 저장탱크(액화석유가스의 안전 및 사업관리법 시행 규칙 제2조 제1항제3호에 의한 소형저장탱크를 제외한다.)이동하여 설치할 때마다		
안전밸브 및 긴급차단장치		검사후 2년을 경과하여 당해 안전밸브 또는 긴급차단밸브가 설치된 저장탱크 또는 차량에 고정된 탱크의 재검사시 마다		
기화장치	저장탱크와 함께 설치된 것	검사후 2년을 경과하여 당해 안전밸브 또는 긴급차단밸브가 설치된 저장탱크 또는 차량에 고정된 탱크의 재검사시마다		
	저장탱크가 없는 곳에 설치된 것	3년마다		
	설치되지 않은 곳	2년마다		
압력용기		산업통상자원부 장관이 정하여 고시하는 기간마다		

14 용기의 각인 사항(용기의 어깨부분, 프로텍터 부분)

1. 용기제조업자의 명칭 또는 약호
2. 충전하는 가스의 명칭
3. 용기의 번호
4. 내용적(기호 : V, 단위 : L)
5. 초저온용기외의 용기는 밸브 및 부속품(분리할 수 있는 것에 한 한다.)을 포함하지 아니한 용기의 질량(기호 : W, 단위 : kg)
6. 아세틸렌가스 충전용기는 (5)의 질량에 용기의 다공물질. 용제 및 밸브의 질량을 합한 질량(기호 : TW, 단위 : kg)
7. 내압시험에 합격한 연월
8. 내압시험압력(기호 : TP, 단위 : MPa)
9. 압축가스를 충전하는 용기는 최고 충전압력(기호 : FP, 단위 : MPa)
10. 내용적이 500L를 초과하는 용기에는 동판의 두께(기호 : t, 단위 : mm)
11. 충전량(g)(납붙임 용기, 접합용기에 한함)

15 용기의 도색 및 표시

1. 가연성 가스 및 독성가스의 용기

가스의 종류	도색의 구분	가스의 종류	도색의 구분
액화석유가스	밝은 회색(개정사항)	액화암모니아	백색
수소	주황색	액화염소	갈색
아세틸렌	황색	액화탄산가스	청색
산소	녹색	그밖의 가스	회색

1. 가연성가스(액화석유가스를 제외한다.)는 "연"자, 독성가스는 "독"자를 표시하여야 한다.
2. 내용적 2L미만의 용기는 제조자가 정하는 바에 의한다.
3. 액화석유 가스용기중 부탄가스를 충전하는 용기는 부탄가스임을 표시하여야 한다.

<가연성 표시> <독성 표시>

2. 의료용가스 용기

가스의 종류	도색의 구분	가스의 종류	도색의 구분
산소	백색	질소	흑색
액화탄소가스	회색	아산화질소	청색
헬륨	갈색	싸이크로프로판	주황색
에틸렌	자색	그 밖의 가스	회색

1. 용기의 상단부에 폭 2cm의 백색(산소의 녹색)의 띠를 두줄로 표시하여야 한다.
2. 용도의 표시
   [의료용]
   각 글자마다 백색(산소는 녹색)으로 가로.세로 5cm로 띠와 가스명칭 사이에 표시하여야 한다.

3. 문자의 색상

가스의 종류	문자 색상		가스의 종류	문자 색상	
	공업용	의료용		공업용	의료용
LPG	적색		질소	백색	백색
수소	백색		아산화질소	백색	백색
아세틸렌	흑색		헬륨	백색	백색
액화암모니아	흑색		에틸렌	백색	백색
액화염소	백색		싸이크로프로판	백색	백색
산소	백색	녹색	기타	백색	-
액화탄산가스	백색	백색			

4. 용기의 부식 방지 전처리 공정

(1) 탈지
(2) 피막 화성처리
(3) 산세척
(4) 쇼트브라스팅
(5) 에칭 프라이머

5. 불합격 용기 및 특정설비 파기 방법

(1) 절단 등의 방법으로 파기하여 원형으로 가공할 수 없도록 한다.
(2) 잔가스 용기는 전부 제거한 후 실시
(3) 검사 신청인에게 통보
(4) 검사장소에서 검사원이 실시

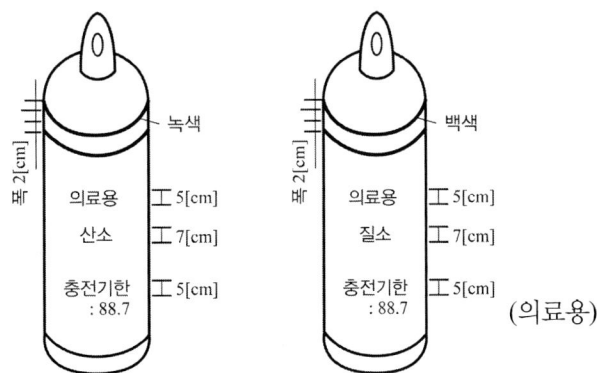
(의료용)

16 용기 종류별 부속품 기호

1. 아세틸렌가스를 충전하는 용기의 부속품
   AG

2. 압축가스를 충전하는 용기의 부속품
   PG

3. 액화석유가스외의 액화가스를 충전하는 용기의 부속품
   LG

4. 액화석유가스를 충전하는 용기의 부속품
   LPG

5. 초저온 용기 및 저온용기의 부속품
   LT

17 용기 검사

1. **신규 검사 항목**

    (1) 이음매 없는 용기로 강재로 제조한 용기
    ① 외관검사
    ② 인장시험
    ③ 압궤시험
    ④ 충격시험
    ⑤ 파열시험
    ⑥ 내압시험
    ⑦ 기밀시험

    (2) 용접용기로 강재를 제조한 용기
    ① 외관검사
    ② 인장시험
    ③ 압궤시험
    ④ 충격시험
    ⑤ 방사선 검사
    ⑥ 내압시험
    ⑦ 기밀시험
    ⑧ 용접부에 관한 시험(이음새 인장시험, 안내굽힘시험, 이면굽힘시험, 용착금속인장시험)

    (3) 초저온용기
    ① 외관검사
    ② 인장시험
    ③ 압궤시험
    ④ 충격시험(용접부에 대한)
    ⑤ 단열성능시험
    ⑥ 내압시험
    ⑦ 기밀시험
    ⑧ 용접부에 관한 시험

(4) 납붙임 또는 접합용기
① 외관검사
② 기밀시험
③ 고압가압시험

(5) 아세틸렌용기
① 외관검사
② 다공고 시험
③ 기밀시험

(6) 설계단계검사
① 내압성능
② 단열성능
③ 용접부 기계적 성능

18 검사기준

1. **내압시험**

    영구증가율이 10%이하시 합격(단, 재검사시 최초질량의 90~95%미만은 6%이하)

    (1) 영구증가율 $= \dfrac{영구증가량}{전 증가량} \times 100$

    (2) 내압시험 압력(TP)

    ① 압축가스 용기, 액화가스 용기, 초저온용기, 저온용기 : $FP \times \dfrac{5}{3}$배 이상

    ② 아세틸렌 용기 : FP×3배 이상

    ③ 고압가스 설비 : 상용압력×1.5배 이상

    ④ 냉매설비 : 설계압력×1.5배 이상

    (3) 사용매체

    물(물사용 곤란시 공기, 질소 사용=FP×1.25배이상의 가압시험 실시 가능하며, 기밀시험 생략가능)

2. **기밀시험**

    (1) 사용매체

    질소, 탄산가스 등의 불활성기체(단, 고압 폴리에틸렌 제조설비 : 에틸렌사용가능)

    (2) 기밀시험 압력

    ① 압축가스, 액화가스 용기 : FP이상(TP×3/5배)

    ② 초저온,저온용기 : FP×1.1배 이상

    ③ 고압가스설비 : 상용압력이상

    ④ 냉매설비 : 설계압력이상

    ⑤ 아세틸렌용기 : FP×1.8배 이상

3. **용접부 충격시험**

    (1) -150°C이하에서 3개의 시험편에 대해 실시

    (2) 충격치 평균 3kg·m/cm^{2}이상, 최저 2kg·m/cm^{2}이상일 것

4. 단열성능시험

(1) 시험용가스
액화질소, 액화산소, 액화아르곤

(2) 시험시의 충전량
내용적의 1/3이상 1/2이하

(3) 합격기준점(침입열량)
① 1,000L이상 : 0.002kcal/h℃L이하 = 8.4J/h℃
② 1,000L미만 : 0.0005kcal/h℃L이하 = 2.1J/h℃

(4) 침입열량 계산식

$$Q = \frac{wq}{H \cdot \triangle t \cdot V}$$

여기서, Q : 침입열량(J/h℃L)
        w : 기화된가스량(kg)
        q : 시험용가스의 기화잠열(J/kg)
        H : 측정시간(hr)
        $\triangle t$: 시험용가스의 비점과 대기온도와의 온도차(℃)
        V : 초저온용기 등의 내용적(L)

시험용가스	비점(℃)	기화잠열(kcal/kg)
액화질소	-196	48
액화산소	-183	51
액화아르곤	-186	38

5. 고압 가압 시험
FP×4배에서 파열되지 않을 것

6. 아세틸렌 다공물질

(1) 다공물질 명칭
석면, 규조토, 목탄, 석회, 산화철, 탄산마그네슘, 다공성 플라스틱

(2) 다공도
75~92%미만

(3) 다공도 계산식

$$\text{다공도}(\%) = \frac{V-E}{V} \times 100$$

여기서, V : 다공물질 용적
E : 아세톤 침윤 잔용적

(4) 다공물질 구비조건
① 고다공도일 것
② 기계적강도가 클 것
③ 가스충전이 쉬울 것
④ 안전성이 있을 것
⑤ 경제적일 것
⑥ 화학적으로 안정할 것

(5) 다공물질 진동시험

다공도 구분	바닥기준	낙하높이	낙하횟수	합격기준
80%이상	콘크리트바닥에 놓은 강괴	7.5cm	1,000회	침하, 공동, 갈라짐이 없는 것이 합격
80%미만	나무토막	5cm	1,000회	공동이 없고 침하량이 3mm이하인 것 합격

(6) 다공물질 충전
① 가스취입, 취출부를 제외하고 빈틈없이 채운다.
② 용기직경의 1/200이상, 3mm초과하는 틈이 없도록 한다.

7. 압궤시험
꼭지각 60°로서 그 끝을 반지름 13mm의 원호로 다듬질된 강제틀을 써서 원통축에 대하여 직각으로 규정거리까지 눌러 균열여부 확인

19 특정고압가스 사용시설의 시설기준 및 기술기준

1. **특정고압가스의 종류**

   산소, 수소, 아세틸렌, 액화암모니아, 액화염소, 천연가스, 압축모노실란(SiH_4), 압축디브레인(B_2H_6), 액화알진(AsH_3), 포스핀(PH_3), 셀렌화수소(H_2Se), 게르만(GeH_4), 디실란(SiH_2H_6)

2. **저장능력 500kg이상인 액화염소 사용시설의 저장설비는 안전거리유지**

3. **방호벽설치 기준**

   (1) 액화가스

   300kg

   (2) 압축가스

   60m^3(1m^3를 5kg으로 본다.)

4. **안전밸브 설치**

   저장능력 300kg이상인 고압가스 설비

5. **가연성 저장설비, 기화장치, 배관의 외면으로부터 화기까지**

   8m이상의 우회거리유지

6. **산소 저장설비와 화기**

   5m이상

7. **가연성가스 저장설비 설치실**

   강제 통풍시설을 갖춘다.

8. 독성가스 저장설비

가스누출 검지 경보장치 및 흡수, 중화하는 장치 설치

<중화, 흡수제(제독제) 및 보유량>

염소	가성소다 수용액	670kg	시안화수소	가성소다 수용액	250kg
	탄산소다 수용액	870kg	아황산가스	가성소다 수용액	530kg
	소석회	620kg		탄산소다 수용액	700kg
포스겐	가성소다 수용액	390kg		물	다량
	소석회	360kg	암모니아		
황화수소	가성소다 수용액	1140kg	산화에틸렌	물	다량
	탄산소다 수용액	1500kg	염화메탄		

9. 조정기

가스최대사용량×1.5배 이상의 용량 선택

10. 배관

(1) 가연성, 독성 배관은 건축물의 기초 밑이나 환기가 불량한 곳에 설치 말 것
(2) 건축물내의 배관은 단독피트내에 설치하거나 노출하여 설치한다.(단, 동관, 스테인레스강관등 내식성 재료의 배관은 제외)

· 배관설치 기준 : 노출, 직선, 최단, 옥외

□ 참고

<배관용 강관의 종류>
1. 배관용 탄소 강관(SPP) : 가스관이라 한다. 사용압력 1MPa이하
2. 압력배관용 탄소 강관(SPPS) : 350℃이하. 사용압력 1~10MPa
3. 고압배관용 탄소 강관(SPPH) : 350℃이하. 사용압력 10MPa이상
4. 고온배관용 탄소 강관(SPHT) : 350℃이상. (사용온도 350℃~450℃)
5. 저온배관용 탄소 강관(SPLT) : 0℃이하(저온 배관용)
6. 배관용합금강 강관(SPA) : 주로 고온용(호칭지름 6~500A)
7. 배관용 스테인레스강관(STS×TP) : 내식, 내열, 고온, 저온에 사용

20 고압가스 운반등의 기준

1. **고압가스 용기에 의한 운반 기준**

   (1) 차량의 앞뒤에 "위험 고압가스"라는 경계표시와 전화번호 표시 (독성가스는 "독성가스"부가명기)
   ① 바탕색 : 황색
   ② 글씨 : 적색
   ③ 가로치수 : 차체폭의 30%이상
   ④ 세로치수 : 가로치수의 20%이상(차체폭×0.3×0.2)
   ⑤ 직사각형 곤란 시 : 600cm^{2}이상

   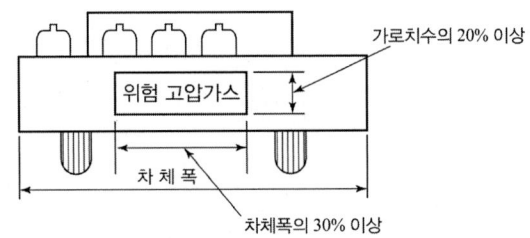

   (2) 밸브가 돌출한 용기는 밸브 손상 방지 조치(고정식 프로텍터, 캡부착)

   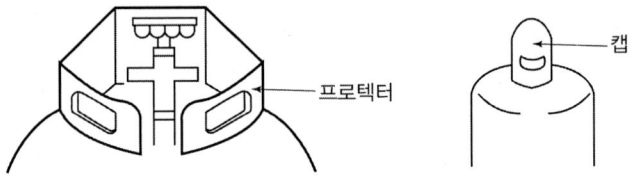

   (3) 용기의 취급
   ① 오토바이, 자전거 적재금지(단, 차량통행 곤란한 지역으로서 20kg이하의 용기 2개까지 가능)
   ② 차량적재시 고무링을 씌우거나, 적재함에 넣어 세워서 운반할 것
   ③ 압축가스용기는 적재함높이 이내로 눕혀서 적재가능

   (4) 혼합적재 금지
   ① 염소와 아세틸렌, 암모니아, 수소는 동일차량에 적재운반하지말 것
   ② 가연성과 산소를 동일차량에 적재시 충전용기 밸브가 서로 마주보지 않도록 적재
   ③ 충전용기와 소방법이 정하는 위험물과는 동일차량에 적재운반하지말 것
   ④ 독성가스중 가연성가스와 조연성가스는 동일차량에 적재 운반하지말 것

(5) 주차시 보호시설을 피하고 엔진 정지후 주차제동장치를 걸고 차바퀴에 고정목으로 고정

(6) 운반책임자 동승기준
    ① 자격자 : 운반에 관한 소정 교육이수자, 안전관리책임자, 안전관리원
    ② 동승기준($1m^3$=10kg)

상태	가스의 성질		기준
압축가스	조연성가스		$600m^3$ 이상
	가연성가스		$300m^3$ 이상
	독성가스	200ppm초과 5000ppm 이하	$100m^3$ 이상
		200ppm 이하	$10m^3$ 이상
액화가스	조연성가스		6000kg 이상
	가연성가스		3000kg 이상
	독성가스	200ppm초과 5000ppm 이하	1000kg 이상
		200ppm 이하	100kg 이상

(7) 운전상의 주의사항
    ① 운반시 가스의 명칭, 성질 및 이동중의 재해방지를 위해 필요한 사항을 기재한 서면을 운반 책임자 또는 운전자가 휴대
    ② 200km이상의 거리 운행시 중간에 휴식을 취할 것
    ③ 현저하게 우회하는 도로 및 부득이한 거리를 제외하고 번화가 및 사람이 붐비는 장소는 피할 것
        · 현저하게 우회하는 도로 : 이동거리의 2배 이상
        · 번화가 : 차량너비+3.5m이하의 통로 주위
        · 사람이 붐비는 장소 : 축제시의 행렬, 집회등으로 사람이 밀집된 장소
    ④ 장시간 정차하지 않도록 하며, 운반책임자와 운전자가 동시에 차량이탈 금지
    ⑤ 운반시 안전관리 총괄자, 부총괄자, 책임자가 운반책임자 및 운전자에게 위해예방 사항 주지시킬 것

(8) 보호장비등
    ① 가연소·산소 운반차량(소화설비 자재 및 공구 휴대)
        ㉠ 자재중 로프는 15m이상의 것 휴대
        ㉡ 공구중 누출 방지 용구
            · 납마개
            · 고무씨이트, 납패킹

- 자전거용 고무 튜브
- 링 또는 시일테이프
- 철사
- 헝겊

ⓒ 휴대품 : 매월 1회이상 점검

② 독성가스 운반차량(방독면, 고무장갑, 고무장화, 그 밖의 보호구, 제독제, 자재, 공구휴대)

㉠ 보호구 : 방독마스크, 공기호흡기, 보호의, 보호장갑, 보호장화

㉡ 자재중 로프는 15m이상의 것 휴대

ⓒ 약재

품명	독성가스량		대상가스
	1,000kg미만	1,000kg이상	
소석회	20kg이상	40kg이상	염소, 염화수소, 포스겐, 아황산가스 등

- 휴대품 점검 : 매월 1회 이상

③ 보호구의 종류(독성가스 제독조치시)

㉠ 공기호흡기, 송기식마스크(전면형)

㉡ 격리식 방독마스크(농도에 따라 전면 고농도형, 중 농도형, 저농도형)

ⓒ 보호장갑 및 보호장화(고무 또는 비닐제품)

㉣ 보호의(고무, 비닐제품) → 장착훈련 : 3개월에 1회이상 실시

2. 차량에 고정된 탱크에 의한 운반기준

(1) 탱크의 내용적 제한

① 가연성가스, 산소탱크 : 18,000L 초과 금지(LPG 제외)

② 독성가스 탱크 : 12,000L 초과 금지(L-NH_3 제외)

- 철도차량, 견인되어 운반되는 차량에 고정하여 운반하는 탱크는 제외

(2) 액화가스 충전하는 탱크는 내부에 방파판 설치

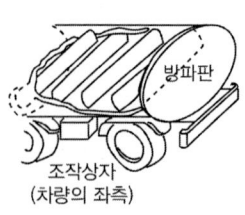
(a) 방파판

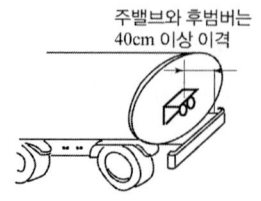
(b) 후부취출식 탱크

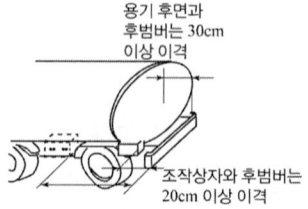
(c) 측부취출식 탱크

(3) 탱크 정상부 높이가 차량정상부 높이보다 높을시 높이 측정기구 설치

(4) 탱크 및 부속품 보호 이격 거리
① 후부 취출식 탱크의 주밸브와 뒷범퍼 사이 : 40cm이상
② 후부 취출식 탱크이외의 탱크 후면과 뒷범퍼 사이 : 30cm이상
③ 차량 좌측면이 아닌곳에 설치한 조작상자와 뒷범퍼 사이 : 20cm이상

(5) 2개 이상의 탱크를 동일한 차량에 고정하여 운반 시
① 탱크 마다 주밸브 설치
② 탱크 상호간, 탱크와 차량과의 사이를 단단하게 부착
③ 충전관에는 안전밸브, 압력계, 긴급 탈압 밸브를 설치

(6) 운행시 휴대 서류철
① 고압가스 이동 계획서
② 고압가스 관련 자격증
③ 운전면허증
④ 탱크 테이블(용량 환산표)
⑤ 차량운행일지
⑥ 차량 등록증

(7) 운반시 응급조치를 위한 긴급지원
운반경로 주위의 가스제조, 저장, 판매자 및 경찰서, 소방서(상황파악)

(8) 이송작업시 기준
① 이송전후에 밸브의 누출유무를 점검하고 개폐는 서서히 행할 것
② 탱크의 설계압력이상으로 충전하지 말 것
③ 저울, 액면계를 사용하여 과충전치 말 것
④ 가스속에 수분이 혼입되지 않도록하고 슬립 튜브식 액면계의 계량시 액면계 바로 위에 얼굴이나 몸을 내밀고 조작하지 말 것

(9) 운전종료시 점검
① 밸브 등의 이완 유무
② 경계표지 및 휴대품 손상 유무
③ 부속품 등의 볼트 연결 상태
④ 높이 검지봉 및 부속배관 등의 적절여부

CHAPTER 3-2 가스법령활용
(액화석유가스의 안전관리 및 사업법 활용)

01 LPG충전 사업의 시설기준 및 기술기준

1. 용기의 충전 시설

(1) 주거지역, 상업지역에 설치하는 저장능력 10ton이상의 탱크에는 폭발방지 장치 설치(글씨크기=가스명 크기×1/2이상)

(2) 저장설비 및 가스설비에는 상용압력의 1.5~2배 이하의 최고눈금이 있는 압력계를 설치

(3) 사업소에는 점검을 필한 표준압력계를 2배 이상 보유

(4) 가스설비에는 설비내의 압력이 허용압력 초과 시 즉시 그 압력을 허용압력이하로 되돌릴 수 있는 안전장치를 설치(안전밸브, 파열판, 바이패스 밸브, 자동제어장치 등)

(5) 지상의 저장 탱크와 가스충전소 사이에 방호벽 설치

(6) 배관등

① 상용압력×2배서 항복을 일으키지 않는 두께 이상

② 건축물 내부, 기초밑에 설치 말 것

③ 지상에 설치시 지면으로부터 떨어져 설치

④ 지하에 매설시 부식방지 조치 및 전기방식 조치 한 후 1m이상에 매설

<부식방지 조직>	<전기방식법>
・부식 환경처리 방법	・유전 양극법
・피복에 의한 방법	・외부 전원법
・부식억제제 사용	・선택 배류법
・전기 방식법	・강제 배류법

⑤ 수중에 설치된 선박, 파도 등의 영향을 받지 않는 깊은 곳에 설치

⑥ 지상에 설치한 배관은 온도 변화에 의한 길이변화에 따른 신축을 흡수하는 조치할 것

• 신축 흡수법 : 루우프 신축이음, 상온 스프링법, 벨로우즈 신축이음, 슬리브, 스위블 조인트
⑦ 배관은 항상 40℃이하를 유지하며, 압력계 및 온도계를 설치
⑧ 안전밸브를 설치하고 분출 면적은 배관 최대지름부 단면적의 1/10이상으로 하며 설정압력은 배관TP의 8/10이하이고 설계압력이상일 것
⑨ 접합부분은 용접시공에 의할 것(배관용접부의 전부에 대하여 비파괴시험 실시)

□ 참고

비파괴시험 종류
- ㉠ 음향검사
- ㉡ 침투검사
- ㉢ 자분(자기)검사
- ㉣ 방사선투과검사
- ㉤ 초음파검사
- ㉥ 와류검사
- ㉦ 전위차법
- ㉧ 설파프린트

---

(7) 통풍시설

① 자연통풍시설 : 통풍구 바닥면에 접하고 외기에 면하여 2방향으로 분산 설치 바닥면 1m²당 300cm²의 비율로 계산(1개소 면적 2,400cm²이하)
② 강제 통풍시설 : 바닥면적 1m²당 0.5m³/분 이상, 배기가스 방출구는 지면에서 5m이상 높이

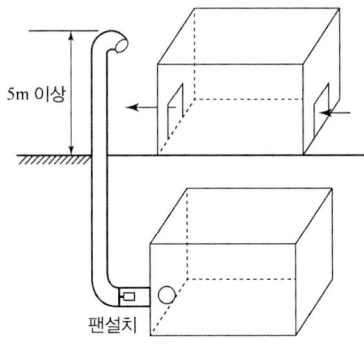

[예시]
바닥면적 30m²인 경우 통풍구 면적은?
30×300=9,000cm² 이상

[예시]
바닥면적 30m²인 경우 통풍능력은?
30×0.5m³/분=15m³/분 이상

(8) 저장 설비 및 가스 설비실에는 가스 누출 경보기를 설치

① 경보기 검지부 설치 높이 : 바닥으로부터 검지부 상단까지의 높이가 30cm이내 (단, 가벼운 가스는 천정으로부터 검지부 하단까지 30cm이내)
② 경보기 설치 개수
  ㉠ 건축물 내의 경우 : 특수 반응 설비 : 바닥면 둘레 10m당 1개
  ㉡ 건축물 밖의 경우 : 가열로등 발화원이 있는 제조 설비 : 바닥면 둘레 20m당 1개
  ㉢ 용기보관장소, 저장실, 지하의 저장탱크, 처리설비 : 바닥면 둘레 20m당 1개

의 비율
② 계기실 내부 : 1개 이상
⑩ 독성가스 충전용 접속구 : 1개 이상
⑭ 방류둑내의 탱크 : 탱크 마다 1개

2. 자동차 용기 충전시설

(1) LPG저장설비, 충전설비

보호시설과 안전거리유지(지하의 저장설비는 안전거리의 1/2)

(2) 게시판설치

① 충전중 엔진정지 : 황색 바탕에 흑색 글씨
② 화기 엄금 : 백색 바탕에 붉은 글씨

(3) 충전기 상부

닫집 모양의 차양설치(면적은 공지면적의 1/2)

(4) 배관이 닫집 모양의 차양내부 통과 시

1개 이상의 점검구를 설치하나, 점검 곤란시 용접이음 한다.

(5) 충전기

원터치형으로 하고 호스의 길이는 5m이내일 것 (끝은 정전기 제거 장치 설치)

(6) 차량에 고정된 탱크와 저장탱크 사이

3m이상 유지 후 정지

(7) 차량 정지목 설치(내용적 5,000L이상의 차량에 고정된 탱크시)

(8) 충전설비 작동 상황 점검

1일 1회 1이상

(9) LPG

공기중 1/1,000상태에서 감지 가능한 향료를 섞는다.
냄새측정방법 : 오더 미터법(냄새 측정기법), 주사기법, 냄새 주머니법, 무취실법

(10) 소형 저장 탱크에 LPG충전시

① 사용신고 여부 및 탱크검사 여부 확인
② 탱크의 잔량 확인 후 충전
③ 안전관리자 입회하에 할 것
④ 충전 중에는 액면계, 펌프의 작동에 주의, 감시하여 과충전 방지 조치

⑤ 충전 완료시, 세이프티카플링으로부터 가스누출 없는가 확인

(11) 납붙임, 용접용기

LPG충전시 에어졸 충전기준에 의해 35℃에서 0.4MPa 이하로 한다.

02 LPG집단 공급 사업의 시설기준 및 기술기준

1. 배관 설치기준

(1) 지하 매몰배관 재료는 폴리에틸렌 피복 강관 또는 가스용 폴리에틸렌관을 사용

※ PE관 연결법 : 맞대기 융착이음, 소켓 융착이음, 새들 융착이음

> □ 참고
> <가스용 폴리에틸렌관 설치 기준>
> 1. 관을 매몰하여 시공
>   (단, 지상 배관과의 연결로 보호조치한 경우 지면에서 30cm이하로 노출시공
> 2. 관의 굴곡 허용반경은 외경의 20배 이상(20배 미만시 엘보 사용)

(2) 배관 도색

① 지상 배관 : 황색(건물의 외벽에 노출시 바닥에서 1m높이에 폭 3cm의 황색띠를 2중으로 표시시 건물색으로 가능)

② 지하매몰관 : 적색, 황색

(3) 배관 설치

건축물 내부, 기초밑이나 환기가 불량한 장소에 설치말 것

(4) 배관 시공

단독피트, 노출하여 시공(단, 동관, 스테인레스 강관은 매몰 설치 가능)

(5) 배관매설깊이

① 공동 주택의 부지 내 : 0.6m이상

② 차량이 통행하는 도로 : 1.2m이상

③ 기타 : 1m이상

(6) 배관 고정

① 관경 13mm마다 : 1m마다

② 관경 13~33mm미만 : 2m마다

③ 관경 33mm이상 : 3m마다

(7) 충전량 제한

① 일반 탱크 : 내용적의 90%이하
② 소형 저장 탱크 : 내용적의 85%이하

(8) 저장 설비, 가스설비 휴대 금지

방폭형 휴대용 전등외의 등화 휴대 금지

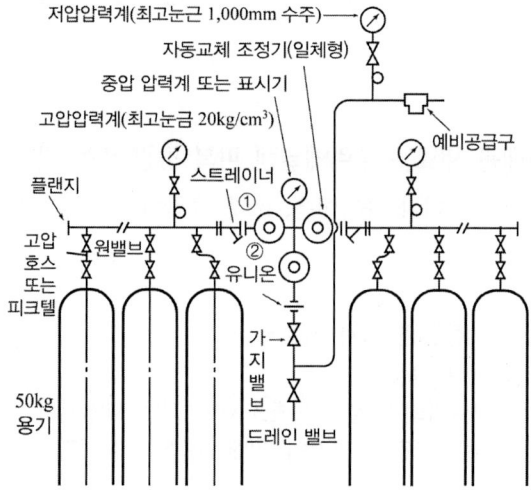

2. 소형 저장 탱크 기준

(1) 소형 탱크

지상 설치식으로 한다.

(2) 소형탱크의 설치 거리

충전 질량(kg)	탱크의 외면부터 토지경계선까지의 수평거리(m)	탱크간 거리(m)	탱크의 외면부터 건축물 개구부까지(m)
1,000미만	0.5이상	0.3이상	0.5이상
1,000~2,000미만	3.0이상	0.5이상	3.0이상
2,000이상	5.5이상	0.5이상	3.5이상

(3) 방호벽 설치 시

설치거리의 1/2유지

(4) 방호벽 높이

소형탱크 정상부보다 50cm 이상 높게 설치

03 LPG판매사업 및 영업소 용기저장 장소의 시설기준 및 기술기준

1. **용기 보관실 벽**
   방호벽으로 하며 불연성, 난연성 재료로 가벼운 지붕일 것

2. **면적**
   용기 보관실의 면적 $19m^2$, 사무실의 면적은 $9m^2$이상일 것

3. **용기 보관실의 전기설비**
   방폭구조이며 전기 스위치는 용기 보관실의 외부에 설치

4. **계량기 비치**
   판매업소 및 영업소에는 계량기를 비치

5. **충전용기 저장**
   항상 40℃이하를 유지하며, 직사광선을 받지 않게 하고, 잔가스용기와 구분하여 저장할 것

6. **용기 보관실 주위**
   용기 보관실 주위 2m 이내에는 화기 취급하거나, 인화성, 가연성 물질을 두지 말 것

7. **용기는 2단으로 쌓지 말 것(단, 내용적 30L미만의 용접 용기는 2단 가능)**

04 가스용품 제조사업의 시설기준 및 기술기준

1. 압력조정기(압력기준 : 10kg/cm² = 1MPa, 100mmH₂O = 1kPa을 기준)

    (1) 종류 및 입구 압력, 조정 압력

종류	입구압력/기밀시험	조정압력/기밀시험
1단 감압식 저압조정기	0.7~15.6kg/cm² / 15.6	230~330mmH₂O / 550mmH₂O
1단 감압식 준저압 조정기	1.0~15.6kg/cm² / 15.6	500~3,000mmH₂O / 조정압력의 2배
2단 감압식 1차용 조정기	1.0~15.6kg/cm² / 18	0.57~0.83kg/cm² / 1.5kg/cm²
2단 감압식 2차용 조정기	0.25~3.5kg/cm² / 5	230~330mmH₂O / 550mmH₂O
자동절체식 일체형 저압 조정기	1.0~15.6kg/cm² / 18	255~330mmH₂O / 550mmH₂O
자동절체식 일체형 준저압 조정기	1.0~15.6kg/cm² / 18	500~3,000mmH₂O / 조정압력의 2배
자동절체식 분리형 조정기	1.0~15.6kg/cm² / 18	0.32~0.83kg/cm² / 1.5kg/cm²
기타 조정기	조정압력이상 ~ 15.6kg/cm² 최대입구압력×1.1	0.05kg/cm² 초과 / 조정압력의 1.5배

    (2) 내압시험 압력

    ① 입구 측 : 3MPa이상(단, 2단감압식 2차용 : 0.8MPa)

    ② 출구 측 : 0.3MPa(2단 감압식 1차용 및 자동절체식분리형 : 0.8MPa이상)

    (3) 조정기 폐쇄 압력

    ① 1단 감압식 저압, 2단 감압식 2차용, 자동절체식 일체형 : 3.5kPa이하

    ② 2단 감압식 1차용, 자동절체식 분리형 : 0.095MPa이하

    ③ 1단 감압식 준저압, 자동절체식 일체형 준저압, 기타 조정기 : 조정압력×1.25배 이하

    (4) 안전장치 자동압력(조정 압력이 330mmH₂O이하인 경우)

    ① 작동 표준 압력 : 7kPa

    ② 작동 개시 압력 : 5.6~8.4kPa

    ③ 작동 정지 압력 : 5.04~8.4kPa

2. 콕크

(1) 종류
호스콕크, 퓨즈콕크, 상자콕크, 노즐콕크

(2) 퓨즈콕크의 작동유량
표시치의 ±10%이내일 것

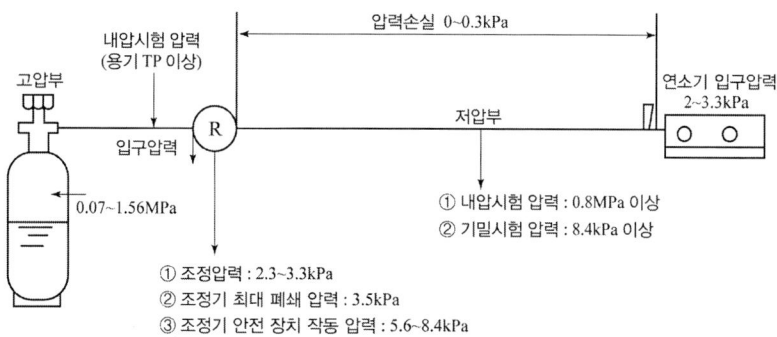

[그림] 1단감압식 조정기 각 부의 압력

05 LPG저장소의 시설기준 및 기술기준

1. 충전용기 직접에 의한 저장(30L이하의 용접 용기에 한함)
(1) 실외저장소 주위에 경계책 설치
(2) 경계책과 용기 보관장소 사이에 20m이상의 거리유지
(3) 충전용기와 잔가스용기 보관 장소는 1.5m 간격을 두어 구분

(4) 용기군 사이의 통로
① 용기의 단위 집적량은 30톤 초과 금지
② 용기군사이의 통로 너비
 · 파렛트에 넣었을 시 : 2.5m 이상
 · 파렛트에 넣지 않았을 시 : 1.5m 이상

(5) 집적된 용기의 높이
① 파렛트에 넣어 집적시 : 5m 이하
② 파렛트에 넣지 아니한시 : 2단 이하로 쌓을 것

06 공급자의 안전점검 기준

1. **점검 장비**
   (1) 가스 누출 검지기
   (2) 자기압력 기록계
   (3) 연소기 입구 압력, 조정기 조정 압력, 폐쇄압력 측정기

2. **수요자 시설 점검원**
   가스 누출 검지기

3. **점검 기준**

   [가스 공급시 마다]
   ① 충전 용기 설치 위치
   ② 화기와의 거리
   ③ 용기 및 배관 설치 상태
   ④ 접속부, 배관, 호스의 누출 여부
   ⑤ 가스 용품의 관리 및 작동 상태
   ⑥ LPG집단 공급 사업자 : 수요자 시설 점검원은 수용가 3,000개소마다 1인

07 LPG충전자의 용기 안전점검 사항

1. 용기 내·외면의 점검
2. 용기의 도색 및 표시 여부 확인
3. 용기 스커트의 찌그러짐, 적정 간격유지 여부 확인
4. 유통중 열 영향 여부(열 영향을 받았을 시 재검사 실시)확인
5. 용기의 캡 및 프로텍터 부착여부 확인
6. 재검사 기간의 도래여부 확인
7. 용기의 아래부분 부식 상태 확인
8. 밸브의 그랜드 너트 이탈 방지 조치 여부 확인
9. 밸브 몸통, 충전구 나사, 안전 밸브의 사용지장 여부 확인
10. 밸브의 개폐를 위한 핸들 부착 여부 확인

08 LPG 공급방법

1. 일반 수요자에게 LPG공급시 체적 판매 방법에 의해 공급할 것
2. 가스 사용료는 가스 계량기에 적산된 양에 따라 계산
3. 하나의 건축물내의 사용자에 대해서는 하나의 용기 집합설비, 탱크, 소형 탱크를 통하여 공급할 것
4. 저장설비, 감압 설비 및 배관과 화기 취급장소는 8m 이상 우회 거리 유지(주거용은 2m)
5. 기화 장치에는 자가 발전기등 비상전력을 보유할 것
6. 저장 설비부터 중간 밸브까지는 강관, 동관, 금속 플렉시블 호스 사용 중간 밸브에서 연소기 입구까지는 호스, 금속 플렉시블 호스 사용
7. 저장능력 250kg 이상의 경우에는 용기, 소형 저장 탱크에서 압력 조정기 입구까지의 배관에 안전장치 설치
8. 지상 배관은 부식방지 도장 후 황색, 지하매몰 배관은 적색, 황색
9. 배관 이음부 및 가스계량기 $\xrightarrow{60cm\ 이상}$ 전기 계량기, 전기 개폐기

    배관 이음부 및 가스계량기 $\xrightarrow{30cm\ 이상}$ 굴뚝, 전기 점멸기, 전기 접속기

    배관 이음부 및 가스계량기 $\xrightarrow{15cm\ 이상}$ 전선(절연조치 아니한 것)

    (단, 도시가스를 실내에 설치시에는 배관 이음부와 절연전선과 10cm, 절연 및 단열 조치를 하지 아니한 전선과 굴뚝은 15cm)

    (압력조정기는 매년 1회 이상, 필터 및 스트레이너는 매 3년에 1회 이상)

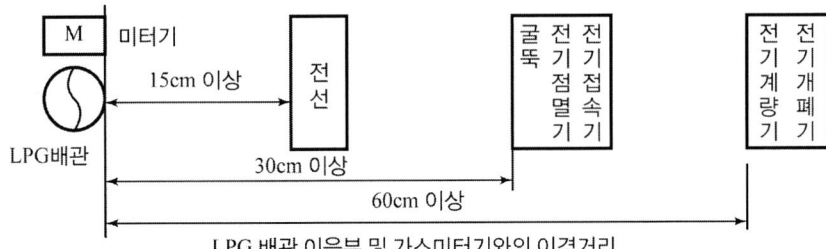

LPG 배관 이음부 및 가스미터기와의 이격거리

10. 가스 사용시설에는 연소기 각각에 퓨즈 콕, 상자 콕의 안전장치 설치할 것(단, 가스 소비량이 19,400kcal/h 초과하는 연소기 및 연소기 사용압력이 3.3kPa(330mmH$_2$O)를 초과하는 배관에는 호스 콕 또는 배관용 밸브 설치 가능)
11. 배관이 분기되는 경우에는 주배관에 배관용 밸브 설치
12. 호스의 길이는 연소기까지 3m 이내로 하고 T형으로 연결하지 말 것

13. 내압시험압력(TP)

(1) 고압배관

용기, 소형탱크의 TP이상

(2) 저압배관

0.8MPa 이상

14. 기밀시험 압력(AP)

(1) 고압배관

사용압력이상

(2) 저압배관

8.4kPa(840mmH$_2$O)이상(압력이 3.3~30kPa(330~3,000mmH$_2$O)이내는 35kPa(3,500mmH$_2$O)이상)

15. 가스계량기는 화기와 2m이상 유지

16. 가스 계량기 설치 높이

1.6~2m이내 유지(30m^3/h 미만으로 격납상자내에 설치시 제외)

17. 연소기 설치 방법

(1) 가스 온수기나 가스 보일러는 목욕탕이나 환기가 불량한 곳에는 설치 말 것
(2) 개방형 연소기 설치한 실에는 환풍기, 환기구 설치할 것
(3) 반밀폐형 연소기는 급기구 및 배기통을 설치
(4) 배기통 재료는 금속, 석면 그 밖의 불연성 재료일 것

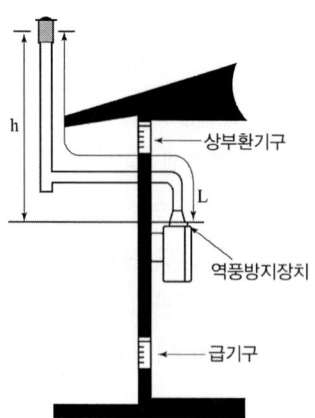

> □ [연통의 설치 방법]
> 1. 연통의 수평부의 길이는 5m이하일 것
> 2. 굴곡부의 수는 4개소 이하일 것
> 3. 높이가 10m 초과 시 보온조치 할 것
> 4. 연통 끝은 옥외로 내놓을 것
> 5. 역풍 막이, 수직부 높이는 길게 할 것
> 6. 내부 청소를 할 수 있도록 청소 구멍 만들 것

18. 충전 용기 밸브

서서히 개폐하고, 밸브 배관 가열시 열습포나 40℃이하의 물 사용

19. 설비 작동상황

1일 1회 이상 점검한다. (단, 주거용 사용자는 3월 1회이상 자율적으로 점검)

20. 가스시설의 수리

(1) 가스시설수리는 내부가스를 N_2, 또는 물로 치환한다.

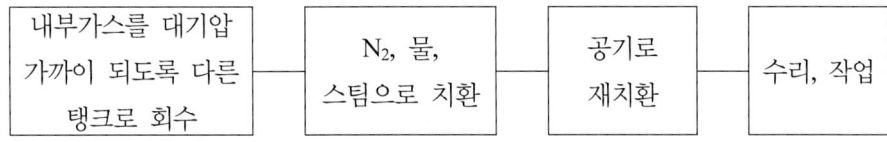

[잔류가스]
- 가연성 : 연소장치로, 하한×1/4이하, 산소농도 18~22%
- 독성가스 : 제해설비로, 허용농도 이하, 산소농도 18~22%
- 산소 : 대기중에 서서히 방출, 22%이하, 산소농도 18~22%

(2) 가스치환 생략되는 경우

① 내용적이 1m³ 이하인 경우
② 사람이 설비의 밖에서 작업하는 경우
③ 화기를 사용하지 아니하는 작업시
④ 설비의 간단 청소, 가스켓 교환등 경미한 작업 시
⑤ 출입구 밸브가 확실히 폐지 되어 있고 내용적이 5m³ 이상의 가스설비에 이르는 사이에 2개이상의 밸브를 설치한 것.

CHAPTER 3-3 가스법령활용
(도시가스 사업법 활용하기)

01 가스도매사업 가스공급시설의 시설기준 및 기술기준

1. 제조소의 위치

   (1) LNG 저장 및 처리설비는 사업소 경계와 안전거리 유지

   $L = C^3\sqrt{143,000W}$

   여기서, L : 유지거리(m)　　　　　　※ 공지면적 : 2만m² 미만일 것
   　　　　C : 저압지하식 저장탱크 0.24(기타 : 0.576)
   　　　　W : 저장능력(톤)

   (2) LPG저장 및 처리설비는 보호시설까지 30m 거리유지

2. 정압기지등

   (1) 정압기지 주위에는 1.5m이상의 경계책 설치

   (2) 지하 정압기실은 두께 30cm이상의 철근 콘크리트 구조일 것

   (3) 정압기실은 누출된 가스가 체류하지 않도록 통풍시설 갖추고 통풍이 안될 시 강제 통풍시설 설치

   ① 통풍능력 : 바닥면적 1m²당 0.5m³/분이상
   ② 배기구 : 바닥면 가까이 설치(공기보다 가벼운 경우 천장면)
   ③ 흡입구, 배기구관경 : 100mm 이상
   ④ 배기구 방출구
   　㉠ 공기보다 가벼운 경우 : 지면에서 3m이상
   　㉡ 공기보다 무거운 경우 : 지면에서 5m이상

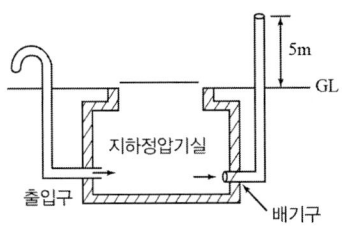 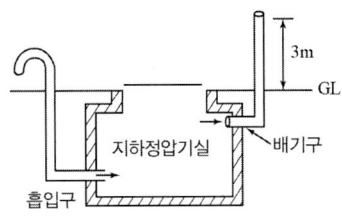

[그림] 공기보다 무거운 경우   [그림] 공기보다 가벼운 경우

(4) 정압기실의 조명도는 150룩스 이상일 것

3. **기밀시험**

   최고사용압력의 1.1배 이상으로 할 것

4. **정압기 분해점검**

   2년에 1회 이상, 작동상황 점검은 1주일에 1회 이상

5. **필터 분해점검**

   가스공급개수 후 1월 이내 및 가스공급개시 후 매년 1회 이상 분해점검(단, 사용시설은 정압기와 필터의 경우 설치 후 3년까지는 1회 이상 그 이후는 4년에 1회 압력 조정기는 매 1년에 1회 점검, 필터나 스트레이너 청소는 매 3년에 1회 이상, 그 이후는 4년에 1회 이상)

02 일반 도시가스사업의 가스공급 시설의 시설기준 및 기술기준

1. 제조소 및 공급소의 안전설비

   (1) 가스발생기, 가스홀더와 사업장 경계까지의 거리
   ① 고압 : 20m 이상
   ② 중압 : 10m 이상
   ③ 저압 : 5m 이상

   (2) 가스혼합기, 가스정제설비, 배송기, 압송기 및 기타 공급부대설비와 사업장 경계
   ① 고압 : 20m 이상
   ② 기타 : 3m 이상
   ③ 제1종 보호시설 : 30m 이상

   (3) 내압시험
   ① 최고사용압력의 1.5배 이상
   ② 기밀시험 : 최고사용압력의 1.1배 이상

   (4) 비상공급시설
   제1종 보호시설과 15m 이상, 제2종 보호시설과 10m 이상유지

   (5) 액화가스 공급시설
   정전기 제거 조치할 것

   > □ 참고
   > <정전기 제거조치 고시>
   > ① 접지 저항치 총합 : 100Ω이하
   > ② 피뢰설비 설치 시 : 10Ω이하
   > ③ 탑류, 탱크, 열교환기, 회전기계, 벤트스텍등은 단독으로 접지
   > ④ 접지접속선의 단면적은 5.5mm^2 이상(복선사용)
   > ⑤ 정전기 제거설비 검사사항
   > · 지상에서의 접지 저항치
   > · 지상에서의 접속부의 접속상태
   > · 지상에서의 절선, 그 밖의 손상부분의 유무

(6) 제조소, 공급소 및 배관을 관리하는 사업장에서 긴급사태 발생 시 이를 신속히 통보할 수 있는 통신시설 갖춤

> □ 참고
> <통신시설고시>
> ① 접지 저항치 총합 : 100Ω이하
> ② 피뢰설비 설치 시 : 10Ω이하
> ③ 탑류, 탱크, 열교환기, 회전기계, 벤트스텍등은 단독으로 접지
> ④ 접지접속선의 단면적은 5.5mm² 이상(복선사용)
>
> | 안전관리자가 상주하는 사업소와 현장사무소간 | 사업소내 전체 | 종업원상호간 |
> |---|---|---|
> | 1. 구내전화
2. 구내방송설비
3. 인터폰
4. 페이징 설비 | 1. 구내방송 설비
2. 사이렌
3. 메가폰
4. 페이징 설비
5. 휴대용 확성기 | 1. 페이징 설비
2. 휴대용 확성기
3. 트랜시버
4. 메가폰 |

2. 가스홀더

(1) 고압·중압가스홀더

① 관입구, 출구에는 신축흡수조치
② 응축액을 뽑을 수 있는 장치 설치
③ 응축액의 동결방지 조치
④ 맨홀, 검사구 설치
⑤ 홀더와 홀더사이에 규정거리유지

(2) 저압가스홀더

① 유수식
 · 원활히 작동할 것
 · 가스방출장치설치
 · 수조에 물 공급관과 물이 넘쳐 빠지는 구멍 설치
 · 봉수의 동결방지 조치
② 무수식
 · 피스톤이 원활히 작동할 것
 · 봉액사용 시 봉액 공급용 예비 펌프 설치

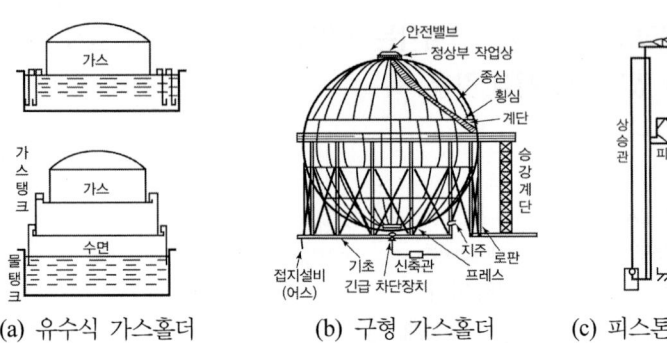

(a) 유수식 가스홀더 (b) 구형 가스홀더 (c) 피스톤형 무수식 가스홀더

3. 기타부대설비

[냄새 첨가 장치]

① 공기중의 혼합비율이 $\dfrac{1}{1,000}$ 상태서 감지 가능한 장치 설치

② 매월 1회 냄새 측정 기록 후 2년간 보존

4. 정압기

(1) 입구측 기밀시험 압력

최고사용압력×1.1배이상

(2) 출구측 기밀시험 압력

최고사용압력×1.1배이상 또는 8.4kPa(840mmH$_2$O)중 높은 압력

(3) 분해점검

2년에 1회(단독사용자에게 공급하기 위한 정압기 및 필터는 3년에 1회)

(4) 작동 상황점검

1주일 1회

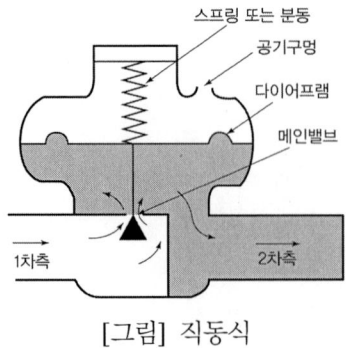

[그림] 직동식

5. 배관

   (1) **지상배관**

   황색

   (2) **매설배관**

   ① 저압 : 황색

   ② 중압 : 적색(배관의 사용압력은 중압이하)

   (3) **중압이하의 배관과 고압배관**

   2m 이상 거리 유지

   (4) **배관접합**

   용접일 것

   (5) **지하 매설 배관의 설치**

   ① 공동주택등의 부지 내 : 0.6m이상

   ② 폭 8m이상 도로 : 1.2m이상

   ③ 폭 4m이상 8m미만 도로 : 1m이상

   (6) **입상관 밸브**

   1.6~2m이내 설치

   (7) **매설배관**

   비파괴 시험을 한다.

   (8) **용접 곤란시**

   플렌지접합, 기계적 접합, 나사접합가능(KSB 0222(관용 테이퍼 나사))

   (9) **도로와 평행하게 매설된 배관으로 관경 65mm 초과하는 경우**

   가스차단장치 설치

6. 보호판

   [보호판(중압 이상, 타 공사로 지장 초래 시 설치)]

   ① 배관정상부로부터 30cm 이상

   ② 30~50mm의 구멍을 3m 이하의 간격으로 뚫음

7. **보호포(저압배관)(개정사항)**
    (1) 배관정상부로부터 40cm 이상
    (2) 두께 : 0.2mm 이상
    (3) 폭 15cm 이상(배관폭 + 10cm)
    (4) 기록사항 : 가스명, 최고사용압력, 공급자명
    (5) 저압 : 황색, 중압이상 : 적색

8. **방호철판**
    (1) 두께 : 4mm 이상
    (2) 크기 : 0.8m 이상
    (3) 부식방지조치(KSD 3503)
    (4) 야간식별가능(야광테이프, 야광페인트)

9. **압력조정기는 공동주택으로 다음의 경우에 설치한다.**
    (1) 가스 압력이 중압이상으로서 전체 세대수가 150세대 미만인 경우
    (2) 가스 압력이 저압으로서 전체 세대수가 250세대 미만인 경우

03 가스 사용시설의 시설기준 및 기술기준

1. **배관**
   (1) 지하매설배관의 재료는 폴리에틸렌 피복 강관일 것. (단, 최고사용압력이 0.4MPa 이하의 배관은 가스용 폴리에틸렌관 일 것)
   (2) 건축물내의 매설배관은 동관, 스테인레스 강관, 가스용금속 플렉시블 호스등 내식성 재료일 것.

2. **가스계량기**
   (1) 화기와는 2m이상 우회거리 유지
   (2) 직사광선, 빗물 받을 우려 있는 곳에는 격납상자 안에 설치
   (3) 설치높이 : 1.6 ~ 2m 이내
   (4) 수직·수평으로 설치하고 밴드 등의 고정장치

3. **가스 사용량(월 사용 예정량)**
   $Q = \{(A \times 240) + (B \times 90)\} \div 11,000$
   여기서, Q : 월 사용 예정량(m^3)
   A : 산업용으로 연소기 명판에 기재한 가스소비량의 한계(kcal/h)
   B : 산업용이 아닌 연소기 명판에 기재한 가스소비량의 합계(kcal/h)

04 도시가스의 유해성분, 열량, 압력 및 연소성 측정등

측정 항목	측정장소	측정시간	측정기구	검사합격기준	비고
열량	・제조소 출구 ・배송기 출구 ・압송기 출구	・6시30분~9시 ・17시~20시30분	자동열량 측정기	・웨버지수 51.5~56.52MJ/m^3 (12,300~13,500kcal/m^3)	

압력	・가스홀더출구
	・정압기 출구
	・가스공급시설
	  끝부분의 배관
			자기압력기록계	・정압기출구 및 끝부분배관
				  의 압력 1~2.5kPa	

연소성	・가스홀더출구 ・압송기출구	・6시30분~9시 ・17시~20시30분	・연소속도 및 (헴펠식분석법) ・웨베지수측정	・표준웨버지수의 ±4.5%이내	

유해성분	・가스홀더출구
	・가스홀더 없는
	  경우는 정압기
	  출구
		매주 1회
		0°C, 101.325kPa
		에서 측정
			KSM 2082 연소
			가스의 특수성
			분 분석방법
				・전유황 : 30mg이하
				・CO_2 : 2.5mol-%이하
				・O_2 : 0.03mol-%이하
				・N_2 : 1mol-%이하
				・할로겐 : 10mg이하
				・실록산 : 10mg이하
				・기타가스 : 1mol-%
					건조한
					도시가스
					1m^3분석

05 정압기 안전밸브 분출부 크기

1. **정압기 입구압력 0.5MPa 이상 시**

   50A

2. **정압기 입구압력 0.5MPa 미만 시**

   (1) 정압기 설계유량 1,000Nm^3/h이상 시 : 50A

   (2) 정압기 설계유량 1,000Nm^3/h미만 시 : 25A

06 도시가스배관 공사(연료용 도시가스)

1. **도로 굴착공사 배관 손상 방지기준**
   (1) 착공전 도면의 배관과 기타 지장물 매설유무 조사
   (2) 배관 있을 예상 지점 2m 이내에 줄파기시 안전관리전담자 입회
   (3) 배관주위 굴착 시 배관 좌우 1m 이내에는 인력으로 굴착한다.
   (4) 노출된 가스배관 길이가 15m 이상시 점검통로 및 조명시설 설치(70lux이상)

2. **도시가스 사용시설에서 용접부 중 비파괴 검사를 하지 않아도 되는 배관**
   (1) 가스용 폴리에틸렌관(PE관)
   (2) 저압 배관으로 노출된 사용자 공급관
   (3) 관경 80A 미만의 저압 매설 배관

3. **도시가스공급시설의 내압시험을 공기나 기체로 할 경우**
   상용압력이 50%까지 승압하고, 그 후에는 단계적으로 상용압력의 10%씩 승압한다.

4. **지하에 매설된 도시가스 배관의 전기방식 기준**
   (1) 전기방식전류가 흐르는 상태에서 토양중에 있는 배관등의 방식전위 상한 값은 포화황산동 기준전극으로 -0.85V이하 일 것
   (2) 전기방식전류가 흐르는 상태에서 자연전위와의 전위변화가 최소한 -300mV이하일 것
   (3) 배관에 대한 전위측정은 가능한 배관 가까운 위치에서 실시할 것
   (4) 전기방식시설의 관대지전위 등을 1년에 1회이상 점검할 것

5. **굴착으로 노출된 배관의 안전조치**
   (1) 배관(호칭지름이 100mm 미만인 저압배관은 제외한다.)으로서 노출된 부분의 길이가 100m 이상인 것은 위급한 때에 그 부분에 유입되는 도시가스를 신속히 차단할 수 있도록 노출부분 양 끝으로부터 300m 이내에 차단장치를 설치하거나 500m이내에 원격조작이 가능한 차단장치를 설치할 것
   (2) 굴착으로 인하여 20m 이상 노출된 배관에 대하여는 20m 마다 누출된 가스가 체류하기 쉬운 장소에 가스누출경보기를 설치할 것

6. 가스용 폴리에틸렌관의 설치기준

(1) 관은 매설하여 시공하여야 한다. 다만 지상배관의 연결을 위하여 금속관을 사용하여 보호조치를 한 경우에는 지면에서 30cm 이하로 노출하여 시공할 수 있다.
(2) 관의 굴곡 허용 반경은 외경의 20배 이상으로 하여야 한다. 다만 굴곡반경이 외경의 20배 미만일 경우에는 엘보를 사용한다.
(3) 관의 매설 위치를 지상에서 탐지할 수 있는 탐지형 보호포, 로케이팅와이어[전선(나전선은 제외)의 굵기는 $6mm^2$ 이상] 등을 설치하여야 한다.

7. 가스 공급시설의 임시사용 기준 항목

(1) 도시가스 공급이 가능한지 여부
(2) 도시가스의 수급상태를 고려할 때 해당 지역에 도시가스의 공급이 필요한지의 여부
(3) 가스공급시설을 사용할 때 안전을 해칠 우려가 있는지의 여부

8. 도시가스공급시설 중 시공감리 구분

(1) 전공정 시공감리 대상

일반도시가스 사업자 및 도시가스 사업자 외의 가스공급시설 설치자의 배관 그 부속시설을 포함한다.

(2) 일부공정 시공감리 대상

① 가스도매사업자의 가스공급시설
② 일반도시가스 사업자 및 도시가스사업자 외의 가스공급시설 설치자의 배관을 제외한 가스공급시설을 일부 공정 시공감리대상으로 하고 있으며, 가스 도매사업자의 배관의 경우에는 공사계획 승인 또는 신고구간 중 20%에 대하여 감리를 실시한다.
③ 시공감리의 대상이 되는 사용자공급관(그 부속시설을 포함한다.)

CHAPTER 3-4 가스법령활용
(수소경제 육성 및 수소안전관리에 관한 법률)

1. **수소전문기업의 범위**
   (1) 총매출액이 1000억원 이상인 기업의 경우 100분의 10 이상
   (2) 총매출액이 300억원 이상 1000억원 미만인 기업의 경우 100분의 20인 경우
   (3) 총매출액이 100억원 이상 300억원 미만의 기업인 경우 100분의 30인 경우
   (4) 총매출액이 20억원이상 100억원미만인 기업의 경우 100분의 40인 경우
   (5) 총매출액이 20억원이상 50억원미만인 기업의 경우 100분의 15이상

2. **수소경제 이행지원 공공기관**
   (1) 한국전력공사법에 따른 한국전력공사
   (2) 한국석유공사법에 따른 한국석유공사
   (3) 한국가스공사법에 따른 한국가스공사
   (4) 한국광해광업공단법에 따른 한국광해광업공단
   (5) 대한석탄공사법에 따른 대한석탄공사

3. **수소전문기업에 대한 지원**
   (1) 개발된 기술의 실증시험·성능검증 지원
   (2) 외국인 투자의 유치 및 국제기술협력 지원
   (3) 기술·인력·금융·경영 등 분야별 전문가의 파견·알선
   (4) 우수한 기술의 국내외 특허등 지식재산권 출원 지원
   (5) 특허 기술 동향 등 기술혁신을 위한 정보의 제공
   (6) 국제전시회의 참가 알선등 해외진출 지원

4. 보조 또는 융자를 받으려는 수소전문기업은 수소사업계획서를 관계 중앙행정기관의 장에게 제출해야 한다.
    (1) 수소사업의 개요와 특성
    (2) 추진체계 및 추진전략
    (3) 수소사업의 연도별 실행 계획
    (4) 수소사업의 활용방안과 기대효과

5. 대통령으로 정하는 비용이란
    (1) 개발된 기술의 사업화에 드는 비용
    (2) 국내외 판로 확보에 필요한 비용
    (3) 지식재산권 출원에 필요한 비용

6. 수소전문기업 등에 투자할 수 있는 기금의 범위(대통령을 정하는 기금)
    (1) 공공자금관리기금법에 따른 공공자금관리기금
    (2) 과학기술기본법에 따른 과학기술진흥기금
    (3) 군인연금법에 따른 군인연금기금
    (4) 기술보증기금법에 따른 기술보증기금
    (5) 무역보험법에 따른 무역보험기금
    (6) 신용보증기금법에 따른 신용보증기금
    (7) 주택도시기금법에 따른 주택도시기금

가스기능사

CHAPTER 3-5 가스법령활용(수소연료공급시설 설치 등)

1. **수소연료공급시설 설치계획서 제출**
    (1) 수소연료공급시설 공사계획
    (2) 수소연료공급시설 설치장소
    (3) 수소연료공급시설 규모
    (4) 수소연료공급시설에 필요한 수소공급방식
    (5) 자금조달 방안

2. **연료전지 설치 계획서의 제출(산업통상자원부장관이 요청)**
    (1) 연료전지 설치계획
    (2) 연료전지로 충당하는 전력 및 열비중
    (3) 연료전지에 필요한 연료공급방식
    (4) 자금조달 방안

3. **수소특화단지의 지정 신청(산업통상자원부장관에게 제출)**
    (1) 수소특화단지의 기본목표와 중장기 발전방향
    (2) 수소산업의 생태계 구축에 관한 사항
    (3) 수소특화단지 기반시설 설치에 관한 사항
    (4) 수소산업의 집적, 인력양성 및 연구기반 구축 등에 관한 사항
    (5) 수소산업 육성을 위한 재원확보 방안

4. **대통령으로 정하는 수소경제 이행에 필요한 사업**
    (1) 수소의 생산·저장·운송·활용. 관련기반 구축에 관한 사업
    (2) 수소산업 관련 제품의 시제품 생산에 관한 사한
    (3) 수소경제 시범도시·시범지구에 관한 사항

(4) 수소제품의 시범보급에 관한 사항
(5) 수소산업 생태계 조성을 위한 실증사업

5. **입찰시장의 낙찰기준(주민수용성등 대통령으로 정하는 기준)**
   (1) 발전단가가 과도하지 않을 것
   (2) 발전소가 위치한 지역주민의 의견수렴 절차를 거칠 것
   (3) 수소산업 관련 기술개발 및 수소산업 활성화에 기여 할 것
   (4) 전력계통 및 전력수급의 안정에 지장을 주지 않을 것
   (5) 에너지효율 제고를 위한 노력이 있을 것

6. **수수료 계산식** = $\dfrac{\text{입찰시장 연간 운영비}}{\text{연간예상 수소발전량}(kWh) \times 2}$

CHAPTER 3-6 가스법령활용(안전관리)

1. **안전관리자의 종류**
   (1) 안전관리총괄자
   (2) 안전관리부총괄자
   (3) 안전관리책임자
   (4) 안전관리원

2. **안전관리자의 직무범위**
   (1) 수소용품 제조시설의 안전유지 및 검사기록의 작성 보존
   (2) 수소용품의 제조공정관리
   (3) 안전관리규정 이행기록의 작성보존
   (4) 사업소의 종업원에 대한 안전관리를 위하여 필요한 사항의 지휘감독
   (5) 사업소를 개수 또는 보수하는 사람에 대한 안전관리를 위하여 필요한사항의 지휘, 감독

3. **수소용품의 검사 생략**
   (1) 수출용으로 제조하는 것
   (2) 수출을 목적을 수입하는 것
   (3) 수소용품의 제조자 또는 수입업자가 견본으로 수입하는 것
   (4) 주한 외국기관에서 사용하기 위하여 수입하는 것으로 외국의 검사를 받은 것

4. **산업통상자원부장관은 다음 각호의 업무를 안전전담기관에 위탁한다.**
   (1) 수소의 생산 또는 수급계획의 수리
   (2) 수소판매가격 보고의 접수 및 공개
   (3) 안전교육의실시

(4) 유통중인 수소용품의 수집과 검사

(5) 수소용품의 검사

(6) 수소용품제조시설에 대한 완성검사

(7) 안전관리규정의 준수여부 확인 및 평가

CHAPTER 3-7 가스법령활용(수소설비)

01 수소용품 안전관리체계

1. **수소용품 제조사업 안전관리체계**

   ① 기술검토 → ② 허가(국내), 등록(외국) → ③ 제조시설 완성검사 → ④ 보험가입, 안전관리 규정 평가, 안전관리자 선임 → ⑤ 사업개시신고 → ⑥ 제품검사

2. **수소용품**

   수소용품을 정의하고 이에 대하여 허가, 등록, 검사, 안전 관리자 선임 등의 제도를 구축하여 안전관리를 체계적으로 실시

   (대상) 연료전지(고정형, 이동형), 수전해설비, 수소추출설비

   · 연료전지와 수소관련 용품으로서 산업통상자원부령으로 정하는 용품(법 제1조)

3. **연료전지**

   연료소비량이 20만kcal/(정격출력 100kW)이하인 제품

   (1) 현행

   가스소비량 20만kcal/h이하의 간접수소용(LPG, CNG) 연료전지는 「LPG법」으로 안전관리 중이나, 발전소용은 제품검사 제도 부재

   *다만, 발전소용 연료전지(20만kcal/h초과)는 제품검사(인증)없이 「전기사업법」에 따라 발전소 시설검사시 안전성 확인

   (2) 개선

   직·간접수소용 연료전지(20만kcal/h이하)는 「수소법」으로 일원화하여 안전관리 실시하고, 20만kcal/h초과 연료전지에 대한 제품 인증제도 도입

   * 「전기안전관리법」에 발전소용 연료전지의 인증제도 도입 예정

4. 수전해설비·수소추출설비

물을 전기분해하거나 LPG·도시가스 등으로부터 수소를 생산하는 설비

(1) 현행

부생수소 외 수소 생산의 핵심설비로서 저압의 수전해설비 및 수소추출설비에 대한 안전관리 미실시

*부생수소시설 또는 고압의 수전해설비·수소추출설비에 대한 제조시설 검사 및 기밀, 환기, 안전장치 작동성능 등 제품검사를 통한 안전관리 실시

02 수소연료사용시설 안전관리체계

수소연료사용시설 안전관리체계
① 기술검토 → ② 완성검사(시설 완공 후 실시) → ③ 정기검사(매1년마다)

1. 사용시설

수소연료사용시설을 정의하고 시설에 대한 기술검토, 완성 검사 및 정기검사를 실시
*수소연료사용시설이란 연료전지를 설치하여 전기 또는 열을 사용하는 시설

2. 적용범위

저압수소를 제조하거나 공급받아 연료전지를 사용하는 시설
*도시가스 또는 LP가스를 공급받아 연료전지를 사용하는 시설 「도시가스사업법」 및 「액화석유가스법」을 적용하여 안전관리

> □ 참고
> <수소법에 따른 수소연료사용시설 유형>
> ① (배관으로 수소를 공급받는 경우) 연료전지가 고정 설치된 시설로서 수소연료사용자가 소유·점유한 토지 경계에서부터 연료전지 전단까지 이르는 시설
> ② (사용시설 내 수소를 직접 생산하는 경우)연료전지가 고정 설치된 시설로서 수소생산·저장설비에서 연료전지 전단까지 이르는 시설
> ③ (사용시설에 수소를 공급하는 경우) 수소생산설비 또는 수소저장설비로부터 수소연료 사용자가 소유하거나 점유하고 있는 토지 경계까지 이르는 시설

구분		설명
연료전지	LPG도시 가스추출용	• 기능 : LPG, 도시가스에서 추출된 수소를 연료로 공급하여 전기와 열을 생신하는 장치 　IN　[LPG, 도시가스] --추출--> (H₂) --> OUT　[열, 전기] • 활용 : 온수·난방 및 가정용, 상업용 등 전기사용
	직접수소용	• 기능 : 수전해장치, 수소추출기, 석유화학단지 등에서 생산한 수소를 직접 공급하여 전기와 열을 생산하는 장치 　IN　(H₂) --> OUT　[열, 전기] • 활용 : 온수·난방 및 가정용 및 전기 사용
	파워팩	• 기능 : 수소저장용기로부터 수소가스를 직접 공급하여 전기와 열을 생산하는 장치 　IN　(H₂) --> OUT　[열, 전기] • 활용 : 드론, 지게차 등 모빌리티의 동력장치로 사용
수전해장치		• 기능 : 태양광, 풍력 등 재생에너지로 생산한 전기로 물을 분해하여 수소를 생산하는 장치 　IN　[물(H₂O)] --전기--> OUT　(수소) 산소 • 활용 : 생성 수소는 연료전지(가정용, 상업용), 산업체(반도체산업, 금속제저 등)에 활용
수소추출기		• 기능 : 고온에서 천연가스, LPG 등을 분해하여 수소를 생산하는 장치 　IN　[LPG, 도시가스] --고온(800℃)--> OUT　(수소) 이산화탄소 • 활용 : 생성수소는 연료전지(가정용, 상업용), 산업체(반도체산업, 금속제조 등)에 활용

① 배관으로 수소를 공급받는 시설 : 울산수소타운, 수소시범도시 임대주택

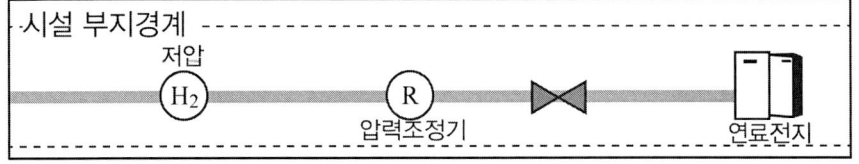

② 수소연료사용시설 내 직접 수소를 생산하는 시설

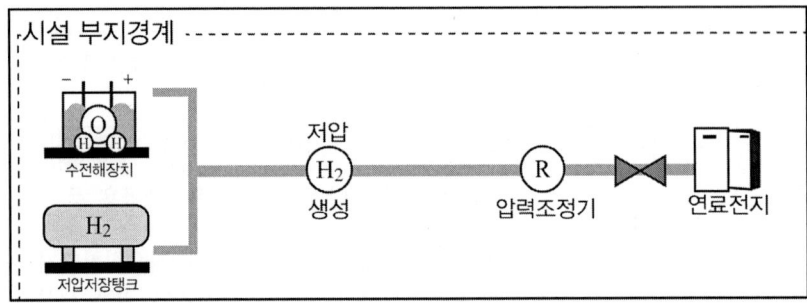

③ 수소연료사용시설에 수소를 공급하기 위한 시설

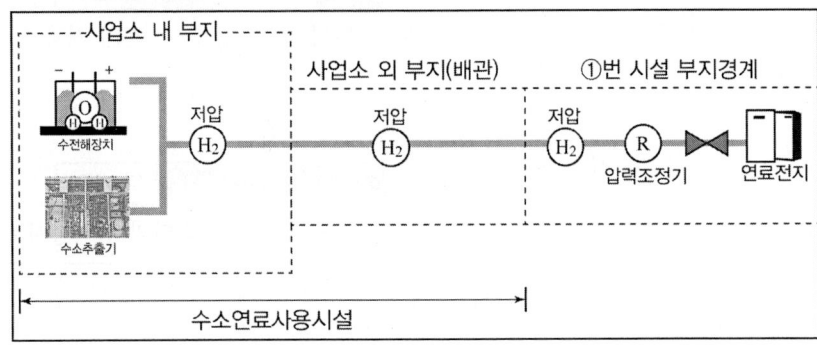

과년도 출제문제

제1회 가스기능사 출제문제

1과목 : 가스안전관리

01 공기 중에서 폭발범위가 가장 넓은 가스는?
① C_2H_4O
② CH_4
③ C_2H_6
④ C_3H_8

해설 폭발범위
① C_2H_4O(산화에틸렌) : 3~80%
② CH_4(메탄) : 5~15%
③ C_2H_6(에탄) : 3~12.5%
④ C_3H_8(프로판) : 2.1~9.5%

02 아세틸렌을 용기에 충전 시 미리 용기에 다공물질을 채우는데 이때 다공도의 기준은?
① 75% 이상, 92% 미만
② 80% 이상, 95% 미만
③ 95% 이상
④ 98% 이상

해설 다공도 기준 : 75% 이상, 92% 미만

03 헤라이드 토치를 사용하여 프레온의 누출검사를 할 때 다량으로 누출될 때의 색깔은?
① 황색
② 청색
③ 녹색
④ 자색

해설 헤라이드토치 불꽃색 검사
① 누설이 없을 때 : 청색
② 소량 누설시 : 녹색
③ 다량 누설시 : 자색
④ 극심할 때 : 꺼진다

정답 1. ① 2. ① 3. ④

04
"설비가 잘못 조작되거나 정상적인 제조를 할 수 없는 경우 자동으로 원재료의 공급을 차단시키는 등 고압가스 제조설비 안의 제조를 제어하는 기능을 한다." 어떤 안전설비에 대한 설명인가?

① 안전밸브
② 긴급차단장치
③ 인터록기구
④ 벤트스택

[해설] 인터록 기구 : 설비가 잘못 조작되거나 정상적인 제조를 할 수 없는 경우 자동으로 원재료의 공급을 차단시키는 등 고압가스 제조설비 만의 제조를 제어하는 기능

05
물체의 상태변화 없이 온도변화만 일으키는데 필요한 열량을 무엇이라 하는가?

① 현열
② 잠열
③ 열용량
④ 대사량

[해설] · 현열 : 상태변화 없이 온도만 변함
· 잠열 : 온도변화 없이 상태만 변함

06
조정압력이 3.3 kPa 이하인 LP가스용 조정기 안전장치의 작동정지 압력은?

① 5.04~7.0 kPa
② 5.60~7.0 kPa
③ 5.04~8.4 kPa
④ 5.60~8.4 kPa

[해설] · 작동정지압력 : 504~840 mmH$_2$O(5.04~8.4 kPa)
· 작동개시압력 : 560~840 mmH$_2$O(5.6~8.4 kPa)
· 작동표준압력 : 700 mmH$_2$O(7 kPa)

07
다음 각 금속재료의 가스 작용에 대한 설명으로 옳은 것은?

① 수분을 함유한 염소는 상온에서도 철과 반응하지 않으므로 철강의 고압용기에 충전할 수 있다.
② 아세틸렌은 강과 직접 반응하여 폭발성의 금속아세틸라이드를 생성한다.
③ 일산화탄소는 철족의 금속과 반응하여 금속카르보닐을 생성한다.
④ 수소는 저온, 저압하에서 질소와 반응하여 암모니아를 생성한다.

[해설] 일산화탄소는 철족의 금속과 반응하여 금속카보닐을 생성한다.
$Ni + 4CO \rightarrow Ni(CO_4)$
$Fe + 5CO \rightarrow Fe(CO_5)$

정답 4. ③ 5. ① 6. ③ 7. ③

08 LPG사용시설의 고압배관에서 이상 압력 상승 시 압력을 방출할 수 있는 안전장치를 설치하여야 하는 저장능력의 기준은?
① 100 kg 이상
② 150 kg 이상
③ 200 kg 이상
④ 250 kg 이상

해설 안전장치를 설치하여야 하는 저장능력 : 250 kg 이상

09 고압가스 판매소의 시설기준에 대한 설명으로 틀린 것은?
① 충전용기의 보관실은 불연재료를 사용한다.
② 가연성가스·산소 및 독성가스의 저장실은 각각 구분하여 보관한다.
③ 용기보관실 및 사무실은 동일 부지 안에 설치하지 않는다.
④ 산소, 독성가스 또는 가연성가스를 보관하는 용기 보관실의 면적은 각 고압가스별로 10m² 이상으로 한다.

해설 고압가스판매소의 시설기준
① 산소, 독성가스 또는 가연성 가스를 보관하는 용기보관실의 면적은 각 고압가스별로 10 m² 이상으로 한다.
② 용기 보관실 및 사무실은 동일 부지 안에 설치한다.
③ 가연성 가스, 산소 및 독성가스의 저장실은 각각 구분하여 보관
④ 충전용기의 보관실은 불연재료 사용

10 차량에 고정된 탱크운반차량에서 돌출부속품의 보호조치에 대한 설명으로 틀린 것은?
① 후부취출식 탱크의 주밸브는 차량의 뒷범퍼와의 수평거리가 30 cm 이상 떨어져 있어야 한다.
② 부속품이 돌출된 탱크는 그 부속품의 손상으로 가스가 누출되는 것을 방지하는 조치를 하여야 한다.
③ 탱크주밸브와 긴급차단장치에 속하는 밸브를 조작상자 내에 설치한 경우 조작상자와 차량의 뒷범퍼와의 수평거리는 20 cm 이상 떨어져 있어야 한다.
④ 탱크주밸브 및 긴급차단장치에 속하는 중요한 부속품이 돌출된 저장탱크는 그 부속품을 차량의 좌측면이 아닌 곳에 설치한 단단한 조작상자 내에 설치하여야 한다.

해설 후부취출식 탱크의 주밸브는 차량의 뒷범퍼와의 수평거리가 40 cm 이상 떨어져 있어야 한다.

정답 8. ④ 9. ③ 10. ①

11 고압가스 설비에 설치하는 압력계의 최고눈금에 대한 측정범위의 기준으로 옳은 것은?

① 상용압력의 1.0배 이상, 1.2배 이하
② 상용압력의 1.2배 이상, 1.5배 이하
③ 상용압력의 1.5배 이상, 2.0배 이하
④ 상용압력의 2.0배 이상, 3.0배 이하

해설 ➜ 압력계 최고눈금 : 상용압력의 1.5배 이상 2배 이하

12 고압가스의 분출에 대하여 정전기가 가장 발생되기 쉬운 경우는?

① 가스가 충분히 건조되어 있을 경우
② 가스 속에 고체의 미립자가 있을 경우
③ 가스의 분자량이 작은 경우
④ 가스의 비중이 큰 경우

해설 ➜ 가스 속에 고체의 미립자가 있을 경우 정전기 발생이 쉽다.

13 고압가스 일반제조시설의 밸브가 돌출한 충전용기에서 고압가스를 충전한 후 넘어짐 방지조치를 하지 않아도 되는 용량의 기준은 내용적이 몇 L 미만일 때 인가?

① 5
② 10
③ 20
④ 50

해설 ➜ 넘어짐 방지 조치를 하지 않아도 되는 용량 기준 : 5 L 미만

14 LPG 충전·집단공급 저장시설의 공기에 의한 내압시험 시 상용압력의 일정 압력 이상으로 승압한 후 단계적으로 승압시킬 때, 상용압력의 몇 %씩 증가시켜 내압시험압력에 달하였을 때 이상이 없어야 하는가?

① 5
② 10
③ 15
④ 20

해설 ➜ LPG 충전 집단공급 저장시설의 공기에 의한 내압시험시 상용압력의 50% 이상으로 승압 후 단계적으로 승압시 상용압력의 10%씩 증가시켜 내압시험압력에 달하였을 때 이상이 없어야 한다.

정답 11. ③ 12. ② 13. ① 14. ②

15 염소가스 저장탱크의 과충전 방지장치는 가스 충전량이 저장탱크 내용적의 몇 %를 초과할 때 가스충전이 되지 않도록 동작하는가?
① 60% ② 70%
③ 80% ④ 90%

해설 ➡ 염소가스 저장탱크의 과충전 방지장치는 가스 충전량이 저장탱크 내용적의 90% 초과금지

16 가연성 가스라 함은 폭발한계의 상한과 하한의 차가 몇 % 이상인 것을 말하는가?
① 10% ② 20%
③ 30% ④ 40%

해설 ➡ 가연성 가스 : 폭발하한이 10% 이하이거나 상한과 하한의 차가 20% 이상인 가스

17 액화석유가스(LPG) 이송방법과 관련이 먼 것은?
① 압력차에 의한 방법 ② 온도차에 의한 방법
③ 펌프에 의한 방법 ④ 압축기에 의한 방법

해설 ➡ 액화석유가스 이송방법
① 압축기에 의한 방법
② 펌프에 의한 방법
③ 압력차에 의한 방법

18 고압가스 용기 보관실에 충전 용기를 보관할 때의 기준으로 틀린 것은?
① 충전 용기와 잔가스 용기는 각각 구분하여 용기보관 장소에 놓는다.
② 용기보관 장소의 주위 5 cm 이내에는 화기 또는 인화성 물질이나 발화성 물질을 두지 아니한다.
③ 충전 용기는 항상 40℃ 이하의 온도를 유지하고, 직사광선을 받지 않도록 조치한다.
④ 가연성가스 용기보관 장소에는 방폭형 휴대용 손전등 외의 등화를 휴대하고 들어가지 아니한다.

해설 ➡ 용기보관장소의 주위 2 m 이내에는 화기 또는 인화성 물질이나 발화성 물질을 두지 아니한다.

정답 15. ④ 16. ② 17. ② 18. ②

19
충전 용기를 차량에 적재하여 운반하는 도중에 주차하고자 할 때의 주의사항으로 옳지 않은 것은?
① 충전 용기를 적재한 차량은 제1종 보호시설로부터 15 m 이상 떨어지고, 제2종 보호시설이 밀집된 지역은 가능한 한 피한다.
② 주차 시에는 엔진을 정지시킨 후 주차브레이크를 걸어 놓는다.
③ 주차를 하고자 하는 주위의 교통상황·지형조건·화기 등을 고려하여 안전한 장소를 택하여 주차한다.
④ 주차 시에는 긴급한 사태에 대비하여 바퀴 고정목을 사용하지 않는다.

[해설] 주차시에는 긴급한 사태에 대비하여 바퀴 고정목을 반드시 사용한다.

20
다음 중 지진감지장치를 반드시 설치하여야 하는 도시가스 시설은?
① 가스도매사업자 인수기지
② 가스도매사업자 정압기지
③ 일반도시가스사업자 제조소
④ 일반도시가스사업자 정압기

[해설] 지진감지장치를 반드시 설치해야 하는 곳 : 가스도매사업자 정압기지

21
다음 중 아황산가스의 제독제가 아닌 것은?
① 소석회
② 가성소다 수용액
③ 탄산소다 수용액
④ 물

[해설] 제독제
① 염소 : 소석회, 가성소다, 탄산소다
② 시안화수소 : 가성소다
③ 황화수소 : 가성소다, 탄산소다
④ 포스겐 : 가성소다, 소석회
⑤ 아황산가스 : 물, 가성소다, 탄산소다
⑥ 암모니아, 산화에틸렌, 염화메탄 : 다량의 물

22
암모니아가스 검지경보장치는 검지에서 발신까지 걸리는 시간은 얼마 이내로 하는가?
① 30초
② 1분
③ 2분
④ 3분

[해설] 암모니아, 일산화탄소 가스 검지경보장치는 검지에서 발신까지 걸리는 시간은 60초 이내

정답 19. ④   20. ②   21. ①   22. ②

23 가정에서 액화석유가스(LPG)가 누출될 때 가장 쉽게 식별 할 수 있는 방법은?
① 냄새로서 식별
② 리트머스 시험지 색깔로 식별
③ 누출 시 발생되는 흰색 연기로 식별
④ 성냥 등으로 점화시켜 봄으로써 식별

해설 ➡ 액화석유가스 누출시 냄새로 식별한다.

24 압축 또는 액화 그 밖의 방법으로 처리할 수 있는 가스의 용적이 1일 100 m³ 이상인 사업소는 압력계를 몇 개 이상 비치하도록 되어 있는가?
① 1
② 2
③ 3
④ 4

해설 ➡ 압축 또는 액화 그 밖의 방법으로 처리할 수 있는 가스의 용적이 1일 100 m³ 이상인 사업소는 압력계를 2개 이상 비치한다.

25 도시가스 공급시설 중 저장탱크 주위의 온도상승방지를 위하여 설치하는 고정식 물분무장치의 단위면적당 방사 능력의 기준은? (단, 단열재를 피복한 준내화구조 저장탱크가 아니다.)
① 2.5 L/분·m² 이상
② 5 L/분·m² 이상
⑤ 7.5 L/분·m² 이상
④ 10 L/분·m² 이상

해설 ➡ 저장탱크 주위의 온도상승 방지를 위하여 설치하는 고정식 물분무장치의 단위면적당 방사량 : 5 L/m²분 이상 (참고 : 준내화구조탱크 : 2.5L/m²·min)

26 고압가스 저장탱크 및 처리설비에 대한 설명으로 틀린 것은?
① 가연성 저장탱크를 2개 이상 인접 설치 시에는 0.5 m 이상의 거리를 유지한다.
② 지면으로부터 매설된 저장탱크 정상부까지의 깊이는 60 cm 이상으로 한다.
③ 저장탱크를 매설한 곳의 주위에는 지상에 경계표지를 한다.
④ 독성가스 저장탱크실과 처리설비실에는 가스누출검지 경보장치를 설치한다.

해설 ➡ 가연성 저장탱크를 2개 이상 인접설치시에는 1 m 이상의 거리를 유지한다.

27 수성가스의 주성분으로 바르게 이루어진 것은?
① CO, CO₂
② CO₂, N₂
③ CO, H₂O
④ CO, H₂

해설 ➡ 수성가스의 주성분 : C+H₂O → CO+H₂

정답 23. ① 24. ② 25. ② 26. ① 27. ④

28
용기의 내부에 절연유를 주입하여 불꽃, 아크 또는 고온발생 부분이 기름 속에 잠기게 함으로써 기름면 위에 존재하는 가연성 가스에 인화되지 않도록 한 방폭구조는?

① 압력 방폭구조
② 유입 방폭구조
③ 내압 방폭구조
④ 안전증 방폭구조

해설 방폭구조
① 내압방폭구조(d) : 용기 내부에서 가연성 가스의 폭발이 발생할 경우 그 용기가 폭발압력에 견디고 접합면 개구부 등을 통하여 외부의 가연성 가스에 인화되지 않도록 한 구조
② 유입방폭구조(o) : 용기 내부에 기름을 주입하여 불꽃 아크 또는 고온발생부분이 기름속에 잠기게 함으로써 기름면 위에 존재하는 가연성 가스에 인화되지 않도록 한 구조
③ 압력방폭구조(p) : 용기 내부에 보호가스를 압입하여 내부압력을 유지함으로써 가연성 가스가 용기 내부로 유입되지 않도록 한 구조

29
프로판 15 vol%와 부탄 85 vol%로 혼합된 가스의 공기 중 폭발하한 값은 얼마인가? (단, 프로판의 폭발하한 값은 2.1%로 하고, 부탄은 1.8%로 한다.)

① 1.84
② 1.88
③ 1.94
④ 1.98

해설
$$\frac{100}{L} = \frac{V^1}{L^1} + \frac{V^2}{L^2} + \frac{V^3}{L^3} \cdots \frac{V_n}{L_n}$$

$$\frac{100}{L} = \left(\frac{15}{2.1} + \frac{85}{1.8}\right)$$

$$\frac{100}{L} = 54.36$$

$$L = \frac{100}{54.36} = 1.839$$

30
체적 0.8 m³의 용기에 16 kg의 가스가 들어 있다면 이 가스의 밀도는?

① 0.05 kg/m³
② 8 kg/m³
③ 16 kg/m³
④ 20 kg/m³

해설 밀도(kg/m³) = $\frac{16 \text{ kg}}{0.8 \text{ m}^3} = 20 \text{ kg/m}^3$

정답 28. ② 29. ① 30. ④

제2과목 : 가스장치 및 기기

31 햄프슨식이라고도 하며 저장조 상부로부터의 압력과 저장조 하부로부터의 압력의 차로써 액면을 측정하는 것은?

① 부자식 액면계
② 차압식 액면계
③ 편위식 액면계
④ 유리관식 액면계

해설 ▷ 햄프슨식 액면계라고도 하며 저장조 상부로부터의 압력과 하부로부터의 압력의 차로서 액면 측정 : 차압식 액면계

32 코일장에 감겨진 백금선의 표면으로 가스가 산화반응할 때의 발열에 의해 백금선의 저항 값이 변화하는 현상을 이용한 가스검지방법은?

① 반도체식
② 기체열전도식
③ 접촉연소식
④ 액체열전도식

해설 ▷ 접촉연소식 : 코일장에 감겨진 백금선의 표면으로 가스가 산화반응을 할 때 발열에 의해 백금선의 저항값이 변화하는 현상 이용

33 대기차단식 가스보일러에서 반드시 갖추어야 할 장치가 아닌 것은?

① 저수위안전장치
② 압력계
③ 압력팽창탱크
④ 헛불방지장치

해설 ▷ 대기차단식 가스보일러에서 반드시 갖추어야 할 장치
① 압력계 ② 압력팽창탱크 ③ 헛불방지장치

34 원심펌프를 직렬로 연결하여 운전할 때 양정과 유량의 변화는?

① 양정-일정, 유량-일정
② 양정-증가, 유량-증가
③ 양정-증가, 유량-일정
④ 양정-일정, 유량-증가

해설 ▷ ・직렬연결 : 양정 증가, 유량 일정
・병렬연결 : 유량 증가, 양정 일정

정답 31. ② 32. ③ 33. ① 34. ③

35
초저온용 가스를 저장하는 탱크에 사용되는 단열재의 구비조건으로 틀린 것은?
① 밀도가 클 것
② 흡수성이 없을 것
③ 열전도도가 작을 것
④ 화학적으로 안정할 것

해설> 단열재의 구비조건
① 열전도가 적을 것
② 흡수성이 없을 것
③ 밀도가 적을 것
④ 보온능력이 클 것
⑤ 화학적으로 안정할 것

36
다음 중 특정설비가 아닌 것은?
① 차량에 고정된 탱크
② 안전밸브
③ 긴급차단장치
④ 압력조정기

해설> 특정설비
① 저장탱크
② 긴급차단장치
③ 역화방지장치
④ 자동차용 완속충전설비
⑤ 안전밸브
⑥ 기화기
⑦ 차량에 고정된 탱크
⑧ 독성가스용배관용밸브

37
고속회전하는 임펠러의 원심력에 의해 속도에너지를 압력에너지로 바꾸어 압축하는 형식으로서 유량이 크고 설치면적이 적게 차지하는 압축기의 종류는?
① 왕복식
② 터보식
③ 회전식
④ 흡수식

해설> 터보식 : 고속회전하는 임펠러의 원심력에 의해 속도에너지를 압력에너지로 바꾸어 압축하는 형식

38
루트미터에 대한 설명으로 옳은 것은?
① 설치공간이 크다.
② 일반 수용가에 적합하다.
③ 스트레이너가 필요 없다.
④ 대용량의 가스 측정에 적합하다.

해설> 루트미터
① 대유량 가스 측정에 적합하다.
② 중압가스 계량
③ 설치면적이 적다.
④ 소유량에서는 부동의 우려가 있다.
⑤ 스트레이너 설치 후 유지관리 필요하다.

정답 35. ① 36. ④ 37. ② 38. ④

39 액화산소 및 LNG 등에 사용할 수 없는 재질은?
① Al 합금　　② Cu 합금
③ Cr 강　　④ 18-8 스테인리스강

해설 ⇒ 액체산소 및 LNG에 사용할 수 있는 재질
① 9% 니켈강　　② 동 및 동합금
③ 알루미늄 합금강　　④ 18-8 스테인리스강

40 액주식 압력계에 사용되는 액체의 구비조건으로 틀린 것은?
① 화학적으로 안정되어야 한다.
② 모세관 현상이 없어야 한다.
③ 점도와 팽창계수가 작아야 한다.
④ 온도변화에 의한 밀도변화가 커야 한다.

해설 ⇒ 액체의 구비조건
① 온도변화에 대한 밀도변화가 적어야 한다.
② 점도와 팽창계수가 작아야 한다.
③ 모세관 현상이 없어야 한다.
④ 화학적으로 안정되어야 한다.

41 다음 중 액면계의 측정방식에 해당하지 않는 것은?
① 압력식　　② 정전용량식
③ 초음파식　　④ 환상천평식

해설 ⇒ ① 플로트식　② 클린카식　③ 압력식
④ 정전용량식　⑤ 초음파식　⑥ 방사선식
⑦ 고정튜브식　⑧ 슬립튜브식　⑨ 회전튜브식
⑩ 기포식

42 흡입압력이 대기압과 같으며 최종압력이 15 kgf/cm² · g인 4단 공기압축기의 압축비는 약 얼마인가? (단, 대기압은 1 kgf/cm²로 한다.)
① 2　　② 4　　③ 8　　④ 16

해설 ⇒ 압축비 $= \sqrt[n]{\dfrac{P_2}{P_1}} = \sqrt[4]{\dfrac{15+1}{1}} = 2$

정답　39. ③　40. ④　41. ④　42. ①

43
LP가스의 이송설비에서 펌프를 이용한 것에 비해 압축기를 이용한 충전방법의 특징이 아닌 것은?
① 충전시간이 길다.
② 잔가스회수가 가능하다.
③ 압축기의 오일이 탱크에 들어가 드레인의 원인이 된다.
④ 베이퍼록 현상이 없다.

해설 ① 충전시간이 짧다.
② 잔가스 회수가 가능.
③ 베이퍼록의 우려가 없다.
④ 드레인 우려가 있다.
⑤ 재액화 우려가 있다.

44
저온장치 진공 단열법에 해당되지 않는 것은?
① 고진공 단열법
② 격막 진공 단열법
③ 분말 진공 단열법
④ 다층 진공 단열법

해설 진공 단열법의 종류
① 다층 진공 단열법
② 고진공 단열법
③ 분말 진공 단열법

45
고압가스 용기에 사용되는 강의 성분원소 중 탄소, 인, 황 및 규소의 작용에 대한 설명으로 옳지 않은 것은?
① 탄소량이 증가하면 인장강도는 증가한다.
② 황은 적열취성의 원인이 된다.
③ 인은 상온취성의 원인이 된다.
④ 규소량이 증가하면 충격치는 증가한다.

해설 ① 탄소량이 증가하면 인장강도, 경도, 항복점 증가하고 연신율, 단면수축률, 인성, 연성, 전성, 충격값 감소
② 황은 적열취성의 원인
③ 인은 상온취성, 청열취성의 원인
④ 규소량이 증가하면 충격치는 감소한다.

정답 43. ① 44. ② 45. ④

제3과목 : 가스일반

46 맹독성이고 자극성 냄새의 황록색 기체로 임계온도는 약 144°C, 임계압력은 약 76.1 atm이고, 수은법, 격막법 등에 의해 제조하는 특징을 가지는 가스는?
① CO ② Cl_2 ③ $COCl_2$ ④ H_2S

해설 염소(Cl_2)
① 맹독성(1 ppm 이하)이고 자극성 냄새의 황록색 기체
② 임계온도는 약 144°C, 임계압력은 약 76.1 atm
③ 수은법, 격막법 등에 의해 제조
④ 비점은 –34°C 이하 6~8 atm 이상의 압력을 가하면 쉽게 액화
⑤ 타 물질의 연소를 돕는 조연성 가스이다.
⑥ 수분을 함유하면 철 등의 금속과 반응 부식 발생(온도 120°C 이상)

47 프로판 용기에 50 kg의 가스가 충전되어 있다. 이때 액상의 LP가스는 몇 L의 체적을 갖는가? (단, 프로판의 액 비중량은 0.5 kg/L이다.)
① 25 ② 50 ③ 100 ④ 150

해설
$1\,l = 0.5\,\text{kg}$
$x = 50\,\text{kg}$
$x = \dfrac{1\,l \times 50\,\text{kg}}{0.5\,\text{kg}} = 100\,l$

48 1.0332 $kg/cm^2 \cdot a$는 게이지 압력($kg/cm^2 \cdot g$)으로 얼마인가? (단, 대기압은 1.0332 kg/cm^2이다.)
① 0 ② 1 ③ 1.0332 ④ 2.0664

해설 게이지압력=절대압력–대기압=1.0332–1.0332=0

49 압력의 단위로 사용되는 SI 단위는?
① atm ② Pa
③ psi ④ bar

해설 압력의 SI 단위 : Pa(파스칼), MPa, N/mm^2, kPa

정답 46. ② 47. ③ 48. ① 49. ②

50
아세틸렌에 대한 설명으로 틀린 것은?
① 공기보다 무겁다.
② 일반적으로 무색, 무취이다.
③ 폭발 위험성이 있다.
④ 액체 아세틸렌은 불안정하다.

해설⇨ ① 공기보다 가볍다. $\left(\dfrac{26}{29}=0.906\right)$
② 일반적으로 무색, 무취이다.
③ 구리, 은, 수은 등과 반응시 폭발성 물질인 아세틸라이드를 생성.
④ 액체 아세틸렌은 불안정하다.
⑤ 석유에는 2배, 벤젠에는 4배, 알코올에는 6배, 아세톤에는 25배 가용해 된다.
⑥ 연소범위는 2.5~81%, 융점 −81℃, 비점은 −84℃이다.

51
도시가스에 첨가하는 부취제가 갖추어야 할 성질로 틀린 것은?
① 독성이 없을 것
② 극히 낮은 농도에서도 냄새가 확인될 수 있을 것
③ 가스관이나 가스미터에 흡착이 잘 될 것
④ 배관내의 상용온도에서 응축하지 않을 것

해설⇨ ① 독성 및 가연성이 아닐 것
② 도관을 부식시키지 말 것
③ 도관 내의 상용온도에서 응축되지 말 것
④ 보통 존재하는 냄새와 명확히 구별 될 것
⑤ 가스관이나 가스미터에 흡착되지 아니할 것
⑥ 극히 낮은 농도에서도 냄새가 확인될 수 있을 것

52
다음 중 물과 접촉 시 아세틸렌가스를 발생하는 것은?
① 탄화칼슘　　② 소석회　　③ 가성소다　　④ 금속칼륨

해설⇨ $CaC_2+2H_2O \rightarrow Ca(OH)_2+C_2H_2\uparrow$

53
일산화탄소 가스의 용도로 알맞은 것은?
① 메탄올 합성
② 용접 절단용
③ 암모니아 합성
④ 섬유의 표백용

해설⇨ 일산화탄소 가스 용도
$CO+2H_2 \rightarrow CH_3OH$(메탄올＝메틸알코올)

정답　50. ①　51. ③　52. ①　53. ①

54
다음 중 조연성(지연성) 가스는?

① H_2 ② O_3 ③ Ar   ④ NH_3

해설 ▶ 조연성 가스
① 공기   ② 불소   ③ 염소
④ 이산화질소   ⑤ 산소   ⑥ 오존

55
고압고무호스에 사용하는 부품 중 조정기 연결부 이음쇠의 재료로서 가장 적당한 것은?

① 단조용 황동   ② 쾌삭 황동
③ 스테인리스 스틸   ④ 아연 합금

해설 ▶ 조정기 연결부 이음쇠의 재료 : 단조용 황동

56
주기율표의 0족에 속하는 불활성 가스의 성질이 아닌 것은?

① 상온에서 기체이며, 단원자 분자이다.
② 다른 원소와 잘 화합한다.
③ 상온에서 무색, 무미, 무취의 기체이다.
④ 방전관에 넣어 방전시키면 특유의 색을 낸다.

해설 ▶ 불활성 가스의 성질
① 다른 원소와 화합하지 않는다.
② 상온에서 기체이며 단원자 분자이다.
③ 방전관에 넣어 방전시키면 특유의 색을 낸다.
④ 상온에서 무색, 무미, 무취의 기체이다.

57
프로판의 착화온도는 약 몇 °C 정도인가?

① 460 ~ 520   ② 550 ~ 590
③ 600 ~ 660   ④ 680 ~ 740

해설 ▶ 착화온도
① 프로판 : 460~520°C   ② 부탄 : 430~510°C
③ 메탄 : 615~682°C   ④ 수소 : 580~590°C

정답 54. ② 55. ① 56. ② 57. ①

58. 표준 대기압 상태에서 물의 끓는점을 °R로 나타낸 것은?

① 373
② 560
③ 672
④ 772

해설 물의 끓는점
°F=(1.8×°C)+32=(1.8×100°C)+32=212°F
°R=°F+460=212+460=672°R
[참고]
물의 빙점(어는점)
0°C = 32°F = 273K = 492R
물의 비점(끓는점)
100°C = 212°F = 373K = 672R

59. 다음 중 온도의 단위가 아닌 것은?

① 섭씨온도
② 화씨온도
③ 켈빈온도
④ 헨리온도

해설 온도의 단위

① °C(섭씨온도) = $\dfrac{5}{9}(°F - 32)$

② °F(화씨온도) = $\dfrac{9}{5} × °C + 32$

③ K(절대온도) = °C+273

④ °R(랭킨온도) = °F+460

60. 다음 중 표준 대기압에 대하여 바르게 나타낸 것은?

① 적도지방 연평균 기압
② 토리첼리의 진공실험에서 얻어진 압력
③ 대기압을 0으로 보고 측정한 압력
④ 완전진공을 0으로 했을 때의 압력

정답 58. ③ 59. ④ 60. ②

제2회 가스기능사 출제문제

1과목 : 가스안전관리

01 도시가스시설의 설치공사 또는 변경공사를 하는 때에 이루어지는 전공정 시공감리 대상은?
① 도시가스사업자외의 가스공급시설설치자의 배관 설치공사
② 가스도매사업자의 가스공급시설 설치공사
③ 일반도시가스사업자의 정압기 설치공사
④ 일반도시가스사업자의 제조소 설치공사

해설 ▶ 도시가스시설의 설치공사 또는 변경공사를 하는 때에 이루어지는 전공정 시공감리 대상 : 도시가스사업자 외의 가스공급시설 설치자의 배관설치공사

02 도시가스 사용시설인 배관의 내용적이 10 L 초과 50 L 이하일 때 기밀시험압력 유지 시간은 얼마인가?
① 5분 이상 ② 10분 이상 ③ 24분 이상 ④ 30분 이상

해설 ▶ 기밀시험 압력 유지시간
배관내 용적
· 10 l 이하 : 5분   · 10 l 초과 50 l 이하 : 10분   · 50 l 초과 : 24분

03 액상의 염소가 피부에 닿았을 경우의 조치로써 가장 적당한 것은?
① 암모니아로 씻어낸다.   ② 이산화탄소로 씻어낸다.
③ 소금물로 씻어낸다.   ④ 맑은 물로 씻어낸다.

해설 ▶ 염소가 피부에 닿았을 경우 조치 : 맑은 물로 씻어낸다.

정답 1. ①   2. ②   3. ④

04
다음 굴착공사 중 굴착공사를 하기 전에 도시가스 사업자와 협의를 하여야 하는 것은?

① 굴착공사 예정지역 범위에 묻혀 있는 도시가스배관의 길이가 110m 인 굴착공사
② 굴착공사 예정지역 범위에 묻혀 있는 송유관의 길이가 200m 인 굴착공사
③ 해당 굴착공사로 인하여 압력이 3.2 kPa인 도시가스배관의 길이가 30m 노출될 것으로 예상되는 굴착공사
④ 해당 굴착공사로 인하여 압력이 0.8 MPa인 도시가스배관의 길이가 8m 노출될 것으로 예상되는 굴착공사

[해설] 굴착공사를 하기 전에 도시가스사업자와 협의를 하여야 하는 것 : 굴착공사 예정지역범위에 묻혀 있는 도시가스배관의 길이가 110 m인 굴착공사

05
도시가스사업법에서 규정하는 도시가스사업이란 어떤 종류의 가스를 공급하는 것을 말하는가?

① 제조용 가스　② 연료용 가스
③ 산업용 가스　④ 압축가스

[해설] 도시가스사업이란 연료용 가스를 공급하는 것

06
가연성 가스가 폭발할 위험이 있는 장소에 전기설비를 할 경우 위험 장소의 등급 분류에 해당하지 않는 것은?

① 0종　② 1종
③ 2종　④ 3종

[해설] ① 0종 장소 : 상용상태에서 가연성 가스의 농도가 연속해서 폭발하한계 이상으로 되는 장소
② 1종 장소
　㉠ 상용상태에서 가연성 가스가 체류하여 위험하게 될 우려가 있는 장소
　㉡ 정비보수 또는 누설 등으로 인하여 종종 가연성 가스가 체류하여 위험하게 될 우려가 있는 장소
③ 2종 장소
　㉠ 1종 장소 주변 또는 인접한 실내에서 위험한 농도의 가연성 가스가 종종 침입할 우려가 있는 장소
　㉡ 환기장치에 이상이나 사고가 발생한 경우 가연성 가스가 체류하여 위험하게 될 우려가 있는 장소

정답 4. ① 5. ② 6. ④

07 다음 중 용기의 설계단계검사 항목이 아닌 것은?
① 용접부의 기계적 성능
② 단열성능
③ 내압성능
④ 작동성능

해설 → 용기의 설계단계검사 항목
① 단열성능
② 내압성능
③ 용접부의 기계적 성능

08 다음 중 산소 없이 분해폭발을 일으키는 물질이 아닌 것은?
① 아세틸렌
② 히드라진
③ 산화에틸렌
④ 시안화수소

해설 → • 분해폭발
① 아세틸렌 ② 산화에틸렌 ③ 히드라진
• 중합폭발
① 시안화수소 ② 산화에틸렌
• 촉매폭발
① 염소와 수소 ② 염소와 아세틸렌 ③ 염소와 암모니아

09 아세틸렌을 용기에 충전할 때에는 미리 용기에 다공 물질을 고루 채운 후 침윤 및 충전을 하여야 한다. 이때 다공도는 얼마로 하여야 하는가?
① 75% 이상, 92% 미만
② 70% 이상, 95% 미만
③ 62% 이상, 75% 미만
④ 92% 이상

해설 → 다공도(%) : 75% 이상 92% 미만

10 산소의 저장설비 외면으로부터 얼마의 거리에서 화기를 취급할 수 없는가? (단, 자체설비내의 것을 제외한다.)
① 2 m 이내
② 5 m 이내
③ 8 m 이내
④ 10 m 이내

해설 → 산소의 저장설비 외면으로부터 8 m 이내의 거리에서 화기 취급 금지

정답 7. ④ 8. ④ 9. ① 10. ③

11

독성가스의 저장탱크에는 가스의 용량이 그 저장탱크 내용적의 90%를 초과하는 것을 방지하는 장치를 설치하여야 한다. 이 장치를 무엇이라고 하는가?

① 경보장치
② 액면계
③ 긴급차단장치
④ 과충전방지장치

해설 ➔ 과충전방지장치 : 독성가스 저장탱크에서 가스의 용량이 그 저장탱크 내용적의 90%를 초과하는 것 방지

12

도로굴착공사에 의한 도시가스배관 손상 방지기준으로 틀린 것은?

① 착공 전 도면에 표시된 가스배관과 기타 지장물 매설 유무를 조사하여야 한다.
② 도로굴착자의 굴착공사로 인하여 노출된 배관 길이가 10m 이상인 경우에는 점검통로 및 조명시설을 하여야 한다.
③ 가스배관이 있을 것으로 예상되는 지점으로부터 2m 이내에서 줄파기를 할 때에는 안전관리전담자의 입회하에 시행하여야 한다.
④ 가스배관의 주위를 굴착하고자 할 때에는 가스배관의 좌우 1m 이내의 부분은 인력으로 굴착한다.

해설 ➔ 도로굴착공사에 의한 도시가스배관 손상 방지기준
① 가스배관의 주위를 굴착하고자 할 때에는 가스배관의 좌우 1m 이내의 부분은 인력으로 굴착한다.
② 가스배관이 있을 것으로 예상되는 지점으로부터 2m 이내에서 줄파기를 할 때는 안전관리전담자의 입회하에 시행
③ 착공전 도면에 표시된 가스배관과 기타 지장물 매설 유무를 조사
④ 노출된 가스배관 길이가 15m 이상 시 점검통로 및 조명시설설치(70lux 이상)

13

가스의 폭발한계에 대한 설명으로 틀린 것은?

① 메탄계 탄화수소가스의 폭발한계는 압력이 상승함에 따라 넓어진다.
② 가연성가스에 불활성가스를 첨가하면 폭발범위는 좁아진다.
③ 가연성가스에 산소를 첨가하면 폭발범위는 넓어진다.
④ 온도가 상승하면 폭발하한은 올라간다.

해설 ➔ 가스의 폭발한계
① 온도가 상승하면 폭발하한은 내려간다.
② 가연성 가스에 산소를 첨가하면 폭발범위는 넓어진다.
③ 가연성 가스에 불활성 가스를 첨가하면 폭발범위는 좁아진다.
④ 메탄계 탄화수소가스의 폭발한계는 압력이 상승함에 따라 넓어진다.

정답 11. ④ 12. ② 13. ④

14 다음 중 가연성 가스에 해당되지 않는 것은?
① 산화에틸렌　② 암모니아　③ 산화질소　④ 아세트알데히드

해설▶ 가연성 가스 : 폭발하한이 10% 이하이거나 하한과 상한의 차가 20% 이상인 가스
① 산화에틸렌 : 3~80%　② 암모니아 : 15~28%
③ 아세트알데히드 : 4.1~55%　④ 메탄 : 5~15%
⑤ 프로판 : 2.1~9.5%　⑥ 아세틸렌 : 2.5~81%
⑦ 수소 : 4~75%　⑧ 일산화탄소 : 12.5~74%

15 도시가스의 고압배관에 사용되는 관재료가 아닌 것은?
① 배관용 아크용접 탄소강관　② 압력 배관용 탄소강관
③ 고압 배관용 탄소강관　④ 고온 배관용 탄소강관

해설▶ 도시가스의 고압배관에 사용되는 관 재료
① 압력배관용 탄소강관　② 고압배관용 탄소강관　③ 고온배관용 탄소강관

16 고압가스의 용어에 대한 설명으로 틀린 것은?
① 액화가스란 가압, 냉각 등의 방법에 의하여 액체상태로 되어 있는 것으로서 대기압에서의 끓는점이 섭씨 40도 이하 또는 상용의 온도 이하인 것을 말한다.
② 독성가스란 공기 중에 일정량이 존재하는 경우 인체에 유해한 독성을 가진 가스로서 허용농도가 100만분의 2000 이하인 가스를 말한다.
③ 초저온저장탱크라 함은 섭씨 영하 50도 이하의 액화가스를 저장하기 위한 저장탱크로서 단열재로 씌우거나 냉동설비로 냉각하는 등의 방법으로 저장탱크 내의 가스온도가 상용의 온도를 초과하지 아니하도록 한 것을 말한다.
④ 가연성가스라 함은 공기 중에서 연소하는 가스로서 폭발한계의 하한이 10% 이하인 것과 폭발한계의 상한과 하한의 차가 20% 이상인 것을 말한다.

해설▶ 독성가스란 공기중에 일정량이 존재하는 경우 인체에 유해한 독성을 가진 가스로서 허용 농도가 $\frac{200}{100만}$ 이하인 가스

17 압축 가연성가스를 몇 m³ 이상을 차량에 적재하여 운반하는 때에 운반책임자를 동승시켜 운반에 대한 감독 또는 지원을 하도록 되어 있는가?
① 100　② 300　③ 600　④ 1000

해설▶ 압축 가연성 가스 300 m³ 이상을 차량에 적재하여 운반하는 때에는 운반책임자를 동승시켜 운반에 대한 감독 또는 지원을 한다.

정답　14. ③　15. ①　16. ②　17. ②

18
공기 중에서 폭발 범위가 가장 넓은 가스는?
① 메탄
② 프로판
③ 에탄
④ 일산화탄소

해설 ▶ 폭발 범위
① 메탄 : 5~15%
② 프로판 : 2.1~9.5%
③ 에탄 : 3~12.5%
④ 일산화탄소 : 12.5~74%

19
가스공급자는 안전유지를 위하여 안전관리자를 선임하여야 한다. 다음 중 안전관리자의 업무가 아닌 것은?
① 용기 또는 작업과정의 안전유지
② 안전관리규정의 시행 및 그 기록의 작성 . 보존
③ 사업소 종사자에 대한 안전관리를 위하여 필요한 지휘 . 감독
④ 공급시설의 정기검사

해설 ▶ 안전관리자의 업무
① 사업소 종사자에 대한 안전관리를 위하여 필요한 지휘감독
② 안전관리 규정의 시행 및 그 기록의 작성보존
③ 용기 또는 작업과정의 안전 유지

20
방류둑의 성토 윗부분의 폭은 얼마 이상으로 규정되어 있는가?
① 30 cm 이상
② 50 cm 이상
③ 100 cm 이상
④ 120 cm 이상

해설 ▶ 방류둑 성토 윗부분의 폭 : 30 cm 이상

21
도시가스 공급배관에서 입상관의 밸브는 바닥으로부터 얼마의 범위에 설치하여야 하는가?
① 1 m 이상, 1.5 m 이내
② 1.6 m 이상, 2 m 이내
③ 1 m 이상, 2 m 이내
④ 1.5 m 이상, 3 m 이내

해설 ▶ 입상관 밸브는 바닥으로부터 1.6 m 이상 2 m 이내

정답 18. ④   19. ④   20. ①   21. ②

22 가연성 액화가스 저장탱크의 내용적이 40 m³일 때 제1종 보호시설과의 거리는 몇 m 이상을 유지하여야 하는가? (단, 액화가스의 비중은 0.52이다.)
① 17 m ② 21 m ③ 24 m ④ 27 m

해설 ☞ 안전거리

저장능력 압축가스(m³) 액화가스(kg)	독성·가연성		산소		기타	
	1종	2종	1종	2종	1종	2종
1만 이하	17 m	12 m	12 m	8 m	8 m	5 m
2만 이하	㉑ m	14 m	14 m	9 m	9 m	7 m
3만 이하	24 m	16 m	16 m	11 m	11 m	8 m
4만 이하	27 m	18 m	18 m	13 m	13 m	9 m
4만 초과	30 m	20 m	20 m	14 m	14 m	10 m

23 액화천연가스 저장설비의 안전거리 산정식으로 옳은 것은? (단, L ; 유지하여야 하는 거리[m], C : 상수, W : 저장능력[톤]의 제곱근이다.)
① $L = C\sqrt[3]{143000\,W}$ ② $L = W\sqrt{143000\,C}$
③ $L = C\sqrt{143000\,W}$ ④ $W = L\sqrt{143000\,C}$

해설 ☞ 액화천연가스 저장설비의 안전거리 산정식
$L = C\sqrt[3]{143000\,W}$
여기서, L[m] : 유지하여야 하는 거리, C : 상수, W : 저장능력(톤)의 제곱근이다.

24 내화구조의 가연성가스 저장탱크에서 탱크 상호간의 거리가 1 m 또는 두 저장 탱크의 최대지름을 합산한 길이의 1/4 길이 중 큰 쪽의 거리를 유지하지 못한 경우 물분무장치의 수량기준으로 옳은 것은?
① 4 L/m² · min ② 5 L/m² · min
③ 6.5 L/m² · min ④ 8 L/m² · min

해설 ☞ 노출된 경우 : 8L/m² · min, 내화구조 : 4L/m² · min, 준내화구조 : 6.5L/m² · min

25 독성가스를 사용하는 내용적이 몇 L 이상인 수액기 주위에 액상의 가스가 누출될 경우에 대비하여 방류둑을 설치하여야 하는가?
① 1000 ② 2000 ③ 5000 ④ 10000

정답 22. ② 23. ① 24. ① 25. ④

해설 ⇨ 방류둑 설치
① 수액기 내용적 : 10,000 L 이상   ② 가연성, 산소 : 1,000톤 이상
③ 독성 : 5톤 이상

26 고압가스 냉매설비의 기밀시험 시 압축공기를 공급할 때 공기의 온도는 몇 °C 이하로 정해져 있는가?
① 40°C 이하
② 70°C 이하
③ 100°C 이하
④ 140°C 이하

해설 ⇨ 고압가스 냉매설비의 기밀시험 시 압축공기를 공급할 때 공기의 온도는 140°C 이하이다.

27 독성가스 제독작업에 반드시 갖추지 않아도 되는 보호구는?
① 공기 호흡기
② 격리식 방독 마스크
③ 보호장화
④ 보호용 면수건

해설 ⇨ 독성가스 제독작업시 갖추어야 하는 보호구
① 공기호흡기
② 격리식 방독마스크
③ 보호장화
③ 보호의
⑤ 보호장갑

28 다음 중 방폭구조에 대한 설명 중 틀린 것은?
① 용기내부에 보호가스를 압입하여 내부압력을 유지함으로써 가연성 가스가 용기 내부로 유입되지 않도록 한 구조를 압력방폭구조라 한다.
② 용기내부에 절연유를 주입하여 불꽃 아크 또는 고온발생부분이 기름 속에 잠기게 함으로써 기름면 위에 존재하는 가연성 가스에 인화되지 않도록 한 구조를 유입방폭구조라 한다.
③ 정상운전 중에 가연성 가스의 점화원이 될 전기불꽃 아크 또는 고온 부분 등의 발생을 방지하기 위해 기계적 전기적 구조상 또는 온도상승에 대해 특히 안전도를 증가시킨 구조를 특수방폭구조라 한다.
④ 정상 시 및 사고 시에 발생하는 전기불꽃 아크 또는 고온부로 인하여 가연성 가스가 점화되지 않는 것이 점화시험 그 밖의 방법에 의해 확인된 구조를 본질안전방폭구조라 한다.

해설 ⇨ 특수방폭구조 : 가연성 가스에 점화를 방지할 수 있다는 것이 시험, 기타의 방법에 의해 확인 된 구조이다. ③번은 안전증방폭구조이다.

정답 26. ④ 27. ④ 28. ③

29 다음 중 폭발방지대책으로서 가장 거리가 먼 것은?
① 압력계 설치
② 정전기 제거를 위한 접지
③ 방폭성능 전기설비 설치
④ 폭발하한 이내로 불활성가스에 의한 희석

해설 › 폭발방지 대책
① 폭발하한 이내로 불활성 가스에 의한 희석
② 방폭성능 전기설비 설치
③ 정전기 제거를 위한 접지

30 가연물의 종류에 따른 화재의 구분이 잘못된 것은?
① A급 : 일반화재　　② B급 : 유류화재
③ C급 : 전기화재　　④ D급 : 식용유 화재

해설 › 화재의 구분
① A급 화재(일반화재) : 주수, 산, 알칼리
② B급 화재(유류 및 가스) : CO_2, 분말, 포말
③ C급 화재(전기) : CO_2, 분말
④ D급 화재(금속화재) : 건조사, 팽창질석, 팽창진주암

제2과목 : 가스장치 및 기기

31 수소와 염소에 직사광선이 작용하여 폭발하였다. 폭발의 종류는?
① 산화폭발　　② 분해폭발
③ 중합폭발　　④ 촉매폭발

해설 › 촉매폭발(직사일광에 의한 폭발)
① 염소와 수소
② 염소와 암모니아
③ 염소와 아세틸렌

정답　29. ①　30. ④　31. ④

32
용기의 내용적이 105 L인 액화암모니아 용기에 충전할 수 있는 가스의 충전량은 몇 kg인가? (단, 액화암모니아의 가스정수 C값은 1.86이다.)
① 20.5   ② 45.5   ③ 56.5   ④ 117.5

해설 $G = \dfrac{V}{C} = \dfrac{105}{1.86} = 56.45 \text{ kg}$

33
빙점 이하의 낮은 온도에서 사용되며 LPG 탱크, 저온에서도 인성이 감소되지 않는 화학공업 배관 등에 주로 사용되는 관의 종류는?
① SPLT   ② SPHT
③ SPPH   ④ SPPS

해설 배관용 강관
① SPLT(저온배관용 탄소강관) : 빙점 이하의 낮은 온도에서 사용. 화학공업 배관에 사용.
② SPHT(고온배관용 탄소강관) : 350℃ 이상시 사용
③ SPPH(고압배관용 탄소강관) : 압력이 100 kg/cm² 이상시 사용(10MPa 이상)
④ SPPS(압력배관용 탄소강관) : 압력이 10 kg/cm² 이상 100 kg/cm² 미만 (1MPa이상 10MPa미만)

34
LP가스 이송설비 중 압축기에 의한 이송 방식에 대한 설명으로 틀린 것은?
① 잔가스 회수가 용이하다.
② 베이퍼록 현상이 없다.
③ 펌프에 비해 이송시간이 짧다.
④ 저온에서 부탄가스가 재액화되지 않는다.

해설 압축기 사용시 장점
① 충전시간이 짧다.   ② 잔가스 회수가 가능하다.
③ 베이퍼록의 우려가 없다.   ④ 저온에서 부탄가스가 재액화된다.

35
손잡이를 돌리면 원통형의 페지 밸브가 상하로 올라가고 내려가서 밸브의 개폐를 함으로써 폐쇄가 양호하고 유량조절이 용이한 밸브는?
① 플러그 밸브   ② 게이트 밸브
③ 글로브 밸브   ④ 볼 밸브

해설 글로브 밸브 : 손잡이를 돌리면 원통형의 페지 밸브가 상·하로 올라가고 내려가서 밸브의 개폐를 함으로써 폐쇄가 양호하고 유량 조절이 용이

정답 32. ③   33. ①   34. ④   35. ③

36
압축기의 실린더를 냉각할 때 얻는 효과가 아닌 것은?
① 압축효율이 증가되어 동력이 증가한다.
② 윤활기능이 향상되고 적당한 점도가 유지된다.
③ 윤활유의 탄화나 열화를 막는다.
④ 체적효율이 증가한다.

해설 압축기 실린더 냉각시 얻는 효과
① 압축효율이 증가되어 동력이 감소된다.
② 체적효율이 증가한다.
③ 윤활유의 열화나 탄화를 막는다.
④ 윤활 기능이 향상되고 적당한 점도가 유지된다.

37
펌프를 운전할 때 송출 압력과 송출 유량이 주기적으로 변동하여 펌프의 토출구 및 흡입구에서 압력계의 지침이 흔들리는 현상을 무엇이라고 하는가?
① 맥동(Surging)현상
② 진동(Vibration)현상
③ 공동(Cavitation)현상
④ 수격(Water hammering)현상

해설
① 서징현상(맥동현상) : 송출압력과 송출유량이 주기적으로 변동하여 펌프 입구 및 출구에 설치된 압력계의 지침이 흔들리는 현상
② 캐비테이션 현상(공동현상) : 유수 중의 어느 부분의 정압이 그때 물의 온도에 해당하는 증기압 이하로 되어 물이 증발을 일으키고 수중에 용입되어 있던 공기가 낮은 압력으로 인하여 기포가 발생하는 현상

38
물체에 힘을 가하면 변형이 생긴다. 이 후크의 법칙에 대해 작용하는 힘과 변형이 비례하는 원리를 이용하는 압력계는?
① 액주식 압력계
② 분동식 압력계
③ 전기식 압력계
④ 탄성식 압력계

해설 ·탄성식 압력계 : 후크의 법칙에 의하여 작용하는 힘과 변형이 비례하는 원리 이용
·종류
① 부르돈관 압력계
② 벨로즈 압력계
③ 다이어프램 압력계

39
설치 시 공간을 많이 차지하여 신축에 따른 응력을 수반하나 고압에 잘 견디어 고온 고압용 옥외 배관에 많이 사용되는 신축 이음쇠는?

① 벨로우즈형   ② 슬리브형   ③ 루프형   ④ 스위블형

해설 신축이음
① 루프형
 ㉠ 신축곡관형, 만곡형이라 함
 ㉡ 고온, 고압용 옥외 배관에 사용
 ㉢ 신축에 따른 응력이 생김
② 슬리브형
 ㉠ 미끄럼형, 슬라이드형이라 함
 ㉡ 나사결합형 : 50A 이하
 ㉢ 플랜지 결합형 : 65A 초과
③ 벨로우즈형
 ㉠ 팩리스 신축이음, 파상형, 주름통식이라 함.
 ㉡ 응력이 생기지 않음.
④ 스위블 이음
 ㉠ 방열기용
 ㉡ 나사의 회전에 의해 신축흡수

40
1000 L의 액산 탱크에 액산을 넣어 방출밸브를 개방하고 12시간 방치하였더니 탱크 내의 액산이 4.8 kg 방출되었다면 1시간당 탱크에 침입하는 열량은 약 몇 kcal인가? (단, 액산의 증발잠열은 60 kcal/kg이다.)

① 12   ② 24   ③ 70   ④ 150

해설 침입열량 $= \dfrac{W \cdot q}{H} = \dfrac{60 \times 4.8}{12} = 24\ \text{kcal/h}$

41
압축도시가스자동차 충전의 냄새첨가장치에서 냄새가 나는 물질의 공기 중 혼합비율은 얼마인가?

① 공기 중 혼합비율이 용량의 10분의 1
② 공기 중 혼합비율이 용량의 100분의 1
③ 공기 중 혼합비율이 용량의 1000분의 1
④ 공기 중 혼합비율이 용량의 10000분의 1

해설 압축도시가스 자동차 충전의 냄새첨가장치에서 냄새가 나는 물질의 공기 중 혼합비율 : 공기 중 혼합비율 용량의 $\dfrac{1}{1000}$

정답 39. ③   40. ②   41. ③

42
다음 연소기 중 가스용품 제조 기술기준에 따른 가스렌지로 보기 어려운 것은? (단, 사용압력은 3.3 kPa 이하로 한다.)
① 전가스소비량이 9000 kcal/h인 3구 버너를 가진 연소기
② 전가스소비량이 11000 kcal/h인 4구 버너를 가진 연소기
③ 전가스소비량이 13000 kcal/h인 6구 버너를 가진 연소기
④ 전가스소비량이 15000 kcal/h인 2구 버너를 가진 연소기

해설➡ 가스용품 제조기술기준에 따른 가스레인지
① 전기가스소비량이 13,000 kcal/h인 6구 버너를 가진 연소기
② 전기가스소비량이 11,000 kcal/h인 4구 버너를 가진 연소기
③ 전기가스소비량이 9,000 kcal/h인 3구 버너를 가진 연소기

43
다음 가스계량기 중 측정 원리가 다른 하나는?
① 오리피스미터　　　　② 벤투리미터
③ 피토관　　　　　　　④ 로터미터

해설➡ • 차압식 유량계 : ① 벤투리미터　② 플로미터　③ 오리피스미터
• 면적식 유량계 : ① 로터미터
• 용적식 유량계 : ① 습식　② 건식　③ 오우벌식　④ 로터리피스톤

44
암모니아 합성공정 중 중압합성에 해당되지 않는 것은?
① IG법　　　　　　　② 뉴파우더법
③ 케미크법　　　　　　④ 케로그법

해설➡ 암모니아 합성공정
① 고압합성법(600kg/cm² 전 . 후) : 클로드법, 카자레법
② 중압합성법(300kg/cm² 전 . 후) : 뉴우데법, IG법, 케미그법, 뉴파우더법, 동공시법
③ 저압합성법(150kg/cm² 전 . 후) : 케로그법, 구우데법

45
다음 중 캐비테이션(Cavitation)의 발생 방지법이 아닌 것은?
① 펌프의 회전수를 높인다.
② 흡입관의 배관을 간단하게 한다.
③ 펌프의 위치를 흡수면에 가깝게 한다.
④ 흡입관의 내면에 마찰저항이 적게 한다.

정답 42. ④　43. ④　44. ④　45. ①

해설 ➭ 캐비테이션 발생 방지법
① 펌프의 회전수를 줄인다. ② 관경을 크게 한다.
③ 흡입관의 배관을 간단하게 한다. ④ 펌프의 위치를 흡수면 위에 가깝게 한다.
⑤ 양흡입펌프를 사용한다. ⑥ 흡입관의 내면에 마찰저항을 적게 한다.
⑦ 펌프를 두 대 이상 설치한다. ⑧ 임펠러를 액 중에 완전히 잠기게 한다.

제3과목 : 가스일반

46 다음 중 LPG(액화석유가스)의 성분 물질로 가장 거리가 먼 것은?
① 프로판 ② 이소부탄
③ n-부틸렌 ④ 메탄

해설 ➭ LPG 주성분
① 프로판 ② 부탄 ③ 프로필렌 ④ 부틸렌 ⑤ 프로틴

47 시안화수소의 임계온도는 약 몇 °C인가?
① -140 ② 31
③ 183.5 ④ 195.8

해설 ➭ 임계온도
① 시안화수소 : 183.5°C ② 수소 : -239°C
③ 산소 : -118.4°C ④ 질소 : -147°C
⑤ 염소 : 144°C ⑥ 암모니아 : 132.3°C

48 다음 중 일산화탄소의 용도가 아닌 것은?
① 요소나 소다회 원료 ② 메탄올 합성
③ 포스겐 원료 ④ 개미산이나 화학공업 원료

해설 ➭ 일산화탄소의 용도
① 메탄올 합성($CO+2H_2 \rightarrow CH_3OH$)
② 포스겐 제조($CO+Cl_2 \rightarrow COCl_2$)
③ 개미산이나 화학공업 원료

정답 46. ④ 47. ③ 48. ①

49 다음 염소에 대한 설명 중 틀린 것은?
① 상온, 상압에서 황록색의 기체로 조연성이 있다.
② 강한 자극성의 취기가 있는 독성기체이다.
③ 수소와 염소의 등량 혼합기체를 염소폭명기라 한다.
④ 건조 상태의 상온에서 강재에 대하여 부식성을 갖는다.

해설⇨ 건조한 상태의 상온에서 강재에 대한 부식이 없다.

50 도시가스의 연소성을 측정하기 위한 시험방법으로 틀린 것은?
① 매일 6시 30분부터 9시 사이와 17시부터 20시 30분 사이에 각각 1회씩 실시한다.
② 가스홀더 또는 압송기 입구에서 연소속도를 측정한다.
③ 가스홀더 또는 압송기 출구에서 웨베지수를 측정한다.
④ 측정된 웨베지수는 표준웨베지수의 ±4.5% 이내를 유지해야 한다.

해설⇨ ① 측정된 웨버지수는 표준 웨버지수의 ±4.5% 이내
② 가스홀더 또는 압송기 출구에서 웨버지수를 측정한다.
③ 매일 6시 30분부터 9시 사이, 17시부터 20시 30분 사이에 각각1회씩 실시

51 다음 중 표준상태에서 가스상 탄화수소의 점도가 가장 높은 가스는?
① 에탄   ② 메탄   ③ 부탄   ④ 프로판

해설⇨ 점도가 높은 순서 : 메탄 > 에탄 > 프로판 > 부탄(비점이 낮을수록 점도가 높다)
        −162℃ −88.8℃ −42℃   −0.5℃

52 다음 중 아세틸렌의 폭발과 관계가 없는 것은?
① 산화폭발   ② 중합폭발
③ 분해폭발   ④ 화합폭발

해설⇨ ① 산화폭발 : $C_2H_2 + 2.5O_2 \rightarrow 2CO_2 + H_2O$
② 분해폭발 : $C_2H_2 \rightarrow 2C + H_2$
③ 화합폭발 : $C_2H_2 + 2Cu \rightarrow Cu_2C_2 + H_2$
$C_2H_2 + 2Ag \rightarrow Ag_2C_2 + H_2$
$C_2H_2 + 2Hg \rightarrow Hg_2C_2 + H_2$

정답 49. ④ 50. ② 51. ② 52. ②

53
아세틸렌(C_2H_2)에 대한 설명 중 틀린 것은?

① 카바이트(CaC_2)에 물을 넣어 제조한다.
② 구리와 접촉하여 구리아세틸라이드를 만들므로 구리 함유량이 62% 이상을 설비로 사용한다.
③ 흡열화합물이므로 압축하면 폭발을 일으킬 수 있다.
④ 공기 중 폭발범위는 약 2.5~81%이다.

해설 › 아세틸렌
① 구리와 접촉하여 구리아세틸라이드를 만들므로 구리 함유량이 62% 이하 사용
② 카바이트에 물을 넣어 제조
$CaC_2 + 2H_2O \rightarrow Ca(OH)_2 + C_2H_2$
③ 공기 중 폭발범위는 2.5~81%이다.

54
70°C는 랭킨온도로 몇 °R인가?

① 618　　② 688　　③ 736　　④ 792

해설 › °R = °F + 460 = 158 + 460 = 618°R
$°F = \dfrac{9}{5} \times °C + 32 = \dfrac{9}{5} \times 70 + 32 = 158°F$

55
표준상태에서 부탄가스의 비중은 약 얼마인가? (단, 부탄의 분자량은 58이다.)

① 1.6　　② 1.8　　④ 2.0　　③ 2.2

해설 › 부탄가스의 비중 = $\dfrac{58}{29} = 2$

56
아세틸렌가스를 온도에 불구하고 2.5 MPa의 압력으로 압축할 때 첨가하는 희석제가 아닌 것은?

① 질소
② 메탄
③ 에틸렌
④ 산소

해설 › 희석제
① 메탄
② 일산화탄소
③ 에틸렌
④ 질소

정답　53. ②　54. ①　55. ③　56. ④

57 연소 시 공기비가 클 경우 나타나는 연소현상으로 틀린 것은?
① 연소가스 온도 저하
② 배기가스량 증가
③ 불완전연소 발생
④ 연료소모 증가

해설 ⇨ 공기비가 클 경우 나타나는 현상
① 연료소비량 증가
② 배기가스량 증가
③ 연소가스온도 저하

58 1 MPa과 같은 압력은 어느 것인가?
① 10 N/cm²
② 100 N/cm²
③ 1000 N/cm²
④ 10000 N/cm²

해설 ⇨ 1 MPa = 100 N/cm²

59 다공물질 내용적이 100 m³, 아세톤의 침윤 잔용적이 20 m³일 때 다공도는 몇 %인가?
① 60%
② 70%
③ 80%
④ 90%

해설 ⇨ 다공도 = $\dfrac{100-20}{100} \times 100 = 80\%$

60 다음 중 시안화수소의 중합을 방지하는 안정제가 아닌 것은?
① 아황산가스
② 가성소다
③ 황산
④ 염화칼슘

해설 ⇨ 시안화수소의 중합방지제
① 오산화인
② 염화칼슘
③ 인산
④ 아황산가스
⑤ 동
⑥ 황산

정답 57. ③ 58. ② 59. ③ 60. ②

제3회 가스기능사 출제문제

1과목 : 가스안전관리

01 부탄가스의 공기 중 폭발범위(v%)에 해당하는 것은?
① 1.3~7.9
② 1.8~8.4
③ 2.2~9.5
④ 2.5~12

해설 ▶ 폭발범위
① 부탄 : 1.8~8.4%
② 프로판 : 2.1~9.5%
③ 아세틸렌 : 2.5~81%
④ 수소 : 4~75%
⑤ 메탄 : 5~15%
⑥ 에탄 : 3~12.5%

02 용기에 의한 고압가스 판매시설의 충전용기 보관실 기준으로 옳지 않은 것은?
① 가연성가스 충전용기 보관실은 불연재료나 난연성의 재료를 사용한 가벼운 지붕을 설치한다.
② 가연성가스 충전용기보관실에는 가스누출검지경보장치를 설치한다.
③ 충전용기보관실은 가연성가스가 새어나오지 못하도록 밀폐구조로 한다.
④ 용기보관실의 주변에는 화기 또는 인화성물질이나 발화성물질을 두지 않는다.

해설 ▶ 충전용기 보관실은 가연성 가스가 새어나올 수 있도록 통풍구조로 한다.

03 다음 각 가스의 공업용 용기 도색이 옳지 않게 짝지어진 것은?
① 질소(N_2) – 회색
② 수소(H_2) – 주황색
③ 액화암모니아(NH_3) – 백색
④ 액화염소(Cl_2) – 황색

정답 1. ② 2. ③ 3. ④

해설 ➔ 공업용 용기 도색
청탄산 산녹에서 황아체 안주삼아 수주잔 높이 들고 백암산 바라보니 염소는 갈색으로
　①　　②　　③　　　　　　④　　　　　　⑤　　　　　⑥
보이고 쥐들은 기타를 치더라.
　　　　　⑦

① 탄산가스 : 청색　　② 산소 : 녹색　　③ 아세틸렌 : 황색
④ 수소 : 주황　　⑤ 암모니아 : 백색　　⑥ 염소 : 갈색
⑦ 기타 : 쥐색(회색)

04. 다음 중 분해에 의한 폭발을 하지 않는 가스는?

① 시안화수소　　② 아세틸렌
③ 히드라진　　④ 산화에틸렌

해설 ➔ ・분해폭발 : 아세틸렌, 산화에틸렌, 히드라진
・중합폭발 : 시안화수소, 산화에틸렌
[참고] 산화에틸렌은 분해폭발과 중합폭발을 동시에 일으키므로 화재 위험성이 높다.

05. 차량에 고정된 탱크의 안전운행을 위하여 차량을 점검할 때의 점검순서로 가장 적합한 것은?

① 원동기 → 브레이크 → 조향장치 → 바퀴 → 시운전
② 바퀴 → 조향장치 → 브레이크 → 원동기 → 시운전
③ 시운전 → 바퀴 → 조향장치 → 브레이크 → 원동기
④ 시운전 → 원동기 → 브레이크 → 조향장치 → 바퀴

해설 ➔ 차량 점검시 점검 순서 : 원동기 → 브레이크 → 조향장치 → 바퀴 → 시운전

06. 용기 종류별 부속품의 기호 중 압축가스를 충전하는 용기밸브의 기호는?

① PG　　② LG
③ AG　　④ LT

해설 ➔ 용기 종류별 부속품 기호
① PG : 압축가스를 충전하는 용기 부속품
② AG : 아세틸렌가스를 충전하는 용기 부속품
③ LT : 초저온 및 저온가스를 충전하는 용기 부속품
④ LPG : 액화석유가스를 충전하는 용기 부속품
⑤ LG : 액화석유가스 외의 가스를 충전하는 용기 부속품

정답　4. ①　5. ①　6. ①

07
시안화수소(HCN)의 위험성에 대한 설명으로 틀린 것은?

① 인화온도가 아주 낮다.
② 오래된 시안화수소는 자체 폭발할 수 있다.
③ 용기에 충전한 후 60일을 초과하지 않아야 한다.
④ 호흡 시 흡입하면 위험하나 피부에 묻으면 아무 이상이 없다.

해설 ▶ 시안화수소의 위험성
① 인화온도가 아주 낮다.
② 오래된 시안화수소는 자체 폭발할 수 있다.
③ 용기에 충전 후 60일을 초과하지 않아야 한다.
④ 무색이고 복숭아 냄새가 나는 기체로 독성이 강하다.
⑤ 극히 휘발하기 쉽고 물에 잘 용해된다.
⑥ 아세틸렌과 반응하여 아크릴로니트릴 생성
⑦ 호흡이나 피부에 닿으면 위험하다.

08
"독성가스"라 함은 공기 중에 일정량 이상 존재하는 경우 인체에 유해한 독성을 가진 가스로서 허용농도(해당가스를 성숙한 흰쥐 집단에게 대기 중에서 1시간 동안 계속하여 노출시킨 경우 14일 이내에 그 흰쥐의 2분의 1 이상이 죽게 되는 가스의 농도를 말한다.)가 (   ) 이하인 것을 말한다. 괄호 안에 알맞은 LC_{50} 값은?

① 100만분의 2000
② 100만분의 3000
③ 100만분의 4000
④ 100만분의 5000

09
20 kg LPG 용기의 내용적은 몇 L인가? (단, 충전상수 C는 2.35이다.)

① 8.51
② 20
③ 42.3
④ 47

해설 ▶ $G = \dfrac{V}{C}$, $V = G \times C = 20 \times 2.35 = 47L$

10
압축천연가스자동차 충전의 시설기준에서 배관 등에 대한 설명으로 틀린 것은?

① 배관, 튜브, 피팅 및 배관요소 등은 안전율이 최소 4 이상 되도록 설계한다.
② 자동차 주입호스는 5 m 이하이어야 한다.
③ 배관의 단열재료는 불연성 또는 난연성 재료를 사용하고 화재나 열, 냉기, 물 등에 노출 시 그 특성이 변하지 아니하는 것으로 한다.

정답 7. ④   8. ④   9. ④   10. ②

④ 배관지지물은 화재나 초저온 액체의 유출 등을 충분히 견딜 수 있고 과다한 열전달을 예방하도록 설계한다.

해설 ▸ 자동차 주입호스는 8 m 이내이어야 한다.

11 도시가스 중 에틸렌, 프로필렌 등을 제조하는 과정에서 부산물로 생성되는 가스로서 메탄이 주성분인 가스를 무엇이라 하는가?
① 액화천연가스 ② 석유가스
③ 나프타부생가스 ④ 바이오가스

해설 ▸ 나프타부생가스 : 도시가스 중 에틸렌, 프로필렌 등을 제조하는 과정에서 부산물로 생성되는 가스로서 메탄이 주성분이다.

12 프로판가스의 위험도(H)는 약 얼마인가? (단, 공기 중의 폭발범위는 2.1~9.5v%이다.)
① 2.1 ② 3.5 ③ 9.5 ④ 11.6

해설 ▸ $H = \dfrac{U-L}{L} = \dfrac{9.5-2.1}{2.1} = 3.5$

13 다음 가스의 일반적인 성질에 대한 설명 중 틀린 것은?
① 염산(HCl)은 암모니아와 접촉하면 흰 연기를 낸다.
② 시안화수소(HCN)는 복숭아 냄새가 나는 맹독성의 기체이다.
③ 염소(Cl_2)는 황녹색의 자극성 냄새가 나는 맹독성의 기체이다.
④ 수소(H_2)는 저온·저압하에서 탄소강과 반응하여 수소취성을 일으킨다.

해설 ▸ 수소는 고온, 고압에서 탄소강과 반응하여 수소취성을 일으킨다.

14 압력용기의 내압부분에 대한 비파괴 시험으로 실시되는 초음파탐상시험 대상은?
① 두께가 35 mm인 탄소강 ② 두께가 5 mm인 9% 니켈강
③ 두께가 15 mm인 2.5% 니켈강 ④ 두께가 30 mm인 저합금강

해설 ▸ 압력용기의 내압부분에 대한 비파괴시험으로 실시되는 초음파탐상시험 대상 : 두께가 15 mm인 2.5% 니켈강 또는 3.5%니켈강

정답 11. ③ 12. ② 13. ④ 14. ③

15
가연성가스의 검지경보장치 중 반드시 방폭성능을 갖지 않아도 되는 가스는?
① 수소　② 일산화탄소　③ 암모니아　④ 아세틸렌

해설▶ 방폭성능을 갖지 않아도 되는 가스 : 암모니아, 브롬화메탄

16
고압가스특정제조시설기준 중 도로 밑에 매설하는 배관에 대한 기준으로 틀린 것은?
① 시가지의 도로 밑에 배관을 설치하는 경우에는 보호판을 배관의 정상부로부터 30 cm 이상 떨어진 그 배관의 직상부에 설치한다.
② 배관은 그 외면으로부터 도로의 경계와 수평거리로 1 m 이상을 유지한다.
③ 배관은 자동차 하중의 영향이 적은 곳에 매설한다.
④ 배관은 그 외면으로부터 다른 시설물과 60 cm 이상의 거리를 유지한다.

해설▶ 배관은 그 외면으로부터 다른 시설물과 30 cm 이상의 거리 유지

17
압력용기 제조 시 A387 Gr22 강 등을 Annealing하거나 900°C 전후로 Tempering 하는 과정에서 충격값이 현저히 저하되는 현상으로 Mn, Cr, Ni 등을 품고 있는 합금계의 용접금속에서 C, N, O 등이 입계에 편석함으로써 입계가 취약해지기 때문에 주로 발생한다. 이러한 현상을 무엇이라고 하는가?
① 적열취성　② 청열취성　③ 뜨임취성　④ 수소취성

18
고압가스 일반제조시설의 저장탱크를 지하에 매설하는 경우의 기준에 대한 설명으로 틀린 것은?
① 저장탱크 외면에는 부식방지코팅을 한다.
② 저장탱크는 천정, 벽, 바닥의 두께가 각각 10 cm 이상의 콘크리트로 설치한다.
③ 저장탱크 주위에는 마른 모래를 채운다.
④ 저장탱크에 설치한 안전밸브에는 지면에서 5 m 이상의 높이에 방출구가 있는 가스방출관을 설치한다.

해설▶ 저장탱크를 지하에 매설하는 기준
① 저장탱크는 천장, 벽, 바닥의 두께가 각각 30 cm 이상의 콘크리트로 설치
② 저장탱크에 설치한 안전밸브에는 지면에서 5 m 이상의 높이에 방출구가 있는 가스 방출관을 설치
③ 저장탱크 주위에는 마른 모래를 채운다.
④ 저장탱크 외면에는 부식방지 코팅을 한다.

정답 15. ③　16. ④　17. ③　18. ②

19 2개 이상의 탱크를 동일한 차량에 고정하여 운반할 때 충전관에 설치하는 것이 아닌 것은?
① 안전밸브 ② 온도계 ③ 압력계 ④ 긴급탈압밸브

해설➔ 충전관에 설치 : ① 안전밸브 ② 압력계 ③ 긴급탈압밸브

20 액화 가스가 통하는 가스 공급 시설에서 발생하는 정전기를 제거하기 위한 접지접속선(Bonding)의 단면적은 얼마 이상으로 하여야 하는가?
① 3.5 mm² ② 4.5 mm² ③ 5.5 mm² ④ 6.5 mm²

해설➔ · 접지접속선 단면적 : 5.5 mm² 이상
· 피뢰설비 : 10 Ω 이하

21 도시가스사용시설에 정압기를 2020년에 설치하고 2023년에 분해점검을 실시하였다. 다음 중 이 정압기의 차기분해점검 만료기간으로 옳은 것은?
① 2024년 ② 2025년 ③ 2026년 ④ 2027년

해설➔ 사용시설의 정압기 분해 점검 3년에 1회 이상 이후 4년에 1회 이상
일반도시가스정압기 분해점검 : 2년에 1회 이상

22 고압가스 설비는 상용압력의 몇 배 이상에서 항복을 일으키지 아니하는 두께이어야 하는가?
① 1.5배 ② 2배 ③ 2.5배 ④ 3배

해설➔ 고압가스설비는 상용압력의 2배 이상에서 항복을 일으키지 아니하는 두께이어야 한다.

23 다음 중 제1종 보호시설이 아닌 것은?
① 학교 ② 여관 ③ 주택 ④ 시장

해설➔ 제1종 보호시설
① 사람을 수용하는 건축물로서 연면적이 1000 m² 이상시
③ 아동복지시설, 장애인 복지시설로서 20인 이상 수용할 수 있는 건축물
④ 유치원, 병원, 어린이집, 학교, 공중목욕탕, 도서관, 시장, 호텔, 여관, 교회, 극장
⑤ 예식장, 장례식장 및 전시장 시설로서 300명 이상 수용할 수 있는 건축물

정답 19. ② 20. ③ 21. ③ 22. ② 23. ③

24

윤활유 선택 시 유의할 사항에 대한 설명 중 틀린 것은?

① 사용 기체와 화학반응을 일으키지 않을 것
② 점도가 적당할 것
③ 인화점이 낮을 것
④ 전기 전열 내력이 클 것

[해설] 윤활유 선택시 유의할 사항
① 사용기체와 화학반응을 일으키지 않을 것
② 인화점이 높을 것
③ 점도가 적당할 것
④ 수분 및 산류 등 불순물이 적을 것
⑤ 정제도가 높아 잔류탄소의 양이 적을 것
⑥ 안정성이 있을 것

25

LPG 사용시설의 기준에 대한 설명 중 틀린 것은?

① 연소기 사용압력이 3.3 kPa를 초과하는 배관에는 배관용 밸브를 설치할 수 있다.
② 배관이 분기되는 경우에는 주배관에 배관용 밸브를 설치한다.
③ 배관의 관경이 33 mm 이상의 것은 3 m 마다 고정장치를 한다.
④ 배관의 이음부(용접이음 제외)와 전기 접속기와는 15 cm 이상의 거리를 유지한다.

[해설] LPG 사용시설의 기준
① 배관이음부와 전기접속기, 점멸기, 굴뚝과는 30 cm 이상의 거리를 유지한다.
② 배관의 관경이 13 mm 미만 1 m마다, 13 mm 이상 33 mm 미만 2 m 마다, 33 mm 이상은 3 m마다 고정
③ 배관이 분기되는 경우에는 주배관에 배관용 밸브 설치
④ 연소기 사용압력이 3.3 kPa를 초과하는 배관에는 배관용 밸브 설치
[법 개정으로 인하여 전기접속기, 점멸기는 15cm로 개정 되었기에 현재는 정답이 없습니다.]

26

차량에 고정된 저장탱크로 염소를 운반할 때 용기의 내용적(L)은 얼마 이하가 되어야 하는가?

① 10000
② 12000
③ 15000
④ 18000

[해설] 용기 내용적
① 독성 : 12,000 l 이하(암모니아 제외)
② 가연성, 산소 : 18,000 l 이하(LPG 제외)

정답 24. ③ 25. ④ 26. ②

27 도시가스도매사업자 배관을 지하 또는 도로 등에 설치할 경우 매설깊이의 기준으로 틀린 것은?
① 산이나 들에서는 1 m 이상의 깊이로 매설한다.
② 시가지의 도로 노면 밑에는 1.5 m 이상의 깊이로 매설한다.
③ 시가지외의 도로 노면 밑에는 1.2 m 이상의 깊이로 매설한다.
④ 철도를 횡단하는 배관은 지표면으로부터 배관외면까지 1.5 m 이상의 깊이로 매설한다.

해설 ▸ 배관의 매설깊이
① 철도 경계와 수평거리, 도로 경계와 수평거리, 산이나 들 : 1 m 이상
② 시가지외 도로 노면 밑, 인도, 보도, 방호구조물 내 : 1.2 m 이상
③ 시가지의 도로 노면 밑 : 1.5 m 이상

28 산소 제조 시 가스 분석 주기는?
① 1일 1회 이상
② 주 1회 이상
③ 3일 1회 이상
④ 주 3회 이상

해설 ▸ 산소 제조 시 가스 분석 주기 : 1일 1회 이상

29 다음 가스 중 허용농도 값이 가장 적은 것은?(TLV–TWA 기준)
① 염소
② 염화수소
③ 아황산가스
④ 일산화탄소

해설 ▸ 허용농도
① 염소 : 1 ppm 이하
② 염화수소 : 5 ppm 이하
③ 아황산가스 : 5 ppm 이하
④ 일산화탄소 : 50 ppm 이하
⑤ 포스겐 : 0.1 ppm 이하
⑥ 시안화수소 : 10 ppm 이하
⑦ 황화수소 : 10 ppm 이하

30 다음 가스 중 2중관 구조로 하지 않아도 되는 것은?
① 아황산가스
② 산화에틸렌
③ 염화메탄
④ 브롬화메탄

해설 ▸ 2중관 구조
① 포스겐 ② 황화수소 ③ 시안화수소 ④ 아황산가스
⑤ 산화에틸렌 ⑥ 암모니아 ⑦ 염화메탄

정답 27. ④   28. ①   29. ①   30. ④

제2과목 : 가스장치 및 기기

31 자동제어의 용어 중 피드백 제어에 대한 설명으로 틀린 것은?
① 자동제어에서 기본적인 제어이다.
② 출력측의 신호를 입력측으로 되돌리는 현상을 말한다.
③ 제어량의 값을 목표치와 비교하여 그것들을 일치하도록 정정동작을 행하는 제어이다.
④ 미리 정해진 순서에 따라서 제어의 각 단계가 순차적으로 진행되는 제어이다.

해설 ➡ 피드백 제어
① 출력측의 신호를 입력측으로 되돌리는 현상
② 자동제어에서 기본적인 제어이다.
③ 제어량의 값을 목표치와 비교하여 그것들을 일치하도록 정정동작을 행하는 제어
④ 시컨스제어이다.

32 액화석유가스 충전용 주관 압력계의 기능 검사 주기는?
① 매월 1회 이상
② 3월에 1회 이상
③ 6월에 6회 이상
④ 매년 1회 이상

해설 ➡ • 충전용 주관의 압력계 : 매월 1회 이상
• 기타 압력계 : 3월에 1회 이상

33 단열공간 양면간에 복사방지용 실드판으로서의 알루미늄박과 글라스울을 서로 다수 포개어 고진공 중에 둔 단열법은?
① 상압 단열법
② 고진공 단열법
③ 다층진공 단열법
④ 분말진공 단열법

해설 ➡ 다층진공 단열법 : 단열공간 양면간에 복사방지용 실드판으로서의 알루미늄박과 글라스울을 서로 다수 포개어 고진공 중에 둔 단열법

34 연소 배기가스 분석목적으로 가장 거리가 먼 것은?
① 연소가스 조성을 알기 위하여
② 연소가스 조성에 따른 연소상태를 파악하기 위하여
③ 열정산 자료를 얻기 위하여
④ 열전도도를 측정하기 위하여

정답 31. ④ 32. ① 33. ③ 34. ④

해설 ▶ 배기가스 분석 목적
① 열정산 자료를 얻기 위해
② 연소가스 조성에 따른 연소상태 파악
③ 연소가스 조성을 알기 위하여

35
펌프는 주로 임펠러의 입구에서 캐비테이션이 많이 발생한다. 다음 중 그 이유로 가장 적당한 것은?
① 액체의 온도가 높아지기 때문
② 액체의 압력이 낮아지기 때문
③ 액체의 밀도가 높아지기 때문
④ 액체의 유량이 적어지기 때문

해설 ▶ 펌프는 주로 임펠러의 입구에서 캐비테이션이 많이 발생한다. 그 이유는 액체의 압력이 낮아지기 때문이다.

36
지름 9 cm인 관속의 유속이 30 m/s이었다면 유량은 약 몇 m^3/s인가?
① 0.19
② 2.11
③ 2.7
④ 19.1

해설 ▶ $Q = A \times V = \dfrac{3.14 \times 0.09^2}{4} \times 30$ m/sec
$= 0.190$ m^3/sec

37
가스압력을 적당한 압력으로 감압하는 직동식 정압기의 기본구조의 구성요소에 해당되지 않는 것은?
① 스프링
② 다이어프램
③ 메인밸브
④ 파일로트

해설 ▶ 정압기의 기본구조 구성요소
① 스프링 ② 메인밸브 ③ 다이어프램

38
다음 중 저온 재료로 부적당한 것은?
① 주철
② 황동
③ 9% 니켈
④ 18-8스테인리스강

해설 ▶ 저온재료
① 9% 니켈강
② 황동
③ Al 합금
④ 18-8 스테인리스강

정답 35. ② 36. ① 37. ④ 38. ①

39
다음 배관재료 중 사용온도 350℃ 이하, 압력이 10 MPa 이상의 고압관에 사용되는 것은?

① SPP
② SPPH
③ SPPW
④ SPPG

해설 배관용 강관
① SPP(배관용 탄소강관) : 사용압력 1 MPa 이하로 증기, 기름, 물 배관에 사용
② SPPS(압력배관용 탄소강관) : 사용압력이 1 MPa 이상 10 MPa 미만 사용
③ SPPH(고압배관용 탄소강관) : 사용압력이 10 MPa 이상시 사용
④ SPHT(고온배관용 탄소강관) : 온도가 350℃ 이상시 사용
⑤ SPLT(저온배관용 탄소강관) : 빙점 이하의 관에 사용

40
압송기 출구에서 도시가스의 연소성을 측정한 결과 총발열량이 10700 kcal/m³, 가스비중이 0.56이었다. 웨베지수(WI)는 얼마인가?

① 14298
② 19107
③ 1.8
④ 6.9×10⁻⁵

해설 웨버지수 $= \dfrac{H_g}{\sqrt{d}} = \dfrac{10700}{\sqrt{0.56}} = 14298.47$

41
가스분석방법 중 연소 분석법에 해당되지 않는 것은?

① 완만 연소법
② 분별 연소법
③ 폭발법
④ 크로마토그래피법

해설 가스분석법 중 연소분석법
① 폭발법 ② 분별연소법 ③ 완만연소법

42
터보 압축기의 특징이 아닌 것은?

① 유량이 크므로 설치면적이 적다.
② 고속회전이 가능하다.
③ 압축비가 적어 효율이 낮다.
④ 유량조절 범위가 넓으나 맥동이 많다.

정답 39. ② 40. ① 41. ④ 42. ④

해설➡ 터보 압축기의 특징
① 대용량에 적당하고 설치면적이 적다.
② 고속회전이므로 형태가 적고 경량이다.
③ 용량 조절이 가능하나 비교적 어렵고 범위도 좁다.
④ 기체의 맥동이 없고 연속적이다.
⑤ 서징현상이 있으므로 운전중 주의
⑥ 효율이 낮다.
⑦ 무급유식이며 원심형이다.

43 2단 감압조정기 사용 시의 장점에 대한 설명으로 가장 거리가 먼 것은?
① 공급 압력이 안정하다.
② 용기 교환주기의 폭을 넓힐 수 있다.
③ 중간 배관이 가늘어도 된다.
④ 입상에 의한 압력손실을 보정할 수 있다.

해설➡ 2단 감압조정기 사용 시 장점
① 공급압력이 일정하다.
② 중간 배관이 가늘어도 된다.
③ 배관 입상에 의한 압력 강하 보정
④ 각 연소기구에 알맞은 압력으로 공급 가능

44 가스누출을 감지하고 차단하는 가스누출자동차단기의 구성요소가 아닌 것은?
① 제어부   ② 중앙통제부
③ 검지부   ④ 차단부

해설➡ 가스누출 자동차단기의 구성요소
① 검지부   ② 제어부   ③ 차단부

45 저온을 얻는 기본적인 원리로 압축된 가스를 단열팽창 시키면 온도가 강하한다는 원리를 무엇이라고 하는가?
① 줄-톰슨 효과   ② 돌턴 효과
③ 정류 효과   ④ 헨리 효과

해설➡ 줄-톰슨 효과 : 압축가스를 단열팽창시키면 온도와 압력이 강하한다는 원리

정답 43. ② 44. ② 45. ①

제3과목 : 가스일반

46 다음 각종 가스의 공업적 용도에 대한 설명 중 옳지 않은 것은?
① 수소는 암모니아 합성원료, 메탄올의 합성, 인조보석제조 등에 사용된다.
② 포스겐은 알코올 또는 페놀과의 반응성을 이용해 의약, 농약, 가소제 등을 제조한다.
③ 일산화탄소는 메탄올 합성원료에 사용된다.
④ 암모니아는 열분해 또는 불완전연소시켜 카본블랙의 제조에 사용된다.

해설 ▸ 암모니아의 용도
① 요소, 질소비료 제조용
② 드라이아이스 제조용
③ 대형 냉매에 사용
④ 탄산암모늄, 탄산마그네슘 등의 탄산염 제조용

47 아세틸렌 충전 시 첨가하는 다공질물의 구비조건이 아닌 것은?
① 화학적으로 안정할 것
② 기계적인 강도가 클 것
③ 가스의 충전이 쉬울 것
④ 다공도가 적을 것

해설 ▸ 다공질물의 구비조건
① 고다공도일 것
② 기계적 강도가 있을 것
③ 가스의 충전이 쉬울 것
④ 화학적으로 안정할 것
⑤ 안정성이 있을 것
⑥ 경제적일 것

48 프로판을 완전연소시켰을 때 주로 생성되는 물질은?
① CO_2, H_2 ② CO_2, H_2O ③ C_2H_4, H_2O ④ C_4H_{10}, CO

해설 ▸ 완전연소 반응식
① $C_3H_8 + 5O_2 \rightarrow 3CO_2 + 4H_2O$
② $CH_4 + 2O_2 \rightarrow CO_2 + 2H_2O$
∴ CO_2(탄산가스), H_2O(물)

49 수성가스(water gas)의 조성에 해당하는 것은?
① $CO + H_2$ ② $CO_2 + H_2$ ③ $CO + N_2$ ④ $CO_2 + N_2$

해설 ▸ 수성가스 : $C + H_2O \rightarrow CO + H_2$(수성가스)

정답 46. ④ 47. ④ 48. ② 49. ①

50 LP가스가 불완전 연소되는 원인으로 가장 거리가 먼 것은?
① 공기 공급량 부족 시
② 가스의 조성이 맞지 않을 때
③ 가스기구 및 연소기구가 맞지 않을 때
④ 산소 공급이 과잉일 때

해설 ➡ LP 가스 불완전연소의 원인
① 공기 공급량 부족시
② 가스 조성이 맞지 않을 때
③ 가스기구가 맞지 않을 때
④ 배기 및 환기 불충분시
⑤ 프레임의 냉각시

51 1기압, 25℃의 온도에서 어떤 기체 부피가 88 mL이었다. 표준상태에서 부피는 얼마인가? (단, 기체는 이상기체로 간주한다.)
① 56.8 mL   ② 73.3 mL   ③ 80.6 mL   ④ 88.8 mL

해설 ➡ $\dfrac{P_1 V_1}{T_1} = \dfrac{P_2 V_2}{T_2}$

$V_2 = \dfrac{P_1 \times V_1 \times T_2}{T_1 \times P_2} = \dfrac{1 \times 88 \times (273+0)}{1 \times (273+25)} = 80.62 \, m\ell$

52 다음 F_2의 성질에 대한 설명 중 틀린 것은?
① 담황색의 기체로 특유의 자극성을 가진 유독한 기체이다.
② 활성이 강한 원소로 거의 모든 원소와 화합한다.
③ 전기음성도가 작은 원소로서 강한 환원제이다.
④ 수소와 냉암소에서도 폭발적으로 반응한다.

해설 ➡ F_2(불소)의 성질
① 수소와 냉암소에서도 폭발적으로 반응한다.
② 활성이 강한 원소로 거의 모든 원소와 화합한다.
③ 담황색의 기체로 특유의 자극성을 가진 유독한 기체이다.

53 다음 중 LP 가스의 특성으로 옳은 것은?
① LP가스의 액체는 물보다 가볍다.
② LP가스의 기체는 공기보다 가볍다.
③ LP가스는 푸른 색상을 띠며 강한 취기를 가진다.
④ LP가스는 알코올에는 녹지 않으나 물에는 잘 녹는다.

정답 50. ④   51. ③   52. ③   53. ①

[해설] LP가스의 특성
① LP 가스의 액체는 물보다 가볍다.(0.508 kg/ℓ)
② 공기보다 무겁다. $\left(\dfrac{58}{29}=1.52배\right)$
③ 기화하면 체적은 약 250배 늘어난다.
④ 기화, 액화가 용이하다.
⑤ 기화잠열이 크다.
⑥ 무색, 무미, 무취이다.
⑦ 연소시 발열량이 크다.
⑧ 연소시 다량의 공기가 필요.
⑨ 연소범위가 좁다.
⑩ 발화온도가 높다.

54
1Therm 에 해당하는 열량을 바르게 나타낸 것은?
① 10^3 BTU
② 10^4 BTU
③ 10^5 BTU
④ 10^6 BTU

[해설] 1Therm = 10^5 BTU

55
도시가스의 웨버지수에 대한 설명으로 옳은 것은?
① 도시가스의 총발열량($kcal/m^3$)을 가스 비중의 평방근으로 나눈 값을 말한다.
② 도시가스의 총발열량($kcal/m^3$)을 가스 비중으로 나눈 값을 말한다.
③ 도시가스의 가스 비중을 총발열량($kcal/m^3$)의 평방근으로 나눈 값을 말한다.
④ 도시가스의 가스 비중을 총발열량($kcal/m^3$)으로 나눈 값을 말한다.

[해설] 웨버지수 = $\dfrac{H_g}{\sqrt{d}}$ (도시가스 총발열량을 가스 비중으로 평방근으로 나눈 값)

56
다음 압력 중 가장 높은 압력은?
① $1.5\ kg/cm^2$
② $10\ mH_2O$
③ $745\ mmHg$
④ $0.6\ atm$

[해설] ① $1.5\ kg/cm^2$
② $1.0332\ kg/cm^2 = 10.332\ mH_2O$
  $x\ \ \ \ \ \ \ \ = 10\ mH_2O$
  $x = \dfrac{1.0332\ kg/cm^2 \times 10\ mH_2O}{10.332\ mH_2O} = 1\ kg/cm^2$

정답 54. ③ 55. ① 56. ①

③ $1.0332 \text{ kg/cm}^2 = 760 \text{ mmHg}$
$\qquad x \qquad = 740 \text{ mmHg}$
$$x = \frac{1.0332 \text{ kg/cm}^2 \times 740 \text{ mmHg}}{760 \text{ mmHg}} = 1.006 \text{ kg/cm}^2$$
④ $1.0332 \text{ kg/cm}^2 = 1 \text{ atm}$
$\qquad x \qquad = 0.6 \text{ atm}$
$$x = \frac{1.0332 \times 0.6}{1 \text{ atm}} = 0.619 \text{ kg/cm}^2$$

57 다음 중 제백효과(Seebeck effect)를 이용한 온도계는?
① 열전대 온도계　　　　② 광고 온도계
③ 서미스터 온도계　　　④ 전기저항 온도계

해설 열전대 온도계 : 제백효과를 이용한 온도계로서 열기전력을 이용

58 가스의 연소 시 수소성분의 연소에 의하여 수증기를 발생한다. 가스발열량의 표현식으로 옳은 것은?
① 총발열량 = 진발열량 + 현열　　② 총발열량 = 진발열량 + 잠열
③ 총발열량 = 진발열량 − 현열　　④ 총발열량 = 진발열량 − 잠열

해설 ① H_l(저위발열량) $= H_h - 600(9H + W)$
② H_h(총발열량) $= H_l + 600(9H + W)$
③ H_l(저위발열량 = 진발열량)
④ $600(9H + W)$ 증발잠열 = 잠열

59 프로판가스 224 L가 완전 연소하면 약 몇 kcal의 열이 발생되는가? (단, 표준상태기준이며, 1 mol당 발열량은 530 kcal이다.)
① 530　　　　　　　　② 1060
③ 5300　　　　　　　 ④ 12000

해설 C_3H_8 + $5O_2$ → $3CO_2$ + $4H_2O$ + 530 kcal/mol
　　　22.4 ℓ　5×22.4 ℓ　3×22.4 ℓ　4×22.4 ℓ
　∴ 22.4 ℓ = 530 kcal/mol
　　224 ℓ = x
$$x = \frac{224 \text{ ℓ} \times 530 \text{ kcal/mol}}{22.4 \text{ ℓ}} = 5300$$

정답 57. ①　58. ②　59. ③

60 다음 각 가스의 특성에 대한 설명으로 틀린 것은?
① 수소는 고온, 고압에서 탄소강과 반응하여 수소취성을 일으킨다.
② 산소는 공기액화분리장치를 통해 제조하며, 질소와 분리 시 비등점 차이를 이용한다.
③ 일산화탄소는 담황색의 무취 기체로 허용농도는 LC_{50} 기준으로 50 ppm이다.
④ 암모니아는 붉은 리트머스를 푸르게 변화시키는 성질을 이용하여 검출할 수 있다.

해설 ▶ 일산화탄소(LC_{50}) : 3,760ppm

정답 60. ③

제4회 가스기능사 출제문제

1과목 : 가스안전관리

01 고압가스 제조설비에서 누출된 가스의 확산을 방지할 수 있는 제해조치를 하여야 하는 가스가 아닌 것은?
① 황화수소
② 시안화수소
③ 아황산가스
④ 탄산가스

해설 ⇨ 누출된 가스의 확산을 방지할 수 있는 제해조치를 하여야 하는 가스
① 시안화수소 ② 아황산가스 ③ 황화수소
④ 암모니아   ⑤ 산화에틸렌

02 고압가스 제조장치의 취급에 대한 설명 중 틀린 것은?
① 압력계의 밸브를 천천히 연다.
② 액화가스를 탱크에 처음 충전할 때에는 천천히 충전한다.
③ 안전밸브는 천천히 작동한다.
④ 제조장치의 압력을 상승시킬 때 천천히 상승시킨다.

해설 ⇨ 안전밸브는 신속하게 작동한다.

03 재충전 금지용기의 안전을 확보하기 위한 기준으로 틀린 것은?
① 용기와 용기부속품을 분리할 수 있는 구조로 한다.
② 최고충전압력이 22.5 MPa 이하이고 내용적이 25 L 이하로 한다.
③ 납붙임 부분은 용기 몸체 두께의 4배 이상의 길이로 한다.
④ 최고충전압력이 3.5 MPa 이상인 경우에는 내용적이 5 L 이하로 한다.

정답 1. ④   2. ③   3. ①

해설 → 재충전금지 용기의 안전을 확보하기 위한 기준
① 최고충전압력이 22.5 MPa 이하이고 내용적이 25ℓ 이하이어야 한다.
② 납붙임 부분은 용기 몸체 두께의 4배 이상의 길이로 한다.
③ 최고충전압력이 3.5 MPa 이상인 경우에는 내용적이 5ℓ 이하로 한다.
④ 용기와 부속품을 분리할 수 없는 구조로 한다.

04 다음 특정설비 중 재검사 대상에서 제외되는 것이 아닌 것은?
① 역화방지장치   ② 자동차용 가스 자동주입기
③ 차량에 고정된 탱크   ④ 독성가스 배관용 밸브

해설 → 특정설비에서 재검사 대상
① 독성가스 배관용 밸브   ② 자동차용 가스자동주입기
③ 역화방지장치   ④ 저장탱크
⑤ 긴급차단장치   ⑥ 안전밸브
⑦ 기화장치   ⑧ 자동차용가스자동주입기
⑨ 독성가스용배관용밸브   ⑩ LPG잔류가스회수장치
⑪ 특정고압가스실린더캐비넷

05 공기 중에서의 폭발범위가 가장 넓은 가스는?
① 황화수소   ② 암모니아   ③ 산화에틸렌   ④ 프로판

해설 → 폭발범위
① 황화수소 : 4.3~45.5%   ② 암모니아 : 15~28%
③ 산화에틸렌 : 3~80%   ④ 프로판 : 2.1~9.5%
⑤ 아세틸렌 : 2.5~81%   ⑥ 부탄 : 1.8~8.4%

06 다음 중 용기의 도색이 백색인 가스는? (단, 의료용 가스용기를 제외한다.)
① 액화염소   ② 질소   ③ 산소   ④ 액화암모니아

해설 → 용기도색
청탄산 산녹에서 황아체 안주삼아 수주잔 높이 들고 백암산 바라보니 염소는 갈색으로
　①　②　③　　　④　　　　　⑤　　　　　⑥
보이고 쥐들은 기타를 치더라.
　　　　　⑦
① 탄산가스 : 청색   ② 산소 : 녹색   ③ 아세틸렌 : 황색
④ 수소 : 주황   ⑤ 암모니아 : 백색   ⑥ 염소 : 갈색
⑦ 기타 : 쥐색(회색)

정답 4. ③   5. ③   6. ④

07 LPG가 충전된 납붙임 또는 접합용기는 얼마의 온도에서 가스누출시험을 할 수 있는 온수시험탱크를 갖추어야 하는가?

① 20~32℃ ② 35~45℃
③ 46~50℃ ④ 60~80℃

해설) 납붙임 또는 접합용기는 46~50℃에서 가스 누출시험

08 포스겐의 취급 방법에 대한 설명 중 틀린 것은?

① 포스겐을 함유한 폐기액은 산성물질로 충분히 처리한 후 처분한다.
② 취급 시에는 반드시 방독마스크를 착용한다.
③ 환기시설을 갖추어 작업한다.
④ 누출 시 용기가 부식되는 원인이 되므로 약간의 누출에도 주의한다.

해설) 포스겐은 가성소다, 소석회를 이용하여 중화시켜 처리한다.

09 독성가스용 가스누출검지경보장치의 경보농도 설정치는 얼마 이하로 정해져 있는가?

① ±5% ② ±10%
③ ±25% ④ ±30%

해설) ① 가연성 가스용 : ±25% 이하
② 독성가스용 : ±30% 이하

10 도시가스시설 설치 시 일부공정 시공감리 대상이 아닌 것은?

① 일반도시가스사업자의 배관
② 가스도매사업자의 가스공급시설
③ 일반도시가스사업자의 배관(부속시설 포함)이외의 가스공급시설
④ 시공감리의 대상이 되는 사용자 공급관

해설) 도시가스시설 설치시 일부공정 시공감리 대상
① 가스도매사업자의 가스공급시설
② 시공감리의 대상이 되는 사용자 공급관
③ 일반도시가스 사업자의 배관(부속시설포함) 이외의 가스공급시설

정답 7. ③ 8. ① 9. ④ 10. ①

11
고압가스 배관을 도로에 매설하는 경우에 대한 설명으로 틀린 것은?

① 원칙적으로 자동차 등의 하중의 영향이 적은 곳에 매설한다.
② 배관의 외면으로부터 도로의 경계까지 1 m 이상의 수평거리를 유지한다.
③ 배관은 그 외면으로부터 도로 밑의 다른 시설물과 0.6 m 이상의 거리를 유지한다.
④ 시가지의 도로 밑에 배관을 설치하는 경우 보호판을 배관의 정상부로부터 30 cm 이상 떨어진 그 배관의 직상부에 설치한다.

[해설] 배관은 그 외면으로부터 도로 밑의 다른 시설물과 0.3 m 이상의 거리를 유지한다.

12
가연성가스 제조 공장에서 착화의 원인으로 가장 거리가 먼 것은?

① 정전기
② 베릴륨 합금제 공구에 의한 충격
③ 사용 촉매의 접촉 작용
④ 밸브의 급격한 조작

[해설] 베릴륨, 베아론합금은 불꽃 방지용 공구이므로 착화의 원인과 거리가 멀다.

13
일산화탄소에 대한 설명으로 틀린 것은?

① 공기보다 가볍고 무색, 무취이다.
② 산화성이 매우 강한 기체이다.
③ 독성이 강하고 공기 중에서 잘 연소한다.
④ 철족의 금속과 반응하여 금속카르보닐을 생성한다.

[해설] 일산화탄소
① 강한 환원성을 가지고 있어 각종 금속을 단체로 생성 : $CuO + CO \rightarrow CO_2 + Cu$
② 상온에서 염소와 반응하여 포스겐 생성 : $CO + Cl_2 \rightarrow COCl_2$
③ 고온, 고압에서 카보닐 생성 : $Ni + 4CO \rightarrow Ni(CO)_4$(니켈카보닐)
$Fe + 5CO \rightarrow Fe(CO)_5$(철카보닐)
④ 독성이 50 ppm 이하로서 공기중에서 잘 연소한다.
⑤ 공기보다 가볍고 무색 무취이다.

14
이상기체 1 mol이 100°C, 100기압에서 0.1기압으로 등온가역적으로 팽창할 때 흡수되는 최대 열량은 약 몇 cal인가? (단, 기체상수는 1.987 cal/mol · K이다.)

① 5020
② 5080
③ 5120
④ 5190

정답 11. ③ 12. ② 13. ② 14. ③

해설 ► $Q = nRT \ln \dfrac{P_2}{P_1} = 1 \times 1.987 \times (273+100) \times \ln\left(\dfrac{100}{0.1}\right) = 5119.68 \text{ cal}$

15 고압가스 용기 제조의 시설기준에 대한 설명 중 틀린 것은?
① 용기 동판의 최대두께와 최소두께와의 차이는 평균두께의 10% 이하로 한다.
② 초저온 용기는 오스테나이트계 스테인리스강 또는 알루미늄합금으로 제조한다.
③ 아세틸렌용기에 충전하는 다공질물은 다공도가 72% 이상 95% 미만으로 한다.
④ 용기에는 프로텍터 또는 캡을 고정식 또는 체인식으로 부착한다.

해설 ► 고압가스용기 제조시설 기준
① 아세틸렌 용기에 충전하는 다공질물은 다공도 75% 이상 92% 미만
② 용기에는 프로텍터 또는 캡을 고정식 또는 체인식으로 부착한다.
③ 초저온 용기는 오스테나이트계 스테인리스강 또는 알루미늄합금으로 제조.
④ 용기 동판의 최대두께와 최소두께와의 차이는 평균두께의 10% 이상으로 한다.

16 도시가스 누출 시 폭발사고를 예방하기 위하여 냄새가 나는 물질인 부취제를 혼합시킨다. 이 때 부취제의 공기 중 혼합비율의 용량은?
① 1/1000
② 1/2000
③ 1/3000
④ 1/5000

해설 ► 부취제 공기중 혼합비율 : $\dfrac{1}{1000}$ 상태

17 다음 고압가스 압축작업 중 작업을 즉시 중단해야 하는 경우가 아닌 것은?
① 아세틸렌 중 산소용량이 전용량의 2% 이상의 것
② 산소 중 가연성가스(아세틸렌, 에틸렌 및 수소를 제외한다.)의 용량이 전용량의 4% 이상의 것
③ 산소 중 아세틸렌, 에틸렌 및 수소의 용량합계가 전용량의 2% 이상인 것
④ 시안화수소 중 산소용량이 전용량의 2% 이상의 것

해설 ► 압축 금지
① 가연성 가스 중 산소용량이 전용량이 4% 이상시
② 산소 중 가연성 가스용량이 전용량이 4% 이상시
③ 에틸렌, 수소, 아세틸렌 중의 산소 전용량이 2% 이상시
④ 산소 중의 에틸렌, 수소, 아세틸렌 용량이 2% 이상시

정답 15. ③ 16. ① 17. ④

18 다음 중 가스의 폭발범위가 틀린 것은?
① 일산화탄소 : 12.5~74%   ② 아세틸렌 : 2.5~81%
③ 메탄 : 2.1~9.3%   ④ 수소 : 4~75%

해설 ▷ 폭발범위
① 메탄 : 5~15%   ② 수소 : 4~75%
③ 아세틸렌 : 2.5~81%   ④ 일산화탄소 : 12.5~74%
⑤ 암모니아 : 15~28%   ⑥ 산화에틸렌 : 3~80%

19 액화석유가스 저장탱크의 저장능력 산정 시 저장능력은 몇 °C에서의 액비중을 기준으로 계산하는가?
① 0   ② 15   ③ 25   ④ 40

해설 ▷ 액화석유가스 저장탱크의 저장능력 산정시 저장능력은 40°C에서의 액비중을 기준으로 한다.

20 이동식 압축도시가스자동차 시설기준에서 처리설비, 이동충전 차량 및 충전 설비의 외면으로부터 화기를 취급하는 장소까지 몇 m 이상의 우회거리를 유지하여야 하는가?
① 5 m   ② 8 m   ③ 12 m   ④ 20 m

21 고압가스를 운반하는 차량의 경계표지 크기의 가로 치수는 차체 폭의 몇 % 이상으로 하여야 하는가?
① 10%   ② 20%   ③ 30%   ④ 50%

해설 ▷ 차량의 경계표지
① 가로치수 : 차제 폭의 30% 이상   ② 세로치수: 가로치수의 20% 이상

22 독성가스를 운반하는 차량에 반드시 갖추어야 할 용구나 물품에 해당되지 않는 것은?
① 방독면   ② 제독제
③ 고무장갑   ④ 소화장비

해설 ▷ 독성가스를 운반하는 차량에 반드시 갖추어야 할 용구
① 방독면   ② 제독제   ③ 고무장갑   ④ 고무장화

정답 18. ③   19. ④   20. ②   21. ③   22. ④

23 아세틸렌에 대한 설명 중 틀린 것은?
① 액체 아세틸렌은 비교적 안정하다.
② 접촉적으로 수소화하면 에틸렌, 에탄이 된다.
③ 압축하면 탄소와 수소로 자기분해한다.
④ 구리 등의 금속과 화합 시 금속아세틸라이드를 생성한다.

해설 ▶ 아세틸렌
① 고체아세틸렌은 안정하다.
② 접촉적으로 수소화하면 에틸렌, 에탄이 된다.
③ 압축하면 탄소와 수소로 자기분해한다.
④ 구리, 은, 수은 등의 금속과 화합시 금속아세틸라이드를 생성한다.
⑤ 석유에는 2배, 벤젠에는 4배, 알코올에는 6배, 아세톤에는 25배가 녹는다.

24 프로판 가스의 위험도(H)는 약 얼마인가?
① 2.2 ② 3.3 ③ 9.5 ④ 17.7

해설 ▶ $H = \dfrac{U-L}{L} = \dfrac{9.5-2.2}{2.2} = 3.31$

25 고압가스 일반제조시설에서 저장탱크를 지상에 설치한 경우 다음 중 방류둑을 설치하여야 하는 것은?
① 액화산소 저장능력 900톤
② 염소 저장능력 4톤
③ 암모니아 저장능력 10톤
④ 액화질소 저장능력 1000톤

해설 ▶ 방류둑 용량
① 가연성, 산소 : 1,000톤 이상
② 독성 : 5톤 이상
∴ 암모니아는 독성가스이므로 방류둑 설치

26 용기의 재검사 주기에 대한 기준으로 틀린 것은?
① 용접용기로서 신규검사 후 15년 이상 20년 미만인 용기는 2년마다 재검사
② 500L 이상 이음매 없는 용기는 5년마다 재검사
③ 저장탱크가 없는 곳에 설치한 기화기는 2년마다 재검사
④ 압력용기는 산업통상자원부장관이 정하는 기간 이내

정답 23. ① 24. ② 25. ③ 26. ③

해설 ▶

용기의 종류		신규검사 후 경과년수		
		15년 미만	15년 이상 20년 미만	20년 이상
용접용기	500 L 미만	3	2	1
	500 L 이상	5	2	1
이음매 없는 용기	500 L 미만	신규검사 후 경사연수가 10년 이하는 5년마다, 10년 초과는 3년마다		
	500 L 이상	5년마다		

27 고압가스 저장탱크 2개를 지하에 인접하여 설치하는 경우 상호 간에 유지하여야 할 최소거리의 기준은?

① 0.6 m 이상
② 1 m 이상
③ 1.2 m 이상
④ 1.5 m 이상

해설 ▶ 고압가스저장탱크를 2개를 지하에 인접하여 설치하는 경우 상호간 유지해야 할 최소거리 : 1 m 이상

28 용기에 표시된 각인 기호 중 연결이 잘못된 것은?

① FP – 최고 충전압력
② TP – 검사일
③ V – 내용적
④ W – 질량

해설 ▶ 용기의 각인
① TP : 내압시험압력
② FP : 최고충전압력
③ V : 내용적
④ W : 용기질량

29 고압가스 운반기준에 대한 설명 중 틀린 것은?

① 밸브가 돌출한 충전용기는 고정식 프로텍터나 캡을 부착하여 밸브의 손상을 방지한다.
② 충전용기를 차에 실을 때에는 넘어지거나 부딪침 등으로 충격을 받지 않도록 주의하여 취급한다.
③ 소방기본법이 정하는 위험물과 충전용기를 동일 차량에 적재 시에는 1m 정도 이격시킨 후 운반한다.
④ 염소와 아세틸렌, 암모니아 또는 수소는 동일 차량에 적재하여 운반하지 않는다.

해설 ▶ 위험물과 충전용기는 함께 운반할 수 없다.

정답 27. ② 28. ② 29. ③

30 일정 압력 20°C에서 체적 1 L의 가스는 40°C에서는 약 몇 L가 되는가?
① 1.07　　② 1.21　　③ 1.30　　④ 2

해설 $\dfrac{V_1}{T_1} = \dfrac{V_2}{T_2}$

$V_2 = \dfrac{V_1 \times T_2}{T_1} = \dfrac{1 \times (273+40)}{(273+20)} = 1.068\ \ell$

제2과목 : 가스장치 및 기기

31 액화가스의 비중이 0.8, 배관 직경이 50 mm이고 유량이 15 ton/h일 때 배관내의 평균 유속은 약 몇 m/s인가?
① 1.80　　② 2.66　　③ 7.56　　④ 8.52

해설 $Q = r \times V \times A$

$V = \dfrac{Q}{r \times A} = \dfrac{15\ m^3/h}{0.8 \times 0.785 \times 0.05^2 \times 3600} = 2.653\ m/sec$

[참고] 1ton/h = 1m³/h

32 100 A용 가스누출 경보차단장치의 차단시간은 얼마 이내 이어야 하는가?
① 20초　　② 30초　　③ 1분　　④ 3분

해설 100 A용 가스누출 경보차단장치의 차단시간은 30초 이내

33 다음 열전대 중 측정온도가 가장 높은 것은?
① 백금 – 백금 . 로듐형　　② 크로멜 – 알루멜형
③ 철 – 콘스탄탄형　　　　④ 동 – 콘스탄탄형

해설 열전내온도계 : 제백효과 이용
① PR(백금–백금로듐) : 0~1,600°C
② CA(크로멜–알루멜) : 0~1,200°C
③ CC(동–콘스탄탄) : –200~350°C
④ IC(철–콘스탄탄) : –20~850°C

정답　30. ①　31. ②　32. ②　33. ①

34
초저온 저장탱크의 측정에 많이 사용되며 차압에 의해 액면을 측정하는 액면계는?
① 햄프슨식 액면계
② 전기저항식 액면계
③ 초음파식 액면계
④ 크링카식 액면계

[해설] 차압에 의해 액면을 측정 : 햄프슨식 액면계

35
회전식 펌프의 특징에 대한 설명으로 틀린 것은?
① 고점도액에도 사용할 수 있다.
② 토출압력이 낮다.
③ 흡입양정이 적다.
④ 소음이 크다.

[해설] 회전식 펌프의 특징
① 고점도 액체에는 사용할 수 있다.   ② 토출압력이 높다.
③ 소음이 크다.   ④ 흡입양정이 적다.
⑤ 고압용 유압펌프로 널리 이용

36
펌프의 유량이 100 m³/s, 전양정 50 m, 효율이 75%일 때 회전수를 20% 증가시키면 소요 동력은 몇 배가 되는가?
① 1.44
② 1.73
③ 2.36
④ 3.73

[해설] $kW' = kW \times \left(\dfrac{N_2}{N_1}\right)^3 = (1.2)^3 = 1.728$

37
다음 중 실측식 가스미터가 아닌 것은?
① 루트식
② 로터리 피스톤식
③ 습식
④ 터빈식

[해설] 실측식 가스미터
① 건식   ② 그로바식
③ 독립내기식   ④ 루츠식
⑤ 오벌식   ⑥ 습식
⑦ 로터리 피스톤식   ⑧ 로터리 베인

[정답] 34. ① 35. ② 36. ② 37. ④

38
가스 배관 설비에 전단 응력이 일어나는 원인으로 가장 거리가 먼 것은?
① 파이프의 구배
② 냉간가공의 응력
③ 내부압력의 응력
④ 열팽창에 의한 응력

해설 ▶ 응력의 원인
① 열팽창에 의한 응력
② 내압에 의한 응력
③ 용접에 의한 응력
④ 냉간가공에 의한 응력
⑤ 배관 부속물인 밸브, 플랜지 등에 의한 응력

39
부취제 중 황 화합물의 화학적 안전성을 순서대로 바르게 나열한 것은?
① 이황화물 > 메르캅탄 > 환상황화물
② 메르캅탄 > 이황화물 > 환상황화물
③ 환상황화물 > 이황화물 > 메르캅탄
④ 이황화물 > 환상황화물 > 메르캅탄

해설 ▶ 부취제 화합물의 화학적 안정성 : 환상황화물 > 이황화물 > 메르캅탄

40
다음 가스에 대한 가스 용기의 재질로 적절하지 않은 것은?
① LPG : 탄소강
② 산소 : 크롬강
③ 염소 : 탄소강
④ 아세틸렌 : 구리합금강

해설 ▶ 아세틸렌은 동 및 동합금 사용 금지

41
진탕형 오토클레이브의 특징이 아닌 것은?
① 가스 누출의 가능성이 없다.
② 고압력에 사용할 수 있고 반응물의 오손이 없다
③ 뚜껑판에 뚫어진 구멍에 촉매가 끼여 들어갈 염려가 있다.
④ 교반효과가 뛰어나며 교반형에 비하여 효과가 크다.

해설 ▶ 진탕형 오토클레이브의 특징
① 가스 누출의 가능성이 없다.
② 고압력에 사용할 수 있고 반응물의 오손이 없다.
③ 뚜껑판 뚫어진 구멍에 촉매가 끼여들어갈 염려가 있다.
④ 장치 전체가 진동하므로 압력계는 본체로부터 떨어져 설치한다.

정답 38. ① 39. ③ 40. ④ 41. ④

42
가스 액화 사이클 중 비점이 점차 낮은 냉매를 사용하여 저비점의 기체를 액화하는 사이클로서 다원 액화 사이클이라고도 하는 것은?
① 클라우드식 공기액화 사이클
② 캐피자식 공기액화 사이클
③ 필립스의 공기액화 사이클
④ 캐스케이드식 공기액화 사이클

해설 ▶ 캐스케이드 사이클 : 비점이 점차 낮은 냉매를 사용하여 저비점의 기체를 액화하는 사이클로서 다원액화 사이클이라고도 한다.

43
쉽게 고압이 얻어지고 유량조정 범위가 넓어 LPG 충전소에 주로 설치되어 있는 압축기는?
① 스크류압축기
② 스크롤압축기
③ 베인압축기
④ 왕복식압축기

해설 ▶ 왕복식 압축기 : 쉽게 고압이 얻어지고 유량조절범위가 넓어 LPG 충전소에 주로 설치

44
면적 가변식 유량계의 특징이 아닌 것은?
① 소용량 측정이 가능하다.
② 압력손실이 크고 거의 일정하다.
③ 유효 측정범위가 넓다.
④ 직접 유량을 측정한다.

해설 ▶ 면적 가변식 유량계의 특징
① 압력 손실이 적다.
② 직접 유량을 측정한다.
③ 유효측정범위 넓다.
④ 소용량 측정이 가능하다.

45
배관용 보온재의 구비 조건으로 옳지 않은 것은?
① 장시간 사용온도에 견디며, 변질되지 않을 것
② 기공이 균일하고 비중이 적을 것
③ 시공이 용이하고 열전도율이 클 것
④ 흡습, 흡수성이 적을 것

해설 ▶ 보온재의 구비조건
① 비중이 가벼워야 한다.
② 열전도율이 적어야 한다.
③ 사용온도에 견디고 변질되지 않을 것
④ 기계적 강도가 있을 것
⑤ 다공질이며 기공이 균일할 것
⑥ 흡수, 흡습성이 적을 것

정답 42. ④ 43. ④ 44. ② 45. ③

제3과목 : 가스일반

46 이상기체 상태방정식의 R값을 옳게 나타낸 것은?
① 8.314 L . atm/mol . R
② 0.082 L . atm/mol . K
③ 8.314 m³ . atm/mol . K
④ 0.082 joule/mol . K

[해설] 기체상수값
① 0.082 ℓ . atm/mol · K ② 1.987 cal/mol · K ③ 848 kg . m/kg . K

47 다음 중 불연성 가스는?
① CO_2 ② C_3H_6 ③ C_2H_2 ④ C_2H_4

[해설] ① N_2 ② CO_2

48 다음 중 가장 높은 압력을 나타내는 것은?
① 101.325 kPa
② 10.33 mH_2O
③ 1013 hPa
④ 30.69 psi

[해설] 압력이 높은 순서
① 101.325 kPa
② 101.325 kPa=10.332 mH_2O
   x = 10.33 mH_2O
   $x = \dfrac{101.325 \text{ kPa} \times 10.33 \text{ m H}_2\text{O}}{10.332 \text{ m H}_2\text{O}} = 101.305 \text{ kPa}$
③ 101.325 kPa=14.7 PSI
   x = 30.69 PSI
   $x = \dfrac{101.325 \times 30.69}{14.7 \text{ PSI}} = 211.54 \text{ kPa}$

49 1몰의 프로판을 완전 연소시키는데 필요한 산소의 몰수는?
① 3몰   ② 4몰
③ 5몰   ④ 6몰

[해설] 프로판의 완전연소 반응식 : $1C_3H_8 + 5O_2 \rightarrow 3CO_2 + 4H_2O$

정답 46. ② 47. ① 48. ④ 49. ③

50
도시가스의 제조공정이 아닌 것은?
① 열분해 공정 ② 접촉분해 공정
③ 수소화분해 공정 ④ 상압증류 공정

해설 ⊃ 도시가스 제조 공정
① 접촉분해 공정 ② 대체 천연가스 공정
③ 부분연소 공정 ④ 수소화분해 공정
⑤ 열분해 공정

51
표준상태 하에서 증발열이 큰 순서에서 적은 순으로 옳게 나열된 것은?
① NH_3 – LNG – H_2O – LPG
② NH_3 – LPG – LNG – H_2O
③ H_2O – NH_3 – LNG – LPG
④ H_2O – LNG – LPG – NH_3

해설 ⊃ 증발잠열
① H_2O(물) : 539 kcal/kg
② NH_3(암모니아) : 313 kcal/kg
③ LNG(도시가스) : 120 kcal/kg
④ LPG(프로판) : 101.8 kcal/kg

52
대기압 하의 공기로부터 순수한 산소를 분리하는데 이용되는 액체산소의 끓는점은 몇 °C인가?
① –140 ② –183 ③ –196 ④ –273

해설 ⊃ 비점
① 산소 : –183°C
② 질소 : –196°C
③ 아르곤 : –186°C
④ 탄산가스 : –78.5°C
⑤ 아세틸렌 : –84°C
⑥ 프로판 : –42.1°C
⑦ 부탄 : –0.5°C 등

53
다음 중 임계압력(atm)이 가장 높은 가스는?
① CO ② C_2H_4
③ HCN ④ Cl_2

해설 ⊃ ① Cl_2(염소) : 76.1 atm
② HCN(시안화수소) : 55 atm
③ C_2H_4(에틸렌) : 50 atm
④ CO(일산화탄소) : 35 atm

정답 50. ④ 51. ③ 52. ② 53. ④

54 공기액화분리장치의 폭발원인으로 볼 수 없는 것은?
① 공기취입구로부터 O_2 혼입
② 공기취입구로부터 C_2H_2 혼입
③ 액체 공기 중에 O_3 혼입
④ 공기 중에 있는 NO_2의 혼입

해설▶ 공기액화분리장치의 폭발원인
① 액체공기중의 오존의 혼입
② 공기중의 아세틸렌의 혼입
③ 공기중의 NO_2 혼입
④ 압축기용 윤활유 분해에 따른 탄화수소의 생성

55 일정한 압력에서 20℃인 기체의 부피가 2배 되었을 때의 온도는 몇 ℃인가?
① 293   ② 313   ③ 323   ④ 486

해설▶ $\dfrac{V_1}{T_1} = \dfrac{V_2}{T_2}$, $T_2 = \dfrac{T_1 \times V_2}{V_1} = \dfrac{(273+20) \times 2}{1} = 586\,K - 273 = 313℃$

56 다음 중 공기보다 가벼운 가스는?
① O_2 ② SO_2
③ CO ④ CO_2

해설▶ 공기의 비중
① O_2(산소) : $\dfrac{32\,g}{29\,g} = 1.103$
② SO_2(아황산가스) : $\dfrac{64\,g}{29\,g} = 2.206$
③ CO(일산화탄소) : $\dfrac{28\,g}{29\,g} = 0.965$
④ CO_2(이산화탄소) : $\dfrac{44\,g}{29\,g} = 1.52$

57 LNG와 LPG에 대한 설명으로 옳은 것은?
① LPG는 대체 천연가스 또는 합성 천연가스를 말한다.
② 액체 상태의 나프타를 LNG라 한다.
③ LNG는 각종 석유 가스의 총칭이다.
④ LNG는 액화 천연가스를 말한다.

정답 54. ① 55. ② 56. ③ 57. ④

해설 ➡ · LPG : 액화석유가스
· LNG : 액화천연가스
· SNG : 대체천연가스

58. 다음 암모니아 제법 중 중압 합성방법이 아닌 것은?
① 카자레법
② 뉴우데법
③ 케미크법
④ 뉴파우더법

해설 ➡ 암모니아 합성법
① 고압 합성법(600 kg/cm² 전·후) : 클로오드법, 카자레법
② 중압 합성법(300 kg/cm² 전·후) : 뉴우데법, IG법, 케미그법
③ 저압 합성법(150 kg/cm² 전·후) : 케로그법, 구우데법

59. 아세틸렌(C_2H_2)에 대한 설명 중 옳지 않은 것은?
① 시안화수소와 반응 시 아세트알데히드를 생성한다.
② 폭발범위(연소범위)는 약 2.5~81%이다.
③ 공기 중에서 연소하면 잘 탄다.
④ 무색이고 가연성이다.

해설 ➡ 시안화수소와 반응 시 아크릴로니트릴 생성 : $C_2H_2 + HCN \rightarrow CH_2 = CHCN$

60. 천연가스의 성질에 대한 설명으로 틀린 것은?
① 주성분은 메탄이다.
② 독성이 없고 청결한 가스이다.
③ 공기보다 무거워 누출 시 바닥에 고인다.
④ 발열량은 약 9500~10500 kcal/m³ 정도이다.

해설 ➡ 공기보다 가볍다.

정답 58. ① 59. ① 60. ③

제5회 가스기능사 출제문제

1과목 : 가스안전관리

01 탱크를 지상에 설치하고자 할 때 방류둑을 설치하지 않아도 되는 저장탱크는?
① 저장능력 1000톤 이상의 질소탱크
② 저장능력 1000톤 이상의 부탄탱크
③ 저장능력 1000톤 이상의 산소탱크
④ 저장능력 5톤 이상의 염소탱크

해설 ▶ 방류둑 설치
① 가연성, 산소 : 1000톤 이상
② 독성 : 5톤 이상
③ 암모니아를 사용하는 수액기 내용적 : 10,000L 이상

02 액화석유가스 충전소에서 저장탱크를 지하에 설치하는 경우에는 철근콘크리트로 저장탱크실을 만들고 그 실내에 설치하여야 한다. 이 때 저장탱크 주위의 빈 공간에는 무엇을 채워야 하는가?
① 물
② 마른 모래
③ 자갈
④ 콜타르

해설 ▶ 저장탱크 주위의 빈 공간에는 마른 모래를 채워 넣는다.

03 독성가스 배관은 안전한 구조를 갖도록 하기 위해 2중관 구조로 하여야 한다. 다음 가스 중 2중관으로 하지 않아도 되는 가스는?
① 암모니아
② 염화메탄
③ 시안화수소
④ 에틸렌

정답 1. ① 2. ② 3. ④

해설: 2중관(포황시아산암메염)
① 포스겐 ② 황화수소 ③ 시안화수소 ④ 아황산가스
⑤ 산화에틸렌 ⑥ 암모니아 ⑦ 염화메탄 ⑧ 염소

04 자연환기설비 설치 시 LP가스의 용기 보관실 바닥 면적이 3 m² 이라면 통풍구의 크기는 몇 cm² 이상으로 하도록 되어 있는가? (단, 철망 등이 부착되어 있지 않은 것으로 간주한다.)
① 500 ② 700 ③ 900 ④ 1100

해설: LP가스 용기보관실 통풍구의 크기는 바닥면적 1m²당 300cm²이므로 900 cm²이다.

05 자동차 용기 충전시설에 게시한 "화기엄금"이라 표시한 게시판의 색상은?
① 황색바탕에 흑색문자
② 백색바탕에 적색문자
③ 흑색바탕에 황색문자
④ 적색바탕에 백색문자

해설: 자동차 용기충전장소에서 화기엄금은 백색바탕에 적색글자로 작성한다.
주유 중 엔진정지 : 황색바탕에 흑색글씨

06 제조소의 긴급용 벤트스택 방출구의 위치는 작업원이 항시 통행하는 장소로부터 얼마나 이격되어야 하는가?
① 5 m 이상
② 10 m 이상
③ 15 m 이상
④ 30 m 이상

해설:
· 긴급용 벤트스택 : 작업원이 통행하는 장소로부터 10 m 이상
· 그 밖의 벤트스택 : 작업원이 통행하는 장소로부터 5 m 이상

07 내용적이 1천 L를 초과하는 염소용기의 부식 여유두께의 기준은?
① 2 mm 이상
② 3 mm 이상
③ 4 mm 이상
④ 5 mm 이상

해설: 부식 여유 두께
· 암모니아 1000 L 이하 : 1 mm, 1000 L 초과 : 2 mm
· 염소 1000 L 이하 : 3 mm, 1000 L 초과 : 5 mm

정답 4. ③   5. ②   6. ②   7. ④

08
고압가스 용접용기 제조 시 용기동판의 최대 두께와 최소 두께의 차이는 평균 두께의 몇 % 이하로 하여야 하는가?
① 10%   ② 20%
③ 30%   ④ 40%

해설 ▶ 용기동판의 최대두께와 최소두께의 차이는 평균 두께의 20% 이하로 한다. <개정전 문제>
[참고] 위 두께는 10%로 개정이 되었습니다. 〈개정13.5.20〉

09
일반도시가스사업자가 선임하여야 하는 안전점검원 선임의 기준이 되는 배관길이 산정 시 포함되는 배관은?
① 사용자공급관   ② 내관
③ 가스사용자 소유 토지내의 본관   ④ 공공 도로내의 공급관

해설 ▶ 안전점검원 선임 기준 : 본관 및 공급관 길이의 총 길이로 한다. 다만, 가스사용자가 소유하거나 점유하고 있는 토지에 설치된 본관 및 공급관은 포함하지 아니하고, 하나의 도로에 2개 이상의 배관이 나란히 설치되어 있으며 그 배 관 바깥측면 간의 거리가 3미터 미만인 것은 하나의 배관으로 계산한다. 따라서, 본관 혹은 공급관이면서 가스사용자가 소유하거나 점유하지 않은 본관이나 공급관이므로 ④이된다.

10
가연성 가스로 인한 화재의 종류는?
① A급 화재   ② B급 화재
③ C급 화재   ④ D급 화재

해설 ▶ 화재분류
① A급 화재(일반화재) : 물, 강화액, 산, 알카리
② B급 화재(유류 및 가스) : CO_2, 분말, 포말
③ C급 화재(전기) : CO_2, 분말
④ D급 화재(금속화재) : 건조사, 팽창질석, 팽창진주암

11
고압가스(산소, 아세틸렌, 수소)의 품질검사 주기의 기준은?
① 1월 1회 이상   ② 1주 1회 이상
③ 3일 1회 이상   ④ 1일 1회 이상

해설 ▶ 산소, 아세틸렌, 수소의 품질검사 주기 : 1일 1회 이상

정답 8. ① 9. ④ 10. ② 11. ④

12 도시가스 사용시설의 배관은 움직이지 아니하도록 고정부착하는 조치를 하도록 규정하고 있는데 다음 중 배관의 호칭지름에 따른 고정간격의 기준으로 옳은 것은?

① 배관의 호칭지름 20 mm인 경우 2 m 마다 고정
② 배관의 호칭지름 32 mm인 경우 3 m 마다 고정
③ 배관의 호칭지름 40 mm인 경우 4 m 마다 고정
④ 배관의 호칭지름 65 mm인 경우 5 m 마다 고정

해설 ① 관경이 13 mm 미만 : 1 m 마다
② 관경이 13 mm 이상 33 mm 미만 : 2 m 마다
③ 관경이 33 mm 이상 : 3 m 마다

13 일반도시가스사업의 가스공급시설에서 중압 이하의 배관과 고압 배관을 매설하는 경우 서로 몇 m 이상의 거리를 유지하여 설치하여야 하는가?

① 1   ② 2   ③ 3   ④ 5

해설 일반도시가스사업의 가스공급시설에서 중압 이하의 배관과 고압 배관을 매설하는 경우 2 m 이상의 거리 유지한다.

14 고압가스 일반제조소에서 저장탱크 설치 시 물분무장치는 동시에 방사할 수 있는 최대 수량을 몇 분 이상 연속하여 방사할 수 있는 수원에 접속되어 있어야 하는가?

① 30분   ② 45분
③ 60분   ④ 90분

해설 물분무장치는 연속 30분 이상 방사할 수 있는 수원에 접속

15 아세틸렌을 용기에 충전할 때에는 미리 용기에 다공 물질을 고루 채운 후 침윤 및 충전을 하여야 한다. 이때 다공도는 얼마로 하여야 하는가?

① 75% 이상, 92% 미만   ② 70% 이상, 95% 미만
③ 62% 이상, 75% 미만   ④ 92% 이상

해설 다공도 : 75% 이상, 92% 미만

정답 12. ① 13. ② 14. ① 15. ①

16
다음 중 냄새로 누출여부를 쉽게 알 수 있는 가스는?
① 질소, 이산화탄소
② 일산화탄소, 아르곤
③ 염소, 암모니아
④ 에탄, 부탄

해설 ➡ 냄새로 누출여부를 쉽게 알 수 있는 가스(독성가스 찾으면 됨)
① 염소   ② 암모니아   ③ 포스겐
④ 산화에틸렌   ⑤ 시안화수소 등

17
다음 중 독성이면서 가연성인 가스는?
① SO_2
② $COCl_2$
③ HCN
④ C_2H_6

해설 ➡ 가연성이며 독성인 가스
① HCN(시안화수소)   ② C_6H_6(벤젠)
③ C_2H_4O(산화에틸렌)   ④ H_2S(황화수소)
⑤ NH_3(암모니아)   ⑥ CO(일산화탄소)
⑦ CS_2(이황화탄소)

18
저장능력이 1 ton인 액화염소 용기의 내용적(L)은? (단, 액화염소 정수(C)는 0.80이다.)
① 400   ② 600   ③ 800   ④ 1000

해설 ➡ $G(\text{저장능력}) = \dfrac{V(\text{내용적})}{C(\text{충전상수})}$, $V = G \times C = 1000 \times 0.8 = 800 l$

19
고압가스 운반 등의 기준으로 틀린 것은?
① 고압가스를 운반하는 때에는 재해방지를 위하여 필요한 주의사항을 기재한 서면을 운전자에게 교부하고 운전 중 휴대하게 한다.
② 차량의 고장, 교통사정 또는 운전자의 휴식 등 부득이한 경우를 제외하고는 장시간 정차하여서는 안 된다.
③ 고속도로 운행 중 점심식사를 하기 위해 운반책임자와 운전자가 동시에 차량을 이탈할 때에는 시건장치를 하여야 한다.
④ 지정한 도로, 시간, 속도에 따라 운반하여야 한다.

해설 ➡ 고압가스를 운반하는 차량은 부득이한 경우(차량의 고장, 교통사정 등)를 제외하고 장시간 정차 및 운전자와 운반책임자가 동시에 차량을 이탈하여서는 아니된다.

정답 16. ③   17. ③   18. ③   19. ③

20

정압기지의 방호벽을 철근콘크리트 구조로 설치할 경우 방호벽 기초의 기준에 대한 설명 중 틀린 것은?

① 일체로 된 철근콘크리트 기초로 한다.
② 높이 350 mm 이상, 되메우기 깊이는 300 mm 이상으로 한다.
③ 두께 200 mm 이상, 간격 3200 mm 이하의 보조벽을 본체와 직각으로 설치한다.
④ 기초의 두께는 방호벽 최하부 두께의 120% 이상으로 한다.

해설 ➜ 9 mm 이상의 철근을 400mm×400mm 이하의 간격으로 배근결속한다.

21

고압가스 제조설비의 계장회로에는 제조하는 고압가스의 종류·온도 및 압력과 제조설비의 상황에 따라 안전확보를 위한 주요 부문에 설비가 잘못 조작되거나 정상적인 제조를 할 수 없는 경우에 자동으로 원재료의 공급을 차단시키는 등 제조설비 안의 제조를 제어할 수 있는 장치를 설치하는데 이를 무엇이라 하는가?

① 인터록제어장치
② 긴급차단장치
③ 긴급이송설비
④ 벤트스택

해설 ➜ 인터록제어장치 : 설비가 잘못 조작되거나 정상적인 제조를 할 수 없는 경우에 자동으로 원재료의 공급사고방지

22

다음 중 독성(TLV-TWA)이 가장 강한 가스는?

① 암모니아
② 황화수소
③ 일산화탄소
④ 아황산가스

해설 ➜ 독성가스(숫자가 작을수록 맹독성가스이다.)
① 암모니아 : 25 ppm 이하
② 황화수소 : 10 ppm 이하
③ 일산화탄소 : 50 ppm 이하
④ 아황산가스 : 5ppm 이하
⑤ 염소 : 1 ppm 이하
⑥ 포스겐 : 0.1 ppm 이하
⑦ 시안화수소 : 10 ppm 이하

23

독성가스 배관을 지하에 매설할 경우 배관은 그 가스가 혼입될 우려가 있는 수도시설과 몇 m 이상의 거리를 유지하여야 하는가?

① 50m
② 100m
③ 200m
④ 300m

해설 ➜ · 건축물 : 1.5 m 이상　　· 지하 및 터널 : 15 m 이상
· 독성가스 : 수도시설과 300 m 이상

정답 20. ③　21. ①　22. ④　23. ④

24 다음 중 같은 성질을 가스로만 나열된 것은?
① 에탄, 에틸렌
② 암모니아, 산소
③ 오존, 아황산가스
④ 헬륨, 염소

해설⇨ 같은 성질을 가진 가스 : 에탄(가연성), 에틸렌(가연성)
[참고] 암모니아(독성, 가연성), 산소(조연성), 오존(조연성), 아황산가스(독성), 헬륨(불연성), 염소(독성)

25 고압가스용기의 안전점검 기준에 해당되지 않는 것은?
① 용기의 부식, 도색 및 표시 확인
② 용기의 캡이 씌워져 있거나 프로텍터의 부착여부 확인
③ 재검사 기간의 도래 여부를 확인
④ 용기의 누출을 성냥불로 확인

해설⇨ 고압가스용기의 안전점검 기준
① 용기의 부식, 도색 및 표시 확인
② 용기의 캡이 씌워져 있거나 프로텍터의 부착여부 확인
③ 재검사 기간의 도래 여부를 확인
④ 용기의 누출은 비눗물 등으로 누설여부를 검사한다.

26 가스 공급시설의 임시사용 기준 항목이 아닌 것은?
① 도시가스 공급이 가능한지의 여부
② 도시가스의 수급상태를 고려할 때 해당지역에 도시가스의 공급이 필요한지의 여부
③ 공급의 이익 여부
④ 가스공급시설을 사용할 때 안전을 해칠 우려가 있는지의 여부

해설⇨ 가스공급시설의 임시사용기준
① 가스공급시설을 사용할 때 안전을 해칠 우려가 있는지의 여부
② 도시가스의 수급상태를 고려할 때 해당지역에 도시가스의 공급이 필요한지의 여부
③ 도시가스 공급이 가능한지의 여부

27 용기의 파열사고 원인으로 가장 거리가 먼 것은?
① 용기의 내압력 부족
② 용기의 내압 상승
③ 용기 내에서 폭발성 혼합가스에 의한 발화
④ 안전밸브의 작동

정답 24. ① 25. ④ 26. ③ 27. ④

해설➡ 용기의 파열사고 원인
① 안전밸브의 미작동
② 용기 내에서 폭발성 혼합가스에 의한 발화
③ 용기의 내압 상승
④ 용기의 내압력 부족

28 도시가스 배관의 철도궤도 중심과 이격거리 기준으로 옳은 것은?
① 1 m 이상
② 2 m 이상
③ 4 m 이상
④ 5 m 이상

해설➡ 이격거리
① 철도궤도 중심과 이격거리 : 4 m 이상
② 공동주택부지내 : 0.6 m 이상
③ 도로경계와 수평거리, 철도부지와 수평거리, 산이나 들 도로폭이 8 m 미만시 : 1 m 이상
④ 시가지와 도로노면밑, 인도, 보도 등 방호구조물 내 도로폭이 8 m 이상시 : 1.2 m 이상

29 충전용기 보관실의 온도는 항상 몇 °C 이하를 유지하여야 하는가?
① 40°C
② 45°C
③ 50°C
④ 55°C

해설➡ 충전용기 보관실의 온도는 항상 40°C 이하를 유지

30 시안화수소 가스는 위험성이 매우 높아 용기에 충전 보관할 때에는 안정제를 첨가하여야 한다. 적합한 안정제는?
① 염산
② 이산화탄소
③ 황산
④ 질소

해설➡ 시안화수소 안정제
① 오산화인
② 염화칼슘
③ 인산
④ 아황산가스
⑤ 동(구리)
⑥ 황산

제2과목 : 가스장치 및 기기

31 가스 폭발 사고의 근본적인 원인으로 가장 거리가 먼 것은?
① 내용물의 누출 및 확산
② 화학반응열 또는 잠열의 축적
③ 누출경보장치의 미비
④ 착화원 또는 고온물의 생성

해설》 가스 폭발 사고의 근본적인 원인
① 착화원 또는 고온물의 생성
② 누출경보장치의 미비
③ 내용물의 누출 및 확산

32 정압기의 선정 시 유의사항으로 가장 거리가 먼 것은?
① 정압기의 내압성능 및 사용 최대차압
② 정압기의 용량
③ 정압기의 크기
④ 1차 압력과 2차 압력범위

해설》 정압기의 선정 시 유의사항
① 1차 압력과 2차 압력범위
② 정압기의 용량
③ 정압기의 내압성능 및 사용 최대차압
④ 가스성분

33 가스용품 제조허가를 받아야 하는 품목이 아닌 것은?
① PE배관   ② 매몰형 정압기
③ 로딩암   ④ 연료전지

해설》 가스용품제조허가를 받아야 하는 품목
연료전지, 로딩암, 매몰형 정압기, 압력조정기, 배관이음관, 연소기, 강제혼합식가스버너, 가스누출자동차단장치 등.

정답 31. ② 32. ③ 33. ①

34

다음 [그림]은 무슨 공기 액화장치인가?

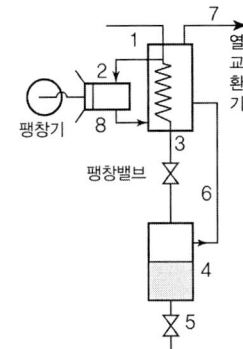

① 클라우드식 액화장치
② 린데식 액화장치
③ 캐피자식 액화장치
④ 필립스식 액화장치

35

2000 rpm으로 회전하는 펌프를 3500 rpm으로 변환하였을 경우 펌프의 유량과 양정은 각각 몇 배가 되는가?

① 유량 : 2.65, 양정 : 4.12
② 유량 : 3.06, 양정 : 1.75
③ 유량 : 3.06, 양정 : 5.36
④ 유량 : 1.75, 양정 : 3.06

해설
- 유량 $= Q \times \left(\dfrac{N_2}{N_1}\right)^1 = \left(\dfrac{3500}{2000}\right)^1 = 1.75$
- 양정 $= H \times \left(\dfrac{N_2}{N_1}\right)^2 = \left(\dfrac{3500}{2000}\right)^2 = 3.0625$
- 동력 $= KW \times \left(\dfrac{N_2}{N_1}\right)^3 = \left(\dfrac{3500}{2000}\right)^3 = 5.359$

36

액주식 압력계가 아닌 것은?

① U자관식
② 경사관식
③ 벨로우즈식
④ 단관식

해설 액주식 압력계 : U자관식, 단관식, 경사관식, 2액마노미터
탄성식 압력계 : 벨로우즈식, 부르동관식, 다이어프램 식

37

가스분석 시 이산화탄소 흡수제로 주로 사용되는 것은?

① NaCl
② KCl
③ KOH
④ $Ca(OH)_2$

정답 34. ① 35. ④ 36. ③ 37. ③

[해설] 오르잣트분석
① CO_2 : KOH 30%수용액
② O_2 : 알카리성 피롤카롤용액
③ CO : 암모니아성 염화제1동용액

38 이동식부탄연소기의 용기연결방법에 따른 분류가 아닌 것은?
① 카세트식　② 직결식　③ 분리식　④ 일체식

[해설] 이동식 부탄연소기의 용기연결방법에 따른 분류
① 카세트식　② 직결식　③ 분리식

39 파일럿 정압기 중 구동압력이 증가하면 개도도 증가하는 방식으로서 정특성, 동특성이 양호하고 비교적 컴팩트한 구조의 로딩형 정압기는?
① Fisher 식
② axial flow 식
③ Reynolds 식
④ KRF 식

[해설] 피셔식 정압기 : 구동압력이 증가하면 개도도 증가하는 방식으로서 정특성, 동특성이 양호하고 비교적 컴팩트한 구조

40 다음 가스분석법 중 흡수분석법에 해당하지 않는 것은?
① 헴펠법　② 구우데법　③ 오르잣트법　④ 게겔법

[해설] 흡수분석법 : ① 오르잣트법　② 헴펠법　③ 게겔법

41 땅 속의 애노드에 강제 전압을 가하여 피방식 금속제를 캐소드로 하는 전기방식법은?
① 희생양극법　② 외부전원법　③ 선택배류법　④ 강제배류법

[해설] 외부전원법 : 땅 속의 애노드(+극)에 강제 전압을 가하여 피방식 금속제를 캐소드(-극)로 하는 전기방식법

42 화학적 부식이나 전기적 부식의 염려가 없고 0.4 MPa 이하의 매몰배관으로 주로 사용하는 배관의 종류는?
① 배관용 탄소강관
② 폴리에틸렌피복강관
③ 스테인리스강관
④ 폴리에틸렌관

정답　38. ④　39. ①　40. ②　41. ②　42. ④

해설 ▶ 폴리에틸렌관 : 화학적 부식이나 전기적 부식의 염려가 없고 0.4 MPa 이하의 매몰배관으로 주로 사용

43 도시가스의 총발열량이 10400 kcal/m³, 공기에 대한 비중이 0.55일 때 웨버지수는 얼마인가?
① 11023　② 12023　③ 13023　④ 14023

해설 ▶ 웨버지수 $= \dfrac{Hg}{\sqrt{d}} = \dfrac{10400}{\sqrt{0.55}} = 14023.35$

44 가연성가스 검출기 중 탄광에서 발생하는 CH_4의 농도를 측정하는데 주로 사용되는 것은?
① 간섭계형　② 안전등형　③ 열선형　④ 반도체형

해설 ▶ ・안전등형 : 탄광에서 발생하는 CH_4의 농도를 측정
・간섭계형 : 가스의 굴절율차 이용, 가연성가스, 메탄의 농도의 농도측정

45 서로 다른 두 종류의 금속을 연결하여 폐회로를 만든 후, 양접점에 온도차를 두면 금속 내에 열기전력이 발생하는 원리를 이용한 온도계는?
① 광전관식 온도계　② 바이메탈 온도계
③ 서미스터 온도계　④ 열전대 온도계

해설 ▶ 열전대온도계(제백효과이용)
서로 다른 두 종류의 금속을 연결하여 폐회로를 만든 후, 양접점에 온도차를 두면 금속 내에 열기전력이 발생하는 원리를 이용

제3과목 : 가스일반

46 다음 중 액화가 가장 어려운 가스는?
① H_2　② He　③ N_2　④ CH_4

정답　43. ④　44. ②　45. ④　46. ②

해설▸ 액화가 어려운 순서(비점이 낮을수록 액화가 어려움)
He(-268.9°C) > H_2(-252.5°C) > N_2(-196°C) > CH_4(-162°C)

47

다음 중 압력이 가장 높은 것은?
① 10 lb/in²
② 750 mmHg
③ 1 atm
④ 1 kg/cm²

해설▸ 압력이 높은 순서
① 1 atm
② 1 atm=760 mmHg
  x =750 mmHg
  $x = \dfrac{1\,\text{atm} \times 750\,\text{mmHg}}{760\,\text{mmHg}} = 0.986\,\text{atm}$
③ 1 atm=1.0332 kg/cm²
  x =1kg/cm²
  $x = \dfrac{1\,\text{atm} \times 1\,\text{kg/cm}^2}{1.0332\,\text{kg/cm}^2} = 0.9678\,\text{atm}$
④ 1 atm=14.7 lb/in²
  x =10 lb/in²
  $x = \dfrac{1\,\text{atm} \times 10\,\text{lb/lb}^2}{14.7\,\text{lb/lb}^2} = 0.680\,\text{atm}$

48

자동절체식조정기의 경우 사용 쪽 용기안의 압력이 얼마 이상일 때 표시 용량의 범위에서 예비 쪽 용기에서 가스가 공급되지 않아야 하는가?
① 0.05 MPa
② 0.1 MPa
③ 0.15 MPa
④ 0.2 MPa

해설▸ 자동절체식 조정기의 경우 사용 쪽 용기만의 압력이 0.1 MPa 이상일 때 표시 용량의 범위에서 예비 쪽 용기에서 가스가 공급되지 않아야 한다.

49

산소의 성질에 대한 설명 중 옳지 않은 것은?
① 자신은 폭발위험은 없으나 연소를 돕는 조연제이다.
② 액체산소는 무색, 무취이다.
③ 화학적으로 활성이 강하며, 많은 원소와 반응하여 산화물을 만든다.
④ 상자성을 가지고 있다.

정답 47. ③ 48. ② 49. ②

해설 ⇨ 산소의 성질
① 상자성을 가지고 있다.
② 액체산소는 담청색이다.
③ 화학적으로 활성이 강하며, 많은 원소와 반응하여 산화물을 만든다.
④ 자신은 폭발위험은 없으나 연소를 돕는 조연제이다.
⑤ 유지류, 용제 등이 부착하면 산화폭발의 위험이 있다.
⑥ 액체가 기화되면 약 800배 체적의 기체가 된다.

50 "성능계수(ε)가 무한정한 냉동기의 제작은 불가능하다."라고 표현되는 법칙은?
① 열역학 제0법칙
② 열역학 제1법칙
③ 열역학 제2법칙
④ 열역학 제3법칙

해설 ⇨ 열역학 제2법칙 : 100% 열효율을 가진 기관은 불가능하다라고 표현되는 법칙

51 60K를 랭킨온도로 환산하면 약 몇 °R 인가?
① 109
② 117
③ 126
④ 135

해설 ⇨ °R=1.8K=1.8×60=108R

52 밀폐된 공간 안에서 LP가스가 연소되고 있을 때의 현상으로 틀린 것은?
① 시간이 지나감에 따라 일산화탄소가 증가된다.
② 시간이 지나감에 따라 이산화탄소가 증가된다.
③ 시간이 지나감에 따라 산소농도가 감소된다.
④ 시간이 지나감에 따라 아황산가스가 증가된다.

해설 ⇨ 밀폐된 공간 안에서 LP가스가 연소되고 있을 때의 현상
① 시간이 지나감에 따라 산소농도가 감소한다.
② 시간이 지나감에 따라 이산화탄소가 증가된다.
③ 시간이 지나감에 따라 일산화탄소가 증가된다.

53 탄소 12 g을 완전 연소시킬 경우 발생되는 이산화탄소는 약 몇 L 인가? (단, 표준상태일 때를 기준으로 한다.)
① 11.2
② 12
③ 22.4
④ 32

정답 50. ③ 51. ① 52. ④ 53. ③

해설   C   +   O₂   →   CO₂
   12 g   32 g   44 g
   22.4 L   22.4 L   22.4 L

54 공기 중에서 폭발하한이 가장 낮은 탄화수소는?
① CH_4 ② C_4H_{10} ③ C_3H_8 ④ C_2H_6

해설 연소범위
 ① C_4H_{10}(부탄) : 1.8~8.4%   ② C_2H_2(아세틸렌) : 2.5~81%
 ③ C_3H_8(프로판) : 2.1~9.5%   ④ CH_4(메탄) : 5~15%

55 에틸렌 제조의 원료로 사용되지 않는 것은?
① 나프타   ② 에탄올   ③ 프로판   ④ 염화메탄

해설 에틸렌 제조의 원료 : ① 에탄올   ② 프로판   ③ 나프타

56 다음 중 비중이 가장 작은 가스는?
① 수소   ② 질소   ③ 부탄   ④ 프로판

해설 가스 비중
 ① H_2(수소) : $\frac{2}{29}=0.0689$ ② N_2(질소) : $\frac{28}{29}=0.9655$
 ③ C_3H_8(프로판) : $\frac{44}{29}=1.52$ ④ C_4H_{10}(부탄) : $\frac{58}{29}=2$

57 가연성가스 정의에 대한 설명으로 맞는 것은?
① 폭발한계의 하한이 10% 이하인 것과 폭발한계의 상한과 하한의 차가 20% 이상인 것을 말한다.
② 폭발한계의 하한이 20% 이하인 것과 폭발한계의 상한과 하한의 차가 10% 이상인 것을 말한다.
③ 폭발한계의 상한이 10% 이하인 것과 폭발한계의 상한과 하한의 차가 20% 이하인 것을 말한다.
④ 폭발한계의 상한이 10% 이상인 것과 폭발한계의 상한과 하한의 차가 10% 이하인 것을 말한다.

정답   54. ②   55. ④   56. ①   57. ①

[해설] 가연성 가스의 정의 : 폭발한계의 하한이 10% 이하인 것과 폭발한계의 상한과 하한의 차가 20% 이상인 가스

58. 다음 중 아세틸렌의 발생방식이 아닌 것은?

① 주수식 : 카바이드에 물을 넣는 방법
② 투입식 : 물에 카바이드를 넣는 방법
③ 접촉식 : 물과 카바이드를 소량씩 접촉시키는 방법
④ 가열식 : 카바이드를 가열하는 방법

[해설] 아세틸렌의 발생방식
① 투입식 : 물에 카바이드를 넣는 방법
② 주수식 : 카바이드에 물을 넣는 방법
③ 접촉식 : 물과 카바이드를 소량씩 접촉시키는 방법

59. 암모니아 가스의 특성이 대한 설명으로 옳은 것은?

① 물에 잘 녹지 않는다.
② 무색의 기체이다.
③ 상온에서 아주 불안정하다.
④ 물에 녹으면 산성이 된다.

[해설] 암모니아 가스의 특성
① 무색 자극성의 기체로 물에 잘 용해한다.
② 상온에서 8.46 atm이면 쉽게 액화한다.
③ 증발잠열이 크므로 대형 냉매에 사용
④ 염화수소와 만나면 흰연기 발생
⑤ 암모니아는 동이나 동합금과 반응하여 착염생성

60. 질소에 대한 설명으로 틀린 것은?

① 질소는 다른 원소와 반응하지 않아 기기의 기밀시험용 가스로 사용된다.
② 촉매 등을 사용하여 상온(35℃)에서 수소와 반응시키면 암모니아를 생성한다.
③ 주로 액체 공기를 비점 차이로 분류하여 산소와 같이 얻는다.
④ 비점이 대단히 낮아 극저온의 냉매로 이용된다.

[해설] 질소
① 기밀시험용, 퍼지용에 사용
② 비점이 낮아 극저온의 냉매로 사용
③ 주로 액체 공기를 비점 차이로 분류하여 산소와 같이 얻는다.

정답 58. ④ 59. ② 60. ②

제6회 가스기능사 출제문제

1과목 : 가스안전관리

01 도시가스 사용시설 중 가스계량기의 설치기준으로 틀린 것은?
① 가스계량기는 화기(자체 화기는 제외)와 2 m 이상의 우회 거리를 유지하여야 한다.
② 가스계량기(30 m³/h 미만)의 설치 높이는 바닥으로부터 1.6 m 이상, 2 m 이내이어야 한다.
③ 가스계량기를 격납상자 내에 설치하는 경우에는 설치 높이의 제한을 받지 아니한다.
④ 가스계량기는 절연조치를 하지 아니한 전선과 30 cm 이상의 거리를 유지하여야 한다.

해설⊃ 가스계량기는 절연조치를 하지 아니한 전선과 15cm 이상의 거리를 유지하여야 한다.

02 지상에 설치하는 액화석유가스의 저장탱크 안전밸브에 가스 방출관을 설치하고자 한다. 저장탱크의 정상부가 8 m일 경우 방출관의 방출구 높이는 지상에서 얼마 이상의 높이에 설치하여야 하는가?
① 5 m   ② 8 m   ③ 10 m   ④ 12 m

해설⊃ 정상부가 8 m일 경우 방출관의 방출구 높이는 10 m 이상의 높이에 설치하여야 한다.

03 다음 중 산업통상자원부령이 정하는 특정설비가 아닌 것은?
① 저장탱크   ② 저장탱크의 안전밸브
③ 조정기   ④ 기화기

해설⊃ 특정설비
① 저장탱크   ② 긴급차단장치   ③ 역화방지장치
④ 안전밸브   ⑤ 기화기

정답 1. ④   2. ③   3. ③

04
지하에 매설된 도시가스 배관의 전기방식 기준으로 틀린 것은?
① 전기방식전류가 흐르는 상태에서 토양 중에 있는 배관 등의 방식전위 상한 값은 포화황산동 기준전극으로 –0.85 V 이하일 것
② 전기방식전류가 흐르는 상태에서 자연전위와의 전위변화가 최소한 –300 mV 이하일 것
③ 배관에 대한 전위측정은 가능한 배관 가까운 위치에서 실시할 것
④ 전기방식시설의 관대지전위 등을 2년에 1회 이상 점검할 것

[해설] 전기방식시설의 관대지전위 등을 1년에 1회 이상 점검할 것

05
가스용 폴리에틸렌관의 굴곡허용반경은 외경의 몇 배 이상으로 하여야 하는가?
① 10 ② 20 ③ 30 ④ 50

[해설] 가스용 폴리에틸렌관의 굴곡허용반경은 외경의 20배 이상으로 한다.

06
압력용기의 내압부분에 대한 비파괴 시험으로 실시되는 초음파탐상시험 대상은?
① 두께 35mm인 탄소강
② 두께 5 mm인 9% 니켈강
③ 두께 15 mm인 2.5% 니켈강
④ 두께 30 mm인 저합금강

[해설] 압력용기의 내압부분에 대한 비파괴 시험으로 실시되는 초음파탐상시험 대상
① 두께 15 mm인 2.5% 니켈강 또는 3.5% 니켈강
② 두께가 6mm 이상인 9% 니켈강
③ 두께가 19mm 이상으로서 0℃미만에서 사용이 가능한 강
④ 두께가 19mm 이상이고 인장강도가 5.8MPa이상인 강
⑤ 두께가 38mm 이상인 저합금강
⑥ 두께가 50mm 이상인 탄소강

07
프로판 15 vol%와 부탄 85 vol%로 혼합된 가스의 공기 중 폭발하한 값은 약 몇 %인가? (단, 프로판의 폭발하한 값은 2.1%이고, 부탄은 1.8%이다.)
① 1.84 ② 1.88 ③ 1.94 ④ 1.98

[해설] $\dfrac{100}{L} = \dfrac{V_1}{L_1} + \dfrac{V_2}{L_2} \cdots \dfrac{V_n}{L_n}$, $\dfrac{100}{L} = \dfrac{15}{2.1} + \dfrac{85}{1.8}$

∴ $L = \dfrac{100}{54.365} = 1.839\%$

정답 4. ④ 5. ② 6. ③ 7. ①

08
특정고압가스용 실린더캐비닛 제조설비가 아닌 것은?
① 가공설비 ② 세척설비 ③ 판넬설비 ④ 용접설비

해설 특정고압가스용 실린더캐비닛 제조설비
① 가공설비 ② 세척설비 ③ 용접설비

09
가스 설비를 수리할 때 산소의 농도가 약 몇 % 이하가 되면 산소 결핍 현상을 초래하게 되는가?
① 8% ② 12% ③ 16% ④ 20%

해설 산소의 농도가 16% 이하시 산소 결핍 현상을 초래하게 된다.

10
인체용 에어졸 제품의 용기에 기재하여야 할 사항으로 틀린 것은?
① 특정부위에 계속하여 장시간 사용하지 말 것
② 가능한 한 인체에서 10 cm 이상 떨어져서 사용할 것
③ 온도가 40°C 이상 되는 장소에 보관하지 말 것
④ 불 속에 버리지 말 것

해설 가능한 한 인체에서 20 cm 이상 떨어져서 사용할 것

11
도시가스의 유해성분 측정에 있어 암모니아는 도시가스 1 m³당 몇 g을 초과해서는 안 되는가?
① 0.02 ② 0.2 ③ 0.5 ④ 1.0

해설 도시가스 유해성분의 양
① 환전량 : 0.5 g 이하 ② 암모니아 : 0.2 g 이하 ③ 황화수소 : 0.02 g 이하

12
용기 동판의 최대 두께와 최소 두께와의 차이는 평균 두께의 몇 % 이하로 하여야 하는가?
① 5% ② 10% ③ 20% ④ 30%

해설 용기 동판의 최대 두께와 최소 두께와의 차이는 평균 두께의 20% 이하<개정전 문제>
[참고] 위 두께는 10%로 개정이 되었습니다. 〈개정 13.5.20〉

정답 8. ③ 9. ③ 10. ② 11. ② 12. ②

13
저장 능력 300 m³ 이상인 2개의 가스 홀더 A, B간에 유지해야 할 거리는? (단, A와 B의 최대 지름은 각각 8 m, 4 m이다.)

① 1m ② 2m ③ 3m ④ 4m

[해설] 유지거리 $= \dfrac{D_1 + D_2}{4} = \dfrac{8+4}{4} = 3\,m$

14
다음 중 가연성이면서 유독한 가스는?

① NH_3 ② H_2 ③ CH_4 ④ N_2

[해설] 가연성이면서 유독한 가스
① NH_3(암모니아)　② CO(일산화탄소)
③ H_2S(황화수소)　④ C_6H_6(벤젠)
⑤ HCN(시안화수소)　⑥ C_2H_4O(산화에틸렌)

15
부취제의 구비조건으로 적합하지 않은 것은?

① 연료가스 연소 시 완전연소될 것
② 일생생활의 냄새와 확연히 구분될 것
③ 토양에 쉽게 흡수될 것
④ 물에 녹지 않을 것

[해설] 부취제의 구비조건
① 독성 및 가연성이 아닐 것
② 도관을 부식시키지 말 것
③ 도관 내의 상용온도에서 응축되지 말 것
④ 보통 존재하는 냄새와 명확히 구분될 것
⑤ 가스관이나 가스미터에 흡착되지 말 것
⑥ 토양에 대한 투과성이 클 것
⑦ 극히 낮은 농도에서도 냄새를 확인할 수 있을 것
⑧ 연소 시 완전연소될 것
⑨ 물에 녹지 않을 것 등

16
가스보일러의 설치기준 중 자연배기식 보일러의 배기통 설치방법으로 옳지 않은 것은?

① 배기통의 굴곡수는 6개 이하로 한다.
② 배기통의 끝은 옥외로 뽑아낸다.
③ 배기통의 입상높이는 원칙적으로 10 m 이하로 한다.
④ 배기통의 가로 길이는 5 m 이하로 한다.

정답 13. ③　14. ①　15. ③　16. ①

[해설] 자연배기식 보일러의 배기통 설치방법
① 배기통의 굴곡수는 4개 이하로 한다.
② 배기통의 끝은 옥외로 뽑아낸다.
③ 배기통의 입상높이는 원칙적으로 10 m 이하로 한다.
④ 배기통의 가로 길이는 5 m 이하로 한다.

17 가스누출자동차단장치 및 가스누출자동차단기의 설치기준에 대한 설명으로 틀린 것은?

① 가스공급이 불시에 자동 차단됨으로써 재해 및 손실이 클 우려가 있는 시설에는 가스누출경보차단장치를 설치하지 않을 수 있다.
② 가스누출자동차단기를 설치하여도 설치목적을 달성할 수 없는 시설에는 가스누출자동차단기를 설치하지 않을 수 있다.
③ 월사용예정량이 1,000 m³ 미만으로서 연소기에 소화안전장치가 부착되어 있는 경우에는 가스누출경보차단장치를 설치하지 않을 수 있다.
④ 지하에 있는 가정용 가스사용시설은 가스누출경보차단장치의 설치대상에서 제외된다.

[해설] 월사용예정량이 1,000 m³ 미만으로서 연소기에 소화안전장치가 부착되어 있는 경우에는 가스누출경보차단장치를 설치하여야 한다.

18 다음 가스 중 독성이 가장 강한 것은?(TLV-TWA)

① 염소
② 불소
③ 시안화수소
④ 암모니아

[해설] 독성가스(숫자가 작을수록 맹독성 가스)
① 염소 : 1 ppm 이하
② 불소 : 0.1 ppm 이하
③ 시안화수소 : 10 ppm 이하
④ 암모니아 : 25 ppm 이하

19 도시가스 배관을 지하에 설치 시공 시 다른 배관이나 타시설물과의 이격거리 기준은?

① 30 cm 이상
② 50 cm 이상
③ 1 m 이상
④ 1.2 m 이상

[해설] 도시가스 배관을 지하에 설치 시공 시 다른 배관이나 타시설물과의 30 cm 이상 이격거리 유지

정답 17. ③ 18. ② 19. ①

20 고압가스 충전용기의 적재 기준으로 틀린 것은?
① 차량의 최대적재량을 초과하여 적재하지 아니한다.
② 충전 용기의 차량에 적재하는 때에는 뉘여서 적재한다.
③ 차량의 적재함을 초과하여 적재하지 아니한다.
④ 밸브가 돌출한 충전 용기는 밸브의 손상을 방지하는 조치를 한다.

[해설] 충전 용기의 차량에 적재시 세워서 적재한다.

21 방류둑에는 계단, 사다리 또는 토사를 높이 쌓아올림 등에 의한 출입구를 둘레 몇 m 마다 1개 이상을 두어야 하는가?
① 30　　② 50　　③ 75　　④ 100

[해설] 방류둑에는 계단, 사다리 또는 토사를 높이 쌓아올림 등에 의한 출입구를 둘레 50 m 마다 1개 이상, 50 m 미만시 2개 이상 두어야 한다.

22 아세틸렌가스 압축 시 희석제로서 적당하지 않은 것은?
① 질소　　　　　　② 메탄
③ 일산화탄소　　　④ 산소

[해설] 희석제
① 메탄　　② 일산화탄소
③ 에틸렌　④ 질소

23 가스가 누출된 경우 제2의 누출을 방지하기 위하여 방류둑을 설치한다. 방류둑을 설치하지 않아도 되는 저장탱크는?
① 저장능력 1000톤의 액화질소탱크
② 저장능력 10톤의 액화암모니아탱크
③ 저장능력 1000톤의 액화산소탱크
④ 저장능력 5톤의 액화염소탱크

[해설] 방류둑 설치
① 가연성 산소 : 1000톤 이상
② 특정고압가스 : 500톤 이상
③ 독성 : 5톤 이상(질소는 불연성 가스이므로 제외)

정답 20. ② 21. ② 22. ④ 23. ①

24. 냉동기 제조시설에서 내압성능을 확인하기 위한 시험압력의 기준은?
① 설계압력 이상
② 설계압력의 1.25배 이상
③ 설계압력의 1.5배 이상
④ 설계압력의 2배 이상

해설 냉동기 제조시설에서 내압성능을 확인하기 위한 시험압력 : 설계압력의 1.5배 이상

25. 충전용기를 차량에 적재하여 운반 시 차량의 앞뒤 보기 쉬운 곳에 표시하는 경계표시의 글씨 색깔 및 내용으로 적합한 것은?
① 노랑 글씨 – 위험고압가스
② 붉은 글씨 – 위험고압가스
③ 노랑 글씨 – 주의고압가스
④ 붉은 글씨 – 주의고압가스

해설 경계표시의 글씨 색깔 및 내용 : 붉은 글씨로 위험고압가스

26. 고압가스 운반, 취급에 관한 안전사항 중 염소와 동일 차량에 적재하여 운반이 가능한 가스는?
① 아세틸렌   ② 암모니아   ③ 질소   ④ 수소

해설 동일 차량 적재운반금지 : ① 염소와 수소   ② 염소와 암모니아   ③ 염소와 아세틸렌

27. 사고를 일으키는 장치의 이상이나 운전자 실수의 조합을 연역적으로 분석하는 정량적 위험성평가 기법은?
① 사건수 분석(ETA)기법
② 결함수 분석(FTA)기법
③ 위험과 운전분석(HAZOP)기법
④ 이상위험도 분석(FMECA)기법

해설 결함수 분석(FTA)기법 : 사고를 일으키는 장치의 이상이나 운전자 실수의 조합을 연역적을 분석하는 정량적 위험성평가 기법

28. 가스배관의 주위를 굴착하고자 할 때에는 가스배관의 좌우 얼마 이내의 부분은 인력으로 굴착해야 하는가?
① 30cm 이내   ② 50cm 이내   ③ 1m 이내   ④ 1.5m 이내

해설 ① 가스배관의 주위를 굴착하고자 할 때에는 가스배관의 좌우 1m이내의 부분은 인력으로 굴착
② 배관이 있을 예상지점 2m이내 줄파기시 안전관리전담자 입회
③ 노출된 가스배관길이가 15m이상 시 점검통로 및 조명시설설치

정답 24. ③   25. ②   26. ③   27. ②   28. ③

29 천연가스의 발열량이 10,400 kcal/Sm³이다. SI 단위인 MJ/Sm³으로 나타내면?
① 2.47 ② 43.68 ③ 2,476 ④ 43,680

해설) 1 J=0.238cal
x=10,400×1,000
$$x = \frac{1J \times 10,400 \times 1,000 cal}{0.238 cal} = 43,697,478.99 J \div 10^6 / 1MJ = 43.67 MJ$$
∴ 1MJ=10⁶T

30 시안화수소 충전 시 한 용기에서 60일을 초과할 수 있는 경우는?
① 순도가 90% 이상으로서 착색이 된 경우
② 순도가 90% 이상으로서 착색되지 아니한 경우
③ 순도가 98% 이상으로서 착색이 된 경우
④ 순도가 98% 이상으로서 착색되지 아니한 경우

해설) 시안화수소 충전 시 한 용기에서 60일을 초과할 수 있는 경우는 순도가 98% 이상으로서 착색되지 아니한 경우

제2과목 : 가스장치 및 기기

31 액화가스의 고압가스설비에 부착되어 있는 스프링식 안전밸브는 상용의 온도에서 그 고압가스 설비 내의 액화가스의 상용의 체적이 그 고압가스설비 내의 몇 %까지 팽창하게 되는 온도에 대응하는 그 고압가스설비 안의 압력에서 작동하는 것으로 하여야 하는가?
① 90 ② 95 ③ 98 ④ 99.5

해설) 안전밸브는 98%의 압력에서 작동

32 안정된 불꽃으로 완전연소를 할 수 있는 염공의 단위면적당 인풋(in put)을 무엇이라고 하는가?
① 염공부하 ② 연소실부하
③ 연소효율 ④ 배기열손실

해설) 염공부하 : 안정된 불꽃으로 완전연소를 할 수 있는 염공의 단위 면적당 인풋

정답 29. ② 30. ④ 31. ③ 32. ①

33 자동교체식 조정기 사용 시 장점으로 틀린 것은?
① 전체용기 수량이 수동식보다 적어도 된다.
② 배관의 압력손실을 크게 해도 된다.
③ 잔액이 거의 없어질 때까지 소비된다.
④ 용기 교환주기의 폭을 좁힐 수 있다.

해설⊃ 자동교체식 조정기 사용 시 장점
① 용기 교환주기의 폭을 넓힐 수 있다.
② 잔액이 거의 없어질 때까지 소비된다.
③ 배관의 압력손실을 크게 해도 된다.
④ 전체용기 수량이 수동식보다 적어도 된다.

34 저장능력 50톤인 액화산소 저장탱크 외면에서 사업소경계선까지의 최단거리가 50 m 일 경우 이 저장탱크에 대한 내진설계 등급은?
① 내진 특등급   ② 내진 1등급
③ 내진 2등급   ④ 내진 3등급

해설⊃ 저장능력 50톤인 액화산소 저장탱크 외면에서 사업소경계선까지의 최단거리가 50 m일 경우 내진 2등급

35 다음 중 흡수 분석법의 종류가 아닌 것은?
① 헴펠법   ② 활성알루미나겔법
③ 오르자트법   ④ 게겔법

해설⊃ 흡수 분석법
① 오르자트법   ② 헴펠법   ③ 게겔법

36 LPG 기화장치의 작동원리에 따른 구분으로 저온의 액화가스를 조정기를 통하여 감압한 후 열교환기에 공급해 강제 기화시켜 공급하는 방식은?
① 해수가열 방식   ② 가온감압 방식
③ 감압가열 방식   ④ 중간 매체 방식

해설⊃ 감압가열 방식 : 저온의 액화가스를 조정기를 통하여 감압한 후 열교환기에 공급해 강제 기화시켜 공급하는 방식

정답 33. ④ 34. ③ 35. ② 36. ③

37
특정가스 제조시설에 설치한 가연성 독성가스 누출검지 경보장치에 대한 설명으로 틀린 것은?
① 누출된 가스가 체류하기 쉬운 곳에 설치한다.
② 설치수는 신속하게 감지할 수 있는 숫자로 한다.
③ 설치위치는 눈에 잘 보이는 위치로 한다.
④ 기능은 가스의 종류에 적합한 것으로 한다.

[해설] 가연성 독성가스 누출검지 경보장치
① 기능은 가스의 종류에 적합한 것으로 한다.
② 설치수는 신속하게 감지할 수 있는 숫자로 한다.
③ 누출된 가스가 체류하기 쉬운 곳에 설치한다.

38
열전대 온도계는 열전쌍회로에서 두 접점의 발생되는 어떤 현상의 원리를 이용한 것인가?
① 열기전력   ② 열팽창계수   ③ 체적변화   ④ 탄성계수

[해설] 두 접점의 발생되는 열기전력(제백효과) 이용

39
도시가스 제조 공정에서 사용되는 촉매의 열화와 가장 거리가 먼 것은?
① 유황화합물에 의한 열화
② 불순물의 표면 피복에 의한 열화
③ 단체와 니켈과의 반응에 의한 열화
④ 불포화탄화수소에 의한 열화

[해설] 촉매의 열화
① 단체와 니켈과의 반응에 의한 열화   ② 불순물의 표면 피복에 의한 열화
③ 유황화합물에 의한 열화

40
액화천연가스(LNG)저장탱크 중 액화천연가스의 최고 액면을 지표면과 동등 또는 그 이하가 되도록 설치하는 형태의 저장탱크는?
① 지상식 저장탱크(aboveground Storage Tank)
② 지중식 저장탱크(Inground Storage Tank)
③ 지하식 저장탱크(Underground Storage Tank)
④ 단일방호식 저장탱크(Single Containment Tank)

[해설] 지중식 저장탱크 : 액화천연가스의 최고 액면을 지표면과 동등 또는 그 이하가 되도록 설치

정답 37. ③   38. ①   39. ④   40. ②

41 모듈 3, 잇수 10개, 기어의 폭이 12 mm인 기어펌프를 1200 rpm으로 회전할 때 송출량은 약 얼마인가?

① 9030 cm³/s
② 11260 cm³/s
③ 12160 cm³/s
④ 13570 cm³/s

해설 $Q = 2\pi m^2 zbN = 2 \times \pi \times 3^2 \times 10 \times 1.2 \times 1200 = 814300 \text{ cm}^3/\text{min}$

$\dfrac{814300 \text{ cm}^2/\text{min}}{60 \text{ sec/min}} = 13571.68 \text{ cm}^3/\text{sec}$

42 고압가스 배관재료로 사용되는 동관의 특징에 대한 설명으로 틀린 것은?

① 가공성이 좋다.
② 열전도율이 적다.
③ 시공이 용이하다.
④ 내식성이 크다.

해설 동관의 특징
① 열전도율이 좋다. ② 내식성이 크다. ③ 시공이 우수하다.
④ 가공성이 좋다. ⑤ 산에 침식된다.

43 공기보다 비중이 가벼운 도시가스의 공급시설로서 공급시설이 지하에 설치된 경우의 통풍구조에 대한 설명으로 옳은 것은?

① 환기구를 2방향 이상 분산하여 설치한다.
② 배기구는 천장 면으로부터 50cm 이내에 설치한다.
③ 흡입구 및 배기구의 관경은 80mm 이상으로 한다.
④ 배기가스 방출구는 지면에서 5m 이상의 높이에 설치한다.

해설 공기보다 비중이 가벼운 도시가스의 공급시설로서 공급시설
① 환기구를 2방향 이상 분산하여 설치
② 배기구는 천장 면 가까이 설치할 것
③ 통풍능력은 바닥면적 1m²당 0.5m³/min 이상으로 할 것
④ 배기가스 방출구는 지면에서 5m(공기보다 비중이 가벼운 경우 3m) 이상의 높이에 설치
⑤ 흡기구 및 배기구의 관경은 100mm이상으로 한다.

44 원통형의 관을 흐르는 물의 중심부의 유속을 피토관으로 측정하였더니 수주의 높이가 10m이었다. 이때 유속은 약 몇 m/s인가?

① 10 ② 14 ③ 20 ④ 26

정답 41. ④ 42. ② 43. ① 44. ②

해설 $H = \dfrac{V^2}{2g}$

$V = \sqrt{2gh} = \sqrt{2 \times 9.8 \times 10} = 14 \text{ m/sec}$

45 실린더 중에 피스톤과 보조 피스톤이 있고 양 피스톤의 작용으로 상부에 팽창기가 있는 액화 사이클은?

① 클라우드 액화 사이클
② 캐피자 액화 사이클
③ 필립스 액화 사이클
④ 캐스케이드 액화 사이클

해설 필립스 액화 사이클 : 실린더 중에 피스톤과 보조 피스톤이 있고 양 피스톤의 작용으로 상부에 팽창기가 있는 액화 사이클

제3과목 : 가스일반

46 다음 중 메탄의 제조방법이 아닌 것은?

① 석유를 크래킹하여 제조한다.
② 천연가스를 냉각시켜 분별 증류한다.
③ 초산나트륨에 소다회를 가열하여 얻는다.
④ 니켈을 촉매로 하여 일산화탄소에 수소를 작용시킨다.

해설 메탄의 제조방법
① 천연가스를 냉각시켜 분별 증류한다.
② 초산나트륨에 소다회를 가열하여 얻는다.
③ 니켈을 촉매로 하여 일산화탄소에 수소를 작용시킨다.

47 아세틸렌의 특징에 대한 설명으로 옳은 것은?

① 압축 시 산화폭발한다.
② 고체 아세틸렌은 융해하지 않고 승화한다.
③ 금과는 폭발성 화합물을 생성한다.
④ 액체 아세틸렌은 안정하다.

정답 45. ③ 46. ① 47. ②

해설 ⇨ 아세틸렌의 특징
① 고체 아세틸렌은 안정하다.
② 은, 구리, 수은 등과 폭발성 화합물을 생성
③ 고체 아세틸렌은 융해하지 않고 승화한다.
④ 압축 시 분해폭발한다.

48 도시가스의 주원료인 메탄(CH_4)의 비점은 약 얼마인가?
① -50℃
② -82℃
③ -120℃
④ -162℃

해설 ⇨ ① 메탄의 비점 : -162℃
② 프로판의 비점 : -42℃
③ 부탄의 비점 : -0.5℃

49 다음 중 휘발분이 없는 연료로서 표면연소를 하는 것은?
① 목탄, 코크스
② 석탄, 목재
③ 휘발유, 등유
④ 경유, 유황

해설 ⇨ 연소형태
① 표면연소 : 코크스, 목탄, 금속분, 숯
② 분해연소 : 석탄, 목재, 종이, 플라스틱
③ 증발연소 : 알콜, 에테르, 등유, 경유, 휘발유
④ 자기연소 : 화약, 폭약
⑤ 확산연소 : 수소, 메탄

50 다음 가스 중 상온에서 가장 안정한 것은?
① 산소
② 네온
③ 프로판
④ 부탄

해설 ⇨ 상온에서 가장 안정한 것 : 헬륨, 네온, 아르곤, 크립톤, 크세논

51 다음 중 카바이드와 관련이 없는 성분은?
① 아세틸렌(C_2H_2)
② 석회석($CaCO_3$)
③ 생석회(CaO)
④ 염화칼슘($CaCl_2$)

정답 48. ④ 49. ① 50. ② 51. ④

해설 카바이드와 관련
① 아세틸렌(C_2H_2)
② 석회석($CaCO_3$)
③ 생석회(CaO)

52
설비나 장치 및 용기 등에서 취급 또는 운용되고 있는 통상의 온도를 무슨 온도라 하는가?
① 상용온도
② 표준온도
③ 화씨온도
④ 캘빈온도

해설 상용온도 : 설비나 장치 및 용기 등에서 취급 또는 운용되고 있는 통상의 온도

53
다음 화합물 중 탄소의 함유율이 가장 많은 것은?
① CO_2
② CH_4
③ C_2H_4
④ CO

해설 탄소의 함유율
①, ②, ④ : C(12)
③ : C_2(24)

54
어떤 물질의 질량은 30 g이고 부피는 600 cm³이다. 이것의 밀도(g/cm³)는 얼마인가?
① 0.01
② 0.05
③ 0.5
④ 1

해설 밀도 = $\dfrac{질량}{부피}$ = $\dfrac{30\,g}{600\,cm^3}$ = $0.05\,g/cm^3$

55
브롬화메탄에 대한 설명으로 틀린 것은?
① 용기가 열에 노출되면 폭발할 수 있다.
② 알루미늄을 부식하므로 알루미늄 용기에 보관할 수 없다.
③ 가연성이며 독성가스이다.
④ 용기의 충전구 나사는 왼나사이다.

해설 용기의 충전구 나사는 오른나사이다.(NH_3, CH_3Br : 오른나사)
참고 가연성 가스 : 왼나사, 기타 : 오른나사

정답 52. ① 53. ③ 54. ② 55. ④

56

대기압력이 1.0332kgf/cm²이고, 계기압력이 10kgf/cm²일 때 절대압력은 약 몇 kgf/cm²인가?

① 8.9668
② 10.332
③ 11.0332
④ 103.32

해설 ⇨ 절대압력 = 게이지압력 + 대기압 = 10 + 1.0332
= 11.0332 kgf/cm²

57

도시가스 정압기의 특성으로 유량이 증가됨에 따라 가스가 송출될 때 출구측 배관(밸브 등)의 마찰로 인하여 압력이 약간 저하되는 상태를 무엇이라 하는가?

① 히스테리시스(Hysteresis) 효과
② 록업(Lock-up)효과
③ 충돌(Impingement)효과
④ 형상(Body-Configuration)효과

해설 ⇨ 히스테리시스(Hysteresis) 효과
양이 증가됨에 따라 가스가 송출될 때 출구측 배관(밸브 등)의 마찰로 인하여 압력이 약간 저하되는 상태

58

0°C 물 10 kg을 100°C 수증기로 만드는데 필요한 열량은 약 몇 kcal인가?

① 5390
② 6390
③ 7390
④ 8390

해설 ⇨ ① 0°C 물 → 100°C 물(현열)
$Q_1 = G_1 C_1 \triangle t_1 = 10 \times 1 \times (100-0) = 1000$ kcal
② 100°C 물 → 100°C 증기(잠열)
$Q_2 = G_2 \times r_2 = 10 \times 539 = 5390$ kcal
∴ $Q_1 + Q_2 = 1000 + 5390 = 6390$ kcal

59

다음 중 압력단위의 환산이 잘못된 것은?

① 1 kg/cm³ ≒ 14.22 psi
② 1 psi ≒ 0.0703 kg/cm²
③ 1 mbar ≒ 14.7 psi
④ 1 kg/cm² ≒ 98.07 kPa

해설 ⇨ 1.013 bar ≒ 14.7 psi

정답 56. ③ 57. ① 58. ② 59. ③

60

다음 중 온도의 단위가 아닌 것은?
① °F
② °C
③ °R
④ °T

해설 ⇒ 온도의 단위
① °C = $\frac{5}{9}$(°F−32)
② °F = $\frac{9}{5}$ × °C = 32
③ K = °C + 273
④ °R = °F + 460

정답 60. ④

제7회 가스기능사 출제문제

1과목 : 가스안전관리

01 안전관리자가 상주하는 사무소와 현장사무소와의 사이 또는 현장사무소 상호간 신속히 통보할 수 있도록 통신시설을 갖추어야 하는데 이에 해당되지 않는 것은?
① 구내방송설비
② 메가폰
③ 인터폰
④ 페이징설비

해설 ● 통신시설
① 사업소내전체 : ㉠ 사이렌 ㉡ 휴대용확성기 ㉢ 구내방송설비 ㉣ 페이징설비 ㉤ 메가폰
② 사무소와 사무소간 : ㉠ 인터폰 ㉡ 구내전화 ㉢ 구내방송설비 ㉣ 페이징설비
③ 종업원상호간 : ㉠ 페이징설비 ㉡ 휴대용확성기 ㉢ 메가폰 ㉣ 트랜시버

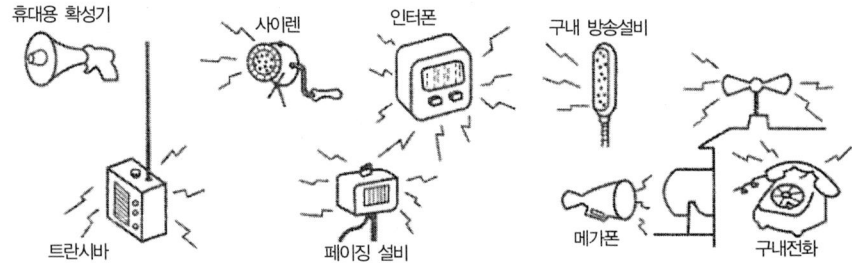

02 1몰의 아세틸렌가스를 완전연소하기 위하여 몇 몰의 산소가 필요한가?
① 1몰
② 1.5몰
③ 2.5몰
④ 3몰

해설 ● $1C_2H_2 + 2.5O_2 \rightarrow 2CO_2 + 1H_2O$
　　　1몰　2.5몰　　2몰　1몰

정답 1. ②　2. ③

03 고압가스의 용어에 대한 설명으로 틀린 것은?

① 액화가스란 가압, 냉각 등의 방법에 의하여 액체상태로 되어 있는 것으로서 대기압에서의 끓는점이 섭씨 40도 이하 또는 상용의 온도 이하인 것을 말한다.
② 독성가스란 공기 중에 일정량이 존재하는 경우 인체에 유해한 독성을 가진 가스로서 허용농도가 100만분의 2000 이하인 가스를 말한다.
③ 초저온저장탱크라 함은 섭씨 영하 50도 이하의 액화가스를 저장하기 위한 저장탱크로서 단열재로 씌우거나 냉동 설비로 냉각하는 등의 방법으로 저장탱크 내의 가스온도가 상용의 온도를 초과하지 아니하도록 한 것을 말한다.
④ 가연성가스라 함은 공기 중에서 연소하는 가스로서 폭발한계의 하한이 10% 이하인 것과 폭발한계의 상한과 하한의 차가 20% 이상인 것을 말한다.

[해설] 허용농도가 $\dfrac{200}{100만}$ 이하인 가스

04 고압가스안전관리법에서 정하고 있는 특수고압가스에 해당되지 않는 것은?

① 아세틸렌　　　　　　　　② 포스핀
③ 압축모노실란　　　　　　④ 디실란

[해설] 특수고압가스
① 압축모노실란　② 포스핀　③ 디실란
④ 게르만　　　　⑤ 셀렌화수소　⑥ 액화알진 등

05 다음 중 동일차량에 적재하여 운반할 수 없는 경우는?

① 산소와 질소　　　　　　② 질소와 탄산가스
③ 탄산가스와 아세틸렌　　④ 염소와 아세틸렌

[해설] 동일차량적재운반금지
① 염소와 수소
② 염소와 암모니아
③ 염소와 아세틸렌

06 천연가스 지하 매설 배관의 퍼지용으로 주로 사용되는 가스는?

① N_2　　　② Cl_2　　　③ H_2　　　④ O_2

[해설] 천연가스 지하 매설 배관의 퍼지용 : N_2(질소)

정답　3. ②　4. ①　5. ④　6. ①

07 독성가스 제조시설 식별표지의 글씨 색상은? (단, 가스의 명칭은 제외한다.)
① 백색   ② 적색   ③ 황색   ④ 흑색

해설 ▷ 식별표지 : 독성가스(염소) 제조시설
① 백색 바탕에 흑색글씨(가스명칭은 적색)
② 문자의 크기는 가로 및 세로 10 cm 이상
③ 식별거리 30 m 이상

08 다음 중 폭발성이 예민하므로 마찰 타격으로 격렬히 폭발하는 물질에 해당되지 않는 것은?
① 메틸아민   ② 유화질소
③ 아세틸라이드   ④ 염화질소

해설 ▷ 폭발성이 예민하므로 마찰 타격으로 격렬히 폭발하는 물질
① 아세틸라이드   ② 유화질소   ③ 염화질소

09 고압가스를 제조하는 경우 가스를 압축해서는 아니 되는 경우에 해당하지 않는 것은?
① 가스연가스(아세틸렌, 에틸렌 및 수소 제외) 중 산소량이 전체용량의 4% 이상인 것
② 산소 중의 가연성가스의 용량이 전체 용량의 4% 이상인 것
③ 아세틸렌, 에틸렌 또는 수소 중의 산소용량이 전체 용량의 2% 이상인 것
④ 산소 중의 아세틸렌, 에틸렌 및 수소의 용량 합계가 전체용량의 4% 이상인 것

해설 ▷ 산소 중의 아세틸렌, 에틸렌 및 수소의 용량 합계가 전체용량의 2% 이상인 것

10 지하에 설치하는 지역정압기에서 시설의 조작을 안전하고 확실하게 하기 위하여 필요한 조명도는 얼마를 확보하여야 하는가?
① 100룩스   ② 150룩스   ③ 200룩스   ④ 250룩스

해설 ▷ 지하에 설치하는 지역정압기 조명도 : 150룩스

11 공기 중에서의 폭발 하한값이 가장 낮은 가스는?
① 황화수소   ② 암모니아   ③ 산화에틸렌   ④ 프로판

정답 7. ④ 8. ① 9. ④ 10. ② 11. ④

[해설] 폭발 하한
① 프로판 : 2.1~9.5%
② 암모니아 : 15~28%
③ 황화수소 : 4.3~45.5%
④ 산화에틸렌 : 3~80%

12 가스도매사업의 가스공급시설 중 배관을 지하에 매설할 때의 기준으로 틀린 것은?
① 배관은 그 외면으로부터 수평거리로 건축물까지 1.0 m 이상을 유지한다.
② 배관은 그 외면으로부터 지하의 다른 시설물과 0.3 m 이상의 거리를 유지한다.
③ 배관을 산과 들에 매설할 때는 지표면으로부터 배관의 외면까지의 매설깊이를 1 m 이상으로 한다.
④ 배관은 지반 동결로 손상을 받지 아니하는 깊이로 매설한다.

[해설] 배관은 그 외면으로부터 수평거리로 건축물까지 1.5 m 이상을 유지한다.

13 아세틸렌을 용기에 충전하는 때에 사용하는 다공물질에 대한 설명으로 옳은 것은?
① 다공도가 55% 이상 75% 미만의 석회를 고루 채운다.
② 다공도가 65% 이상 82% 미만의 목탄을 고루 채운다.
③ 다공도가 75% 이상 92% 미만의 규조토를 고루 채운다.
④ 다공도가 95% 이상인 다공성 플라스틱을 고루 채운다.

[해설] 다공물질 : 다공도가 75% 이상 92% 미만의 규조토를 고루 채운다.

14 고압가스안전관리법에서 정하고 있는 보호시설이 아닌 것은?
① 의원 ② 학원 ③ 가설건축물 ④ 주택

[해설] 보호시설
① 유치원 ② 병원(의원 포함) ③ 어린이집 ④ 학교 ⑤ 도서관
⑥ 시장 ⑦ 공중목욕탕 ⑧ 호텔 ⑨ 주택

15 다음 가스폭발의 위험성 평가기법 중 정량적 평가 방법은?
① HAZOP(위험성운전 분석기법) ② FTA(결함수 분석기법)
③ Check List법 ④ WHAT-IF(사고예상질문 분석기법)

[해설] 정량적 평가 방법 : ① 결함수 분석기법 ② 사건수분석법
③ 원인결과분석법 ④ 작업자실수분석법

정답 12. ① 13. ③ 14. ③ 15. ②

16 도시가스사업법령에 따른 안전관리자의 종류에 포함되지 않는 것은?
① 안전관리 총괄자   ② 안전관리 책임자
③ 안전관리 부책임자   ④ 안전점검원

해설▸ 안전관리자의 종류
① 안전관리 총괄자   ② 안전관리 책임자   ③ 안전점검원

17 독성가스 배관은 2중관 구조로 하여야 한다. 이때 외층관 내경은 내층관 외경의 몇 배 이상을 표준으로 하는가?
① 1.2   ② 1.5   ③ 2   ④ 2.5

해설▸ 독성가스는 2중관 구조로 한다. 외층관 내경은 내층관 외경의 1.2배 이상

18 액화석유가스 충전사업자의 영업소에 설치하는 용기저장소 용기보관실 면적의 기준은?
① 9m² 이상   ② 12m² 이상
③ 19m² 이상   ④ 21m² 이상

해설▸ 충전사업자의 영업소에 설치하는 용기저장소 용기보관실 면적 : 19m² 이상

19 자연발화의 열의 발생 속도에 대한 설명으로 틀린 것은?
① 초기 온도가 높은 쪽이 일어나기 쉽다.
② 표면적이 작을수록 일어나기 쉽다.
③ 발열량이 큰 쪽이 일어나기 쉽다.
④ 촉매 물질이 존재하면 반응 속도가 빨라진다.

해설▸ 자연발화의 열의 발생 속도
① 표면적이 클수록 일어나기 쉽다.
② 촉매 물질이 존재하면 반응 속도가 빨라진다.
③ 발열량이 큰 쪽이 일어나기 쉽다.
④ 초기 온도가 높은 쪽이 일어나기 쉽다.

정답 16. ③   17. ①   18. ③   19. ②

20

암모니아 충전용기로서 내용적이 1000 L 이하인 것은 부식여유치가 A이고, 염소 충전용기로서 내용적이 1000 L 초과하는 것은 부식여유치가 B이다. A와 B항의 알맞은 부식 여유치는?

① A : 1 mm, B : 2 mm
② A : 1 mm, B : 3 mm
③ A : 2 mm, B : 5 mm
④ A : 1 mm, B : 5 mm

해설 부식여유치
① 암모니아
  ㉠ 1000 L 이하 : 1 mm
  ㉡ 1000 L 초과 : 2 mm
② 염소
  ㉠ 1000 L 이하 : 3 mm
  ㉡ 1000 L 초과 : 5 mm

21

다음 중 고압가스관련설비가 아닌 것은?

① 일반압축가스배관용 밸브
② 자동차용 압축천연가스 완속충전설비
③ 액화석유가스용 용기잔류가스회수장치
④ 안전밸브, 긴급차단장치, 역화방지장치

해설 고압가스관련설비
① 저장탱크
② 긴급차단장치
③ 역화방지장치
④ 안전밸브
⑤ 기화기
⑥ 자동차용가스자동주입기
⑦ 액화석유가스용 용기잔류가스회수장치
⑧ 냉동설비
⑧ 자동차용 압축천연가스 완속충전설비
⑨ 특정고압가스용실린더캐비넷

22

고압가스일반제조시설의 저장탱크 지하 설치기준에 대한 설명으로 틀린 것은?

① 저장탱크 주위에는 마른모래를 채운다.
② 지면으로부터 저장탱크 정상부까지의 깊이는 30 cm 이상으로 한다.
③ 저장탱크를 매설한 곳의 주위에는 지상에 경계표지를 한다.
④ 저장탱크에 설치한 안전밸브는 지면에서 5 m 이상 높이에 방출구가 있는 가스방출관을 설치한다.

해설 지면으로부터 저장탱크 정상부까지의 깊이는 60 cm 이상으로 한다.

정답 20. ④ 21. ① 22. ②

23
아황산가스의 제독제로 갖추어야 할 것이 아닌 것은?
① 가성소다수용액 ② 소석회
③ 탄산소다수용액 ④ 물

해설 제독제
① 염소 : 소석회, 가성소다, 탄산소다(620, 670, 870 kg)
② 포스겐 : 가성소다, 소석회(390, 360 kg)
③ 황화수소 : 가성소다, 탄산소다(1140, 1500 kg)
④ 시안화수소 : 가성소다(250 kg)
⑤ 아황산가스 : 물, 가성소다(530 kg), 탄산가스(700 kg)
⑥ 암모니아, 산화에틸렌, 염화메탄 : 다량의 물

24
산소 압축기의 윤활유로 사용되는 것은?
① 석유류 ② 유지류
③ 글리세린 ④ 물

해설 압축기의 윤활유
① 산소 : 물 또는 10% 이하의 묽은 글리세린수
② 염소 : 농황산
③ 공기, 수소, 아세틸렌 : 양질의 광유
④ LP가스 : 식물성유

25
아세틸렌이 은, 수은과 반응하여 폭발성의 금속 아세틸라이드를 형성하여 폭발하는 형태는?
① 분해폭발 ② 화합폭발 ③ 산화폭발 ④ 압력폭발

해설 화합폭발
① $C_2H_2 + 2Cu \rightarrow Cu_2C_2 + H_2$
② $C_2H_2 + 2Ag \rightarrow Ag_2C_2 + H_2$
③ $C_2H_2 + 2Hg \rightarrow Hg_2C_2 + H_2$

26
가연성가스 또는 독성가스의 제조시설에서 자동으로 원재료의 공급을 차단시키는 등 제조설비 안의 제조를 제어할 수 있는 장치를 무엇이라고 하는가?
① 인터록기구 ② 벤트스택
③ 플레어스택 ④ 가스누출검지경보장치

정답 23. ② 24. ④ 25. ② 26. ①

해설 ▷ 인터록기구 : 가연성가스 또는 독성가스의 제조시설에서 자동으로 원재료의 공급을 차단시키는 등 제조설비 안의 제조를 제어할 수 있는 장치

27. 지상에 설치하는 정압기실 방호벽의 높이와 두께기준으로 옳은 것은?
① 높이 2 m, 두께 7 cm 이상의 철근콘크리트벽
② 높이 1.5 m, 두께 12 cm 이상의 철근콘크리트벽
③ 높이 2 m, 두께 12 cm 이상의 철근콘크리트벽
④ 높이 1.5 m, 두께 15 cm 이상의 철근콘크리트벽

해설 ▷ 방호벽의 높이

종류	높이 두께	구조
철근콘크리트	2 m 이상 12 cm 이상	9 mm 이상의 철근을 40 cm×40 cm 이하의 간격으로 배근결속
콘크리트블록	2 m 이상 15 cm 이상	9 mm 이상의 철근을 40 cm×40 cm 이하의 간격으로 배근결속
박강판	2 m 이상 3.2 mm 이상	
후강판	2 m 이상 6 mm 이상	1.8 m 이하의 간격으로 지주를 세움

28. 도시가스도매사업제조소에 설치된 비상공급시설 중 가스가 통하는 부분은 최고사용압력의 몇 배 이상의 압력으로 기밀시험이나 누출검사를 실시하여 이상이 없는 것으로 하는가?
① 1.1   ② 1.2   ③ 1.5   ④ 2.0

해설 ▷ 최고사용압력의 1.1배 이상의 압력으로 기밀시험

29. 용기 종류별 부속품의 기호 중 압축가스를 충전하는 용기의 부속품을 나타낸 것은?
① LG   ② PG   ③ LT   ④ AG

해설 ▷ 용기 부속품의 기호
① AG : 아세틸렌가스를 충전하는 용기 부속품
② PG : 압축가스를 충전하는 용기 부속품
③ LT : 초저온 및 저온가스를 충전하는 용기 부속품
④ LPG : 액화석유가스를 충전하는 용기 부속품
⑤ LG : 액화석유가스 외의 가스를 충전하는 용기 부속품

정답 27. ③   28. ①   29. ②

30 "시·도지사는 도시가스를 사용하는 자에게 퓨즈 콕 등 가스안전 장치의 설치를 ( ) 할 수 있다." 괄호 안에 알맞은 말은?
① 권고　　② 강제　　③ 위탁　　④ 시공

해설 ▶ 시·도지사는 도시가스를 사용하는 자에게 퓨즈 콕 등 가스안전 장치의 설치를 권고할 수 있다.

제2과목 : 가스장치 및 기기

31 고압식 액화산소 분리장치에서 원료공기는 압축기에서 어느 정도 압축되는가?
① 40~60 atm
② 70~100 atm
③ 80~120 atm
④ 150~200 atm

해설 ▶ 고압식 액화산소 분리장치에서 원료공기는 압축기에서 150~200atm(15~20MPa)정도 압축

32 수은을 이용한 U자관 압력계에서 액주높이(h) 600 mm, 대기압(P_1)은 1 kg/cm²일 때 P_2는 약 몇 kg/cm²인가?
① 0.22　　② 0.92　　③ 1.82　　④ 9.16

해설 ▶ $P_2 = P_1 + \gamma \times h$ = 1 kg/cm²+0.0136 g/cm³×60 cm=1.816 kg/cm²
[참고] 수은의 비중은 13.6이며 비중량은 0.0136kg/cm³ 이다.

33 조정기를 사용하여 공급가스를 감압하는 2단 감압방법의 장점이 아닌 것은?
① 공급압력이 안정하다.
② 중간배관이 가늘어도 된다.
③ 각 연소기구에 알맞은 압력으로 공급이 가능하다.
④ 장치가 간단하다.

해설 ▶ 2단 감압방법의 장점
① 공급압력이 안정하다.
② 중간배관이 가늘어도 된다.
③ 각 연소기구에 알맞은 압력으로 공급이 가능하다.
④ 배관입상에 의한 압력손실을 보정할 수 있다.

정답　30. ①　31. ④　32. ③　33. ④

34
LNG의 주성분인 CH₄의 비점과 임계온도를 절대온도(K)로 바르게 나타낸 것은?

① 435K, 355K
② 111K, 355K
③ 435K, 283K
④ 111K, 283K

해설 ・메탄의 비점 : −161.5°C
K = °C+273 = −161.5+273 = 111.5K
・메탄의 임계온도 : 82.1°C
K = °C+273 = 82.1+273 = 355.1K

35
재료의 저온하에서의 성질에 대한 설명으로 가장 거리가 먼 것은?

① 강은 암모니아 냉동기용 재료로서 적당하다.
② 탄소강은 저온도가 될수록 인장강도가 감소한다.
③ 구리는 액화분리장치용 금속재료로서 적당하다.
④ 18-8 스테인리스강은 우수한 저온장치용 재료이다.

해설 탄소강은 저온도가 될수록 인장강도가 증가한다.

36
수소취성을 방지하는 원소로 옳지 않은 것은?

① 텅스텐(W)
② 바나듐(V)
③ 규소(Si)
④ 크롬(Cr)

해설 수소취성 방지원소
① 바나듐 ② 몰리브덴 ③ 티탄
④ 텅스텐 ⑤ 크롬

37
온도계의 선정방법에 대한 설명 중 틀린 것은?

① 지시 및 기록 등을 쉽게 행할 수 있을 것
② 견고하고 내구성이 있을 것
③ 취급하기가 쉽고 측정하기 간편할 듯
④ 피측 온체의 화학반응 등으로 온도계에 영향이 있을 것

해설 피측 온체의 화학반응 등으로 온도계에 영향이 없을 것

정답 34. ② 35. ② 36. ③ 37. ④

38

펌프의 캐비테이션에 대한 설명으로 옳은 것은?
① 캐비테이션은 펌프 임펠러의 출구부근에 더 일어나기 쉽다.
② 유체 중에 그 액온의 증기압보다 압력이 낮은 부분이 생기면 캐비테이션이 발생한다.
③ 캐비테이션은 유체의 온도가 낮을수록 생기기 쉽다.
④ 이용 NPSH > 필요 NPSH일 때 캐비테이션을 발생한다.

해설> 유체 중에 그 액온의 증기압보다 압력이 낮은 부분이 생기면 캐비테이션(공동현상)현상이 발생한다.

39

LP가스를 자동차용 연료로 사용할 때의 특징에 대한 설명 중 틀린 것은?
① 완전연소가 쉽다.
② 배기가스에 독성이 적다.
③ 기관의 부식 및 마모가 적다.
④ 시동이나 급가속이 용이하다.

해설> LP가스를 자동차용 연료로 사용시 특징
① 연소효율이 좋고 완전연소가 쉽다.
② 배기가스에 독성이 적으며 위생적이다.
③ 기관의 부식 및 마모가 적다.

40

원거리 지역에 대량의 가스를 공급하기 위하여 사용되는 가스 공급 방식은?
① 초저압 공급
② 저압 공급
③ 중압 공급
④ 고압 공급

해설> ・저압 공급 : 근거리지역 소량공급
・고압 공급 : 원거리지역 대량공급

41

다음은 무슨 압력계에 대한 설명인가?

"주름관이 내압변화에 따라서 신축되는 것을 이용한 것으로 진공압 및 차압 측정에 주로 사용된다."

① 벨로우즈압력계
② 다이어프램압력계
③ 부르동관압력계
④ U자관식압력계

정답 38. ② 39. ④ 40. ④ 41. ①

해설 · 벨로우즈압력계 : 주름관이나 내압변화에 따라서 신축되는 것을 이용한 것으로 진공압 및 차압 측정에 주로 사용한다.
· 특징
① 신축에 의한 압력측정
② 유체내의 먼지 등의 영향이 적고 압력변동에 적응하기 어렵다.
③ 측정압력은 0.01~10 kg/cm²

42 공기의 액화 분리에 대한 설명 중 틀린 것은?
① 질소가 정류탑의 하부로 먼저 기화되어 나간다.
② 대량의 산소, 질소를 제조하는 공업적 제조법이다.
③ 액화의 원리는 임계온도 이하로 냉각시키고 임계압력 이상으로 압축하는 것이다.
④ 공기 액화 분리장치에서는 산소가스가 가장 먼저 액화된다.

해설 질소가 정류탑의 상부로 먼저 기화되어 나간다.

43 증기 압축식 냉동기에서 실제적으로 냉동이 이루어지는 곳은?
① 증발기   ② 응축기   ③ 팽창기   ④ 압축기

해설 증기 압축식 냉동기에서 실제적으로 냉동이 이루어지는 곳은 증발기이다.

44 직동식 정압기의 기본 구성요소가 아닌 것은?
① 안전밸브   ② 스프링   ③ 메인밸브   ④ 다이어프램

해설 직동식 정압기의 기본 구성요소 : ① 스프링   ② 다이어프램   ③ 메인밸브

45 가연성가스의 제조설비 내에 설치하는 전기기기에 대한 설명으로 옳은 것은?
① 1종 장소에는 원칙적으로 전기설비를 설치해서는 안 된다.
② 안전증방폭구조는 전기기기의 불꽃이나 아크를 발생하여 착화원이 될 염려가 있는 부분을 기름 속에 넣은 것이다.
③ 2종 장소는 정상의 상태에서 폭발성 분위기가 연속하여 또는 장시간 생성되는 장소를 말한다.
④ 가연성가스가 존재할 수 있는 위험장소는 1종 장소, 2종 장소 및 0종 장소로 분류하고 위험장소에서는 방폭형 전기기기를 설치하여야 한다.

정답 42. ① 43. ① 44. ① 45. ④

제3과목 : 가스일반

46 다음 중 온도가 가장 높은 것은?
① 450°R   ② 220K   ③ 2°F   ④ -5°C

해설 ① 450°R
② °R = 1.8K = 1.8×220 = 396°R
③ °R = °F+460
　°R = 2+460 = 462°R
④ K = -5+273 = 268K
　°R = 1.8K = 1.8×268 = 482.4°R

47 다음 중 염소의 용도로 적합하지 않는 것은?
① 소독용으로 사용된다.　② 염화비닐 제조의 원료이다.
③ 표백제로 사용된다.　④ 냉매로 사용된다.

해설 염소의 용도
① 상수도 살균용　② 표백제로 사용　③ 염화비닐 제조의 원료
④ 포스겐의 제조　⑤ 염화수소　⑥ 펄프, 종이제조

48 부탄(C_4H_{10}) 용기에서 액체 580 g이 대기 중에 방출되었다. 표준 상태에서 부피는 몇 L가 되는가?
① 150　② 210　③ 224　④ 230

해설 58 g = 22.4 L
580 g = x
$x = \dfrac{580 \text{ g} \times 22.4 \text{ L}}{58 \text{ g}} = 224 \text{ L}$

49 다음 중 비점이 가장 낮은 기체는?
① NH_3　② C_3H_8　③ N_2　④ H_2

해설 비점이 낮은 순서
H_2(-252.5°C) > N_2(-196°C) > C_3H_8(-42.1°C) > NH_3(-33.3°C)

정답 46. ④   47. ④   48. ③   49. ④

50
도시가스에 첨가되는 부취제 선정 시 조건으로 틀린 것은?
① 물에 잘 녹고 쉽게 액화될 것
② 토양에 대한 투과성이 좋을 것
③ 독성 및 부식성이 없을 것
④ 가스배관에 흡착되지 않을 것

[해설] 부취제 선정시 조건
① 독성 및 가연성이 아닐 것
② 도관을 부식시키지 말 것
③ 토양에 대한 투과성이 클 것
④ 보통 존재하는 냄새와 명확히 구별될 것
⑤ 도관 내의 상용온도에서 응축되지 말 것
⑥ 가스관이나 가스미터에 흡착되지 말 것
⑦ 부식성이 없을 것

51
가연성가스 배관의 출구 등에서 공기 중으로 유출하면서 연소하는 경우는 어느 연소 형태에 해당하는가?
① 확산연소
② 증발연소
③ 표면연소
④ 분해연소

[해설] 확산연소(수소, 메탄)
가연성 가스 배관의 출구 등에서 공기 중으로 유출하면서 연소하는 경우

52
다음 중 수소가스와 반응하여 격렬히 폭발하는 원소가 아닌 것은?
① O_2
② N_2
③ Cl_2
④ F_2

[해설] 수소는 산소, 염소, 불소와 반응하여 격렬한 폭발을 일으켜 폭명기 형성
① $2H_2+O_2 \rightarrow 2H_2O+136.6\,\text{kcal}$(수소 폭명기)
② $H_2+Cl_2 \rightarrow 2HCl+44\,\text{kcal}$(염소 폭명기)
③ $H_2+F_2 \rightarrow 2HF+128\,\text{kcal}$(불소 폭명기)

53
"모든 기체 1몰의 체적(V)은 같은 온도(T), 같은 압력(P)에서 모두 일정하다."을 설명하는 법칙은?
① Dalton의 법칙
② Henry의 법칙
③ Avogadro의 법칙
④ Hess의 법칙

[해설] 아보가드로 법칙
표준상태에서 모든 기체의 체적은 1mol당 22.4L이고 분자수는 6.02×10^{23}개다.

정답 50. ① 51. ① 52. ② 53. ③

54 액화석유가스에 관한 설명 중 틀린 것은?
① 무색투명하고 물에 잘 녹지 않는다.
② 탄소의 수가 3~4개로 이루어진 화합물이다.
③ 액체에서 기체로 될 때 체적은 150배로 증가한다.
④ 기체는 공기보다 무거우며, 천연고무를 녹인다.

해설➡ 액체에서 기체로 될 때 체적은 250배로 증가한다.

55 0°C에서 온도를 상승시키면 가스의 밀도는?
① 높게 된다.   ② 낮게 된다.
③ 변함이 없다.   ④ 일정하지 않다.

해설➡ 0°C에서 온도를 상승시키면 가스의 밀도는 낮게 된다.

56 이상기체에 잘 적용될 수 있는 조건에 해당되지 않는 것은?
① 온도가 높고 압력이 낮다.   ② 분자 간 인력이 작다.
③ 분자크기가 작다.   ④ 비열이 작다.

해설➡ 이상기체에 잘 적용될 수 있는 조건
① 온도가 높고 압력이 낮다.
② 분자 간 인력이 작다.
③ 분자크기가 작다.

57 60°C의 물 300 kg과 20°C의 물 800 kg을 혼합하면 약 몇 °C의 물이 되겠는가?
① 28.2   ② 30.9   ③ 33.1   ④ 37

해설➡ 평균온도 $= \dfrac{G_1 \Delta t_1 + G_2 \Delta t_2}{G_1 + G_2}$
$= \dfrac{(300 \times 60 + 800 \times 20)}{(300 + 800)} = 30.90°C$

정답 54. ③   55. ②   56. ④   57. ②

58
착화원이 있을 때 가연성액체나 고체의 표면에 연소하한계 농도의 가연성 혼합기가 형성되는 최저온도는?
① 인화온도　　　　　　　② 임계온도
③ 발화온도　　　　　　　④ 포화온도

해설 ➔ 인화온도(인화점)
　　　가연성 액체나 고체의 표면에 연소하한계 농도의 가연성 혼합기가 형성되는 최저온도

59
암모니아의 성질에 대한 설명으로 옳은 것은?
① 상온에서 약 8.46 atm이 되면 액화한다.
② 불연성의 맹독성 가스이다.
③ 흑갈색의 기체로 물에 잘 녹는다.
④ 염화수소와 만나면 검은 연기를 발생한다.

해설 ➔ 암모니아의 성질
　　① 상온에서 약 8.46 atm이 되면 액화한다.
　　② 무색의 자극성 액체로 물에 잘 용해된다.(1 cc에 800~900 cc)
　　③ 염화수소와 만나면 흰 연기를 발생한다.
　　③ 증발잠열이 크므로 냉매로 사용
　　④ 허용농도 25ppm 이하 : 폭발범위 15~28%

60
표준상태에서 에탄 2 mol, 프로판 5 mol, 부탄 3 mol로 구성된 LPG에서 부탄의 중량은 몇 %인가?
① 13.2　　　② 24.6　　　③ 38.3　　　④ 48.5

해설 ➔ 부탄의 중량 $= \dfrac{(3 \times 58)}{(2 \times 30 + 5 \times 44 + 3 \times 58)} \times 100 = 38.32\%$

정답　58. ①　59. ①　60. ③

제8회 가스기능사 출제문제

1과목 : 가스안전관리

01 고압가스 배관에 대하여 수압에 의한 내압시험을 하려고 한다. 이때 압력은 얼마 이상으로 하는가?
① 사용압력×1.1배
② 사용압력×2배
③ 상용압력×1.5배
④ 상용압력×2배

해설→ 고압가스설비 내압시험＝상용압력×1.5배

02 일반도시가스사업자는 공급권역을 구역별로 분할하고 원격조작에 의한 긴급차단장치를 설치하여 대형가스누출, 지진발생 등 비상 시 가스차단을 할 수 있도록 하고 있는데 이 구역의 설정기준은?
① 수요자 수가 20만 미만이 되도록 설정
② 수요자 수가 25만 미만이 되도록 설정
③ 배관길이가 20 km 미만이 되도록 설정
④ 배관길이가 25 km 미만이 되도록 설정

해설→ 설정기준 : 수요자 수가 20만 미만이 되도록 설정

03 고압가스 특정제조시설에서 배관을 해저에 설치하는 경우의 기준으로 틀린 것은?
① 배관은 해저면 밑에 매설한다.
② 배관은 원칙적으로 다른 배관과 교차하지 아니하여야 한다.
③ 배관은 원칙적으로 다른 배관과 수평거리로 20 m 이상을 유지하여야 한다.
④ 배관의 입상부에는 방호시설물을 설치한다.

해설→ 배관은 원칙적으로 다른 배관과 수평거리로 30 m 이상을 유지하여야 한다.

정답 1. ③ 2. ① 3. ③

04 가스도매사업의 가스공급시설에서 배관을 지하에 매설할 경우의 기준으로 틀린 것은?

① 배관을 시가지 외의 도로 노면 밑에 매설할 경우 노면으로부터 배관 외면까지 1.2 m 이상 이격할 것
② 배관의 깊이는 산과 들에서는 1 m 이상으로 할 것
③ 배관을 시가지의 도로 노면 밑에 매설할 경우 노면으로부터 배관 외면까지 1.5 m 이상 이격할 것
④ 배관을 철도부지에 매설할 경우 배관 외면으로부터 궤도 중심까지 5 m 이상 이격할 것

해설 배관의 매설
① 철도부지와 수평거리, 도로경계와 수평거리, 산과 들, 도로 폭이 8 m 미만 시 : 1 m 미만
② 시가지외 도로 노면 밑, 인도·보도 등, 방호구조물 내, 도로 폭이 8 m 이상 시 : 1.2 m 이상
③ 시가지의 도로 노면 밑 : 1.5 m 이상
④ 공동주택 부지 내 : 0.6 m 이상
⑤ 궤도중심 : 4 m 이상

05 고압가스 특정제조시설 중 비가연성 가스의 저장탱크는 몇 m^3 이상일 경우에 지진영향에 대한 안전한 구조로 설계하여야 하는가?

① 300 ② 500 ③ 1000 ④ 2000

해설 비가연성 가스의 저장탱크는 1000 m^3 이상일 경우에 지진영향에 대한 안전한 구조로 설계한다.
[참고] 가연성 : 500m^3

06 액화석유가스 저장탱크에 가스를 충전하고자 한다. 내용적이 15 m^3인 탱크에 안전하게 충전할 수 있는 가스의 최대 용량은 몇 m^3인가?

① 12.75 ② 13.5 ③ 14.25 ④ 14.7

해설 저장탱크 내용적의 90% 이상이므로 15×0.9=13.5m^3

07 가연성가스 및 방폭 전기기기의 폭발등급 분류 시 사용하는 최소점화전류비는 어느 가스의 최소 점화전류를 기준으로 하는가?

① 메탄 ② 프로판 ③ 수소 ④ 아세틸렌

해설 가연성가스 및 방폭 전기기기의 폭발등급 분류 시 사용하는 최소점화전류비는 메탄가스의 최소 점화전류를 기준

정답 4. ④ 5. ③ 6. ② 7. ①

08 도시가스사업법상 제1종 보호시설이 아닌 것은?
① 아동 50명이 다니는 유치원
② 수용인원이 350명인 예식장
③ 객실 20개를 보유한 여관
④ 250세대 규모의 개별난방 아파트

해설 ▶ 도시가스사업법상 제1종 보호시설
① 사람을 수용하는 건축물로서 연면적이 1000 m² 이상시
② 문화재보호법에 따라 지정문화재로 지정된 건축물
③ 아동복지시설, 장애인 복지시설로서 20인 이상 수용할 수 있는 건축물
④ 유치원, 병원, 어린이집, 학교, 공중목욕탕, 도서관, 시장, 호텔, 여관, 교회, 극장
⑤ 예식장, 장례식장 및 전시장 시설로서 300명 이상 수용할 수 있는 건축물

09 아세틸렌 제조설비의 기준에 대한 설명으로 틀린 것은?
① 압축기와 충전장소 사이에는 방호벽을 설치한다.
② 아세틸렌 충전용 교체밸브는 충전장소와 격리하여 설치한다.
③ 아세틸렌 충전용 지관에는 탄소 함유량이 0.1% 이하의 강을 사용한다.
④ 아세틸렌에 접촉하는 부분에는 동 또는 동 함유량이 72% 이하의 것을 사용한다.

해설 ▶ 아세틸렌에 접촉하는 부분에는 동 또는 동 함유량이 62% 이하의 것을 사용한다.

10 다음 중 가연성이면서 독성인 가스는?
① 아세틸렌, 프로판
② 수소, 이산화탄소
③ 암모니아, 산화에틸렌
④ 아황산가스, 포스겐

해설 ▶ 가연성이면서 독성인 가스
① 암모니아　　② 산화에틸렌　　③ 황화수소
④ 시안화수소　　⑤ 벤젠　　⑥ 일산화탄소

11 다음 가스 중 폭발범위의 하한값이 가장 높은 것은?
① 암모니아　② 수소　③ 프로판　④ 메탄

해설 ▶ 폭발범위
① 암모니아 : 15~28%　② 수소 : 4~75%
③ 프로판 : 2.1~9.5%　④ 메탄 : 5~15%
⑤ 아세틸렌 : 2.5~81%

정답 8. ④　9. ④　10. ③　11. ①

12

고압가스의 충전 용기를 차량에 적재하여 운반하는 때의 기준에 대한 설명으로 옳은 것은?

① 염소와 아세틸렌 충전 용기는 동일 차량에 적재하여 운반이 가능하다.
② 염소와 수소 충전 용기는 동일 차량에 적재하여 운반이 가능하다.
③ 독성가스가 아닌 300 m³의 압축 가연성 가스를 차량에 적재하여 운반하는 때에는 운반책임자를 동승시켜야 한다.
④ 독성가스가 아닌 2천 kg의 액화 조연성 가스를 차량에 적재하여 운반하는 때에는 운반책임자를 동승시켜야 한다.

해설 운반책임자 동승기준

	압축가스	액화가스
독성	100 m³ 이상	1000 kg 이상
가연성	300 m³ 이상	3000 kg 이상
조연성	600 m³ 이상	6000 kg 이상

13

다음 중 풍압대와 관계없이 설치할 수 있는 방식의 가스 보일러는?

① 자연배기식(CF) 단독배기통 방식
② 자연배기식(CF) 복합배기통 방식
③ 강제배기식(FE) 단독배기통 방식
④ 강제배기식(FE) 공동배기구 방식

해설 다음 중 풍압대와 관계없이 설치할 수 있는 방식의 가스 보일러 : 강제배기식(FE) 단독배기통 방식

14

도시가스사용시설에서 입상관과 화기사이에 유지하여야 하는 거리는 우회거리 몇 m 이상인가?

① 1 m   ② 2 m   ③ 3 m   ④ 5 m

해설 도시가스사용시설에서 입상관과 화기사이에 유지하여야 하는 거리는 우회거리 2 m 이상이다.

15

일반도시가스 공급시설의 시설기준으로 틀린 것은?

① 가스공급 시설을 설치한 곳에는 누출된 가스가 머물지 아니하도록 환기설비를 설치한다.
② 공동구 안에는 환기장치를 설치하며 전기설비가 있는 공동구에는 그 전기설비를 방폭구조로 한다.
③ 저장탱크의 안전장치인 안전밸브나 파열판에는 가스방출관을 설치한다.
④ 저장탱크의 안전밸브는 다이어프램식 안전밸브로 한다.

정답 12. ③ 13. ③ 14. ② 15. ④

해설➡ 저장탱크의 안전밸브는 스프링식 안전밸브로 한다.

16 방류둑의 성토는 수평에 대하여 몇 도 이하의 기울기로 하여야 하는가?
① 30°　　② 45°　　③ 60°　　④ 75°

해설➡ 방류둑 구조 및 기준
① 성토는 수평에 대해 45° 이하의 구배를 가지고 성토정상부폭은 30 cm 이상일 것
② 방류둑 내면과 그 외면으로부터 10 m 이내에는 저장탱크 부속설비 이외의 것을 설치하지 아니할 것
③ 방류둑 계단 및 사다리는 출입구 둘레 50 m마다 1개 이상 설치하고 그 둘레가 50 m 미만일 경우 2개소 이상 분산설치
④ 가연성 및 독성 또는 가연성과 조연성의 액화가스 방류둑을 혼합배치하지 말 것

17 고압가스 저장탱크 및 가스홀더의 가스방출장치는 가스 저장량이 몇 m^3 이상인 경우 설치하여야 하는가?
① $1\ m^3$　　② $3\ m^3$　　③ $5\ m^3$　　④ $10\ m^3$

해설➡ 가스방출장치 설치 : 가스저장량이 $5m^3$ 이상인 경우 설치

18 다음 중 LNG의 주성분은?
① CH_4　　② CO　　③ C_2H_4　　④ C_2H_2

해설➡ ① LNG의 주성분 : CH_4　　② LPG의 주성분 : C_3H_8

19 가스제조시설에 설치하는 방호벽의 규격으로 옳은 것은?
① 철근콘크리트 벽으로 두께 12 cm 이상, 높이 2 m 이상
② 철근콘크리트블록 벽으로 두께 20 cm 이상, 높이 2 m 이상
③ 박강판 벽으로 두께 3.2 cm 이상, 높이 2 m 이상
④ 후강판 벽으로 두께 10 mm 이상, 높이 2.5 m 이상

해설➡ 방호벽
 - 콘크리트블록 : 두께 15 cm 이상, 높이 2 m 이상
 - 철근콘크리트 : 두께 12 cm 이상, 높이 2 m 이상
 - 후강판 : 두께 6 mm 이상, 높이 2 m 이상
 - 박강판 : 두께 3.2 mm 이상, 높이 2 m 이상

정답 16. ②　17. ③　18. ①　19. ①

20

고압가스특정제조시설에서 플레어스택의 설치기준으로 틀린 것은?

① 파이롯트버너를 항상 꺼두는 등 플레어스택에 관련된 폭발을 방지하기 위한 조치가 되어 있는 것으로 한다.
② 긴급이송설비로 이송되는 가스를 안전하게 연소시킬 수 있는 것으로 한다.
③ 플레어스택에서 발생하는 복사열이 다른 제조시설에 나쁜 영향을 미치지 아니하도록 안전한 높이 및 위치에 설치한다.
④ 플레어스택에서 발생하는 최대열량에 장시간 견딜 수 있는 재료 및 구조로 되어 있는 것으로 한다.

[해설] 플레어스택의 설치기준
① 긴급이송설비로 이송되는 가스를 안전하게 연소시킬 수 있는 것으로 한다.
② 플레어스택에서 발생하는 복사열이(4000 kcal/m^2h) 다른 제조시설에 나쁜 영향을 미치지 아니하도록 안전한 높이 및 위치에 설치한다.
③ 플레어스택에서 발생하는 최대열량에 장시간 견딜 수 있는 재료 및 구조로 되어 있는 것으로 한다.

21

다음은 어떤 설비에 대한 설명인가?

설비가 잘못 조작되거나 정상적인 제조를 할 수 없는 경우 자동으로 원재료의 공급을 차단시키는 등 고압가스 제조설비 안의 제조를 제어하는 기능을 한다.

① 안전밸브 ② 긴급차단장치
③ 인터록기구 ④ 벤트스택

[해설] 인터록기구 : 설비가 잘못 조작되거나 정상적인 제조를 할 수 없는 경우 자동으로 원재료의 공급을 차단시키는 등 고압가스 제조설비 안의 제조를 제어하는 기능

22

허용농도가 100만분의 200 이하인 독성가스 용기운반차량은 몇 km 이상의 거리를 운행할 때 중간에 충분한 휴식을 취한 후 운행하여야 하는가?

① 100 km ② 200 km
③ 300 km ④ 400 km

[해설] 허용농도가 100만분의 200 이하인 독성가스 용기운반차량은 200 km 이상의 거리를 운행할 때 중간에 충분한 휴식을 취한 후 운행한다.

정답 20. ① 21. ③ 22. ②

23 방폭전기 기기의 구조별 표시방법으로 틀린 것은?
① 내압방폭구조 – s
② 유입방폭구조 – o
③ 압력방폭구조 – p
④ 본질안전방폭구조 – ia

해설 ① 내압방폭구조 : d ② 유입방폭구조 : o
③ 압력방폭구조 : p ④ 본질안전방폭구조 : ia 또는 ib
⑤ 안전증방폭구조 : e ⑥ 특수방폭구조 : s

24 고압가스에 대한 사고예방설비기준으로 옳지 않은 것은?
① 가연성가스의 가스설비 중 전기설비는 그 설치장소 및 그 가스의 종류에 따라 적절한 방폭성능을 가지는 것일 것
② 고압가스설비에는 그 설비안의 압력이 내압압력을 초과하는 경우 즉시 그 압력을 내압압력 이하로 되돌릴 수 있는 안전장치를 설치하는 등 필요한 조치를 할 것
③ 폭발 등의 위해가 발생할 가능성이 큰 특수반응설비에는 그 위해의 발생을 방지하기 위하여 내부반응감시 설비 및 위험사태발생 방지설비의 설치 등 필요한 조치를 할 것
④ 저장탱크 및 배관에는 그 저장탱크 및 배관이 부식되는 것을 방지하기 위하여 필요한 조치를 할 것

해설 설비안의 압력이 내압압력을 초과하는 경우 즉시 그 압력을 내압압력이하로 되돌릴 수 있는 : 안전밸브, 자동제어장치, 바이패스밸브, 파열판

25 고압용기에 각인되어 있는 내용적의 기호는?
① V ② FP ③ TP ④ W

해설 ① V : 용기 내용적 ② TP : 내압시험압력 ③ AP : 기밀시험압력
④ W : 용기질량 ⑤ FP : 최고 충전압력

26 고압가스 냉동제조의 시설 및 기술기준에 대한 설명으로 틀린 것은?
① 냉동제조시설 중 냉매설비에는 자동제어장치를 설치할 것
② 가연성가스 또는 독성가스를 냉매로 사용하는 냉매설비 중 수액기에 설치하는 액면계는 환형유리관액면계를 사용할 것
③ 냉매설비에는 압력계를 설치할 것
④ 압축기 최종단에 설치한 안전장치는 1년에 1회 이상 점검을 실시할 것

해설 환형유리관식 액면계를 사용하지 말 것

정답 23. ① 24. ② 25. ① 26. ②

27

도시가스공급시설에 대하여 공사가 실시하는 정밀안전진단의 실시시기 및 기준에 의거 본관 및 공급관에 대하여 최초로 시공감리증명서를 받은 날부터 ( )년이 지난날이 속하는 해 및 그 이후 매 ( )년이 지난날이 속하는 해에 받아야 한다. ( )안에 각각 들어갈 숫자는?

① 10, 5   ② 15, 5   ③ 10, 10   ④ 15, 10

해설 도시가스공급시설에 대하여 공사가 실시하는 정밀안전진단의 실시시기 및 기준에 의거 본관 및 공급관에 대하여 최초로 시공감리증명서를 받은 날부터 15년이 지난날이 속하는 해 및 그 이후 매 5년이 지난날이 속하는 해에 받아야 한다.

28

0°C, 1 atm에서 6 L인 기체가 273°C, 1 atm일 때 몇 L가 되는가?

① 4   ② 8   ③ 12   ④ 24

해설 $\dfrac{P_1 V_1}{T_1} = \dfrac{P_2 V_2}{T_2}$

$V_2 = \dfrac{P_1 \times V_1 \times T_2}{T_1 \times P_2} = \dfrac{1 \times 6 \times (273+273)}{(273+0) \times 1} = 12\,\text{L}$

29

다음 중 2중관으로 하여야 하는 고압가스가 아닌 것은?

① 수소   ② 아황산가스
③ 암모니아   ④ 황화수소

해설 2중관으로 하여야 하는 고압가스
① 포스겐   ② 황화수소   ③ 시안화수소   ④ 아황산가스
⑤ 산화에틸렌   ⑥ 염화메탄   ⑦ 염소   ⑧ 암모니아

30

도시가스사용시설에서 배관의 용접부 중 비파괴시험을 하여야 하는 것은?

① 가스용 폴리에틸렌관
② 호칭지름 65 mm인 매몰된 저압배관
③ 호칭지름 150 mm인 노출된 저압배관
④ 호칭지름 65 mm인 노출된 중압배관

해설 도시가스사용시설에서 배관의 용접부 중 비파괴시험을 하여야 하는 것 : 호칭지름 65 mm인 노출된 중압배관

정답 27. ②   28. ③   29. ①   30. ④

제2과목 : 가스장치 및 기기

31 펌프의 축봉 장치에서 아웃사이드 형식이 쓰이는 경우가 아닌 것은?
① 구조재, 스프링재가 액의 내식성에 문제가 있을 때
② 점성계수가 100 cP를 초과하는 고점도 액일 때
③ 스타핑 복스 내가 고진공일 때
④ 고 응고점 액일 때

해설 • 아웃사이드 형식
① 스타핑 박스 내가 고진공시
② 점성계수가 100 cP를 초과하는 고점도 액일 때
③ 구조재, 스프링재가 액의 내식성에 문제가 있을 때
④ 저 응고점 액일 때
• 더블 시일형
① 인화성 또는 유독액이 강한 액일 때
② 기체를 시일할 때
③ 보온, 보냉이 필요한 때
④ 내부가 고진공시
• 밸런스 시일형
① LPG, 액화가스와 같이 낮은 비점의 액체일 때
② 내압이 4~5 kg/cm² 이상시
③ 하이드로 카본일 때

32 자유 피스톤식 압력계에서 추와 피스톤의 무게가 15.7 kg일 때 실린더 내의 액압과 균형을 이루었다면 게이지 압력은 몇 kg/cm²이 되겠는가? (단, 피스톤의 지름은 4 cm이다.)
① 1.25 kg/cm²   ② 1.57 kg/cm²   ③ 2.5 kg/cm²   ④ 5 kg/cm²

해설 게이지 압력 $= \dfrac{W}{A} = \dfrac{15.7}{\dfrac{\pi D^2}{4}} = \dfrac{15.7}{0.785 \times 4^2} = 1.25 \text{ kg/cm}^2$

33 왕복식 압축기에서 피스톤과 크랭크샤프트를 연결하여 왕복운동을 시키는 역할을 하는 것은?
① 크랭크   ② 피스톤링   ③ 커넥팅로드   ④ 톱클리어런스

해설 커넥팅로드 : 왕복식 압축기에서 피스톤과 크랭크샤프트를 연결하여 왕복운동을 시키는 역할

정답 31. ④   32. ①   33. ③

34
액화천연가스(LNG)저장탱크 중 내부탱크의 재료로 사용되지 않는 것은?
① 자기 지지형(Self Supporting) 9% 니켈강
② 알루미늄 합금
③ 멤브레인식 스테인레스강
④ 프리스트레스트 콘크리트(PC, Prestressed Concrete)

[해설] 액화천연가스 내부탱크의 재료
① 멤브레인식 스테인레스강
② 알루미늄 합금
③ 자기 지지형 9% 니켈강

35
유리 온도계의 특징에 대한 설명으로 틀린 것은?
① 일반적으로 오차가 적다.
② 취급은 용이하나 파손이 쉽다.
③ 눈금 읽기가 어렵다.
④ 일반적으로 연속 기록 자동제어를 할 수 있다.

[해설] 유리 온도계의 특징
① 눈금 읽기가 어렵다.
② 취급은 용이하나 파손이 쉽다.
③ 일반적으로 오차가 적다.

36
자동차에 혼합 적재가 가능한 것끼리 연결된 것은?
① 염소 – 아세틸렌   ② 염소 – 암모니아
③ 염소 – 산소   ④ 염소 – 수소

[해설] 혼합 적재 불가
① 염소 – 아세틸렌   ② 염소 – 암모니아   ③ 염소 – 수소

37
고압식 액체산소분리장치에서 원료공기는 압축기에서 압축된 후 압축기의 중간단에서는 몇 atm 정도로 탄산가스 흡수기에 들어가는가?
① 5 atm   ② 7 atm   ③ 15 atm   ④ 20 atm

[해설] 고압식 액체산소분리장치에서 원료공기는 압축기에서 압축된 후 압축기의 중간단에서는 15 atm 정도로 탄산가스 흡수기에 들어간다.

정답 34. ④   35. ④   36. ③   37. ③

38
실린더의 단면적 50 cm², 행정 10 cm, 회전수 200 rpm, 체적 효율 80%인 왕복 압축기의 토출량은?

① 60 L/min ② 80 L/min ③ 120 L/min ④ 140 L/min

해설 ➪ 압축기의 토출량=50cm²×10 cm×200×0.8=80000 cm³/min=80L/min(1 L = 1000 cm³)

39
C_4H_{10}의 제조시설에 설치하는 가스누출 경보기는 가스누출 농도가 얼마일 때 경보를 울려야 하는가?

① 0.45% 이상 ② 0.53% 이상 ③ 1.8% 이상 ④ 2.1% 이상

해설 ➪ C_4H_{10}의 제조시설에 설치하는 가스누출 경보기는 가스누출 농도가 0.45% 이상시 경보를 울려야 한다.

[참고] 가스누출경보기가스누출농도=폭발하한×$\frac{1}{4}$=1.8×$\frac{1}{4}$=0.45

40
카플러안전기구와 과류차단안전기구가 부착된 것으로서 배관과 카플러를 연결하는 구조의 콕은?

① 퓨즈콕 ② 상자콕 ③ 노즐콕 ④ 커플콕

해설 ➪ 배관과 카플러를 연결하는 구조의 콕 : 상자콕

41
재료에 하중을 작용하여 항복점 이상의 응력을 가하면, 하중을 제거하여도 본래의 형상으로 돌아가지 않도록 하는 성질을 무엇이라고 하는가?

① 피로 ② 크리프 ③ 소성 ④ 탄성

해설 ➪
- 하중을 제거하여도 본래의 형상으로 돌아가지 않도록 하는 성질을 소성이라고 한다.
- 크리프 : 어느온도이상에서(350℃)재료에 일정한 하중을 가할 때 변형의 증대와 불어 파괴되는 현상

42
관 도중에 조리개(교축기구)를 넣어 조리개 전후의 차압을 이용하여 유량을 측정하는 계측기기는?

① 오벌식 유량계 ② 오리피스 유량계 ③ 막식 유량계 ④ 터빈 유량계

해설 ➪ 관 도중에 조리개(교축기구)를 넣어 조리개 전후의 차압을 이용하여 유량을 측정
① 오리피스 유량계 ② 벤츄리 유량계 ③ 플로우 노즐

정답 38. ② 39. ① 40. ② 41. ③ 42. ②

43 펌프가 운전 중에 한숨을 쉬는 것과 같은 상태가 되어 토출구 및 흡입구에서 압력계의 바늘이 흔들리며 동시에 유량이 변화하는 현상을 무엇이라고 하는가?
① 캐비테이션 ② 워터햄머링 ③ 바이브레이션 ④ 서징

[해설] 서징(맥동) 현상 : 펌프가 운전 중에 토출구 및 흡입구에서 압력계의 바늘이 흔들리며 동시에 유량이 변화하는 현상

44 공기에 의한 전열은 어느 압력까지 내려가면 급히 압력에 비례하여 적어지는 성질을 이용하는 저온장치에 사용되는 진공단열법은?
① 고진공 단열법 ② 분말 진공 단열법 ③ 다층진공 단열법 ④ 자연진공 단열법

[해설] • 고진공 단열법 : 공기에 의한 전열은 어느 압력까지 내려가면 급히 압력에 비례하여 적어지는 성질을 이용하는 저온장치에 사용
• 다층진공단열법 : 양면간에 복사방지용 시일드판으로서의 알루미늄박과 스페이서로서의 글라스 울을 서로 다수 쪼개어 단열한다.

45 다음 중 저온장치의 가스 액화 사이클이 아닌 것은?
① 린데식 사이클 ② 클라우드식 사이클 ③ 필립스식 사이클 ④ 카자레식 사이클

[해설] 저온장치의 가스 액화 사이클
① 클라우드식 사이클 ② 필립스식 사이클 ③ 린데식 사이클
④ 캐스케이드사이클 ⑤ 카피자사이클

제3과목 : 가스일반

46 다음 중 암모니아 가스의 검출방법이 아닌 것은?
① 네슬러시약을 넣어 본다. ② 초산연 시험지를 대어본다.
③ 진한 염산에 접촉시켜 본다. ④ 붉은 리트머스지를 대어본다.

[해설] 암모니아 가스의 검출방법
① 네슬러시약을 넣어 본다. ② 진한 염산에 접촉시켜 본다.
③ 붉은 리트머스지를 대어본다.

정답 43. ④ 44. ① 45. ④ 46. ②

47. 가스의 비열비의 값은?
① 언제나 1보다 작다.
② 언제나 1보다 크다.
③ 1보다 크기도 하고 작기도 하다.
④ 0.5와 1사이의 값이다.

해설 가스의 비열비의 값은 항상 1보다 크다.

48. 염소의 특징에 대한 설명 중 틀린 것은?
① 염소 자체는 폭발성, 인화성은 없다.
② 상온에서 자극성의 냄새가 있는 맹독성 기체이다.
③ 염소와 산소의 1:1 혼합물을 염소폭명기라고 한다.
④ 수분이 있으면 염산이 생성되어 부식성이 강해진다.

해설 $H_2 + Cl_2 \rightarrow 2HCl$(염소와 수소)

49. 국가표준기본법에서 정의하는 기본단위가 아닌 것은?
① 질량 – kg
② 시간 – s
③ 전류 – A
④ 온도 – ℃

해설 길이(m), 질량(kg), 시간(s), 온도(K), 전류(A), 물질량(mol), 광도(cd)

50. 다음 중 불꽃의 표준온도가 가장 높은 연소방식은?
① 분젠식
② 적화식
③ 세미분젠식
④ 전 1차 공기식

해설 불꽃의 표준온도가 가장 높은 연소방식 : 분젠식(1,300℃이하), 적화식 : 1,000℃, 세미분젠식 : 900℃

51. 10%의 소금물 500g을 증발시켜 400g으로 농축하였다면 이 용액은 몇 %의 용액인가?
① 10
② 12.5
③ 15
④ 20

해설 용액 $= \dfrac{500}{400} \times 10 = 12.5\%$

정답 47. ② 48. ③ 49. ④ 50. ① 51. ②

52

다음 중 드라이아이스의 제조에 사용되는 가스는?

① 일산화탄소 ② 이산화탄소
③ 아황산가스 ④ 염화수소

[해설] 드라이아이스의 제조에 사용되는 가스 : 이산화탄소(CO_2)

53

다음 중 표준상태에서 비점이 가장 높은 것은?

① 나프타 ② 프로판 ③ 에탄 ④ 부탄

[해설] 비점
① 나프타 : 200°C ② 프로판 : −42.1°C ③ 에탄 : −88.3°C
④ 부탄 : −0.5°C ⑤ 메탄 : −161.5°C

54

도시가스의 유해성분을 측정하기 위한 도시가스 품질검사의 성분분석은 주로 어떤 기기를 사용하는가?

① 기체크로마토그래피 ② 분자흡수분광기
③ NMR ④ ICP

[해설] 도시가스 품질검사의 성분분석 : 기체크로마토그래피

55

가스누출자동차단기의 내압시험 조건으로 맞는 것은?

① 고압부 1.8 MPa 이상, 저압부 8.4~10 kPa
② 고압부 1 MPa 이상, 저압부 0.1 MPa 이상
③ 고압부 2 MPa 이상, 저압부 0.2 MPa 이상
④ 고압부 3 MPa 이상, 저압부 0.3 MPa 이상

[해설] 가스누출자동차단기의 내압시험 조건
① 고압부 3 MPa 이상 ② 저압부 0.3 MPa 이상

56

47 L 고압가스 용기에 20°C의 온도로 15 MPa의 게이지압력으로 충전하였다. 40°C로 온도를 높이면 게이지압력은 약 얼마가 되겠는가?

① 16.031 MPa ② 17.132 MPa ③ 18.031 MPa ④ 19.031 MPa

정답 52. ② 53. ① 54. ① 55. ④ 56. ①

[해설] $\dfrac{P_1}{T_1} = \dfrac{P_2}{T_2}$

$P_2 = \dfrac{P_1 \times T_2}{T_1} = \dfrac{15 \times (273+40)}{(273+20)} = 16.02 \text{ MPa}$

57

염화수소(HCl)의 용도가 아닌 것은?
① 강판이나 강재의 녹 제거　　② 필름 제조
③ 조미료 제조　　④ 향료, 염료, 의약 등의 중간물 제조

[해설] 염화수소(HCl)의 용도
① 조미료 제조
② 강판이나 강재의 녹 제거
③ 향료, 염료, 의약 등의 중간물 제조

58

다음 중 독성도 없고 가연성도 없는 기체는?
① NH_3　　② C_2H_4O
③ CS_2　　④ $CHClF_2$

[해설] 독성 및 가연성
① NH_3 : 25 ppm 이하, 15~28%　　② C_2H_4O : 50 ppm 이하, 3~80%
③ CS_2 : 10 ppm 이하, 1.2~44%　　④ Cl_2 : 1 ppm 이하

59

절대온도 300 K는 랭킨온도(°R)로 약 몇 도인가?
① 27　　② 167　　③ 541　　④ 572

[해설] 랭킨온도(°R) = 1.8 K = 1.8×300 = 540°R

60

천연가스(NG)의 특징에 대한 설명으로 틀린 것은?
① 메탄이 주성분이다.
② 공기보다 가볍다.
③ 연소에 필요한 공기량은 LPG에 비해 적다.
④ 발열량(kcal/m³)은 LPG에 비해 크다.

[해설] 발열량은 LNG보다 적다.

정답 57. ②　58. ④　59. ③　60. ④

제9회 가스기능사 출제문제

1과목 : 가스안전관리

01 액화석유가스 또는 도시가스용으로 사용되는 가스용 염화비닐호스는 그 호스의 안전성, 편리성 및 호환성을 확보하기 위하여 안지름 치수를 규정하고 있는데 그 치수에 해당하지 않는 것은?

① 4.8 mm ② 6.3 mm ③ 9.5 mm ④ 12.7 mm

해설 ☞ 염화비닐호스 안지름
① 1종 : 6.3 mm ② 2종 : 9.5 mm ③ 3종 : 12.7 mm

02 가스누출 자동차단장치의 검지부 설치금지 장소에 해당하지 않는 것은?
① 출입구 부근 등으로서 외부의 기류가 통하는 곳
② 가스가 체류하기 좋은 곳
③ 환기구 등 공기가 들어오는 곳으로부터 1.5 m 이내의 곳
④ 연소기의 폐가스에 접촉하기 쉬운 곳

해설 ☞ 가스누출 자동차단장치의 검지부 설치금지장소
① 연소기의 폐가스에 접촉하기 쉬운 곳
② 환기구 등 공기가 들어오는 곳으로부터 1.5 m 이내의 곳
③ 출입구 부근 등으로서 외부의 기류가 통하는 곳

03 가연성 고압가스 제조소에서 다음 중 착화원인이 될 수 없는 것은?
① 정전기 ② 베릴륨 합금제 공구에 의한 타격
③ 사용 촉매의 접촉 ④ 밸브의 급격한 조작

해설 ☞ 착화원인이 될 수 없는 것

정답 1. ① 2. ② 3. ②

① 베릴륨, 베아론, 합금　　② 플라스틱　　③ 나무
④ 고무　　⑤ 가죽

04 LP가스의 일반적인 성질에 대한 설명 중 옳은 것은?
① 공기보다 무거워 바닥에 고인다.
② 액의 체적팽창율이 적다.
③ 증발잠열이 적다.
④ 기화 및 액화가 어렵다.

해설▶ LP가스의 일반적인 성질
① 공기보다 1.52배 무겁다.
② 액의 체적팽창율이 크다.
③ 증발잠열이 크다.
④ 기화 및 액화가 용이하다.

05 도시가스 사용시설에서 배관의 호칭지름이 25 mm인 배관은 몇 m 간격으로 고정하여야 하는가?
① 1 m 마다
② 2 m 마다
③ 3 m 마다
④ 4 m 마다

해설▶ 배관의 고정
① 관경이 13 mm 미만 : 1 m 마다
② 관경이 13 mm 이상, 33 mm 미만 : 2 m 마다
③ 관경이 33 mm 이상 : 3 m 마다

06 액화석유가스는 공기 중의 혼합비율의 용량이 얼마인 상태에서 감지할 수 있도록 냄새가 나는 물질을 섞어 용기에 충전하여야 하는가?
① $\dfrac{1}{10}$
② $\dfrac{1}{100}$
③ $\dfrac{1}{1000}$
④ $\dfrac{1}{10000}$

해설▶ 부취제는 $\dfrac{1}{1000}$ 상태에서 감지할 수 있도록 한다.

07
다음 중 천연가스(LNG)의 주성분은?
① CO   ② CH_4 ③ C_2H_4 ④ C_2H_2

해설
· LNG의 주성분 : CH_4 · LPG의 주성분 : C_3H_8

08
건축물 안에 매설할 수 없는 도시가스 배관의 재료는?
① 스테인리스강관   ② 동관
③ 가스용 금속플렉시블호스   ④ 가스용 탄소강관

해설 건축물 안에 매설할 수 있는 도시가스 배관의 재료
① 동관   ② 스텐레스관   ③ 가스용금속플렉시블호스

09
고압가스용 용접용기 동판의 최대 두께와 최소 두께와의 차이는?
① 평균두께의 5% 이하   ② 평균두께의 10% 이하
③ 평균두께의 20% 이하   ④ 평균두께의 25% 이하

해설 고압가스용 용접용기 동판의 최대 두께와 최소 두께와의 차이는 평균두께의 20% 이하이다.<개정 전 문제>
[참고] 위 두께는 10%로 개정이 되었습니다.〈개정13.5.20〉

10
공기 중에서 폭발 범위가 가장 넓은 가스는?
① 메탄   ② 프로판
③ 에탄   ④ 일산화탄소

해설 폭발범위
① 일산화탄소 : 12.5~74%(61.5)   ② 에탄 : 3~12.5(9.5)
③ 프로판 : 2.1~9.5%(7.4)   ④ 메탄 : 5~15%(10)

11
다음 중 마찰, 타격 등으로 격렬히 폭발하는 예민한 폭발물질로써 가장 거리가 먼 것은?
① AgN_2 ② H_2S ③ Ag_2C_2 ④ N_4S_4

해설 마찰, 타격 등으로 격렬히 폭발하는 예민한 폭발물질
① AgN_2(질산은)   ② Ag_2C_2(탄화은)
③ N_4S_4(황화질소)

정답 7. ②   8. ④   9. ②   10. ④   11. ②

12 독성가스 용기 운반기준에 대한 설명으로 틀린 것은?
① 차량의 최대 적재량을 초과하여 적재하지 아니한다.
② 충전용기는 자전거나 오토바이에 적재하여 운반하지 아니한다.
③ 독성가스 중 가연성가스와 조연성가스는 같은 차량의 적재함으로 운반하지 아니한다.
④ 충전용기를 차량에 적재하여 운반할 때에는 적재함에 넘어지지 않게 뉘어서 운반한다.

[해설] 충전용기를 차량에 적재하여 운반할 때에는 세워서 운반한다.

13 도시가스계량기와 화기 사이에 유지하여야 하는 거리는?
① 2 m 이상   ② 4 m 이상   ③ 5 m 이상   ④ 8 m 이상

[해설] 도시가스계량기와 화기사이에 유지하여야 하는 거리는 2 m 이상 유지

14 용기 밸브 그랜드너트의 6각 모서리에 V형의 홈을 낸 것은 무엇을 표시하기 위한 것인가?
① 왼나사임을 표시   ② 오른나사임을 표시
③ 암나사임을 표시   ④ 수나사임을 표시

[해설] 용기 밸브 그랜드너트의 6각 모서리에 V형의 홈을 낸 것은 "왼나사"임을 표시하는 것

15 부탄가스용 연소기의 명판에 기재할 사항이 아닌 것은?
① 연소기명   ② 제조자의 형식호칭
③ 연소기 재질   ④ 제조(로트)번호

[해설] 부탄가스용 연소기의 명판에 기재할 사항
① 연소기명   ② 제조번호   ③ 제조자의 형식호칭

16 도시가스 도매사업자가 제조소에 다음 시설을 설치하고자한다. 다음 중 내진 설계를 하지 않아도 되는 시설은?
① 저장능력이 2톤인 지상식 액화천연가스 저장탱크의 지지구조물
② 저장능력이 300 m^3인 천연가스 홀더의 지지구조물
③ 처리능력이 10 m^3인 압축기의 지지구조물
④ 처리능력이 15 m^3인 펌프의 지지구조물

[정답] 12. ④ 13. ① 14. ① 15. ③ 16. ①

[해설] 도시가스 도매사업 사업자가 내진설계를 해야 되는 시설
① 처리능력이 15 m³인 펌프의 지지구조물
② 처리능력이 10 m³인 압축기의 지지구조물
③ 저장능력이 300 m³인 천연가스홀더의 지지구조물

17 저장탱크의 지하설치기준에 대한 설명으로 틀린 것은?
① 천정, 벽 및 바닥의 두께가 각각 30 cm 이상인 방수 조치를 한 철근콘크리트로 만든 곳에 설치한다.
② 지면으로부터 저장탱크의 정상부까지의 깊이는 1 m 이상으로 한다.
③ 저장탱크에 설치한 안전밸브에는 지면에서 5 m 이상의 높이에 방출구가 있는 가스방출관을 설치한다.
④ 저장탱크를 매설한 곳의 주위에는 지상에 경계표지를 설치한다.

[해설] 지면으로부터 저장탱크의 정상부까지의 깊이는 60 cm 이상으로 한다.

18 가스 중 음속보다 화염전파 속도가 큰 경우 충격파가 발생하는데 이 때 가스의 연소 속도로써 옳은 것은?
① 0.3~100 m/s
② 100~300 m/s
③ 700~800 m/s
④ 1000~3500 m/s

[해설] 가스의 연소속도(폭굉속도) : 1000~3500 m/sec

19 도시가스사용시설의 가스계량기 설치기준에 대한 설명으로 옳은 것은?
① 시설 안에서 사용하는 자체 화기를 제외한 화기와 가스계량기와 유지하여야 하는 거리는 3 m 이상이어야 한다.
② 시설 안에서 사용하는 자체 화기를 제외한 화기와 입상관과 유지하여야 하는 거리는 3 m 이상이어야 한다.
③ 가스계량기와 단열조치를 하지 아니한 굴뚝과의 거리는 10 cm 이상 유지하여야 한다.
④ 가스계량기와 전기개폐기와의 거리는 60 cm 이상 유지하여야 한다.

[해설] ① 2 m 이상　② 30 cm 이상
③ 15 cm 이상　④ 60 cm 이상

정답 17. ②　18. ④　19. ④

20 비등액체팽창증기폭발(BLEVE)이 일어날 가능성이 가장 낮은 곳은?
① LPG 저장탱크 ② 액화가스 탱크로리
③ 천연가스 지구정압기 ④ LNG 저장탱크

해설 ▸ BLEVE(Boiling Liquified Expanding Vapid Explosion 일어날 가능성이 있는 곳
① LPG 저장탱크 ② LNG 저장탱크 ③ 액화가스탱크로리

21 액화석유가스를 탱크로리로부터 이·충전할 때 정전기를 제거하는 조치로 접지하는 접지접속선의 규격은?
① 5.5 mm² 이상 ② 6.7 mm² 이상
③ 9.6 mm² 이상 ④ 10.5 mm² 이상

해설 ▸ 접지접속선의 규격 : 5.5 mm² 이상

22 가연성가스, 독성가스 및 산소설비의 수리 시 설비 내의 가스 치환용으로 주로 사용되는 가스는?
① 질소 ② 수소
③ 일산화탄소 ④ 염소

해설 ▸ 치환용 퍼지용가스 : N_2(질소)

23 다음 중 지연성 가스에 해당되지 않는 것은?
① 염소 ② 불소
③ 이산화질소 ④ 이황화탄소

해설 ▸ 지연성 가스
① 공기 ② 불소 ③ 염소 ④ 이산화질소 ⑤ 산소

24 내용적이 300 L인 용기에 액화암모니아를 저장하려고 한다. 이 저장설비의 저장능력은 얼마인가? (단, 액화암모니아의 충전정수는 1.86이다.)
① 161 kg ② 232 kg
③ 279 kg ④ 558 kg

정답 20. ③ 21. ① 22. ① 23. ④ 24. ①

해설▶ $G = \dfrac{V}{C} = \dfrac{300}{1.86} = 161.29$ kg

25
다음 중 방류둑을 설치하여야 할 기준으로 옳지 않은 것은?

① 저장능력이 5톤 이상인 독성가스 저장탱크
② 저장능력이 300톤 이상인 가연성가스 저장탱크
③ 저장능력이 1000톤 이상인 액화석유가스 저장탱크
④ 저장능력이 1000톤 이상인 액화산소 저장탱크

해설▶ 방류둑 설치
① 가연성, 산소 : 1000톤 이상
② 독성 : 5톤 이상
③ 특정제조 : 500톤 이상
④ 암모니아를 사용하는 수액기 내용적 : 10,000L 이상

26
다음은 도시가스사용시설의 월사용예정량을 산출하는 식이다. 이 중 기호 "A"가 의미하는 것은?

$$Q = \dfrac{[(A \times 240) + (B \times 90)]}{11000}$$

① 월사용예정량
② 산업용으로 사용하는 연소기의 명판에 기재된 가스 소비량의 합계
③ 산업용이 아닌 연소기의 명판에 기재된 가스소비량의 합계
④ 가정용 연소기의 가스소비량 합계

해설▶ A : 산업용으로 사용하는 연소기의 명판에 기재된 가스소비량의 합계
B : 산업용이 아닌 연소기의 명판에 기재된 가스 소비량의 합계

27
LPG용 압력조정기 중 1단 감압식 저압조정기의 조정압력의 범위는?

① 2.3~3.3 kPa
② 2.55~3.3 kPa
③ 57~83 kPa
④ 5.0~30 kPa 이내에서 제조자가 설정한 기준압력의 ±20%

정답 25. ② 26. ② 27. ①

해설⇨ 입구압력 및 조정압력 범위

종류	입구압력	조정압력
2단 감압1차용 조정기	1.0~15.6 kg/cm²	0.57~0.83 kg/cm²
자동절체식 분리형 조정기	1.0~15.6 kg/cm²	0.57~0.83 kg/cm²
자동절체식 일체형 조정기	1.0~15.6 kg/cm²	255~330 mmH₂O
1단 감압 준저압 조정기	1.0~15.6 kg/cm²	500~3000 mmH₂O
1단 감압저압 조정기	0.7~15.6 kg/cm²	230~330 mmH₂O
2단 감압 2차용 조정기	0.25~3.5 kg/cm²	230~330 mmH₂O

참고 1kPa=100 mmH₂O, 1MPa=10 kg/cm²

28 용기의 내용적 40 L에 내압 시험 압력의 수압을 걸었더니 내용적이 40.24 L로 증가하였고, 압력을 제거하여 대기압으로 하였더니 용적은 40.02 L가 되었다. 이 용기의 항구 증가량과 또 이 용기의 내압시험에 대한 합격여부는?

① 1.6%, 합격　　② 1.6%, 불합격
③ 8.3%, 합격　　④ 8.3%, 불합격

해설⇨　40.24−40 L=0.24 L
　　　40.02−40 L=0.02 L
　　　∴ $\dfrac{0.02}{0.24} \times 100 = 8.33\%$　　∴ 10% 이하면 합격이므로 합격

29 산소가스 설비의 수리를 위한 저장탱크 내의 산소를 치환 할 때 산소측정기 등으로 치환 결과를 수시로 측정하여 산소의 농도가 원칙적으로 몇 % 이하가 될 때까지 치환하여야 하는가?

① 18%　　② 20%　　③ 22%　　④ 24%

30 최근 시내버스 및 청소차량 연료로 사용되는 CNG 충전소 설계 시 고려하여야 할 사항으로 틀린 것은?

① 압축장치와 충전설비 사이에는 방호벽을 설치한다.
② 충전기에는 90 kgf 미만의 힘에서 분리되는 긴급분리 장치를 설치한다.
③ 자동차 충전기(디스펜서)의 충전호스 길이는 8 m 이하로 한다.
④ 펌프 주변에는 1개 이상 가스누출검지경보장치를 설치한다.

정답　28. ③　29. ③　30. ②

해설 ○ CNG 충전소 설계시 고려하여야 할 사항
① 압축장치와 충전설비사이에는 방화벽을 설치한다.
② 자동차 충전기(디스펜서)의 충전호스 길이는 8 m 이하로 한다.
③ 펌프 주변에는 1개 이상 가스누출검지경보장치를 설치

제2과목 : 가스장치 및 기기

31 다이어프램식 압력계의 특징에 대한 설명 중 틀린 것은?
① 정확성이 높다.   ② 반응속도가 빠르다.
③ 온도에 따른 영향이 적다.   ④ 미소압력을 측정할 때 유리하다.

해설 ○ 다이어프램식 압력계의 특징
① 미소압력을 측정할 수 있다.   ② 부식성유체 측정가능
③ 온도의 영향을 받는다.   ④ 정확성이 높다.
⑤ 반응속도가 빠르다.

32 어떤 도시가스의 발열량이 15000 kcal/Sm³일 때 웨버지수는 얼마인가? (단, 가스의 비중은 0.5로 한다.)
① 12121   ② 20000   ③ 21213   ④ 30000

해설 ○ 웨버지수 = $\dfrac{Hg}{\sqrt{d}} = \dfrac{15000}{\sqrt{0.5}} = 21213.2$

33 염화파라듐지로 검지할 수 있는 가스는?
① 아세틸렌   ② 황화수소   ③ 염소   ④ 일산화탄소

해설 ○ 시험지명 및 변색상태
· 암모니아 : 적색리트머스 시험지 : 청색
· 염소 : KI전분지 : 청색
· 시안화수소 : 질산구리벤젠지 : 청색
· 일산화탄소 : 염화파라듐지 : 흑색
· 황화수소 : 연당지(초산납시험지) : 흑색
· 포스겐 : 하리슨시험지 : 심등색(오렌지색)
· 아세틸렌 : 염화제1동착염지 : 적색
· 아황산가스 : 암모니아 적신헝겊 : 흰연기

정답 31. ③   32. ③   33. ④

34
전위측정기로 관대지전위(pipe to soil potential) 측정 시 측정방법으로 적합하지 않은 것은? (단, 기준전극은 포화황산동전극이다.)
① 측정선 말단의 부식부분을 연마 후에 측정한다.
② 전위측정기의(+)는 T/B(TEST Box), (−)는 기준전극에 연결한다.
③ 콘크리트 등으로 기준전극을 토양에 접지할 수 없을 경우에는 물에 적신 스펀지 등을 사용하여 측정한다.
④ 전위측정은 가능한 한 배관에서 먼 위치에서 측정한다.

해설 ⊃ 전위측정은 가능한 한 배관에서 가까운 위치에서 측정한다.

35
주로 탄광 내에서 CH_4의 발생을 검출하는데 사용되며 청염(푸른 불꽃)의 길이로써 그 농도를 알 수 있는 가스 검지기는?
① 안전등형　　　　　　　　② 간섭계형
③ 열선형　　　　　　　　　④ 흡광 광도형

해설 ⊃ ① 안전등형 : 주로 탄광내에서 CH_4의 발생을 검출하고 푸른 불꽃의 길이로서 그 농도를 알 수 있음
② 간섭계형 : 가스의 굴절률 차를 이용 측정, 가연성가스·메탄의 농도 측정

36
다음 중 용적식 유량계에 해당하는 것은?
① 오리피스 유량계　　　　② 플로노즐 유량계
③ 벤투리관 유량계　　　　④ 오벌 기어식 유량계

해설 ⊃ 용적식 유량계의 종류
① 습식　　② 건식　　③ 오벌식
④ 루트식　⑤ 로터리피스톤　⑥ 로터리베인

37
가스난방기의 명판에 기재하지 않아도 되는 것은?
① 제조자의 형식호칭(모델번호)　② 제조자명이나 그 약호
③ 품질보증기간과 용도　　　　　④ 열효율

해설 ⊃ 가스난방기의 명판에 기재할 사항
① 품질보증기간과 용도　　② 제조자명이나 그 약호
③ 제조자의 형식 호칭(모델번호)

정답 34. ④　35. ①　36. ④　37. ④

38
진탕형 오토클레이브의 특징에 대한 설명으로 틀린 것은?
① 가스누출의 가능성이 적다.
② 고압력에 사용할 수 있고 반응물의 오손이 적다.
③ 장치 전체가 진동하므로 압력계는 본체로부터 떨어져 설치한다.
④ 뚜껑판에 뚫어진 구멍에 촉매가 끼어들어갈 염려가 없다.

해설 진탕형 오토클레브의 특징
① 뚜껑판에 뚫어진 구멍에 촉매가 끼어들어갈 염려가 있다.
② 장치 전체가 진동하므로 압력계는 본체로부터 떨어져 설치
③ 고압력에 사용할 수 있고 반응물의 오손이 적다.
④ 가스누출의 가능성이 적다.

39
송수량 12000 L/min, 전양정 45 m인 볼류트 펌프의 회전수를 1000 rpm에서 1100 rpm으로 변화시킨 경우 펌프의 축동력은 약 몇 PS 인가? (단, 펌프의 효율은 80%)
① 165   ② 180   ③ 200   ④ 250

해설 $PS = \dfrac{r \times Q \times H}{75 \times E \times 60} = \dfrac{1000 \times 12 \times 45}{75 \times 0.8 \times 60} = 150 \text{ PS}$

상사법칙 적용 $= 150 \times \left(\dfrac{1100}{1000}\right)^3 = 199.65 \text{ PS}$

40
펌프의 실제 송출유량을 Q, 펌프 내부에서의 누설 유량을 ΔQ, 임펠러 속을 지나는 유량을 $Q + \Delta Q$라 할 때 펌프의 체적효율(η_v)를 구하는 식은?

① $\eta_v = \dfrac{Q}{Q + \Delta Q}$ ② $\eta_v = \dfrac{Q + \Delta Q}{Q}$

③ $\eta_v = \dfrac{Q - \Delta Q}{Q + \Delta Q}$ ④ $\eta_v = \dfrac{Q + \Delta Q}{Q - \Delta Q}$

해설 펌프의 체적효율 $= \dfrac{Q}{Q + \Delta Q}$

41
염화메탄을 사용하는 배관에 사용하지 못하는 금속은?
① 주강   ② 강
③ 동합금   ④ 알루미늄합금

해설 염화메탄을 사용하는 배관에 사용하지 못하는 금속은 알루미늄합금이다.

정답 38. ④   39. ③   40. ①   41. ④

42 고압가스용기의 관리에 대한 설명으로 틀린 것은?
① 충전 용기는 항상 40℃ 이하를 유지하도록 한다.
② 충전 용기는 넘어짐 등으로 인한 충격을 방지하는 조치를 하여야 하며 사용한 후에는 밸브를 열어둔다.
③ 충전용기 밸브는 서서히 개폐한다.
④ 충전 용기 밸브 또는 배관을 가열하는 때에는 열습포나 40℃ 이하의 더운물을 사용한다.

해설⇨ 사용한 후에는 밸브를 닫는다.

43 저온장치의 분말진공단열법에서 충진용 분말로 사용되지 않는 것은?
① 펄라이트   ② 알루미늄분말
③ 글라스울   ④ 규조토

해설⇨ 분말진공단열법에서 충진용 분말
① 펄라이트
② 알루미늄분말
③ 규조토

44 다음 중 저온을 얻는 기본적인 원리는?
① 등압 팽창   ② 단열 팽창
③ 등온 팽창   ④ 등적 팽창

해설⇨ 저온을 얻는 기본적인 원리 : 단열 팽창

45 압축기를 이용한 LP가스 이·충전 작업에 대한 설명으로 옳은 것은?
① 충전시간이 길다.
② 잔류가스를 회수하기 어렵다.
③ 베이퍼록 현상이 일어난다.
④ 드레인 현상이 일어난다.

해설⇨ 압축기 이·충전시 특징
① 이·충전시간이 짧다.   ② 잔가스 회수가 가능하다.
③ 베이퍼록의 우려가 없다.

정답 42. ② 43. ③ 44. ② 45. ④

제3과목 : 가스일반

46 다음 중 가장 높은 압력은?
① 1 atm ② 100 kPa ③ 10 mH₂O ④ 0.2 MPa

[해설] 압력순서
① 1 atm
② 1 atm=101.3 kPa
  $x = 100$ kPa
  $x = \dfrac{1 \text{ atm} \times 100 \text{ kPa}}{101.3 \text{ kPa}} = 0.978$ atm
③ 1 atm=10.322 mH₂O
  $x = 10 \text{mH}_2\text{O}$
  $x = \dfrac{1 \text{ atm} \times 10 \text{ mH}_2\text{O}}{10.332 \text{ mH}_2\text{O}} = 0.9678$ atm
④ 1 atm=0.1 MPa
  $x = 0.2$
  $x = \dfrac{1 \text{ atm} \times 0.2 \text{ MPa}}{0.1 \text{ MPa}} = 2$ atm

47 다음 중 비점이 가장 낮은 것은?
① 수소 ② 헬륨
③ 산소 ④ 네온

[해설] 비점
① 헬륨 : –268.9°C ② 네온 : 245.9°C
③ 수소 : –252°C   ④ 산소 : –183°C
⑤ 질소 : –196°C   ⑥ 메탄 : –161.5°C

48 공기 중에 10 vol% 존재 시 폭발의 위험성이 없는 가스는?
① CH₃Br ② C₂H₆
③ C₂H₄O ④ H₂S

[해설] ① C₂H₆ : 3~12.5%   ② C₂H₄O : 3~80%
      ③ H₂S : 4.3~45.5%   ④ CH₃Br : 13.5~14.5%

[정답] 46. ④ 47. ② 48. ①

49 다음 중 LP 가스의 일반적인 연소특성이 아닌 것은?
① 연소 시 다량의 공기가 필요하다.
② 발열량이 크다.
③ 연소속도가 늦다.
④ 착화온도가 낮다.

해설> LP 가스의 일반적인 연소특성
① 착화온도가 높다.
② 연소범위가 좁다.
③ 연소 시 다량의 공기가 필요하다.
④ 발열량이 크다.
⑤ 연소속도가 늦다.

50 LNG의 특징에 대한 설명 중 틀린 것은?
① 냉열을 이용할 수 있다.
② 천연에서 산출한 천연가스를 약 −162℃까지 냉각하여 액화시킨 것이다.
③ LNG는 도시가스, 발전용 이외에 일반 공업용으로도 사용된다.
④ LNG로부터 기화한 가스는 부탄이 주성분이다.

해설> LNG로부터 기화한 가스는 메탄이 주성분이다.

51 가정용 가스보일러에서 발생하는 가스중독사고 원인으로 배기가스의 어떤 성분에 의하여 주로 발생하는가?
① CH_4 ② CO_2
③ CO   ④ C_3H_8

해설> 가스중독사고 원인은 배기가스 중의 CO성분

52 순수한 물 1 g을 온도 14.5℃에서 15.4℃ 까지 높이는데 필요한 열량을 의미하는 것은?
① 1 cal   ② 1 BTU   ③ 1 J   ④ 1 CHU

해설> 1 cal : 순수한 물 1 g을 14.6℃에서 15.5℃까지 높이는데 필요한 열량
1 CHU : 순수한 물 1lb(파운드)를 1℃(14.5~15.5℃) 올리는데 필요한 열량

정답 49. ④ 50. ④ 51. ③ 52. ①

53
물질이 융해, 응고, 증발, 응축 등과 같은 상의 변화를 일으킬 때 발생 또는 흡수하는 열을 무엇이라 하는가?
① 비열
② 현열
③ 잠열
④ 반응열

해설 · 잠열 : 물질이 증발, 응축, 응고, 융해 등과 같은 상의 변화를 일으킬 때 발생 또는 흡수하는 열
· 현열 : 상태변화없이 온도만 변함

54
에틸렌(C_2H_4)의 용도가 아닌 것은?
① 폴리에틸렌의 제조
② 산화에틸렌의 원료
③ 초산비닐의 제조
④ 메탄올 합성의 원료

해설 에틸렌의 용도
① 초산비닐의 제조   ② 산화에틸렌의 제조   ③ 폴리에틸렌의 제조

55
공기 100 kg 중에는 산소가 약 몇 kg 포함되어 있는가?
① 12.3 kg
② 23.2 kg
③ 31.5 kg
④ 43.7 kg

해설 공기 중 중량으로 23.2% 포함
∴ 100×0.232＝23.2 kg

56
100℉를 섭씨온도로 환산하면 약 몇 ℃ 인가?
① 20.8
② 27.8
③ 37.8
④ 50.8

해설 $°C = \dfrac{5}{9}(°F - 32) = \dfrac{5}{9}(100 - 32) = 37.77°C$

57
0℃, 2기압 하에서 1 L의 산소와 0℃, 3기압 2 L의 질소를 혼합하여 2 L로 하면 압력은 몇 기압이 되는가?
① 2기압
② 4기압
③ 6기압
④ 8기압

정답 53. ③   54. ④   55. ②   56. ③   57. ②

해설 ▷ $PV = P_1V_1 + P_2V_2$

$P = \dfrac{P_1V_1 + P_2V_2}{V} = \dfrac{2\times 1 + 3\times 2}{2} = 4기압$

58
다음 중 상온에서 비교적 낮은 압력으로 가장 쉽게 액화되는 가스는?
① CH_4
② C_3H_8
③ O_2
④ H_2

해설 ▷ 상온에서 비교적 낮은 압력으로 가장 쉽게 액화되는 가스
① C_3H_8 : $7\ kg/cm^2$
② C_4H_{10} : $2\ kg/cm^2$

59
완전연소 시 공기량이 가장 많이 필요로 하는 가스는?
① 아세틸렌
② 메탄
③ 프로판
④ 부탄

해설 ▷ ·완전연소반응식
① 아세틸렌 : $2C_2H_2 + 5O_2 \rightarrow 4CO_2 + 2H_2O$
② 프로판 : $C_3H_8 + 5O_2 \rightarrow 3CO_2 + 4H_2O$
③ 메탄 : $CH_4 + 2O_2 \rightarrow CO_2 + 2H_2O$
④ 부탄 : $2C_4 + 13O_2 \rightarrow 8CO_2 + 10H_2O$

·공기량
① 아세틸렌 $= \dfrac{O_0}{0.21} = \dfrac{5}{0.21} = 23.8\ m^3$
② 프로판 $= \dfrac{O_0}{0.21} = \dfrac{5}{0.21} = 23.8\ m^3$
③ 메탄 $= \dfrac{O_0}{0.21} = \dfrac{2}{0.21} = 9.52\ m^3$
④ 부탄 $= \dfrac{O_0}{0.21} = \dfrac{13}{0.21} = 61.90\ m^3$

60
산소의 물리적 성질에 대한 설명 중 틀린 것은?
① 물에 녹지 않으며 액화산소는 담녹색이다.
② 기체, 액체, 고체 모두 자성이 있다.
③ 무색, 무취, 무미의 기체이다.
④ 강력한 조연성가스로서 자신은 연소하지 않는다.

해설 ▷ 물에 녹지 않으며 액화산소는 담청색이다.

정답 58. ② 59. ④ 60. ①

제10회 가스기능사 출제문제

1과목 : 가스안전관리

01 LPG 충전시설의 충전소에 기재한 "화기엄금"이라고 표시한 게시판의 색깔로 옳은 것은?
① 황색바탕에 흑색글씨
② 황색바탕에 적색글씨
③ 흰색바탕에 흑색글씨
④ 흰색바탕에 적색글씨

해설 ◦ 화기엄금 : 백색바탕, 적색글씨
주유중 엔진정지 : 황색바탕, 흑색글씨

02 특정고압가스사용시설 중 고압가스 저장량이 몇 kg 이상인 용기보관실에 있는 벽을 방호벽으로 설치하여야 하는가?
① 100
② 200
③ 300
④ 500

해설 ◦ 고압가스 저장량이 300 kg 이상인 용기 보관실벽을 방호벽 설치
압축가스 : 60 m³ 이상시 용기 보관실벽을 방호벽 설치

03 도시가스 중 음식물쓰레기, 가축·분뇨, 하수슬러지 등 유기성폐기물로부터 생성된 기체를 정제한 가스로서 메탄이 주성분인 가스를 무엇이라 하는가?
① 천연가스
② 나프타부생가스
③ 석유가스
④ 바이오가스

해설 ◦ 바이오가스 : 도시가스 중 음식물쓰레기, 가축 분뇨, 하수슬러지 등 유기성 폐기물로부터 생성된 기체를 정제한 가스로서 메탄이 주성분인 가스

정답 1. ④ 2. ③ 3. ④

04

방폭전기기기의 용기 내부에서 가연성가스의 폭발이 발생할 경우 그 용기가 폭발압력에 견디고, 접합면, 개구부 등을 통해 외부의 가연성가스에 인화되지 않도록 한 방폭구조는?

① 내압(耐壓) 방폭구조
② 유입(油入) 방폭구조
③ 압력(壓力) 방폭구조
④ 본질안전 방폭구조

해설 ▷ 방폭구조
① 내압방폭구조(d) : 용기내부에서 가연성 가스의 폭발이 발생할 경우 그 용기가 폭발압력에 견디고, 접합면, 개구부 등을 통하여 외부의 가연성 가스에 인화되지 않도록 한 구조
② 유입방폭구조(o) : 용기내부에 기름을 주입하여 아크불꽃의 고온발생 부분이 기름 속에 잠기게 함으로써 기름 면 위에 존재하는 가연성 가스에 인화되지 않도록 한 구조
③ 압력방폭구조(p) : 용기내부에 보호가스를 압입하여 내부압력을 유지함으로서 가연성 가스가 용기내부로 유입되지 않도록 한 구조
④ 안전증방폭구조(e) : 정상 운전 중에 가연성 가스의 점화원이 될 전기불꽃, 아크 또는 고온부분 등의 발생을 방지하기 위하여 기계적, 전기적 구조상 또는 온도상승에 대하여 특히 안전도를 증가시킨 구조

05

독성가스 여부를 판정할 때 기준이 되는 "허용농도"를 바르게 설명한 것은?

① 해당가스를 성숙한 흰쥐 집단에게 대기 중에서 1시간 동안 계속하여 노출시킨 경우 7일 이내에 그 흰쥐의 1/2 이상이 죽게 되는 가스의 농도를 말한다.
② 해당가스를 성숙한 흰쥐 집단에게 대기 중에서 24시간동안 계속하여 노출시킨 경우 7일 이내에 그 흰쥐의 1/2 이상이 죽게 되는 가스의 농도를 말한다.
③ 해당가스를 성숙한 흰쥐 집단에게 대기 중에서 1시간동안 계속하여 노출시킨 경우 14일 이내에 그 흰쥐의 1/2 이상이 죽게 되는 가스의 농도를 말한다.
④ 해당가스를 성숙한 흰쥐 집단에게 대기 중에서 24시간동안 계속하여 노출시킨 경우 14일 이내에 그 흰쥐의 1/2 이상이 죽게 되는 가스의 농도를 말한다.

해설 ▷ 독성가스 여부를 판정할 때 기준이 되는 "허용농도" 설명 해당가스를 성숙한 흰쥐 집단에게 대기 중에서 1시간동안 계속하여 노출시킨 경우 14일 이내에 그 흰쥐의 1/2 이상이 죽게 되는 가스의 농도

06

다음 [보기]의 독성가스 중 독성(LC_{50})이 가장 강한 것과 가장 약한 것을 바르게 나열한 것은?

[보기]
㉠ 염화수소　㉡ 암모니아　㉢ 황화수소　㉣ 일산화탄소

① ㉠, ㉡
② ㉠, ㉣
③ ㉢, ㉡
④ ㉢, ㉣

정답 4. ① 　5. ③ 　6. ③

[해설] 독성농도
① 염화수소 : 3124ppm
② 암모니아 : 7338ppm
③ 황화수소 : 444ppm
④ 일산화탄소 : 3760ppm

07 다음 가연성가스 중 공기 중에서의 폭발 범위가 가장 좁은 것?
① 아세틸렌   ② 프로판   ③ 수소   ④ 일산화탄소

[해설] 폭발범위
① 프로판 : 2.1~9.5%
② 일산화탄소 : 12.5~74%
③ 수소 : 4~75%
④ 아세틸렌 : 2.5~81%

08 산소 가스설비의 수리 및 청소를 위한 저장탱크 내의 산소를 치환할 때 산소측정기 등으로 치환결과를 측정하여 산소의 농도가 최대 몇 % 이하가 될 때까지 계속하여 치환 작업을 하여야 하는가?
① 18%   ② 20%   ③ 22%   ④ 24%

[해설] 산소농도가 최대 22% 이하가 될 때까지 계속하여 치환작업을 해야 한다.

09 원심식압축기를 사용하는 냉동설비는 그 압축기의 원동기 정격출력 몇 kW를 1일의 냉동능력 1톤으로 산정하는가?
① 1.0   ② 1.2   ③ 1.5   ④ 2.0

[해설] 1 RT(냉동톤=냉동능력)=1.2 kW=3320 kcal/h

10 다음의 고압가스의 용량을 차량에 적재하여 운반할 때 운반책임자를 동승시키지 않아도 되는 것은?
① 아세틸렌 : 400 m³
② 일산화탄소 : 700 m³
③ 액화염소 : 6500 kg
④ 액화석유가스 : 2000 kg

[해설] 운반책임자 동승기준

성질	압축가스	액화가스
독성	100 m³ 이상	1 ton 이상
가연성	300 m³ 이상	3 ton 이상
조연성	600 m³ 이상	6 ton 이상

정답 7. ② 8. ③ 9. ② 10. ④

11 고압가스 제조시설에 설치되는 피해저감설비로 방호벽을 설치해야하는 경우가 아닌 것은?
① 압축기와 충전장소 사이
② 압축기와 가스충전용기 보관장소 사이
③ 충전장소와 충전용 주관밸브 조작밸브 사이
④ 압축기와 저장탱크 사이

해설 ▸ 방호벽 설치
① 압축기와 충전장소 사이 ② 압축기와 가스충전용기 보관장소와의 사이
③ 용기 보관실 벽 ④ 기화설비주의
⑤ 충전장소와 충전용 주관밸브 조작밸브 사이

12 고압가스의 제조시설에서 실시하는 가스설비의 점검 중 사용개시 전에 점검할 사항이 아닌 것은?
① 기초의 경사 및 침하 ② 인터록, 자동제어장치의 기능
③ 가스설비의 전반적인 누출 유무 ④ 배관 계통의 밸브 개폐 상황

해설 ▸ 사용개시 전에 점검할 사항
① 제조설비 등의 내용물의 상황
② 인터록, 긴급용 시퀀스, 경보 및 자동제어 장치의 기능
③ 배관계통에 부착된 밸브 등의 개폐상황 명판의 탈착 현상
④ 회전기계의 윤활유 보급상황 및 회전구동상황
⑤ 제조설비 등 당해설비의 전반적인 누설유무
⑥ 가연성 가스 및 독성가스가 체류하기 쉬운 곳 당해가스 농도
⑦ 안전용 불활성가스 등의 준비상황
⑧ 비상전력 등의 준비
참고 제조설비 등의 사용 종료시 점검사항
① 제조설비 내의 가스액 등의 불활성가스 등에 의한 치환상황
② 개방하는 제조설비와 다른 제조설비 등과의 치환상황
③ 부식, 마모, 손상, 폐쇄, 결합부의 풀림, 기초의 경사 및 침하

13 액화가스를 운반하는 탱크로리(차량에 고정된 탱크)의 내부에 설치하는 것으로서 탱크 내 액화가스 액면요동을 방지하기 위해 설치하는 것은?
① 폭발방지장치 ② 방파판 ③ 압력방출장치 ④ 다공성 충진제

해설 ▸ 액면요동방지 : 방파판

정답 11. ④ 12. ① 13. ②

14. 가스공급 배관 용접 후 검사하는 비파괴 검사방법이 아닌 것은?

① 방사선투과검사
② 초음파탐상검사
③ 자분탐상검사
④ 주사전자현미경검사

해설 비파괴검사법
① RT(방사선투과법)
② PT(침투탐상법)
③ UT(초음파탐상검사)
④ VT(육안검사법)
⑤ MT(자분탐상검사)
⑥ LT(누설검사법)

15. 산소 저장설비에서 저장능력이 9,000 m³일 경우 1종 보호시설 및 2종 보호시설과의 안전거리는?

① 8 m, 5 m
② 10 m, 7 m
③ 12 m, 8 m
④ 14 m, 9 m

해설 안전거리

저장능력 압축가스(m³) 액화가스(kg)	독성·가연성 1종	독성·가연성 2종	산소 1종	산소 2종	기타 1종	기타 2종
1만 이하	17 m	12 m	12 m	8 m	8 m	5 m
2만 이하	21 m	14 m	14 m	9 m	9 m	7 m
3만 이하	24 m	16 m	16 m	11 m	11 m	8 m
4만 이하	27 m	18 m	18 m	13 m	13 m	9 m
4만 초과	30 m	20 m	20 m	14 m	14 m	10 m

16. 액화석유가스의 시설기준 중 저장탱크의 설치 방법으로 틀린 것은?

① 천장, 벽 및 바닥의 두께가 각각 30 cm 이상의 방수조치를 한 철근콘크리트구조로 한다.
② 저장탱크실 상부 윗면으로부터 저장탱크 상부까지의 깊이는 60 cm 이상으로 한다.
③ 저장탱크에 설치한 안전밸브에는 지면으로부터 5 m 이상의 방출관을 설치한다.
④ 저장탱크 주위 빈 공간에는 세립분을 25% 이상 함유한 마른 모래를 채운다.

해설 저장탱크 설치방법
① 저장탱크 주위 빈 공간에는 모래를 채운다.
② 저장탱크에 설치한 안전밸브에는 지면으로부터 5 m 이상의 방출관을 설치
③ 저장탱크실 상부 윗면으로부터 저장탱크 상부까지의 깊이는 60 cm 이상으로 한다.
④ 천장, 벽 및 바닥의 두께가 각각 30 cm 이상의 방수조치를 한 철근콘크리트구조로 한다.

정답 14. ④ 15. ③ 16. ④

17 다음 중 고압가스의 성질에 따른 분류에 속하지 않는 것은?
① 가연성 가스 ② 액화 가스
③ 조연성 가스 ④ 불연성 가스

해설 ▶ 고압가스의 성질에 따른 분류
① 성질에 따른 분류
㉠ 가연성 가스 ㉡ 조연성 가스 ㉢ 불연성 가스
② 상태에 따른 분류
㉠ 압축 가스 ㉡ 액화 가스 ㉢ 용해 가스

18 다음 중 화학적 폭발로 볼 수 없는 것은?
① 증기폭발 ② 중합폭발
③ 분해폭발 ④ 산화폭발

해설 ▶ 화학적 폭발
① 산화폭발
② 분해폭발(C_2H_2, C_2H_4O, N_2H_4)
③ 중합폭발(HCN, C_2H_4O)

19 가연성가스의 위험성에 대한 설명으로 틀린 것은?
① 누출 시 산소결핍에 의한 질식의 위험성이 있다.
② 가스의 온도 및 압력이 높을수록 위험성이 커진다.
③ 폭발한계가 넓을수록 위험하다.
④ 폭발하한이 높을수록 위험하다.

해설 ▶ 폭발하한이 낮을수록 위험하다.

20 시안화수소의 중합폭발을 방지할 수 있는 안정제로 옳은 것은?
① 수증기, 질소
② 수증기, 탄산가스
③ 질소, 탄산가스
④ 아황산가스, 황산

해설 ▶ 안정제 : 오산화인, 염화칼슘, 인산, 아황산가스, 황산

정답 17. ② 18. ① 19. ④ 20. ④

21
LPG를 수송할 때의 주의사항으로 틀린 것은?
① 운전중이나 정차중에도 허가된 장소를 제외하고는 담배를 피워서는 안 된다.
② 운전자는 운전기술 외에 LPG의 취급 및 소화기 사용 등에 관한 지식을 가져야 한다.
③ 주차할 때는 안전한 장소에 주차하며, 운반책임자와 운전자는 동시에 차량에서 이탈하지 않는다.
④ 누출됨을 알았을 때는 가까운 경찰서, 소방서까지 직접 운행하여 알린다.

22
염소의 성질에 대한 설명으로 틀린 것은?
① 상온, 상압에서 황록색의 기체이다.
② 수분 존재 시 철을 부식시킨다.
③ 피부에 닿으면 손상의 위험이 있다.
④ 암모니아와 반응하여 푸른 연기를 생성한다.

해설 염소의 성질
① 피부에 닿으면 손상의 위험이 있다.
② 수분 존재 시 철을 부식시킨다.(온도는 120°C 이상)
③ 상온, 상압에서 황록색의 기체이다.
④ 비점 −34°C 이하, 6~8 atm 이상의 압력을 가하면 쉽게 액화
⑤ 상온에서 물에 용해되면 염산 및 치아염소산을 생성하여 살균, 표백작용을 한다.
⑥ 수소와 혼합하여 염소폭염기가 되어 격렬한 폭굉을 일으킨다.

23
수소에 대한 설명 중 틀린 것은?
① 수소용기의 안전밸브는 가용전식과 파열판식을 병용한다.
② 용기밸브는 오른나사이다.
③ 수소 가스는 피로카를 시약을 사용한 오르자트법에 의한 시험법에서 순도가 98.5% 이상이어야 한다.
④ 공업용 용기의 도색은 주황색으로 하고 문자의 표시는 백색으로 한다.

해설 용기밸브는 왼나사이다.

24
다음 중 폭발성이 예민하므로 마찰 및 타격으로 격렬히 폭발하는 물질에 해당되지 않는 것은?
① 황화질소 ② 메틸아민 ③ 염화질소 ④ 아세틸라이드

정답 21. ④ 22. ④ 23. ② 24. ②

해설 ⇨ 마찰 및 타격으로 격렬히 폭발하는 물질
① 황화질소　　　　　　② 염화질소
③ 아세틸라이드　　　　④ 탄화은

25
고압가스 특정제조시설 중 철도부지 밑에 매설하는 배관에 대한 설명으로 틀린 것은?
① 배관의 외면으로부터 그 철도부지의 경계까지는 1 m 이상의 거리를 유지한다.
② 지표면으로부터 배관의 외면까지의 깊이를 60 cm 이상 유지한다.
③ 배관은 그 외면으로부터 궤도 중심과 4 m 이상 유지한다.
④ 지하철도 등을 횡단하여 매설하는 배관에는 전기방식조치를 강구한다.

해설 ⇨ 배관을 철도부지 밑에 매설할 경우 배관의 외면과 지표면과의 깊이 : 1.2 m 이상

26
다음 중 같은 저장실에 혼합 저장이 가능한 것은?
① 수소와 염소가스　　　② 수소와 산소
③ 아세틸렌가스와 산소　④ 수소와 질소

해설 ⇨ 혼합저장 불가
① 염소와 아세틸렌
② 염소와 암모니아
③ 염소와 수소

27
용기 부속품에 각인하는 문자 중 질량을 나타내는 것은?
① TP　　　② W　　　③ AG　　　④ V

해설 ⇨ 부속품각인
① W : 용기질량　　　② V : 용기내 용적
③ TP : 내압시험 압력　④ AP : 기밀시험 압력

28
고압가스특정제조시설에서 지하매설 배관은 그 외면으로부터 지하의 다른 시설물과 몇 m 이상 거리를 유지하여야 하는가?
① 0.1　　　② 0.2　　　③ 0.3　　　④ 0.5

해설 ⇨ 고압가스특정제조시설에서 지하매설 배관은 그 외면으로부터 지하의 다른 시설물과 0.3 m 이상 거리를 유지한다.

정답　25. ②　26. ④　27. ②　28. ③

29
도시가스 사용시설 중 가스계량기와 다음 설비와의 안전거리의 기준으로 옳은 것은?
① 전기계량기와는 60 cm 이상
② 전기접속기와는 60 cm 이상
③ 전기점멸기와는 60 cm 이상
④ 절연조치를 하지 않는 전선과는 30 cm 이상

해설 설비와의 안전거리
① 전선 : 15 cm 이상
② 접속기 점멸기, 굴뚝 : 30 cm 이상
③ 안전기, 계량기, 개폐기 : 60 cm 이상
④ 절연조치를 한 전선 : 10cm 이상
⑤ 절연조치를 하지 않은 전선 : 15cm 이상

30
고압가스 제조설비에서 누출된 가스의 확산을 방지할 수 있는 제해조치를 하여야 하는 가스가 아닌 것은?
① 이산화탄소   ② 암모니아   ③ 염소   ④ 염화메틸

해설 제해조치를 하여야 하는 가스(독성가스)
① 암모니아   ② 염소   ③ 염화메틸
④ 포스겐   ⑤ 황화수소   ⑥ 산화에틸렌 등

제2과목 : 가스장치 및 기기

31
흡수식냉동기에서 냉매로 물을 사용할 경우 흡수제로 사용하는 것은?
① 암모니아   ② 사염화에탄   ③ 리튬브로마이드   ④ 파라핀유

해설 흡수식냉동기에서 냉매로 물을 사용시 흡수제는 리튬브로마이드
흡수식냉동기에서 냉매로 암모니아 사용시 흡수제는 물

32
다음 중 이음매 없는 용기의 특징이 아닌 것은?
① 독성 가스를 충전하는데 사용한다.   ② 내압에 대한 응력 분포가 균일하다.
③ 고압에 견디기 어려운 구조이다.   ④ 용접용기에 비해 값이 비싸다.

정답 29. ①　30. ①　31. ③　32. ③

[해설] 이음매 없는 용기의 특징
① 고압에 견디기 쉬운 구조이다.
② 용접 용기에 비해 값이 비싸다.
③ 내압에 대한 응력 분포가 균일하다.
④ 독성 가스를 충전하는데 사용한다.

33 부유 피스톤형 압력계에서 실린더 지름 5 cm, 추와 피스톤의 무게가 130 kg일 때, 이 압력계에 접속된 부르동관의 압력계 눈금이 7 kg/cm²를 나타내었다. 이 부르동관 압력계의 오차는 약 몇 %인가?
① 5.7 ② 6.6 ③ 9.7 ④ 10.5

[해설] $P = \dfrac{W}{A} = \dfrac{130\,kg}{\dfrac{3.14 \times 5^2}{4}} = 6.62 \text{ kg/cm}^2$

오차 $= \dfrac{측정값 - 참값}{참값} = \dfrac{7 \text{ kg/cm}^2 - 6.62 \text{ kg/cm}^2}{6.62 \text{ kg/cm}^2} \times 100 = 5.74\%$

34 다음 고압가스 설비 중 축열식 반응기를 사용하여 제조하는 것은?
① 아크릴로아이드
② 염화비닐
③ 아세틸렌
④ 에틸벤젠

[해설] 아세틸렌은 축열식 반응기를 사용하여 제조한다.
내부연소식반응기 : 합성용가스의 제조, 아세틸렌의 제조

35 열기전력을 이용한 온도계가 아닌 것은?
① 백금 - 백금．로듐 온도계
② 동 - 콘스탄탄 온도계
③ 철 - 콘스탄탄 온도계
④ 백금 - 콘스탄탄 온도계

[해설] 열기전력을 이용한 온도계
① 백금-백금．로듐 온도계(R)
② 동-콘스탄탄(T)
③ 철-콘스탄탄(J)
④ 크로멜-알루멜(K)

36 다음 중 유체의 흐름방향을 한 방향으로만 흐르게 하는 밸브는?
① 글로우밸브
② 체크밸브
③ 앵글밸브
④ 게이트밸브

[해설] 체크밸브 : 유체의 역류방지(유체의 흐름방향을 한 방향으로만 흐르게 하는 밸브)

정답 33. ① 34. ③ 35. ④ 36. ②

37
다음 가스 분석 중 화학분석법에 속하지 않는 방법은?

① 가스크로마토그래피법
② 중량법
③ 분광광도법
④ 요오드적정법

해설 화학분석법
① 중량법　　② 분광광도법　　③ 요오드적정법
참고 기기분석법 : 가스크로마토그래피

38
다음 고압장치의 금속재료 사용에 대한 설명으로 옳은 것은?

① LNG 저장탱크 - 고장력강
② 아세틸렌 압축기 실린더 - 주철
③ 암모니아 압력계 도관 - 동
④ 액화산소 저장탱크 - 탄소강

해설 LNG 저장탱크, 액화산소저장탱크 : 오스테나이트계 스테인리스강

39
고압가스 설비의 안전장치에 관한 설명 중 옳지 않는 것은?

① 고압가스 용기에 사용되는 가용전은 열을 받으면 가용합금이 용해되어 내부의 가스를 방출한다.
② 액화가스용 안전밸브의 토출량은 저장탱크 등의 내부의 액화가스가 가열될 때의 증발량 이상이 필요하다.
③ 급격한 압력상승이 있는 경우에는 파열판은 부적당하다.
④ 펌프 및 배관에는 압력상승 방지를 위해 릴리프 밸브가 사용된다.

해설 급격한 압력상승이 있는 경우에는 파열판이 적당하다.

40
다음 중 압력계 사용 시 주의사항으로 틀린 것은?

① 정기적으로 점검한다.
② 압력계의 눈금판은 조작자가 보기 쉽도록 안면을 향하게 한다.
③ 가스의 종류에 적합한 압력계를 선정한다.
④ 압력의 도입이나 배출은 서서히 행한다.

해설 압력계의 눈금판은 조작자가 보기 쉽도록 정면을 향하게 한다.

정답 37. ①　38. ②　39. ③　40. ②

41 LPG(C_4H_{10}) 공급방식에서 공기를 3배 희석했다면 발열량은 약 몇 kcal/Sm³이 되는가? (단, C_4H_{10}의 발열량은 30000 kcal/Sm³으로 가정한다.)
① 5000
② 7500
③ 10000
④ 11000

해설: 발열량 $= \dfrac{Hl}{1+x} = \dfrac{30000}{1+3} = 7500$ kcal/Sm³

42 고압가스제조소의 작업원은 얼마의 기간 이내에 1회 이상 보호구의 사용훈련을 받아 사용방법을 숙지하여야 하는가?
① 1개월
② 3개월
③ 6개월
④ 12개월

해설: 고압가스제조소의 작업원 3개월에 1회 이상 보호구의 사용훈련을 받아 사용훈련을 받아 사용방법숙지

43 고점도 액체나 부유 현탁액의 유체 압력측정에 가장 적당한 압력계는?
① 벨로우즈
② 다이어프램
③ 부르동관
④ 피스톤

해설: 다이어프램 압력계
① 미소압력측정
② 고점도 액체나 부유 현탁액의 유체압력 측정
③ 온도의 영향을 받는다.
④ 이상 압력으로 파손 되어도 위험성이 적다.

44 내산화성이 우수하고 양파 썩는 냄새가 나는 부취제는?
① T.H.T
② T.B.M
③ D.M.S
④ NAPHTHA

해설: 부취제
① THT(테트라히드로티오펜) : 석탄가스 냄새
② TBM(터시어리부틸메르캅탄) : 양파 썩는 냄새
③ DMS(디메틸썰파이드) : 마늘냄새

정답 41. ② 42. ② 43. ② 44. ②

45. 계측기기의 구비조건으로 틀린 것은?

① 설치장소 및 주위조건에 대한 내구성이 클 것
② 설비비 및 유지비가 적게 들 것
③ 구조가 간단하고 정도(精度)가 낮을 것
④ 원거리 지시 및 기록이 가능할 것

[해설] 계측기의 구비조건
① 구조가 간단하고 정도(精度)가 높을 것
② 원거리 지시 및 기록이 가능할 것
③ 설비비 및 유지비가 적게 들것
④ 설치장소 및 주위 조건에 대한 내구성이 클 것

제3과목 : 가스일반

46. 다음 중 화씨온도와 가장 관계가 깊은 것은?

① 표준대기압에서 물의 어는점을 0으로 한다.
② 표준대기압에서 물의 어는점을 12로 한다.
③ 표준대기압에서 물의 끓는점을 100으로 한다.
④ 표준대기압에서 물의 끓는점을 212로 한다.

[해설] 화씨온도 : 표준대기압에서 물의 끓는점을 212로 한다.
섭씨온도 : 표준대기압에서 물의 끓는점을 100로 한다.

47. 다음 중 부탄가스의 완전연소 반응식은?

① $C_3H_8 + 4O_2 \rightarrow 3CO_2 + 5H_2O$
② $C_3H_8 + 5O_2 \rightarrow 3CO_2 + 4H_2O$
③ $C_4H_{10} + 6O_2 \rightarrow 4CO_2 + 5H_2O$
④ $2C_4H_{10} + 13O_2 \rightarrow 8CO_2 + 10H_2O$

[해설] 완전연소 반응식
① 부탄 : $2C_4H_{10} + 13O_2 \rightarrow 8CO_2 + 10H_2O$
② 프로판 : $C_3H_8 + 5O_2 \rightarrow 3CO_2 + 4H_2O$
③ 메탄 : $CH_4 + 2O_2 \rightarrow CO_2 + 2H_2O$
④ 아세틸렌 : $2C_2H_2 + 5O_2 \rightarrow 4CO_2 + 2H_2O$

정답 45. ③ 46. ④ 47. ④

48
LP 가스의 성질에 대한 설명으로 틀린 것은?
① 온도변화에 따른 액 팽창률이 크다.
② 석유류 또는 동, 식물유나 천연고무를 잘 용해시킨다.
③ 물에 잘 녹으며 알코올과 에테르에 용해된다.
④ 액체는 물보다 가볍고, 기체는 공기보다 무겁다.

해설 ▶ LP가스는 물에 용해되지 않는다.

49
가스배관 내 잔류물질을 제거할 때 사용하는 것이 아닌 것은?
① 피그
② 거버너
③ 압력계
④ 컴프레서

해설 ▶ 피그 : 가스배관내 잔류물질 제거

50
염소에 대한 설명 중 틀린 것은?
① 황록색을 띠며 독성이 강하다.
② 표백작용이 있다.
③ 액상은 물보다 무겁고 기상은 공기보다 가볍다.
④ 비교적 쉽게 액화된다.

해설 ▶ 액상은 물보다 가볍고 기상은 공기보다 무겁다.

51
도시가스 제조공정 중 접촉분해공정에 해당하는 것은?
① 저온수증기 개질법
② 열분해 공정
③ 부분연소 공정
④ 수소화분해 공정

해설 ▶ 접촉분해공정 : ① 저온수증기개질법 ② 고온수증기개질법 ③ 사이클링개질법

52
−10℃인 얼음 10 kg을 1기압에서 증기로 변화시킬 때 필요한 열량은 약 몇 kcal인가? (단, 얼음의 비열은 0.5 kcal/kg·℃, 얼음의 용해열은 80 kcal/kg, 물의 기화열은 539 kcal/kg이다.)
① 5400
② 6000
③ 6240
④ 7240

정답 48. ③ 49. ② 50. ③ 51. ① 52. ④

[해설] $-10°C$ 얼음 → 0 → 일음(현열)
$$Q_1 = G_1 \cdot C_1 \cdot \triangle t_1 = 10 \times 0.5 \times (0-(-10)) = 50 \text{ kcal}$$
$0°C$ 얼음 → $0°C$ 물(잠열)
$$Q_2 = G_2 r_2 = 10 \text{ kg} \times 80 \text{ kcal/kg} = 800 \text{ kcal}$$
$0°C$ 물 → $100°C$ 물(현열)
$$Q_3 = G_3 \cdot C_3 \cdot \triangle t_3 = 10 \text{ kg} \times 1 \text{ kcal/kg°C} \times (100-0) = 1000 \text{ kcal}$$
$100°C$ 물 → $100°C$ 증기(잠열)
$$Q_4 = G_4 r_4 = 10 \text{ kg} \times 539 \text{ kcal/kg} = 5390 \text{ kcal}$$
∴ $(Q_1 + Q_2 + Q_3 + Q_4)$
= 50+800+1000+5390 = 7240 kcal

53

다음 중 1 atm과 다른 것은?

① 9.8 N/m^2
② 101325 Pa
③ 14.7 lb/in^2
④ $10.332 \text{ mH}_2\text{O}$

[해설] 1 atm = 101325 N/m^2 = 1.0332 kg/cm^2 = 1033.2 g/cm^2 = 10332 kg/cm^2 = 76 cmHg
760 mmHg = 0.76 mHg = 29.92 inHg = 14.7 Psi = $10.332 \text{ mH}_2\text{O}$ = $1033.2 \text{ cmH}_2\text{O}$
= $10332 \text{ mmH}_2\text{O}$ = 100 N/cm^2 = 1.013 bar = 1013 mbar
= 101325 Pa = 101325 N/m^2 = 101.3 kPa = 0.10332 MPa

54

산소 가스의 품질검사에 사용되는 시약은?

① 동·암모니아 시약
② 피로카롤 시약
③ 브롬 시약
④ 하이드로 썰파이드 시약

[해설] ① 산소가스 : 동. 암모니아시약의 오르자트법, 순도 99.5% 이상
② 수소가스 : 피롤카롤 또는 하이드로썰파이드 시약의 오르자트법, 순도 98.5% 이상
③ 아세틸렌가스 : 브롬시약의 뷰렛법, 발연황산 시약의 오르자트법, 순도 98% 이상

55

표준상태에서 산소의 밀도는 몇 g/L인가?

① 1.33
② 1.43
③ 1.53
④ 1.63

[해설] 표준상태에서의 산소의 밀도
$$밀도 = \frac{M}{22.4} = \frac{32}{22.4} = 1.4285 \text{ g/L}$$

정답 53. ① 54. ① 55. ②

56 공기 중에 누출 시 폭발 위험이 가장 큰 가스는?
① C_3H_8　　② C_4H_{10}
③ CH_4　　④ C_2H_2

해설 › 폭발위험이 큰 순서
① 아세틸렌 : 2.1~81%
② 메탄 : 5~15%
③ 프로판 : 2.1~9.5%
④ 부탄 : 1.8~8.4%

57 표준물질에 대한 어떤 물질의 밀도는 비를 무엇이라고 하는가?
① 비중　　② 비중량
③ 비용　　④ 비열

해설 › 비중 : 표준물질에 대한 어떤 물질의 밀도의 비

58 LP가스가 증발할 때 흡수하는 열을 무엇이라 하는가?
① 현열　　② 비열
③ 잠열　　④ 융해열

해설 › 잠열 : LP가스가 증발할 때 흡수하는 열

59 LP가스를 자동차연료로 사용할 때의 장점이 아닌 것은?
① 배기가스의 독성이 가솔린보다 적다.
② 완전연소로 발열량이 높고 청결하다.
③ 옥탄가가 높아서 녹킹현상이 없다.
④ 균일하게 연소되므로 엔진수명이 연장된다.

해설 › LP가스를 자동차연료로 사용시 장점
① 균일하게 연소되므로 엔진수명이 연장된다.
② 완전연소로 발열량이 높고 청결하다.
③ 배기가스의 독성이 가솔린보다 적다.
④ 옥탄가는 가솔린과 관계가 있으며, LP가스와는 관계가 없다.

정답　56. ④　57. ①　58. ③　59. ③

60 다음 중 염소의 주된 용도가 아닌 것은?

① 표백 ② 살균
③ 염화비닐 합성 ④ 강재의 녹 제거용

해설 ○→ 염소의 주된 용도
① 표백 ② 살균
③ 염화비닐합성 ④ 포스겐제조 등

정답 60. ④

제11회 가스기능사 출제문제

1과목 : 가스안전관리

01 용기에 의한 고압가스 판매시설 저장실 설치기준으로 틀린 것은?
① 고압가스의 용적이 300 m³을 넘는 저장설비는 보호시설과 안전거리를 유지하여야 한다.
② 용기보관실 및 사무실은 동일 부지 내에 구분하여 설치한다.
③ 사업소의 부지는 한 면이 폭 5 m 이상의 도로에 접하여야 한다.
④ 가연성가스 및 독성가스를 보관하는 용기보관실의 면적은 각 고압가스별로 10 m² 이상으로 한다.

해설 ⇨ 고압가스판매시설 저장실 설치기준
① 가연성가스 및 독성가스를 보관하는 용기보관실의 면적은 각 고압가스별로 10 m² 이상으로 한다.
② 용기보관실 및 사무실은 동일 부지 내에 구분하여 설치한다.
③ 고압가스의 용적이 300 m³을 넘는 저장설비는 보호시설과 안전거리를 유지하여야 한다.

02 가연성가스의 제조설비 또는 저장설비 중 전기설비 방폭구조를 하지 않아도 되는 가스는?
① 암모니아, 시안화수소
② 암모니아, 염화메탄
③ 브롬화메탄, 일산화탄소
④ 암모니아, 브롬화메탄

해설 ⇨ 전기설비 방폭구조를 하지 않아도 되는 가스 : 암모니아, 브롬화메탄

정답 1. ③ 2. ④

03
재검사 용기에 대한 파기 방법의 기준으로 틀린 것은?
① 절단 등의 방법으로 파기하여 원형으로 가공할 수 없도록 할 것
② 허가관청에 파기의 사유·일시·장소 및 인수시한 등에 대한 신고를 하고 파기할 것
③ 잔가스를 전부 제거한 후 절단할 것
④ 파기하는 때에는 검사원이 검사 장소에서 직접 실시할 것

해설〉 재검사 용기에 대한 파기 방법
① 절단 등의 방법으로 파기하여 원형으로 가공할 수 없도록 할 것
② 잔가스를 전부 제거한 후 절단할 것
③ 파기하는 때에는 검사원이 검사 장소에서 직접 실시할 것
④ 3일전까지 용기검사 신청인에게 통지하고 검사원이 검사장소에서 직접파기

04
LP가스가 누출될 때 감지할 수 있도록 첨가하는 냄새가 나는 물질의 측정방법이 아닌 것은?
① 유취실법
② 주사기법
③ 냄새주머니법
④ 오더(odor)미터법

해설〉 냄새가 나는 물질의 측정방법
① 오더미터 법
② 주사기법
③ 냄새주머니법
④ 무취실법

05
고압가스 공급자 안전 점검 시 가스누출검지기를 갖추어야 할 대상은?
① 산소
② 가연성 가스
③ 불연성 가스
④ 독성 가스

해설〉 고압가스 공급자 안전 점검 시 가스누출검지기를 갖추어야 할 대상 : 가연성 가스

06
신규검사에 합격된 용기의 각인사항과 그 기호의 연결이 틀린 것은?
① 내용적 : V
② 최고충전압력 : FP
③ 내압시험압력 : TP
④ 용기의 질량 : M

해설〉 각인사항
① 최고충전압력 : FP
② 내용적 : V
③ 용기의 질량 : W
④ 내압시험압력 : TP

정답 3. ② 4. ① 5. ② 6. ④

07
독성가스의 저장탱크에는 그 가스의 용량이 탱크 내용적의 몇 %까지 채워야 하는가?
① 80% ② 85% ③ 90% ④ 95%

해설 ▶ 독성가스의 저장탱크에는 그 가스의 용량이 탱크 내용적의 90%까지 채워야 한다.

08
역화방지장치를 설치하지 않아도 되는 곳은?
① 가연성가스 압축기와 충전용 주관 사이의 배관
② 가연성가스 압축기와 오토클레이브 사이의 배관
③ 아세틸렌 충전용 지관
④ 아세틸렌 고압건조기와 충전용 교체밸브 사이의 배관

해설 ▶ 역화방지장치를 설치
① 가연성가스 압축기와 오토클레이브와의 사이배관
② 아세틸렌 고압건조기와 충전용 교체밸브 사이의 배관
③ 수소화염 또는 산소아세틸렌화염 사용시설
④ 아세틸렌 충전용 지관

09
독성가스 허용농도의 종류가 아닌 것은?
① 시간가중 평균농도(TLV–TWA) ② 단시간 노출허용농도(TLV–STEL)
③ 최고허용농도(TLV–C) ④ 순간 사망허용농도(TLV–D)

해설 ▶ 독성가스 허용농도 종류
① 최고허용농도(TLV–C)
② 단시간 노출허용농도(TLV–STEL)
③ 시간가중 평균농도(TLV–TWA)

10
고압가스 설비에 설치하는 압력계의 최고눈금의 범위는?
① 상용압력의 1배 이상, 1.5배 이하
② 상용압력의 1.5배 이상, 2배 이하
③ 상용압력의 2배 이상, 3배 이하
④ 상용압력의 3배 이상, 5배 이하

해설 ▶ 고압가스설비 압력계 눈금범위 : 상용압력의 1.5배 이상, 2배 이하

정답 7. ③ 8. ① 9. ④ 10. ②

11
가스의 폭발에 대한 설명 중 틀린 것은?
① 폭발범위가 넓은 것은 위험하다.
② 폭굉은 화염전파속도가 음속보다 크다.
③ 안전간격이 큰 것일수록 위험하다.
④ 가스의 비중이 큰 것은 낮은 곳에 체류할 위험이 있다.

해설 안전간격이 적은 것일수록 위험하다.

12
내용적 94 L인 액화프로판 용기의 저장능력은 몇 kg인가? (단, 충전상수 C는 2.35이다.)
① 20 ② 40 ③ 60 ④ 80

해설 $G = \dfrac{V}{C} = \dfrac{94}{2.35} = 40 \text{ kg}$

13
액화석유가스 충전사업장에서 가스충전준비 및 충전작업에 대한 설명으로 틀린 것은?
① 자동차에 고정된 탱크는 저장탱크의 외면으로부터 3 m 이상 떨어져 정지한다.
② 안전밸브에 설치된 스톱밸브는 항상 열어둔다.
③ 자동차에 고정된 탱크(내용적이 1만 리터 이상의 것에 한한다.)로부터 가스를 이입 받을 때에는 자동차가 고정되도록 자동차 정지목 등을 설치한다.
④ 자동차에 고정된 탱크로부터 저장탱크에 액화석유가스를 이입 받을 때에는 5시간 이상 연속하여 자동차에 고정된 탱크를 저장탱크에 접속하지 아니한다.

해설 액화석유가스 충전사업장에서 가스충전준비 및 충전작업에 대한 설명
① 자동차에 고정된 탱크는 저장탱크의 외면으로부터 3 m 이상 떨어져 정지한다.
② 자동차에 고정된 탱크로부터 저장탱크에 액화석유가스를 이입 받을 때에는 5시간 이상 연속하여 자동차에 고정된 탱크를 저장탱크에 접속하지 아니한다.
③ 안전밸브에 설치된 스톱밸브는 항상 열어둔다.
④ 자동차에 고정된 탱크(**내용적이 5천L 이상**의 것에 한한다.)로부터 가스를 이입받을 때에는 자동차가 고정되도록 자동차 정지목 등을 설치한다.

14
저장량이 10000 kg인 산소저장설비는 제1종 보호시설과의 거리가 얼마 이상이면 방호벽을 설치하지 아니할 수 있는가?
① 9 m ② 10 m ③ 11 m ④ 12 m

정답 11. ③ 12. ② 13. ③ 14. ④

해설 ➤ 안전거리

저장능력 압축가스(m³) 액화가스(kg)	독성·가연성		산소		기타	
	1종	2종	1종	2종	1종	2종
1만 이하	17 m	12 m	12 m	8 m	8 m	5 m
2만 이하	21 m	14 m	14 m	9 m	9 m	7 m
3만 이하	24 m	16 m	16 m	11 m	11 m	8 m
4만 이하	27 m	18 m	18 m	13 m	13 m	9 m
4만 초과	30 m	20 m	20 m	14 m	14 m	10 m

15 고압가스특정제조시설에서 고압가스설비의 설치기준에 대한 설명으로 틀린 것은?
① 아세틸렌의 충전용교체밸브는 충전하는 장소에 직접 설치한다.
② 에어졸제조시설에는 정량을 충전할 수 있는 자동 충전기를 설치한다.
③ 공기액화분리기로 처리하는 원료공기의 흡입구는 공기가 맑은 곳에 설치한다.
④ 공기액화분리기에 설치하는 피트는 양호한 환기구조로 한다.

16 고압가스특정제조시설에서 상용압력 0.2 MPa 미만의 가연성가스 배관을 지상에 노출하여 설치 시 유지하여야 할 공지의 폭 기준은?
① 2 m 이상
② 5 m 이상
③ 9 m 이상
④ 15 m 이상

해설 ➤

상용압력	공지 폭
2 kg/cm² 미만(0.2 MPa 미만)	5m
2 kg/cm² 이상 10 kg/cm² 미만	9m
10 kg/cm² 이상	15m

17 액화석유가스 용기를 실외저장소에 보관하는 기준으로 틀린 것은?
① 용기보관장소의 경계 안에서 용기를 보관할 것
② 용기는 눕혀서 보관할 것
③ 충전용기는 항상 40℃ 이하를 유지할 것
④ 충전용기는 눈·비를 피할 수 있도록 할 것

해설 ➤ 용기를 세워서 보관한다.

정답 15. ① 16. ② 17. ②

18
수소와 다음 중 어떤 가스를 동일차량에 적재하여 운반하는 때에 그 충전용기와 밸브가 서로 마주보지 않도록 적재하여야 하는가?

① 산소
② 아세틸렌
③ 브롬화메탄
④ 염소

[해설] 가연성 가스(수소)와 조연성 가스(산소)는 서로 마주보지 않도록 적재가능

19
아세틸렌 용접용기의 내압시험 압력으로 옳은 것은?

① 최고 충전압력의 1.5배
② 최고 충전압력의 1.8배
③ 최고 충전압력의 5/3배
④ 최고 충전압력의 3배

[해설] 아세틸렌 용접용기의 내압시험압력 : FP×3
아세틸렌의 최고충전압력 : 15.5 kg/cm²   기밀시험압력 : FP×1.8

20
고압가스특정제조시설에서 안전구역 설정 시 사용하는 안전구역안의 고압가스설비 연소열량수치(Q)의 값은 얼마 이하로 정해져 있는가?

① 6×10^8
② 6×10^9
③ 7×10^8
④ 7×10^9

21
도시가스사용시설에 정압기를 2023년에 설치하였다. 다음 중 이 정압기의 분해점검 만료시기로 옳은 것은?

① 2024년
② 2025년
③ 2026년
④ 2027년

[해설] 정압기의 분해점검 : 3년에 1회 이상 그 이후는 4년에 1회 이상

22
운전 중인 액화석유가스 충전설비의 작동상황에 대하여 주기적으로 점검하여야 한다. 점검 주기는?

① 1일에 1회 이상
② 1주일에 1회 이상
③ 3월에 1회 이상
④ 6월에 1회 이상

[해설] 운전 중인 액화석유가스 충전설비의 작동상황에 대해 1일 1회 이상 점검

정답 18. ①   19. ④   20. ①   21. ③   22. ①

23 가스계량기와 전기계량기와는 최소 몇 cm 이상의 거리를 유지하여야 하는가?
① 15 cm   ② 30 cm   ③ 60 cm   ④ 80 cm

해설 ▸ 안전거리유지
① 전선 : 15 cm 이상
② 접속기, 점멸기, 굴뚝 : 30 cm 이상
③ 안전기, 계량기, 개폐기, 콘센트 : 60 cm 이상

24 시내버스의 연료로 사용되고 있는 CNG의 주요 성분은?
① 메탄(CH_4)   ② 프로판(C_3H_8)
③ 부탄(C_4H_{10})   ④ 수소(H_2)

해설 ▸ CNG(압축천연가스) : 메탄

25 액상의 염소가 피부에 닿았을 경우의 조치로써 가장 적절한 것은?
① 암모니아로 씻어낸다.   ② 이산화탄소로 씻어낸다.
③ 소금물로 씻어낸다.   ④ 맑은 물로 씻어낸다.

해설 ▸ 액상의 염소가 피부에 닿았을 경우의 조치 : 맑은 물로 씻어낸다.

26 아세틸렌 용기에 다공질 물질을 고루 채운 후 아세틸렌을 충전하기 전에 침윤시키는 물질은?
① 알코올   ② 아세톤
③ 규조토   ④ 탄산마그네슘

해설 ▸ 아세틸렌을 충전하기 전에 침윤시키는 물질 : 아세톤, DMF

27 제1종 장소에서의 변압기의 방폭구조는 무엇인가?
① 내압 방폭구조   ② 압력 방폭구조
③ 유압 방폭구조   ④ 안전증 방폭구조

해설 ▸ 1종 장소에서의 변압기의 방폭구조 : 내압 방폭구조
0종 장소에서의 변압기의 방폭구조 : 안전증방폭구조

정답 23. ③ 24. ① 25. ④ 26. ② 27. ①

28
액화석유가스의 냄새측정 기준에서 사용하는 용어에 대한 설명으로 옳지 않은 것은?
① 시험가스란 냄새를 측정할 수 있도록 액화석유가스를 기화시킨 가스를 말한다.
② 시험자란 미리 선정한 정상적인 후각을 가진 사람으로서 냄새를 판정하는 자를 말한다.
③ 시료기체란 시험가스를 청정한 공기로 희석한 판정용 기체를 말한다.
④ 희석배수란 시료기체의 양을 시험가스의 양으로 나눈 값을 말한다.

[해설] 시험자 : 냄새농도 측정에 있어서 희석조작을 하여 냄새농도를 측정하는 자

29
산소에 대한 설명 중 옳지 않은 것은?
① 고압의 산소와 유지류의 접촉은 위험하다.
② 과잉의 산소는 인체에 유해하다.
③ 내산화성 재료로서는 주로 납(Pb)이 사용된다.
④ 산소의 화학반응에서 과산화물은 위험성이 있다.

[해설] 산소
① 산소의 화학반응에서 과산화물은 위험성이 있다.
② 과잉의 산소는 인체에 유해하다.
③ 고압의 산소와 유지류의 접촉은 위험하다.
④ 유기물의 분해 . 합성 등의 필요한 가스
⑤ 금속에 산화작용이 강하다.
⑥ 액체가 기화되면 800배 체적의 기체가 된다.

30
LP 가스 사용시설에서 호스의 길이는 연소기까지 몇 m 이내로 하여야 하는가?
① 3 m   ② 5 m   ③ 7 m   ④ 9 m

[해설] LP 가스 사용시설에서 호스의 길이는 연소기까지 3m 이내로 하여야 한다.

제2과목 : 가스장치 및 기기

31
오리피스 미터로 유량을 측정할 때 갖추지 않아도 되는 조건은?
① 관로가 수평일 것
② 정상류 흐름일 것
③ 관속에 유체가 충만 되어 있을 것
④ 유체의 전도 및 압축의 영향이 클 것

정답 28. ② 29. ③ 30. ① 31. ④

해설 ⇨ 오리피스 미터로 유량을 측정할 때 갖추어야 할 조건
① 유체의 전도 및 압축의 영향이 클 것
② 관속에 유체가 충만 되어 있을 것
③ 정상류 흐름일 것
④ 관로가 수평일 것

32 액화천연가스(LNG) 저장탱크의 지붕 시공 시 지붕에 대한 좌굴강도(Buckling Strength)를 검토하는 경우 반드시 고려하여야 할 사항이 아닌 것은?
① 가스압력
② 탱크의 지붕판 및 지붕뼈대의 중량
③ 지붕부위 단열재의 중량
④ 내부탱크 재료 및 중량

해설 ⇨ 액화천연가스 저장탱크의 지붕 시공 시 지붕에 대한 좌굴강도를 검토하는 경우 반드시 고려하여야 할 사항
① 지붕부위 단열재의 중량
② 탱크의 지붕판 및 지붕뼈대의 중량
③ 가스압력

33 압력계의 측정 방법에는 탄성을 이용하는 것과 전기적 변화를 이용하는 방법 등이 있다. 다음 중 전기적 변화를 이용하는 압력계는?
① 부르동관 압력계
② 벨로우즈 압력계
③ 스트레인게이지
④ 다이어프램 압력계

해설 ⇨ 탄성에 의한 압력계
① 부르동관 압력계
② 벨로우즈 압력계
③ 다이어프램 압력계

34 염화메탄을 사용하는 배관에 사용해서는 안 되는 금속은?
① 철
② 강
③ 동합금
④ 알루미늄

해설 ⇨ 금지할 재료
① 암모니아 : 동 및 동합금
② 염화메탄 : 알루미늄합금
③ 프레온 : 2%를 넘는 Mg을 함유한 Al 합금

정답 32. ④ 33. ③ 34. ④

35 회전 펌프의 특징에 대한 설명으로 틀린 것은?

① 고압에 적당하다.
② 점성이 있는 액체에 성능이 좋다.
③ 송출량의 맥동이 거의 없다.
④ 왕복펌프와 같은 흡입·토출 밸브가 있다.

해설 ⊃ 회전 펌프의 특징
① 흡입·토출밸브가 없다. ② 송출량의 맥동이 거의 없다.
③ 점성이 있는 액체에 성능이 좋다. ④ 고압에 적당하다.

36 고압식 액화산소분리 장치의 원료공기에 대한 설명 중 틀린 것은?

① 탄산가스가 제거된 후 압축기에서 압축된다.
② 압축된 원료공기는 예냉기에서 열교환하여 냉각된다.
③ 건조기에서 수분이 제거된 후에는 팽창기와 정류탑의 하부로 열교환하여 들어간다.
④ 압축기로 압축한 후 물로 냉각한 다음 축냉기에 보내진다.

해설 ⊃ 고압식 액화산소분리 장치의 원료공기
① 건조기에서 수분이 제거된 후에는 팽창기와 정류탑의 하부로 열교환하여 들어간다.
② 압축된 원료공기는 예냉기에서 열교환하여 냉각된다.
③ 탄산가스가 제거된 후 압축기에서 압축된다.

37 연소기의 설치방법에 대한 설명으로 틀린 것은?

① 가스온수기나 가스보일러는 목욕탕에 설치할 수 있다.
② 배기통이 가연성 물질로 된 벽 또는 천장 등을 통과하는 때에는 금속 외의 불연성 재료로 단열조치를 한다.
③ 배기팬이 있는 밀폐형 또는 반밀폐형의 연소기를 설치한 경우 그 배기팬의 배기가스와 접촉하는 부분은 불연성재료로 한다.
④ 개방형 연소기를 설치한 실에는 환풍기 또는 환기구를 설치한다.

해설 ⊃ 가스온수기나 가스보일러는 목욕탕에 설치하면 안 된다.

38 관내를 흐르는 유체의 압력강하에 대한 설명으로 틀린 것은?

① 가스비중에 비례한다. ② 관내경의 5승에 반비례한다.
③ 관 길이에 비례한다. ④ 압력에 비례한다.

정답 35. ④ 36. ④ 37. ① 38. ④

[해설] $Q = \sqrt[5]{\dfrac{D^5 \cdot H}{S \cdot L}}$ $H = \dfrac{Q^2 \times S \times L}{D^5}$

여기서, Q : 유량, S : 가스비중, L : 관 길이, D : 관 내경
① 관내경의 5승에 반비례한다.   ② 관 길이에 비례한다.
③ 유량의 제곱에 비례한다.   ④ 가스비중에 비례한다.

39 공기액화분리기에서 이산화탄소 7.2 kg을 제거하기 위해 필요한 건조제(NaOH)의 양은 약 몇 kg인가?

① 6   ② 9   ③ 13   ④ 15

[해설] $2NaOH + CO_2 \rightarrow Na_2CO_3 + H_2O$
   2×40 kg   44 kg
   x 72 kg

$x = \dfrac{2 \times 40 \times 7.2}{44 \text{ kg}} = 13.09 \text{ kg}$

40 LP가스 수송관의 이음부분에 사용할 수 있는 패킹재료로 적합한 것은?

① 종이   ② 천연고무   ③ 구리   ④ 실리콘 고무

[해설] LP가스 수송관의 이음부분에 사용할 수 있는 패킹재료 : 실리콘 고무

41 금속 재료에서 고온일 때 가스에 의한 부식으로 틀린 것은?

① 산소 및 탄산가스에 의한 산화   ② 암모니아에 의한 강의 질화
③ 수소가스에 의한 탈탄작용   ④ 아세틸렌에 의한 황화

[해설] 금속 재료에서 고온일 때 가스에 의한 부식
   ① 수소에 의한 탈탄작용
   ② 암모니아에 의한 강의 질화
   ③ 산소 및 탄산가스에 의한 산화

42 액화석유가스용 강제용기란 액화석유가스를 충전하기 위한 내용적이 얼마 미만인 용기를 말하는가?

① 30 ℓ   ② 50 ℓ   ③ 100 ℓ   ④ 125 ℓ

[해설] 액화석유가스용 강제용기란 액화석유가스를 충전하기 위한 내용적이 125 ℓ 미만인 용기

정답 39. ③   40. ④   41. ④   42. ④

43
저온장치에 사용하는 금속재료로 적합하지 않은 것은?
① 탄소강 ② 18-8 스테인리스강
③ 알루미늄 ④ 크롬-망간강

[해설] 저온장치에 사용하는 금속재료
① 동 및 동합금
② 알루미늄 및 알루미늄 합금
③ 크롬-망간강
④ 18-8 스테인리스강

44
고압가스설비는 그 고압가스의 취급에 적합한 기계적 성질을 가져야 한다. 충전용 지관에는 탄소 함유량이 얼마 이하의 강을 사용하여야 하는가?
① 0.1% ② 0.33% ③ 0.5% ④ 1%

[해설] 충전용 지관에는 탄소 함유량이 0.1% 이하의 강을 사용

45
나사압축기에서 숫로터의 직경 150 mm, 로터 길이 100 mm 회전수가 350 rpm이라고 할 때 이론적 토출량은 약 몇 m³/min인가? (단, 로터 형상에 의한 계수[C_v]는 0.476이다.)
① 0.11 ② 0.21 ③ 0.37 ④ 0.47

[해설] 이론적 토출량 $= D^2 \times L \times N \times C_V = 0.15^2 \times 0.1 \times 350 \times 0.476 = 0.37485$

제3과목 : 가스일반

46
다음 중 액화석유가스의 주성분이 아닌 것은?
① 부탄 ② 헵탄 ③ 프로판 ④ 프로필렌

[해설] 액화석유가스의 주성분
① 프로판 ② 부탄 ③ 프로필렌
④ 부틸렌 ⑤ 프로틴

정답 43. ① 44. ① 45. ③ 46. ②

47 도시가스에 사용되는 부취제 중 DMS의 냄새는?
① 석탄가스 냄새　　② 마늘 냄새
③ 양파 썩는 냄새　　④ 암모니아 냄새

해설 ◦ 도시가스 부취제
① THT(Tetra Hydro Thiophene) : 석탄가스 냄새
② TBM(Tertiary Butyl Mercaptan) : 양파 썩는 냄새
③ DMS(Di Methyl Sulfide) : 마늘 냄새

48 '자연계에 아무런 변화도 남기지 않고 어느 열원의 열을 계속해서 일로 바꿀 수 없다. 즉 고온물체의 열을 계속해서 일로 바꾸려면 저온물체로 열을 버려야만 한다.'라고 표현되는 법칙은?
① 열역학 제 0법칙　　② 열역학 제 1법칙
③ 열역학 제 2법칙　　④ 열역학 제 3법칙

해설 ◦ 열역학 제 2법칙 : 자연계에 아무런 변화도 남기지 않고 어느 열원의 열을 계속해서 일로 바꿀 수 없다(고온물체의 열을 계속해서 일로 바꾸려면 저온 물체로 열을 버려야 한다).

49 브로민화수소의 성질에 대한 설명으로 틀린 것은?
① 독성가스이다.　　② 기체는 공기보다 가볍다.
③ 유기물 등과 격렬하게 반응한다.　　④ 가열 시 폭발 위험성이 있다.

해설 ◦ 기체는 공기보다 무겁다.

50 압력에 대한 설명으로 옳은 것은?
① 절대압력＝게이지압력+대기압이다.
② 절대압력＝대기압+진공압이다.
③ 대기압은 진공압보다 낮다.
④ 1 atm은 1033.2 kg/m²이다.

해설 ◦ 압력
① 절대압력＝게이지압력+대기압　　② 게이지압력＝절대압력-대기압
③ 대기압＝절대압력-게이지압력　　④ 대기압은 진공압보다 높다.
⑤ 1 atm은 10332 kg/m²이다.

정답 47. ②　48. ③　49. ②　50. ①

51
천연가스(NG)를 공급하는 도시가스의 주요 특성이 아닌 것은?
① 공기보다 가볍다.
② 메탄이 주성분이다.
③ 발전용, 일반 공업용 연료로도 널리 사용한다.
④ LPG보다 발열량이 높아 최근 사용량이 급격히 많아 졌다.

해설 ⇒ LPG보다 발열량이 높다.

52
0°C, 1 atm인 표준상태에서 공기와의 같은 부피에 대한 무게비를 무엇이라고 하는가?
① 비중 ② 비체적 ③ 밀도 ④ 비열

해설 ⇒ 비중=0°C, 1 atm인 표준상태에서 공기와의 같은 부피에 대한 무게비

53
절대온도 40 K를 랭킨온도로 환산하면 몇 °R인가?
① 36 ② 54 ③ 72 ④ 90

해설 ⇒ °R=1.8K=1.8×40=72°R

54
수분이 존재할 때 일반 강재를 부식시키는 가스는?
① 황화수소 ② 수소 ③ 일산화탄소 ④ 질소

해설 ⇒ 수분존재시 강재를 부식시키는 가스
　① 염소 ② 황화수소 ③ 포스겐 ④ 탄산가스

55
다음 중 엔트로피의 단위는?
① kcal/h ② kcal/kg ③ kcal/kg·m ④ kcal/kg·K

56
공기 중에서의 프로판의 폭발범위(하한과 상한)를 바르게 나타낸 것은?
① 1.8~8.4% ② 2.2~9.5% ③ 2.1~8.4% ④ 1.8~9.5%

정답 51. ④　52. ①　53. ③　54. ①　55. ④　56. ②

해설ⓒ 연소범위
① 프로판 : 2.1~9.5%   ② 부탄 : 1.8~8.4%   ③ 수소 : 4~75%
④ 에탄 : 3~12.5%   ⑤ 메탄 : 5~15%   ⑥ 아세틸렌 : 2.5~81%
⑦ 일산화탄소 : 12.5~74%   ⑧ 황화수소 : 4.3~45.5%   ⑨ 산화에틸렌 : 3~80%

57 고압가스안전관리법령에 따라 "상용의 온도에서 압력이 1 MPa 이상이 되는 압축가스로서 실제로 그 압력이 1 MPa 이상이 되는 경우에는 고압가스에 해당한다." 여기에서 압력은 어떠한 압력을 말하는가?
① 대기압   ② 게이지압력   ③ 절대압력   ④ 진공압력

해설ⓒ 게이지압력 : 상용의 온도에서 압력이 1 MPa 이상이 되는 압축가스로서, 실제로 그 압력이 1 MPa 이상이 되는 경우에는 고압가스에 해당

58 증기압이 낮고 비점이 높은 가스는 기화가 쉽게 되지 않는다. 다음 가스 중 기화가 가장 안 되는 가스는?
① CH_4 ② C_2H_4 ③ C_3H_8 ④ C_4H_{10}

해설ⓒ ① 부탄(C_4H_{10})은 비점이 –0.5°C로서 기화가 제일 안 된다.
② CH_4(메탄) : –161.5°C
③ C_3H_8(프로판) : –42.1°C
∴ 비점이 낮을수록 기화가 빠르다.

59 가스를 그대로 대기 중에 분출시켜 연소에 필요한 공기를 전부 불꽃의 주변에서 취하는 연소방식은?
① 적화식   ② 분젠식   ③ 세미분젠식   ④ 전1차공기식

해설ⓒ 적화식 : 가스를 그대로 대기 중에 분출시켜 연소에 필요한 공기를 전부 불꽃의 주변에서 취하는 연소방식

60 비중병의 무게가 비었을 때는 0.2 kg이고, 액체로 충만 되어 있을 때에는 0.8 kg이었다. 액체의 체적이 0.4 L이라면 비중량(kg/m³)은 얼마인가?
① 120   ② 150   ③ 1200   ④ 1500

해설ⓒ 비중량 = $\dfrac{(0.8-0.2)\,\text{kg}}{0.4\,\text{L}}$ = 1.5kg/L × $\dfrac{1000\text{L}}{1\text{m}^3}$ = 1500kg/m³

정답   57. ②   58. ④   59. ①   60. ④

제12회 가스기능사 출제문제

1과목 : 가스안전관리

01 가스가 누출되었을 때 조치로써 가장 적당한 것은?
① 용기 밸브가 열려서 누출 시 부근 화기를 멀리하고 즉시 밸브를 잠근다.
② 용기 밸브 파손으로 누출 시 전부 대피한다.
③ 용기 안전밸브 누출 시 그 부위를 열습포로 감싸 준다.
④ 가스 누출로 실내에 가스 체류 시 그냥 놔두고 밖으로 피신한다.

해설 ☞ 가스 누출시 조치 : 즉시 밸브를 잠근다.

02 무색, 무미, 무취의 폭발범위가 넓은 가연성가스로서 할로겐원소와 격렬하게 반응하여 폭발반응을 일으키는 가스는?
① H_2 ② Cl_2 ③ HCl ④ C_2H_2

해설 ☞ ・수소 : 무색, 무미, 무취의 폭발범위가 넓은 가연성가스로서 할로겐원소와 격렬하게 반응하여 폭발반응을 일으킨다.
$H_2 + Cl_2 \rightarrow 2HCl$
・할로겐원소 : F, Cl, Br, I

03 가스사용시설의 연소기 각각에 대하여 퓨즈 콕을 설치하여야 하나, 연소기 용량이 몇 kcal/h를 초과할 때 배관용 밸브로 대용할 수 있는가?
① 12500 ② 15500
③ 19400 ④ 25500

해설 ☞ 가스사용시설의 연소기 각각에 대하여 퓨즈 콕을 설치하여야 하나, 연소기 용량이 19400 kcal/h 초과시 배관용 밸브로 대용한다.

정답 1. ① 2. ① 3. ③

04 C_2H_2 제조설비에서 제조된 C_2H_2를 충전용기에 충전 시 위험한 경우는?
① 아세틸렌이 접촉되는 설비부분에 동함량 72%의 동합금을 사용하였다.
② 충전 중의 압력을 2.5 MPa 이하로 하였다.
③ 충전 후에 압력이 15℃에서 1.5 MPa 이하로 될 때까지 정치하였다.
④ 충전용 지관은 탄소함유량 0.1% 이하의 강을 사용하였다.

해설 ◦ 아세틸렌이 접촉되는 설비부분에 동함량 62% 미만의 동합금을 사용한다.

05 LP가스 저장탱크를 수리할 때 작업원이 저장탱크 속으로 들어가서는 아니 되는 탱크 내의 산소농도는?
① 16%　　② 19%　　③ 20%　　④ 21%

해설 ◦ LP가스 저장탱크를 수리할 때 작업원이 저장탱크 속으로 들어가서는 아니 되는 탱크 내의 산소농도는 16%이다.

06 고압가스용기 등에서 실시하는 재검사 대상이 아닌 것은?
① 충전할 고압가스 종류가 변경된 경우
② 합격표시가 훼손된 경우
③ 용기밸브를 교체한 경우
④ 손상이 발생된 경우

해설 ◦ 재검사대상
① 합격표시가 훼손된 경우
② 손상이 발생된 경우
③ 충전할 고압가스 종류가 변경된 경우

07 다음 중 제독제로서 다량의 물을 사용하는 가스는?
① 일산화탄소　　② 이황화탄소
③ 황화수소　　　④ 암모니아

해설 ◦ 제독제
(1) 염소
① 소석회　② 가성소다　③ 탄산소다
(2) 포스겐
① 가성소다　② 소석회

정답　4. ①　5. ①　6. ③　7. ④

(3) 황화수소
① 가성소다　　② 탄산소다
(4) 암모니아, 산화에틸렌, 염화메탄 : 다량의 물

08
고압가스 냉매설비의 기밀시험 시 압축공기를 공급할 때 공기의 온도는 몇 ℃ 이하로 할 수 있는가?
① 40℃ 이하
② 70℃ 이하
③ 100℃ 이하
④ 140℃ 이하

해설 고압가스 냉매설비의 기밀시험 시 압축공기를 공급할 때 공기의 온도는 140℃ 이하로 한다.

09
LP가스 저온 저장탱크에 반드시 설치하지 않아도 되는 장치는?
① 압력계
② 진공안전밸브
③ 감압밸브
④ 압력경보설비

해설 LP가스 저온 저장탱크에 반드시 설치
① 압력경보설비　② 진공안전밸브　③ 압력계　④ 송액설비　⑤ 냉동설비　⑥ 균압관

10
가연성가스 제조설비 중 전기설비는 방폭성능을 가지는 구조이어야 한다. 다음 중 반드시 방폭성능을 가지는 구조로 하지 않아도 되는 가연성 가스는?
① 수소　　② 프로판　　③ 아세틸렌　　④ 암모니아

해설 방폭성능 하지 않아도 되는 가연성 가스
① 암모니아　② 브롬화메탄

11
도시가스 품질검사 시 허용기준 중 틀린 것은?
① 전유황 : 30 mg/m³ 이하
② 암모니아 : 10 mg/m³ 이하
③ 할로겐총량 : 10 mg/m³ 이하
④ 실록산 : 10 mg/m³ 이하

해설 도시가스 품질 검사시 허용기준
① 암모니아 : 검출되지 않음
② 전유황 : 30 mg/m³ 이하
③ 할로겐총량 : 10 mg/m³ 이하
④ 실록산 : 10 mg/m³ 이하
⑤ 이산화탄소 : 2.5 mg/m³ 이하
⑥ 황화수소 : 1.0 mg/m³ 이하
⑦ 수소, 아르곤, 일산화탄소 : 1.0 mg/m³ 이하

정답 8. ④　9. ③　10. ④　11. ②

12 포스겐의 취급 방법에 대한 설명 중 틀린 것은?
① 환기시설을 갖추어 작업한다.
② 취급 시에는 반드시 방독마스크를 착용한다.
③ 누출 시 용기가 부식되는 원인이 되므로 약간의 누출에도 주의한다.
④ 포스겐을 함유한 폐기액은 염화수소로 충분히 처리한 후 처분한다.

해설➡ 포스겐은 가성소다, 소석회 등의 제독제로 처리한다.

13 가스보일러의 공통 설치기준에 대한 설명으로 틀린 것은?
① 가스보일러는 전용보일러실에 설치한다.
② 가스보일러는 지하실 또는 반지하실에 설치하지 아니한다.
③ 전용보일러실에는 반드시 환기팬을 설치한다.
④ 전용보일러실에는 사람이 거주하는 곳과 통기될 수 있는 가스렌지 배기덕트를 설치하지 아니한다.

해설➡ 전용보일러실에는 반드시 배기팬을 설치한다.

14 수소 가스의 위험도(H)는 약 얼마인가?
① 13.5   ② 17.8
③ 19.5   ④ 21.3

해설➡ 수소 가스의 위험도(H) = $\dfrac{U-L}{L} = \dfrac{75-4}{4} = 17.75$

15 액화석유가스 용기충전시설의 저장탱크에 폭발방지장치를 의무적으로 설치하여야 하는 경우는?
① 상업지역에 저장능력 15톤 저장탱크를 지상에 설치하는 경우
② 녹지지역에 저장능력 20톤 저장탱크를 지상에 설치하는 경우
③ 주거지역에 저장능력 5톤 저장탱크를 지상에 설치하는 경우
④ 녹지지역에 저장능력 30톤 저장탱크를 지상에 설치하는 경우

해설➡ 폭발방지장치설치 : 주거지역, 상업지역은 10 Ton 이상인 경우 폭발방지장치 설치

정답 12. ④   13. ③   14. ②   15. ①

16
다음 가스 저장시설 중 환기구를 갖추는 등의 조치를 반드시 하여야 하는 곳은?
① 산소 저장소
② 질소 저장소
③ 헬륨 저장소
④ 부탄 저장소

[해설] 환기구를 갖추는 등의 조치 : 가연성 가스(부탄, 프로판 등)

17
고압가스 용기를 내압 시험한 결과 전증가량은 400 mL, 영구증가량이 20 mL이었다. 영구증가율은 얼마인가?
① 0.2%
② 0.5
③ 5%
④ 20%

[해설] 영구증가율 = $\dfrac{영구증가율}{전증가량} \times 100 = \dfrac{20}{400} \times 100 = 5\%$

18
염소의 일반적인 성질에 대한 설명으로 틀린 것은?
① 암모니아와 반응하여 염화암모늄을 생성한다.
② 무색의 자극적인 냄새를 가진 독성, 가연성 가스이다.
③ 수분과 작용하면 염산을 생성하여 철강을 심하게 부식시킨다.
④ 수돗물의 살균 소독제, 표백분 제조에 이용된다.

[해설] 염소의 일반적인 성질
① 자극적인 냄새를 가진 황록색 기체이며 독성이다.
② 수돗물의 살균 소독제, 표백분 제조에 이용된다.
③ 암모니아와 반응하여 염화암모늄을 생성한다.
④ 수분과 작용하면 염산을 생성하여 철강을 심하게 부식시킨다.

19
독성가스 용기 운반차량의 경계표지를 정사각형으로 할 경우 그 면적의 기준은?
① 500 cm² 이상
② 600 cm² 이상
③ 700 cm² 이상
④ 800 cm² 이상

[해설] 경계표지 정사각형면적 : 600cm² 이상

20
독성가스인 염소를 운반하는 차량에 반드시 갖추어야 할 용구나 물품에 해당되지 않는 것은?
① 소화장비
② 제독제
③ 내산장갑
④ 누출검지기

정답 16. ④ 17. ③ 18. ② 19. ② 20. ①

해설 › 독성가스인 염소를 운반하는 차량에 반드시 갖추어야 할 공구
① 내산장화　　　　　　② 내산장갑
③ 제독제　　　　　　　④ 누출검지기

21 다음 중 연소기구에서 발생할 수 있는 역화(back fire)의 원인이 아닌 것은?
① 염공이 적게 되었을 때
② 가스의 압력이 너무 낮을 때
③ 콕이 충분히 열리지 않았을 때
④ 버너 위에 큰 용기를 올려서 장시간 사용할 경우

해설 › 역화의 원인
① 염공이 크게 되었을 때
② 가스의 압력이 너무 낮을 때
③ 콕이 충분히 열리지 않았을 때
④ 버너 위에 큰 용기를 올려서 장시간 사용할 경우

22 다음 중 특정고압가스에 해당되지 않는 것은?
① 이산화탄소　　② 수소　　　　③ 산소　　　　④ 천연가스

해설 › 특정 고압가스
① 산소　　　　　　② 수소　　　　　　③ 아세틸렌
④ 액화암모니아　　⑤ 액화염소　　　　⑥ 천연가스
⑦ 압축모노실란　　⑧ 압축디브레인　　⑨ 액화알진
⑩ 디실란　　　　　⑪ 포스핀　　　　　⑫ 게르만
⑬ 셀렌화수소 등

23 일반 도시가스 배관의 설치기준 중 하천 등을 횡단하여 매설하는 경우로서 적합하지 않은 것은?
① 하천을 횡단하여 배관을 설치하는 경우에는 배관의 외면과 계획하상(河床, 하천의 바닥) 높이와의 거리는 원칙적으로 4.0 m 이상으로 한다.
② 소하천, 수로를 횡단하여 배관을 매설하는 경우 배관의 외면과 계획하상(河床, 하천의 바닥) 높이와의 거리는 원칙적으로 2.5 m 이상으로 한다.
③ 그 밖의 좁은 수로를 횡단하여 배관을 매설하는 경우 배관의 외면과 계획하상(河床, 하천의 바닥) 높이와의 거리는 원칙적으로 1.5 m 이상으로 한다.
④ 하상변동, 패임, 닻내림 등의 영향을 받지 아니하는 깊이에 매설한다.

정답　21. ①　22. ①　23. ③

24

일반 공업지역의 암모니아를 사용하는 A공장에서 저장능력 25톤의 저장탱크를 지상에 설치하고자 한다. 저장설비 외면으로부터 사업소 외의 주택까지 몇 m 이상의 안전거리를 유지하여야 하는가?

① 12 m ② 14 m ③ 16 m ④ 18 m

해설 안전거리

저장능력	독성·가연성		산소		기타	
압축가스(m³) 액화가스(kg)	1종	2종	1종	2종	1종	2종
1만 이하	17 m	12 m	12 m	8 m	8 m	5 m
2만 이하	21 m	14 m	14 m	9 m	9 m	7 m
(3만 이하)	24 m	(16 m)	16 m	11 m	11 m	8 m
4만 이하	27 m	18 m	18 m	13 m	13 m	9 m
4만 초과	30 m	20 m	20 m	14 m	14 m	10 m

25톤 : 25×1,000 = 25,000 kg이므로 16 m이다.

25

다음 중 폭발범위의 상한값이 가장 낮은 가스는?

① 암모니아 ② 프로판
③ 메탄 ④ 일산화탄소

해설 폭발범위(하한, 상한)
① 암모니아 : 15~28%
② 메탄 : 5~15%
③ 프로판 : 2.1~9.5%
④ 일산화탄소 : 12.5~74%

26

고압가스 설비의 내압 및 기밀시험에 대한 설명으로 옳은 것은?

① 내압시험은 상용압력의 1.1배 이상의 압력으로 실시한다.
② 기체로 내압시험을 하는 것은 위험하므로 어떠한 경우라도 금지된다.
③ 내압시험을 할 경우에는 기밀시험을 생략할 수 있다.
④ 기밀시험은 상용압력 이상으로 하되, 0.7 MPa을 초과하는 경우 0.7 MPa 이상으로 한다.

해설 내압시험 = 상용압력 × 1.5
기밀시험 : 상용압력 이상으로 하되 0.7 MPa을 초과하는 경우 0.7 MPa 이상으로 한다.

정답 24. ③ 25. ② 26. ④

27 저장탱크에 의한 LPG 사용시설에서 가스계량기의 설치기준에 대한 설명으로 틀린 것은?
① 가스계량기와 화기와의 우회거리 확인은 계량기의 외면과 화기를 취급하는 설비의 외면을 실측하여 확인한다.
② 가스계량기는 화기와 3 m 이상의 우회거리를 유지하는 곳에 설치한다.
③ 가스계량기의 설치높이는 1.6 m 이상, 2 m 이내에 설치하여 고정한다.
④ 가스계량기와 굴뚝 및 전기점멸기와의 거리는 30 cm 이상의 거리를 유지한다.

해설 ▷ 가스계량기는 화기와 2 m 이상의 우회거리를 유지하는 곳에 설치

28 차량에 고정된 탱크로서 고압가스를 운반할 때 그 내용적의 기준으로 틀린 것은?
① 수소 : 18000 L
② 액화 암모니아 : 12000 L
③ 산소 : 18000 L
④ 액화 염소 : 12000 L

해설 ▷ 내용적
① 가연성, 산소 : 18000 L 이하(프로판 제외)
② 독성 : 12000 L 이하(암모니아 제외)

29 고압가스특정제조시설에서 안전구역 안의 고압가스설비는 그 외면으로부터 다른 안전구역 안에 있는 고압가스설비의 외면까지 몇 m 이상의 거리를 유지하여야 하는가?
① 5 m   ② 10 m   ③ 20 m   ④ 30 m

해설 ▷ 안전거리 유리
① 안전구역 내의 고압인 가스 공급시설은 그 외면으로부터 그 안전구역 인접하는 다른 안전구역 내에 있는 고압인 공급시설과 30 m 이상의 거리유지
② 가스공급시설은 그 외면으로부터 그 제조소 경계와 20 m 이상의 거리유지
③ 액화천연가스는 저장탱크는 그 외면으로부터 처리능력이 20 m³ 이상인 압축기와 30 m 이상거리를 유지
④ 액체천연가스 저장설비 및 처리설비는 그 외면으로부터 사업소 경계까지 50 m 이상거리 또는 안전거리 산식에의 한거리중 큰쪽과 동등이상의 거리 유지

30 다음 중 독성가스에 해당하지 않는 것은?
① 아황산가스
② 암모니아
③ 일산화탄소
④ 이산화탄소

정답 27. ② 28. ② 29. ④ 30. ④

[해설] 독성가스 : 허용농도가 200 ppm 이하인 가스 (TLV-TWA기준)
① 암모니아 : 25 ppm 이하
② 아황산가스 : 5 ppm 이하
③ 일산화탄소 : 50 ppm 이하
④ 황화수소 : 10 ppm 이하
⑤ 벤젠 : 10 ppm 이하
⑥ 산화에틸렌 : 50 ppm 이하
[참고] 이산화탄소 : 5000 ppm 이하

제2과목 : 가스장치 및 기기

31 고압식 공기액화 분리장치의 복식정류탑 하부에서 분리되어 액체산소 저장탱크에 저장되는 액체 산소의 순도는 약 얼마인가?
① 99.6~99.8%
② 96~98%
③ 90~92%
④ 88~90%

[해설] 공기액화 분리장치의 복식정류탑 하부에서 분리되어 액체산소저장탱크에 저장되는 액체산소의 순도 : 99.6%~99.8%

32 초저온 용기의 단열성능 검사 시 측정하는 침입열량의 단위는?
① kcal/h . L . ℃
② kcal/m² . h . ℃
③ kcal/m . h . ℃
④ kcal/m . h . bar

[해설] 초저온 용기의 단열성능 검사 시 측정하는 침입열량의 단위

$$Q = \frac{W \cdot q}{H \cdot \triangle t \cdot V} = \frac{kg \times \frac{kcal}{kg}}{h \times ℃ \times \ell} = kcal/h \cdot L \cdot ℃$$

33 저장능력 10톤 이상의 저장탱크에는 폭발방지장치를 설치한다. 이때 사용되는 폭발방지제의 재질로서 가장 적당한 것은?
① 탄소강
② 구리
③ 스테인리스
④ 알루미늄

[해설] 폭발방지재질(저장탱크) : 알루미늄

정답 31. ① 32. ① 33. ④

34 긴급차단장치의 동력원으로 가장 부적당한 것은?
① 스프링   ② X선   ③ 기압   ④ 전기

해설▷ 긴급차단 장치의 동력원
① 액압   ② 기압   ③ 전기   ④ 스프링

35 다음 중 1차 압력계는?
① 부르동관 압력계
② 전기 저항식 압력계
③ U자관형 마노미터
④ 벨로우즈 압력계

해설▷ ·1차 압력계
① U자관형 압력계   ② 단관식 압력계   ③ 경사관식 압력계   ④ 2액마노미터
·2차 압력계
① 부르동관 압력계   ② 벨로우즈 압력계   ③ 다이어프램 압력계

36 압축기의 윤활에 대한 설명으로 옳은 것은?
① 산소압축기의 윤활유로는 물을 사용한다.
② 염소압축기의 윤활유로는 양질의 광유가 사용된다.
③ 수소압축기의 윤활유로는 식물성유가 사용된다.
④ 공기압축기의 윤활유로는 식물성유가 사용된다.

해설▷ 압축기윤활유
① 산소압축기 : 물 또는 10% 이하의 묽은 글리세린수
② 염소압축기 : 농황산
③ 공기, 수소, 아세틸렌압축기 : 양질의 광유
④ LP 압축기 : 식물성유

37 다음 금속재료 중 저온재료로 가장 부적당한 것은?
① 탄소강   ② 니켈강
③ 스테인리스강   ④ 황동

해설▷ 저온재료
① 황동   ② 청동   ③ 알루미늄합금강
④ 9% 니켈강   ⑤ 스테인리스강

정답 34. ②   35. ③   36. ①   37. ①

38
다음 유량 측정방법 중 직접법은?
① 습식가스미터
② 벤투리미터
③ 오리피스미터
④ 피토튜브

해설> 직접법 : 습식가스미터(드럼형)

39
내용적 47L인 LP가스 용기의 최대 충전량은 몇 kg인가? (단, LP가스 정수는 2.35이다.)
① 20
② 42
③ 50
④ 110

해설> $G = \dfrac{V}{C} = \dfrac{47}{2.35} = 20 \, \text{kg}$

40
다음 중 정압기의 부속설비가 아닌 것은?
① 불순물 제거장치
② 이상압력상승 방지장치
③ 검사용 맨홀
④ 압력기록장치

해설> 정압기 부속설비
① 압력기록장치
② 불순물 제거 장치
③ 이상압력상승 방지장치

41
다음 [보기]의 특징을 가지는 펌프는?

[보기]
- 고압, 소유량에 적당하다.
- 토출량이 일정하다.
- 송수량의 가감이 가능하다.
- 맥동이 일어나기 쉽다.

① 원심 펌프
② 왕복 펌프
③ 축류 펌프
④ 사류 펌프

해설> 왕복 펌프
① 맥동이 일어나기 쉽다.
② 송수량의 가감이 가능
③ 토출량이 일정하다.
④ 고압, 소유량에 적당하다.

정답 38. ① 39. ① 40. ③ 41. ②

42

터보식 펌프로서 비교적 저양정에 적합하며, 효율 변화가 비교적 급한 펌프는?
① 원심 펌프 ② 축류 펌프
③ 왕복 펌프 ④ 베인 펌프

해설 축류펌프 : 저양정에 적합하며, 효율 변화가 비교적 급한 펌프

43

산소용기의 최고 충전압력이 15 MPa일 때 이 용기의 내압 시험압력은 얼마인가?
① 15 MPa ② 20 MPa
③ 22.5 MPa ④ 25 MPa

해설 내압시험압력 = FP × $\frac{5}{3}$ = 15 MPa × $\frac{5}{3}$ = 25 MPa

44

기화기에 대한 설명으로 틀린 것은?
① 기화기 사용 시 장점은 LP가스 종류에 관계없이 한냉 시에도 충분히 기화시킨다.
② 기화장치의 구성요소 중에는 기화부, 제어부, 조압부 등이 있다.
③ 감압가열 방식은 열교환기에 의해 액상의 가스를 기화시킨 후 조정기로 감압시켜 공급하는 방식이다.
④ 기화기를 증발형식에 의해 분류하면 순간 증발식과 유입 증발식이 있다.

해설 감압가열방식은 액상의 가스를 가열시킨 후 조정기로 감압시켜 공급

45

펌프에서 유량을 $Q[\text{m}^3/\text{min}]$, 양정을 $H[\text{m}]$, 회전수 $N[\text{rpm}]$이라 할 때 1단 펌프에서 비교 회전도 ηs를 구하는 식은?

① $\eta s = \dfrac{Q^2 \sqrt{N}}{H^{3/4}}$ ② $\eta s = \dfrac{N^2 \sqrt{Q}}{H^{3/4}}$

③ $\eta s = \dfrac{N\sqrt{Q}}{H^{3/4}}$ ④ $\eta s = \dfrac{\sqrt{NQ}}{H^{3/4}}$

해설 비교회전도 = $\dfrac{N\sqrt{Q}}{H^{\frac{3}{4}}}$ (1단 펌프), 다단 펌프 : $\dfrac{N \times \sqrt{Q}}{\left(\dfrac{H}{n}\right)^{\frac{3}{4}}}$

제3과목 : 가스일반

46 액체 산소의 색깔은?
① 담황색   ② 담적색   ③ 회백색   ④ 담청색

[해설] 액체산소 : 담청색이다.

47 LPG에 대한 설명 중 틀린 것은?
① 액체상태는 물(비중 1)보다 가볍다.
② 기화열이 커서 액체가 피부에 닿으면 동상의 우려가 있다.
③ 공기와 혼합시켜 도시가스 원료로도 사용된다.
④ 가정에서 연료용으로 사용하는 LPG는 올레핀계 탄화수소이다.

[해설] LPG는 파라핀계 탄화수소이다.

48 "기체의 온도를 일정하게 유지할 때 기체가 차지하는 부피는 절대 압력에 반비례한다."라는 법칙은?
① 보일의 법칙   ② 샤를의 법칙
③ 헨리의 법칙   ④ 아보가드로의 법칙

[해설] 보일의 법칙 : $P_1 V_1 = P_2 V_2$ (T=일정)

$$V_2 = \frac{P_1 \times V_1}{P_2}$$

∴ 온도가 일정할 때 기체의 체적(V_2) 압력(P_2)에 반비례한다.

49 압력 환산 값을 서로 가장 바르게 나타낸 것은?
① 1 lb/ft² ≒ 0.142 kg/cm²   ② 1 kg/cm² ≒ 13.7 lb/in²
③ 1 atm ≒ 1033 g/cm²   ④ 76 cmHg ≒ 1013 dyne/cm²

[해설] 1 atm = 1033 g/cm² = 1.033 kg/cm² = 76 cmHg
= 760 mmHg = 14.7 PSI = 10.332 mH₂O
= 1033.2 cmH₂O = 10332 mmH₂O = 101325 Pa
= 101325 N/m² = 101.325 KPa = 0.10332 MPa
= 29.92 inHg = 0.10332 MPa = 760 Torr = 100 N/cm²

정답 46. ④   47. ④   48. ①   49. ③

50
절대온도 0K는 섭씨온도 약 몇 ℃인가?

① −273   ② 0   ③ 32   ④ 273

해설 ➔ K = ℃ + 273
℃ = (−273) + 273 = 0

51
수소와 산소 또는 공기와의 혼합기체에 점화하면 급격히 화합하여 폭발하므로 위험하다. 이 혼합기체를 무엇이라고 하는가?

① 염소 폭명기   ② 수소 폭명기
③ 산소 폭명기   ④ 공기 폭명기

해설 ➔ 수소 폭명기 : $2H_2 + O_2 \rightarrow 2H_2O + 136.6$ kcal
염소 폭명기 : $H_2 + Cl_2 \rightarrow 2HCl + 44$ kcal
불소 폭명기 : $H_2 + F_2 \rightarrow 2HF + 128$ kcal

52
기체연료의 일반적인 특징에 대한 설명으로 틀린 것은?

① 완전연소가 가능하다.
② 고온을 얻을 수 있다.
③ 화재 및 폭발의 위험성이 적다.
④ 연소조절 및 점화, 소화가 용이하다.

해설 ➔ 기체연료의 일반적인 특징
① 적은공기량으로 완전연소가능
② 가스누설시 폭발의 위험이 있다.
③ 발열량이 낮은 연료로 고온을 얻을 수 있다.
④ 연소조절 및 점화, 소화가 용이하다.
⑤ 운반, 저장이 어렵다.
⑥ 황분, 회분이 거의 없어 전열면 오손이 없다.

53
다음 중 압력단위가 아닌 것은?

① Pa   ② atm   ③ bar   ④ N

해설 ➔ 압력의 단위
① atm   ② Pa   ③ kPa   ④ bar
⑤ N/m^2 ⑥ kg/cm^2 ⑦ mH_2O 등

정답 50. ① 51. ② 52. ③ 53. ④

54
공기비가 클 경우 나타나는 현상이 아닌 것은?
① 통풍력이 강하여 배기가스에 의한 열손실 증대
② 불완전연소에 의한 매연발생이 심함.
③ 연소가스 중 SO_3의 양이 증대되어 저온 부식 촉진
④ 연소가스 중 NO_2의 발생이 심하여 대기오염 유발

[해설] 공기비가 클 때 나타나는 현상
① 연소가스 중 NO_2의 발생이 심하여 대기오염유발
② 연소가스 중 SO_3의 양이 증대되어 저온 부식 촉진
③ 통풍력이 강하여 배기가스에 의한 열손실 증대

55
표준상태에서 1몰의 아세틸렌이 완전연소될 때 필요한 산소의 몰 수는?
① 1몰 ② 1.5몰 ③ 2몰 ④ 2.5몰

[해설] $1C_2H_2 + 2.5O_2 \rightarrow 2CO_2 + H_2O$

56
다음 [보기]에서 설명하는 가스는?

[보기]
• 독성이 강하다.
• 물에 매우 잘 녹는다.
• 가압·냉각에 의해 액화가 쉽다.
• 연소시키면 잘 탄다.
• 각종 금속에 작용한다.

① HCl ② NH_3 ③ CO ④ C_2H_2

[해설] 암모니아(NH_3)
① 가압, 냉각에 의해 액화가 쉽다. ② 독성이 강하다.
③ 연소시키면 잘 탄다. ④ 물에 매우 잘 녹는다.
⑤ 각종 금속에 작용한다.

57
질소의 용도가 아닌 것은?
① 비료에 이용 ② 질산제조에 이용
③ 연료용에 이용 ④ 냉매로 이용

정답 54. ② 55. ④ 56. ② 57. ③

해설 ▶ 질소의 용도
① 냉매로 이용
② 질산제조에 이용
③ 비료에 이용
④ 암모니아 합성원료가스
⑤ 기밀시험용 및 치환용 가스
⑥ 액체질소는 식품 등의 급속동결용 냉매가스로 이용

58 27℃, 1기압 하에서 메탄가스 80 g이 차지하는 부피는 약 몇 ℓ인가?
① 112
② 123
③ 224
④ 246

해설 ▶ $PV = \dfrac{WRT}{M}$

$V = \dfrac{WRT}{PM} = \dfrac{80 \times 0.082 \times (273 + 27)}{1 \times 16} = 123\,\text{L}$

59 산소 농도의 증가에 대한 설명으로 틀린 것은?
① 연소속도가 빨라진다.
② 발화온도가 올라간다.
③ 화염온도가 올라간다.
④ 폭발력이 세어진다.

해설 ▶ 산소 농도 증가시 발화온도는 낮아진다.

60 다음 중 보관 시 유리를 사용할 수 없는 것은?
① HF
② C_6H_6
③ $NaHCO_3$
④ KBr

해설 ▶ 보관시 유리사용금지 : HF(불화수소)

정답 58. ② 59. ② 60. ①

제13회 가스기능사 출제문제

1과목 : 가스안전관리

01 도시가스 배관이 하천을 횡단하는 배관 주위의 흙이 사질토의 경우 방호구조물의 비중은?
① 배관 내 유체 비중 이상의 값
② 물의 비중 이상의 값
③ 토양의 비중 이상의 값
④ 공기의 비중 이상의 값

해설 ⇨ 도시가스 배관이 하천을 횡단하는 배관 주위의 흙이 사질토의 경우 방호구조물의 비중 : 물의 비중 이상의 값

02 용기종류별 부속품의 기호 중 아세틸렌을 충전하는 용기의 부속품 기호는?
① AT   ② AG   ③ AA   ④ AB

해설 ⇨ 부속품 기호
① AG : 아세틸렌가스를 충전하는 용기 부속품
② PG : 압축가스를 충전하는 용기 부속품
③ LT : 초저온 및 저온가스를 충전하는 용기 부속품
④ LPG : 액화석유가스를 충전하는 용기 부속품
⑤ LG : 액화석유가스 외의 가스를 충전하는 용기 부속품

03 다음 중 폭발방지대책으로서 가장 거리가 먼 것은?
① 압력계 설치
② 정전기 제거를 위한 접지
③ 방폭성능 전기설비 설치
④ 폭발하한 이내로 불활성가스에 의한 희석

정답 1. ②   2. ②   3. ①

해설 ⇨ 폭발방지대책
① 폭발하한 이내로 불활성 가스에 의한 희석
② 정전기 제거를 위한 접지
③ 방폭성능 전기설비 설치

04 도시가스 배관을 노출하여 설치하고자 할 때 배관 손상방지를 위한 방호조치 기준으로 옳은 것은?
① 방호철판 두께는 최소 4 mm 이상으로 한다.
② 방호철판의 크기는 1 m 이상으로 한다.
③ 철근 콘크리트재 방호 구조물은 두께가 15 cm 이상 이어야 한다.
④ 철근 콘크리트재 방호 구조물은 높이가 2 m 이상 이어야 한다.

해설 ⇨ 방호조치 기준
① 방호철판의 크기는 0.8 m 미만으로 한다.
② 방호철판의 두께는 최소 4 mm 이상으로 한다.
③ 철근 콘크리트재 방호구조물은 높이가 2 m 이상이어야 한다.
④ 철근 콘크리트재 방호구조물은 두께가 30 cm 이상이어야 한다.

05 가스사용시설에서 원칙적으로 PE배관을 노출배관으로 사용할 수 있는 경우는?
① 지상배관과 연결하기 위하여 금속관을 사용하여 보호조치를 한 경우로서 지면에서 20 cm 이하로 노출하여 시공하는 경우
② 지상배관과 연결하기 위하여 금속관을 사용하여 보호조치를 한 경우로서 지면에서 30 cm 이하로 노출하여 시공하는 경우
③ 지상배관과 연결하기 위하여 금속관을 사용하여 보호조치를 한 경우로서 지면에서 50 cm 이하로 노출하여 시공하는 경우
④ 지상배관과 연결하기 위하여 금속관을 사용하여 보호조치를 한 경우로서 지면에서 1 m 이하로 노출하여 시공하는 경우

해설 ⇨ 가스사용시설에서 PE 배관을 노출배관으로 사용할 수 있는 경우 : 지상배관과 연결하기 위하여 금속관을 사용하여 보호조치를 한 경우로서 지면에서 30cm 이하로 노출하여 시공하는 경우

06 다음 중 누출 시 다량의 물로 제독할 수 있는 가스는?
① 산화에틸렌   ② 염소
③ 일산화탄소   ④ 황화수소

정답 4. ②   5. ②   6. ①

해설➔ 제독제
① 암모니아, 산화에틸렌, 염화메탄 : 다량의 물
② 염소 : 소석회, 가성소다, 탄산소다
③ 황화수소 : 가성소다, 탄산소다
④ 아황산가스 : 물, 가성소다, 탄산소다
⑤ 포스겐 : 가성소다, 탄산소다

07. 가연물의 종류에 따른 화재의 구분이 잘못된 것은?
① A급 : 일반화재
② B급 : 유류화재
③ C급 : 전기화재
④ D급 : 식용유 화재

해설➔ 화재의 구분
① A급 화재(일반화재) : 목재, 종이 등, 물, 산·알칼리
② B급 화재(유류 및 가스) : CO_2, 분말, 포말
③ C급 화재(전기화재) : CO_2, 분말
④ D급 화재(금속화재) : 건조사, 팽창질석, 팽창진주암

08. 정전기에 대한 설명 중 틀린 것은?
① 습도가 낮을수록 정전기를 축적하기 쉽다.
② 화학섬유로 된 의류는 흡수성이 높으므로 정전기가 대전하기 쉽다.
③ 액상의 LP가스는 전기 절연성이 높으므로 유동 시에는 대전하기 쉽다.
④ 재료 선택 시 접촉 전위차를 적게 하여 정전기 발생을 줄인다.

해설➔ 정전기
① 액상의 LP가스는 전기 절연성이 높으므로 유도시에는 대전하기 쉽다.
② 화학섬유로 된 의류는 흡수성이 높으므로 정전기가 대전하기 어렵다.
③ 재료선택시 접촉전위차를 적게 하여 정전기 발생을 줄인다.
④ 습도가 낮을수록 정전기를 축적하기 쉽다.

09. 아세틸렌 용기를 제조하고자 하는 자가 갖추어야 하는 설비가 아닌 것은?
① 원료혼합기
② 건조로
③ 원료충전기
④ 소결로

해설➔ 아세틸렌 용기를 제조하고자 하는 자가 갖추어야 할 설비
① 건조로   ② 원료충전기   ③ 원료혼합기

정답 7. ④   8. ②   9. ④

10 고압가스 배관의 설치기준 중 하천과 병행하여 매설하는 경우에 대한 설명으로 틀린 것은?
① 배관은 견고하고 내구력을 갖는 방호구조물 안에 설치한다.
② 배관의 외면으로부터 2.5 m 이상의 매설심도를 유지한다.
③ 하상(河床, 하천의 바닥)을 포함한 하천구역에 하천과 병행하여 설치한다.
④ 배관손상으로 인한 가스누출 등 위급한 상황이 발생한 때에 그 배관에 유입되는 가스를 신속히 차단할 수 있는 장치를 설치한다.

[해설] 하천과 병행하여 설치하지 아니한다.

11 액화석유가스를 저장하기 위하여 지상 또는 지하에 고정설치된 탱크로서 액화석유가스의 안전관리 및 사업법에서 정한 "소형저장탱크"는 그 저장능력이 얼마인 것을 말하는가?
① 1톤 미만
② 3톤 미만
③ 5톤 미만
④ 10톤 미만

[해설] 소형저장탱크 : 저장능력이 3톤 미만인 것

12 도시가스사업자는 가스공급시설을 효율적으로 관리하기 위하여 배관·정압기에 대하여 도시가스배관망을 전산화하여야 한다. 이 때 전산관리 대상이 아닌 것은?
① 설치도면
② 시방서
③ 시공자
④ 배관제조자

[해설] 전산관리대상
① 시방서 ② 시공자 ③ 설치도면

13 LPG사용시설에서 가스누출경보장치 검지부 설치높이의 기준으로 옳은 것은?
① 지면에서 30 cm 이내
② 지면에서 60 cm 이내
③ 천장에서 30 cm 이내
④ 천장에서 60 cm 이내

[해설] • LPG 사용시설 : 지면에서 30 cm 이내
• LNG 사용시설 : 천정에서 30 cm 이내

정답 10. ③ 11. ② 12. ④ 13. ①

14
겨울철 LP가스용기 표면에 성에가 생겨 가스가 잘 나오지 않을 경우 가스를 사용하기 위한 가장 적절한 조치는?
① 연탄불로 쪼인다.　　　　　② 용기를 힘차게 흔든다.
③ 열 습포를 사용한다.　　　　④ 90℃ 정도의 물을 용기에 붓는다.

[해설] 열습포를 사용한다.

15
가스계량기와 전기개폐기와의 최소 안전거리는?
① 15 cm　　② 30 cm　　③ 60 cm　　④ 80 cm

[해설] 안전거리
① 전선 : 15 cm 이상
② 접속기, 점멸기, 굴뚝 : 30 cm 이상
③ 안전기, 계량기, 개폐기, 콘센트 : 60 cm 이상

16
다음 중 동일차량에 적재하여 운반할 수 없는 가스는?
① 산소와 질소　　　　　　　② 염소와 아세틸렌
③ 질소와 탄산가스　　　　　④ 탄산가스와 아세틸렌

[해설] 동일차량에 적재운반금지
① 염소와 수소　② 염소와 아세틸렌　③ 염소와 암모니아

17
냉동기란 고압가스를 사용하여 냉동하기 위한 기기로서 냉동능력 산정기준에 따라 계산된 냉동능력 몇 톤 이상인 것을 말하는가?
① 1　　② 1.2　　③ 2　　④ 3

[해설] 냉동기 : 냉동능력 산정기준에 따라 계산된 냉동능력 3톤 이상인 것

18
비중이 공기보다 커서 바닥에 체류하는 가스로만 나열된 것은?
① 프로판, 염소, 포스겐　　　② 프로판, 수소, 아세틸렌
③ 염소, 암모니아, 아세틸렌　④ 염소, 포스겐, 암모니아

정답　14. ③　15. ③　16. ②　17. ④　18. ①

해설 ▶ 비중이 공기보다 큰 가스
① 프로판($C_3H_8 = 12 \times 3 + 8 = 44$ g ÷ 29 g = 1.52)
② 염소($Cl_2 = 35.5 \times 2 = 71$ g ÷ 29 g = 2.448)
③ 포스겐($COCl_2 = 12 + 16 + 35.5 \times 2 = 99$ g ÷ 29 g = 3.4113)
(비중이 1보다 크면 공기보다 무거워 바닥에 체류)

19 에어졸 제조설비와 인화성 물질과의 최소 우회거리는?
① 3 m 이상　　　　② 5 m 이상
③ 8 m 이상　　　　④ 10 m 이상

해설 ▶ 에어졸 제조설비와 인화성 물질과의 최소 우회거리 : 8 m 이상

20 아세틸렌을 용기에 충전 시 미리 용기에 다공물질을 채우는데 이때 다공도의 기준은?
① 75% 이상, 92% 미만　　② 80% 이상, 95% 미만
③ 95% 이상　　　　　　　④ 98% 이상

해설 ▶ 다공도 기준 : 75% 이상 92% 미만

21 가스의 연소한계에 대하여 가장 바르게 나타낸 것은?
① 착화온도의 상한과 하한
② 물질이 탈 수 있는 최저온도
③ 완전연소가 될 때의 산소공급 한계
④ 연소가 가능한 가스의 공기와의 혼합비율의 상한과 하한

해설 ▶ 가스의 연소한계 : 연소가 가능한 가스의 공기와의 혼합비율의 상한과 하한

22 시안화수소의 충전 시 사용되는 안정제가 아닌 것은?
① 암모니아　　　　② 황산
③ 염화칼슘　　　　④ 인산

해설 ▶ 시안화수소 충전 시 사용되는 안정제
① 오산화인　　　② 염화칼슘
③ 인산　　　　　④ 아황산가스
⑤ 동　　　　　　⑥ 동망

정답　19. ③　20. ①　21. ④　22. ①

23

다음 중 공동주택 등에 도시가스를 공급하기 위한 것으로서 압력조정기의 설치가 가능한 경우는?

① 가스압력이 중압으로서 전체세대수가 100세대인 경우
② 가스압력이 중압으로서 전체세대수가 150세대인 경우
③ 가스압력이 저압으로서 전체세대수가 250세대인 경우
④ 가스압력이 저압으로서 전체세대수가 300세대인 경우

해설 공동주택 등에 도시가스를 공급하기 위한 것으로서 압력 조정기의 설치가 가능한 경우
• 가스 압력이 중압으로서 전체 세대수가 <u>150세대 미만</u>인 경우
• 가스 압력이 저압으로서 전체 세대수가 <u>250세대 미만</u>인 경우

24

지상 배관은 안전을 확보하기 위해 그 배관의 외부에 다음의 항목들을 표기하여야 한다. 해당하지 않는 것은?

① 사용가스명   ② 최고사용압력   ③ 가스의 흐름방향   ④ 공급회사명

해설 배관의 표

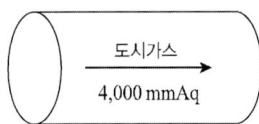

① 사용가스명 : 도시가스
② 가스흐름방향 : →
③ 최고사용압력 : 4,000 mmHg

25

도로굴착공사에 의한 도시가스배관 손상 방지기준으로 틀린 것은?

① 착공 전 도면에 표시된 가스배관과 기타 지장물 매설 유무를 조사하여야 한다.
② 도로굴착자의 굴착공사로 인하여 노출된 배관 길이가 10 m 이상인 경우에는 점검통로 및 조명시설을 하여야 한다.
③ 가스배관이 있을 것으로 예상되는 지점으로부터 2 m 이내에서 줄파기를 할 때에는 안전관리전담자의 입회하에 시행하여야 한다.
④ 가스배관의 주위를 굴착하고자 할 때에는 가스배관의 좌우 1 m 이내의 부분은 인력으로 굴착한다.

해설 도로굴착자의 굴착공사로 인하여 노출된 배관 길이가 15 m 이상인 경우 점검 통로 및 조명시설을 하지 않아도 된다.

정답 23. ① 24. ④ 25. ②

26 차량에 고정된 탱크로 염소를 운반할 때 탱크의 최대 내용적은?
① 12000L   ② 18000L   ③ 20000L   ④ 38000L

해설 ▶ 내용적
① 독성 : 12,000L 이하(NH₃ 제외)
② 가연성 : 18,000L 이하(LPG 제외)

27 고압가스제조시설에서 가연성가스 가스설비 중 전기설비를 방폭구조로 하여야 하는 가스는?
① 암모니아   ② 브롬화메탄
③ 수소   ④ 공기 중에서 자기 발화하는 가스

해설 ▶ 전기설비를 방폭성능을 가지는 구조로 갖추지 않아도 되는 가스
① 암모니아
② 브롬화메탄
③ 공기 중에서 자기 발화하는 가스

28 도시가스 제조소 저장탱크의 방류둑에 대한 설명으로 틀린 것은?
① 지하에 묻은 저장탱크내의 액화가스가 전부 유출된 경우에 그 액면이 지면보다 낮도록 된 구조는 방류둑을 설치한 것으로 본다.
② 방류둑의 용량은 저장탱크 저장능력의 90%에 상당하는 용적 이상이어야 한다.
③ 방류둑의 재료는 철근콘크리트, 금속, 흙, 철골·철근 콘크리트 또는 이들을 혼합하여야 한다.
④ 방류둑은 액밀한 것이어야 한다.

해설 ▶ 방류둑 용량은 액화산소 저장탱크 저장능력의 60%에 상당하는 용적이상
기타는 100%에 상당하는 용적 이상

29 굴착으로 인하여 도시가스배관이 65 m가 노출되었을 경우 가스누출경보기의 설치 개수로 알맞은 것은?
① 1개   ② 2개   ③ 3개   ④ 4개

해설 ▶ 가스누출경보기 설치 개수
굴착 20 m마다 1개 설치 = $\dfrac{65\ m}{20\ m}$ = 3.02   ∴ 4개

정답 26. ①   27. ③   28. ②   29. ④

30 액화석유가스 사용시설에서 LPG용기 집합설비의 저장능력이 얼마 이하일 때 용기, 용기밸브, 압력조정기가 직사광선, 눈 또는 빗물에 노출되지 않도록 해야 하는가?

① 50 kg 이하　② 100 kg 이하　③ 300 kg 이하　④ 500 kg 이하

[해설] LPG용기 집합설비의 저장능력이 100kg 이하일 때 용기나 용기밸브 압력조정기가 직사광선, 눈 또는 빗물에 노출되지 않도록 한다.

제2과목 : 가스장치 및 기기

31 아세틸렌용기에 주로 사용되는 안전밸브의 종류는?

① 스프링식　② 가용전식　③ 파열판식　④ 압전식

[해설] 안전밸브
① LPG : 스프링식
② C_2H_2, Cl_2 : 가용전식
③ O_2, H_2, N_2 : 파열판식

32 저온 액체 저장설비에서 열의 침입요인으로 가장 거리가 먼 것은?

① 단열재를 직접 통한 열대류
② 외면으로부터의 열복사
③ 연결 파이프를 통한 열전도
④ 밸브 등에 의한 열전도

[해설] 열의 침입요인
① 안전밸브 등에 의한 열전도
② 지지요크 등에 의한 열전도
③ 연결되는 파이프를 따라오는 열전도
④ 외면으로부터 열복사
⑤ 단열재를 충전한 공간에 남은 가스분자의 열전도

33 다음 중 왕복동 압축기의 특징이 아닌 것은?

① 압축하면 맥동이 생기기 쉽다.
② 기체의 비중에 관계없이 고압이 얻어진다.
③ 용량 조절의 폭이 넓다.
④ 비용적식 압축기이다.

정답 30. ②　31. ②　32. ①　33. ④

해설➡ 왕복동 압축기 특징
① 용적식 압축기이다.　　② 용적형이다.
③ 용량 조절의 폭이 넓다.　　④ 기체의 비중에 관계없이 고압이 얻어진다.
⑤ 압축하면 맥동이 생기기 쉽다.　　⑥ 압축기 효율이 좋다.
⑦ 저속이며, 고가이며, 형태가 크다.　　⑧ 고압에 사용한다.

34. 다음 중 고압배관용 탄소강 강관의 KS규격 기호는?
① SPPS　　② SPHT　　③ STS　　④ SPPH

해설➡ 배관용강관
① SPP(배관용 탄소강관) : 사용압력이 10 kg/cm² 이하인 물, 기름 배관에 사용
② SPPS(압력배관용 탄소강관) : 사용압력이 10 kg/cm² 이상 100 kg/cm² 이하
③ SPPH(고압배관용 탄소강관) : 사용압력이 100 kg/cm² 이상시
④ SPLT(저온배관용 탄소강관) : 빙점 이하의 관에 사용
⑤ SPHT(고온배관용 탄소강관) : 350℃ 이상에서 사용

35. 강관의 녹을 방지하기 위해 페인트를 칠하기 전에 먼저 사용되는 도료는?
① 알루미늄 도료　　② 산화철 도료
③ 합성수지 도료　　④ 광명단 도료

해설➡ 광명단 도료 : 강관의 녹을 방지하기 위해 페인트를 칠하기 전에 먼저 사용하는 도료

36. "압축된 가스를 단열 팽창시키면 온도가 강하한다."는 것은 무슨 효과라고 하는가?
① 단열효과　　② 줄-톰슨효과
③ 정류효과　　④ 팽윤효과

해설➡ 줄톰슨효과 : 압축된 가스를 단열·팽창시키면 온도와 압력이 내려간다.

37. 저온장치용 재료 선정에 있어서 가장 중요하게 고려해야 하는 사항은?
① 고온 취성에 의한 충격치의 증가　　② 저온 취성에 의한 충격치의 감소
③ 고온 취성에 의한 충격치의 감소　　④ 저온 취성에 의한 충격치의 증가

해설➡ 저온장치용 재료선정에 있어서 가장 중요하게 고려해야 하는 사항 : 저온취성에 의한 충격치의 감소

38
다음 중 저온 장치 재료로서 가장 우수한 것은?
① 13% 크롬강 ② 9% 니켈강
③ 탄소강 ④ 주철

[해설] 저온장치 재료 : ① 9% 니켈강 ② 알루미늄 합금강

39
재료에 인장과 압축하중을 오랜 시간 반복적으로 작용시키면 그 응력이 인장강도보다 작은 경우에도 파괴되는 현상은?
① 인성파괴 ② 피로파괴
③ 취성파괴 ④ 크리프파괴

[해설] 피로파괴 : 재료에 인장과 압축하중을 오랜 시간 반복적으로 작용시키면 그 응력이 인장강도보다 작은 경우에도 파괴되는 현상

40
다음 곡률 반지름(r)이 50 mm일 때 90°구부림 곡선 길이는 얼마인가?
① 48.75 mm ② 58.75 mm ③ 68.75 mm ④ 78.75 mm

[해설] 곡선 길이
$$\frac{2\pi RQ}{360} = \frac{2 \times 3.14 \times 50 \times 90}{360} = 78.5 \text{mm}$$

41
다음 펌프 중 시동하기 전에 프라이밍이 필요한 펌프는?
① 기어펌프 ② 원심펌프
③ 축류펌프 ④ 왕복펌프

[해설] 원심펌프 : 시동 전 프라이밍이 필요한 펌프
[참고] 프라이밍 : 펌프에 물을 채우는 것

42
LP가스 이송설비 중 압축기의 부속장치로서 토출측과 흡입측을 전환시키며 액송과 가스회수를 한 동작으로 할 수 있는 것은?
① 액트랩 ② 액가스분리기 ③ 전자밸브 ④ 사방밸브

[해설] 사방밸브 : 토출측과 흡입측을 전환시키며 액송과 가스회수를 한 동작으로 할 수 있다.

정답 38. ② 39. ② 40. ④ 41. ② 42. ④

43 펌프의 회전수를 1000 rpm에서 1200 rpm으로 변화시키면 동력은 약 몇 배가 되는가?
① 1.3　　　② 1.5　　　③ 1.7　　　④ 2.0

해설) 동력 $= \left(\dfrac{N_2}{N_1}\right)^3 = \left(\dfrac{1200}{1000}\right)^3 = 1.728$

44 다음 가연성 가스검출기 중 가연성가스의 굴절률 차이를 이용하여 농도를 측정하는 것은?
① 열선형　　　② 안전등형
③ 검지관형　　　④ 간섭계형

해설) 가연성 가스검출기
① 안전등형 : 메탄의 농도 측정
② 간섭계형 : 가연성 가스의 굴절률 차이를 이용한 농도 측정

45 다량의 메탄을 액화시키려면 어떤 액화사이클을 사용해야 하는가?
① 캐스케이드 사이클　　　② 필립스 사이클
③ 캐피자 사이클　　　④ 클라우드 사이클

해설) 캐스케이드 사이클 : 메탄을 액화시킬 때, 점차비점이 낮은 기체를 사용하여 저비점의 기체를 액화하는 사이클

제3과목 : 가스일반

46 어떤 액의 비중을 측정하였더니 2.5이었다. 이 액의 액주 6m의 압력은 몇 kg/cm²인가?
① 15 kg/cm²　　　② 1.5 kg/cm²
③ 0.15 kg/cm²　　　④ 0.015 kg/cm²

해설) $p = rh = 2.5\ g/cm^3 \times 0.6 \times 100\ g/cm^2 = 1500\ g/cm^2 = 1.5\ kg/cm^2$
참고) 1 kg/cm² = 10 m
$x = 6\ m = 0.6\ kg/cm^2 = 0.6 \times 1000\ g/cm^2$

정답　43. ③　44. ④　45. ①　46. ②

47
다음 중 1atm에 해당하지 않는 것은?
① 760mmHg ② 14.7psi ③ 29.92inHg ④ 1013kg/m²

해설 ▶ 1atm = 1.0332 kg/cm² = 1033.2 g/cm²
= 10332 kg/m² = 76 cmHg = 760 mmHg
= 0.76 mHg = 10.332 mH₂O = 1033.2 cmH₂O
= 29.92 inHg = 101325 Pa = 101325 N/m²
= 101.325 kPa = 0.10332 MPa = 760 Torr = 100 N/cm²

48
밀도의 단위로 옳은 것은?
① g/s² ② L/g ③ g/cm³ ④ Ib/in²

해설 ▶ ① g/ℓ ② kg/m^3 ③ g/cm^3

49
다음 가스 1몰을 완전 연소시키고자 할 때 공기가 가장 적게 필요한 것은?
① 수소 ② 메탄 ③ 아세틸렌 ④ 에탄

해설 ▶ $H_2 + \frac{1}{2}O_2 \rightarrow H_2O$ $A_0 = \frac{0.5}{0.21} = 2.38$

$CH_4 + 2O_2 \rightarrow CO_2 + 2H_2O$ $A_0 = \frac{2}{0.21} = 9.52$

$C_2H_2 + 2.5O_2 \rightarrow 2CO_2 + H_2O$ $A_0 = \frac{2.5}{0.21} = 11.9$

$C_4H_{10} + 6.5O_2 \rightarrow 4CO_2 + 5H_2O$ $A_0 = \frac{6.5}{0.21} = 30.95$

50
무색의 복숭아 냄새가 나는 독성가스는?
① Cl_2 ② HCN ③ NH_3 ④ PH_3

해설 ▶ HCN(시안화수소)
① 무색의 복숭아 냄새
② 연소범위 : 6~41%
③ 독성가스 허용농도 : 10 PPM 이하
④ 안정제 : 오산화인, 염화칼슘, 인산, 아황산가스, 동, 동망
⑤ 98% 이상으로 충전
⑥ 24시간 정치

정답 47. ④ 48. ③ 49. ① 50. ②

51
다음 가스 중 기체밀도가 가장 작은 것은?
① 프로판   ② 메탄   ③ 부탄   ④ 아세틸렌

해설 ▶ 기체밀도
① 프로판($C_3H_8 = 12 \times 3 + 8 = 44$ g $\div 22.4 \ell = 1.96$ g/ℓ)
② 메탄($CH_4 = 12 + 4 = 16$ g $\div 22.4 \ell = 0.71$ g/ℓ)
③ 부탄($C_4H_{10} = 12 \times 4 + 10 = 58$ g $\div 22.4 \ell = 2.589$ g/ℓ)
④ 아세틸렌($C_2H_2 = 12 \times 2 + 2 \times 26$ g $\div 22.4 \ell = 1.16$ g/ℓ)

52
다음 중 열(熱)에 대한 설명이 틀린 것은?
① 비열이 큰 물질은 열용량이 크다.   ② 1 cal는 약 4.2 J이다.
③ 열은 고온에서 저온으로 흐른다.   ④ 비열은 물보다 공기가 크다.

해설 ▶ ・물의 비열 : 1 kcal/kg°C   ・공기의 비열 : 0.24 kcal/kg°C

53
수소의 성질에 대한 설명 중 틀린 것은?
① 무색, 무미, 무취의 가연성 기체이다.
② 밀도가 아주 작아 확산속도가 빠르다.
③ 열전도율이 작다.
④ 높은 온도일 때에는 강재, 기타 금속재료라도 쉽게 투과한다.

해설 ▶ 수소의 성질
① 열전도율이 크다.
② 폭명기를 생성한다.
③ 수소취성을 일으킨다.
④ 밀도가 아주 작아 확산 속도가 빠르다.
⑤ 무색, 무미, 무취의 가연성 기체이다.

54
다음 각 가스의 성질에 대한 설명으로 옳은 것은?
① 질소는 안정한 가스로서 불활성 가스라고도 하고, 고온에서도 금속과 화합하지 않는다.
② 염소는 반응성이 강한 가스로 강재에 대하여 상온에서도 무수(無水)상태로 현저한 부식성을 갖는다.
③ 암모니아는 동을 부식하고 고온・고압에서는 강재를 침식한다.
④ 산소는 액체공기를 분류하여 제조하는 반응성이 강한 가스로 그 자신이 잘 연소한다.

정답 51. ②   52. ④   53. ③   54. ③

해설 ① 질소 : 불연성 가스이며 고온에서는 금속과 화합한다.
② 염소 : 수분과 만나면 강재를 부식시킨다.
③ 산소 : 조연성 가스이기 때문에 자신 스스로 연소를 못한다.

55

불완전연소 현상의 원인으로 옳지 않은 것은?

① 가스압력에 비하여 공급 공기량이 부족할 때
② 환기가 불충분한 공간에 연소기가 설치되었을 때
③ 공기와의 접촉혼합이 불충분할 때
④ 불꽃의 온도가 증대되었을 때

해설 불완전연소 현상의 원인
① 불꽃의 온도가 낮을 때
② 공기와의 접촉 혼합이 불충분시
③ 환기가 불충분한 공간에 연소기가 설치되었을 때
④ 가스압력에 비하여 공급 공기량이 부족시

56

다음 중 무색, 무취의 가스가 아닌 것은?

① O_2 ② N_2 ③ CO_2 ④ O_3

57

다음 중 액화석유가스의 일반적인 특성이 아닌 것은?

① 기화 및 액화가 용이하다.
② 공기보다 무겁다.
③ 액상의 액화석유가스는 물보다 무겁다.
④ 증발잠열이 크다.

해설 액화석유가스의 일반적인 특징
① 액상의 액화석유가스는 물보다 가볍다.(0.52 kg/ℓ)
② 증발잠열이 크다.(101.8 kcal/kg)
③ 공기보다 무겁다 ($\frac{44\,g}{29\,g} = 1.52$)
④ 기화 및 액화가 용이하다.
⑤ 연소시 다량의 공기가 필요하다.
⑥ 연소범위가 좁다.

정답 55. ④ 56. ④ 57. ③

58 액화천연가스(LNG)의 폭발성 및 인화성에 대한 설명으로 틀린 것은?
① 다른 지방족 탄화수소에 비해 연소속도가 느리다.
② 다른 지방족 탄화수소에 비해 최소발화에너지가 낮다.
③ 다른 지방족 탄화수소에 비해 폭발하한 농도가 높다.
④ 전기저항이 작으며 유동 등에 의한 정전기 발생은 다른 가연성 탄화수소류보다 크다.

해설 ▶ 다른 지방족 탄화수소에 비해 최소발화에너지가 높다.

59 수돗물의 살균과 섬유의 표백용으로 주로 사용되는 가스는?
① F_2 ② Cl_2 ③ O_2 ④ CO_2

해설 ▶ 염소(Cl_2)
① 황록색 기체
② 독성 1 PPM 이하
③ 비점 −34℃ 이하
④ 수분과 접촉시 강을 부식시킨다.

60 100℃를 화씨온도로 단위 환산하면 몇 °F인가?
① 212 ② 234 ③ 248 ④ 273

해설 ▶ $°F = \dfrac{9}{5} × ℃ + 32 = \dfrac{9}{5} × 100 + 32 = 212°F$

정답 58. ② 59. ② 60. ①

제 14 회 가스기능사 출제문제

1과목 : 가스안전관리

01 다음 중 가연성이면서 독성가스인 것은?
① NH₃ ② H₂ ③ CH₄ ④ N₂

해설 ➤ 가연성이면서 독성가스
① C₂H₄O(산화에틸렌) : 50 PPM 이하, 3~80%
② C₆H₆(벤젠) : 10 PPM 이하, 1.4~7.1%
③ CS₂(이황화탄소) : 10 PPM 이하, 1.2~44%
④ NH₃(암모니아) : 25 PPM 이하, 15~28%
⑤ CO(일산화탄소) : 50 PPM 이하, 12.5~74%
⑥ HCN(시안화수소) : 10 PPM 이하, 6~41%
⑦ H₂S(황화수소) : 10 PPM 이하, 4.3~45.5%

02 가연성 물질을 공기로 연소시키는 경우 공기 중의 산소농도를 높게 하면 연소속도와 발화온도는 어떻게 변하는가?
① 연소속도는 빠르게 되고, 발화온도는 높아진다.
② 연소속도는 빠르게 되고, 발화온도는 낮아진다.
③ 연소속도는 느리게 되고, 발화온도는 높아진다.
④ 연소속도는 느리게 되고, 발화온도는 낮아진다.

해설 ➤ 산소 농도를 높게 하면 연소속도와 발화온도와의 관계 : 연소속도는 빠르게 되고 발화온도는 낮아진다.

03 고압가스 특정제조 시설에서 긴급이송설비에 의하여 이송되는 가스를 안전하게 연소시킬 수 있는 장치는?

정답 1. ① 2. ② 3. ①

① 플레어스택 ② 벤트스택
③ 인터록기구 ④ 긴급차단장치

해설 플레어스택 : 긴급이송설비에 의하여 이송되는 가스를 안전하게 연소시킬 수 있는 장치로써 지표면복사열은 4000 kcal/m²h 이하이다.

04
도시가스로 천연가스를 사용하는 경우 가스누출경보기의 검지부 설치위치로 가장 적합한 것은?

① 바닥에서 15 cm 이내 ② 바닥에서 30 cm 이내
③ 천장에서 15 cm 이내 ④ 천장에서 30 cm 이내

해설 · 도시가스 : 천장에서 30 cm 이내
· LPG : 바닥에서 30 m 이내

05
다음 중 독성(LC_{50})이 가장 강한 가스는?

① 염소 ② 시안화수소 ③ 산화에틸렌 ④ 불소

06
LPG 저장탱크 지하설치시 저장탱크실 상부 윗면으로부터 저장탱크 상부까지의 깊이는 얼마 이상으로 하여야 하는가?

① 0.6 m ② 0.8 m ③ 1 m ④ 1.2 m

해설 LPG 저장탱크 지하설치시 저장탱크실 상부 윗면으로부터 저장탱크 상부까지의 깊이는 0.6m 이상으로 한다.

07
차량에 고정된 충전탱크는 그 온도를 항상 몇 ℃ 이하로 유지하여야 하는가?

① 20 ② 30 ③ 40 ④ 50

해설 차량에 고정된 충전탱크는 그 온도를 항상 40℃ 이하로 유지하여야 한다.

08
초저온용기나 저온용기의 부속품에 표시하는 기호는?

① AG ② PG ③ LG ④ LT

정답 4. ④ 5. ② 6. ① 7. ③ 8. ④

해설 ① AG : 아세틸렌가스를 충전하는 용기 부속품
② PG : 압축가스를 충전하는 용기 부속품
③ LT : 초저온 및 저온가스를 충전하는 용기 부속품
④ LPG : 액화석유가스를 충전하는 용기 부속품
⑤ LG : 액화석유가스외의 가스를 충전하는 용기 부속품

09 상용의 온도에서 사용압력이 1.2 MPa인 고압가스 설비에 사용되는 배관의 재료로서 부적합한 것은?
① KS D 3562(압력배관용 탄소 강관)
② KS D 3570(고온배관용 탄소 강관)
③ KS D 3507(배관용 탄소 강관)
④ KS D 3576(배관용 스테인리스 강관)

해설 상용온도에서 사용압력이 1.2 MPa인 설비에 사용되는 배관의 재료로 적합한 것
① KS D 3562(압력배관용 탄소 강관)
② KS D 3570(고온배관용 탄소 강관)
③ KS D 3576(배관용 스테인리스 강관)

10 도시가스 사용시설의 지상배관은 표면색상을 무슨 색으로 도색하여야 하는가?
① 황색 ② 적색 ③ 회색 ④ 백색

해설 · 지상배관 표면 색상 : 황색
· 지하배관 표면 색상 : 황색 또는 적색

11 액화석유가스 충전시설 중 충전설비는 그 외면으로부터 사업소 경계까지 몇 m 이상의 거리를 유지하여야 하는가?
① 5 ② 10 ③ 15 ④ 24

해설 액화석유가스 충전시설 중 충전설비는 그 외면으로부터 사업소 경계까지 24 m 이상의 거리를 유지한다.

12 가스의 경우 폭굉(Detonation)의 연소속도는 약 몇 m/s 정도인가?
① 0.03~10
② 10~50
③ 100~600
④ 1000~3000

해설 · 가스의 경우 폭굉의 속도 : 1000~3500 m/sec
· 가스의 경우 연소 속도 : 0.1~10 m/sec

정답 9. ③ 10. ① 11. ④ 12. ④

13

의료용 가스용기의 도색구분이 틀린 것은?

① 산소 - 백색
② 액화탄산가스 - 회색
③ 질소 - 흑색
④ 에틸렌 - 갈색

해설 의료용 가스용기의 도색 구분
질흑 같은 밤에 자고 탄화를 싸게 주면 청아한 산소에서 백로가 헬기로 갈아채가더라
　　　①　　　　②　　③　　④　　　⑤　　　⑥　　　　⑦

① 질소 : 흑색　　② 에틸렌 : 자색　　③ 탄산가스 : 회색
④ 싸이크로프로판 : 주황　　⑤ 아산화질소 : 청색　　⑥ 산소 : 백색
⑦ 헬륨 : 갈색
가스명칭 : ① 산소 : 녹색　　② 기타 : 백색

14

다음 가스 중 위험도(H)가 가장 큰 것은?

① 프로판
② 일산화탄소
③ 아세틸렌
④ 암모니아

해설 위험도

① 프로판 : 2.1~9.5%　　$H = \dfrac{U-L}{L} = \dfrac{9.5-2.1}{2.1} = 3.52$

② 일산화탄소 : 12.5~74%　　$H = \dfrac{U-L}{L} = \dfrac{74-12.5}{12.5} = 4.92$

③ 아세틸렌 : 2.5~81%　　$H = \dfrac{U-L}{L} = \dfrac{81-2.5}{2.5} = 31.4$

④ 암모니아 : 15~28%　　$H = \dfrac{U-L}{L} = \dfrac{28-15}{15} = 0.86$

15

용기의 안전점검 기준에 대한 설명으로 틀린 것은?

① 용기의 도색 및 표시 여부를 확인
② 용기의 내·외면을 점검
③ 재검사 기간의 도래 여부를 확인
④ 열 영향을 받은 용기는 재검사와 상관이 없이 새 용기로 교환

해설 유통 중 용기가 열 영향을 받았는지의 여부를 점검하고, 열 영향을 받은 용기는 재검사를 받아야 한다.

정답 13. ④　14. ③　15. ④

16
다음 각 독성가스 누출 시 사용하는 제독제로서 적합하지 않은 것은?
① 염소 : 탄산소다수용액
② 포스겐 : 소석회
③ 산화에틸렌 : 소석회
④ 황화수소 : 가성소다수용액

해설 제독제
① 염소 : 소석회, 가성소다, 탄산소다
② 포스겐 : 가성소다, 소석회
③ 황화수소 : 가성소다, 탄산소다
④ 시안화수소 : 가성소다
⑤ 산화에틸렌, 암모니아, 염화메탄 : 다량의 물

17
에어졸 시험방법에서 불꽃길이 시험을 위해 채취한 시료의 온도 조건은?
① 24℃ 이상, 26℃ 이하
② 26℃ 이상, 30℃ 미만
③ 46℃ 이상, 50℃ 미만
④ 60℃ 이상, 66℃ 미만

해설 에어졸 시험방법에서 불꽃길이 시험을 위해 채취한 시료의 온도조건 : 24℃ 이상, 26℃ 이하

18
교량에 도시가스 배관을 설치하는 경우 보호조치 등 설계·시공에 대한 설명으로 옳은 것은?
① 교량첨가 배관은 강관을 사용하며 기계적 접합을 원칙으로 한다.
② 제3자의 출입이 용이한 교량설치 배관의 경우 보행방지철조망 또는 방호철조망을 설치한다.
③ 지진발생 시 등 비상 시 긴급차단을 목적으로 첨가배관의 길이가 200 m 이상인 경우 교량 양단의 가까운 곳에 밸브를 설치토록 한다.
④ 교량첨가 배관에 가해지는 여러 하중에 대한 합성응력이 배관의 허용응력을 초과하도록 설계한다.

해설 교량에 도시가스 배관을 설치할 경우 보호조치 등 설계시공에 대한 내용
① 제3자의 출입이 용이한 교량설치 배관의 경우 보행방지 철조망 또는 방호철조망을 설치한다.
② 교량첨가 배관은 강관을 사용하며 용접접합을 원칙으로 한다.
③ 교량첨가 배관에 가해지는 여러 하중에 대한 합성응력이 배관의 허용응력을 초과하지 않도록 설계한다.

정답 16. ③   17. ①   18. ②

19 고압가스 저장실 등에 설치하는 경계책과 관련된 기준으로 틀린 것은?

① 저장설비 . 처리설비 등을 설치한 장소의 주위에는 높이 1.5 m 이상의 철책 또는 철망 등의 경계표지를 설치하여야 한다.
② 건축물 내에 설치하였거나, 차량의 통행 등 조업시행이 현저히 곤란하여 위해 요인이 가중될 우려가 있는 경우에는 경계책 설치를 생략할 수 있다.
③ 경계책 주위에는 외부사람이 무단출입을 금하는 내용의 경계표지를 보기 쉬운 장소에 부착하여야 한다.
④ 경계책 안에는 불가피한 사유발생 등 어떠한 경우라도 화기, 발화 또는 인화하기 쉬운 물질을 휴대하고 들어가서는 아니 된다.

해설▷ 경계책 안에는 불가피한 사유 발생시 화기, 발화 또는 인화하기 쉬운 물질을 휴대하고 들어갈 수 있다.

20 독성가스 사용시설에서 처리설비의 저장능력이 45,000 kg인 경우 제 2종 보호시설까지 안전거리는 얼마 이상 유지하여야 하는가?

① 14 m ② 16 m ③ 18 m ④ 20 m

해설▷

저장능력	독성·가연성		산소		기타	
압축가스(m³) 액화가스(kg)	1종	2종	1종	2종	1종	2종
1만 이하	17 m	12 m	12 m	8 m	8 m	5 m
2만 이하	21 m	14 m	14 m	9 m	9 m	7 m
3만 이하	24 m	16 m	16 m	11 m	11 m	8 m
4만 이하	27 m	18 m	18 m	13 m	13 m	9 m
4만 초과	30 m	20 m	20 m	14 m	14 m	10 m

21 아세틸렌의 성질에 대한 설명으로 틀린 것은?

① 색이 없고 불순물이 있을 경우 악취가 난다.
② 융점과 비점이 비슷하여 고체 아세틸렌은 융해하지 않고 승화한다.
③ 발열화합물이므로 대기에 개방하면 분해폭발할 우려가 있다.
④ 액체 아세틸렌보다 고체 아세틸렌이 안정하다.

해설▷ 흡열화합물이므로 분해 폭발의 위험이 있다.
$C_2H_2 \rightarrow 2C+H_2+54.2$ kcal

정답 19. ④ 20. ④ 21. ③

22
고압가스용 이음매 없는 용기의 재검사 시 내압시험 합격 판정의 기준이 되는 영구증가율은?

① 0.1% 이하 ② 3% 이하
③ 5% 이하 ④ 10% 이하

해설⊃ 영구증가율 = $\dfrac{영구증가량}{전증가량} \times 100$

기준이 되는 영구증가율 : 10% 이하시 합격

23
프로판을 사용하고 있는 버너에 부탄을 사용하려고 한다. 프로판의 경우보다 약 몇 배의 공기가 필요한가?

① 1.2배 ② 1.3배
③ 1.5배 ④ 2.0배

해설⊃ 프로판 : $C_2H_8 + 5O_2 \rightarrow 3CO_2 + 4H_2O$
부탄 : $C_4H_{10} + 6.5O_2 \rightarrow 4CO_2 + 5H_2O$

$A_6 = \dfrac{5}{0.21} = 23.8$

$A_6 = \dfrac{6.5}{0.21} = 30.95$

∴ $\dfrac{30.95}{23.8} = 1.30$

24
가스의 연소에 대한 설명으로 틀린 것은?

① 인화점은 낮을수록 위험하다.
② 발화점은 낮을수록 위험하다.
③ 탄화수소에서 착화점은 탄소수가 많은 분자일수록 낮아진다.
④ 최소점화에너지는 가스의 표면장력에 의해 주로 결정된다.

해설⊃ 가스의 연소
① 인화점은 낮을수록 위험하다.
② 착화점은 낮을수록 위험하다.
③ 탄화수소에서 착화점은 탄소수가 많은 분자일수록 낮아진다.
④ 최소점화에너지는 가스의 인화점에 의해 주로 결정된다.

정답 22. ④ 23. ② 24. ④

25 아세틸렌의 취급방법에 대한 설명으로 가장 부적절한 것은?
① 저장소는 화기엄금을 명기한다.
② 가스 출구 동결 시 60°C 이하의 온수로 녹인다.
③ 산소용기와 같이 저장하지 않는다.
④ 저장소는 통풍이 양호한 구조이어야 한다.

해설 ➡ 가스출구 동결시 40°C 이하의 온수로 녹인다.

26 가스 폭발을 일으키는 영향 요소로 가장 거리가 먼 것은?
① 온도 ② 매개체 ③ 조성 ④ 압력

해설 ➡ 가스 폭발을 일으키는 영향요소
① 온도   ② 조성
③ 압력   ④ 용기의 크기 및 형태

27 어떤 도시가스의 웨버지수를 측정하였더니 36.52 MJ/m³이었다. 품질검사기준에 의한 합격 여부는?
① 웨버지수 허용기준보다 높으므로 합격이다.
② 웨버지수 허용기준보다 낮으므로 합격이다.
③ 웨버지수 허용기준보다 높으므로 불합격이다.
④ 웨버지수 허용기준보다 낮으므로 불합격이다.

해설 ➡ 웨버지수 허용기준보다 낮으므로 불합격이다.
 [참고] 52.75~52.77(MJ/m³)

28 300 kg의 액화프레온12(R-12)가스를 내용적 50 L 용기에 충전할 때 필요한 용기의 개수는? (단, 가스정수 C는 0.86이다.)
① 5개 ② 6개 ③ 7개 ④ 8개

해설 ➡ $G = \dfrac{V}{C} = \dfrac{50}{0.86} = 58.14$ kg/개
1개 = 58.14 kg
x = 300 kg
$X = \dfrac{1개 \times 300\ \text{kg}}{58.14} = 5.15$개 ∴ 6개

정답 25. ② 26. ② 27. ④ 28. ②

29
저장탱크에 의한 액화석유가스 사용시설에서 가스계량기는 화기와 몇 m 이상의 우회거리를 유지해야 하는가?

① 2 m ② 3 m ③ 5 m ④ 8 m

[해설] 가스계량기는 화기와 2 m 이상의 우회거리를 유지한다.

30
가스사고가 발생하면 산업통상자원부령에서 정하는 바에 따라 관계기관에 가스사고를 통보해야 한다. 다음 중 사고 통보내용이 아닌 것은?

① 통보자의 소속, 직위, 성명 및 연락처
② 사고원인자 인적사항
③ 사고발생 일시 및 장소
④ 시설현황 및 피해현황(인명 및 재산)

[해설] 사고통보내용
① 사고발생 일시 및 장소
② 사고 발생장소
③ 시설현황 및 피해현황
④ 통보자의 소속, 직위, 성명 및 연락처

제2과목 : 가스장치 및 기기

31
가스크로마토그래피의 구성 요소가 아닌 것은?

① 광원 ② 컬럼 ③ 검출기 ④ 기록계

[해설] 가스크로마토그래피의 구성요소
① 기록계 ② 검출기 ③ 컬럼
④ 항온조 ⑤ 유량조절기 및 압력계

32
도시가스공급시설에서 사용되는 안전제어장치와 관계가 없는 것은?

① 중화장치 ② 압력안전장치
③ 가스누출검지경보장치 ④ 긴급차단장치

[해설] 도시가스 공급시설에서 사용하는 안전장치
① 긴급차단장치 ② 압력안전장치
③ 가스누출검지경보장치

정답 29. ① 30. ② 31. ① 32. ①

33 LPG나 액화가스와 같이 비점이 낮고 내압이 0.4~0.5 MPa 이상인 액체에 주로 사용되는 펌프의 메카니컬 시일의 형식은?
① 더블 시일형
② 인사이드 시일형
③ 아웃사이드 시일형
④ 밸런스 시일형

해설 ▶ (1) 밸런스 시일
　　① 내압이 4~5 kg/cm² 이상시(0.4~0.5 MPa)
　　② 하이드로 카본일 때
　　③ LPG 액화가스와 같이 낮은 비점의 액일 때
(2) 더블 시일형
　　① 인화성 또는 유독액이 강한 액일 때
　　② 기체를 시일할 때
　　③ 보온·보냉이 필요한 때
　　④ 내부가 고진공시
　　⑤ 누설되면 응고되는 액일 때
(3) 아웃사이드형
　　① 저응고점의 액일 때
　　② 점성계수가 100 CP(센티포아즈)를 초과하는 액일 때
　　③ 구조재 스프링재가 액의 내식성에 문제점이 있을 때
　　④ 스타핑 박스 내가 고진공시

34 유량을 측정하는데 사용하는 계측기기가 아닌 것은?
① 피토관
② 오리피스
③ 벨로우즈
④ 벤투리

해설 ▶ 유량을 측정하는데 사용하는 계측기기
　　① 피토우관
　　② 벤투리미터
　　③ 플로우미터
　　④ 오리피스미터

35 기화기의 성능에 대한 설명으로 틀린 것은?
① 온수가열방식은 그 온수의 온도가 90°C 이하일 것
② 증기가열방식은 그 증기의 온도가 120°C 이하일 것
③ 압력계는 그 최고눈금이 상용압력의 1.5~2배일 것
④ 기화통 안의 가스액이 토출배관으로 흐르지 않도록 적합한 자동제어장치를 설치할 것

해설 ▶ 온수가열방식은 그 온수의 온도가 80°C 이하일 것

36 고압장치의 재료로서 가장 적합하게 연결된 것은?
① 액화염소용기 – 화이트메탈
② 압축기의 베어링 – 13% 크롬강
③ LNG 탱크 – 9% 니켈강
④ 고온고압의 수소반응탑 – 탄소강

해설 ▶ LPG 탱크 : 9% 니켈강, 알루미늄합금강

37 구조에 따라 외치식, 내치식, 편심로터리식 등이 있으며 베이퍼록 현상이 일어나기 쉬운 펌프는?
① 제트펌프
② 기포펌프
③ 왕복펌프
④ 기어펌프

해설 ▶
• 기어펌프 : 구조에 따라 외치식, 내치식, 편심로터리식 등이 있으며 베이퍼록 현상이 일어남
• 베이퍼록 현상 : 저비점 액체를 이송시 펌프 입구쪽에서 액체가 끓는 현상

38 다음 중 터보(Turbo)형 펌프가 아닌 것은?
① 원심 펌프
② 사류 펌프
③ 축류 펌프
④ 플런저 펌프

해설 ▶ 터보형 펌프 : ① 원심펌프 ② 사류펌프 ③ 축류펌프

39 가스 액화 분리장치에서 냉동사이클과 액화사이클을 응용한 장치는?
① 한냉발생장치
② 정유분출장치
③ 정유흡수장치
④ 불순물제거장치

해설 ▶ 한냉발생장치 : 가스 액화 분리장치에서 냉동사이클과 액화사이클을 응용한 장치

40 저압가스 수송배관의 유량공식에 대한 설명으로 틀린 것은?
① 배관길이에 반비례한다.
② 가스비중에 비례한다.
③ 허용압력손실에 비례한다.
④ 관경에 의해 결정되는 계수에 비례한다.

해설 ▶ $Q = K\sqrt{\dfrac{D^5 \cdot h}{S \cdot L}}$
① 관의 내경 5승에 비례한다.
② 허용압력손실에 비례한다.
③ 가스비중에 반비례한다.
④ 관의 길이에 반비례한다.
⑤ 유량계수에 비례한다.

정답 36. ③ 37. ④ 38. ④ 39. ① 40. ②

41 탄소강 중에서 저온취성을 일으키는 원소로 옳은 것은?
① P   ② S   ③ Mo   ④ Cu

해설 · P(인) : 상온취성, 청열취성, 저온취성   · S(황) : 적열취성
· Mo(몰리브덴) : 뜨임취성

42 가스의 연소방식이 아닌 것은?
① 적화식   ② 세미분젠식   ③ 분젠식   ④ 원지식

해설 가스의 연소방식 : ① 적화식 ② 분젠식 ③ 세미분젠식 ④ 전1차공기식

43 양정 90 m, 유량이 90 m³/h인 송수 펌프의 소요동력은 약 몇 kW인가? (단, 펌프의 효율은 60%이다.)
① 30.6   ② 36.8   ③ 50.2   ④ 56.8

해설 소요동력 = $\dfrac{r \times Q \times H}{102 \times E \times 3600} = \dfrac{1000 \times 90 \times 90}{102 \times 0.6 \times 3600} = 36.76$ kW

44 재료가 일정 온도 이상에서 응력이 작용할 때 시간이 경과함에 따라 변형이 증대되고 때로는 파괴되는 현상을 무엇이라 하는가?
① 피로   ② 크리프   ③ 에로숀   ④ 탈탄

해설 크리프현상 : 재료가 일정온도 이상에서 응력이 작용할 때 시간이 경과함에 따라 변형이 증대되고 때로는 파괴되는 현상

45 LP가스 공급 방식 중 강제기화방식의 특징에 대한 설명 중 틀린 것은?
① 기화량 가감이 용이하다.   ② 공급가스의 조성이 일정하다.
③ 계량기를 설치하지 않아도 된다.   ④ 한랭시에도 충분히 기화시킬 수 있다.

해설 강제기화방식의 특징
① 한랭시에도 연속적으로 충분한 가스를 공급할 수 있다.
② 공급가스의 조성이 일정하다.
③ 기화량 가감이 용이하다.
④ 설치면적이 적다.

정답 41. ① 42. ④ 43. ② 44. ② 45. ③

제3과목 : 가스일반

46 다음 설명과 관계있는 법칙은?

> 열은 스스로 저온의 물체에서 고온의 체로 이동하는 것은 불가능하다.

① 에너지 보존의 법칙 ② 열역학 제2법칙
③ 평형 이동의 법칙 ④ 보일-샤를의 법칙

[해설] 열역학 제2법칙
열은 스스로 저온의 물체에서 고온의 물체로 이동하는 것은 불가능하다.

47 산소(O_2)에 대한 설명 중 틀린 것은?

① 무색, 무취의 기체이며, 물에는 약간 녹는다.
② 가연성가스이나 그 자신은 연소하지 않는다.
③ 용기의 도색은 일반 공업용이 녹색, 의료용이 백색이다.
④ 저장용기는 무계목 용기를 사용한다.

[해설] 조연성 가스이고 그자신은 연소하지 않는다.

48 다음 중 암모니아 건조제로 사용되는 것은?

① 진한 황산 ② 할로겐 화합물
③ 소다석회 ④ 황산동 수용액

[해설] 암모니아 건조제 : 소다석회

49 10L 용기에 들어있는 산소의 압력이 10 MPa이었다. 이 기체를 20L 용기에 옮겨놓으면 압력은 몇 MPa로 변하는가?

① 2 ② 5 ③ 10 ④ 20

[해설] $P_1 V_1 = P_2 V_2$

$\therefore P_2 = \dfrac{P_1 \times V_1}{V_2} = \dfrac{10 \times 10}{20} = 5 \text{ MPa}$

정답 46. ② 47. ② 48. ③ 49. ②

50

다음 [보기]와 같은 성질을 갖는 것은?

- 공기보다 무거워서 누출 시 낮은 곳에 체류한다.
- 기화 및 액화가 용이하며, 발열량이 크다.
- 증발잠열이 크기 때문에 냉매로도 이용된다.

① O_2 ② CO   ③ LPG   ④ C_2H_4

해설 LPG
① 공기보다 무거워서 누출시 낮은 곳에 체류한다.
   $C_3H_8(12 \times 3 + 8 = 44\,g \div 29\,g = 1.52)$
② 기화 및 액화가 용이하며 발열량이 크다.(12,000 kcal/kg)
③ 증발잠열이 크기 때문에 냉매로도 이용된다.

51

다음 압력 중 가장 높은 압력은?

① 1.5 kg/cm²   ② 10 mH₂O   ③ 745 mmHg   ④ 0.6 atm

해설 압력
① 1.5 kg/cm²
② 1.0332 kg/cm₂ = 10.332 mH₂O
   $x = 10\,mH_2O$
   $X = \dfrac{1.0332 \times 10}{10.332} = 1\,kg/cm^2$
③ 1.0332 kg/cm² = 1760 mmHg
   $x = 745\,mmHg$
   $X = \dfrac{1.0332 \times 745}{760\,mmHg} = 1.012\,kg/cm^2$
④ 1 atm = 1.0332 kg/cm²
   0.6 atm = x
   $X = \dfrac{0.6 \times 1.0332}{1\,atm} = 0.619\,kg/cm^2$

52

다음 중 게이지압력을 옳게 표시한 것은?

① 게이지압력 = 절대압력 − 대기압
② 게이지압력 = 대기압 − 절대압력
③ 게이지압력 = 대기압 + 절대압력
④ 게이지압력 = 절대압력 + 진공압력

해설 절대압력 = 게이지 압력 + 대기압
게이지압력 = 절대압력 − 대기압
대기압 = 절대압력 − 게이지압력

정답 50. ③   51. ①   52. ①

53
같은 조건일 때 액화시키기 가장 쉬운 가스는?
① 수소　② 암모니아
③ 아세틸렌　④ 네온

해설 액화시키기 쉬운 가스
① 액화암모니아 : –33.3°C
② 액화프로판 : –42.1°C
③ 액화부탄 : –0.5°C
④ 액화염소 : –34°C
⑤ 네온 : –249°C
⑥ 아세틸렌 : –84°C
⑦ 수소 : –253°C
비점이 낮을수록 액화가 어려움

54
가스분석 시 이산화탄소의 흡수제로 사용되는 것은?
① KOH　② H_2SO_4　③ NH_4Cl　④ $CaCl_2$

해설 ① CO_2 : KOH 30% 수용액
② O_2 : 알칼리성 피롤카롤용액
③ CO : 암모니아성염화제1동용액

55
연소기 연소상태 시험에 사용되는 도시가스 중 역화하기 쉬운 가스는?
① 13A–1　② 13A–2　③ 13A–3　④ 13A–R

해설 연소기 연소상태시험에 사용되는 도시가스 중 역화하기 쉬운 가스 : 13A–2

56
나프타(Naphtha)의 가스화 효율이 좋으려면?
① 올레핀계 탄화수소 함량이 많을수록 좋다.
② 파라핀계 탄화수소 함량이 많을수록 좋다.
③ 나프텐계 탄화수소 함량이 많을수록 좋다.
④ 방향족계 탄화수소 함량이 많을수록 좋다.

해설 나프타의 가스화 효율이 좋으려면 파라핀계 탄화수소 함량이 많을수록 좋다.

57
순수한 물 1kg을 1°C 높이는데 필요한 열량을 무엇이라 하는가?
① 1kcal　② 1B.T.U　③ 1C.H.U　④ 1kJ

정답 53. ②　54. ①　55. ②　56. ②　57. ①

[해설] 1 kcal : 순수한물 1 kg을 1℃ 높이는데 필요한 열량
1 BTU/lb°F : 순수한 물 1 lb(파운드)를 1°F(60.5~61.5) 올리는데 필요한 열량
1 CHU/lb℃ : 순수한 물 1 lb(파운드)를 1℃(14.5~15.5) 올리는데 필요한 열량

58
기체의 성질을 나타내는 보일의 법칙(Boyles law)에서 일정한 값으로 가정한 인자는?
① 압력　　　　② 온도　　　　③ 부피　　　　④ 비중

[해설] (1) 보일의 법칙(온도 일정)
$$P_1 V_1 = P_2 V_2 \qquad V_2 = \frac{P_1 \times V_1}{P_2}$$
∴ 온도가 일정할 때 기체의 체적은 압력에 반비례한다.
(2) 샤를의 법칙(압력 일정)
$$\frac{V_1}{T_1} = \frac{V_2}{T_2} \qquad V_2 = \frac{V_1 \times T_2}{T_1}$$
∴ 압력이 일정할 때 기체의 체적은 절대온도(T_2)에 비례한다.

59
섭씨온도(℃)의 눈금과 일치하는 화씨온도(°F)는?
① 0　　　　② −10　　　　③ −30　　　　④ −40

[해설] 섭씨온도의 눈금과 일치하는 화씨온도(°F) : −40℃
$$℃ = \frac{5}{9}(°F - 32) = \frac{5}{9}(-40 - 32) = -40℃$$
$$°F = \frac{9}{5} \times ℃ + 32 = \frac{9}{5} \times -40 + 32 = -40°F$$

60
다음 중 폭발범위가 가장 넓은 가스는?
① 암모니아　　　　② 메탄
③ 황화수소　　　　④ 일산화탄소

[해설] 폭발범위
① 일산화탄소 : 12.5~74%(61.5)　　② 황화수소 : 4.3~45.5%(41.2)
③ 메탄 : 5~15%(10)　　　　　　　④ 암모니아 : 15~28%(13)
⑤ 아세틸렌 : 2.5~81%(78.5)　　　 ⑥ 산화에틸렌 : 3~80%(77)
⑦ 수소 : 4~74%(71)

정답　58. ②　59. ④　60. ④

제 15회 가스기능사 출제문제

1과목 : 가스안전관리

01 아세틸렌은 폭발 형태에 따라 크게 3가지로 분류된다. 이에 해당되지 않는 폭발은?
① 화합폭발   ② 중합폭발   ③ 산화폭발   ④ 분해폭발

해설ⓒ 아세틸렌 폭발형태
① 산화폭발 : $C_2H_2+2.5O_2 \rightarrow 2CO_2+H_2O$
② 분해폭발 : $C_2H_2 \rightarrow 2C+H_2+54.2\,kcal$
③ 화합폭발 : $C_2H_2+2Cu \rightarrow Cu_2C_2+H_2$
　　　　　　$C_2H_2+2Ag \rightarrow Ag_2C_2+H_2$
　　　　　　$C_2H_2+2Ag \rightarrow Hg_2C_2+H_2$

02 연소에 대한 일반적인 설명 중 옳지 않은 것은?
① 인화점이 낮을수록 위험성이 크다.
② 인화점보다 착화점의 온도가 낮다.
③ 발열량이 높을수록 착화온도는 낮아진다.
④ 가스의 온도가 높아지면 연소범위는 넓어진다.

해설ⓒ 인화점보다 착화점이 높다.

03 일반도시가스사업 가스공급시설의 입상관 밸브는 분리가 가능한 것으로서 바닥으로부터 몇 m 범위에 설치하여야 하는가?
① 0.5~1.0 m   ② 1.2~1.5 m   ③ 1.6~2.0 m   ④ 2.5~3.0 m

해설ⓒ 일반도시가스사업 가스공급시설의 입상관 밸브 바닥으로부터 높이 1.6 m 이상 2 m 이내에 설치한다.

정답 1. ② 2. ② 3. ③

04. 액화석유가스 사용시설을 변경하여 도시가스를 사용하기 위해서 실시하여야 하는 안전조치 중 잘못 설명한 것은?

① 일반도시가스사업자는 도시가스를 공급한 이후에 연소기 변경 사실을 확인하여야 한다.
② 액화석유가스의 배관 양단에 막음조치를 하고 호스는 철거하여 설치하려는 도시가스 배관과 구분되도록 한다.
③ 용기 및 부대설비가 액화석유가스 공급자의 소유인 경우에는 도시가스공급 예정일까지 용기 등을 철거해 줄 것을 공급자에게 요청해야 한다.
④ 도시가스로 연료를 전환하기 전에 액화석유가스 안전공급계약을 해지하고 용기 등의 철거와 안전조치를 확인 하여야 한다.

해설 일반도시가스 사업자는 도시가스를 공급한 후에 연소기 열량의 변경사실을 확인하지 않아도 된다.

05. 시안화수소(HCN)의 위험성에 대한 설명으로 틀린 것은?

① 인화온도가 아주 낮다.
② 오래된 시안화수소는 자체 폭발할 수 있다.
③ 용기에 충전한 후 60일을 초과하지 않아야 한다.
④ 호흡 시 흡입하면 위험하나 피부에 묻으면 아무 이상이 없다.

해설 시안화수소
① 인화온도가 아주 낮다.
② 연소범위 : 6~41%
③ 무색이고 복숭아 냄새가 나는 기체로 독성이 강하다.(10 ppm 이하)
④ 오래된 시안화수소는 자체 폭발할 수 있다.
⑤ 용기에 충전 후 60일을 넘지 않도록 한다.
⑥ 아세틸렌과 반응하여 아크릴로니트릴을 만들 수 있다.
   $C_2H_2 + HCN \rightarrow CH_2CHCN$

06. 고정식 압축도시가스자동차 충전의 저장설비, 처리설비, 압축가스설비 외부에 설치하는 경계책의 설치기준으로 틀린 것은?

① 긴급차단장치를 설치할 경우는 설치하지 아니할 수 있다.
② 방호벽(철근콘크리트로 만든 것)을 설치할 경우는 설치하지 아니할 수 있다.
③ 처리설비 및 압축가스설비가 밀폐형 구조물 안에 설치된 경우는 설치하지 아니할 수 있다.
④ 저장설비 및 처리설비가 액확산방지시설 내에 설치된 경우는 설치하지 아니할 수 있다.

해설 긴급차단장치를 설치한 경우도 경계책을 설치하여야 한다.

정답 4. ① 5. ④ 6. ①

07

다음 ( ) 안에 Ⓐ와 Ⓑ에 들어갈 명칭은?

> 아세틸렌을 용기에 충전하는 때에는 미리 용기에 다공물질을 고루 채워 다공도가 75% 이상, 92% 미만이 되도록 한 후 (Ⓐ) 또는 (Ⓑ)를(을) 고루 침윤시키고 충전하여야 한다.

	Ⓐ	Ⓑ		Ⓐ	Ⓑ
①	아세톤	알코올	②	아세톤	물(H_2O)
③	아세톤	디메틸포름아미드	④	알코올	물(H_2O)

[해설] 아세틸렌을 용기에 충전한 때에는 미리 용기에 다공물질을 고루 채워 다공도가 75% 이상 92% 미만이 되도록 한 후 아세톤 또는 DMF를 고루 침윤시키고 충전한다.

08

고압가스용 냉동기에 설치하는 안전장치의 구조에 대한 설명으로 틀린 것은?
① 고압차단장치는 그 설정압력이 눈으로 판별할 수 있는 것으로 한다.
② 고압차단장치는 원칙적으로 자동복귀방식으로 한다.
③ 안전밸브는 작동압력을 설정한 후 봉인될 수 있는 구조로 한다.
④ 안전밸브 각부의 가스통과 면적은 안전밸브의 구경면적 이상으로 한다.

[해설] 고압차단스위치는 자동복귀방식으로 하면 안된다.

09

공기 중에서 폭발하한치가 가장 낮은 것은?
① 시안화수소   ② 암모니아   ③ 에틸렌   ④ 부탄

[해설] 폭발하한계
① 시안화수소 : 6~41%   ② 암모니아 : 15~28%
③ 에틸렌 : 3.1~32%   ④ 부탄 : 1.8~8.4%

10

도시가스사용시설 중 자연배기식 반밀폐식 보일러에서 배기톱의 옥상돌출부는 지붕면으로부터 수직거리로 몇 cm 이상으로 하여야 하는가?
① 30   ② 50   ③ 90   ④ 100

[해설] 자연배기식 반밀폐식 보일러에서 배기통의 옥상돌출부는 지붕면으로부터 수직거리로 1 m 이상으로 하여야 한다.

정답 7. ③   8. ②   9. ④   10. ④

11 고압가스 제조설비에 설치하는 가스누출경보 및 자동차단장치에 대한 설명으로 틀린 것은?
① 계기실 내부에도 1개 이상 설치한다.
② 잡가스에는 경보하지 아니하는 것으로 한다.
③ 누출을 검지하여 그 농도를 지시함과 동시에 경보를 울리는 방식으로 한다.
④ 가연성 가스의 제조설비에 격막 갈바니 전지방식의 것을 설치한다.

해설 • 가연성 가스제조설비에 접촉연소방식을 설치한다.
    • 격막갈바니전지방식 : 산소

12 고압가스 용기의 파열사고 원인으로서 가장 거리가 먼 것은?
① 압축산소를 충전한 용기를 차량에 눕혀서 운반하였을 때
② 용기의 내압이 이상 상승하였을 때
③ 용기 재질의 불량으로 인하여 인장강도가 떨어질 때
④ 균열 되었을 때

해설 ① 용기의 내압이 이상 상승하였을 때
    ② 용기 재질의 불량으로 인하여 인장강도가 떨어질 때
    ③ 균열이 되었을 때

13 공기 중 폭발범위에 따른 위험도가 가장 큰 가스는?
① 암모니아   ② 황화수소   ③ 석탄가스   ④ 이황화탄소

해설 위험도 $= \dfrac{U-L}{L}$

① 암모니아 : 15~28% $H = \dfrac{28-15}{15} = 0.866$

② 황화수소 : 4.3~45.5% $H = \dfrac{45.5-4.3}{4.3} = 9.58$

③ 이황화탄소 : 1.2~44% $H = \dfrac{44-1.2}{1.2} = 35.666$

④ 메탄 : 5~15% $H = \dfrac{15-5}{5} = 3$

⑤ 프로판 : 2.1~9.5% $H = \dfrac{9.5-2.1}{2.1} = 3.52$

⑥ 부탄 : 1.8~8.4% $H = \dfrac{8.4-1.8}{1.8} = 3.67$

⑦ 아세틸렌 : 2.5~81% $H = \dfrac{81-2.5}{2.5} = 31.4$

정답 11. ④ 12. ① 13. ④

14 LP가스 충전설비의 작동 상황 점검주기로 옳은 것은?

① 1일 1회 이상　　② 1주일 1회 이상
③ 1월 1회 이상　　④ 1년 1회 이상

해설 ➡ LP가스 충전설비의 작동상황 점검주기 : 1일 1회 이상

15 고압가스설비에 장치하는 압력계의 눈금은?

① 상용압력의 2.5배 이상, 3배 이하
② 상용압력의 2배 이상, 2.5배 이하
③ 상용압력의 1.5배 이상, 2배 이하
④ 상용압력의 1배 이상, 1.5배 이하

해설 ➡ 압력계 눈금범위 : 상용압력의 1.5배 이상 2배 이하

16 도시가스공급시설의 공사계획 승인 및 신고대상에 대한 설명으로 틀린 것은?

① 제조소 안에서 액화가스용저장탱크의 위치변경 공사는 공사계획 신고대상이다.
② 밸브기지의 위치변경 공사는 공사계획 신고대상이다.
③ 호칭지름이 50 mm 이하인 저압의 공급관을 설치하는 공사는 공사계획 신고대상에서 제외한다.
④ 저압인 사용자공급관 50 m를 변경하는 공사는 공사계획 신고대상이다.

해설 ➡ 밸브기지의 위치변경공사는 공사계획 신고대상이 아니다.

17 공정과 설비의 고장형태 및 영향, 고장형태별 위험도 순위 등을 결정하는 안전성평가 기법은?

① 위험과 운전분석(HAZOP)　　② 예비위험분석(PHA)
③ 결함수분석(FTA)　　④ 이상 위험도 분석(FMECA)

해설 ➡
· 이상위험도분석(FMECA) : 공정과 설비의 고장형태 및 영향, 고장형태별 위험도 순위 등을 결정하는 방법
· 위험과운전분석기법 : 공정에 존재하는 위험요소들과 공정의 효율을 떨어뜨릴 수 있는 운전상의 문제점을 찾아내어 그 원인을 제거하는 방법
· 결함수분석법(FTA) : 사고를 일으키는 장치의 이상이나 운전자의 실수의 조합을 연역적으로 분석하는 방법

정답 14. ①　15. ③　16. ②　17. ④

18 다음은 이동식 압축도시가스 자동차충전시설을 점검한 내용이다. 이 중 기준에 부적합한 경우는?

① 이동충전차량과 가스배관구를 연결하는 호스의 길이가 6 m이었다.
② 가스배관구 주위에는 가스배관구를 보호하기 위하여 높이 40 cm, 두께 13 cm인 철근 콘크리트 구조물이 설치되어 있었다.
③ 이동충전차량과 충전설비 사이 거리는 8 m이었고, 이동충전차량과 충전설비 사이에 강판제 방호벽이 설치되어 있었다.
④ 충전설비 근처 및 충전설비에서 6 m 떨어진 장소에 수동 긴급차단장치가 각각 설치되어 있었으며 눈에 잘 띄었다.

[해설] 이동충전차량과 가스배관구를 연결하는 호스의 길이는 5 m이다.

19 독성가스 저장시설의 제독 조치로써 옳지 않은 것은?
① 흡수, 중화조치
② 흡착 제거조치
③ 이송설비로 대기 중에 배출
④ 연소조치

[해설] 독성가스 저장시설의 제독조치
① 연소조치
② 흡착·제거조치
③ 흡수·중화조치

20 도시가스배관의 지하매설 시 사용하는 침상재료(Bedding)는 배관 하단에서 배관 상단 몇 cm까지 포설하는가?
① 10 ② 20 ③ 30 ④ 40

[해설] 도시가스배관의 지하매설시 사용하는 침상재료는 배관하단에서 배관상단 30 cm까지 포설한다.

21 시안화수소를 충전한 용기는 충전 후 몇 시간 정치한 뒤 가스의 누출검사를 해야 하는가?
① 6 ② 12 ③ 18 ④ 24

[해설] 시안화수소를 용기에 충전 후 24시간 정치한 뒤 가스누출검사를 한다.

정답 18. ① 19. ③ 20. ③ 21. ④

22
폭발등급은 안전간격에 따라 구분한다. 폭발 등급 I급이 아닌 것은?
① 일산화탄소　② 메탄　③ 암모니아　④ 수소

해설 폭발등급
① 폭발 1등급(0.6 mm 초과) : 아세톤, 가솔린, 벤젠, 일산화탄소, 암모니아, 에탄, 메탄, 프로판
② 폭발 2등급(0.4 mm 초과 0.6mm 이하) : 에틸렌, 석탄가스
③ 폭발 3등급(0.4 mm 이하) : 수소, 수성가스, 아세틸렌, 이황화탄소

23
염소(Cl_2)의 재해 방지용으로서 흡수제 및 제해제가 아닌 것은?
① 가성소다 수용액
② 소석회
③ 탄산소다 수용액
④ 물

해설 흡수제 및 제해제
① 염소 : 소석회, 가성소다, 탄성소다(620 kg, 670 kg, 870 kg)
② 황화수소 : 가성소다, 탄산소다(1140 kg, 1500 kg)
③ 시안화수소 : 가성소다(250 kg)
④ 포스겐 : 가성소다, 소석회(390 kg, 360 kg)
⑤ 암모니아, 산화에틸렌, 염화메탄 : 다량의 물

24
다음 굴착공사 중 굴착공사를 하기 전에 도시가스사업자와 협의를 하여야 하는 것은?
① 굴착공사 예정지역 범위에 묻혀 있는 도시가스배관의 길이가 110 m인 굴착공사
② 굴착공사 예정지역 범위에 묻혀 있는 송유관의 길이가 200 m인 굴착공사
③ 해당 굴착공사로 인하여 압력이 3.2 kPa인 도시가스배관의 길이가 30 m 노출될 것으로 예상되는 굴착공사
④ 해당 굴착공사로 인하여 압력이 0.8 MPa인 도시가스배관의 길이가 8 m 노출될 것으로 예상되는 굴착공사

해설 굴착공사 중 굴착공사를 하기 전에 도시가스사업자와 협의 하여야 하는 것 : 굴착공사 예정 지역 범위에 묻혀있는 도시가스배관의 길이가 110 m인 굴착 공사

25
건축물 내 도시가스 매설배관으로 부적합한 것은?
① 동관
② 강관
③ 스테인리스강
④ 가스용 금속플렉시블호스

정답 22. ④　23. ④　24. ①　25. ②

해설 › 건축물 내 도시가스 매설배관
① 동관
② 스테인리스강
③ 가스용 금속플렉시블호스

26
고압가스안전관리법의 적용을 받는 가스는?
① 철도차량의 에어콘디셔너 안의 고압가스
② 냉동능력 3톤 미만인 냉동설비 안의 고압가스
③ 용접용 아세틸렌가스
④ 액화브롬화메탄 제조설비 외에 있는 액화브롬화메탄

해설 › 고압가스안전관리법의 적용을 받지 않는 가스
① 액화브롬화메탄 제조설비 외에 있는 액화브롬화메탄
② 냉동능력 3톤 미만인 냉동설비 안의 고압가스
③ 철도차량의 에어컨디셔너 안의 고압가스
④ 등화용의 아세틸렌가스
⑤ 오토클레이브 내의 고압가스(수소제외)
⑥ 광산법의 적용받는 고압가스
⑦ 선박법의 적용받는 고압가스
⑧ 원자력법의 적용받는 고압가스

27
일반도시가스사업자의 가스공급시설 중 정압기의 분해 점검 주기의 기준은?
① 1년에 1회 이상
② 2년에 1회 이상
③ 3년에 1회 이상
④ 5년에 1회 이상

해설 › ① 정압기 분해점검 : 2년에 1회 이상, 그 이후 4년에 1회 이상
(사용시설의 정압기 분해점검 : 3년에 1회 이상)
② 정압기 작동상황 점검 : 1주일 1회 이상
③ 정압기 필터 점검 : 1년에 1회 이상

28
자동차용 압축천연가스 완속충전설비에서 실린더 내경이 100 mm, 실린더의 행정이 200 mm, 회전수가 100 rpm일 때 처리능력(m³/h)은 얼마인가?
① 9.42   ② 8.21   ③ 7.05   ④ 6.15

해설 › $Q(\text{m}^3/\text{sec}) = \dfrac{\pi D^2}{4} \times L \times N = \dfrac{3.14}{4} \times 0.1^2 \times 0.2 \times 100 \times 60 = 9.42 \text{ m}^3/\text{h}$

정답 26. ③ 27. ② 28. ①

29
다음 중 가연성이면서 유독한 가스는?

① NH_3　　② H_2　　③ CH_4　　④ N_2

해설　가연성 가스이며 독성가스
① HCN(시안화수소) : 6~41% 10 ppm 이하
② NH_3(암모니아) : 15~28% 25 ppm 이하
③ CO(일산화탄소) : 12.5~74% 50 ppm 이하
④ H_2S(황화수소) : 4.3~45.5% 10 ppm 이하
⑤ C_6H_6(벤젠) : 1.4~7.1% 10 ppm 이하
⑥ C_2H_4O(산화에틸렌) : 3~80% 50 ppm 이하
⑦ CS_2(이황화탄소) : 1.2~44% 10 ppm 이하
⑧ CH_3OH(메탄올) : 7.3~36% 200 ppm 이하

30
다음은 어떤 안전설비에 대한 설명인가?

> 설비가 잘못 조작되거나 정상적인 제조를 할 수 없는 경우 자동으로 원재료의 공급을 차단시키는 등 고압가스 제조설비 안의 제조를 제어하는 기능을 한다.

① 긴급이송설비　　② 인터록기구　　③ 안전밸브　　④ 벤트스택

해설　인터록기구 : 설비가 잘못 조작되거나 정상적인 제조를 할 수 없는 경우 자동적으로 원재료의 공급을 차단시키는 등 고압가스 제조설비 안의 제조를 제어하는 기능

제2과목 : 가스장치 및 기기

31
LPG를 탱크로리에서 저장탱크로 이송 시 작업을 중단해야 되는 경우가 아닌 것은?

① 과충전이 된 경우
② 충전기에서 자동차에 충전하고 있을 때
③ 작업 중 주위에 화재 발생 시
④ 누출이 생길 경우

해설　LPG를 탱크로리에서 저장탱크로 이송시 작업을 중단해야 되는 경우
① 과충전시
② 누출이 생긴 경우
③ 작업 중 주위에 화재 발생시

정답 29. ①　30. ②　31. ②

32 다음 배관재료 중 사용온도 350°C 이하, 압력이 10 MPa 이상의 고압관에 사용되는 것은?

① SPP ② SPPH ③ SPPW ④ SPPG

해설 ▷ 배관용 강관
① SPP(배관용 탄소강관) 사용압력이 10kg/cm² 이하(1MPa 이하)의 증기, 기름, 물 배관에 사용
② SPPS(압력배관용 탄소강관) : 사용압력이 10kg/cm² 이하(1MPa 이상~10MPa 이하)
③ SPPH(고압배관용 탄소강관) : 사용압력이 100kg/cm²(MPa) 이상이고 온도는 350°C 이하에 사용
④ SPLT(저온배관용 탄소강관) : 빙점 이하의 관에 사용(0°C 이하)
⑤ SPHT(고온배관용 탄소강관) : 350°C 이상시 사용

33 대형 저장탱크 내를 가는 스테인리스관으로 상하로 움직여 관내에서 분출하는 가스상태와 액체상태의 경계면을 찾아 액면을 측정하는 액면계로 옳은 것은?

① 슬립튜브식 액면계 ② 유리관식 액면계
③ 클링커식 액면계 ④ 플로트식 액면계

34 내압이 0.4~0.5 MPa 이상이고, LPG나 액화가스와 같이 낮은 비점의 액체일 때 사용되는 터보식 펌프의 메카니컬 시일 형식은?

① 더블 시일 ② 아웃사이드 시일
③ 밸런스 시일 ④ 언밸런스 시일

해설 ▷ 메커니컬 시일 형식
① 밸런스 시일
  ㉠ 내압이 4~5 kg/cm²(0.4~0.5 MPa) 이상일 때
  ㉡ 하이드로 카본일 때
  ㉢ LPG 액화가스와 같이 낮은 비점의 액체일 때
② 더블 시일형
  ㉠ 인화성 또는 유독액이 강한 액일 때   ㉡ 기체를 시일 할 때
  ㉢ 보온·보냉이 필요할 때   ㉣ 내부가 고진공시
  ㉤ 누설되면 응고되는 액일 때
③ 아웃사이드형
  ㉠ 저응고점의 액일 때
  ㉡ 점성계수가 100 CP(센티포아즈)를 초과하는 액일 때
  ㉢ 구조재, 스프링재가 액의 내식성에 문제점이 있을 때
  ㉣ 스타핑 박스 내가 고진공시

정답 32. ② 33. ① 34. ③

35
3단 토출압력이 2 MPa . g이고, 압축비가 2인 4단공기압축기에서 1단 흡입 압력은 약 몇 MPa . g인가? (단, 대기압은 0.1MPa로 한다.)
① 0.16 MPa . g
② 0.26 MPa . g
③ 0.36 MPa . g
④ 0.46 MPa . g

36
반복하중에 의해 재료의 저항력이 저하하는 현상을 무엇이라고 하는가?
① 교축
② 크리프
③ 피로
④ 응력

해설⊃ 피로 : 반복하중에 의해 재료의 저항력이 저하하는 현상

37
가연성가스 검출기 중 탄광에서 발생하는 CH_4의 농도를 측정하는데 주로 사용되는 것은?
① 간섭계형
② 안전등형
③ 열선형
④ 반도체형

해설⊃ 가연성 가스 검출기
① 안전등형 : 불꽃길이를 측정하여 CH_4의 농도를 측정하는 방법으로 탄광 내에서 CH_4의 발생을 검출하는데 사용
② 간섭계형 : 가스의 굴절률 차를 이용하여 농도를 측정하는 방법

38
저온액화가스 탱크에서 발생할 수 있는 열의 침입현상으로 가장 거리가 먼 것은?
① 연결된 배관을 통한 열전도
② 단열재를 충전한 공간에 남은 가스분자의 열전도
③ 내면으로 부터의 열전도
④ 외면의 열복사

해설⊃ 열의 침입현상
① 안전밸브, 밸브 등에 의한 열전도
② 지지요크 등에 의한 열전도
③ 연결된 파이프를 따라 오는 열전도
④ 외면으로부터의 열복사
⑤ 단열재를 충전한 공간에 남은 가스분자의 열전도

정답 35. ① 36. ③ 37. ② 38. ③

39 가연성가스를 냉매로 사용하는 냉동제조시설의 수액기에는 액면계를 설치한다. 다음 중 수액기의 액면계로 사용할 수 없는 것은?
① 환형유리관 액면계
② 차압식 액면계
③ 초음파식 액면계
④ 방사선식 액면계

해설> 수액기 액면계로 사용할 수 있는 것
① 초음파식 액면계
② 차압식 액면계
③ 방사선식 액면계

40 LP가스 자동차충전소에서 사용하는 디스펜서(Dispenser)에 대하여 옳게 설명한 것은?
① LP가스 충전소에서 용기에 일정량의 LP가스를 충전하는 충전기기이다.
② LP가스 충전소에서 용기에 충전하는 가스용적을 계량하는 기기이다.
③ 압축기를 이용하여 탱크로리에서 저장탱크로 LP가스를 이송하는 장치이다.
④ 펌프를 이용하여 LP가스를 저장탱크로 이송할 때 사용하는 안전장치이다.

해설> 디스펜서 : LP가스 충전소에서 용기에 일정량의 LP가스를 충전하는 충전기기이다.

41 다음 중 왕복식 펌프에 해당하는 것은?
① 기어펌프
② 베인펌프
③ 터빈펌프
④ 플런저펌프

해설> 1) 왕복식 펌프
① 피스톤 펌프 ② 플런저 펌프 ③ 다이어프램 펌프
2) 원심펌프
① 터빈펌프 ② 볼류트 펌프
3) 회전펌프
① 베인펌프 ② 기어펌프 ③ 나사펌프

42 도시가스의 측정 사항에 있어서 반드시 측정하지 않아도 되는 것은?
① 농도 측정
② 연소성 측정
③ 압력 측정
④ 열량 측정

해설> 도시가스 측정사항에 있어서 반드시 측정해야 하는 것

정답 39. ① 40. ① 41. ④ 42. ①

① 압력 측정 : 가스홀더 출구, 정압기 출구 및 가스공급시설의 끝부분의 배관에서 자기 압력계를 사용하여 측정(가스압력은 일반가정용 1kPa 이상 2.5kPa 이내)
② 열량 측정 : 매일 06시30분~09시 사이, 17시부터 20시30분 사이 제조소의 배송기 또는 압송기 출구에서 자동열량 측정기로 측정
③ 연소성 측정 : 매일 06시30분~09시 사이, 17시부터 20시30분 사이 각각 1회씩 가스홀더 및 압송기 출구에서 측정웨버지수가 표준웨버지수의 ±4.5% 이내 유지

43
펌프의 실제 송출유량을 Q, 펌프 내부에서의 누설유량을 $0.6Q$, 임펠러 속을 지나는 유량을 $1.6Q$라 할 때 펌프의 체적효율(ηV)은?

① 37.5% ② 40% ③ 60% ④ 62.5%

[해설] 체적효율 $= \dfrac{1Q}{1Q + \triangle Q} = \dfrac{1}{1+0.6} \times 100 = 62.5\%$

44
LP가스 공급방식 중 자연기화 방식의 특징에 대한 설명으로 틀린 것은?

① 기화능력이 좋아 대량 소비 시에 적당하다.
② 가스 조성의 변화량이 크다.
③ 설비장소가 크게 된다.
④ 발열량의 변화량이 크다.

[해설] 기화능력이 좋아 대량 소비시 적당한 것은 강제기화방식이다.

45
다음 [보기]에서 설명하는 정압기의 종류는?

- unloading형이다.
- 본체는 복좌밸브로 되어 있어 상부에 다이어프램을 가진다.
- 정특성은 아주 좋으나, 안정성은 떨어진다.
- 다른 형식에 비하여 크기가 크다.

① 레이놀드 정압기 ② 엠코 정압기
③ 피셔식 정압기 ④ 엑셀 플로우식 정압기

[해설] 레이놀드식 정압기
① 다른 형식에 비하여 크기가 크다.
② 정특성은 아주 좋으나 안정성은 떨어진다.
③ 본체는 복좌밸브로 되어있어 상부에 다이어프램을 갖는다.
④ unloading형이다.

정답 43. ④ 44. ① 45. ①

제3과목 : 가스일반

46 도시가스 제조방식 중 촉매를 사용하여 사용온도 400~800℃에서 탄화수소와 수증기를 반응시켜 수소, 메탄, 일산화탄소, 탄산가스 등의 저급 탄화수소로 변환시키는 프로세스는?
① 열분해 프로세스 ② 접촉분해 프로세스
③ 부분연소 프로세스 ④ 수소화분해 프로세스

해설 가스 제조방식
① 접촉분해 프로세스 : 촉매를 사용하여 사용온도 400~800℃에서 탄화수소와 수증기를 반응시켜 H_2, CH_4, CO, CO_2 등의 저급탄화수소로 변환시키는 프로세스
② 열분해 프로세스 : 나프타, 원유, 중유 등의 분자량이 큰 탄화수소 원료를 고온 800~900 ℃로 분해하여 10,000 kcal/Nm³ 정도의 고열량가스를 제조하는 방식
③ 부분연소 프로세스 : 메탄에서 원유까지의 원료를 가스화 하는 것으로 산소 또는 공기 및 수증기를 이용하여 CH_4, H_2, CO, CO_2로 변환하는 방법
④ 수소화분해 프로세스 : 수소기류 중 탄화수소 원료를 열분해 또는 접촉 분해하여 메탄을 주성분으로 하는 고열량의 가스를 제조하는 방법

47 수소의 공업적 용도가 아닌 것은?
① 수증기의 합성 ② 경화유의 제조 ③ 메탄올의 합성 ④ 암모니아 합성

해설 수소의 공업적 용도
① 암모니아 합성의 원료 ② 경화유 제조, 메탄올 합성원료
③ 윤활유 정제용 ④ 나프타, 중유 등의 수소화탈황
⑤ 환원성을 이용한 금속제련용 ⑥ 로켓의 추진연료

48 다음 각 온도의 단위환산 관계로서 틀린 것은?
① 0℃ = 273K ② 32°F = 492°R ③ 0K = −273℃ ④ 0K = 460°R

해설 단위환산
① K = ℃+273 = 0+273 = 273K
② °R = °F+460 = 32+460 = 492°R
③ 0K = ℃+273
  0K = −273+273
④ 0°F = 460°R
  °R = °F+460 = 0+460 = 460°R

정답 46. ② 47. ① 48. ④

49
다음 중 저장소의 바닥부 환기에 가장 중점을 두어야 하는 가스는?
① 메탄
② 에틸렌
③ 아세틸렌
④ 부탄

해설 ⇨ 저장소의 바닥 환기에 가장 중점을 두어야 하는 가스
① 메탄(CH_4) : 12+4=16 g÷29=0.55(공기보다 가볍다)
② 에틸렌(C_2H_4) : 12×2+4=28 g÷29=0.965(공기보다 가볍다)
③ 아세틸렌(C_2H_2) : 12×2+2=26g÷29=0.896(공기보다 가볍다)
④ 부탄(C_4H_{10}) : 12×4+10=58g÷29=2(공기보다 무거워 바닥에 체류하므로)

50
고압가스의 성질에 따른 분류가 아닌 것은?
① 가연성 가스
② 액화 가스
③ 조연성 가스
④ 불연성 가스

해설 ⇨ 고압가스 성질에 따른 분류
① 가연성 가스 ② 조연성 가스 ③ 불연성 가스

51
압력이 일정할 때 기체의 절대온도와 체적은 어떤 관계가 있는가?
① 절대온도와 체적은 비례한다.
② 절대온도와 체적은 반비례한다.
③ 절대온도는 체적의 제곱에 비례한다.
④ 절대온도는 체적의 제곱에 반비례한다.

해설 ⇨ ・보일의 법칙(T=일정)
$$P_1 V_1 = P_2 V_2 \qquad V_2 = \frac{P_1 \times V_1}{P_2}$$
∴ 온도가 일정할 때 기체의 체적은 압력에 반비례한다.
・샤를의 법칙(P=일정)
$$\frac{V_1}{T_1} = \frac{V_2}{T_2} \qquad ∴ V_2 = \frac{V_1 \times T_2}{T_1}$$
∴ 기체의 체적은 압력에 반비례하고 절대온도에 비례한다.

52
100 J의 일의 양을 cal 단위로 나타내면 약 얼마인가?
① 24
② 40
③ 240
④ 400

정답 49. ④ 50. ② 51. ① 52. ①

해설 ⇨ 1 J = 0.238 cal
100J = x

$$x = \frac{100 \text{ J} \times 0.238 \text{ cal}}{1 \text{ J}} = 23.8 \text{ cal} ≒ 24 \text{ cal}$$

53 표준상태에서 분자량이 44인 기체의 밀도는?
① 1.96 g/L   ② 1.96 kg/L   ③ 1.55 g/L   ④ 1.55 kg/L

해설 ⇨ 밀도 = $\frac{M}{22.4} = \frac{44 \text{ g}}{22.4 \ell} = 1.964 \text{ g}/\ell$

54 고압가스 종류별 발생 현상 또는 작용으로 틀린 것은?
① 수소 – 탈탄작용
② 염소 – 부식
③ 아세틸렌 – 아세틸라이드 생성
④ 암모니아 – 카르보닐 생성

해설 ⇨ 고압가스 종류별 발생현상
① 암모니아 : 착이온 생성
② 수소 : 탈탄작용
③ 염소 : 부식
④ 아세틸렌 : 아세틸라이드 생성
카르보닐 생성은 일산화탄소

55 정압비열(C_p)와 정적비열(C_v)의 관계를 나타내는 비열비(k)를 옳게 나타낸 것은?
① $k = \frac{C_p}{C_v}$ ② $k = \frac{C_v}{C_p}$ ③ $k < 1$ ④ $k = C_v - C_p$

해설 ⇨ $k(비열비) = \frac{C_p}{C_v}$

$C_v = \frac{C_p}{k}$ $C_p = k \times C_v$

56 다음 중 수소(H_2)의 제조법이 아닌 것은?
① 공기액화 분리법
② 석유 분해법
③ 천연가스 분해법
④ 일산화탄소 전화법

해설 ⇨ 수소의 제법
① 물의 전기분해법   ② 천연가스분해법   ③ 석유분해법
④ 일산화탄소 전화법   ⑤ 수성가스법

정답 53. ① 54. ④ 55. ① 56. ①

57
수은주 760 mmHg 압력은 수주로는 얼마가 되는가?

① 9.33 mH$_2$O ② 10.33 mH$_2$O ③ 11.33 mH$_2$O ④ 12.33 mH$_2$O

해설 ⊃ 1 atm = 760 mmHg = 76 cmHg = 0.76 mHg
= 10.33 mH$_2$O = 30 inHg = 14.7 PSI = 1.013 bar
= 1.0332 kg/cm^2 = 10,332 kg/m^2 = 101.3 kPa
= 101325 Pa = 1013 mbar = 0.10332 MPa

58
일산화탄소의 성질에 대한 설명 중 틀린 것은?

① 산화성이 강한 가스이다.
② 공기보다 약간 가벼우므로 수상치환으로 포집한다.
③ 개미산에 진한 황산을 작용시켜 만든다.
④ 혈액 속의 헤모글로빈과 반응하여 산소의 운반력을 저하시킨다.

해설 ⊃ 일산화탄소의 성질
① 혈액 속의 헤모글로빈과 반응하여 산소의 운반능력을 저하시킨다.
② 개미산에 진한 황산을 작용시켜 만든다.
③ 공기보다 약간 가벼우므로 수상치환으로 포집한다.

59
프로판의 완전연소 반응식으로 옳은 것은?

① C$_3$H$_8$ + 4O$_2$ → 3CO$_2$ + 2H$_2$O
② C$_3$H$_8$ + 5O$_2$ → 3CO$_2$ + 4H$_2$O
③ C$_3$H$_8$ + 2O$_2$ → 3CO + H$_2$O
④ C$_3$H$_8$ + O$_2$ → CO$_2$ + H$_2$O

해설 ⊃ ① C$_3$H$_8$ + 5O$_2$ → 3CO$_2$ + 4H$_2$O
② CH$_4$ + 2O$_2$ → CO$_2$ + 2H$_2$O
③ 2C$_2$H$_2$ + 5O$_2$ → 4CO$_2$ + 2H$_2$O
④ 2C$_4$H$_{10}$ + 13O$_2$ → 8CO$_2$ + 10H$_2$O
⑤ 2C$_2$H$_6$ + 7O$_2$ → 4CO$_2$ + 6H$_2$O

60
다음 중 확산 속도가 가장 빠른 것은?

① O$_2$ ② N$_2$ ③ CH$_4$ ④ CO$_2$

해설 ⊃ 확산속도는 분자량이 가장 적은 것으로 찾는다.
① C$_3$H$_8$(프로판) : 12×3+8 = 44 g
② H$_2$(수소) : 2 g
③ CH$_4$(메탄) : 12+4 = 16 g
④ C$_4$H$_{10}$(부탄) : 12×4+10 = 58 g

정답 57. ② 58. ① 59. ② 60. ③

제16회 가스기능사 출제문제

1과목 : 가스안전관리

01 일반도시가스사업 정압기실에 설치되는 기계환기설비 중 배기구의 관경은 얼마 이상으로 하여야 하는가?
① 10 cm　　　　　　　　② 20 cm
③ 30 cm　　　　　　　　④ 50 cm

해설 ▶ 일반도시가스 정압기실에 설치하는 기계환기설비 중 배기구의 관경은 10 cm 이상으로 한다.

02 액화염소가스 1375 kg을 용량 50 L인 용기에 충전하려면 몇 개의 용기가 필요한가? (단, 액화염소가스의 정수[C]는 0.8이다.)
① 20　　　② 22　　　③ 35　　　④ 37

해설 ▶ $G = \dfrac{V}{C} = \dfrac{50}{0.8} = 62.5 \text{ kg/1개}$
1개 = 62.5 kg
∴ $X = \dfrac{1개 \times 1375 \text{ kg}}{62.5 \text{ kg}} = 22개$

03 차량에 고정된 산소용기 운반 차량에는 일반인이 쉽게 식별할 수 있도록 표시하여야 한다. 운반차량에 표시하여야 하는 것은?
① 위험고압가스, 회사명　　　② 위험고압가스, 전화번호
③ 화기엄금, 회사명　　　　　④ 화기엄금, 전화번호

해설 ▶ 차량에 고정된 산소용기 운반차량에는 일반인이 쉽게 식별할 수 있도록 위험고압가스와 전화번호를 표시하여야 한다.

정답 1. ①　2. ②　3. ②

04
고압가스 품질검사에 대한 설명으로 틀린 것은?
① 품질검사 대상 가스는 산소, 아세틸렌, 수소이다.
② 품질검사는 안전관리책임자가 실시한다.
③ 산소는 동·암모니아 시약을 사용한 오르잣드법에 의한 시험결과 순도가 99.5% 이상이어야 한다.
④ 수소는 하이드로썰파이드 시약을 사용한 오르잣드법에 의한 시험결과 순도가 99.0% 이상이어야 한다.

해설 고압가스 품질검사
① 산소 : ㉠ 동·암모니아 시약의 오르자트법   ㉡ 순도 : 99.5% 이상
② 수소 : ㉠ 하이드로썰파이드 시약의 오르자트법   ㉡ 순도 : 98.5% 이상
③ 아세틸렌 : ㉠ 발연황산시약의 오르자트법, 브롬시약의 뷰렛법, ㉡ 순도 : 98% 이상

05
압력조정기 출구에서 연소기 입구까지의 호스는 얼마 이상의 압력으로 기밀시험을 실시하는가?
① 2.3 kPa   ② 3.3 kPa   ③ 5.63 kPa   ④ 8.4 kPa

해설 압력조정기 출구에서 연소기 입구까지의 호스는 8.4 kPa(840 mmH$_2$O) 이상(840~1,000 mmH$_2$O)의 압력으로 기밀시험을 한다.

06
도시가스 중압 배관을 매몰할 경우 다음 중 적당한 색상은?
① 회색   ② 청색   ③ 녹색   ④ 적색

해설 도시가스 중압배관 매몰시 적당한 색상
① 중·고압 배관 : 적색   ② 저압배관 : 황색 또는 적색

07
도시가스 공급시설을 제어하기 위한 기기를 설치한 계기실의 구조에 대한 설명으로 틀린 것은?
① 계기실의 구조는 내화구조로 한다.
② 내장재는 불연성 재료로 한다.
③ 창문은 망입(網入)유리 및 안전유리 등으로 한다.
④ 출입구는 1곳 이상에 설치하고 출입문은 방폭문으로 한다.

해설 출입구는 1곳 이상 설치하고 출입문은 갑종방화문으로 할 것

정답 4. ④   5. ④   6. ④   7. ④

08 LPG 저장탱크에 설치하는 압력계는 상용압력 몇 배 범위의 최고눈금이 있는 것을 사용하여야 하는가?

① 1~1.5배 ② 1.5~2배 ③ 2~2.5배 ④ 2.5~3배

해설⇨ 압력계 눈금범위 : 상용압력 1.5~2배

09 고압가스 저장능력 산정기준에서 액화가스의 저장탱크 저장능력을 구하는 식은? (단, Q, W는 저장능력, P는 최고충전압력, V는 내용적, C는 가스종류에 따른 정수, d는 가스의 비중이다.)

① $W = 0.9dV$ ② $Q = 10PV$
③ $W = V/C$ ④ $Q = (10P+1)V$

해설⇨ 저장능력
　① 압축가스 $= (10P+1)V_1$　여기서, P(MPa) : 최고충전압력
　② 액화가스 $= 0.9dV_2$　여기서, d : 액화가스비중
　③ 용기의 질량$(G) = \dfrac{V}{C}$　여기서, C : 정수
　프로판 : 2.35, 부탄 : 2.05, 암모니아 : 1.86, 탄산가스 : 1.34

10 가연성가스를 취급하는 장소에서 공구의 재질로 사용하였을 경우 불꽃이 발생할 가능성이 가장 큰 것은?

① 고무 ② 가죽
③ 알루미늄합금 ④ 나무

해설⇨ 불꽃방지공구
　① 플라스틱　② 나무　③ 고무
　④ 베아론, 베릴륨합금　⑤ 가죽

11 액화가스를 충전하는 탱크는 그 내부에 액면요동을 방지하기 위하여 무엇을 설치하여야 하는가?

① 방파판 ② 안전밸브
③ 액면계 ④ 긴급차단장치

해설⇨ 방파판 : 액면요동방지

정답　8. ②　9. ①　10. ③　11. ①

12
고압가스 충전용 밸브를 가열할 때의 방법으로 가장 적당한 것은?
① 60℃ 이상의 더운물을 사용한다.
② 열습포를 사용한다.
③ 가스버너를 사용한다.
④ 복사열을 사용한다.

[해설] 고압가스 충전용 밸브를 가열시키는 방법 : 열습포 또는 40℃ 이하의 물

13
과압안전장치 형식에서 용전의 용융온도로서 옳은 것은? (단, 저압부에 사용하는 것은 제외한다.)
① 40℃ 이하
② 60℃ 이하
③ 75℃ 이하
④ 105℃ 이하

[해설] 가용 전의 용융온도 : 75℃

14
특정고압가스사용시설에서 독성가스 감압설비와 그 가스의 반응설비 간의 배관에 반드시 설치하여야 하는 설비는?
① 안전밸브
② 역화방지장치
③ 중화장치
④ 역류방지장치

[해설] 역류방지밸브 설치
① 아세틸렌압축기 유분리기와 고압건조기와의 사이
② 아세틸렌압축기 유분리기와 충전용주관과의 사이
③ 암모니아, 메탄올의 합성탑이나 정제탑과 압축기와의 사이
④ 독성가스 감압설비와 그 가스의 반응설비간의 배관

15
도시가스도매사업자가 제조소 내에 저장능력이 20만 톤인 지상식 액화천연가스 저장탱크를 설치하고자 한다. 이때 처리능력이 30만 m³인 압축기와 얼마 이상의 거리를 유지하여야 하는가?
② 10 m
② 24 m
③ 30 m
④ 50 m

[해설] 액화천연가스 저장탱크는 그 외면으로부터 처리능력이 20만 m³ 이상인 압축기와 30 m 이상 거리 유지
[참고] 제조소경계와 20m 이상 유지

정답 12. ② 13. ③ 14. ④ 15. ③

16
가스사용시설인 가스보일러의 급·배기방식에 따른 구분으로 틀린 것은?
① 반밀폐형 자연배기식(CF) ② 반밀폐형 강제배기식(FE)
③ 밀폐형 자연배기식(RF) ④ 밀폐형 강제급·배기식(FF)

해설 ▶ 가스보일러의 급배기 방식에 따른 구분
① 반밀폐형 자연배기식(CF) ② 반밀폐형 강제배기식(FE)
③ 밀폐형 강제배기식(FE) ④ 밀폐형 강제 급·배기식(FF)

17
다음 중 2중관으로 하여야 하는 가스가 아닌 것은?
① 일산화탄소 ② 암모니아 ③ 염화메탄 ④ 염소

해설 ▶ 2중관으로 하여야 하는 가스
① 포스겐 ② 황화수소 ③ 시안화수소 ④ 아황산가스
⑤ 산화에틸렌 ⑥ 암모니아 ⑦ 염화메탄 ⑧ 염소

18
용기의 재검사 주기에 대한 기준으로 맞는 것은?
① 압력용기는 1년마다 재검사
② 저장탱크가 없는 곳에 설치한 기화기는 2년마다 재검사
③ 500 L 이상 이음매 없는 용기는 5년마다 재검사
④ 용접용기로서 신규검사 후 15년 이상 20년 미만인 용기는 3년마다 재검사

해설 ▶ 이음매 없는 용기의 재검사는 500L 미만, 500L 이상 5년마다 한다.

19
도시가스 공급시설의 안전조작에 필요한 조명등의 조도는 몇 럭스 이상이어야 하는가?
① 100 ② 150 ③ 200 ④ 300

해설 ▶ 안전조작에 필요한 조명 등의 조도 : 150 lux 이상

20
암모니아 취급 시 피부에 닿았을 때 조치사항으로 가장 적당한 것은?
① 열습포로 감싸준다. ② 아연화 연고를 바른다.
③ 산으로 중화시키고 붕대로 감는다. ④ 다량의 물로 세척 후 붕산수를 바른다.

해설 ▶ 암모니아가 피부에 닿았을 때 조치사항 : 다량의 물로 세척 후 붕산수를 바른다.

정답 16. ③ 17. ① 18. ③ 19. ② 20. ④

21
차량에 고정된 탱크 중 독성가스는 내용적을 얼마 이하로 하여야 하는가?

① 12,000 L   ② 15,000 L   ③ 16,000 L   ④ 18,000 L

해설 · 가연성 가스 : 18,000 L 이하(LPG 제외)   · 독성가스 : 12,000 L 이하(NH₃ 제외)

22
가연성 가스용 가스누출경보 및 자동차단장치의 경보농도설정치의 기준은?

① ±5% 이하   ② ±10% 이하   ③ ±15% 이하   ④ ±25% 이하

해설 · 가연성 가스용 : ±25% 이하   · 독성가스용 : ±30 이하

23
저장탱크 방류둑 용량은 저장능력에 상당하는 용적 이상의 용적이어야 한다. 다만, 액화산소 저장탱크의 경우에는 저장능력 상당용적의 몇 % 이상으로 할 수 있는가?

① 40   ② 60   ③ 80   ④ 90

해설 액화산소 저장탱크의 경우에는 저장능력 상당용적의 60% 이상으로 할 수 있다.

24
도시가스사업법에서 정한 특정가스사용시설에 해당하지 않는 것은?

① 제1종 보호시설 내 월사용예정량 1,000 m³ 이상인 가스사용시설
② 제2종 보소시설 내 월사용예정량 2,000 m³ 이상인 가스사용시설
③ 월사용예정량 2,000 m³ 이하인 가스사용시설 중 많은 사람이 이용하는 시설로 시 . 도지사가 지정하는 시설
④ 전기사업법, 에너지이용합리화법에 의한 가스사용 시설

해설 도시가스사업법에서 정한 특성가스 사용시설
① 월사용예정량 2,000 m³ 이하인 가스사용시설 중 많은 사람이 이용하는 시설로 시 . 도지사가 지정하는 시설
② 제1종 보호시설 내 월사용예정량 1,000 m³ 이상인 가스사용시설
③ 제2종 보호시설 내 월사용예정량 2,000 m³ 이상인 가스사용시설

25
LPG 충전 . 집단공급 저장시설의 공기에 의한 내압시험시 상용압력의 일정 압력 이상으로 승압한 후 단계적으로 승압시킬 때, 상용압력의 몇 % 씩 증가시켜 내압시험 압력에 달하였을 때 이상이 없어야 하는가?

① 5%   ② 10%   ③ 15%   ④ 20%

정답 21. ①   22. ④   23. ②   24. ④   25. ②

해설 ▶ LPG 충전, 집단공급 저장시설의 공기에 의한 내압시험시 상용압력의 50% 이상으로 승합한 후 단계적으로 승압시킬 때 상용압력의 10%씩 증가시켜 내압시험 압력에 달하였을 때 이상이 없어야 한다.

26

도시가스 배관을 지상에 설치 시 검사 및 보수를 위하여 지면으로부터 몇 cm 이상의 거리를 유지하여야 하는가?

① 10 cm ② 15 cm
③ 20 cm ④ 30 cm

해설 ▶ 도시가스 배관을 지상설치시 검사 및 보수를 위하여 지면으로부터 30 cm 이상의 거리를 유지

27

다음 각 가스의 정의에 대한 설명으로 틀린 것은?

① 압축가스란 일정한 압력에 의하여 압축되어 있는 가스를 말한다.
② 액화가스란 가압·냉각 등의 방법에 의하여 액체상태로 되어 있는 것으로서 대기압에서의 끓는점이 40℃ 이하 또는 상용온도 이하인 것을 말한다.
③ 독성가스란 인체에 유해한 독성을 가진 가스로서 허용농도가 100만분의 3000 이하인 것을 말한다.
④ 가연성가스란 공기 중에서 연소하는 가스로서 폭발한계의 하한이 10% 이하인 것과 폭발한계의 상한과 하한의 차가 20%이상인 것을 말한다.

해설 ▶ 독성가스란 인체에 유해한 독성을 가진 가스로서 허용농도가 $\frac{200}{100만}$ 이하인 것을 말한다.

$LC_{50} : \frac{5,000}{100만} PPM$ 이하

28

용기 신규검사에 합격된 용기 부속품 각인에서 초저온 용기나 저온용기의 부속품에 해당하는 기호는?

① LT ② PT ③ MT ④ UT

해설 ▶ 부속품기호
① PG : 압축가스를 충전하는 용기 부속품
② AG : 아세틸렌을 충전하는 용기 부속품
③ LT : 저온용기 및 초저온용기를 충전하는 용기 부속품
④ LPG : 액화석유가스를 충전하는 용기 부속품
⑤ LG : 액화석유가스외의 가스를 충전하는 용기 부속품

정답 26. ④ 27. ③ 28. ①

29 압축, 액화 등의 방법으로 처리할 수 있는 가스의 용적이 1일 100 m³ 이상인 사업소에는 표준이 되는 압력계를 몇 개 이상 비치하여야 하는가?
① 1개　　　　② 2개　　　　③ 3개　　　　④ 4개

해설 ▶ 압축, 액화 등의 방법으로 처리할 수 있는 가스의 용적이 1일 100 m³ 이상인 사업소에서 표준이 되는 압력계를 2개 이상 비치한다.

30 가연성가스 및 독성가스의 충전용기 보관실에 대한 안전거리 규정으로 옳은 것은?
① 충전용기 보관실 1m 이내에 발화성물질을 두지 말 것
② 충전용기 보관실 2m 이내에 인화성물질을 두지 말 것
③ 충전용기 보관실 5m 이내에 발화성물질을 두지 말 것
④ 충전용기 보관실 8m 이내에 인화성물질을 두지 말 것

해설 ▶ 가연성 가스 및 독성가스의 충전용기 보관실 안전거리 규정 : 충전용기 보관실 2 m 이내에 인화성 물질을 두지 말 것

제2과목 : 가스장치 및 기기

31 배관 속을 흐르는 액체의 속도를 급격히 변화시키면 물이 관벽을 치는 현상이 일어나는데 이런 현상을 무엇이라 하는가?
① 캐비테이션 현상　　　② 워터햄머링 현상
③ 서징현상　　　　　　④ 맥동현상

해설 ▶ ① 수격작용(워터햄머링 현상) : 배관 속에 흐르는 액체의 속도를 급격히 변화시키면 물이 관벽을 치는 현상
② 서장현상(맥동현상) : 송출압력과 송출유량의 주기적인 변동으로 인하여 펌프 입구 및 출구에 설치된 진공계 및 압력계 지침이 흔들리는 현상
③ 캐비테이션
　㉠ 유수 중에 어느 부분의 정압이 그때 물의 온도에 해당하는 증기압 이하로 되어 물이 증발을 일으키고 수중에 용입되어 있던 공기가 낮은 압력으로 인하여 기포가 발생하는 현상
　㉡ 급격한 압력강하로 인하여 액체로부터 기포가 분리되면서 진동이나 소음을 발생하는 현상

정답 29. ② 30. ② 31. ②

32 증기압축식 냉동기에서 냉매가 순환되는 경로로 옳은 것은?
① 압축기 → 증발기 → 응축기 → 팽창밸브
② 증발기 → 응축기 → 압축기 → 팽창밸브
③ 증발기 → 팽창밸브 → 응축기 → 압축기
④ 압축기 → 응축기 → 팽창밸브 → 증발기

해설⊃ 증기압축기 냉동기에서 냉매가 순환되는 경로 : 압축기 → 응축기 → 팽창밸브 → 증발기

33 오리피스 미터의 특징에 대한 설명으로 옳은 것은?
① 압력손실이 매우 작다.
② 침전물이 관벽에 부착되지 않는다.
③ 내구성이 좋다.
④ 제작이 간단하고 교환이 쉽다.

해설⊃ 오리피스미터의 특징
① 제작이 간단하고 교환이 쉽다.
② 압력손실이 매우 크다.
③ 침전물 생성의 우려가 있다.
④ 좁은 장소에 설치가 가능하다.
⑤ 베르누이 정리를 이용한 차압식 유량계이다.

34 도시가스의 품질검사 시 가장 많이 사용되는 검사방법은?
① 원자흡광광도법
② 가스크로마토그래피법
③ 자외선, 적외선 흡수분광법
④ ICP법

해설⊃ 도시가스 품질검사시 가장 많이 사용되는 검사방법 : 가스크로마토그래피
캐리어 가스 : H_2, He, N_2, Ar

35 고압가스안전관리법령에 따라 고압가스 판매시설에서 갖추어야 할 계측설비가 바르게 짝지어진 것은?
① 압력계, 계량기
② 온도계, 계량기
③ 압력계, 온도계
④ 온도계, 가스분석계

해설⊃ 고압가스 판매시설에서 갖추어야 할 계측설비 : 압력계, 계량기

정답 32. ④ 33. ④ 34. ② 35. ①

36
연소기의 설치방법으로 틀린 것은?
① 환기가 잘되지 않은 곳에는 가스온수를 설치하지 아니한다.
② 밀폐형 연소기는 급기구 및 배기통을 설치하여야 한다.
③ 배기통의 재료는 불연성 재료로 한다.
④ 개방형 연소기가 설치된 실내에는 환풍기를 설치한다.

[해설] 밀폐형 연소용 보일러 : 연소기 공기를 직접 옥외로부터 흡입하여 폐가스를 직접 옥외로 배출하는 구조의 보일러

37
도시가스 정압기에 사용되는 정압기용 필터의 제조기술 기준으로 옳은 것은?
① 내가스 성능시험의 질량변화율은 5~8%이다.
② 입, 출구 연결부는 플랜지식으로 한다.
③ 기밀시험은 최고사용압력 1.25배 이상의 수압으로 실시한다.
④ 내압시험은 최고사용압력 2배의 공기압으로 실시한다.

[해설] ① 기밀시험압력 : 최고사용압력의 1.1배 이상
② 내압시험압력 : 최고사용압력의 1.5배 이상

38
압력조정기의 종류에 따른 조정압력이 틀린 것은?
① 1단 감압식 저압조정기 : 2.3~3.3 kPa
② 1단 감압식 준저압조정기 : 5~30 kPa 이내에서 제조자가 설정한 기준압력의 ±20%
③ 2단 감압식 2차용 저압조정기 : 2.3~3.3 kPa
④ 자동절체식 일체형 저압조정기 : 2.3~3.3 kPa

[해설] 조정압력

종류	입구압력	조정압력
2단 감압식 1차용	1.0~15.6 kg/cm^2	0.57~0.83 kg/cm^2
자동절체식 분리형	1.0~15.6 kg/cm^2	0.32~0.83 kg/cm^2
1단 감압식 저압	0.7~15.6 kg/cm^2	230~330 mmH$_2$O
2단 감압식 2차용	0.25~3.5 kg/cm^2	230~330 mmH$_2$O
자동절체식 일체형	1.0~15.6 kg/cm^2	255~330 mmH$_2$O
1단 감압식 준저압	1.0~15.6 kg/cm^2	500~3000 mmH$_2$O

※ 1 kPa = 100 mmH$_2$O

정답 36. ② 37. ② 38. ④

39 용기의 내용적이 105 L인 액화암모니아 용기에 충전할 수 있는 가스의 충전량은 약 몇 kg 인가? (단, 액화암모니아의 가스정수 C 값은 1.86이다.)
① 20.5　　② 45.5　　③ 56.5　　④ 117.5

해설 $G = \dfrac{V}{C} = \dfrac{105}{1.86} = 56.45 \text{kg}$

40 가스미터의 설치장소로서 가장 부적당한 곳은?
① 통풍이 양호한 곳
② 전기공작물 주변의 직사광선이 비치는 곳
③ 가능한 한 배관의 길이가 짧고 꺾이지 않는 곳
④ 화기와 습기에서 멀리 떨어져 있고 청결하며 진동이 없는 곳

해설 가스미터의 설치장소
① 직사광선을 피할 것
② 통풍이 양호할 것
③ 가능한 배관의 길이가 짧고 꺾이지 않는 곳
④ 화기와 습기에서 멀리 떨어져 있을 것
⑤ 청결하며 진동이 없는 곳

41 구조가 간단하고 고압, 고온 밀폐탱크의 압력까지 측정이 가능하여 가장 널리 사용되는 액면계는?
① 크린카식 액면계　　② 벨로우즈식 액면계
③ 차압식 액면계　　　④ 부자식 액면계

해설 부자식 액면계 : 구조가 간단하고 고온·고압 밀폐탱크의 압력까지 측정이 가능하면 가장 널리 사용된다.

42 도시가스시설 중 입상관에 대한 설명으로 틀린 것은?
① 입상관이 화기가 있을 가능성이 있는 주위를 통과하여 불연재료로 차단조치를 하였다.
② 입상관의 밸브는 분리 가능한 것으로서 바닥으로부터 1.7 m의 높이에 설치하였다.
③ 입상관의 밸브를 어린 아이들이 장난을 못하도록 3 m의 높이에 설치하였다.
④ 입상관의 밸브 높이가 1 m 이어서 보호상자 안에 설치하였다.

해설 입상관의 높이는 1.6 m 이상 2 m 이하로 설치한다.

정답 39. ③　40. ②　41. ④　42. ③

43 사용 압력이 2MPa, 관의 인장강도가 20kg/mm²일 때의 스케줄 번호(Sch No)는? (단, 안전율은 4로 한다.)
① 10 ② 20
③ 40 ④ 80

해설 ⇨ Sch No.$= \dfrac{P}{S} \times 10 = \dfrac{2 \times 10}{\left(\dfrac{20}{4}\right)} \times 10 = 40$

여기서, S : 허용응력 $= \dfrac{인장강도}{안전율}$

44 액주식 압력계에 사용되는 액체의 구비조건으로 틀린 것은?
① 화학적으로 안정되어야 한다.
② 모세관 현상이 없어야 한다.
③ 점도와 팽창계수가 작아야 한다.
④ 온도변화에 의한 밀도변화가 커야 한다.

해설 ⇨ 액주식 압력계에 사용되는 액체의 구비조건
① 온도변화에 의한 밀도변화가 적어야 한다.
② 점도와 팽창계수가 작아야한다.
③ 모세관 현상이 없어야 한다.
④ 화학적으로 안정되어야 한다.

45 부취제 주입용기를 가스압으로 밸런스시켜 중력에 의해서 부취제를 가스 흐름 중에 주입하는 방식은?
① 적하 주입방식 ② 펌프 주입방식
③ 위크증발식 주입방식 ④ 미터연결 바이패스 주입방식

해설 ⇨ · 적하주입식 방식 : 부취제 주입용기를 가스압으로 균형을 맞추어 중력에 의해서 부취제를 가스 흐름 중에 주입하는 방식
· 펌프주입방식 : 다이어프램 펌프를 이용
· 미터연결 바이패스 방식 : 오리피스차압을 이용

정답 43. ③ 44. ④ 45. ①

제3과목 : 가스일반

46 절대영도로 표시한 것 중 가장 거리가 먼 것은?
① −273.15℃ ② 0 K ③ 0 R ④ 0℉

해설
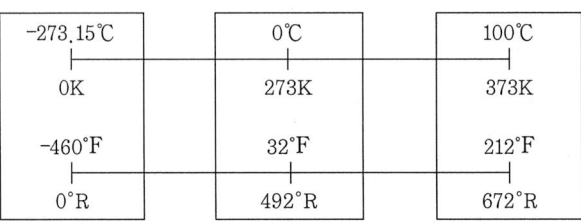

47 압력단위를 나타낸 것은?
① kg/cm²
② kL/m²
③ kcal/mm²
④ kV/km²

해설 압력의 단위 : kg/cm², inHg, mmH₂O, Pa, kPa, bar, lb/in², MPa, M/m²

48 '효율이 100%인 열기관은 제작이 불가능하다.'라고 표현되는 법칙은?
① 열역학 제 0법칙
② 열역학 제 1법칙
③ 열역학 제 2법칙
④ 열역학 제 3법칙

해설 ① 열역학 제2법칙 : 효율이 100%인 열기관은 제작이 불가능하다.
② 열역학 제0법칙(열평형의 법칙)
③ 열역학 제1법칙(에너지보존의 법칙)
④ 열역학 제3법칙 : 어떤 경우라도 절대온도 0K에 도달할 수 없다는 법칙

49 일산화탄소 전화법에 의해 얻고자 하는 가스는?
① 암모니아
② 일산화탄소
③ 수소
④ 수성가스

해설 일산화탄소 전화법
$C+H_2O \rightarrow CO+H_2$

정답 46. ④   47. ①   48. ③   49. ③

50
공급가스인 천연가스 비중이 0.6이라 할 때 45m 높이의 아파트 옥상까지 압력손실은 약 몇 mmH$_2$O인가?

① 18.0　　② 23.3　　③ 34.9　　④ 27.0

해설 $H = 1.293(1-S)h = 1.293 \times (1-0.6) \times 45 = 23.27 \text{mmH}_2\text{O}$

51
염소(Cl$_2$)에 대한 설명으로 틀린 것은?
① 황록색의 기체로 조연성이 있다.
② 강한 자극성의 취기가 있는 독성기체이다.
③ 수소와 염소의 등량 혼합기체를 염소폭명기라 한다.
④ 건조 상태의 상온에서 강재에 대하여 부식성을 갖는다.

해설 건조상태의 상온에서는 강재에 대하여 부식성을 갖지 않는다.

52
A의 분자량은 B의 분자량의 2배이다. A와 B의 확산 속도의 비는?

① $\sqrt{2}$: 1　　② 4 : 1　　③ 1 : 4　　④ 1 : $\sqrt{2}$

해설 $\dfrac{UB}{UA} = \sqrt{\dfrac{M_A}{M_B}} = \sqrt{\dfrac{4}{2}} = 1.414(\sqrt{2})$　　여기서, M_A : A의 분자량, M_B : B의 분자량

53
순수한 물의 증발 잠열은?

① 539 kcal/kg　　② 79.68 kcal/kg　　③ 539 cal/kg　　④ 79.68 cal/kg

해설 · 물의 증발잠열 : 539 kcal/kg(2,256kJ/kg)　　· 얼음의 융해열 : 79.68 kcal/kg(333.5kJ/kg)

54
주기율표의 0족에 속하는 불활성 가스의 성질이 아닌 것은?
① 상온에서 기체이며, 단원자 분자이다.
② 다른 원소와 잘 화합한다.
③ 상온에서 무색, 무미, 무취의 기체이다.
④ 방전관에 넣어 방전시키면 특유의 색을 낸다.

해설 주기율표 0속에 속하는 불활성 가스는 어느 원소와도 화합하지 않는다.
　　　He, Ne, Ar, Kr, Xe, Rn

정답 50. ②　51. ④　52. ④　53. ①　54. ②

55 게이지압력 1520 mmHg는 절대압력으로 몇 기압인가?

① 0.33 atm ② 3 atm ③ 30 atm ④ 33 atm

해설 절대압력＝게이지 압력＋대기압＝2 atm＋1 atm＝3 atm
1 atm＝760 mmHg
$x = 1520$ mmHg
$$X = \frac{1\ \text{atm} \times 1520\ \text{mmHg}}{760\ \text{mmHg}} = 2\ \text{atm}$$

56 부탄(C_4H_{10}) 가스의 비중은?

① 0.55 ② 0.9 ③ 1.5 ④ 2

해설 부탄(C_4H_{10})의 비중
C_4H_{10} : 12×4＋10＝58 g÷29 g＝2

57 도시가스는 무색, 무취이기 때문에 누출 시 중독 및 사고를 미연에 방지하기 위하여 부취제를 첨가하는데 그 첨가비율의 용량이 얼마의 상태에서 냄새를 감지할 수 있어야 하는가?

① 0.1% ② 0.01% ③ 0.2% ④ 0.02%

해설 부취제는 $\frac{1}{1000}$ 상태에서 감지하고 첨가비율은 0.1% 이하

58 LPG 1 L가 기화해서 약 250 L의 가스가 된다면 10 kg의 액화 LPG가 기화하면 가스 체적은 얼마나 되는가? (단, 액화 LPG의 비중은 0.5 이다.)

① 1.25m³ ② 5.0m³ ③ 10.0m³ ④ 25m³

해설 0.5 kg/L
1 L＝0.5kg
$x = 10$kg
$$X = \frac{1\ \text{L} \times 10\ \text{kg}}{0.5\ \text{kg}} = 20\ \text{L}$$
1 L(액체)＝250 L(기체)
20 L(액체)＝x
$$X = \frac{20\ \text{L(액체)} \times 250\ \text{L(기체)}}{1\ \text{L(액체)}} = 5,000\ \text{L} = 5.0\text{m}^3$$

정답 55. ②　56. ④　57. ①　58. ②

59
시안화수소 충전에 대한 설명 중 틀린 것은?
① 용기에 충전하는 시안화수소는 순도가 98% 이상이어야 한다.
② 시안화수소를 충전한 용기는 충전 후 24시간 이상 정치한다.
③ 시안화수소는 충전 후 30일이 경과되기 전에 다른 용기에 옮겨 충전하여야 한다.
④ 시안화수소 충전용기는 1일 1회 이상 질산구리 벤젠 등의 시험지로 가스누출 검사를 한다.

[해설] 시안화수소는 충전 후 60일이 경과되기 전에 다른 용기에 옮겨 충전하여야 한다.

60
다음 중 절대압력을 정하는데 기준이 되는 것은?
① 게이지 압력
② 국소 대기압
③ 완전 진공
④ 표준 대기압

[해설]
- 절대압력을 정하는 기준 : 완전진공
- 게이지압력을 정하는 기준 : 표준대기압

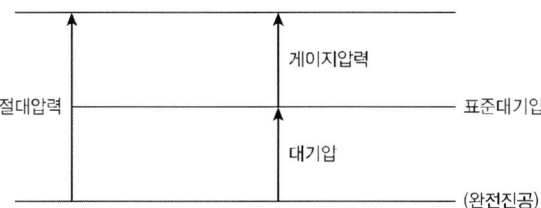

정답 59. ③ 60. ③

가스기능사 출제문제

1과목 : 가스안전관리

01 도시가스의 매설 배관에 설치하는 보호판은 누출가스가 지면으로 확산되도록 구멍을 뚫는데 그 간격의 기준으로 옳은 것은?
① 1 m 이하 간격
② 2 m 이하 간격
③ 3 m 이하 간격
④ 5 m 이하 간격

해설 ▶ 도시가스배설 배관에 설치하는 보호판은 누출가스가 지면으로 확산되도록 구멍을 뚫는데 3 m 이하의 간격 유지

02 처리능력이 1일 35,000 m³인 산소 처리설비로 전용공업지역이 아닌 지역일 경우 처리설비 외면과 사업소 밖에 있는 병원과는 몇 m 이상 안전거리를 유지하여야 하는가?
① 16 m
② 17 m
③ 18 m
④ 20 m

해설 ▶ 안전거리

저장능력 압축가스(m³) 액화가스(kg)	독성·가연성		산소		기타	
	1종	2종	1종	2종	1종	2종
1만 이하	17 m	12 m	12 m	8 m	8 m	5 m
2만 이하	21 m	14 m	14 m	9 m	9 m	7 m
3만 이하	24 m	16 m	16 m	11 m	11 m	8 m
4만 이하	27 m	18 m	18 m	13 m	13 m	9 m
4만 초과	30 m	20 m	20 m	14 m	14 m	10 m

정답 1. ③ 2. ③

03
도시가스사업자는 굴착공사정보지원센터로부터 굴착계획의 통보내용을 통지받은 때에는 얼마 이내에 매설된 배관이 있는지를 확인하고 그 결과를 굴착공사정보지원센터에 통지하여야 하는가?

① 24시간　　　　　　　　② 36시간
③ 48시간　　　　　　　　④ 60시간

해설 도시가스사업자는 굴착공사정보지원센터로부터 굴착계획의 통보내용을 통지받은 때에는 24시간 이내에 매설된 배관이 있는지 확인하고 그 결과를 굴착공사정보지원센터에 통지하여야 한다.

04
공기 중에서 폭발범위가 가장 좁은 것은?

① 메탄　　② 프로판　　③ 수소　　④ 아세틸렌

해설 폭발범위(연소범위)
① 메탄 : 5~15%　　　　② 프로판 : 2.1~9.5%
③ 수소 : 4~75%　　　　④ 아세틸렌 : 2.5~81%
⑤ 부탄 : 1.8~8.4%　　　⑥ 시안화수소 : 6~41%
⑦ 황화수소 : 4.3~45.5%　⑧ 이황화탄소 : 1.2~44%

05
용기에 의한 액화석유가스 저장소에서 실외저장소 주위의 경계 울타리와 용기보관장소 사이에는 얼마 이상의 거리를 유지하여야 하는가?

① 2 m　　　② 8 m　　　③ 15 m　　　④ 20 m

해설 용기에 의한 액화석유가스 저장소에서 실외저장소 주위의 경계 울타리와 용기보관 장소 사이에는 20 m 이상의 거리 유지

06
다음 중 고압가스 특정제조 허가의 대상이 아닌 것은?
① 석유정제시설에서 고압가스를 제조하는 것으로서 그 저장능력이 100톤 이상인 것
② 석유화학공업시설에서 고압가스를 제조하는 것으로서 그 처리능력이 1만세제곱미터 이상인 것
③ 철강공업시설에서 고압가스를 제조하는 것으로서 그 처리능력이 1만세제곱미터 이상인 것
④ 비료제조시설에서 고압가스를 제조하는 것으로서 그 저장능력이 100톤 이상인 것

해설 고압가스 특정제조 허가 대상

정답 3. ①　4. ②　5. ④　6. ③

① 비료제조시설에서 고압가스를 제조하는 것으로서 그 저장능력이 100톤 이상인 것
② 석유화학공업시설에서 고압가스를 제조하는 것으로서 그 처리능력이 1만m³ 이상인 것
③ 석유정제시설에서 고압가스를 제조하는 것으로서 그 저장능력이 100톤 이상인 것

07 가연성가스의 제조설비 중 전기설비를 방폭성능을 가지는 구조로 갖추지 아니하여도 되는 가스는?

① 암모니아 ② 염화메탄 ③ 아크릴알데히드 ④ 산화에틸렌

해설 ▶ 전기설비 방폭성능을 가지는 구조로 갖추지 않아도 되는 가스
① 암모니아 ② 브롬화메탄

08 가스도매사업 제조소의 배관장치에 설치하는 경보장치가 울려야 하는 시기의 기준으로 잘못된 것은?

① 배관 안의 압력이 상용압력의 1.05배를 초과한 때
② 배관 안의 압력이 정상운전 때의 압력보다 15% 이상 강하한 경우 이를 검지한 때
③ 긴급차단밸브의 조작회로가 고장난 때 또는 긴급차단밸브가 폐쇄된 때
④ 상용압력이 5 MPa 이상인 경우에는 상용압력에 0.5 MPa를 더한 압력을 초과한 때

해설 ▶ 가스도매사업 제조소의 배관장치에 설치하는 경보장치가 울려야 하는 시기의 기준
① 긴급차단밸브의 조작회로가 고장난 때 또는 긴급차단밸브가 폐쇄된 때
② 배관 안의 압력이 정상운전 때의 압력보다 15% 이상 강하한 경우 이를 검지한 때
③ 배관 안의 압력이 상용압력의 1.05배를 초과한 때

09 다음 중 상온에서 가스를 압축, 액화상태로 용기에 충전시키기가 가장 어려운 가스는?

① C_3H_8 ② CH_4 ③ Cl_2 ④ CO_2

해설 ▶ 비점이 낮을수록 충전시키기 어렵다.
① C_3H_8 : $-42°C$ ② CH_4 : $-161.5°C$ ③ Cl_2 : $-34°C$ ④ CO_2 : $-78.5°C$

10 일반도시가스사업의 가스공급시설기준에서 배관을 지상에 설치할 경우 가스 배관의 표면 색상은?

① 흑색 ② 청색 ③ 적색 ④ 황색

해설 ▶ · 배관을 지상에 묻을 경우 가스 배관의 색상 : 황색

정답 7. ① 8. ④ 9. ② 10. ④

· 배관을 지하에 묻을 경우 가스 배관의 색상 : 적색 또는 황색

11 가스도매사업의 가스공급시설 중 배관을 지하에 매설할 때의 기준으로 틀린 것은?
① 배관은 그 외면으로부터 수평거리로 건축물까지 1.0 m 이상을 유지한다.
② 배관은 그 외면으로부터 지하의 다른 시설물과 0.3 m 이상의 거리를 유지한다.
③ 배관을 산과 들에 매설할 때는 지표면으로부터 배관의 외면까지의 매설깊이를 1 m 이상으로 한다.
④ 배관은 지반 동결로 손상을 받지 아니하는 깊이로 매설한다.

해설 ▷ 배관의 매설(지하)
① 공동주택부지내 : 0.6 m 이상
② 철도부지와 수평거리, 도로경계와 수평거리, 산이나 들 도로폭이 8 m 미만시 : 1 m 이상
③ 시가지의 도로노면밑, 인도, 보도 등, 방호구조물 내 도로폭이 8 m 이상시 : 1.2 m 이상
④ 배관의 외면으로부터 지하의 다른 시설물과 0.3 m 이상 유지
⑤ 궤도 중심 : 4 m 이상

12 운반 책임자를 동승시키지 않고 운반하는 액화석유가스용 차량에서 고정된 탱크에 설치하여야 하는 장치는?
① 살수장치   ② 누설방지장치   ③ 폭발방지장치   ④ 누설경보장치

해설 ▷ 운반책임자를 동승시키지 않고 운반하는 액화석유가스용 차량에서 탱크에 설치하여야 하는 장치 : 폭발방지장치

13 수소의 특징에 대한 설명으로 옳은 것은?
① 조연성기체이다.   ② 폭발범위가 넓다.
③ 가스의 비중이 커서 확산이 느리다.   ④ 저온에서 탄소와 수소취성을 일으킨다.

해설 ▷ 수소의 특징
① 폭발범위가 넓다.
② 확산속도가 가스 중에서 가장 빠르다.
③ 수소취성(탈탄)을 일으킨다.
④ 수소는 고온에서 금속산화물을 환원시키는 성질이 있다.
$CuO + H_2 \rightarrow Cu + H_2O$
⑤ 열전도율이 대단히 크고 열에 대해 안정하다.
⑥ 수소는 산소, 염소, 불소와 반응하여 폭명기를 형성한다.
㉠ $2H_2 + O_2 \rightarrow 2H_2O + 136.6$ kcal

정답 11. ①   12. ③   13. ②

ⓒ $H_2+Cl_2 \rightarrow 2HCl+44\ kcal$
　　ⓒ $H_2+F_2 \rightarrow 2HF+128\ kcal$

14 다음 중 제1종 보호시설이 아닌 것은?
① 가설건축물이 아닌 사람을 수용하는 건축물로서 사실상 독립된 부분의 연면적이 1500 m²인 건축물
② 문화재보호법에 의하여 지정문화재로 지정된 건축물
③ 수용 능력이 100인(人) 이상인 공연장
④ 어린이집 및 어린이놀이시설

해설ː 제1종 보호시설
　① 사람을 수용하는 건축물로서 연면적이 1000 m² 이상시
　② 문화재보호법에 따라 지정문화재로 지정된 건축물
　③ 아동복지시설, 장애인 복지시설로서 20인 이상 수용할 수 있는 건축물
　④ 유치원, 병원, 어린이집, 학교, 공중목욕탕, 도서관, 시장, 호텔, 여관, 교회, 극장
　⑤ 예식장, 장례식장 및 전시장 시설로서 300명 이상 수용할 수 있는 건축물

15 가연성가스와 동일차량에 적재하여 운반할 경우 충전용기의 밸브가 서로 마주보지 않도록 적재해야 할 가스는?
① 수소　　② 산소　　③ 질소　　④ 아르곤

해설ː 가연성가스의 동일차량에 적재하여 운반할 경우 충전용기의 밸브가 서로 마주보지 않도록 해야 되는 가스는 조연성 가스(산소)이다.

16 천연가스의 발열량이 10400 kcal/Sm³이다. SI 단위인 MJ/Sm³으로 나타내면?
① 2.47　　　　　　　　　② 43.68
③ 2476　　　　　　　　　④ 43680

해설ː 1J = 0.238cal
　　　x = 10,400,000cal
$$x = \frac{1J \times 104{,}000{,}000}{0.238} = \frac{43{,}697{,}478.99}{10^6 J/1MJ} = 43.69 MJ$$

17. 다음 중 연소의 3요소가 아닌 것은?

① 가연물
② 산소공급원
③ 점화원
④ 인화점

해설 연소의 3요소
① 가연물   ② 산소   ③ 점화원

18. 다음 중 허가대상 가스용품이 아닌 것은?

① 용접절단기용으로 사용되는 LPG 압력조정기
② 가스용 폴리에틸렌 플러그형 밸브
③ 가스소비량이 132.6 kW인 연료전지
④ 도시가스정압기에 내장된 필터

해설 허가대상 가스용품
① 가스소비량이 132.6 kW인 연료장치
② 가스용 폴리에틸렌 플러그형 밸브
③ 용접절단기용으로 사용되는 LPG 압력조정기

19. 가연성가스 충전용기 보관실의 벽 재료의 기준은?

① 불연재료
② 난연재료
③ 가벼운 재료
④ 불연 또는 난연재료

해설 가연성가스 충전용기 보관실 벽 재료 : 불연재료

20. 고압가스안전관리법상 독성가스는 공기 중에 일정량 이상 존재하는 경우 인체에 유해한 독성을 가진 가스로서 허용농도(해당가스를 성숙한 흰쥐 집단에게 대기 중에서 1시간 동안 계속하여 노출시킨 경우 14일 이내에 그 흰쥐의 2분의 1 이상이 죽게 되는 가스의 농도를 말한다.)가 얼마인 것을 말하는가?

① 100만분의 2000 이하
② 100만분의 3000 이하
③ 100만분의 4000 이하
④ 100만분의 5000 이하

정답 17. ④   18. ④   19. ①   20. ④

21 고압가스 저장의 시설에서 가연성가스 시설에 설치하는 유동방지 시설의 기준은?
① 높이 2 m 이상의 내화성 벽으로 한다.
② 높이 1.5 m 이상의 내화성 벽으로 한다.
③ 높이 2 m 이상의 불연성 벽으로 한다.
④ 높이 1.5 m 이상의 불연성 벽으로 한다.

해설⊃ 고압가스 저장시설에서 가연성가스 시설에 설치하는 유동방지 시설의 기준 높이 2m 이상의 내화성 벽으로 한다.

22 고압가스 용기 재료의 구비조건이 아닌 것은?
① 내식성, 내마모성을 가질 것
② 무겁고 충분한 강도를 가질 것
③ 용접성이 좋고 가공 중 결함이 생기지 않을 것
④ 저온 및 사용온도에 견디는 연성과 점성강도를 가질 것

해설⊃ 고압가스 용기 재료의 구비조건
① 경량이고 충분한 강도를 가질 것
② 내식성, 내마모성을 가질 것
③ 용접성이 좋고 가공 중 결함이 생기지 않을 것
④ 저온 및 사용온도에 견디는 연성과 점성강도를 가질 것

23 LPG충전소에는 시설의 안전확보 상 "충전 중 엔진 정지"를 주위의 보기 쉬운 곳에 설치해야 한다. 이 표지판의 바탕색과 문자색은?
① 흑색바탕에 백색글씨
② 흑색바탕에 황색글씨
③ 백색바탕에 흑색글씨
④ 황색바탕에 흑색글씨

해설⊃ ・충전 중 엔진 정지 : 황색바탕에 흑색글씨
・화기엄금 : 백색바탕에 적색글씨

24 도시가스 배관의 지름이 15 mm인 배관에 대한 고정장치의 설치간격은 몇 m 이내마다 설치하여야 하는가?
① 1 ② 2 ③ 3 ④ 4

정답 21. ① 22. ② 23. ④ 24. ②

해설 ➤ 배관의 고정
- 관경이 13 mm 미만 : 1 m마다
- 관경이 13 mm 이상 33 mm 미만 : 2 m마다
- 관경이 33 mm 이상 : 3 m마다

25
가스 운반 시 차량 비치 항목이 아닌 것은?
① 가스 표시 색상
② 가스 특성(온도와 압력과의 관계, 비중, 색깔, 냄새)
③ 인체에 대한 독성 유무
④ 화재, 폭발의 위험성 유무

해설 ➤ 가스운반시 차량 비치 항목
① 가스특성(온도와 압력과의 관계 : 비중, 색깔, 냄새)
② 인체에 대한 독성 유무
③ 화재, 폭발 위험성 유무

26
고압가스판매자가 실시하는 용기의 안전점검 및 유지관리의 기준으로 틀린 것은?
① 용기아래부분의 부식상태를 확인할 것
② 완성검사 도래 여부를 확인할 것
③ 밸브의 그랜드너트가 고정핀으로 이탈방지를 위한 조치가 되어 있는지의 여부를 확인할 것
④ 용기캡이 씌워져 있거나 프로텍터가 부착되어 있는지의 여부를 확인할 것

해설 ➤ 고압가스판매자가 실시하는 용기의 안전점검 및 유지 관리 기준
① 용기캡이 씌워져 있거나 프로텍터가 부착되어 있는지의 여부를 확인할 것
② 밸브의 그랜드너트가 고정핀으로 이탈방지를 위한 조치가 되어 있는지의 여부를 확인할 것
③ 용기아래부분의 부식상태를 확인할 것
④ 재검사 도래여부를 확인할 것

27
독성가스인 암모니아의 저장탱크에는 그 가스의 용량이 그 저장탱크 내용적의 몇 %를 초과하지 않아야 하는가?
① 80%   ② 85%   ③ 90%   ④ 95%

해설 ➤ 독성가스인 암모니아의 저장탱크는 그 가스의 용량이 그 저장탱크 내용적의 90%를 초과하지 않아야 한다.

정답 25. ① 26. ② 27. ③

28 액화 암모니아 10 kg을 기화시키면 표준상태에서 약 몇 m³의 기체로 되는가?
① 4　　② 5　　③ 13　　④ 26

해설) $NH_3 : 14+3 = 17\,kg$
∴ $17\,kg = 22.4\,m^3$
　$10\,kg = x$
　$x = \dfrac{10\,kg \times 22.4\,m^3}{17\,kg} = 13.17\,m^3$

29 용기에 의한 고압가스 판매시설의 충전용기보관실 기준으로 옳지 않은 것은?
① 가연성가스 충전용기 보관실은 불연성 재료나 난연성의 재료를 사용한 가벼운 지붕을 설치한다.
② 공기보다 무거운 가연성가스의 용기보관실에는 가스누출검지경보장치를 설치한다.
③ 충전용기 보관실은 가연성가스가 새어나오지 못하도록 밀폐구조로 한다.
④ 용기보관실의 주변에는 화기 또는 인화성물질이나 발화성물질을 두지 않는다.

해설) 충전용기보관실은 가연성가스가 새어나오도록 통풍구조를 하여야 한다.

30 도시가스배관의 용어에 대한 설명으로 틀린 것은?
① 배관이란 본관, 공급관, 내관 또는 그 밖의 관을 말한다.
② 본관이란 도시가스제조사업소의 부지경계에서 정압기까지 이르는 배관을 말한다.
③ 사용자 공급관이란 공급관 중 정압기에서 가스사용자가 구분하여 소유하는 건축물의 외벽에 설치된 계량기까지 이르는 배관을 말한다.
④ 내관이란 가스사용자가 소유하거나 점유하고 있는 토지의 경계에서 연소기까지 이르는 배관을 말한다.

해설) 건축물에 설치된 계량기 전까지

제2과목 : 가스장치 및 기기

31 측정압력이 0.01~10 kg/cm² 정도이고, 오차가 ±1~2% 정도이며 유체내의 먼지 등의 영향이 적으나, 압력 변동에 적응하기 어렵고 주위 온도 오차에 의한 충분한 주의를 요하는 압력계는?

① 전기저항 압력계
② 벨로우즈(Bellows) 압력계
③ 부르동(bourdon)관 압력계
④ 피스톤 압력계

해설 벨로우즈 압력계
① 유체 내의 먼지 등의 영향이 적고 압력변동에 적응하기 어려움
② 신축에 의한 압력 조절
③ 격막의 재질은 천연고무, 합성고무, 테프론
④ 특정압력은 0.01~1 kg/cm²

32 1단 감압식 저압조정기의 조정압력(출구압력)은?

① 2.3~3.3 kPa
② 5~30 kPa
③ 32~83 kPa
④ 57~83 kPa

해설

종류	입구압력	조정압력
2단 감압식 1차용조정기	1.0~15.6 kg/cm²	0.57~0.83 kg/cm²
1단 감압식 저압조정기	0.7~15.6 kg/cm²	230~330 mmH$_2$O
자동절체식 분리형조정기	1.0~15.6 kg/cm²	0.32~0.83 kg/cm²
자동절체식 일체형조정기	1.0~15.6 kg/cm²	255~330 mmH$_2$O
2단 감압식 2차용조정기	0.25~3.5 kg/cm²	230~330 mmH$_2$O
1단 감압식 준저압조정기	1.0~15.6 kg/cm²	500~3000 mmH$_2$O

참고 1 kg/cm² = 0.1MPa
230~330 mmH$_2$O = 2.3~3.3 kPa

33 초저온 저장탱크에 주로 사용되며, 차압에 의하여 측정하는 액면계는?

① 시창식
② 햄프슨식
③ 부자식
④ 회전 튜브식

해설 초저온 저장탱크에 주로 사용되며 차압에 의하여 측정하는 액면계는 햄프슨식 액면계이다.

정답 31. ② 32. ① 33. ②

34
분말진공단열법에서 충진용 분말로 사용되지 않는 것은?
① 탄화규소
② 펄라이트
③ 규조토
④ 알루미늄 분말

해설 분말진공단열법에서 충진용 분말
① 펄라이트
② 규조토
③ 알루미늄 분말

35
압축기에서 다단 압축을 하는 목적으로 틀린 것은?
① 소요 일량의 감소
② 이용 효율의 증대
③ 힘의 평형 향상
④ 토출온도 상승

해설 압축기에서 다단 압축을 하는 목적
① 소요 일량의 감소
② 가스의 온도상승을 피할 수 있다.
③ 힘의 평형 향상
④ 이용효율의 증대

36
1000 L의 액산 탱크에 액산을 넣어 방출밸브를 개방하여 12시간 방치하였더니 탱크 내의 액산이 4.8 kg 방출되었다면 1시간당 탱크에 침입하는 열량은 약 몇 kcal인가? (단, 액산의 증발잠열은 60 kcal/kg이다.)
① 12
② 24
③ 70
④ 150

해설 침입 열량 $= \dfrac{60 \times 4.8}{12} = 24$ kcal

37
도시가스용 압력조정기에 대한 설명으로 옳은 것은?
① 유량성능은 제조자가 제시한 설정압력의 ±10% 이내로 한다.
② 합격표시는 바깥지름이 5 mm의 "K" 자 각인을 한다.
③ 입구 측 연결배관 관경은 50A 이상의 배관에 연결되어 사용되는 조정기이다.
④ 최대 표시유량 300 Nm³/h 이상인 사용처에 사용되는 조정기이다.

정답 34. ① 35. ④ 36. ② 37. ②

38
오리피스 유량계는 어떤 형식의 유량계인가?
① 차압식   ② 면적식   ③ 용적식   ④ 터빈식

해설

차압식 유량계	용적식 유량계	면적식 유량계
① 벤투리미터 ② 오리피스미터 ③ 플로우미터	① 습식 ② 건식 ③ 오우벌식 ④ 루츠식 ⑤ 로터리피스톤	① 로터미터

39
질소를 취급하는 금속재료에서 내질화성을 증대시키는 원소는?
① Ni   ② Al   ③ Cr   ④ Ti

해설 Ni : 인성 증가, 내질화성 증대, 저온에서 충격저하 증가, 주철의 흑연 촉진
Cr : 내식성. 내마모성 증대, 흑연화를 안정, 담금질성 증대
Mn : 적열취성 방지, 황의 해를 제거, 고온에서 결정립 성장억제
Ti : 탄화물 생성, 결정립 미세화
B : 담금질성 증대

40
다음 각 가스에 의한 부식현상 중 틀린 것은?
① 암모니아에 의한 강의 질화
② 황화수소에 의한 철의 부식
③ 일산화탄소에 의한 금속의 카르보닐화
④ 수소원자에 의한 강의 탈수소화

해설 가스에 의한 부식현상
① 일산화탄소에 의한 금속의 카르보닐화
② 황화수소에 의한 철의 부식
③ 암모니아에 의한 강의 질화

41
다음 중 아세틸렌과 치환반응을 하지 않는 것은?
① Cu   ② Ag   ③ Hg   ④ Ar

해설 아세틸렌과 치환반응을 하는 것
① $C_2H_2 + 2Ca \rightarrow Ca_2C_2 + H_2$
② $C_2H_2 + Ag \rightarrow Ag_2C_2 + H_2$
③ $C_2H_2 + 2Hg \rightarrow Hg_2C_2 + H_2$

정답 38. ① 39. ① 40. ④ 41. ④

42 비점이 점차 낮은 냉매를 사용하여 저비점의 기체를 액화하는 사이클은?
① 클라우드 액화사이클
② 필립스 액화사이클
③ 캐스케이드 액화사이클
④ 캐피자 액화사이클

해설 ① 캐스케이드 액화사이클 : 비점이 점차 낮은 냉매를 사용하여 저비점의 액체를 사용하는 사이클
② 필립스의 공기액화사이클 : 수소나 헬륨을 냉매로 한 효율적인 냉동방식
③ 카피자 공기액화사이클 : 공기의 압축 압력이 약 7 atm 정도 낮고 열교환에 측냉기를 사용

43 유체가 5 m/s의 속도로 흐를 때 이 유체의 속도수두는 약 몇 m인가? (단, 중력가속도는 9.8 m/s²이다.)
① 0.98
② 1.28
③ 12.2
④ 14.1

해설 $H = \dfrac{V^2}{2g} = \dfrac{5^2}{2 \times 9.8} = 1.2755$

44 빙점 이하의 낮은 온도에서 사용되며 LPG탱크, 저온에도 인성이 감소되지 않는 화학공업 배관 등에 주로 사용되는 관의 종류는?
① SPLT
② SPHT
③ SPPH
④ SPPS

해설 배관용강관
① SPP(배관용탄소강관) : 사용압력이 10 kg/cm² 이하인 물, 증기, 기름에 사용
② SPPS(압력배관용탄소강관) : 사용압력이 10 kg/cm² 이상 100 kg/cm² 미만
③ SPHT(고온배관용탄소강관) : 350℃ 이상시 사용
④ SPLT(저온배관용탄소강관) : 빙점 이하의 관에 사용, 주로 화학공업 배관에 사용

45 고압가스용 이음매 없는 용기에서 내력비란?
① 내력과 압궤강도의 비를 말한다.
② 내력과 파열강도의 비를 말한다.
③ 내력과 압축강도의 비를 말한다.
④ 내력과 인장강도의 비를 말한다.

해설 이음매 없는 용기에서 내력비 : 내력과 인장강도의 비를 말한다.

제3과목 : 가스일반

46 섭씨온도로 측정할 때 상승된 온도가 5°C이었다. 이때 화씨온도로 측정하면 상승온도는 몇 도인가?
① 7.5   ② 8.3   ③ 9.0   ④ 41

해설 ▶ $°F = \dfrac{9}{5} \times °C + 32 = \dfrac{9}{5} \times 5 = 32 = 41$
∴ 41−32 = 9
또는 °F = 1.8°C = 1.8×5 = 9°F

47 어떤 물질의 고유의 양으로 측정하는 장소에 따라 변함이 없는 물리량은?
① 질량   ② 중량   ③ 부피   ④ 밀도

해설 ▶ 어떤 물질의 고유의 양으로 측정하는 장소에 따라 변함이 없는 물리량 : 질량

48 하버–보시법으로 암모니아 44 g을 제조하려면 표준상태에서 수소는 약 몇 L 필요한가?
① 22   ② 44   ③ 87   ④ 100

해설 ▶ $N_2 + 3H_2 \rightarrow 2NH_3$
$3 \times 22.4\ L$ 34g
x 44g
$x = \dfrac{3 \times 22.4 \times 44g}{34\ g} = 86.96\ L$

49 기체연료의 연소 특성으로 틀린 것은?
① 소형의 버너도 매연이 적고, 완전연소가 가능하다.
② 하나의 연료 공급원으로부터 다수의 연소로와 버너에 쉽게 공급된다.
③ 미세한 연소 조정이 어렵다.
④ 연소율의 가변범위가 넓다.

정답 46. ③   47. ①   48. ③   49. ③

해설 ▶ 기체연료의 연소 특성
① 연소율의 가변범위가 넓다.
② 하나의 연료 공급원으로부터 다수의 연소로와 버너에 쉽게 공급된다.
③ 소형의 버너도 매연이 적고, 완전연소가 가능하다.
④ 가스누설시 폭발의 위험이 있다.
⑤ 발열량이 낮은 연료로 고온을 얻을 수 있다.
⑥ 연소조절이 쉽다.
⑦ 적은 공기량으로 완전연소시킬 수 있다.
⑧ 운반, 저장이 어렵다.
⑨ 집중가열, 균일가열 분위기 조성이 가능하다.

50 비중이 13.6인 수은은 76 cm의 높이를 갖는다. 비중이 0.5인 알코올로 환산하면 그 수주는 몇 m인가?
① 20.67　　② 15.2　　③ 13.6　　④ 5

해설 ▶ $\tau_1 h_1 = \tau_2 h_2$
$h_2 = \dfrac{\tau_1 \times h_1}{\tau_2} = \dfrac{13.6 \times 76}{0.5} = 2067.2 \div 100 = 20.67 \text{ m}$

51 SNG에 대한 설명으로 가장 적당한 것은?
① 액화석유가스　　② 액화천연가스
③ 정유가스　　④ 대체천연가스

해설 ▶ ① SNG : 대체천연가스　　② LNG : 액화천연가스
③ LPG : 액화석유가스　　④ NG : 천연가스
⑤ CNG : 압축천연가스

52 액체는 무색투명하고, 특유의 복숭아 향을 가진 맹독성 가스는?
① 일산화탄소　　② 포스겐　　③ 시안화수소　　④ 메탄

해설 ▶ 시안화수소
① 무색이고 복숭아 냄새가 나는 기체로서 독성이 강하다.
② 극히 휘발하기 쉽고 물에 잘 용해한다.
③ 오래된 시안화수소는 중합에 의해 폭발의 위험이 있으므로 충전 후 60일이 넘지 않도록 한다.
④ 시안화수소의 안정제로는 황산, 아황산가스, 염화칼슘, 인산, 오산화인 동망

정답　50. ①　51. ④　52. ③

53
단위 체적당 물체의 질량은 무엇을 나타내는 것인가?
① 중량　　　② 비열　　　③ 비체적　　　④ 밀도

[해설] 밀도(kg/m^3) : 단위체적당 질량

54
다음 중 지연성 가스로만 구성되어 있는 것은?
① 일산화탄소, 수소
② 질소, 아르곤
③ 산소, 이산화질소
④ 석탄가스, 수성가스

[해설] 지연성 가스(조연성 가스) : 공기, 불소, 염소, 이산화질소, 산소

55
메탄가스의 특성에 대한 설명으로 틀린 것은?
① 메탄은 프로판에 비해 연소에 필요한 산소량이 많다.
② 폭발하한농도가 프로판보다 높다.
③ 무색, 무취이다.
④ 폭발상한농도가 부탄보다 높다.

[해설]　$C_2H_8 + 5O_2 \rightarrow 3CO_2 + 4H_2O$
$CH_4 + 2O_2 \rightarrow CO_2 + 2H_2O$
$\dfrac{5}{2} = 2$배 정도 산소량이 적다.

56
암모니아의 성질에 대한 설명으로 옳지 않은 것은?
① 가스일 때 공기보다 무겁다.
② 물에 잘 녹는다.
③ 구리에 대하여 부식성이 강하다.
④ 자극성 냄새가 있다.

[해설]　$NH_3(14+3)$　17 g ÷ 29 g = 0.586 g
공기보다 가볍다.

57
수소에 대한 설명으로 틀린 것은?
① 상온에서 자극성을 가지는 가연성 기체이다.
② 폭발범위는 공기 중에서 약 4~75%이다.
③ 염소와 반응하여 폭명기를 형성한다.
④ 고온·고압에서 강재 중 탄소와 반응하여 수소취성을 일으킨다.

정답　53. ④　54. ③　55. ①　56. ①　57. ①

해설 수소(H_2)
① 가스 중 확산속도가 가장 빠르다.
② 수소는 고온에서 금속산화물을 환원시키는 성질이 있다.
③ 산소 또는 공기와 혼합하여 폭발할 수 있다.
④ 상온에서 무색, 무미, 무취의 가연성 가스이다.
⑤ 수소취성을 일으킨다.
⑥ 고온에서 금속산화물을 환원시키는 성질이 있다.

58

다음 중 표준상태에서 가스상 탄화수소의 점도가 가장 높은 가스는?
① 에탄
② 메탄
③ 부탄
④ 프로판

해설 탄화수소의 점도(비점이 낮을수록 높다)
메탄(-161.5) > 에탄(-88.8) > 프로판(-42) > 부탄(-0.5)

59

도시가스의 원료인 메탄가스를 완전 연소시켰다. 이때 어떤 가스가 주로 발생되는가?
① 부탄
② 암모니아
③ 콜타르
④ 이산화탄소

해설 $CH_4 + 2O_2 \rightarrow CO_2 + 2H_2O$
탄산가스와 물이 생성

60

표준대기압 하에서 물 1 kg의 온도를 1°C 올리는데 필요한 열량은 얼마인가?
① 0 kcal
② 1 kcal
③ 80 kcal
④ 539 kcal/kg·°C

해설 1 kcal : 표준대기압 하에서 물 1 kg의 온도를 1°C 올리는데 필요한 열량

정답 58. ② 59. ④ 60. ②

제18회 가스기능사 출제문제

1과목 : 가스안전관리

01 액화석유가스의 안전관리 및 사업법에서 정한 용어에 대한 설명으로 틀린 것은?
① 저장설비란 액화석유가스를 저장하기 위한 설비로서 각종 저장탱크 및 용기를 말한다.
② 저장탱크란 액화석유가스를 저장하기 위하여 지상 또는 지하에 고정 설치된 탱크로서 그 저장능력이 3톤 이상인 탱크를 말한다.
③ 용기집합설비란 2개 이상의 용기를 집합하여 액화석유가스를 저장하기 위한 설비를 말한다.
④ 충전용기란 액화석유가스 충전 질량의 90% 이상이 충전되어 있는 상태의 용기를 말한다.

해설 · 충전용기 : 액화가스의 충전질량이 $\frac{1}{2}$ 이상 충전되어 있는 것
· 잔가스 용기 : 액화가스의 충전질량이 $\frac{1}{2}$ 미만 충전되어 있는 것

02 방호벽을 설치하지 않아도 되는 곳은?
① 아세틸렌가스 압축기와 충전장소 사이
② 판매소의 용기 보관실
③ 고압가스 저장설비와 사업소안의 보호시설과의 사이
④ 아세틸렌가스 발생장치와 당해 가스충전용기 보관장소 사이

해설 방호벽 설치
① 충전용기와 충전장소 사이
② 아세틸렌 압축기와 충전장소 사이
③ 판매소의 용기 보관식 벽
④ 고압가스 저장설비와 사업소안의 보호시설과의 사이
⑤ 기화설비주위

정답 1. ④ 2. ④

03 공기와 혼합된 가스가 압력이 높아지면 폭발범위가 좁아지는 가스는?
① 메탄　　　　　　　　② 프로판
③ 일산화탄소　　　　　④ 아세틸렌

해설 일산화탄소 : 공기와 혼합된 가스가 압력이 높아지면 폭발범위가 좁아짐
　　　수소와 공기의 혼합가스는 10 atm 정도까지는 폭발범위가 좁아지나 그 이상의 압력에서는 다시 넓어진다.
　　　일반적으로 가스의 압력이 높을수록 발화온도는 낮아지고 폭발범위는 넓어진다.

04 천연가스 지하 매설 배관의 퍼지용으로 주로 사용되는 가스는?
① N_2　　　② Cl_2　　　③ H_2　　　④ O_2

해설 천연가스 지하 매설 배관의 퍼지용 : N_2(질소)

05 산소압축기의 내부 윤활유제로 주로 사용되는 것은?
① 석유　　　　　　　　② 물
③ 유지　　　　　　　　④ 황산

해설 압축기 윤활유
　　　① 공기·수소·아세틸렌압축기 : 양질의 광유
　　　② 산소 : 물 또는 10% 이하의 묽은 글리세린 수
　　　③ 염소 : 농황산
　　　④ LP가스 : 식물성유

06 지하에 매설된 도시가스 배관의 전기방식 기준으로 틀린 것은?
① 전기방식전류가 흐르는 상태에서 토양 중에 있는 배관 등의 방식전위 상한값은 포화 황산동 기준전극으로 −0.85 V 이하일 것
② 전기방식전류가 흐르는 상태에서 자연전위와의 전위변화가 최소한 −300 mV 이하 일 것
③ 배관에 대한 전위측정은 가능한 배관 가까운 위치에서 실시할 것
④ 전기방식시설의 관대지전위 등을 2년에 1회 이상 점검할 것

해설 배관의 방식방법
　　　① 배관에 대한 전위측정은 가능한 배관 가까운 위치에서 실시할 것

정답 3. ③　4. ①　5. ②　6. ④

② 전기방식 전유가 흐르는 상태에서 자연전위와의 전위변화가 최소한 -300 mV 이하일 것
③ 전기방식시설의 유지관리를 위하여 다음 각 호에 정한 장소와 그 밖에 배관을 따라 300m 이내의 간격으로 전위측정용 터미널을 설치할 것
  ㉠ 밸브스테이션
  ㉡ 타금속구조물과 근접교차부분
  ㉢ 강재보호관 부분의 배관과 강재보호관
  ㉣ 배관절연부의 양측
  ㉤ 직류전철 횡단부주의
④ 전기방식전류가 흐르는 상태에서 토양 중에 있는 배관 등의 방식전위 상한값은 포화황산동 기준전극으로 -0.85 V 이하일 것
⑤ 전기방식시설의 관대지전위 등을 1년에 1회 이상 점검할 것

07
충전용기 등을 적재한 차량의 운반 개시 전 용기적재상태의 점검내용이 아닌 것은?
① 차량의 적재중량 확인
② 용기 고정상태 확인
③ 용기 보호캡의 부착유무 확인
④ 운반계획서 확인

해설 ⊃ 충전용기 등을 적재한 차량의 운반 개시 전용상태의 점검내용
① 용기 보호캡의 부착유무 확인
② 용기 고정상태 확인
③ 차량의 적재중량 확인

08
도시가스 사용시설에서 안전을 확보하기 위하여 최고사용 압력의 1.1배 또는 얼마의 압력 중 높은 압력으로 실시하는 기밀시험에 이상이 없어야 하는가?
① 5.4 kPa ② 6.4 kPa ③ 7.4 kPa ④ 8.4 kPa

해설 ⊃ 기밀시험 압력
최고사용 압력의 1.1배 또는 840 mmH$_2$O 중 높은 압력
840 mmH$_2$O = 8.4 kPa

09
다음 각 폭발의 종류와 그 관계로서 맞지 않은 것은?
① 화학 폭발 : 화약의 폭발
② 압력 폭발 : 보일러의 폭발
③ 촉매 폭발 : C$_2$H$_2$의 폭발
④ 중합 폭발 : HCN의 폭발

해설 ⊃ ・촉매 폭발 : 염소와 수소, 염소와 암모니아, 아세틸렌
・중합 폭발 : 산화에틸렌, 시안화수소
・분해 폭발 : 아세틸렌, 산화에틸렌

정답 7. ④ 8. ④ 9. ③

10 일반도시가스사업의 설치하는 가스공급시설 중 정압기의 설치에 대한 설명으로 틀린 것은?

① 건축물 내부에 설치된 도시가스사업자의 정압기로서 가스누출경보기와 연동하여 작동하는 기계환기설비를 설치하고 1일 1회 이상 안전점검을 실시하는 경우에는 건축물의 내부에 설치할 수 있다.
② 정압기에 설치되는 가스방출관의 방출구는 주위에 불 등이 없는 안전한 위치로서 지면으로부터 3 m 이상의 높이에 설치하여야 하며, 전기시설물과의 접촉 등으로 사고의 우려가 있는 장소에서는 5 m 이상의 높이로 설치한다.
③ 정압기에 설치하는 가스차단장치는 정압기의 입구 및 출구에 설치한다.
④ 정압기는 2년에 1회 이상 분해점검을 실시하고 필터는 가스공급 개시 후 1월 이내 및 가스공급개시 후 매년 1회 이상 분해점검을 실시한다.

해설   가스방출관의 방출구 높이 : 지면으로부터 5 m 이상

11 아세틸렌(C_2H_2)에 대한 설명으로 틀린 것은?
① 폭발범위는 수소보다 넓다.
② 공기보다 무겁고 황색의 가스이다.
③ 공기와 혼합되지 않아도 폭발하는 수가 있다.
④ 구리, 은, 수은 및 그 합금과 폭발성 화합물을 만든다.

해설   아세틸렌
① 공기보다 가볍고 용기도색은 황색이다.
② 폭발범위는 수소보다 넓다(C_2H_2 : 2.5~81, 수소 : 4~75%).
③ 구리, 은, 수은 및 그 합금과 폭발성 화합물을 만든다.
④ 공기와 혼합되지 않아도 폭발하는 수가 있다.
⑤ 아세톤에 25배, 벤젠 4배, 알코올 6배, 석유 2배 용해된다.
⑥ 자연발화온도 : 406~408°C

12 고압가스 충전용기는 항상 몇 °C이하의 온도를 유지하여야 하는가?
① 10°C   ② 30°C
③ 40°C   ④ 50°C

해설   고압가스 충전용기 : 항상 40°C 이하의 온도 유지

정답   10. ②   11. ②   12. ③

13
용기에 의한 고압가스 운반기준으로 틀린 것은?
① 3000 kg의 액화 조연성가스를 차량에 적재하여 운반할 때에는 운반책임자가 동승하여야 한다.
② 허용농도가 500 ppm인 액화 독성가스 1000 kg을 차량에 적재하여 운반할 때에는 운반책임자가 동승하여야 한다.
③ 충전용기와 위험물 안전관리법에서 정하는 위험물과는 동일 차량에 적재하여 운반할 수 없다.
④ 300 m³의 압축 가연성가스를 차량에 적재하여 운반할 때에는 운전자가 운반책임자의 자격을 가진 경우에는 자격이 없는 사람을 동승시킬 수 있다.

[해설] 운반책임자 동승

	압축가스	액화가스
독성	100 m³ 이상	1 ton 이상
가연성	300 m³ 이상	3 ton 이상
조연성	600 m³ 이상	6 ton 이상

14
공기 중으로 누출 시 냄새로 쉽게 알 수 있는 가스로만 나열된 것은?
① Cl_2, NH_3 ② CO, Ar ③ C_2H_2, CO ④ O_2, Cl_2

[해설] 공기 중으로 누출시 냄새로 쉽게 알 수 있는 가스
① Cl_2(염소)   ② NH_3(암모니아) 등
[참고] 독성가스를 찾으면 됨

15
신규검사 후 20년이 경과한 용접용기(액화석유가스용 용기는 제외한다)의 재검사 주기는?
① 3년마다 ② 2년마다 ③ 1년마다 ④ 6개월마다

[해설] 용접용기

내용적	15년 미만	15~20년 미만	20년 이상
500L 미만	3	2	1
500L 이상	5	2	1

이음매 없는 용기

500L 미만	신규검사 후 경사연수가 10년 이하는 5년마다, 10년 초과는 3년마다
500L 이상	5년 마다

정답 13. ① 14. ① 15. ③

16 액화석유가스 저장탱크 벽면의 국부적인 온도상승에 따른 저장탱크의 파열을 방지하기 위하여 저장탱크 내벽에 설치하는 폭발방지장치의 재료로 맞는 것은?
① 다공성 철판
② 다공성 알루미늄판
③ 다공성 아연판
④ 오스테나이트계 스테인리스판

해설 ▷ 저장탱크 내벽에 설치하는 폭발방지장치의 재료 : 다공성 알루미늄관

17 최대지름이 6 m인 가연성가스 저장탱크 2개가 서로 유지하여야 할 최소 거리는?
① 0.6 m
② 1 m
③ 2 m
④ 3 m

해설 ▷ 유지거리 $= \dfrac{D_1 + D_2}{4} = \dfrac{6+6}{4} = 3\,\text{m}$

18 다음 중 연소의 형태가 아닌 것은?
① 분해연소
② 확산연소
③ 증발연소
④ 물리연소

해설 ▷ 연소형태
① 표면연소 : 코크스, 목탄, 금속분
② 분해연소 : 석탄, 목재, 종이, 플라스틱
③ 증발연소 : 알코올, 에테르, 등유, 경유, 나프탈렌, 장뇌
④ 자기연소 : TNT(트리니트로톨루엔), 피크린산
⑤ 확산 연소 : 수소, 메탄

19 고압가스 일반제조시설 중 에어졸의 제조기준에 대한 설명으로 틀린 것은?
① 에어졸의 분사제는 독성가스를 사용하지 아니한다.
② 35℃에서 그 용기의 내압이 0.8 MPa 이하로 한다.
③ 에어졸 제조설비는 화기 또는 인화성 물질과 5 m 이상의 우회거리를 유지한다.
④ 내용적이 30 cm³ 이상인 용기는 에어졸의 제조에 재사용하지 아니한다.

해설 ▷ 에어졸 제조설비는 화기 또는 인화성 물질과 8 m 이상의 우회거리

정답 16. ② 17. ④ 18. ④ 19. ③

20

가스누출검지경보장치의 설치에 대한 설명으로 틀린 것은?

① 통풍이 잘 되는 곳에 설치한다.
② 가스의 누출을 신속하게 검지하고 경보하기에 충분한 개수 이상 설치한다.
③ 장치의 기능은 가스의 종류에 적절한 것으로 한다.
④ 가스가 체류할 우려가 있는 장소에 적절하게 설치한다.

해설 ➡ 가스누출경보장치
① 가스가 체류할 우려가 있는 장소에 적절하게 설치한다.
② 장치의 기능은 가스의 종류에 적절한 것으로 한다.
③ 가스의 누출을 신속하게 검지하고 경보하기에 충분한 개수 이상 설치한다.

21

가스용기의 취급 및 주의사항에 대한 설명으로 틀린 것은?

① 충전 시 용기는 용기 재검사 기간이 지나지 않았는지 확인한다.
② LPG용기나 밸브를 가열할 때는 뜨거운 물(40℃ 이상)을 사용한다.
③ 충전한 후에는 용기밸브의 누출 여부를 확인한다.
④ 용기 내에 잔류물이 있을 때에는 잔류물을 제거하고 충전한다.

해설 ➡ LPG용기나 밸브를 가열시 40℃ 이하의 물을 사용한다.

22

용기 신규검사에 합격된 용기 부속품기호 중 압축가스를 충전하는 용기 부속품의 기호는?

① AG   ② PG   ③ LG   ④ LT

해설 ➡ 용기 부속품 기호
① AG : 아세틸렌가스를 충전하는 용기부속품
② PG : 압축가스를 충전하는 용기부속품
③ LT : 초저온 및 저온가스를 충전하는 용기 부속품
④ LPG : 액화석유가스를 충전하는 용기부속품
⑤ LG : 액화석유가스외의 가스를 충전하는 용기부속품

23

일반 액화석유가스 압력조정기에 표시하는 사항이 아닌 것은?

① 제조자명이나 그 약호
② 제조번호나 로트번호
③ 입구압력(기호 : P, 단위 : MPa)
④ 검사 연월일

정답 20. ① 21. ② 22. ② 23. ④

해설 › 액화석유가스 압력조정기에 표시하는 사항
① 입구압력(기호 P, 단위 MPa)
② 출구압력
③ 제조번호나 로트번호
④ 제조자명이나 그 약호

24 산화에틸렌 취급 시 주로 사용되는 제독제는?
① 가성소다 수용액 ② 탄산소다 수용액 ③ 소석회 수용액 ④ 물

해설 › 제독제
① 염소 : 소석회, 가성소다, 탄산소다
② 황화수소 : 가성소다, 탄산소다
③ 포스겐 : 가성소다, 소석회
④ 시안화수소 : 가성소다
⑤ 암모니아, 산화에틸렌, 염화메탄 : 다량의 물

25 고압가스 설비에 설치하는 압력계의 최고눈금에 대한 측정범위의 기준으로 옳은 것은?
① 상용압력의 1.0배 이상, 1.2배 이하
② 상용압력의 1.2배 이상, 1.5배 이하
③ 상용압력의 1.5배 이상, 2.0배 이하
④ 상용압력의 2.0배 이상, 3.0배 이하

해설 › 압력계 최고눈금 : 사용압력의 1.5배 이상 2배 이하이다.

26 0종 장소에는 원칙적으로 어떤 방폭구조의 것으로 하여야 하는가?
① 내압방폭구조 ② 본질안전방폭구조 ③ 특수방폭구조 ④ 안전증방폭구조

해설 › 0종 장소에는 원칙적으로 본질안전방폭구조 설치
1종장소는 내압방폭구조이다.

27 도시가스 사용시설에서 PE배관은 온도가 몇°C 이상이 되는 장소에 설치하지 아니하는가?
① 25°C ② 30°C ③ 40°C ④ 60°C

해설 › 도시가스 사용시설에서 PE 배관은 온도가 40°C 이상이 되는 장소에는 설치하지 않는다.

정답 24. ④ 25. ③ 26. ② 27. ③

28 충전용 주관의 압력계는 정기적으로 표준 압력계로 그 기능을 검사하여야 한다. 다음 중 검사의 기준으로 옳은 것은?

① 매월 1회 이상 ② 3개월에 1회 이상
③ 6개월에 1회 이상 ④ 1년에 1회 이상

해설 ☞ 충전용주관의 압력계는 매월 1회 이상 검사 : 기타 압력계는 3개월에 1회 이상

29 방류둑의 내측 및 그 외면으로부터 몇 m 이내에 그 저장탱크의 부속설비 외의 것을 설치하지 못하도록 되어 있는가?

① 3 m ② 5 m ③ 8 m ④ 10 m

해설 ☞ 방류둑의 내측 및 그 외면으로부터 10 m 이내의 저장탱크, 부속설비 외의 것을 설치하면 안됨

30 가스의 성질에 대하여 옳은 것으로만 나열된 것은?

㉠ 일산화탄소는 가연성이다.
㉡ 산소는 조연성이다.
㉢ 질소는 가연성도 조연성도 아니다.
㉣ 아르곤은 공기 중에 함유되어 있는 가스로서 가연성이다.

① ㉠, ㉡, ㉣ ② ㉠, ㉡, ㉢ ③ ㉡, ㉢, ㉣ ④ ㉠, ㉢, ㉣

해설 ☞ 질소, CO_2 : 불연성 가스

제2과목 : 가스장치 및 기기

31 부취체를 외기로 분출하거나 부취설비로부터 부취제가 흘러나오는 경우 냄새를 감소시키는 방법으로 가장 거리가 먼 것은?

① 연소법 ② 수동조절
③ 화학적 산화처리 ④ 활성탄에 의한 흡착

해설 ☞ 부취제를 외기로 분출하거나 부취설비로부터 부취제가 흘러나오는 경우 냄새를 감소시키는 방법
① 연소법 ② 활성탄에 의한 흡착 ③ 화학적 산화처리

정답 28. ① 29. ④ 30. ② 31. ②

32 고압가스 매설배관에 실시하는 전기방식 중 외부 전원법의 장점이 아닌 것은?
① 과방식의 염려가 없다.
② 전압, 전류의 조정이 용이하다.
③ 전식에 대해서도 방식이 가능하다.
④ 전극의 소모가 적어서 관리가 용이하다

해설 ☞ 각종 방식법의 특징
　① 외부전원법의 장점
　　㉠ 방식범위가 넓다.
　　㉡ 대형설비에는 전원장치수를 적게 할 수 있어 경제적이다.
　　㉢ 전극수명이 길다.
　　㉣ 전압, 전류의 조정이 가능하다.
　② 강제배류법 장점
　　㉠ 전류, 전압조정이 용이하며 효과가 좋다.
　　㉡ 외부전원방식에 비해 유지비용이 적다.
　　㉢ 전철의 휴지기간 중에도 방식이 가능하고 간접작용이 없다.
　③ 선택배류법 장점
　　㉠ 전철의 전류를 활용할 수 있으므로 별도의 유지비가 필요하다.
　　㉡ 시공비가 별도로 들지 않는다.
　　㉢ 전철운행 동안에는 자연히 방식된다.
　④ 유전양극법의 장점
　　㉠ 시공이 단순하다.
　　㉡ 소규모설비에는 경제적이다.
　　㉢ 다른 매설 금속체에 방해 작용이 없다.
　　㉣ 과방식의 염려가 없다.

33 압력배관용 탄소강관의 사용압력 범위로 가장 적당한 것은?
① 1~2 MPa　　　　② 1~10 MPa
③ 10~20 MPa　　　④ 10~50 MPa

해설 ☞ 배관용강관
　① SPP(배관용탄소강관) : 사용압력이 10 kg/cm² (1 MPa) 이하인 물, 증기, 기름 배관에 사용
　② SPPS(압력배관용탄소강관) : 사용압력이 10 kg/cm² 이상 100 kg/cm² 미만(1 MPa 이상~10 MPa 미만)
　③ SPPS(고압배관용탄소강관) : 사용압력이 100 kg/cm² 이상(10 MPa 이상)
　③ SPHT(고온배관용탄소강관) : 350°C 이상시 사용
　④ SPLT(저온배관용탄소강관) : 빙점 이하의 관에 사용, 주로 화학공업 배관에 사용

정답 32. ① 33. ②

34
정압기(Governor)의 기능을 모두 옳게 나열한 것은?
① 감압기능
② 정압기능
③ 감압기능, 정압기능
④ 감압기능, 정압기능, 폐쇄기능

해설 정압기의 기능
① 감압기능
② 폐쇄기능
③ 정압기능

35
고압식 액화분리 장치의 작동 개요에 대한 설명이 아닌 것은?
① 원료 공기는 여과기를 통하여 압축기로 흡입하여 약 15~20MPa으로 압축시킨다.
② 압축기를 빠져나온 원료 공기는 열교환기에서 약간 냉각되고 건조기에서 수분이 제거된다.
③ 압축 공기는 수세정탑을 거쳐 축냉기로 송입되어 원료공기와 불순 질소류가 서로 교환된다.
④ 액체 공기는 상부 정류탑에서 약 0.5 atm 정도의 압력으로 정류된다.

해설 압축된 공기는 수세정 냉각탑에서 냉각된 후 2기 1조로 된 축냉기에 각각 1개씩 송입되며 이때 불순질소가 나머지 축냉기 반대방향으로 흐르며 일정주기가 되면 1조의 축냉기에서 원료공기와 불순 질소류는 서로 교체된다.

36
정압기의 분해점검 및 고장에 대비하여 예비정압기를 설치하여야 한다. 다음 중 예비정압기를 설치하지 않아도 되는 경우는?
① 캐비넷형 구조의 정압기실에 설치된 경우
② 바이패스관이 설치되어 있는 경우
③ 단독사용자에게 가스를 공급하는 경우
④ 공동사용자에게 가스를 공급하는 경우

해설 예비정압기를 설치해야 되는 경우
① 공동사용자에게 가스를 공급하는 경우
② 바이패스관이 설치되어 있는 경우
③ 캐비넷형 구조의 정압기실에 설치된 경우

정답 34. ④ 35. ③ 36. ③

37 부유 피스톤형 압력계에서 실린더 지름 0.02 m, 추와 피스톤의 무게가 20000 g일 때 이 압력계에 접속된 부르동관의 압력계 눈금이 7 kg/cm²를 나타내었다. 이 부르동관 압력계의 오차는 약 몇 % 인가?
① 5　　　② 10　　　③ 15　　　④ 20

해설 $P = \dfrac{W}{A} = \dfrac{20\,\text{kg}}{\dfrac{3.14 \times 2^2}{4}} = 6.36\,\text{kg}$

부르돈관 오차 = $\dfrac{7 - 6.36}{6.36} \times 100 = 10.06$

38 저비점(低沸點) 액체용 펌프 사용상의 주의사항으로 틀린 것은?
① 밸브와 펌프사이에 기화가스를 방출할 수 있는 안전밸브를 설치한다.
② 펌프의 흡입, 토출관에는 신축 죠인트를 장치한다.
③ 펌프는 가급적 저장용기(貯槽)로 부터 멀리 설치한다.
④ 운전개시 전에는 펌프를 청정(淸淨)하여 건조한 다음 펌프를 충분히 예냉(豫冷)한다.

해설 펌프는 가급적 저장용기로부터 가까이 설치한다.

39 금속재료의 저온에서의 성질에 대한 설명으로 가장 거리가 먼 것은?
① 강은 암모니아 냉동기용 재료로서 적당하다.
② 탄소강은 저온도가 될수록 인장강도가 감소한다.
③ 구리는 액화분리장치용 금속재료로서 적당하다.
④ 18-8 스테인리스강은 우수한 저온장치용 재료이다.

해설 탄소강은 저온도가 될수록 인장강도가 증가한다.

40 상용압력 15 MPa, 배관내경 15 mm, 재료의 인장강도 480 N/mm², 관내면 부식여유 1 mm, 안전율 4, 외경과 내경의 비가 1.2 미만인 경우 배관의 두께는?
① 2 mm　　　② 3 mm　　　③ 4 mm　　　④ 5 mm

해설 $t = \dfrac{PD}{2 \times \dfrac{f}{s} - P} + C = \dfrac{15 \times 15}{(2 \times \dfrac{480}{4}) - 15} + 1 = 2\,\text{mm}$

정답　37. ②　38. ③　39. ②　40. ①

41
수소불꽃을 이용하여 탄화수소의 누출을 검지할 수 있는 가스누출검출기는?
① FID ② OMD ③ 접촉연소식 ④ 반도체식

해설 ① FID(Flame Ionization Detector) : 불꽃이온화검출기
② OMD(Optical Methane Detector) : 지하에 매설되어 있는 도시가스배관
③ 접촉연소식 : 가연성가스
④ 반도체식 : 가연성, 독성

42
압축기에 사용하는 윤활유 선택 시 주의사항으로 틀린 것은?
① 인화점이 높을 것
② 잔류탄소의 양이 적을 것
③ 점도가 적당하고 항유화성이 적을 것
④ 사용가스와 화학반응을 일으키지 않을 것

해설 윤활유 선택시 주의사항
① 사용가스와 화학적으로 안정할 것 ② 인화점이 높을 것
③ 점도가 낮을 것 ④ 수분, 산류 등 불순물이 적을 것
⑤ 정제도가 높고 잔류탄소의 양이 적을 것 ⑥ 안정성이 있을 것

43
공기에 의한 전열은 어느 압력까지 내려가면 급히 압력에 비례하여 적어지는 성질을 이용하는 저온장치에 사용되는 진공단열법은?
① 고진공 단열법 ② 분말 진공 단열법
③ 다층진공 단열법 ④ 자연진공 단열법

해설 고진공 단열법 : 공기에 의한 전열은 어느 압력까지 내려가면 압력에 비례하여 적어지는 성질을 이용하는 저온장치

44
1단 감압식 저압조정기의 성능에서 조정기 최대 폐쇄압력은?
① 2.5kPa 이하 ② 3.5kPa 이하 ③ 4.5kPa 이하 ④ 5.5kPa 이하

해설 조정기의 최대 폐쇄압력
① 1단 감압 저장조정기, 2단 감압식 2차용 조정기, 자동절체식 일체형 조정기 : 350 mmH$_2$O (3.5kPa)
② 2단 감압식 1차용 조정기, 자동절체식 분리형 조정기 : 0.95 kg/cm^2 이하
③ 1단 감압식 준저압 조정기 : 조정압력의 1.25배 이상

정답 41. ① 42. ③ 43. ① 44. ②

45 백금-백금로듐 열전대 온도계의 온도 측정 범위로 옳은 것은?
① -180~350°C
② -20~800°C
③ 0~1700°C
④ 300~2000°C

해설 열전대 온도계
① 백금-백금로듐
　㉠ 0~1,600°C
　㉡ 산화성분위기에 가장 강하다.
　㉢ 금속중기에 침식
② 크로멜-알루멜
　㉠ 산화성분위기에 약하다.
　㉡ 0~1,200°C
③ 동-콘스탄탄
　㉠ -200~350°C
　㉡ 수분에 의한 내식성이 크다.
　㉢ 열전대 온도계중 가장 저온 측정
④ 철-콘스탄탄
　㉠ -20~850°C
　㉡ 환원성 분위기에 강하다.

제3과목 : 가스일반

46 비열에 대한 설명 중 틀린 것은?
① 단위는 kcal/kg·°C이다.
② 비열비는 항상 1보다 크다.
③ 정적비열은 정압비열보다 크다.
④ 물의 비열은 얼음의 비열보다 크다.

해설 정적비열은 정압비열보다 작다.
$k(비열비) = \dfrac{C_p}{C_v}$

47 다음 화합물 중 탄소의 함유율이 가장 많은 것은?
① CO_2
② CH_4
③ C_2H_4
④ CO

정답 45. ③ 46. ③ 47. ③

48
수소(H_2)에 대한 설명으로 옳은 것은?
① 3중 수소는 방사능을 갖는다. ② 밀도가 크다.
③ 금속재료를 취하시키지 않는다. ④ 열전달률이 아주 작다.

해설 ▷ 수소
① 고온·고압에서 강재 중 탄소의 성분과 반응하여 수소취성(탈탄작용)을 일으킨다.
② 수소는 고온에서는 금속산화물을 환원시키는 성질이 있다.
③ 수소는 산소, 불소, 염소와 반응하여 격렬한 폭발을 일으켜, 폭명기를 형성한다.
④ 산소 또는 공기와 혼합하여 폭발할 수 있다.
⑤ 모든 기체 중 비중이 가장 작고, 확산속도가 빠르다.
⑥ 3중 수소는 방사능을 갖는다.

49
샤를의 법칙에서 기체의 압력이 일정할 때 모든 기체의 부피는 온도가 1℃ 상승함에 따라 0℃때의 부피보다 어떻게 되는가?
① 22.4배씩 증가한다. ② 22.4배씩 감소한다.
③ 1/273씩 증가한다. ④ 1/273씩 감소한다.

50
다음 중 가장 높은 온도는?
① −35℃   ② −45℉   ③ 213K   ④ 450°R

해설 ▷ ① $K = ℃ + 273 = -35 + 273 = 238K$

② $K = \frac{5}{9}(℉ - 32) = \frac{5}{9}(-45 - 32) = -42.77℃ = -42.77 + 273 = 230.23K$

③ 213K

④ $°R = 1.8K$
$K = \frac{450}{1.8} = 250K$

51
현열에 대한 가장 적절한 설명은?
① 물질이 상태변화 없이 온도가 변할 때 필요한 열이다.
② 물질이 온도변화 없이 상태가 변할 때 필요한 열이다.
③ 물질이 상태, 온도 모두 변할 때 필요한 열이다.
④ 물질이 온도변화 없이 압력이 변할 때 필요한 열이다.

정답 48. ① 49. ③ 50. ④ 51. ①

해설: 현열 : 물질이 상태변화 없이 온도가 변할 때 필요한 열
잠열 : 온도변화 없이 상태만 변하는 것

52

일산화탄소와 염소가 반응하였을 때 주로 생성되는 것은?
① 포스겐   ② 카르보닐   ③ 포스핀   ④ 사염화탄소

해설: $CO + Cl_2 \rightarrow COCl_2$(포스겐)

53

다음 보기에서 압력이 높은 순서대로 나열된 것은?

| ㉠ 100 atm | ㉡ 2 kg/mm² | ㉢ 15 m 수은주 |

① ㉠ > ㉡ > ㉢   ② ㉡ > ㉢ > ㉠
③ ㉢ > ㉠ > ㉡   ④ ㉡ > ㉠ > ㉢

해설: 압력이 높은 순서
① 100 atm
② $2 kg/mm^2 \times 10^2 = 200 kg/cm^2$
∴ $1.0332\ kg/cm^2 = 1\ atm$
$200 kg/cm^2 = x$
$x = \dfrac{200\ kg/cm^2 \times 1\ atm}{1.0332\ kg/cm^2} = 193.57\ atm$
③ $1\ atm = 76\ mHg = 0.76\ mHg$
$x = 15\ mHg$
$x = \dfrac{1\ atm \times 15\ mHg}{0.76\ mHg} = 19.73\ atm$

54

산소에 대한 설명으로 옳은 것은?
① 안전밸브는 파열판식을 주로 사용한다.
② 용기는 탄소강으로 된 용접용기이다.
③ 의료용 용기는 녹색으로 도색한다.
④ 압축기 내부 윤활유는 양질의 광유를 사용한다.

해설: ① 용기재료 : 망간강, 크롬강
② 용기도색 : 백색
③ 압축기내부윤활유 : 물 또는 10%이하의 묽은글리세린수

정답 52. ①   53. ④   54. ①

55

다음 가스 중 가장 무거운 것은?
① 메탄　　　　　　　　② 프로판
③ 암모니아　　　　　　④ 헬륨

[해설] 공기 중의 비중
① CH_4 : 12+4=16 g÷29 g=0.55
② C_3H_8 : 12×3+8=44 g÷29 g=1.52
③ NH_3 : 14+3=17 g÷29 g=0.586
④ He : 4 g÷29 g=0.137

56

대기압 하에서 0℃ 기체의 부피가 500 mL였다. 이 기체의 부피가 2배될 때의 온도는 몇 ℃인가? (단, 압력은 일정하다.)
① -100　　② 32　　③ 273　　④ 500

[해설] (273+0)×2=546K-273=273K

57

다음에 설명하는 열역학 법칙은?

어떤 물체의 외부에서 일정량의 열을 가하면 물체는 이 열량의 일부분을 소비하여 외부에 대하여 일을 하고 남은 부분은 전부 내부에너지로 내부에 저장되고, 그 사이에 소비된 열은 발생되는 일과 같다.

① 열역학 제0법칙　　　　② 열역학 제1법칙
③ 열역학 제2법칙　　　　④ 열역학 제3법칙

[해설] 열역학 제1법칙
① 에너지 보존의 법칙
② 열과 일은 일정한 관계로 상호 교환한다.
③ 제1종 영구기관이 영구적으로 일하는 것은 불가능하다는 것을 알려준다.

58

다음 중 불연성 가스는?
① CO_2　　　　　　　　② C_3H_6
③ C_2H_2　　　　　　　④ C_2H_4

[해설] 불연성 가스 : N_2, CO_2

정답　55. ②　56. ③　57. ②　58. ①

59 에틸렌(C_2H_4)이 수소와 반응할 때 일으키는 반응은?
① 환원반응   ② 분해반응
③ 제거반응   ④ 첨가반응

해설> 에틸렌이 수소와 반응시 일으키는 현상 : 첨가반응

60 황화수소의 주된 용도는?
① 도료   ② 냉매
③ 형광 물질 원료   ④ 합성고무

해설> 황화수소의 주된 용도
형광물질 원료, 환원제로 쓰임, 정성분석에 이용, 공업약품, 의약품 제조원료

정답 59. ④   60. ③

제19회 가스기능사 출제문제

1과목 : 가스안전관리

01 압축 또는 액화 그 밖의 방법으로 처리할 수 있는 가스의 용적이 1일 100 m³ 이상인 사업소는 압력계를 몇 개 이상 비치하도록 되어 있는가?
① 1
② 2
③ 3
④ 4

[해설] 압축 또는 액화 그 밖의 방법으로 처리할 수 있는 가스 용적이 1일 100 m³인 사업소는 압력계를 2개 이상 비치

02 고압가스의 충전용기는 항상 몇 °C 이하의 온도를 유지하여야 하는가?
① 15
② 20
③ 30
④ 40

[해설] 고압가스 충전 용기는 항상 40°C 이하로 유지

03 암모니아 200 kg을 내용적 50 L 용기에 충전할 경우 필요한 용기의 개수는? (단, 충전정수를 1.86으로 한다.)
① 4개
② 6개
③ 8개
④ 12개

[해설] $G = \dfrac{V}{C} = \dfrac{50}{1.86} = 26.88 \text{kg/개}$

$\therefore \dfrac{200 \text{ kg}}{26.88 \text{ kg/개}} = 7.44\text{개} ≒ 8\text{개}$

정답 1. ② 2. ④ 3. ③

04
가스도매사업자 가스공급시설의 시설기준 및 기술기준에 의한 배관의 해저 설치의 기준에 대한 설명으로 틀린 것은?
① 배관은 원칙적으로 다른 배관과 교차하지 아니한다.
② 두개 이상의 배관을 동시에 설치하는 경우에는 배관이 서로 접촉하지 아니하도록 필요한 조치를 한다.
③ 배관이 부양하거나 이동할 우려가 있는 경우에는 이를 방지하기 위한 조치를 한다.
④ 배관은 원칙적으로 다른 배관과 20m 이상의 수평거리를 유지한다.

해설➜ 배관은 원칙적으로 다른 배관과 30 m 이상의 수평거리를 유지

05
도시가스 제조시설의 플레어스택 기준에 적합하지 않은 것은?
① 스택에서 방출된 가스가 지상에서 폭발한계에 도달하지 아니하도록 할 것
② 연소능력은 긴급이송설비로 이송되는 가스를 안전하게 연소시킬 수 있을 것
③ 스택에서 발생하는 최대열량에 장시간 견딜 수 있는 재료 및 구조로 되어 있을 것
④ 폭발을 방지하기 위한 조치가 되어 있을 것

해설➜ 플레어스택의 설치 및 높이는 플레어스택 바로 밑의 지표면에 미치는 복사열이 4,000 kcal/m²h 이하가 되도록 할 것

06
초저온 용기에 대한 정의로 옳은 것은?
① 임계온도가 50℃ 이하인 액화가스를 충전하기 위한 용기
② 강판과 동판으로 제조된 용기
③ −50℃ 이하인 액화가스를 충전하기 위한 용기로서 용기내의 가스온도가 상용의 온도를 초과하지 않도록 한 용기
④ 단열재로 피복하여 용기내의 가스온도가 상용의 온도를 초과하도록 조치된 용기

해설➜ 초저온 용기의 정의 : 임계온도가 −50℃ 이하인 액화가스를 충전하기 위한 용기로서 용기내의 가스온도가 상용의 온도를 초과하지 않도록 한 용기

07
독성가스의 제독제로 물을 사용하는 가스는?
① 염소　　　　　　　　　　② 포스겐
③ 황화수소　　　　　　　　④ 산화에틸렌

정답 4. ④　5. ①　6. ③　7. ④

[해설] 제독제
① 염소 : 소석회, 가성소다, 탄산소다
② 포스겐 : 가성소다, 소석회
③ 황화수소 : 가성소다, 탄산소다
④ 시안화수소 : 가성소다
⑤ 암모니아, 산화에틸렌, 염화메탄 : 다량의 물

08 특정설비 중 압력용기의 재검사 주기는?
① 3년마다　　② 4년마다　　③ 5년마다　　④ 10년마다

[해설] 특정설비 중 압력용기의 재검사 주기 : 4년마다

09 아세틸렌 제조설비의 방호벽 설치기준으로 틀린 것은?
① 압축기와 충전용주관밸브 조작밸브 사이
② 압축기와 가스충전용기 보관장소 사이
③ 충전장소와 가스충전용기 보관장소 사이
④ 충전장소와 충전용주관밸브 조작밸브 사이

[해설] 방호벽 설치기준
① 용기보관실 판매시설의 벽
② 기화설비 주의
③ 압축기와 충전장소와의 사이
④ 압축기와 가스충전용기 보관장소 사이
⑤ 충전장소와 가스충전용기 보관장소 사이
⑥ 충전장소와 충전용주관밸브와의 사이

10 용기 파열사고의 원인으로 가장 거리가 먼 것은?
① 용기의 내압력 부족
② 용기내 규정압력의 초과
③ 용기내에서 폭발성 혼합가스에 의한 발화
④ 안전밸브의 작동

[해설] 용기의 파열사고 원인
① 과잉충전
② 용기의 내압력 부족
③ 용기 내 규정압력 초과
④ 용기 내에서 폭발성 혼합가스에 의한 발화
⑤ 부식

정답 8. ②　9. ①　10. ④

11. 액화산소 저장탱크 저장능력이 1000 m³일 때 방류둑의 용량은 얼마 이상으로 설치하여야 하는가?

① 400 m³   ② 500 m³   ③ 600 m³   ④ 1000 m³

해설) 액화산소는 저장탱크 저장능력의 60% 이상으로 한다.
∴ 1,000 m³ × 0.6 = 600 m³

12. 당해 설비 내의 압력이 상용압력을 초과할 경우 즉시 상용압력 이하로 되돌릴 수 있는 안전장치의 종류에 해당하지 않는 것은?

① 안전밸브   ② 감압밸브   ③ 바이패스밸브   ④ 파열판

해설) 안전장치의 종류 : ① 안전밸브 ② 파열판 ③ 자동제어장치 ④ 바이패스밸브

13. 일반도시가스 배관을 지하에 매설하는 경우에는 표지판을 설치해야 하는데 몇 m 간격으로 1개 이상을 설치해야 하는가?

① 100 m   ② 200 m   ③ 500 m   ④ 1000 m

해설) 일반도시가스 배관을 지하에 매설하는 경우에는 표지판을 200 m 간격으로 1개 이상 설치

14. 도시가스 보일러 중 전용 보일러실에 반드시 설치하여야 하는 것은?

① 밀폐식 보일러
② 옥외에 설치하는 가스보일러
③ 반밀폐형 자연 배기식 보일러
④ 전용급기통을 부착시키는 구조로 검사에 합격한 강제배기식 보일러

해설) 도시가스 보일러 중 전용 보일러에 반드시 설치 : 반밀폐형 자연 배기식 보일러

15. 산소압축기의 내부 윤활제로 적당한 것은?

① 광유   ② 유지류   ③ 물   ④ 황산

해설) 압축기 윤활유
① 공기, 수소, 아세틸렌 : 양질의 광유
② 산소 : 물 또는 10% 이하의 묽은 글리세린수
③ 염소 : 농황산

정답 11. ③   12. ②   13. ②   14. ③   15. ③

16
고압가스 용기 제조의 시설기준에 대한 설명으로 옳은 것은?
① 용접용기 동판의 최대두께와 최소두께와의 차이는 평균 두께의 5% 이하로 한다.
② 초저온 용기는 고압배관용 탄소강관으로 제조한다.
③ 아세틸렌용기에 충전하는 다공질물은 다공도가 72% 이상 95% 미만으로 한다.
④ 용접용기에는 그 용기의 부속품을 보호하기 위하여 프로텍터 또는 캡을 고정식 또는 체인식으로 부착한다.

[해설] ① 용접용기 동판의 최대두께와 최소두께와의 차이는 평균 두께의 10% 이하로 한다.
② 초저온 용기 재료는 오스테나이트계 스테인리스강, 알루미늄합금강, 동합금 사용
③ 아세틸렌에 충전하는 다공물질은 다공도가 75% 이상 95% 미만

17
도시가스 배관 이음부와 전기점멸기, 전기접속기와는 몇 cm 이상의 거리를 유지해야 하는가?
① 10 cm ② 15 cm ③ 30 cm ④ 40 cm

[해설] 배관 이음부와의 거리
① 절연조치한 전선 : 10cm 이상
② 절연조치 하지 아니한 전선 : 15cm 이상
③ 전기점멸기, 전기접속기 : 15cm 이상
④ 전기계량기, 전기개폐기 : 60cm 이상

18
용기 종류별 부속품의 기호 표시로서 틀린 것은?
① AG : 아세틸렌 가스를 충전하는 용기의 부속품
② PG : 압축가스를 충전하는 용기의 부속품
③ LG : 액화석유가스를 충전하는 용기의 부속품
④ LT : 초저온 용기 및 저온 용기의 부속품

[해설] ① AG : 아세틸렌가스를 충전하는 용기부속품
② PG : 압축가스를 충전하는 용기부속품
③ LT : 초저온 및 저온가스를 충전하는 용기부속품
④ LPG : 액화석유가스를 충전하는 용기부속품
⑤ LG : 액화석유가스외의 가스를 충전하는 용기부속품

19
독성가스 제독작업에 필요한 보호구의 보관에 대한 설명으로 틀린 것은?
① 독성가스가 누출할 우려가 있는 장소에 가까우면서 관리하기 쉬운 장소에 보관한다.

정답 16. ④ 17. ② 18. ③ 19. ②

② 긴급 시 독성가스에 접하고 반출할 수 있는 장소에 보관한다.
③ 정화통 등의 소모품은 정기적 또는 사용 후에 점검하여 교환 및 보충한다.
④ 항상 청결하고 그 기능이 양호한 장소에 보관한다.

20 일반 공업용 용기의 도색의 기준으로 틀린 것은?
① 액화염소–갈색
② 액화암모니아–백색
③ 아세틸렌–황색
④ 수소–회색

해설 ▶ 공업용기 도색
청탄산 산녹에서 황아체 안주삼아 수주잔 높이들고 백암산 바라보니 염소는 갈색으로
 ①   ②   ③   ④   ⑤   ⑥
보이고 쥐들은 기타를 치더라
              ⑦
① 탄산가스 : 청색   ② 산소 : 녹색   ③ 아세틸렌 : 황색
④ 수소 : 주황   ⑤ 암모니아 : 백색   ⑥ 염소 : 갈색
⑦ 기타 : 쥐색(회색) LPG(백색 ; 밝은회색), Ar

21 액화석유가스의 안전관리 및 사업법에 규정된 용어의 정의에 대한 설명으로 틀린 것은?
① 저장설비라 함은 액화석유가스를 저장하기 위한 설비로서 저장탱크, 마운드형 저장탱크, 소형저장탱크 및 용기를 말한다.
② 자동차에 고정된 탱크라 함은 액화석유가스의 수송, 운반을 위하여 자동차에 고정 설치된 탱크를 말한다.
③ 소형저장탱크라 함은 액화석유가스를 저장하기 위하여 지상 또는 지하에 고정 설치된 탱크로서 그 저장능력이 3톤 미만인 탱크를 말한다.
④ 가스설비라 함은 저장설비외의 설비로서 액화석유가스가 통하는 설비(배관을 포함한다)와 그 부속설비를 말한다.

해설 ▶ 가스설비 : 제조, 저장설비(제조, 저장설비에 부착된 배관을 포함하여 사업소 안에 있는 배관은 제외) 중 가스가 통하는 부분

22 1%에 해당하는 ppm의 값은?
① 10^2 ppm
② 10^3 ppm
③ 10^4 ppm
④ 10^5 ppm

해설 ▶ 1%에 해당하는 ppm 값 : 10^4 ppm

정답 20. ④   21. ④   22. ③

23
가스배관의 시공 신뢰성을 높이는 일환으로 실시하는 비파괴검사 방법 중 내부선원법, 이중벽 이중상법 등을 이용하는 방법은?

① 초음파탐상시험　② 자분탐상시험　③ 방사선투과시험　④ 침투탐상방법

해설 방사선투과법(RT) : 가스배관의 시공 신뢰성을 높이는 일환으로 실시하는 비파괴 검사법 중 내부선원법, 이중벽 이중상법 등을 이용

24
차량에 고정된 저장탱크로 염소를 운반할 때 용기의 내용적(L)은 얼마 이하가 되어야 하는가?

① 10000　② 12000　③ 15000　④ 18000

해설 용기 내용적
① 가연성, 산소 : 18,000 L 이하
② 독성 : 12,000 L 이하(NH_3 제외)

25
일산화탄소와 공기의 혼합가스는 압력이 높아지면 폭발범위는 어떻게 되는가?

① 변함없다.　② 좁아진다.　③ 넓어진다.　④ 일정치 않다.

해설 일산화탄소와 공기의 혼합가스는 압력이 높아지면 폭발범위는 좁아진다.

26
도시가스 배관을 폭 8 m 이상의 도로에서 지하에 매설 시 지표면으로부터 배관의 외면까지의 매설깊이의 기준은?

① 0.6 m 이상　② 1.0 m 이상　③ 1.2 m 이상　④ 1.5 m 이상

해설 배관의 설비
① 도로경계와 수평거리, 철도경계와 수평거리, 산이나 들 도로폭이 8 m 미만시 : 1 m 이상
② 시가지의 도로노면 밑, 인도, 보도 등 방호구조물 내 도로폭이 8 m 이상시 : 1.2 m 이상

27
도시가스시설의 설치공사 또는 변경공사를 하는 때에 이루어지는 주요공정 시공감리 대상은?

① 도시가스사업자외의 가스공급시설설치자의 배관 설치공사
② 가스도매사업자의 가스공급시설 설치공사
③ 일반도시가스사업자의 정압기 설치공사
④ 일반도시가스사업자의 제조소 설치공사

정답 23. ③　24. ②　25. ②　26. ③　27. ①

해설 ➪ 도시가스시설의 설치공사 또는 변경공사를 하는 때에 주요공정 시공감리 대상 : 도시가스사업자외의 가스공급시설설치자의 배관 설치공사

28

고압가스 공급자의 안전점검 항목이 아닌 것은?
① 충전 용기의 설치위치
② 충전 용기의 운반방법 및 상태
③ 충전 용기와 화기와의 거리
④ 독성가스의 경우 흡수장치, 제해장치 및 보호구 등에 대한 적합여부

해설 ➪ 고압가스 공급자의 안전점검 항목
① 충전용기의 설치위치
② 독성가스의 경우 제해장치 및 보호구 등에 대한 적합여부
③ 충전용기와 화기와의 거리
④ 충전용기와 배관의 설치 상태

29

액화석유가스 판매업소의 충전용기 보관실에 강제통풍장치 설치 시 통풍능력의 기준은?
① 바닥면적 $1\,m^2$당 $0.5\,m^3$/분 이상
② 바닥면적 $1\,m^2$당 $1.0\,m^3$/분 이상
③ 바닥면적 $1\,m^2$당 $1.5\,m^3$/분 이상
④ 바닥면적 $1\,m^2$당 $2.0\,m^3$/분 이상

해설 ➪ 강제통풍 설치시 통풍능력 기준
바닥면적 $1\,m^2$당 $0.5\,m^3$/분 이상

30

다음 중 동일차량에 적재하여 운반할 수 없는 경우는?
① 산소와 질소
② 질소와 탄산가스
③ 탄산가스와 아세틸렌
④ 염소와 아세틸렌

해설 ➪ 동일차량에 적재하여 운반할 수 없는 경우
① 염소와 아세틸렌
② 염소와 수소
③ 염소와 암모니아

정답 28. ② 29. ① 30. ④

제2과목 : 가스장치 및 기기

31 액화가스의 이송 펌프에서 발생하는 캐비테이션현상을 방지하기 위한 대책으로서 틀린 것은?
① 흡입 배관을 크게 한다.
② 펌프의 회전수를 크게 한다.
③ 펌프의 설치위치를 낮게 한다.
④ 펌프의 흡입구 부근을 냉각한다.

해설 ▶ 캐비테이션(공동현상) 방지 대책
① 펌프의 설치위치를 낮춘다.
② 임펠라를 액중에 완전히 잠기게 한다.
③ 펌프의 회전수를 줄인다.
④ 관경을 크게 한다.
⑤ 유속을 줄인다.
⑥ 양흡입 펌프를 설치한다.
⑦ 펌프를 2대 이상 설치한다.

32 다음 중 대표적인 차압식 유량계는?
① 오리피스 미터
② 로터 미터
③ 마노 미터
④ 습식 가스미터

해설 ▶ 차압식 유량계
① 벤투리미터 ② 플로우미터 ③ 오리피스미터

33 공기액화분리기 내의 CO_2를 제거하기 위해 NaOH 수용액을 사용한다. 1.0 kg의 CO_2를 제거하기 위해서는 약 몇 kg의 NaOH를 가해야 하는가?
① 0.9   ② 1.8   ③ 3.0   ④ 3.8

해설 ▶ $2NaOH + CO_2 \rightarrow Na_2CO_3 + H_2O$
2×40 kg   44 kg
x 1 kg
$x = \dfrac{2 \times 40 \text{ kg} \times 1 \text{ kg}}{44 \text{ kg}} = 1.818 \text{ kg}$

정답 31. ② 32. ① 33. ②

34
왕복동 압축기 용량 조정 방법 중 단계적으로 조절하는 방법에 해당되는 것은?
① 회전수를 변경하는 방법
② 흡입 주밸브를 폐쇄하는 방법
③ 타임드 밸브 제어에 의한 방법
④ 클리어런스 밸브에 의해 용적 효율을 낮추는 방법

해설 › 왕복동 압축기 용량 조정방법 중 단계적으로 조절하는 방법 : 클리어런스 밸브에 의해 용적 효율을 낮추는 방법

35
LP가스에 공기를 희석시키는 목적이 아닌 것은?
① 발열량조절　　② 연소효율 증대
③ 누설 시 손실감소　　④ 재액화 촉진

해설 › LP가스에 공기를 희석시키는 목적
① 재액화 방지　　② 발열량조절
③ 누설시 손실이나 체류방지　　④ 연소효율 증대

36
다음 중 정압기의 부속설비가 아닌 것은?
① 불순물 제거장치　　② 이상압력상승 방지장치
③ 검사용 맨홀　　④ 압력기록장치

해설 › 정압기 부속설비
① 압력기록장치
② 이상압력상승 방지장치
③ 불순물 제거 장치

37
금속재료 중 저온 재료로 적당하지 않은 것은?
① 탄소강　　② 황동
③ 9% 니켈강　　④ 18-8 스테인리스강

해설 › 금속재료 중 저온 재료
① 9% 니켈강　　② 황동
③ 동 및 동합금　　④ 18-8 스테인리스강
⑤ 알루미늄 합금강

정답　34. ④　35. ④　36. ③　37. ①

38
다음 중 터보압축기에서 주로 발생할 수 있는 현상은?
① 수격작용(water hammer) ② 베이퍼 록(vapor lock)
③ 서징(surging) ④ 캐비테이션(cavitation)

해설 서장현상(맥동 현상) : 송출유량과 송출압력의 주기적인 변동으로 인하여 압력계 지침이 흔들리는 현상

39
파이프 커터로 강관을 절단하면 거스러미(burr)가 생긴다. 이것을 제거하는 공구는?
① 파이프 벤더 ② 파이프 렌치
③ 파이프바이스 ④ 파이프리이머

해설 파이프리이머 : 거스러미 제거

40
고속회전하는 임펠러의 원심력에 의해 속도에너지를 압력에너지로 바꾸어 압축하는 형식으로서 유량이 크고 설치면적이 적게 차지하는 압축기의 종류는?
① 왕복식 ② 터보식 ③ 회전식 ④ 흡수식

해설 터보식 : 고속회전하는 임펠러의 원심력에 의해 속도에너지를 압력에너지로 바꾸어 압축하는 형식으로 유량이 크고, 설치면적이 적다.

41
가스홀더의 압력을 이용하여 가스를 공급하며 가스제조공장과 공급지역이 가깝거나 공급면적이 좁을 때 적당한 가스공급 방법은?
① 저압공급방식 ② 중앙공급방식
③ 고압공급방식 ④ 초 고압공급방식

해설 · 공급지역이 가깝거나 공급면적이 좁을 때 : 저압공급방식
· 공급지역이 멀거나 공급면적이 넓을 때 : 고압공급방식

42
가스종류에 따른 용기의 재질로서 부적합한 것은?
① LPG : 탄소강 ② 암모니아 : 동
③ 수소 : 크롬강 ④ 염소 : 탄소강

해설 암모니아는 동을 쓰면 착이온 생성(부식)

정답 38. ③ 39. ④ 40. ② 41. ① 42. ②

43

오르자트법으로 시료가스를 분석할 때의 성분분석 순서로서 옳은 것은?

① $CO_2 \to O_2 \to CO$
② $CO \to CO_2 \to O_2$
③ $O_2 \to CO \to CO_2$
④ $O_2 \to CO_2 \to CO$

해설 오르자트법
- CO_2 : KOH 30% 수용액
- O_2 : 알칼리성 피로카롤 용액
- CO : 암모니아성 염화제1동 용액

44

수소염 이온화식(FID) 가스 검출기에 대한 설명으로 틀린 것은?

① 감도가 우수하다.
② CO_2와 NO_2는 검출할 수 없다.
③ 연소하는 동안 시료가 파괴된다.
④ 무기화합물의 가스검지에 적합하다.

해설 수소염 이온화식 가스 검출기
① 감도가 우수하다.
② CO_2나 NO_2는 검출할 수 없다.
③ 무기가스나 물에 거의 응답하지 않음
④ 전극간이 전기전도가 증대하는 것을 이용

45

다음 [보기]와 관련 있는 분석방법은?

[보기]
- 쌍극자모멘트의 알짜변화
- Nernst 백열등
- 진동 짝지움
- Fourier 변환분광계

① 질량분석법
② 흡광광도법
③ 적외선 분광분석법
④ 킬레이트 적정법

해설 적외선 분광분석법
① 진동 짝지움
② Fourier 변환분광계
③ Nernst 백열등
④ 쌍극자모멘트의 알짜변화

정답 43. ① 44. ④ 45. ③

제3과목 : 가스일반

46 표준상태에서 1000 L의 체적을 갖는 가스상태의 부탄은 약 몇 kg인가?

① 2.6 ② 3.1 ③ 5.0 ④ 6.1

해설 ➡ C_4H_{10}(55 g/mol)
  58 g = 22.4 L
  x = 1,000 L
  $x = \dfrac{58 \text{ g} \times 1,000 \text{ L}}{22.4 \text{ L}} = 2589.28 \text{ g} = 2.589 \text{ kg}$

47 다음 중 일반 기체상수(R)의 단위는?

① kg . m/kmol . K
② kg . m/kcal . K
③ kg . m/m³ . K
④ kcal/kg . ℃

해설 ➡ 기체상수의 값
  ① 848 kg . m/kmol . K
  ② 1.987 cal/mol . K
  ③ 8.314 J/mol . K
  ④ 0.082 L . atm/mol . K

48 열역학 제1법칙에 대한 설명이 아닌 것은?

① 에너지 보존의 법칙이라고 한다.
② 열은 항상 고온에서 저온으로 흐른다.
③ 열과 일은 일정한 관계로 상호 교환된다.
④ 제1종 영구기관이 영구적으로 일하는 것은 불가능하다는 것을 알려준다.

해설 ➡ 열역학 제1법칙
  ① 에너지 보존의 법칙
  ② 열과 일은 일정한 관계로 상호 교환한다.
  ③ 제1종 영구기관이 영구적으로 일하는 것은 불가능하다는 것을 알려준다.

49 표준상태의 가스 1 m³를 완전연소시키기 위하여 필요한 최소한의 공기를 이론공기량이라고 한다. 다음 중 이론공기량으로 적합한 것은? (단, 공기 중에 산소는 21% 존재한다.)

① 메탄 : 9.5배
② 메탄 : 12.5배
③ 프로판 : 15배
④ 프로판 : 30배

정답 46. ① 47. ① 48. ② 49. ①

해설 $CH_4 + 2O_2 \rightarrow CO_2 + 2H_2O$

$A_o = \dfrac{2}{0.21} = 9.52$

$C_3H_8 + 5O_2 \rightarrow 3CO_2 + 4H_2O$

$A_o = \dfrac{5}{0.21} = 23.80$

50 다음 중 액화가 가장 어려운 가스는?
① H_2 ② He ③ N_2 ④ CH_4

해설 H_2 : –252°C   He : –269°C
N_2 : –196°C CH_4 : –161.5°C
비점이 낮을수록 액화가 어렵다.

51 다음 중 아세틸렌의 발생방식이 아닌 것은?
① 주수식 : 카바이드에 물을 넣는 방법
② 투입식 : 물에 카바이드를 넣는 방법
③ 접촉식 : 물과 카바이드를 소량씩 접촉시키는 방법
④ 가열식 : 카바이드를 가열하는 방법

해설 아세틸렌의 발생방식
① 주수식 : 카바이드에 물을 넣는 방법
② 투입식 : 물에 카바이드를 넣는 방법
③ 접촉식 : 물과 카바이드를 소량씩 접촉시키는 방법

52 이상기체의 등온과정에서 압력이 증가하면 엔탈피(H)는?
① 증가한다. ② 감소한다.
③ 일정하다. ④ 증가하다가 감소한다.

해설 이상기체의 등온과정에서 압력이 증가하면 엔탈피는 일정하다.

53 1 kW의 열량을 환산한 것으로 옳은 것은?
① 536 kcal/h ② 632 kcal/h
③ 720 kcal/h ④ 860 kcal/h

정답 50. ② 51. ④ 52. ③ 53. ④

해설 1 kWh = 102 kg . m/sec×1 kcal/427 kg . m×3,600 sec/1h = 860 kcal/h
1 Psh = 75 kg . m/sec×1 kcal/427 kg . m×3,600 sec/1h = 632 kcal/h

54 섭씨온도와 화씨온도가 같은 경우는?
① −40℃   ② 32℉   ③ 273℃   ④ 45℉

해설 ・ $℃ = \dfrac{5}{9}(-40-32) = -40℃$ ・ $℉ = \dfrac{9}{5} \times -40 + 32 = -40℉$

55 다음 중 1기압(1atm)과 같지 않은 것은?
① 760 mmHg   ② 0.9807 bar   ③ 10.332 mH₂O   ④ 101.3 kPa

해설 1기압
= 1 atm = 1.0332 kg/cm² = 10,332 kg/cm²
= 1033.2 g/cm² = 76 cmHg = 760 mmHg
= 0.76 mHg = 10.332 mH₂O = 1033.2 cmH₂O
= 10332 mmH₂O = 29.92 mHgO = 14.7 PSI
= 1.013 bar = 1013 mbar = 101325 Pa
= 101325 N/m² = 101.325 kPa = 0.10332 MPa

56 어떤 기구가 1 atm, 30℃에서 10000 L의 헬륨으로 채워져 있다. 이 기구가 압력이 0.6 atm이고 온도가 −20℃인 고도까지 올라갔을 때 부피는 약 몇 L가 되는가?
① 10000   ② 12000   ③ 14000   ④ 16000

해설 $\dfrac{P_1 V_1}{T_1} = \dfrac{P_2 V_2}{T_2}$, $V_2 = \dfrac{P_1 V_1 T_2}{T_1 \times P_2} = \dfrac{1 \times 10,000(273+(-20))}{(273+30) \times 0.6} = 13916.39 L$

57 다음 중 절대온도 단위는?
① K   ② ⓡ   ③ ℉   ④ ℃

해설 $℃ = \dfrac{5}{9}(℉ - 32)$
$℉ = \dfrac{9}{5} \times ℃ + 32$
K = ℃+273, °R = ℉+460

정답 54. ①   55. ②   56. ③   57. ①

58
이상 기체를 정적하에서 가열하면 압력과 온도의 변화는?
① 압력증가, 온도일정
② 압력일정, 온도일정
③ 압력증가, 온도상승
④ 압력일정, 온도상승

[해설] 이상 기체를 정적하에서 가열하면 압력과 온도의 변화 : 압력증가, 온도상승

59
산소의 물리적인 성질에 대한 설명으로 틀린 것은?
① 산소는 약 −183℃에서 액화한다.
② 액체산소는 청색으로 비중이 약 1.13이다.
③ 무색, 무취의 기체이며 물에는 약간 녹는다.
④ 강력한 조연성 가스이므로 자신이 연소한다.

[해설] 조연성 가스이므로 연소하는데 도움만 주는 가스이다.

60
도시가스의 주원료인 메탄(CH_4)의 비점은 약 얼마인가?
① −50℃　　② −82℃　　③ −120℃　　④ −162℃

[해설] 비점
① CH_4 : −162℃
② N_2 : −196℃
③ O_2 : −183℃
④ H_2 : −252℃
⑤ C_3H_8 : −42.1℃
⑥ C_4H_{10} : −0.5℃

정답 58. ③　59. ④　60. ④

제 20 회 가스기능사 출제문제

1과목 : 가스안전관리

01 플레어스택에 대한 설명으로 틀린 것은?
① 플레어스택에서 발생하는 복사열이 다른 제조 시설에 나쁜 영향을 미치지 아니하도록 안전한 높이 및 위치에 설치한다.
② 플레어스택에서 발생하는 최대열량에 장시간 견딜 수 있는 재료 및 구조로 되어 있는 것으로 한다.
③ 파이롯트버너를 항상 점화하여 두는 등 플레어스텍에 관련된 폭발을 방지하기 위한 조치가 되어 있는 것으로 한다.
④ 특수반응설비 또는 이와 유사한 고압가스설비에는 그 특수반응설비 또는 고압가스설비마다 설치한다.

해설 ◦ 특수반응설비 도는 고압가스설비마다 설치하지 아니한다.

02 초저온 용기의 단열성능 시험에 있어 침입열량 산식은 다음과 같이 구해진다. 여기서 "q"가 의미하는 것은?

$$Q = \frac{W \cdot q}{H \cdot \triangle t \cdot V}$$

① 침입열량
② 측정시간
③ 기화된 가스량
④ 시험용 가스의 기화잠열

정답 1. ④ 2. ④

해설 $Q = \dfrac{W \cdot q}{H \cdot \Delta t \cdot V}$

Q(침입열량) : kcal/L·h·℃
H(측정시간) : hr
W(측정중의 기화가스량) : kg
Δt(시험용 저온액화가스의 비점과 외기와의 온도차) : ℃
V(용기 내용적) : L
q(시험용 액화가스의 기화잠열) : kcal/kg

03 고압가스용 저장탱크 및 압력용기 제조시설에 대하여 실시하는 내압검사에서 압력용기 등의 재질이 주철인 경우 내압시험압력의 기준은?

① 설계압력의 1.2배의 압력
② 설계압력의 1.5배의 압력
③ 설계압력의 2배의 압력
④ 설계압력의 3배의 압력

해설 압력용기 재질이 주철인 경우 내압시험압력 : 설계압력의 2배의 압력

04 가스도매사업시설에서 배관 지하매설의 설치기준으로 옳은 것은?

① 산과 들 이외의 지역에서 배관의 매설 깊이는 1.5 m 이상
② 산과 들에서의 배관의 매설깊이는 1 m 이상
③ 배관은 그 외면으로부터 수평거리로 건축물까지 1.2 m 이상 거리 유지
④ 배관은 그 외면으로부터 지하의 다른 시설물과 1.2 m 이상 거리 유지

해설 배관의 매설
① 철도부지와 수평거리, 도로경계와 수평거리, 산이나 들 도로폭이 8 m 미만 : 1 m 이상
② 시가지의 도로노면 밑, 인도, 보도 등, 방호구조물 내 도로폭이 8 m 이상 : 1.2 m
③ 공동주택부지내 : 0.6 m 이상

05 일반도시가스의 배관을 철도부지 밑에 매설할 경우 배관의 외면과 지표면과의 거리는 몇 m이상으로 하여야 하는가?

① 1.0 m
② 1.2 m
③ 1.3 m
④ 1.5 m

해설 일반도시가스의 배관을 철도부지 밑에 매설할 경우 배관의 외면과 지표면과의 거리 : 1.2 m 이상

정답 3. ③   4. ②   5. ②

06
도시가스 배관의 매설심도를 확보할 수 없거나 타 시설물과 이격거리를 유지하지 못하는 경우 등에는 보호판을 설치한다. 압력이 중압 배관일 경우 보호판의 두께 기준은?

① 3 mm ② 4 mm ③ 5 mm ④ 6 mm

해설 압력이 중압일 경우 보호판의 두께 : 4 mm

07
자연발화의 열의 발생 속도에 대한 설명으로 틀린 것은?

① 발열량이 큰 쪽이 일어나기 쉽다.
② 표면적이 적을수록 일어나기 쉽다.
③ 초기 온도가 높은 쪽이 일어나기 쉽다.
④ 촉매 물질이 존재하면 반응 속도가 빨라진다.

해설 자연발화의 열의 발생 속도
① 표면적이 클수록 일어나기 쉽다.
② 발열량이 큰 쪽이 일어나기 쉽다.
③ 촉매 물질이 존재하면 반응 속도가 빨라진다.
④ 초기 온도가 높은 쪽이 일어나기 쉽다.

08
가연성가스의 지상저장 탱크의 경우 외부에 바르는 도료의 색깔은 무엇인가?

① 청색 ② 녹색
③ 은·백색 ④ 검정색

해설 가연성가스의 지상저장 탱크의 경우 외부에 바르는 도료의 색상 : 은.백색

09
산화에틸렌 충전 용기에는 질소 또는 탄산가스를 충전하는데 그 내부가스 압력의 기준으로 옳은 것은?

① 상온에서 0.2MPa 이상
② 35°C에서 0.2MPa 이상
③ 40°C에서 0.4MPa 이상
④ 45°C에서 0.4MPa 이상

해설 산화에틸렌 충전 용기에는 질소 또는 탄산가스를 충전하는데 그 내부가스 압력의 기준 45°C에서 0.4 MPa 이상

정답 6. ② 7. ② 8. ③ 9. ④

10 다음 중 보일러 중독사고의 주원인이 되는 가스는?
① 이산화탄소　　② 일산화탄소
③ 질소　　　　　④ 염소

해설 ▶ 보일러 중독사고의 주원인 : CO(일산화탄소)

11 인화온도가 약 −30°C이고 발화온도가 매우 낮아 전구표면이나 증기파이프 등의 열에 의해 발화할 수 있는 가스는?
① CS_2　　　　② C_2H_2
③ C_2H_4　　　④ C_3H_8

해설 ▶ CS_2(이황화탄소)
　① 인화온도 −30°C
　② 발화온도 100°C
　③ 전구표면이나 증기파이프 등의 열에 의해 발화할 수 있다.

12 발열량이 9500 kcal/m³이고 가스비중이 0.65인(공기1) 가스의 웨버지수는 약 얼마인가?
① 6,175　　　　② 9,500
③ 11,780　　　 ④ 14,615

해설 ▶ $WI = \dfrac{H_g}{\sqrt{d}} = \dfrac{9,500}{\sqrt{0.65}} = 11,783$

13 고압가스 제조허가의 종류가 아닌 것은?
① 고압가스 특수제조　　② 고압가스 일반제조
③ 고압가스 충전　　　　④ 냉동제조

해설 ▶ 고압가스 제조허가의 종류
　① 고압가스 일반제조
　② 고압가스 충전
　③ 고압가스 냉동제조

정답 10. ②　11. ①　12. ③　13. ①

14 아세틸렌 용기에 대한 다공물질 충전검사 적합판정기준은?
① 다공물질은 용기 벽을 따라서 용기안지름의 1/200 또는 1 mm를 초과하는 틈이 없는 것으로 한다.
② 다공물질은 용기 벽을 따라서 용기안지름의 1/200 또는 3 mm를 초과하는 틈이 없는 것으로 한다.
③ 다공물질은 용기 벽을 따라서 용기안지름의 1/100 또는 5 mm를 초과하는 틈이 없는 것으로 한다.
④ 다공물질은 용기 벽을 따라서 용기안지름의 1/100 또는 10 mm를 초과하는 틈이 없는 것으로 한다.

15 비등액체팽창증기폭발(BLEVE)이 일어날 가능성이 가장 낮은 곳은?
① LPG 저장탱크
② LNG 저장탱크
③ 액화가스 탱크로리
④ 천연가스 지구정압기

해설❯ 비등액체팽창증기폭발이 일어날 가능성이 있는 곳
① 액화가스 탱크로리
② LNG 저장탱크
③ LPG 저장탱크

16 가스누출자동차단장치의 구성요소에 해당하지 않는 것은?
① 지시부 ② 검지부 ③ 차단부 ④ 제어부

해설❯ 가스누출자동차단장치의 구성요소
① 검지부
② 차단부
③ 제어부

17 다음 가스의 용기보관실 중 그 가스가 누출된 때에 체류하지 않도록 통풍구를 갖추고, 통풍이 잘 되지 않는 곳에는 강제환기시설을 설치하여야 하는 곳은?
① 질소저장소
② 탄산가스 저장소
③ 헬륨 저장소
④ 부탄저장소

해설❯ 통풍이 잘 되지 않는 곳에 강제환기시설 설치 : 부탄저장소

정답 14. ② 15. ④ 16. ① 17. ④

18 고압가스안전관리법의 적용을 받는 고압가스의 종류 및 범위로서 틀린 것은?
① 상용의 온도에서 압력이 1 MPa 이상이 되는 압축가스
② 섭씨 35도의 온도에서 압력이 0 Pa을 초과하는 아세틸렌가스
③ 상용의 온도에서 압력이 0.2 MPa 이상이 되는 액화가스
④ 섭씨 35도의 온도에서 압력이 0 Pa을 초과하는 액화가스 중 액화시안화수소

해설 고압가스 적용 범위
　① 압축가스 : 상용온도 또는 35℃에서 10 kg/cm²(1 MPa) 이상인 것
　② 액화가스 : 상용온도 또는 35℃에서 2 kg/cm²(0.2 MPa) 이상인 것
　③ 아세틸렌 : 상용온도 또는 15℃에서 0 Pa 이상인 것
　④ 액화가스 중 : HCN, C_2H_4O, CH_3Br은 상용온도에서 0 Pa 이상인 것

19 LP가스 저장탱크 지하에 설치하는 기준에 대한 설명으로 틀린 것은?
① 저장탱크실 상부 윗면으로부터 저장탱크 상부까지의 깊이는 1 m 이상으로 한다.
② 저장탱크 주위 빈 공간에는 세립분을 함유하지 않은 것으로서 손으로 만졌을 때 물이 손에서 흘러내리지 않는 상태의 모래를 채운다.
③ 저장탱크를 2개 이상 인접하여 설치하는 경우에는 상호간에 1 m 이상의 거리를 유지한다.
④ 저장탱크실은 천장, 벽 및 바닥의 두께가 30 cm 이상의 방수조치를 한 철근 콘크리트구조로 한다.

해설 저장탱크실 상부 윗면으로부터 저장탱크 상부까지의 깊이는 60 cm 이상으로 한다.

20 다음 중 사용신고를 하여야 하는 특정고압가스에 해당하지 않는 것은?
① 게르만　　② 삼불화질소　　③ 사불화규소　　④ 오불화붕소

해설 사용신고를 하여야 하는 특정고압가스
　① 사불화규소　② 삼불화질소　③ 게르만　④ 실란
　⑤ 삼불화붕소　⑥ 사불화옥황　⑦ 오불화인　⑧ 오불화비소

21 LPG 자동차에 고정된 용기충전시설에서 저장탱크의 물분무장치는 최대수량을 몇 분 이상 연속해서 방사할 수 있는 수원에 접속되어 있도록 하여야 하는가?
① 20분　　② 30분　　③ 40분　　④ 60분

해설 물분무장치는 최대수량을 30분 이상 연속해서 방사할 수 있는 수원에 접속

정답 18. ②　19. ①　20. ④　21. ②

22

용기의 설계단계 검사 항목이 아닌 것은?

① 단열성능
② 내압성능
③ 작동성능
④ 용접부의 기계적 성능

해설 용기의 설계단계 검사 항목
① 용접부의 기계적 성능 ② 내압성능 ③ 단열성능

23

액화석유가스가 공기 중에 얼마의 비율로 혼합되었을 때 그 사실을 알 수 있도록 냄새가 나는 물질을 섞어 용기에 충전하여야 하는가?

① $\dfrac{1}{1,000}$
② $\dfrac{1}{10,000}$
③ $\dfrac{1}{100,000}$
④ $\dfrac{1}{1,000,000}$

해설 부취제 농도 $\dfrac{1}{1,000}$ (0.1% 이하)

참고 구비조건
① 독성이 아닐 것
② 도관을 부식시키지 말 것
③ 도관내의 상용온도에서 응축되지 말 것
④ 토양에 대한 투과성이 클 것
⑤ 보통 존재하는 냄새와 명확히 구분할 것
⑥ 가스관이 가스미터에 부착되지 않을 것

24

도시가스사용시설에서 도시가스 배관의 표시등에 대한 기준으로 틀린 것은?

① 지하에 매설하는 배관은 그 외부에 사용가스명, 최고사용압력, 가스의 흐름방향을 표시한다.
② 지상배관은 부식방지 도장 후 황색으로 도색한다.
③ 지하매설배관은 최고사용압력이 저압인 배관은 황색으로 한다.
④ 지하매설배관은 최고사용압력이 중압이상인 배관은 적색으로 한다.

해설 지상에 설치하는 배관

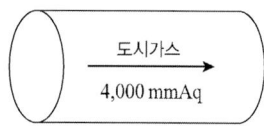

① 최고사용압력 : 4,000 mmAq
② 가스 흐름방향 : →
③ 사용가스명 : 도시가스

정답 22. ③ 23. ① 24. ①

25
특정고압가스 사용시설에서 용기의 안전조치 방법으로 틀린 것은?
① 고압가스의 충전용기는 항상 40℃ 이하를 유지하도록 한다.
② 고압가스의 충전용기 밸브는 서서히 개폐한다.
③ 고압가스의 충전용기 밸브 또는 배관을 가열할 때에는 열습포는 40℃ 이하의 더운 물을 사용한다.
④ 고압가스의 충전용기를 사용한 후에는 밸브를 열어 둔다.

해설 고압가스 충전용기는 사용 후 밸브를 닫는다.

26
액화가스를 충전하는 차량에 고정된 탱크는 그 내부에 액면요동을 방지하기 위하여 액면요동방지조치를 하여야 한다. 다음 중 액면요동방지조치로 올바른 것은?
① 방파판   ② 액면계   ③ 온도계   ④ 스톱밸브

27
암모니아 충전용기로서 내용적이 1000 L 이하인 것은 부식여유 두께의 수치가 (A)mm이고, 염소 충전용기로서 내용적이 1000 L 초과하는 것은 부식여유 두께의 수치가 (B)mm이다. A 와 B에 알맞은 부식 여유치는?
① A : 1, B : 3   ② A : 2, B : 3
③ A : 1, B : 5   ④ A : 2, B : 5

해설 부식여유 두께 수치
· 암모니아 1,000 L 이하 : 1 mm
　　　　　 1,000 L 초과 : 2 mm
· 염소 1,000 L 이하 : 3 mm
　　　 1,000 L 초과 : 5 mm

28
아르곤(Ar)가스 충전용기의 도색은 어떤 색상으로 하여야 하는가?
① 백색   ② 녹색   ③ 갈색   ④ 회색

해설 공업용기 도색
청탄산 산녹에서 황아체 안주삼아 수주잔 높이들고 백암산 바라보니 염소는 갈색으로
　①　　②　　　③　　　　④　　　　　⑤　　　　　⑥
보이고 쥐들은 기타를 치더라
　　　　　　　⑦

정답 25. ④　26. ①　27. ③　28. ④

① 탄산가스 : 청색　　　　② 산소 : 녹색　　　　③ 아세틸렌 : 황색
④ 수소 : 주황　　　　　　⑤ 암모니아 : 백색　　⑥ 염소 : 갈색
⑦ 기타 : 쥐색(회색) LPG, Ar

29

인체용 에어졸 제품의 용기에 기재하여야 할 사항으로 틀린 것은?

① 불 속에 버리지 말 것
② 가능한 한 인체에서 10 cm 이상 떨어서 사용할 것
③ 온도가 40℃ 이상 되는 장소에 보관하지 말 것
④ 특정부위에 계속하여 장시간 사용하지 말 것

해설 ⇒ 가능한 한 인체에서 20 cm 이상 떨어서 사용할 것

30

지하에 매몰하는 도시가스 배관의 재료로 사용할 수 없는 것은?

① 가스용 폴리에틸렌관
② 압력 배관용 탄소강관
③ 압출식 폴리에틸렌 피복강관
④ 분말융착식 폴리에틸렌 피복강관

해설 ⇒ 지하에 매몰하는 도시가스 배관의 재료
　　　① 분말융착식 폴리에틸렌 피복강관
　　　② 압출식 폴리에틸렌 피복강관
　　　③ 가스용 폴리에틸렌관

제2과목 : 가스장치 및 기기

31

연소에 필요한 공기를 전부 2차 공기로 취하며 불꽃의 길이가 길고, 온도가 가장 낮은 연소방식은?

① 분젠식　　　② 세미분젠식　　　③ 적화식　　　④ 전1차 공기식

해설 ⇒ ・적화식 : 연소에 필요한 공기를 전부 2차 공기로 취하여 불꽃의 길이가 길고 온도가 가장 낮은 연소방식
　　　・분젠식 : 가스를 노즐로부터 연소시켜 이때 운동에너지에 의해 연소에 필요한 (1차 공기) 일부분을 공기구멍에 흡입하고 연소불꽃 주위에서 확산에 의해 2차 공기를 취해서 연소시키는 방법

정답　29. ②　30. ②　31. ③

32
압축천연가스자동차 충전소에 설치하는 압축가스설비의 설계압력이 25 MPa인 경우 이 설비에 설치하는 압력계의 지시눈금은?
① 최소 25.0 MPa까지 지시할 수 있는 것
② 최소 27.5 MPa까지 지시할 수 있는 것
③ 최소 37.5 MPa까지 지시할 수 있는 것
④ 최소 50.0 MPa까지 지시할 수 있는 것

해설 압축천연가스자동차 충전소에 설치하는 압축가스설비의 설계압력이 25 MPa인 경우 이 설비에 설치하는 압력계의 지시눈금 : 25×1.5=37.5 MPa

33
저온, 고압의 액화석유가스 저장 탱크가 있다. 이 탱크를 퍼지하여 수리 점검 작업할 때에 대한 설명으로 옳지 않은 것은?
① 공기로 재치환하여 산소 농도가 최소 18%인지 확인한다.
② 질소가스로 충분히 퍼지하여 가연성가스의 농도가 폭발하한계의 1/4 이하가 될 때까지 치환을 계속한다.
③ 단시간에 고온으로 가열하면 탱크가 손상될 우려가 있으므로 국부가열이 되지 않게 한다.
④ 가스는 공기보다 가벼우므로 상부 맨홀을 열어 자연적으로 퍼지가 되도록 한다.

해설 가스는 공기보다 무거우므로 가스가 자연적으로 퍼지가 안됨

34
공기액화 분리 장치에는 다음 중 어떤 가스 때문에 가연성 물질을 단열재로 사용할 수 없는가?
① 질소   ② 수소   ③ 산소   ④ 아르곤

해설 공기액화 분리 장치는 산소 가스 때문에 가연성 물질을 단열재로 사용할 수 없다.

35
도시가스사용시설의 정압기실에 설치된 가스누출경보기의 점검주기는?
① 1일 1회 이상   ② 1주일 1회 이상
③ 2주일 1회 이상   ④ 1개월 1회 이상

해설
- 정압기실 가스누출 경보기의 점검주기 : 1주일에 1회 이상
- 정압기 분해점검 : 3년에 1회 이상(도시가스 사용시설)
- 일반도시가스 분해점검 : 2년에 1회 이상

정답 32. ③ 33. ④ 34. ③ 35. ②

36
도시가스 공급시설이 아닌 것은?
① 압축기　　② 홀더　　③ 정압기　　④ 용기

해설 ▶ 도시가스 공급시설
① 본관　　② 공급관　　③ 압축기
④ 정압기　　⑤ 홀더　　⑥ 압송기

37
저압식(Linde-Frankl 식) 공기액화 분리장치의 정류탑 하부의 압력은 어느 정도인가?
① 1기압　　② 5기압　　③ 10기압　　④ 20기압

해설 ▶ 저압식 공기액화 분리장치의 정류탑 하부의 압력 : 5기압

참고　정류탑 하부탑에서 약 5atm 압력하에서 원료공기가 정류되고 동탑 상부에 98% 정도의 액체질소와 하단산소 40% 정도의 액체공기로 분리됨. 이때 상부탑 하부에서 순도 99.6~99.8%의 산소가 분리, 불순질소 순도는 96~98%로 상부탑 상부에서 분리되고 과냉기 액화기를 거쳐 축냉기에 이른다.

38
액주식 압력계에 대한 설명으로 틀린 것은?
① 경사관식은 정도가 좋다.
② 단관식은 차압계로도 사용된다.
③ 링 밸런스식은 저압가스의 압력측정에 적당하다.
④ U자관은 메니스커스의 영향을 받지 않는다.

해설 ▶ 액주식 압력계
① U자관식 압력계, 단관식 압력계, 경사관식 압력계 등이 있다.
② 경사관식은 정도가 좋다.
③ 링 밸런스식은 저압가스의 압력측정에 적당하다.
④ 단관식은 차압계로도 사용된다.

39
액화산소, LNG 등에 일반적으로 사용될 수 있는 재질이 아닌 것은?
① Al 및 Al합금　　② Cu 및 Cu합금
③ 고장력 주철강　　④ 18-8 스테인리스강

해설 ▶ 액화산소, LNG 등에 일반적으로 사용될 수 있는 재질
① 9% 니켈강　　② Cu 및 Cu합금
③ Al 및 Al합금　　④ 18-8 스테인리스강

정답　36. ④　37. ②　38. ④　39. ③

40
암모니아 용기의 재료로 주로 사용되는 것은?
① 동
② 알루미늄합금
③ 동합금
④ 탄소강

해설 암모니아 용기의 재료 : 탄소강
① 무색자극성의 기체로 물 1 cc에 800~900 cc 용해
② 증발잠열이 크므로 냉매로 사용
③ 상온에서 8.46 atm이 되면 쉽게 액화한다.
④ 허용농도 25 PPM 이하, 폭발범위 15~28%
⑤ 염화수소와 만나면 흰 연기를 낸다.
⑥ 암모니아는 동이나 동합금강과 반응하여 착염을 생성하므로 완전하게 보관할 수 없다.

41
이동식부탄연소기의 용기 연결방법에 따른 분류가 아닌 것은?
① 용기이탈식
② 분리식
③ 카세트식
④ 직결식

해설 이동식부탄연소기의 용기 연결방법에 따른 분류
① 분리식
② 직결식
③ 카세트식

42
저온장치에서 열의 침입 원인으로 가장 거리가 먼 것은?
① 내면으로부터의 열전도
② 연결 배관 등에 의한 열전도
③ 지지 요크 등에 의한 열전도
④ 단열재를 넣은 공간에 남은 가스의 분자 열전도

해설 열의 침입 원인
① 안전밸브, 밸브 등에 의한 열전도
② 지면으로부터의 열전도
③ 연결되는 파이프를 따라오는 열전도
④ 단열재를 충전한 공간에 남은 가스 분자의 열전도
⑤ 지지 요크 등에 의한 열전도

정답 40. ④ 41. ① 42. ①

43
고압가스 제조설비에서 정전기의 발생 또는 대전 방지에 대한 설명으로 옳은 것은?
① 가연성가스 제조설비의 탑류, 벤트스택 등은 단독으로 접지한다.
② 제조장치 등에 본딩용 접속선은 단면적이 5.5mm² 미만의 단선을 사용한다.
③ 대전 방지를 위하여 기계 및 장치에 절연 재료를 사용한다.
④ 접지 저항치 총합이 100Ω 이하의 경우에는 정전기 제거 조치가 필요하다.

해설 ① 본딩용 접속선은 단면적이 5.5mm² 이상
② 피뢰설비는 10Ω 이하
③ 접지저항치 총합이 100Ω이하인 경우 정전기제거조치가 필요없다.

44
저장탱크 내부의 압력이 외부의 압력보다 낮아져 그 탱크가 파괴되는 것을 방지하기 위한 설비와 관계없는 것은?
① 압력계   ② 진공안전밸브   ③ 압력경보설비   ④ 벤트스택

해설 저장탱크 내부의 압력이 외부의 압력보다 낮아져 그 탱크가 파괴되는 것을 방지하기 위한 설비
① 압력계   ② 진공안전밸브   ③ 압력경보설비   ④ 송액설비
⑤ 냉동설비   ⑥ 균압관

45
LP가스 저압배관 공사를 완료하여 기밀시험을 하기 위해 공기압을 1000mmH₂O로 하였다. 이때 관지름 25mm, 길이 30m로 할 경우 배관의 전체 부피는 약 몇 L인가?
① 5.7L   ② 12.7L   ③ 14.7L   ④ 23.7L

해설 $V = \dfrac{\pi D^2}{4} \times L = \dfrac{3.14 \times 0.025^2}{4} \times 30 = 0.014718 \text{ m}^3 \times 1,000 \text{ L/1m}^3 = 14.71 \text{ L}$

제3과목 : 가스일반

46
이상기체의 정압비열(C_p)과 정적비열(C_v)에 대한 설명 중 틀린 것은? (단, k는 비열비이고, R은 이상기체 상수이다.)
① 정적비열과 R의 합은 정압비열이다.
② 비열비(k)는 C_p/C_v로 표현된다.
③ 정적비열은 $R/(k-1)$로 표현된다.
④ 정적비열은 $(k-1)/k$로 표현된다.

정답 43. ① 44. ④ 45. ③ 46. ④

해설 정압비열(C_p)−정적비열(C_v)= R

비열비(k)= $\dfrac{C_p}{C_v}$

47
부탄가스의 주된 용도가 아닌 것은?
① 산화에틸렌 제조 ② 자동차 연료
③ 라이터 연료 ④ 에어졸 제조

해설 부탄가스의 주된 용도
① 에어졸 제조 ② 라이터 연료 ③ 자동차 연료

48
LNG의 주성분은?
① 메탄 ② 에탄 ③ 프로판 ④ 부탄

해설 · LNG의 주성분 : 메탄
· LPG의 주성분 : 프로판

49
부양기구의 수소 대체용으로 사용되는 가스는?
① 아르곤 ② 헬륨 ③ 질소 ④ 공기

해설 부양기구의 수소 대체용 가스 : He(헬륨)

50
착화원이 있을 때 가연성액체나 고체의 표면에 연소하한계 농도의 가연성 혼합기가 형성되는 최저온도는?
① 인화온도 ② 임계온도
③ 발화온도 ④ 포화온도

51
황화수소에 대한 설명으로 틀린 것은?
① 무색이다. ② 유독하다.
③ 냄새가 없다. ④ 인화성이 아주 강하다.

정답 47. ① 48. ① 49. ② 50. ① 51. ③

[해설] 황화수소
① 공기중에서 완전 연소한다.
  $2H_2S + 3O_2 \rightarrow 2H_2O + 2SO_2$
② 달걀 썩은 냄새를 가진 유독성 기체
③ 물에 약간 녹아 산성을 나타낸다.
④ 연당지와 반응하여 흑색으로 변화시킨다.
⑤ 무색이며 인화성이 아주 강하다.

52
표준상태에서 산소의 밀도(g/L)는?
① 0.7   ② 1.43   ③ 2.72   ④ 2.88

[해설] 산소의 밀도 $= \dfrac{32\,g}{22.4\,L} = 1.428\,g/L$

53
다음 중 가장 낮은 압력은?
① 1 atm   ② 1 kg/cm²   ③ 10.33 mH₂O   ④ 1 MPa

[해설]
① 1 atm
② 1 atm = 1.0332 kg/cm²
  $x = 1\,kg/cm^2$
  $x = \dfrac{1\,atm \times 1\,kg \times cm^2}{1.0332\,kg/cm^2} = 0.9678\,atm$
③ 1 atm = 10.33 mH₂O
  $x = 10.33\,mH_2O$
  $x = 1\,atm$
④ 1 atm = 0.10332 MPa
  $x = 1\,MPa$
  $x = \dfrac{1\,atm \times 1\,MPa}{0.10332\,MPa} = 9.678\,atm$

54
시안화수소를 충전한 용기는 충전 후 얼마를 정치해야 하는가?
① 4시간   ② 8시간
③ 16시간   ④ 24시간

[해설] 시안화수소
① 인화성액체이다.
② 시안화수소를 충전한 용기는 충전 후 24시간 정치

정답 52. ②   53. ②   54. ④

③ 아세틸렌과 반응하여 아크릴로니트릴을 만들 수 있다.
C₂H₂+HCN → CH₂CHCN
④ 시안화수소의 안정제로는 오산화인, 염화칼슘, 인산, 아황산가스, 동, 황산 등이 있다.
⑤ 오래된 시안화수소는 급격한 중합에 의해 폭발의 위험이 있으므로 충전 후 60일을 넘지 않도록 한다.
⑥ 무색의 복숭아향 냄새가 나는 기체로서 독성이 강하다.

55. 메탄(CH_4)의 공기 중 폭발범위 값에 가장 가까운 것은?

① 5%~15.4% ② 3.2%~12.5%
③ 2.4%~9.5% ④ 1.9%~8.4%

해설 메탄 : 5%~15.4%   수소 : 4~75%
에탄 : 3.2~12.5%   아세틸렌 : 2.5~81%
프로판 : 2.2~9.5%   에탄 : 3~12.5%
부탄 : 1.9~8.4%

56. 다음 가스 중 비중이 가장 적은 것은?

① CO ② C_3H_8 ③ Cl_2 ④ NH_3

해설 가스의 비중
① CO : 12+16=28 g÷29 g=0.956
② C_3H_8 : 12×3+8=44 g÷29 g=1.52
③ Cl_2 : 35.5×2=71 g÷29 g=2.448
④ NH_3 : 14+3=17 g÷29 g=0.586

57. 포스겐의 화학식은?

① $COCl_2$ ② $COCl_3$ ③ PH_2 ④ PH_3

해설 화학식
① 포스겐 : $COCl_2$
② PH_3 : 인화수소
③ 아크릴로니트릴 : CH_2CHCN
④ 황화수소 : H_2S
⑤ 염화수소 : HCl

정답 55. ① 56. ④ 57. ①

58

표준상태에서 부탄가스의 비중은 약 얼마인가? (단, 부탄의 분자량은 58이다.)

① 1.6 ② 1.8 ③ 2.0 ④ 2.2

해설 ▷ 부탄가스 비중
C_4H_{10} : $12 \times 4 + 10 = 58\ g \div 29\ g = 2$

59

다음 중 헨리의 법칙에 잘 적용되지 않는 가스는?

① 암모니아 ② 수소
③ 산소 ④ 이산화탄소

해설 ▷
- 헨리의 법칙에 적용되는 가스
  ① 산소 ② 수소 ③ 질소 ④ 이산화탄소
  ⑤ 일산화탄소 ⑥ 메탄 ⑦ 황화수소
- 적용 불가
  ① SO_2(아황산가스) ② HCl(염화수소)
  ③ NH_3(암모니아) ④ H_2S(황화수소)

60

아세틸렌(C_2H_2)에 대한 설명 중 틀린 것은?

① 공기보다 무거워 낮은 곳에 체류한다.
② 카바이트(CaC_2)에 물을 넣어 제조한다.
③ 공기 중 폭발범위는 약 2.5~81%이다.
④ 흡열화합물이므로 압축하면 폭발을 일으킬 수 있다.

해설 ▷ 공기보다 가벼워 높은 곳에 체류한다.
$C_2H_2(12 \times 2 + 2 = 26\ g \div 29\ g = 0.896)$

정답 58. ③ 59. ① 60. ①

제21회 가스기능사 출제문제

1과목 : 가스안전관리

01 도시가스배관에 설치하는 희생양극법에 의한 전위 측정용 터미널은 몇 m 이내의 간격으로 하여야 하는가?
① 200 m ② 300 m ③ 500 m ④ 600 m

해설 도시가스배관에 설치하는 전위측정용 터미널 간격
① 희생양극법(유전양극법) : 300 m 이내, 선택배류법 : 300 m 이내
② 외부전원법 : 500 m 이내

02 저장탱크에 의한 액화석유가스 저장소에서 지상에 노출된 배관을 차량 등으로부터 보호하기 위하여 설치하는 방호철판의 두께는 얼마 이상으로 하여야 하는가?
① 2 mm ② 3 mm ③ 4 mm ④ 5 mm

해설
· 방호철판의 두께 : 4mm 이상
· 방호철판의 크기 : 0.8m 이상

03 특정고압가스 사용시설에서 취급하는 용기의 안전조치사항으로 틀린 것은?
① 고압가스 충전용기는 항상 40℃ 이하를 유지한다.
② 고압가스 충전용기 밸브는 서서히 개폐하고 밸브 또는 배관을 가열하는 때에는 열습포나 40℃ 이하의 더운 물을 사용한다.
③ 고압가스 충전용기를 사용한 후에는 폭발을 방지하기 위하여 밸브를 열어 둔다.
④ 용기보관실에 충전용기를 보관하는 경우에는 넘어짐 등으로 충격 및 밸브 등의 손상을 방지하는 조치를 한다.

정답 1. ② 2. ③ 3. ③

04 액화석유가스 자동차에 고정된 용기충전시설에 설치하는 긴급차단장치에 접속하는 배관에 대하여 어떠한 조치를 하도록 되어 있는가?

① 워터햄머가 발생하지 않도록 조치
② 긴급차단에 따른 정전기 등이 발생하지 않도록 하는 조치
③ 체크 밸브를 설치하여 과량 공급이 되지 않도록 조치
④ 바이패스 배관을 설치하여 차단성능을 향상시키는 조치

05 도시가스 배관 굴착작업 시 배관의 보호를 위하여 배관 주위 얼마 이내에는 인력으로 굴착하여야 하는가?

① 0.3m ② 0.6m ③ 1m ④ 1.5m

[해설] 가스배관의 주위를 굴착하고자 할 때에는 가스배관의 좌우 1m 이내의 부분은 인력으로 굴착

06 자연환기설비 설치 시 LP가스의 용기 보관실 바닥 면적이 $3m^2$이라면 통풍구의 크기는 몇 cm^2 이상으로 하도록 되어 있는가? (단, 철망 등이 부착되어 있지 않은 것으로 간주한다.)

① 500 ② 700 ③ 900 ④ 1100

[해설] 바닥면적이 $1m^2 = 300cm^2$이므로 $900cm^2$이다.

07 고속도로 휴게소에서 액화석유가스 저장능력이 얼마를 초과하는 경우에 소형저장탱크를 설치하여야 하는가?

① 300kg ② 500kg ③ 1000kg ④ 3000kg

08 특정고압가스 사용시설의 시설기준 및 기술기준으로 틀린 것은?

① 가연성가스의 사용설비에는 정전기 제거설비를 설치한다.
② 지하에 매설하는 배관에는 전기부식 방지조치를 한다.
③ 독성가스의 저장설비에는 가스가 누출된 때 이를 흡수 또는 중화할 수 있는 장치를 설치한다.
④ 산소를 사용하는 밸브에는 밸브가 잘 동작할 수 있도록 석유류 및 유지류를 주유하여 사용한다.

정답 4. ① 5. ③ 6. ③ 7. ② 8. ④

09

고압가스 용기를 취급 또는 보관할 때의 기준으로 옳은 것은?

① 충전용기와 잔가스용기는 각각 구분하여 용기보관장소에 놓는다.
② 용기는 항상 60℃ 이하의 온도를 유지한다.
③ 충전용기는 통풍이 잘 되고 직사광선을 받을 수 있는 따스한 곳에 둔다.
④ 용기 보관장소의 주위 5 m 이내에는 화기, 인화성물질을 두지 아니한다.

해설 ㉠ 충전용기와 잔 가스 용기는 각각 구분하여 용기보관 장소에 놓을 것
㉡ 용기 보관 장소 주위 2m 이내에는 화기 또는 인화성 물질이나 발화성 물질을 두지 아니할 것
㉢ 충전 용기는 항상 40℃ 이하의 온도를 유지하고, 직사광선을 받지 않도록 조치할 것
㉣ 가연성 가스 용기보관 장소에는 방폭형 휴대용 손전등 외의 등화를 휴대하고 들어가지 아니할 것

10

허용농도가 100만분의 200 이하인 독성가스 용기 중 내용적이 얼마 미만인 충전용기를 운반하는 차량의 적재함에 대하여 밀폐된 구조로 하여야 하는가?

① 500L   ② 1000L   ③ 2000L   ④ 3000L

11

상용압력이 10 MPa인 고압설비의 안전밸브 작동압력은 얼마인가?

① 10 MPa   ② 12 MPa
③ 15 MPa   ④ 20 MPa

해설 안전밸브 작동압력 = TP × $\frac{8}{10}$ 배 이하

= 상용압력 × 1.5 × $\frac{8}{10}$ 배이하
= 10 × 1.5 × 0.8
= 12MPa

12

방폭전기 기기구조별 표시방법 중 "e"의 표시는?

① 안전증방폭구조   ② 내압방폭구조
③ 유입방폭구조   ④ 압력방폭구조

해설 ① 내압방폭구조 : d   ② 유입방폭구조 : o
③ 압력방폭구조 : p   ④ 본질안전방폭구조 : ia 또는 ib
⑤ 안전증방폭구조 : e   ⑥ 특수방폭구조 : s

정답 9. ①   10. ②   11. ②   12. ①

13
다음 중 가연성이면서 독성가스는?
① CHClF₂ ② HCl ③ C₂H₂ ④ HCN

해설 가연성이며 독성가스
① C₂H₄O(산화에틸렌) : 50 PPM 이하, 3~80%
② C₆H₆(벤젠) : 10 PPM 이하, 1.4~7.1%
③ CS₂(이황화탄소) : 10 PPM 이하, 1.2~44%
④ NH₃(암모니아) : 25 PPM 이하, 15~28%
⑤ CO(일산화탄소) : 50 PPM 이하, 12.5~74%
⑥ HCN(시안화수소) : 10 PPM 이하, 6~41%
⑦ H₂S(황화수소) : 10 PPM 이하, 4.3~45.5%

14
고압가스안전관리법의 적용범위에서 제외되는 고압가스가 아닌 것은?
① 섭씨 35°C의 온도에서 게이지압력이 4.9 MPa 이하인 유니트형 공기압축장치 안의 압축공기
② 섭씨 15°C의 온도에서 압력이 0 Pa을 초과하는 아세틸렌가스
③ 내연기관의 시동, 타이어의 공기 충전, 리벳팅, 착암 또는 토목공사에 사용되는 압축 장치 안의 고압가스
④ 냉동능력이 3톤 미만인 냉동설비 안의 고압가스

15
액화석유가스 집단공급 시설에서 가스설비의 상용압력이 1 MPa일 때 이 설비의 내압 시험 압력은 몇 MPa으로 하는가?
① 1 ② 1.25 ③ 1.5 ④ 2.0

해설 $Tp = 상용압력 \times 1.5 = 1 \times 1.5 = 1.5$

16
독성가스 충전용기를 차량에 적재할 때의 기준에 대한 설명으로 틀린 것은?
① 운반차량에 세워서 운반한다.
② 차량의 적재함을 초과하여 적재하지 아니한다.
③ 차량의 최대적재량을 초과하여 적재하지 아니한다.
④ 충전용기는 2단 이상으로 겹쳐 쌓아 용기가 서로 이격되지 않도록 한다.

해설 겹쳐 쌓지 않도록 한다.

정답 13. ④ 14. ② 15. ③ 16. ④

17 액화석유가스 사용시설의 연소기 설치방법으로 옳지 않은 것은?
① 밀폐형 연소기는 급기구, 배기통과 벽과의 사이에 배기가스가 실내로 들어올 수 없게 한다.
② 반밀폐형 연소기는 급기구와 배기통을 설치한다.
③ 개방형 연소기를 설치한 실에는 환풍기 또는 환기구를 설치한다.
④ 배기통이 가연성 물질로 된 벽을 통과 시에는 금속 등 불연성 재료로 단열조치를 한다.

18 고압가스 특정제조시설에서 선임하여야 하는 안전관리원의 선임인원 기준은?
① 1명 이상 ② 2명 이상 ③ 3명 이상 ④ 5명 이상

19 LPG 충전자가 실시하는 용기의 안전점검기준에서 내용적 얼마 이하의 용기에 대하여 "실내보관 금지" 표시여부를 확인하여야 하는가?
① 15 L ② 20 L ③ 30 L ④ 50 L

해설 ▶ 내용적 15L이하의 용기는 실내보관금지

20 아세틸렌가스 또는 압력이 9.8MPa 이상인 압축가스를 용기에 충전하는 경우 방호벽을 설치하지 않아도 되는 곳은?
① 압축기와 충전장소 사이
② 압축가스 충전장소와 그 가스충전용기 보관장소 사이
③ 압축기와 그 가스 충전용기 보관장소 사이
④ 압축가스를 운반하는 차량과 충전용기 사이

해설 ▶ 용기보관실 벽, 기화설비 주의

21 차량에 고정된 고압가스 탱크를 운행할 경우에 휴대하여야 할 서류가 아닌 것은?
① 차량등록증   ② 탱크 테이블(용량환산표)
③ 고압가스 이동계획서   ④ 탱크 제조시방서

해설 ▶ 휴대서류 : 차량등록증, 용량환산표, 운전면허증, 이동계획서, 자격증

정답 17. ④ 18. ② 19. ① 20. ④ 21. ④

22
고압가스 제조설비에서 기밀시험용으로 사용할 수 없는 것은?
① 산소　② 질소　③ 공기　④ 탄산가스

해설 ▷ 기밀시험용 : 공기, 질소, 탄산가스

23
고압가스의 용어에 대한 설명으로 틀린 것은?
① 액화가스란 가압, 냉각 등의 방법에 의하여 액체상태로 되어 있는 것으로서 대기압에서의 끓는점이 섭씨 40도 이하 또는 상용의 온도이하인 것을 말한다.
② 독성가스란 공기 중에 일정량이 존재하는 경우 인체에 유해한 독성을 가진 가스로서 허용농도가 100만분의 2000 이하인 가스를 말한다.
③ 초저온저장탱크라 함은 섭씨 영하 50도 이하의 액화가스를 저장하기 위한 저장탱크로서 단열재로 씌우거나 냉동설비로 냉각하는 등의 방법으로 저장탱크 내의 가스 온도가 상용의 온도를 초과하지 아니하도록 한 것을 말한다.
④ 가연성가스라 함은 공기 중에서 연소하는 가스로서 폭발한계의 하한이 10% 이하인 것과 폭발한계의 상한과 하한의 차가 20% 이상인 것을 말한다.

해설 ▷ 허용농도가 $\frac{200}{100만}$ 이하(TLV-TWA)

허용농도가 $\frac{5,000}{100만}$ PPM이하(LC50)

24
도시가스에 대한 설명 중 틀린 것은?
① 국내에서 공급하는 대부분의 도시가스는 메탄을 주성분으로 하는 천연가스이다.
② 도시가스는 주로 배관을 통하여 수요가에게 공급된다.
③ 도시가스의 원료로 LPG를 사용할 수 있다.
④ 도시가스는 공기와 혼합만 되면 폭발한다.

해설 ▷ 폭발범위 안에 들어 폭발한다.

25
액화석유가스의 용기보관소 시설기준으로 틀린 것은?
① 용기보관실은 사무실과 구분하여 동일 부지에 설치한다.
② 저장 설비는 용기 집합식으로 한다.
③ 용기보관실은 불연재료를 사용한다.
④ 용기보관실 창의 유리는 망입유리 또는 안전유리로 한다.

정답 22. ①　23. ②　24. ④　25. ②

26 일반도시가스 공급시설에 설치하는 정압기의 분해점검 주기는?
① 1년에 1회 이상
② 2년에 1회 이상
③ 3년에 1회 이상
④ 1주일에 1회 이상

해설⇒ ① 정압기 분해점검 : 2년에 1회 이상
② 정압기 작동상황 점검 : 1주일에 1회 이상

27 액화석유가스 자동차에 고정된 용기충전시설에 게시한 "화기엄금"이라 표시한 게시판의 색상은?
① 황색바탕에 흑색글씨
② 흑색바탕에 황색글씨
③ 백색바탕에 적색글씨
④ 적색바탕에 백색글씨

해설⇒ 화기엄금 : 백색바탕, 적색글씨

28 가스제조시설에 설치하는 방호벽의 규격으로 옳은 것은?
① 박강판 벽으로 두께 3.2 cm 이상, 높이 3 m 이상
② 후강판 벽으로 두께 10 mm 이상, 높이 3 m 이상
③ 철근콘크리트 벽으로 두께 12 cm 이상, 높이 2 m 이상
④ 철근콘크리트블록 벽으로 두께 20 cm 이상, 높이 2 m 이상

해설⇒ 방호벽
· 콘크리트블록 : 두께 15 cm 이상, 높이 2 m 이상
· 철근콘크리트 : 두께 12 cm 이상, 높이 2 m 이상
· 후강판 : 두께 6 mm 이상, 높이 2 m 이상
· 박강판 : 두께 3.2 mm 이상, 높이 2 m 이상

29 도시가스 배관에는 도시가스를 사용하는 배관임을 명확하게 식별할 수 있도록 표시를 한다. 다음 중 그 표시방법에 대한 설명으로 옳은 것은?
① 지상에 설치하는 배관 외부에는 사용가스명, 최고사용압력 및 가스의 흐름방향을 표시한다.
② 매설배관의 표면색상은 최고사용압력이 저압인 경우에는 녹색으로 도색한다.
③ 매설배관의 표면색상은 최고사용압력이 중압인 경우에는 황색으로 도색한다.
④ 지상배관의 표면색상은 백색으로 도색한다. 다만, 흑색으로 2중 띠를 표시한 경우 백색으로 하지 않아도 된다.

정답 26. ② 27. ③ 28. ③ 29. ①

해설 ② 황색 ③ 적색 ④ 황색

30 다음 가스 중 독성(LC_{50})이 가장 강한 것은?
① 암모니아   ② 디메틸아민   ③ 브롬화메탄   ④ 아크릴로니트릴

해설
① 아크릴로니트릴 : 666ppm 이하
② 암모니아 : 7338ppm 이하
③ 브롬화메탄 : 850ppm 이하
④ 염소 : 293ppm 이하
⑤ 시안화수소 : 140ppm 이하
⑥ 포스겐 : 5ppm 이하
⑦ 오존 : 9ppm 이하
⑧ 황화수소 : 444ppm 이하
⑨ 일산화탄소 : 3760ppm 이하
⑩ 염화수소 : 3124ppm 이하
⑪ 산화에틸렌 : 2900ppm 이하
⑫ 아황산가스 : 2520ppm 이하

제2과목 : 가스장치 및 기기

31 암모니아를 사용하는 고온, 고압가스 장치의 재료로 가장 적당한 것은?
① 동   ② PVC 코팅강
③ 알루미늄 합금   ④ 18-8 스테인리스강

해설 고온 . 고압 하에서 암모니아 가스장치 18-8 스테인리스강

32 다단 왕복동 압축기의 중간단의 토출온도가 상승하는 주된 원인이 아닌 것은?
① 압축비 감소
② 토출 밸브 불량에 의한 역류
③ 흡입밸브 불량에 의한 고온가스 흡입
④ 전단쿨러 불량에 의한 고온가스의 흡입

해설 압축비 증대

33 오스트나이트계 스테인리스강에 대한 설명으로 틀린 것은?
① Fe-Cr-Ni 합금이다.   ② 내식성이 우수하다.
③ 강한 자성을 갖는다.   ④ 18-8 스테인리스강이 대표적이다.

정답 30. ④   31. ④   32. ①   33. ③

34 LP가스 사용 시의 주의사항으로 틀린 것은?
① 용기밸브, 콕 등은 신속하게 열 것
② 연소기구 주위에 가연물을 두지 말 것
③ 가스누출 유무를 냄새 등으로 확인할 것
④ 고무호스의 노화, 갈라짐 등은 항상 점검할 것

35 오리피스 유량계의 특징에 대한 설명으로 옳은 것은?
① 내구성이 좋다.
② 저압, 저유량에 적당하다.
③ 유체의 압력손실이 크다.
④ 협소한 장소에는 설치가 어렵다.

해설 ▸ 오리피스미터의 특징
① 제작이 간단하고 교환이 쉽다.
② 압력손실이 매우 크다.
③ 침전물 생성의 우려가 있다.
④ 좁은 장소에 설치가 가능하다.
⑤ 베르누이 정리를 이용한 차압식 유량계이다.

36 원심펌프의 양정과 회전속도의 관계는? (단, N_1 : 처음 회전수, N_2 : 변화된 회전수)
① $\left(\dfrac{N_2}{N_1}\right)$
② $\left(\dfrac{N_2}{N_1}\right)^2$
③ $\left(\dfrac{N_2}{N_1}\right)^3$
④ $\left(\dfrac{N_2}{N_1}\right)^5$

37 가스보일러의 본체에 표시된 가스소비량이 100,000 kcal/h이고, 버너에 표시된 가스소비량이 120,000 kcal/h일 때 도시가스 소비량 산정은 얼마를 기준으로 하는가?
① 100,000kcal/h
② 105,000kcal/h
③ 110,000kcal/h
④ 120,000kcal/h

38 다음 중 다공도를 측정할 때 사용되는 식은? (단, V : 다공물질의 용적, E : 아세톤 침윤 잔용적이다.)
① 다공도 = $\dfrac{V}{(V-E)}$
② 다공도 = $(V-E) \times \dfrac{100}{V}$
③ 다공도 = $(V+E) \times V$
④ 다공도 = $(V+E) \times \dfrac{V}{100}$

정답 34. ① 35. ③ 36. ② 37. ① 38. ②

39
공기액화 분리장치의 부산물로 얻어지는 아르곤가스는 불활성가스이다. 아르곤가스의 원자가는?
① 0　　　　② 1　　　　③ 3　　　　④ 8

40
공기액화 분리장치의 내부를 세척하고자 할 때 세정액으로 가장 적당한 것은?
① 염산(HCl)
② 가성소다(NaOH)
③ 사염화탄소(CCl_4)
④ 탄산나트륨(Na_2CO_3)

[해설] 공기액화분리장치 내부세척제 : CCl_4(사염화탄소)

41
조정압력이 2.8 kPa인 액화석유가스 압력조정기의 안전장치 작동표준압력은?
① 5.0 kPa
② 6.0 kPa
③ 7.0 kPa
④ 8.0 kPa

[해설] ① 작동 정지압력 : 5.04~8.4 kPa　　② 작동 표준압력 : 7 kPa
③ 작동 개시압력 : 5.6~8.4 kPa

42
수은을 이용한 U자관 압력계에서 액주높이(h) 600 mm, 대기압(P_1)은 1 kg/cm²일 때 P_2는 약 몇 kg/cm²인가?
① 0.22　　　② 0.92　　　③ 1.82　　　④ 9.16

[해설] $P_2 = P_1 + r \times h$
　　　$= 1 \text{ kg/cm}^2 + 13.595 \text{ g/cm}^3 \times 60 \text{ cm}$
　　　$= 1 \text{ kg/cm}^2 + 815.7 \text{ g/cm}^2 = 1.82 \text{ kg/cm}^2$

43
로터미터는 어떤 형식의 유량계인가?
① 차압식
② 터빈식
③ 회전식
④ 면적식

[해설] 차압식 유량계
① 벤튜리미터　② 플로우미터　③ 오리피스미터

정답 39. ①　40. ③　41. ③　42. ③　43. ④

44 가스 유량 2.03 kg/h, 관의 내경 1.61 cm, 길이 20 m의 직관에서의 압력손실은 약 몇 mm 수주인가? (단, 온도 15℃에서 비중 1.58, 밀도 2.04 kg/m³, 유량계수 0.436이다.)

① 11.4　　② 14.0　　③ 15.2　　④ 17.5

해설 $H=1.293(S-1)h=1.293(1.58-1)\times 20=15$ mmH₂O

45 LP가스의 자동 교체식 조정기 설치 시의 장점에 대한 설명 중 틀린 것은?
① 도관의 압력손실을 적게 해야 한다.
② 용기 숫자가 수동식보다 적어도 된다.
③ 용기 교환 주기의 폭을 넓힐 수 있다.
④ 잔액이 거의 없어질 때까지 소비가 가능하다.

해설 도관의 압력손실을 크게 해도 된다.

제3과목 : 가스일반

46 다음 중 1 MPa과 같은 것은?

① 10 N/cm²　② 100 N/cm²　③ 1000 N/cm²　④ 10000 N/cm²

해설 1 MPa=100 N/cm²=10 mH₂O=1000 cmH₂O=10000 mmH₂O=735.5 mmHg 등

47 대기압 하에서 다음 각 물질별 온도를 바르게 나타낸 것은?
① 물의 동결점 : -273K　　② 질소 비등점 : -183℃
③ 물의 동결점 : 32℉　　④ 산소 비등점 : -196℃

해설
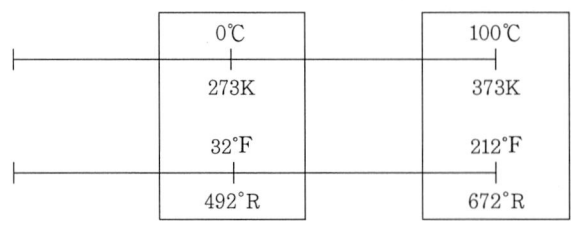

정답 44. ③　45. ①　46. ②　47. ③

48 진공도 200 mmHg는 절대압력으로 약 몇 kg/cm². abs인가?

① 0.76　② 0.80　③ 0.94　④ 1.03

해설: 760−200 = 560 mmHg　∴ $\frac{560}{760} \times 1.0332 \text{ kg/cm}^2 = 0.76 \text{ kg/cm}^2$

49 랭킨온도가 420R일 경우 섭씨온도로 환산한 값으로 옳은 것은?

① −30℃　② −40℃　③ −50℃　④ −60℃

해설: °R = °F+460　420 = °F+460　°F = −40
　　　°C = $\frac{5}{9}$(°F − 32) = $\frac{5}{9}$(−40 − 32) = −40℃

50 임계온도에 대한 설명으로 옳은 것은?

① 기체를 액화할 수 있는 절대온도
② 기체를 액화할 수 있는 평균온도
③ 기체를 액화할 수 있는 최저의 온도
④ 기체를 액화할 수 있는 최고의 온도

해설:
· 임계온도 : 액화할 수 있는 최고의 온도
· 임계압력 : 액화할 수 있는 최저의 압력

51 LNG의 특징에 대한 설명 중 틀린 것은?

① 냉열을 이용할 수 있다.
② 천연에서 산출한 천연가스를 약 −162℃ 까지 냉각하여 액화시킨 것이다.
③ LNG는 도시가스, 발전용 이외에 일반 공업용으로도 사용된다.
④ LNG로부터 기화한 가스는 부탄이 주성분이다.

해설: LNG로부터 기화한 가스는 메탄이다.

52 포화온도에 대하여 가장 잘 나타낸 것은?

① 액체가 증발하기 시작할 때의 온도
② 액체가 증발현상 없이 기체로 변하기 시작할 때의 온도
③ 액체가 증발하여 어떤 용기 안이 증기로 꽉 차 있을 때의 온도
④ 액체의 증기가 공존할 때 그 압력에 상당한 일정한 값의 온도

정답　48. ①　49. ②　50. ④　51. ④　52. ④

53

도시가스의 제조공정이 아닌 것은?

① 열분해 공정　　　② 접촉분해 공정
③ 수소화분해 공정　④ 상압증류 공정

해설▶ ① 접촉분해 공정　② 대체천연가스 공정　③ 부분연소 공정
　　　④ 수소화분해 공정　⑤ 열분해 공정

54

다음 각 가스의 특성에 대한 설명으로 틀린 것은?

① 수소는 고온, 고압에서 탄소강과 반응하여 수소취성을 일으킨다.
② 산소는 공기액화 분리장치를 통해 제조하며, 질소와 분리 시 비등점 차이를 이용한다.
③ 일산화탄소는 담황색의 무취기체로 허용농도는 TLV-TWA 기준으로 50ppm이다.
④ 암모니아는 붉은 리트머스를 푸르게 변화시키는 성질을 이용하여 검출할 수 있다.

해설▶ 일산화탄소
　① 무색, 무취, 독성가스
　② 상온에서 염소와 반응, 포스겐가스 생성($CO + Cl_2 \rightarrow COCl_2$)
　③ 철족의 금속과 반응, 금속카보닐 생성
　　($Ni + 4CO \rightarrow Ni(CO)_4$ 니켈카보닐)
　　($Fe + 5CO \rightarrow Fe(CO)_5$ 철카보닐)

55

다음 중 압력단위로 사용하지 않는 것은?

① kg/cm^2　　　② Pa
③ mmH_2O　　　④ kg/m^3

해설▶ kg/m^3 : 밀도의 단위

56

다음 중 엔트로피의 단위는?

① kcal/h　　　② kcal/kg
③ kcal/kg·m　④ kcal/kg·K

해설▶ $\Delta s = \dfrac{\Delta Q}{T} = \dfrac{kcal/kg}{K} = kcal/kg \cdot K$

정답 53. ④　54. ③　55. ④　56. ④

57 다음 중 압축가스에 속하는 것은?
① 산소   ② 염소
③ 탄산가스   ④ 암모니아

해설ː 압축가스 : ① 산소   ② 수소   ③ 질소

58 불꽃의 끝이 적황색으로 연소하는 현상을 의미하는 것은?
① 리프트   ② 옐로우팁
③ 캐비테이션   ④ 워터해머

해설ː 옐로우팁 : 염의 선단이 적황색으로 연소되는 현상
      원인 : 1차공기량 부족시

59 20°C 의 물 50 kg을 90°C로 올리기 위해 LPG를 사용하였다면, 이때 필요한 LPG의 양은 몇 kg인가? (단, LPG발열량은 10000 kcal/kg이고, 열효율은 50%이다.)
① 0.5   ② 0.6   ③ 0.7   ④ 0.8

해설ː LPG의 양 $= \dfrac{50 \times (90-20)}{10000 \times 0.5} = 0.7$

60 암모니아에 대한 설명 중 틀린 것은?
① 물에 잘 용해된다.
② 무색, 무취의 가스이다.
③ 비료의 제조에 이용된다.
④ 암모니아가 분해하면 질소와 수소가 된다.

해설ː 무색의 자극성의 기체이다.

정답 57. ①   58. ②   59. ③   60. ②

제22회 가스기능사 출제문제

1과목 : 가스안전관리

01 다음 중 전기설비 방폭구조의 종류가 아닌 것은?
① 접지 방폭구조
② 유입 방폭구조
③ 압력 방폭구조
④ 안전증 방폭구조

해설 ▶ 전기설비의 방폭성능 기준
① 내압(耐壓)방폭구조 : 방폭전기기기의 용기(이하 "용기"라 한다) 내부에서 가연성가스의 폭발이 발생할 경우 그 용기가 폭발압력에 견디고, 접합면, 개구부 등을 통하여 외부의 가연성 가스에 인화되지 아니 하도록 한 구조를 말한다.
② 유입(油入)방폭구조 : 용기 내부에 기름을 주입하여 불꽃·아크 또는 고온발생부분이 기름 속에 잠기게 함으로써 기름면 위에 존재하는 가연성가스에 인화되지 아니하도록 한 구조를 말한다.
③ 압력(壓力)방폭구조 : 용기 내부에 보호가스(신선한 공기 또는 불활성가스)를 압입하여 내부압력을 유지함으로써 가연성가스가 용기 내부로 유입되지 아니하도록 한 구조를 말한다.
④ 안전증(安全增)방폭구조 : 정상운전 중에 가연성가스의 점화원이 될 전기불꽃·아크 또는 고온부분 등의 발생을 방지하기 위하여 기계적·전기적 구조상 또는 온도상승에 대하여, 특히 안전도를 증가시킨 구조를 말한다.
⑤ 본질안전(本質安全)방폭구조 : 정상시 및 사고(단선, 단락, 지락 등)시에 발생하는 전기불꽃·아크 또는 고온부에 의하여 가연성가스가 점화되지 아니하는 것이 점화시험, 기타 방법에 의하여 확인된 구조를 말한다.
⑥ 특수(特殊)방폭구조 : "①" 내지 "⑤"에서 규정한 구조 이외의 방폭구조로서 가연성가스에 점화를 방지할 수 있다는 것이 시험, 기타의 방법에 의하여 확인된 구조를 말한다.

정답 1. ①

[방폭전기기기의 구조별 표시방법]

방폭전기기기의 구조	표시방법
내압(耐壓)방폭구조	d
유입(油入)방폭구조	o
압력(壓力)방폭구조	p
안전증(安全增)방폭구조	e
본질안전(本質安全)방폭구조	ia 또는 ib
특수(特殊)방폭구조	s

02 다음 중 특정고압가스에 해당되지 않은 것은?
① 이산화탄소 ② 수소 ③ 산소 ④ 천연가스

[해설] 특정고압가스
① 산소 ② 수소 ③ 아세틸렌 ④ 액화염소
⑤ 액화암모니아 ⑥ 액화알진 ⑦ 압축디보레인 ⑧ 압축모노실란
⑨ 오불화인 ⑩ 삼불화인 ⑪ 디실란 ⑫ 게르만
⑬ 셀렌화수소 ⑭ 삼불화붕소 ⑮ 오불화비소 ⑯ 사불화인
⑰ 사불화규소 등

03 내부용적이 25000L인 액화산소 저장탱크의 저장능력은 얼마인가? (단, 비중은 1.14이다.)
① 21930 kg ② 24780 kg ③ 25650 kg ④ 28500 kg

[해설] $W = 0.9 d V_2 = 0.9 \times 1.14 \times 25000 = 25650$ kg

04 배관의 설치방법으로 산소 또는 천연메탄을 수송하기 위한 배관과 이에 접속하는 압축기와의 사이에 반드시 설치하여야 하는 것은?
① 방파판 ② 솔레노이드 ③ 수취기 ④ 안전밸브

[해설] 천연메탄을 수송하기 위한 배관과 이에 접속하는 압축기와의 사이에 반드시 수취기를 설치하여야 한다.

05 공정에 존재하는 위험요소와 비록 위험하지는 않더라도 공정의 효율을 떨어뜨릴 수 있는 운전상의 문제를 파악하기 위한 안전성 평가기법은?
① 안전성 검토(Safety Review)기법

[정답] 2. ① 3. ③ 4. ③ 5. ④

② 예비위험성 평가(Preliminary Hazard Analysis)기법
③ 사고예상 질문(What If Analysis)기법
④ 위험과 운전분석(HAZOP)기법

해설 ➤ 안전성 평가기법
① 위험과 운전분석(HAZOP)기법 : 공정에 존재하는 위험요소와 비록 위험하지는 않더라도 공정의 효율이 떨어뜨릴 수 있는 운전상의 문제를 파악하기 위한 기법
② 사건수 분석법(ETA) : 초기 사건으로 알려진 특정한 장치의 이상 또는 운전자의 실수에 의해 발생되는 잠재적인 사고결과를 정량적으로 평가분석
③ 결함수 분석법(FTA) : 사고를 일으키는 장치의 이상이나 운전자의 실수의 조합을 연역적으로 분석하는 방법

06 다음 특정설비 중 재검사 대상인 것은?
① 역화방지장치
② 차량에 고정된 탱크
③ 독성가스 배관용 밸브
④ 자동차용가스 자동주입기

07 독성가스외의 고압가스 충전 용기를 차량에 적재하여 운반할 때 부착하는 경계표지에 대한 내용으로 옳은 것은?
① 적색글씨로 "위험 고압가스"라고 표시
② 황색글씨로 "위험 고압가스"라고 표시
③ 적색글씨로 "주의 고압가스"라고 표시
④ 황색글씨로 "주의 고압가스"라고 표시

해설 ➤ • 가로치수 : 차체폭의 30% 이상
• 세로치수 : 가로치수의 20% 이상

08 LP 가스설비를 수리할 때 내부의 LP가스를 질소 또는 물로 치환하고, 치환에 사용된 가스나 액체를 공기로 재치환하여야 하는데, 이때 공기에 의한 재치환 결과가 산소농도 측정기로 측정하여 산소 농도가 얼마의 범위 내에 있을 때까지 공기로 재치환하여야 하는가?
① 4~6%
② 7~11%
③ 12~16%
④ 18~22%

해설 ➤ 산소농도의 안전한계
① 18% 이상~22% 이하
② 독성가스 : 허용농도 이하
③ 가연성가스 : 폭발하한계의 $\frac{1}{4}$ 이하

정답 6. ② 7. ① 8. ④

09

고압가스특정제조시설 중 도로 밑에 매설하는 배관의 기준에 대한 설명으로 틀린 것은?

① 시가지의 도로 밑에 배관을 설치하는 경우에는 보호판을 배관의 정상부로부터 30 cm 이상 떨어진 그 배관의 직상부에 설치한다.
② 배관은 그 외면으로부터 도로의 경계와 수평거리로 1 m 이상을 유지한다.
③ 배관은 원칙적으로 자동차 등의 하중의 영향이 적은 곳에 매설한다.
④ 배관은 그 외면으로부터 도로 밑의 다른 시설물과 60 cm 이상의 거리를 유지한다.

해설 ⇒ 배관은 그 외면으로부터 도로 밑의 다른 시설물과 30 cm 이상의 거리를 유지한다.

10

공기보다 비중이 가벼운 도시가스의 공급시설로서 공급시설이 지하에 설치된 경우의 통풍구조의 기준으로 틀린 것은?

① 통풍구조는 환기구를 2방향 이상 분산하여 설치한다.
② 배기구는 천장면으로부터 30 cm 이내에 설치한다.
③ 흡입구 및 배기구의 관경은 500 mm 이상으로 하되, 통풍이 양호하도록 한다.
④ 배기가스 방출구는 지면에서 3 m 이상의 높이에 설치하되, 화기가 없는 안전한 장소에 설치한다.

해설 ⇒ 통풍구조 및 강제통풍시설

① 바닥면에 접하고 또한 외기에 면하여 설치된 환기구의 통풍가능 면적의 합계가 바닥 면적 1 m²마다 300 cm²(철망 등을 부착할 때는 철망이 차지하는 면적을 뺀 면적으로 한다)의 비율로 계산한 면적 이상(1개 환기구의 면적은 2,400 cm² 이하로 한다)일 것. 이때 사방을 방호벽 등으로 설치할 경우에는 환기구를 2방향 이상으로 분산 설치할 것
② ①에 규정한 통풍구조를 설치할 수 없는 경우에는 다음 기준에 적합한 강제통풍장치를 설치할 것
  ㉠ 통풍능력이 바닥면적 1 m²마다 0.5 m³/분 이상으로 할 것
  ㉡ 배기구는 바닥면(공기보다 가벼운 경우에는 3 m) 이상의 높이에 설치할 것
  ㉢ 배기가스 방출구를 지면에서 5 m(공기보다 가벼운 경우에는 3 m) 이상의 높이에 설치할 것

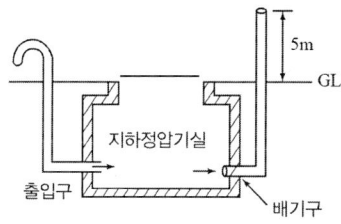
(a) 공기보다 무거운 경우

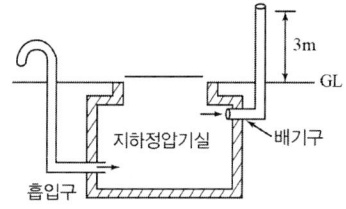
(b) 공기보다 가벼운 경우

지하정압기 환기구 설치 예

11 다음 중 폭발한계의 범위가 가장 좁은 것은?
① 프로판　　　　　　　② 암모니아
③ 수소　　　　　　　　④ 아세틸렌

해설 ▶ 폭발한계범위
① 프로판 : 2.1~9.5%, 9.5−2.1=9.4
② 암모니아 : 15~28%, 28−15=13
③ 수소 : 4~75%, 75−4=71
④ 아세틸렌 : 2.5~81%, 81−2.5=78.5

12 도시가스 사용시설에서 정한 액화가스란 상용의 온도 또는 섭씨 35도의 온도에서 압력이 얼마 이상이 되는 것을 말하는가?
① 0.1MPa　　② 0.2MPa　　③ 0.5MPa　　④ 1MPa

해설 ▶ 고압가스 적용범위
① 압축가스 : 상용온도 또는 35°C에서 1MPa 이상인 것
② 액화가스 : 상용온도 또는 35°C에서 0.2MPa 이상인 것
③ 아세틸렌 : 상용온도 또는 15°C에서 0Pa 이상인 것
④ 액화가스 중 : HCN, C_2H_4O, CH_3Br은 상용온도에서 0Pa이상인 것

13 염소가스 저장탱크의 과충전 방지장치는 가스 충전량이 저장탱크 내용적의 몇 %를 초과할 때 가스충전이 되지 않도록 동작하는가?
① 60%　　② 80%　　③ 90%　　④ 95%

해설 ▶ 과충전 방지장치 : 탱크 내용적이 90% 초과시 설치

14 도시가스사고의 사고 유형이 아닌 것은?
① 시설부식　　　　　　② 시설 부적합
③ 보호포 설치　　　　　④ 연결부 이완

해설 ▶ 도시가스 사고의 사고유형
① 시설부식
② 시설 부적합
③ 연결부 이완

15
가연성가스 저온저장탱크 내부의 압력이 외부의 압력보다 낮아져 저장탱크가 파괴되는 것을 방지하기 위한 조치로서 갖추어야 할 설비가 아닌 것은?

① 압력계
② 압력 경보설비
③ 정전기 제거설비
④ 진공 안전밸브

해설 저장탱크가 파괴되는 것을 방지하기 위한 조치
① 진공안전밸브
② 압력경보설비
③ 압력계
④ 압력과 연동하는 긴급차단장치를 설치한 송액밸브
⑤ 압력과 연동하는 긴급차단장치를 설치한 냉동제어밸브

16
일반 도시가스 배관 중 중압 이하의 배관과 고압배관을 매설하는 경우 서로간의 거리를 몇 m 이상을 유지하여야 하는가?

① 1
② 2
③ 3
④ 5

해설 배관설비기준
① 중압 이하의 배관과 고압배관을 매설하는 경우 서로간의 거리를 2 m 이상으로 하여야 한다.
② 기존에 설치된 배관의 지반침하, 손상 등을 방지하기 위하여 철근콘크리트 방호구조물 안에 설치하는 경우 1 m 이상
③ 중압 이하의 배관과 고압배관의 관리주체가 같은 경우에는 0.3 m 이상으로 할 수 있다.

17
초저온 용기의 단열 성능시험용 저온액화가스가 아닌 것은?

① 액화아르곤
② 액화산소
③ 액화공기
④ 액화질소

해설 초저온용기 단열성능 시험가스
① 액화질소 ② 액화산소 ③ 액화아르곤

$$Q = \frac{W \cdot q}{H \cdot \Delta t \cdot V}$$

18
고압가스 판매소의 시설기준에 대한 설명으로 틀린 것은?
① 충전용기의 보관실은 불연재료를 사용한다.
② 가연성가스·산소 및 독성가스의 저장실은 각각 구분하여 설치한다.

정답 15. ③ 16. ② 17. ③ 18. ③

③ 용기보관실 및 사무실은 부지를 구분하여 설치한다.
④ 산소, 독성가스 또는 가연성가스를 보관하는 용기보관실의 면적은 각 고압가스별로 10 m² 이상으로 한다.

해설》 용기보관실 및 사무실은 부지를 구분하여 설치한다.

19 운전 중인 액화석유가스 충전설비의 작동상황에 대하여 주기적으로 점검하여야 한다. 점검주기는?
① 1일에 1회 이상
② 1주일에 1회 이상
③ 3월에 1회 이상
④ 6월에 1회 이상

20 재검사 용기 및 특정설비의 파기방법으로 틀린 것은?
① 잔가스를 전부 제거한 후 절단한다.
② 절단 등의 방법으로 파기하여 원형으로 가공할 수 없도록 한다.
③ 파기 시에는 검사장소에서 검사원 입회하에 사용자가 실시할 수 있다.
④ 파기 물품은 검사 신청인이 인수시한 내에 인수하지 아니한 때도 검사인이 임의로 매각처분하면 안 된다.

해설》 파기물품은 검사신청인에게 인수시한내에(1개월 이내)인수치 않으면 임의로 매각처분한다.

21 도시가스배관이 굴착으로 20 m 이상이 노출되어 누출가스가 체류하기 쉬운 장소일 때 가스누출경보기는 몇 m 마다 설치해야 하는가?
① 5
② 10
③ 20
④ 30

해설》 도시가스 배관이 굴착으로 20 m 이상이 노출되어 누출가스가 체류하기 쉬운 장소일 경우 가스누출 경보기는 20 m마다 설치

22 시안화수소의 중합폭발을 방지하기 위하여 주로 사용할 수 있는 안정제는?
① 탄산가스
② 황산
③ 질소
④ 일산화탄소

해설》 시안화수소 중합폭발 안정제
① 황산 ② 아황산가스 ③ 염화칼슘 ④ 인산 ⑤ 오산화인 ⑥ 동망

정답 19. ① 20. ④ 21. ③ 22. ②

23

고압가스 용접용기 동체의 내경은 약 몇 mm인가?

- 동체두께 : 2 mm
- 인장강도 : 480 N/mm²
- 용접효율 : 1
- 최고충전압력 : 2.5 MPa
- 부식여유 : 0

① 190 mm   ② 290 mm   ③ 660 mm   ④ 760 mm

해설 동판두께(t)

$$t = \frac{PD}{2SE - 1.2P} + C$$

$$= \frac{2.5 \times D}{2 \times \frac{480}{4} \times 1 - 1.2 \times 2.5}$$

$$D = \frac{2\left(2 \times \frac{480}{4} \times 1 - 1.2 \times 2.5\right)}{2.5} = 189.6 mm$$

24

고압가스관련법에서 사용되는 용어의 정의에 대한 설명 중 틀린 것은?

① 가연성가스라 함은 공기 중에서 연소하는 가스로서 폭발한계의 하한이 10% 이하인 것과 폭발한계의 상한과 하한의 차가 20% 이상인 것을 말한다.
② 독성가스라 함은 인체에 유해한 독성을 가진 가스로서 허용농도가 100만분의 100이하인 것을 말한다.
③ 액화가스라 함은 가압·냉각 등의 방법에 의하여 액체 상태로 되어 있는 것으로서 대기압에서의 비점이 섭씨 40도 이하 또는 상용의 온도 이하인 것을 말한다.
④ 초저온저장탱크라 함은 섭씨 영하 50도 이하의 저장탱크로서 단열재로 피복하거나 냉동설비로 냉각하는 등의 방법으로 저장탱크내의 가스온도가 상용의 온도를 초과하지 아니하도록 한 것을 말한다.

해설 독성가스라 함은 인체에 유해한 독성을 가진 가스로서 허용농도가 $\frac{200}{100만}$ 이하인 것을 말한다.

LC50 : $\frac{5,000}{100만} ppm$ 이하

25

다음 고압가스 압축작업 중 작업을 즉시 중단해야 하는 경우인 것은?

① 산소 중의 아세틸렌, 에틸렌 및 수소의 용량합계가 전체 용량의 2% 이상인 것
② 아세틸렌 중의 산소용량이 전체 용량의 1% 이하의 것

정답 23. ①   24. ②   25. ①

③ 산소 중의 가연성가스(아세틸렌, 에틸렌 및 수소를 제외한다)의 용량이 전체 용량의 2% 이하의 것
④ 시안화수소 중의 산소용량이 전체 용량의 2% 이상의 것

해설 ◦ 압축금지
① 가연성가스 중의 산소가 또는 산소 중의 가연성가스가 4% 이상시
② 에틸렌, 수소, 아세틸렌 중의 산소가 또는 산소 중의 그 합이 2% 이상시

26 다음 중 가스사고를 분류하는 일반적인 방법이 아닌 것은?
① 원인에 따른 분류
② 사용처에 따른 분류
③ 사고형태에 따른 분류
④ 사용자의 연령에 따른 분류

해설 ◦ 가스 사고를 분류하는 일반적인 방법
① 사고형태에 따른 분류
② 사용처에 따른 분류
③ 원인에 따른 분류
④ 사고가 발생한 장소에 따른 분류
⑤ 사고에 인한 인명에 따른 인명 피해별 분류

27 고압가스 저장시설에 설치하는 방류둑에는 계단, 사다리 또는 토사를 높이 쌓아올림 등에 의한 출입구를 둘레 몇 m마다 1개 이상을 두어야 하는가?
① 30
② 50
③ 75
④ 100

해설 ◦ • 방류둑의 적용범위
① 고압가스 일반제조시설
 ㉠ 가연성 및 산소의 액화가스 저장능력이 1,000톤 이상일 때(독성가스는 5톤 이상)
② 냉동제조시설 : 독성가스를 냉매로 하는 수액기의 내용적이 10,000 l 이상인 것
③ 액화석유가스 저장시설 : LPG의 저장능력이 1,000톤 이상일 때(충전사업에서)
④ 도시가스시설 중 LPG용량이 다음과 같을 때
 ㉠ 가스도매사업 : 저장능력이 500톤 이상
 ㉡ 일반 도시가스사업 : 저장능력이 1,000톤 이상
• 방류둑의 용량
① 저장능력에 해당하는 전량(100%)이다.
 ※ 액화산소의 저장탱크 : 저장능력 상당 용적의 60%
② 2기 이상의 저장탱크를 집합방류둑 내에 설치한 경우 : 최대 저장탱크능력 상당용적+잔여저장탱크 총능력 상당용적의 10%(이때 격리벽의 높이는 방류둑 보다 10 cm 낮게 할 것)
③ 냉동설비의 수액기 : 당해 방류둑 내에 설치된 수액기 내용적의 90% 이상의 용적

정답 26. ④ 27. ②

• 방류둑의 구조 및 기준
① 방류둑의 재료는 철근콘크리트, 철골, 철근콘크리트, 금속, 흙, 또는 이들을 혼합한 액밀한 구조일 것
② 액이 체류하는 표면적은 가능한 적게 할 것(대기와 접하는 부분이 많으면 기화량 증대)
③ 높이에 상당하는 당해가스의 액두압에 견딜 수 있을 것
④ 배관관통부의 틈새로부터 누설방지 및 방식조치를 할 것
⑤ 금속재료는 당해 가스에 부식되지 않게 방식 및 방청조치를 할 것
⑥ 방류둑 내에 고인물을 외부에 배출하기 위한 배수조치를 할 것
⑦ 가연성 및 독성 또는 가연성과 조연성의 액화가스 방류둑을 혼합배치하지 말 것
⑧ 방류둑의 내면과 그 외면으로부터 10 m 이내에는 저장탱크 부속설비 이외의 것을 설치하지 아니할 것
⑨ 성토는 수평에 대하여 45°이하의 구배를 가지고 성토한 정상부의 폭은 30 cm 이상일 것
⑩ 방류둑의 계단 및 사다리는 출입구 둘레 50 m마다 1개 이상 설치하고 그 둘레가 50 m 미만일 경우는 2개소 이상 분산 설치할 것
⑪ 저장탱크를 건물 내에 설치한 경우에는 그 건물구조가 방류둑의 구조를 갖는 것이 것

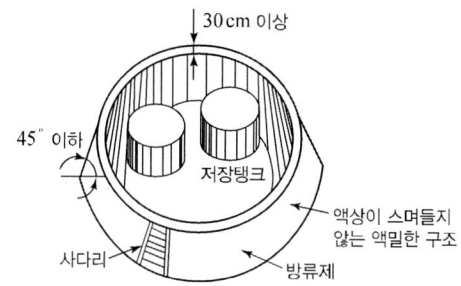

28

LPG용기 및 저장탱크에 주로 사용되는 안전밸브의 형식은?
① 가용전식   ② 파열판식
③ 중추식   ④ 스프링식

해설 ▷ 안전밸브의 종류
① LPG용기 : 스프링식
② 아세틸렌, 염소 : 가용전식
③ 산소, 수소, 질소, 아르곤 : 파열판식

29

가스 충전용기 운반 시 동일 차량에 적재할 수 없는 것은?
① 염소와 아세틸렌   ② 질소와 아세틸렌
③ 프로판과 아세틸렌 ④ 염소와 산소

정답 28. ④   29. ①

해설 ⇨ 가스 충전용기 운반 시 동일 차량에 적재할 수 없는 것
① 염소와 아세틸렌
② 염소와 암모니아
③ 염소와 수소

30 다음 ( )안에 들어갈 수 있는 경우로 옳지 않은 것은?

> 액화천연가스의 저장설비와 처리설비는 그 외면으로부터 사업소 경계까지 일정규모 이상의 안전거리를 유지하여야 한다. 이 때 사업소 경계가 ( )의 경우에는 이들의 반대편 끝을 경계로 보고 있다.

① 산　　　　② 호수　　　　③ 하천　　　　④ 바다

해설 ⇨ 사업소 경제가 바다, 호수, 하천 그밖에 산업통상자원부 장관이 정하여 고시하는 연못 등의 경우에는 이들이 반대편 끝을 경계로 본다.

제2과목 : 가스장치 및 기기

31 비중이 0.5인 LPG를 제조하는 공장에서 1일 10만 L를 생산하여 24시간 정치 후 모두 산업현장으로 보낸다. 이 회사에서 생산하는 LPG를 저장하려면 저장용량이 5톤인 저장탱크 몇 개를 설치해야 하는가?

① 2　　　　② 5　　　　③ 7　　　　④ 10

해설 ⇨ 저장능력 = 액비중×체적 = 0.5×100,000 = 50,000 l = 50 ton/5 ton = 10개

32 고압용기나 탱크 및 라인(line) 등의 퍼지(perge)용으로 주로 쓰이는 기체는?

① 산소　　　　　　　　② 수소
③ 산화질소　　　　　　④ 질소

해설 ⇨ 질소
① 상온에서 다른 원소와 반응하지 않는 기체이며 타지도 않는 불연성 가스
② 분자상의 질소는 안정, 원자상의 질소 화학적 반응이 활발하다.
③ Mg, Li, Ca 등과 화합하여 질화마그네슘(Mg_3N_2), 질화리튬(Li_3N_2) 등을 생성

정답　30. ①　31. ④　32. ④

④ 고온, 고압(550℃, 250 atm)에서 철 촉매 등을 사용 수소와 반응시키면 암모니아를 생성한다.

$$N_2 + 3H_2 \xrightarrow[550℃,\ 250atm]{Fe,\ Al_2O_3} 2NH_3$$

⑤ 대부분 암모니아 합성원료가스
⑥ 가연성가스를 취급하는 장치의 퍼지용
⑦ 액체질소는 식품 등의 급속 동결용 냉매가스
⑧ 기기의 기밀시험용 및 치환용 가스

33
고압가스제조소의 작업원은 얼마의 기간 이내에 1회 이상 보호구의 사용훈련을 받아 사용방법을 숙지하여야 하는가?

① 1개월   ② 3개월
③ 6개월   ④ 12개월

해설 ▶ 작업원 보호구 사용훈련 : 3개월에 1회 이상

34
LPG기화장치의 작동원리에 따른 구분으로 저온의 액화가스를 조정기를 통하여 감압한 후 열교환기에 공급해 강제 기화시켜 공급하는 방식은?

① 해수가열 방식   ② 가온감압 방식
③ 감압가열 방식   ④ 중간 매체 방식

35
도시가스사업법령에서는 도시가스를 압력에 따라 고압, 중압 및 저압으로 구분하고 있다. 중압의 범위로 옳은 것은? (단, 액화가스가 기화되고 다른 물질과 혼합되지 않은 경우로 가정한다.)

① 0.1 MPa 이상, 1 MPa 미만
② 0.2 MPa 이상, 1 MPa 미만
③ 0.1 MPa 이상, 0.2 MPa 미만
④ 0.01 MPa 이상, 0.2 MPa 미만

해설 ▶ 도시가스의 압력 기준
① 저압 : 0.1 MPa 미만
② 중압 : 0.1 MPa 이상 1 MPa 미만
③ 고압 : 1 MPa 이상

정답 33. ② 34. ③ 35. ④

36
가연성가스 누출검지 경보장치의 경보농도는 얼마인가?
① 폭발 하한계 이하
② LC$_{50}$ 기준농도 이하
③ 폭발 하한계 1/4 이하
④ TLV–TWA 기준농도 이하

해설 가연성가스 : 폭발한계의 $\frac{1}{4}$ 이하
독성가스 : 허용농도 이하
산소가스 : 18% 이상 22% 이하

37
내용적 47L인 LP가스 용기의 최대 충전량은 몇 kg인가? (단, LP가스 정수는 2.35 이다.)
① 20　　② 42　　③ 50　　④ 220

해설 $G = \dfrac{V}{C} = \dfrac{47}{2.35} = 20\,\text{kg}$

38
부식성 유체나 고점도 유체 및 소량의 유체 측정에 가장 적합한 유량계는?
① 차압식 유량계
② 면적식 유량계
③ 용적식 유량계
④ 유속식 유량계

해설 유량계
① 차압식 유량계 : 벤튜리미터, 플로우미터, 오리피스미터
② 면적식 유량계 : 로터미터, 플루우트
③ 용적식 유량계 : 습식, 건식, 오우벌식, 루츠식, 로터리피스톤
④ 유속식 유량계 : 수도미터

39
LP가스 이송설비 중 압축기에 의한 이송방식에 대한 설명으로 틀린 것은?
① 베이퍼록 현상이 없다.
② 잔가스 회수가 용이하다.
③ 펌프에 비해 이송시간이 짧다.
④ 저온에서 부탄가스가 재액화되지 않는다.

해설 압축기 사용시 장점
① 펌프에 비해 이송기간이 짧다.
② 잔가스 회수가 용이
③ 베이퍼록 현상이 없다.

40 공기, 질소, 산소 및 헬륨 등과 같이 임계온도가 낮은 기체를 액화하는 액화사이클의 종류가 아닌 것은?
① 구데 공기액화사이클
② 린데 공기액화사이클
③ 필립스 공기액화사이클
④ 캐스케이드 공기액화사이클

해설ᐅ 공기 액화 사이클의 종류
① 린데 공기액화사이클
② 필립스 공기액화사이클
③ 카피자 공기액화사이클
④ 클라우드식 공기액화사이클
⑤ 캐스케이드 공기액화사이클

41 다기능 가스안전계량기에 대한 설명으로 틀린 것은?
① 사용자가 쉽게 조작할 수 있는 테스트차단 기능이 있는 것으로 한다.
② 통상의 사용 상태에서 빗물, 먼지 등이 침입할 수 없는 구조로 한다.
③ 차단밸브가 작동한 후에는 복원조작을 하지 아니하는 한 열리지 않는 구조로 한다.
④ 복원을 위한 버튼이나 레버 등은 조작을 쉽게 실시 할 수 있는 위치에 있는 것으로 한다.

해설ᐅ 사용자가 쉽게 조작할 수 있는 테스트차단 기능이 없어야 한다.

42 계측기기의 구비조건으로 틀린 것은?
① 설비비 및 유지비가 적게 들 것
② 원거리 지시 및 기록이 가능할 것
③ 구조가 간단하고 정도(精度)가 낮을 것
④ 설치장소 및 주위조건에 대한 내구성이 클 것

해설ᐅ 계측기기의 구비조건
① 구조가 간단하고 정도가 높을 것
② 내구성이 클 것
③ 원거리 지시 및 기록이 가능할 것
④ 설비비 및 유지비가 적게들 것

43 압축기에서 두압이란?
① 흡입 압력이다.
② 증발기 내의 압력이다.
③ 피스톤 상부의 압력이다.
④ 크랭크 케이스 내의 압력이다.

해설ᐅ 압축기에서 두압 : 피스톤상부의 압력

정답 40. ① 41. ① 42. ③ 43. ③

44 반밀폐식 보일러의 급·배기설비에 대한 설명으로 틀린 것은?
① 배기통의 끝은 옥외로 뽑아낸다.
② 배기통의 굴곡수는 5개 이하로 한다.
③ 배기통의 가로 길이는 5 m 이하로서 될 수 있는 한 짧게 한다.
④ 배기통의 입상높이는 원칙적으로 10 m 이하로 한다.

해설 ⟹ 배기통의 굴곡수는 4개 이하

45 흡입압력이 대기압과 같으며 최종압력이 15 kgf/cm²·g인 4단 공기압축기의 압축비는 약 얼마인가? (단, 대기압은 1 kgf/cm²로 한다.)
① 2   ② 4   ③ 8   ④ 16

해설 ⟹ 압축비 = $\sqrt[n]{\dfrac{P_2}{P_1}} = \sqrt[4]{\dfrac{15+1}{1}} = 2$

제3과목 : 가스일반

46 순수한 것은 안정하나 소량의 수분이나 알칼리성 물질을 함유하면 중합이 촉진되고 독성이 매우 강한 가스는?
① 염소   ② 포스겐
③ 황화수소   ④ 시안화수소

해설 ⟹ 시안화수소
① 무색이고 복숭아 냄새가 나는 기체로서 독성이 강하다.(10 ppm 이하)
② 오래된 시안화수소는 급격한 중합에 의해 폭발의 위험이 있으므로 충전 후 60일을 넘기지 않도록 한다.
③ 시안화수소 안정제는 황산, 아황산가스, 염화칼슘, 인산, 오산화인

47 다음 중 비점이 가장 높은 가스는?
① 수소   ② 산소   ③ 아세틸렌   ④ 프로판

정답 44. ②   45. ①   46. ④   47. ④

[해설] 비점
① 수소 : –252.5°C
② 산소 : –183°C
③ 아세틸렌 : –84°C
④ 프로판 : –42.1°C
⑤ 메탄 : –161.5°C
⑥ 질소 : –196°C
⑦ 아르곤 : –186°C
⑧ 암모니아 : –33.3°C

48 단위질량인 물질의 온도를 단위온도차 만큼 올리는데 필요한 열량을 무엇이라고 하는가?
① 일률　　② 비열　　③ 비중　　④ 엔트로피

49 LNG의 성질에 대한 설명 중 틀린 것은?
① LNG가 액화되면 체적이 약 1/600로 줄어든다.
② 무독, 무공해의 청정가스로 발열량이 약 9500 kcal/m³ 정도이다.
③ 메탄을 주성분으로 하며 에탄, 프로판 등이 포함되어 있다.
④ LNG는 기체 상태에서는 공기보다 가벼우나 액체 상태에서는 물보다 무겁다.

[해설] LNG는 액체상태에서도 물보다 가볍다.

50 압력에 대한 설명 중 틀린 것은?
① 게이지압력은 절대압력에 대기압을 더한 압력이다.
② 압력이란 단위 면적당 작용하는 힘의 세기를 말한다.
③ $1.0332\ kg/cm^2$의 대기압을 표준대기압이라고 한다.
④ 대기압은 수은주를 76 cm 만큼의 높이로 밀어 올릴 수 있는 힘이다.

[해설] 절대압력＝게이지 압력+대기압
게이지 압력＝절대압력–대기압
대기압＝절대압력–게이지압력

51 프로판을 완전연소시켰을 때 주로 생성되는 물질은?
① CO_2, H_2
② CO_2, H_2O
③ C_2H_4, H_2O
④ C_4H_{10}, CO

정답 48. ②　49. ④　50. ①　51. ②

해설 완전연소 반응식
① $C_3H_8 + 5O_2 \rightarrow 3CO_2 + 4H_2O$
② $CH_4 + 2O_2 \rightarrow CO_2 + 2H_2O$
③ $C_2H_2 + 2.5O_2 \rightarrow 2CO_2 + H_2O$
④ $C_4H_{10} + 6.5O_2 \rightarrow 4CO_2 + 5H_2O$

52 요소비료 제조 시 주로 사용되는 가스는?
① 염화수소   ② 질소   ③ 일산화탄소   ④ 암모니아

해설 암모니아의 용도
① 요소, 질소 비료 제조용
② 드라이아이스 제조용
③ 대형냉매에 사용
④ 탄산암모늄, 탄산마그네슘 등의 탄산염 제조용

53 수분이 존재할 때 일반 강재를 부식시키는 가스는?
① 황화수소   ② 수소   ③ 일산화탄소   ④ 질소

해설 수분과 존재 시 강재를 부식시키는 가스
① 황화수소   ② 염소   ③ 아황산가스   ④ 탄산가스   ⑤ 포스겐

54 폭발위험에 대한 설명 중 틀린 것은?
① 폭발범위의 하한값이 낮을수록 폭발위험은 커진다.
② 폭발범위의 상한값과 하한값의 차가 작을수록 폭발위험은 커진다.
③ 프로판보다 부탄의 폭발범위 하한값이 낮다.
④ 프로판보다 부탄의 폭발범위 상한값이 낮다.

해설 폭발범위의 상한값과 하한값의 차가 작을수록 폭발위험은 적어진다.

55 액체가 기체로 변하기 위해 필요한 열은?
① 융해열   ② 응축열   ③ 승화열   ④ 기화열

해설 ① 융해열 : 고체에서 액체로 바뀔 때 필요한 열
② 응축열 : 기체에서 액체로 바뀔 때 방출되는 열
③ 승화열 : 물질이 승화될 때 방출되거나 흡수되는 열
④ 기화열 : 액체에서 기체로 바뀔 때 필요한 열

정답 52. ④   53. ①   54. ②   55. ④

56
부탄 1 Nm³을 완전연소시키는데 필요한 이론 공기량은 약 몇 Nm³인가? (단, 공기 중의 산소농도는 21v%이다.)
① 5 ② 6.5 ③ 23.8 ④ 31

해설 ➜ $C_4H_{10} + 6.5O_2 \rightarrow 4CO_2 + 5_2O$
22.4 Nm³ 6.5×22.4 Nm³
 1 Nm³ x

$$x = \frac{1 \text{ Nm}^3 \times 6.5 \times 22.4 \text{ Nm}^3}{22.4 \text{ Nm}^3} = 30.92$$

57
온도 410°F을 절대온도로 나타내면?
① 273 K ② 483 K ③ 512 K ④ 612 K

해설 ➜ K = °C+273

$$K = \frac{5}{9}(°F-32)+273 = \frac{5}{9}(410-32)+273 = 483K$$

58
도시가스에 사용되는 부취제 중 DMS의 냄새는?
① 석탄가스 냄새 ② 마늘 냄새
③ 양파 썩는 냄새 ④ 암모니아 냄새

해설 ➜ 부취제
① THT(테트라히드로티오펜) : 석탄가스 냄새
② TBM(터시어리부틸메르캅탄) : 양파썩는 냄새
③ DMS(디메틸썰파이드) : 마늘 냄새

59
다음에서 설명하는 기체와 관련된 법칙은?

> 기체의 종류에 관계없이 모든 기체 1몰은 표준상태(0℃, 1기압)에서 22.4 L의 부피를 차지한다.

① 보일의 법칙 ② 헨리의 법칙
③ 아보가드로의 법칙 ④ 아르키메데스의 법칙

정답 56. ④ 57. ② 58. ② 59. ③

해설 ① 헨리의 법칙 : 일정한 온도에서 일정량의 용매에 용해하는 기체의 질량은 압력에 정비례한다. 헨리의 법칙은 물에 대한 용해도가 작은 기체(O_2, H_2, N_2, CO_2) 등에만 적용하고 용해도가 큰 기체는 적용하지 않음(NH_3, HCl, SO_2, H_2S)

② 보일의 법칙(T=일정)

$$P_1V_1 = P_2V_2$$

$$V_2 = \frac{P_1 \times V_1}{P_2}$$

∴ 온도가 일정할 때 기체의 체적은 압력에 정비례한다.

③ 돌턴의 분압법칙 : 기체 혼합물의 전체압력은 각 성분기체의 분압의 합과 같다.

$$분압 = 전압 \times \frac{성분기체몰수}{전몰수}$$

$$= 전압 \times \frac{성분기체부피}{전부피}$$

$$= 전압 \times \frac{성분기체분자수}{전분자수}$$

60 내용적 47 L인 용기에 C_3H_8 15 kg이 충전되어 있을 때 용기 내 안전공간은 약 몇 %인가? (단, C_3H_8의 액 밀도는 0.5kg/L이다.)

① 20 ② 25.2 ③ 36.1 ④ 40.1

해설 $1\ell = 0.5$ kg $x = \frac{1\ell \times 15 \text{ kg}}{0.5 \text{ kg}} = 30\ell$

$x = 15$ kg

∴ $\frac{47\ell - 30\ell}{47\ell} \times 100 = 36.2\%$

정답 60. ③

제 23 회 가스기능사 출제문제

1과목 : 가스안전관리

01 가스 공급시설의 임시사용 기준 항목이 아닌 것은?
① 공급의 이익 여부
② 도시가스의 공급이 가능한지의 여부
③ 가스공급시설을 사용할 때 안전을 해칠 우려가 있는지 여부
④ 도시가스의 수급상태를 고려할 때 해당지역에 도시가스의 공급이 필요한지의 여부

해설 ⊃ 가스 공급시설의 임시사용 기준 항목
① 도시가스의 수급상태를 고려할 때 해당지역에 도시가스의 공급이 필요한지의 여부
② 가스공급시설을 사용할 때 안전을 해칠 우려가 있는지 여부
③ 도시가스의 공급이 가능한지의 여부

02 다음 [보기]의 독성가스 중 독성(LC_{50})이 가장 강한 것과 가장 약한 것을 바르게 나열한 것은?

[보기]
㉠ 염화수소 ㉡ 암모니아 ㉢ 황화수소 ㉣ 일산화탄소

① ㉠, ㉡   ② ㉢, ㉡   ③ ㉠, ㉣   ④ ㉢, ㉣

해설 ⊃ 독성농도
① 염화수소 : 3124ppm 이하
② 암모니아 : 7338ppm 이하
③ 황화수소 : 444ppm 이하
④ 일산화탄소 : 3760ppm 이하
⑤ 시안화수소 : 140ppm 이하
⑥ 아황산가스 : 2520ppm 이하
⑦ 포스겐 : 5ppm 이하
⑧ 아크릴로니트릴 : 444ppm 이하
⑨ 브롬화메탄 ; 850ppm 이하
⑩ 산화에틸렌 : 2900ppm 이하

정답 1. ① 2. ②

03. 가연성 가스의 발화점이 낮아지는 경우가 아닌 것은?

① 압력이 높을수록
② 산소 농도가 높을수록
③ 탄화수소의 탄소수가 많을수록
④ 화학적으로 발열량이 낮을수록

해설 가연성 가스의 발화점이 낮아지는 경우
① 화학적으로 발열량이 클수록
② 탄화수소의 탄소수가 많을수록
③ 산소 농도가 높을수록
④ 압력이 높을수록
⑤ 분자량이 클수록

04. 다음 각 가스의 품질검사 합격기준으로 옳은 것은?

① 수소 : 99.0% 이상
② 산소 : 98.5% 이상
③ 아세틸렌 : 98.0% 이상
④ 모든 가스 : 99.5% 이상

해설 품질검사 기준
① 산소 : 동암모니아시약의 오르자트법, 순도는 99.5% 이하
② 수소 : 피롤카롤 또는 하이드로썰파이드시약의 오르자트법, 순도는 98.5% 이하
③ 아세틸렌 : 발연황산시약의 오르자트법, 브롬시약의 뷰렛법, 질산은시약의 정성시험에 합격할 것, 순도는 98% 이상

05. 0°C에서 10 L의 밀폐된 용기 속에 32 g의 산소가 들어있다. 온도를 150°C로 가열하면 압력은 약 얼마가 되는가?

① 0.11 atm
② 3.47 atm
③ 34.7 atm
④ 111 atm

해설 $PV = \dfrac{WRT}{M}$ 에서

$P = \dfrac{WRT}{VM} = \dfrac{32 \times 0.082 \times (273+150)}{10 \times 32} = 3.468 \text{ atm}$

06. 염소에 다음 가스를 혼합하였을 때 가장 위험할 수 있는 가스는?

① 일산화탄소
② 수소
③ 이산화탄소
④ 산소

해설 촉매폭발(직사일광에 의한 폭발)
① 염소와 수소   ② 염소와 암모니아   ③ 염소와 아세틸렌

정답 3. ④   4. ③   5. ②   6. ②

07
고압가스 특정제조시설에서 배관을 해저에 설치하는 경우의 기준으로 틀린 것은?
① 배관은 해저면 밑에 매설한다.
② 배관은 원칙적으로 다른 배관과 교차하지 아니하여야 한다.
③ 배관은 원칙적으로 다른 배관과 수평거로 30 m 이상을 유지하여야 한다.
④ 배관의 입상부에는 방호시설물을 설치하지 아니한다.

[해설] 배관의 입상부는 보호시설물을 설치할 것

08
고압가스 특정제조시설중 비가연성 가스의 저장탱크는 몇 m³ 이상일 경우에 지진영향에 대한 안전한 구조로 설계하여야 하는가?
① 300 ② 500 ③ 1000 ④ 2000

[해설] 저장탱크의 내진 구조
① 압축가스 : ㉠ 가연성, 독성 : 500 m³ 이상 ㉡ 비가연성, 비독성 : 1000 m³ 이상
② 액화가스 : ㉠ 가연성 : 5000 kg 이상 ㉡ 비가연성, 비독성 : 10000 kg 이상

09
압축도시가스 이동식 충전차량 충전시설에서 가스누출 검지경보장치의 설치위치가 아닌 것은?
① 펌프 주변
② 압축설비 주변
③ 압축가스설비 주변
④ 개별 충전설비 본체 외부

[해설] 압축도시가스 이동식 충전차량 충전시설에서 가스누출 검지 경보장치의 설치위치
① 펌프 주변
② 압축설비 주변
③ 압축가스설비 주변
④ 개별 충전설비 본체 내부
⑤ 밀폐된 피트 내부에 설치된 배관 접속부 주의

10
흡수식 냉동설비의 냉동설비의 냉동능력 정의로 옳은 것은?
① 발생기를 가열하는 1시간의 입열량 3천 320kcal를 1일의 냉동능력 1톤으로 본다.
② 발생기를 가열하는 1시간의 입열량 6천 640kcal를 1일의 냉동능력 1톤으로 본다.
③ 발생기를 가열하는 24시간의 입열량 3천 320kcal를 1일의 냉동능력 1톤으로 본다.
④ 발생기를 가열하는 24시간의 입열량 6천 640kcal를 1일의 냉동능력 1톤으로 본다.

정답 7. ④ 8. ③ 9. ④ 10. ②

해설 · 흡수식 냉동설비의 냉동능력 : 발생기를 가열하는 1시간의 입열량 6640kcal/day를 냉동능력 1Ton 으로 본다.
· 원심식 압축기의 1일 냉동능력 : 1.2kW, 3320kcal/h(1톤)

11 폭발범위에 대한 설명으로 옳은 것은?
① 공기 중의 폭발범위는 산소 중의 폭발범위보다 넓다.
② 공기 중 아세틸렌가스의 폭발범위는 약 4~71%이다.
③ 한계산소 농도치 이하에서는 폭발성 혼합가스가 생성된다.
④ 고온 고압일 때 폭발범위는 대부분 넓어진다.

해설 폭발범위에 대한 설명
① 공기 중의 폭발범위는 산소 중의 폭발범위보다 좁다.
  H_2 : 공기 중 4~75%, 산소 중 : 4~94%
② 공기 중의 아세틸렌가스의 폭발범위 : 2.5~81%
③ 한계산소 농도치 이하에서는 폭발성 혼합가스가 생성되지 아니한다.
④ 고온·고압일 때 폭발범위는 넓어진다.

12 도시가스사용시설에서 배관의 이음부와 절연전선과의 이격거리는 몇 cm 이상으로 하여야 하는가?
① 10   ② 15   ③ 30   ④ 60

해설 배관의 이음부와의 간격
① 절연전선 : 10 cm 이상(절연하지 않은 전선 15 cm 이상)
② 접속기, 점멸기, 굴뚝 : 30 cm 이상
③ 안전기, 개폐기, 계량기, 콘센트 : 60 cm 이상

13 압축기 최종단에 설치된 고압가스 냉동제조시설의 안전밸브는 얼마마다 작동압력을 조정하여야 하는가?
① 3개월에 1회 이상   ② 6개월에 1회 이상
③ 1년에 1회 이상   ④ 2년에 1회 이상

해설 압축기 최종단에 설치된 고압가스 냉동제조시설의 안전밸브의 작동 압력 조정
① 압축기 최종단 : 1년에 1회 이상
② 그 밖의 것 : 2년에 1회 이상

정답 11. ④ 12. ① 13. ③

14
고압가스 특정제조시설에서 플레어스택의 설치기준으로 틀린 것은?
① 파이롯트버너를 항상 점화하여 두는 등 플레어스택에 관련된 폭발을 방지하기 위한 조치가 되어 있는 것으로 한다.
② 긴급이송설비로 이송되는 가스를 대기로 방출할 수 있는 것으로 한다.
③ 플레어스택에서 발생하는 복사열이 다른 제조시설에 나쁜 영향을 미치지 아니하도록 안전한 높이 및 위치에 설치한다.
④ 플레어스택에서 발생하는 최대열량에 장시간 견딜 수 있는 재료 및 구조로 되어 있는 것으로 한다.

[해설] 긴급이송설비로 이송되는 가스를 연소시켜 대기로 안전하게 방출할 수 있는 것으로 한다.

15
액화석유가스판매시설에 설치되는 용기보관실에 대한 시설기준으로 틀린 것은?
① 용기보관실에는 가스가 누출될 경우 이를 신속히 검지하여 효과적으로 대응할 수 있도록 하기 위하여 반드시 일체형 가스누출경보기를 설치한다.
② 용기보관실에 설치되는 전기설비는 누출된 가스의 점화원이 되는 것을 방지하기 위하여 반드시 방폭구조로 한다.
③ 용기보관실에는 누출된 가스가 머물지 않도록 하기 위하여 그 용기보관실의 구조에 따라 환기구를 갖추고 환기가 잘되지 아니하는 곳에는 강제통풍시설을 설치한다.
④ 용기보관실에는 용기가 넘어지는 것을 방지하기 위하여 적절한 조치를 마련한다.

[해설] 용기보관실에는 가스가 누출될 경우 이를 신속히 검지하여 효과적으로 대응할 수 있도록 하기 위하여 분리형 가스누출경보기를 설치한다.

16
20kg LPG 용기의 내용적은 몇 L인가? (단, 충전상수 C는 2.35이다.)
① 8.51   ② 20   ③ 42.3   ④ 47

[해설] $G = \dfrac{V}{C}$ 에서
$V = G \times C = 20 \times 2.35 = 47 l$

17
독성가스 용기를 운반할 때에는 보호구를 갖추어야 한다. 비치하여야 하는 기준은?
① 종류별로 1개 이상
② 종류별로 2개 이상
③ 종류별로 3개 이상
④ 그 차량의 승무원수에 상당한 수량

정답 14. ②   15. ①   16. ④   17. ④

18 가스보일러의 안전사항에 대한 설명으로 틀린 것은?
① 가동 중 연소상태, 화염유무를 수시로 확인한다.
② 가동 중지 후 노내 잔류가스를 충분히 배출한다.
③ 수면계의 수위는 적정한가 자주 확인한다.
④ 점화전 연료가스를 노내에 충분히 공급하여 착화를 원활하게 한다.

해설❯ 점화 전 연료가스를 노 내에 충분히 공급 시 폭발(역화)의 위험이 있다.

19 고압가스배관의 설치기준 중 하천과 병행하여 매설하는 경우로서 적합하지 않은 것은?
① 배관은 견고하고 내구력을 갖는 방호구조물안에 설치한다.
② 매설심도는 배관의 외면으로부터 1.5 m 이상 유지한다.
③ 설치지역은 하상(河床, 하천의 바닥)이 아닌 곳으로 한다.
④ 배관손상으로 인한 가스누출 등 위급한 상황이 발생한 때에 그 배관에 유입되는 가스를 신속히 차단할 수 있는 장치를 설치한다.

해설❯ 매설심도는 배관의 외면으로부터 2.5 m 이상 유지

20 LP GAS 사용 시 주의사항에 대한 설명으로 틀린 것은?
① 중간 밸브 개폐는 서서히 한다.
② 사용 시 조정기 압력은 적당히 조절한다.
③ 완전 연소되도록 공기조절기를 조절한다.
④ 연소기는 급배기가 충분히 행해지는 장소에 설치하여 사용하도록 한다.

해설❯ LP 가스 사용 시 주의사항
① 완전 연소되도록 공기 조절기를 조절한다.
② 연소기는 급배기가 충분히 행해지는 장소에 설치하여 사용하도록 한다.
③ 중간 밸브 개폐는 서서히 한다.

21 도시가스 매설배관의 주위에 파일박기 작업 시 손상방지를 위하여 유지하여야 할 최소거리는?
① 30 cm   ② 50 cm   ③ 1 m   ④ 2 m

해설❯ 도시가스 매설배관의 주위에 파일박기 작업 시 손상방지를 위하여 유지하여야 할 최소거리 30 cm

정답 18. ④   19. ②   20. ②   21. ①

22

액화독성가스의 운반질량이 1000 kg 미만 이동 시 휴대해야 할 소석회는 몇 kg 이상이어야 하는가?

① 20 kg　② 30 kg　③ 40 kg　④ 50 kg

해설 액화독성가스 운반질량
① 1000 kg 미만 : 20 kg 이상
② 1000 kg 이상 : 40 kg 이상

23

고압가스를 취급 하는 자가 용기 안전 점검 시 하지 않아도 되는 것은?
① 도색 표시 확인
② 재검사 기간 확인
③ 프로텍터의 변형 여부 확인
④ 밸브의 개폐조작이 쉬운 핸들 부착 여부 확인

해설 고압가스를 취급하는 자가 용기 안전 점검 시 해야 할 사항
① 프로텍터의 부착 여부 확인
② 밸브의 개폐조작이 쉬운 핸들 부착 여부 확인
③ 재검사 기간 확인
④ 도색 표시 확인

24

도시가스 도매사업의 가스공급시설 기준에 대한 설명으로 옳은 것은?
① 고압의 가스공급시설은 안전구획 안에 설치하고 그 안전구역의 면적은 1만 m² 미만으로 한다.
② 안전구역 안의 고압인 가스공급시설은 그 외면으로부터 다른 안전구역 안에 있는 고압인 가스공급시설의 외면까지 20 m 이상의 거리를 유지한다.
③ 액화천연가스의 저장탱크는 그 외면으로부터 처리능력이 20만 m³ 이상인 압축기까지 30 m 이상의 거리를 유지한다.
④ 두개 이상의 제조소가 인접하여 있는 경우의 가스공급시설은 그 외면으로부터 그 제조소와 다른 제조소의 경계까지 10 m 이상의 거리를 유지한다.

해설 가스 도매사업의 가스공급시설
① 액화 천연가스 저장설비 및 처리설비는 그 외면으로부터 사업소 경계까지 50 m 이상 거리 또는 안전거리 산식에 의한 거리 중 큰 쪽과 동등 이상의 거리를 유지할 것.
$L = C \cdot \sqrt[3]{143,000\,W}$

정답 22. ①　23. ③　24. ③

여기서, L : 유지거리[m], C : 정수 저압지하식 저장탱크 0.24,
그 밖에 처리설비 0.576
W : 저장탱크는 저장능력의 제곱근[ton]

② 액화석유가스 저장설비 및 처리설비는 그 외면으로부터 제1종 및 제2종 보호시설까지 30 m 이상거리 유지
③ 고압인 가스공급시설은 통로. 공지 등으로 구획된 안전구역 내에 설치하되 면적은 2만m^2 미만일 것
④ 안전구역 내의 고압인 가스공급시설은 그 외면으로부터 그 안전구역에 인접하는 다른 안전구역 내에 있는 고압인 공급시설과 30 m 이상의 거리 유지
⑤ 가스공급시설은 그 외면으로부터 그 제조소의 경계와 20 m 이상의 거리 유지
⑥ 액화천연가스의 저장탱크는 그 외면으로부터 처리능력이 20만m^3 이상인 압축기와 30 m 이상 거리 유지

25 가연성가스의 폭발등급 및 이에 대응하는 본질안전방폭구조의 폭발등급 분류 시 사용하는 최소점화전류비는 어느 가스의 최소점화전류를 기준으로 하는가?
① 메탄   ② 프로판
③ 수소   ④ 아세틸렌

해설 ⊃ 가연성가스의 폭발등급 및 이에 대응하는 본질안전 방폭구조의 폭발등급 분류 시 사용하는 최소점화전류비는 메탄가스의 최소점화전류를 기준

26 수소의 성질에 대한 설명 중 옳지 않은 것은?
① 열전도도가 적다.
② 열에 대하여 안정하다.
③ 고온에서 철과 반응한다.
④ 확산속도가 빠른 무취의 기체이다.

해설 ⊃ 수소의 성질
① 열에 대하여 안정하다.
② 고온에서 철과 반응한다.
③ 확산속도가 빠른 무색, 무미, 무취의 기체이다.
④ 수소는 산소, 염소, 불소와 반응하여 격렬한 폭발을 일으켜 폭명기 형성
⑤ 고온에서 금속산화물을 환원시키는 성질이 있다.
⑥ 고온, 고압에서 모든 금속재료를 쉽게 투과한다.
⑦ 고온, 고압에서 모든 금속재료를 쉽게 투과한다.
⑧ 고온, 고압에서 강제 중 탄소의 성분과 반응하여 수소취성을 일으킨다.

정답 25. ① 26. ①

27

용기종류별 부속품 기호로 틀린 것은?

① AG : 아세틸렌가스를 충전하는 용기의 부속품
② LPG : 액화석유가스를 충전하는 용기의 부속품
③ TL : 초저온용기 및 저온용기의 부속품
④ PG : 압축가스를 충전하는 용기의 부속품

[해설] 용기 부속품 및 기호
① AG : 아세틸렌가스를 충전하는 용기 부속품
② PG : 압축가스를 충전하는 용기 부속품
③ LT : 초저온 및 저온을 충전하는 용기 부속품
④ LG : 액화석유가스 외의 용기를 충전하는 용기 부속품
⑤ LPG : 액화석유가스를 충전하는 용기 부속품

28

공기액화 분리장치의 폭발원인이 아닌 것은?

① 액체공기 중의 아르곤의 흡입
② 공기 취입구로부터 아세틸렌 혼입
③ 공기 중의 질소화합물(NO, NO_2)의 혼입
④ 압축기용 윤활유 분해에 따른 탄화수소 생성

[해설] 공기액화분리장치의 폭발원인
① 액체공기 중의 오존의 혼입
② 공기 중의 질소화합물 혼입
③ 압축기용 윤활유 분해에 따른 탄화수소 생성
④ 공기취입구로부터 아세틸렌 혼입

29

고압가스 충전용기를 운반할 때 운반책임자를 동승시키지 않아도 되는 경우는?

① 가연성 압축가스 – 300 m^3
② 조연성 액화가스 – 5000 kg
③ 독성 압축가스(허용농도가 100만분의 200 초과, 100만분의 5000 이하) – 100 m^3
④ 독성 압축가스(허용농도가 100만분의 200 초과, 100만분의 5000 이하) – 1000 kg

[해설] 운반책임자의 동승
① 액화가스
  ㉠ 독성 : 1000 kg 이상 ㉡ 가연성 : 3000 kg 이상 ㉢ 조연성 : 6000 kg 이상
② 압축가스
  ㉠ 독성 : 100 m^3 이상 ㉡ 가연성 : 300 m^3 이상 ㉢ 조연성 : 600 m^3 이상

정답 27. ③ 28. ① 29. ②

30. 다음 중 폭발범위의 상한값이 가장 낮은 가스는?
① 암모니아　　② 프로판
③ 메탄　　　　④ 일산화탄소

해설 ▶ 폭발범위

종류	하한값	상한값
암모니아	15%	28%
프로판	2.1%	9.5%
메탄	5%	15%
일산화탄소	12.5%	74%

제2과목 : 가스장치 및 기기

31. 고압가스 배관재료로 사용되는 동관의 특징에 대한 설명으로 틀린 것은?
① 가공성이 좋다.　　② 열전도율이 적다.
③ 시공이 용이하다.　④ 내식성이 크다.

해설 ▶ 동관의 특징
　① 알칼리에는 강하나 산에는 약하다.
　② 무게는 가벼우나 외부 충격에 약하다.
　③ 유기약품에 침식되지 않아 화학공업용으로 사용
　④ 연수에 부식되는 성질이 있어 증류수 및 증기관에는 부적합
　⑤ 전연성이 풍부하고 가공이 용이
　⑥ 전기 및 열전도성이 좋아 열교환기용으로 우수하게 사용

32. 자동절체식 일체형 저압조정기의 조정압력은?
① 2.30~3.30 kPa
② 2.55~3.30 kPa
③ 57~83 kPa
④ 5.0~30 kPa 이내에서 제조자가 설정한 기준압력의 ±20%

정답　30. ②　31. ②　32. ②

해설 ➤ 압력조정기 종류에 따른 입구압력 및 조정압력 범위

종류	입구압력	조정압력
2단 감압식 1차용 조정기	1.0~15.6 kg/cm²	0.57~0.83 kg/cm²
자동 절체식 분리형 조정기	1.0~15.6 kg/cm²	0.32~0.83 kg/cm²
1단 감압식 저압 조정기	0.7~15.6 kg/cm²	230~330 mmH₂O
2단 감압식 2차용 조정기	0.25~3.5 kg/cm²	230~330 mmH₂O
자동 절체식 일체형 조정기	1.0~15.6 kg/cm²	255~330 mmH₂O
1단 감압식 준저압 조정기	1.0~15.6 kg/cm²	500~3000 mmH₂O

33. 수소(H_2)가스 분석방법으로 가장 적당한 것은?
① 팔라듐관 연소법
② 헴펠법
③ 황산바륨 침전법
④ 흡광광도법

해설 ➤ 수소가스 분석방법 : 파라듐관 연소법

34. 터보압축기의 구성이 아닌 것은?
① 임펠러
② 피스톤
③ 디퓨저
④ 증속기어장치

해설 ➤ 터보압축기의 구성 : ① 임펠러   ② 디퓨저   ③ 증속기어장치

35. 피토관을 사용하기에 적당한 유속은?
① 0.001 m/s 이상
② 0.1 m/s 이상
③ 1 m/s 이상
④ 5 m/s 이상

해설 ➤ 피토우관 유량계의 특징
① 기체의 속도가 5 m/sec 이하는 부적합
② 유체의 흐름방향에 평형하게 피토우관 설치
③ 노즐의 마모나 관내의 속도 분포에 따라 오차가 발생
④ 유체의 압력에 대한 충분한 강도를 가져야 한다.

36. 수소를 취급하는 고온, 고압 장치용 재료로서 사용할 수 있는 것은?
① 탄소강, 니켈강
② 탄소강, 망간강
③ 탄소강, 18-8 스테인리스강
④ 18-8 스테인리스강, 크롬-바나듐강

정답 33. ①   34. ②   35. ④   36. ④

해설 ▶ 수소를 취급하는 고온, 고압장치용 재료
① 18-8 스텐레스강(오스테나이크계 스텐레스강)
② 5~6% 크롬강
③ 크롬-바나듐강

37 원심식 압축기 중 터보형의 날개출구각도에 해당하는 것은?
① 90°보다 작다.
② 90°이다.
③ 90°보다 크다.
④ 평행이다.

38 압력변화에 의한 탄성변위를 이용한 탄성압력계에 해당하지 않는 것은?
① 플로트식 압력계
② 부르동관식 압력계
③ 벨로우즈식 압력계
④ 다이어프램식 압력계

해설 ▶ 탄성식 압력계의 종류
① 부르동관식 ② 벨로우즈식 ③ 다이어프램식

39 액면측정 장치가 아닌 것은?
① 임펠러식 액면계
② 유리관식 액면계
③ 부자식 액면계
④ 퍼지식 액면계

해설 ▶ 액면측정 장치
① 직접식 액면계 : 유리관식, 부자식(플로우트식), 검척식
② 간접식 액면계 : 고정튜브식, 슬립튜브식, 회전튜브식, 기포식, 방사선식, 정전용량식, 플로우트식, 초음파식, 차압식(햄프슨식), 압력식

40 나사압축기에서 숫로터의 직경 150 mm, 회전수가 350 rpm이라고 할 때 이론적 토출량은 약 몇 m³/min? (단, 로터 형상에 의한 계수[Cv]는 0.476이다.)
① 0.11
② 0.21
③ 0.37
④ 0.47

해설 ▶ $Q = KD^2LN$
$= 0.476 \times 0.15^2 \times 0.1 \times 350 = 0.37$

정답 37. ① 38. ① 39. ① 40. ③

41
아세틸렌의 정성시험에 사용되는 시약은?
① 질산은 ② 구리암모니아
③ 염산 ④ 피로카롤

해설 품질검사 기준
① 산소 : 동암모니아시약의 오르자트법, 순도는 99.5% 이하
② 수소 : 피롤카롤 또는 하이드로썰파이드시약의 오르자트법, 순도는 98.5% 이하
③ 아세틸렌 : 발연황산시약의 오르자트법, 브롬시약의 뷰렛법, 질산은시약의 정성시험에 합격할 것, 순도는 98% 이상

42
정압기를 평가·선정할 경우 고려해야 할 특성이 아닌 것은?
① 정특성 ② 동특성
③ 유량특성 ④ 압력특성

해설 정압기를 평가·선정할 경우 고려해야 할 특성
① 정특성 : 유량과 2차압력의 관계
② 동특성 : 부하변동에 대한 응답의 신속성과 안정성
③ 유량특성 : 메인밸브의 열림과 유량과의 관계
④ 사용최대차압 및 최소차압

43
액화석유가스 소형저장탱크가 외경 1000 mm, 로터길이 100 mm, 길이 2000 mm, 충전상수 0.03125, 온도보정계수 2.15일 때의 자연기화능력(kg/h)은 얼마인가?
① 11.2 ② 13.2 ③ 15.2 ④ 17.2

해설 소형저장탱크의 자연가화능력 $= \dfrac{DLKT}{12000} = \dfrac{1000 \times 2000 \times 0.03125 \times 2.15}{12000} = 11.2 \text{kg/h}$

여기서, D : 외경(mm), L : 길이(mm), K : 충전상수, T : 온도보정계수

44
가스누출을 감지하고 차단하는 가스누출 자동차단기의 구성요소가 아닌 것은?
① 제어부 ② 중앙통제부
③ 검지부 ④ 차단부

해설 가스누출 자동차단기의 구성요소 : ① 검지부 ② 제어부 ③ 차단부

정답 41. ① 42. ④ 43. ① 44. ②

45. 다음 중 단별 최대 압축비를 가질 수 있는 압축기는?
① 원심식 ② 왕복식 ③ 축류식 ④ 회전식

해설 ※ 단별 최대압축비를 가질 수 있는 압축기 : 왕복식
- 원심압축기의 특징
  ① 압축비가 적다.
  ② 무급유식이다.
  ③ 효율이 크다.
  ④ 압축유체에 윤활유가 혼입되지 않음
  ⑤ 대용량의 용량 제어가능
  ⑥ 왕복 압축기와 같은 맥동현상 없다.
  ⑦ 소형이므로 설치면적이 적고 기계적 진동이 적다.
- 터보압축기의 특징
  ① 무급유식이며 원심형이다.
  ② 효율이 낮다.
  ③ 서징현상이 있으므로 운전중 주의
  ④ 기체의 맥동이 없고 연속적이다.
  ⑤ 고속회전이므로 형태가 적고 경량이다.
  ⑥ 고속회전이므로 형태가 적고 경량이다.
  ⑦ 대용량 적당하고 설치면적 적다.
- 왕복 압축기의 특징
  ① 윤활유식 또는 무급 유식이다.
  ② 용적형이다.
  ③ 압축기의 효율이 높다.
  ④ 용량조절이 용이하고 범위가 넓다.
  ⑤ 고압을 얻을 수 있다.
  ⑥ 기체의 송출에 맥동이 있으므로 방진장치 필요
  ⑦ 저속회전이며, 형태가 크고, 중량이 무겁고, 고가이며, 설치면적 크다.

제3과목 : 가스일반

46. C_3H_8 비중이 1.5라고 할 때 20 m 높이 옥상까지의 압력손실은 약 몇 mmH₂O인가?
① 12.9 ② 16.9 ③ 19.4 ④ 21.4

해설 압력손실$= 1.293(s-1)h = 1.293(1.5-1) \times 20 = 12.93$ mmH₂O

정답 45. ② 46. ①

47 실제기체가 이상기체의 상태식을 만족시키는 경우는?
① 압력과 온도가 높을 때
② 압력과 온도가 낮을 때
③ 압력이 높고 온도가 낮을 때
④ 압력이 낮고 온도가 높을 때

[해설] 실제기체가 이상기체의 상태식을 만족시키는 경우 : 압력이 낮고 온도가 높을 때

48 다음 중 유리병에 보관해서는 안 되는 가스는?
① O_2 ② Cl_2 ③ HF ④ Xe

[해설] 유리병에 보관해서는 안 되는 가스 : HF(불화수소)

49 황화수소에 대한 설명으로 틀린 것은?
① 무색의 기체로서 유독하다.
② 공기 중에서 연소가 잘 된다.
③ 산화하면 주로 황산이 생성된다.
④ 형광물질 원료의 제조 시 사용된다.

[해설] 황화수소
① 무색의 기체로서 유독하다. (10 ppm 이하)
② 공기 중에서 연소가 잘 된다. ($2H_2S + 3O_2 \rightarrow 2H_2O + 2SO_2$)
③ 형광물질 원료 제조 시 사용
④ 달걀 썩는 냄새가 난다.
⑤ 환원제로 쓰인다.
⑥ 정성분석에 이용
⑦ 공업약품, 의약품제조원료

50 다음 중 가연성 가스가 아닌 것은?
① 일산화탄소
② 질소
③ 에탄
④ 에틸렌

[해설] · 가연성 가스 : 폭발하한이 10% 이하이거나 하한과 상한의 차가 20% 이상인 가스
① 일산화탄소 : 12.5~74%
② 에탄 : 3~12.5%
③ 에틸렌 : 3.1~32%
④ 아세틸렌 : 2.5~81%
⑤ 메탄 : 5~15%
⑥ 부탄 : 1.8~8.4%
⑦ 프로판 : 2.1~9.5%
⑧ 수소 : 4~75% 등
· 조연성 가스 : 공기, 불소, 염소, 이산화질소, 산소
· 불연성 가스 : 질소, 이산화탄소

정답 47. ④ 48. ③ 49. ③ 50. ②

51 나프타의 성상과 가스화에 미치는 영향 중 PONA 값의 각 의미에 대하여 잘못 나타낸 것은?
① P : 파라핀계 탄화수소
② O : 올레핀계 탄화수소
③ N : 나프텐계 탄화수소
④ A : 지방족 탄화수소

해설 ⇨ A : 방향족 탄화수소(벤젠, 톨루엔, 크실렌)

52 25°C의 물 10 kg을 대기압 하에서 비등시켜 모두 기화시키는데 약 몇 kcal의 열이 필요한가? (단, 물의 증발잠열은 540 kcal/kg이다.)
① 750 ② 5400 ③ 6150 ④ 7100

해설 ⇨ ① 25°C 물 → 100°C 물
$Q_1 = G_1 C_1 \triangle t_1 = 10 \times 1 \times (100-20) = 800$ kcal
② 100°C 물 → 100°C 증기
$Q_2 = G_2 \times r_2 = 10 \times 540 = 5400$ kcal
∴ $Q_1 + Q_2 = (800 + 5400) = 6200$ kcal

53 다음에서 설명하는 법칙은?

같은 온도(T)와 압력(P)에서 같은 부피(V)의 기체는 같은 분자수를 가진다.

① Dalton의 법칙
② Henry의 법칙
③ Avogadro의 법칙
④ Hess의 법칙

해설 ⇨ 아보가드로법칙에서 표준상태에서 모든 기체의 체적은 1 mol당 22.4 l이고 분자수는 6.02×10^{23}개이다.

54 LP가스의 제법으로서 가장 거리가 먼 것은?
① 원유를 정제하여 부산물로 생산
② 석유정제공정에서 부산물로 생산
③ 석탄을 건류하여 부산물로 생산
④ 나프타 분해공정에서 부산물로 생산

해설 ⇨ LP가스의 제법
① 나프타 분해공정 부산물로 생산
② 석유정제공정에서 부산물로 생산
③ 원유를 정제하여 부산물로 생산

정답 51. ④ 52. ③ 53. ③ 54. ③

55
가스의 연소와 관련하여 공기 중에서 점화원 없이 연소하기 시작하는 최저온도를 무엇이라 하는가?
① 인화점　　　② 발화점
③ 끓는점　　　④ 융해점

해설 발화점(착화점) : 공기중에서 점화원 없이 연소하기 시작하는 최저온도

56
아세틸렌가스 폭발의 종류로서 가장 거리가 먼 것은?
① 중합폭발　　　② 산화폭발
③ 분해폭발　　　④ 화합폭발

해설 아세틸렌가스 폭발의 종류
① 산화폭발 : $C_2H_2 + 2.5O_2 \rightarrow 2CO_2 + H_2O$
② 분해폭발 : $C_2H_2 \rightarrow 2C + H_2 + 54.2\ kcal$
③ 화합폭발 : $C_2H_2 + 2Cu \rightarrow Cu_2C_2 + H_2$
　　　　　　$C_2H_2 + 2Ag \rightarrow Ag_2C_2 + H_2$
　　　　　　$C_2H_2 + 2Hg \rightarrow Hg_2C_2 + H_2$

57
도시가스 제조 시 사용되는 부취제 중 T.H.T의 냄새는?
① 마늘 냄새　　　② 양파 썩는 냄새
③ 석탄가스 냄새　　　④ 암모니아 냄새

해설 도시가스 부취제
① THT(테트라히드로티오펜) : 석탄가스 냄새
② TBM(터시어리부틸메르캅탄) : 양파 썩는 냄새
③ DMS(디메틸썰파이드) : 마늘 냄새

58
압력에 대한 설명으로 틀린 것은?
① 수주 280 cm는 0.28 kg/cm^2와 같다.
② 1 kg/cm^2은 수은주 760 mm와 같다.
③ 160 kg/mm^2은 16000 kg/cm^2에 해당한다.
④ 1 atm이란 1 cm^2 당 1.033 kg의 무게와 같다.

해설 1.0332 kg/cm^2 = 760 mmHg = 76 cmHg = 0.76 mHg

정답　55. ②　56. ①　57. ③　58. ②

59 프레온(Freon)의 성질에 대한 설명으로 틀린 것은?
① 불연성이다.
② 무색, 무취이다.
③ 증발잠열이 적다.
④ 가압에 의해 액화되기 쉽다.

해설 프레온
① 무색, 무미, 무취이다.
② 불연성, 비폭발성, 열에 대해 안정
③ 액화가 쉽고 증발잠열이 커서 냉매로 사용
④ 전기적 절연 내력이 크다.
⑤ 천연고무나 수지를 침식시키며 Mg 및 Mg을 2% 함유한 Al합금을 부식
⑥ 800℃의 불에 접촉하면 포스겐의 유독가스 발생
⑦ 가정용 냉장고, 공기조화용, 제빙용 등의 냉매도 사용
⑧ 에어졸의 용제

60 다음 중 가장 낮은 온도는?
① −40°F ② 430°R ③ −50℃ ④ 240 K

해설 ① 240K
② $K = ℃ + 273 = -50 + 273 = 223K$
$$°F = \frac{9}{5} × ℃ + 32 = \frac{9}{5}(-58-32) = -50℃$$
$$∴ ℃ = \frac{5}{9}(°F - 32) = \frac{5}{9}(-58-32) = -50℃$$
③ $°R = 1.8K$
$$K = \frac{°R}{1.8} = \frac{430}{1.8} = 238.88K$$
④ $°R = -40 + 460 = 420K$
$°R = 1.8K$
$$K = \frac{420}{1.8} = 233.33K$$

정답 59. ③ 60. ③

CBT 모의고사

가스기능사 모의고사문제

01 헤라이드 토치를 사용하여 프레온의 누출검사를 할 때 다량으로 누출될 때의 색깔은?
① 황색 ② 청색
③ 녹색 ④ 자색

해설 ⇨ 헤라이드로치 불꽃색 검사
① 누설이 없을 때 : 청색
② 소량 누설시 : 녹색
③ 다량 누설시 : 자색
④ 극심할 때 : 꺼진다

02 고압가스 판매소의 시설기준에 대한 설명으로 틀린 것은?
① 충전용기의 보관실은 불연재료를 사용한다.
② 가연성가스·산소 및 독성가스의 저장실은 각각 구분하여 보관한다.
③ 용기보관실 및 사무실은 동일 부지 안에 설치하지 않는다.
④ 산소, 독성가스 또는 가연성가스를 보관하는 용기 보관실의 면적은 각 고압가스별로 10 m² 이상으로 한다.

해설 ⇨ 고압가스판매소의 시설기준
① 산소, 독성가스 또는 가연성 가스를 보관하는 용기보관실의 면적은 각 고압가스별로 10 m² 이상으로 한다.
② 용기 보관실 및 사무실은 동일 부지 안에 설치한다.
③ 가연성 가스, 산소 및 독성가스의 저장실은 각각 구분하여 보관
④ 충전용기의 보관실은 불연재료 사용

정답 1. ④   2. ③

03 프로판 15 vol%와 부탄 85 vol%로 혼합된 가스의 공기 중 폭발하한 값은 얼마인가? (단, 프로판의 폭발하한 값은 2.1%로 하고, 부탄은 1.8%로 한다.)

① 1.84
② 1.88
③ 1.94
④ 1.98

[해설] $\dfrac{100}{L} = \dfrac{V^1}{L^1} + \dfrac{V^2}{L^2} + \dfrac{V^3}{L^3} \cdots \dfrac{V_n}{L_n}$

$\dfrac{100}{L} = \left(\dfrac{15}{2.1} + \dfrac{85}{1.8}\right)$

$\dfrac{100}{L} = 54.36$

$L = \dfrac{100}{54.36} = 1.839$

04 도시가스시설의 설치공사 또는 변경공사를 하는 때에 이루어지는 전공정 시공감리 대상은?

① 도시가스사업자외의 가스공급시설설치자의 배관 설치공사
② 가스도매사업자의 가스공급시설 설치공사
③ 일반도시가스사업자의 정압기 설치공사
④ 일반도시가스사업자의 제조소 설치공사

[해설] 도시가스시설의 설치공사 또는 변경공사를 하는 때에 이루어지는 전공정 시공감리 대상 : 도시가스사업자 외의 가스공급시설 설치자의 배관설치공사

05 다음 중 산소 없이 분해폭발을 일으키는 물질이 아닌 것은?

① 아세틸렌
② 히드라진
③ 산화에틸렌
④ 시안화수소

[해설] · 분해폭발
  ① 아세틸렌 ② 산화에틸렌 ③ 히드라진
· 중합폭발
  ① 시안화수소 ② 산화에틸렌
· 촉매폭발
  ① 염소와 수소 ② 염소와 아세틸렌 ③ 염소와 암모니아

정답 3. ① 4. ① 5. ④

06
가연성 가스가 폭발할 위험이 있는 장소에 전기설비를 할 경우 위험 장소의 등급 분류에 해당하지 않는 것은?
① 0종
② 1종
③ 2종
④ 3종

해설 ① 0종 장소 : 상용상태에서 가연성 가스의 농도가 연속해서 폭발하한계 이상으로 되는 장소
② 1종 장소
　㉠ 상용상태에서 가연성 가스가 체류하여 위험하게 될 우려가 있는 장소
　㉡ 정비보수 또는 누설 등으로 인하여 종종 가연성 가스가 체류하여 위험하게 될 우려가 있는 장소
③ 2종 장소
　㉠ 1종 장소 주변 또는 인접한 실내에서 위험한 농도의 가연성 가스가 종종 침입할 우려가 있는 장소
　㉡ 환기장치에 이상이나 사고가 발생한 경우 가연성 가스가 체류하여 위험하게 될 우려가 있는 장소

07
가스의 폭발한계에 대한 설명으로 틀린 것은?
① 메탄계 탄화수소가스의 폭발한계는 압력이 상승함에 따라 넓어진다.
② 가연성가스에 불활성가스를 첨가하면 폭발범위는 좁아진다.
③ 가연성가스에 산소를 첨가하면 폭발범위는 넓어진다.
④ 온도가 상승하면 폭발하한은 올라간다.

해설 가스의 폭발한계
① 온도가 상승하면 폭발하한은 내려간다.
② 가연성 가스에 산소를 첨가하면 폭발범위는 넓어진다.
③ 가연성 가스에 불활성 가스를 첨가하면 폭발범위는 좁아진다.
④ 메탄계 탄화수소가스의 폭발한계는 압력이 상승함에 따라 넓어진다.

08
공기 중에서 폭발 범위가 가장 넓은 가스는?
① 메탄
② 프로판
③ 에탄
④ 일산화탄소

해설 폭발 범위
① 메탄 : 5~15%
② 프로판 : 2.1~9.5%
③ 에탄 : 3~12.5%
④ 일산화탄소 : 12.5~74%

정답 6. ④ 7. ④ 8. ④

09 시안화수소(HCN)의 위험성에 대한 설명으로 틀린 것은?

① 인화온도가 아주 낮다.
② 오래된 시안화수소는 자체 폭발할 수 있다.
③ 용기에 충전한 후 60일을 초과하지 않아야 한다.
④ 호흡 시 흡입하면 위험하나 피부에 묻으면 아무 이상이 없다.

해설 시안화수소의 위험성
① 인화온도가 아주 낮다.
② 오래된 시안화수소는 자체 폭발할 수 있다.
③ 용기에 충전 후 60일을 초과하지 않아야 한다.
④ 무색이고 복숭아 냄새가 나는 기체로 독성이 강하다.
⑤ 극히 휘발하기 쉽고 물에 잘 용해된다.
⑥ 아세틸렌과 반응하여 아크릴로니트릴 생성
⑦ 호흡이나 피부에 닿으면 위험하다.

10 도시가스 중 에틸렌, 프로필렌 등을 제조하는 과정에서 부산물로 생성되는 가스로서 메탄이 주성분인 가스를 무엇이라 하는가?

① 액화천연가스
② 석유가스
③ 나프타부생가스
④ 바이오가스

해설 나프타부생가스 : 도시가스 중 에틸렌, 프로필렌 등을 제조하는 과정에서 부산물로 생성되는 가스로서 메탄이 주성분이다.

11 액화 가스가 통하는 가스 공급 시설에서 발생하는 정전기를 제거하기 위한 접지접속선(Bonding)의 단면적은 얼마 이상으로 하여야 하는가?

① 3.5 mm^2
② 4.5 mm^2
③ 5.5 mm^2
④ 6.5 mm^2

해설 · 접지접속선 단면적 : 5.5 mm^2 이상
· 피뢰설비 : 10 Ω 이하

12 차량에 고정된 저장탱크로 염소를 운반할 때 용기의 내용적(L)은 얼마 이하가 되어야 하는가?

① 10000
② 12000
③ 15000
④ 18000

정답 9. ④ 10. ③ 11. ③ 12. ②

해설 ↪ 용기 내용적
① 독성 : 12,000 l 이하(암모니아 제외)
② 가연성, 산소 : 18,000 l 이하(LPG 제외)

13. 다음 가스 중 허용농도 값이 가장 적은 것은?(TLV-TWA)
① 염소
② 염화수소
③ 아황산가스
④ 일산화탄소

해설 ↪ 허용농도
① 염소 : 1 ppm 이하
② 염화수소 : 5 ppm 이하
③ 아황산가스 : 5 ppm 이하
④ 일산화탄소 : 50 ppm 이하
⑤ 포스겐 : 0.1 ppm 이하
⑥ 시안화수소 : 10 ppm 이하
⑦ 황화수소 : 10 ppm 이하

14. 공기 중에서의 폭발범위가 가장 넓은 가스는?
① 황화수소
② 암모니아
③ 산화에틸렌
④ 프로판

해설 ↪ 폭발범위
① 황화수소 : 4.3~45.5%
② 암모니아 : 15~28%
③ 산화에틸렌 : 3~80%
④ 프로판 : 2.1~9.5%
⑤ 아세틸렌 : 2.5~81%
⑥ 부탄 : 1.8~8.4%

15. 일산화탄소에 대한 설명으로 틀린 것은?
① 공기보다 가볍고 무색, 무취이다.
② 산화성이 매우 강한 기체이다.
③ 독성이 강하고 공기 중에서 잘 연소한다.
④ 철족의 금속과 반응하여 금속카르보닐을 생성한다.

해설 ↪ 일산화탄소
① 강한 환원성을 가지고 있어 각종 금속을 단체로 생성 : $CuO+CO \rightarrow CO_2+Cu$
② 상온에서 염소와 반응하여 포스겐 생성 : $CO+Cl_2 \rightarrow COCl_2$
③ 고온, 고압에서 카보닐 생성 : $Ni+4CO \rightarrow Ni(CO)_4$(니켈카보닐)
$Fe+5CO \rightarrow Fe(CO)_5$(철카보닐)
④ 독성이 50 ppm 이하로서 공기중에서 잘 연소한다.
⑤ 공기보다 가볍고 무색 무취이다.

정답 13. ① 14. ③ 15. ②

16 용기의 재검사 주기에 대한 기준으로 틀린 것은?

① 용접용기로서 신규검사 후 15년 이상 20년 미만인 용기는 2년마다 재검사
② 500L 이상 이음매 없는 용기는 5년마다 재검사
③ 저장탱크가 없는 곳에 설치한 기화기는 2년마다 재검사
④ 압력용기는 4년마다 재검사

해설

용기의 종류		신규검사 후 경과년수		
		15년 미만	15년 이상 20년 미만	20년 이상
용접용기	500 L 미만	3	2	1
	500 L 이상	5	2	1
이음매 없는 용기	500 L 미만	신규검사 후 경사연수가 10년 이하는 5년마다, 10년 초과는 3년마다		
	500 L 이상	5년마다		

17 액화석유가스 충전소에서 저장탱크를 지하에 설치하는 경우에는 철근콘크리트로 저장탱크실을 만들고, 그 실내에 설치하여야 한다. 이 때 저장탱크 주위의 빈 공간에는 무엇을 채워야 하는가?

① 물   ② 마른 모래
③ 자갈   ④ 콜타르

해설 ▶ 저장탱크 주위의 빈 공간에는 마른 모래를 채워 넣는다.

18 도시가스 사용시설의 배관은 움직이지 아니하도록 고정부착하는 조치를 하도록 규정하고 있는데 다음 중 배관의 호칭지름에 따른 고정간격의 기준으로 옳은 것은?

① 배관의 호칭지름 20 mm인 경우 2 m 마다 고정
② 배관의 호칭지름 32 mm인 경우 3 m 마다 고정
③ 배관의 호칭지름 40 mm인 경우 4 m 마다 고정
④ 배관의 호칭지름 65 mm인 경우 5 m 마다 고정

해설 ▶ ① 관경이 13 mm 미만 : 1 m 마다
② 관경이 13 mm 이상 33 mm 미만 : 2 m 마다
③ 관경이 33 mm 이상 : 3 m 마다

정답 16. ③ 17. ② 18. ①

19 다음 중 독성(TLV-TWA)이 가장 강한 가스는?
① 암모니아
② 황화수소
③ 일산화탄소
④ 아황산가스

해설 ▷ 독성가스(숫자가 작을수록 맹독성가스이다.)
① 암모니아 : 25 ppm 이하
② 황화수소 : 10 ppm 이하
③ 일산화탄소 : 50 ppm 이하
④ 아황산가스 : 5 ppm 이하
⑤ 염소 : 1 ppm 이하
⑥ 포스겐 : 0.1 ppm 이하
⑦ 시안화수소 : 10 ppm 이하

20 시안화수소 가스는 위험성이 매우 높아 용기에 충전 보관할 때에는 안정제를 첨가하여야 한다. 적합한 안정제는?
① 염산
② 이산화탄소
③ 황산
④ 질소

해설 ▷ 시안화수소 안정제
① 오산화인 ② 염화칼슘 ③ 인산 ④ 아황산가스
⑤ 동 ⑥ 동망 ⑦ 황산

21 지하에 매설된 도시가스 배관의 전기방식 기준으로 틀린 것은?
① 전기방식전류가 흐르는 상태에서 토양 중에 있는 배관 등의 방식전위 상한 값은 포화황산동 기준전극으로 −0.85 V 이하일 것
② 전기방식전류가 흐르는 상태에서 자연전위와의 전위변화가 최소한 −300 mV 이하일 것
③ 배관에 대한 전위측정은 가능한 배관 가까운 위치에서 실시할 것
④ 전기방식시설의 관대지전위 등을 2년에 1회 이상 점검할 것

해설 ▷ 전기방식시설의 관대지전위 등을 1년에 1회 이상 점검할 것

22 다음 가스 중 독성이 가장 강한 것은?(TLV-TWA)
① 염소
② 불소
③ 시안화수소
④ 암모니아

해설 ▷ 독성가스(숫자가 작을수록 맹독성 가스)
① 염소 : 1 ppm 이하
② 불소 : 0.1 ppm 이하
③ 시안화수소 : 10 ppm 이하
④ 암모니아 : 25 ppm 이하

정답 19. ④ 20. ③ 21. ④ 22. ②

23
가스도매사업의 가스공급시설 중 배관을 지하에 매설할 때의 기준으로 틀린 것은?
① 배관은 그 외면으로부터 수평거리로 건축물까지 1.0 m 이상을 유지한다.
② 배관은 그 외면으로부터 지하의 다른 시설물과 0.3 m 이상의 거리를 유지한다.
③ 배관을 산과 들에 매설할 때는 지표면으로부터 배관의 외면까지의 매설깊이를 1 m 이상으로 한다.
④ 배관은 지반 동결로 손상을 받지 아니하는 깊이로 매설한다.

[해설] 배관은 그 외면으로부터 수평거리로 건축물까지 1.5 m 이상을 유지한다.

24
다음 중 고압가스관련설비가 아닌 것은?
① 일반압축가스배관용 밸브
② 자동차용 압축천연가스 완속충전설비
③ 액화석유가스용 용기잔류가스회수장치
④ 안전밸브, 긴급차단장치, 역화방지장치

[해설] 고압가스관련설비
① 저장탱크 ② 긴급차단장치 ③ 역화방지장치
④ 냉동설비 ⑤ 안전밸브 ⑥ 기화기
⑦ 액화석유가스용 용기잔류가스회수장치 ⑧ 자동차용 압축천연가스 완속충전설비
⑨ 압력용기 ⑩ 독성가스용 배관용밸브
⑪ 특정고압가스용 실린더 캐비넷

25
지상에 설치하는 정압기실 방호벽의 높이와 두께기준으로 옳은 것은?
① 높이 2 m, 두께 7 cm 이상의 철근콘크리트벽
② 높이 1.5 m, 두께 12 cm 이상의 철근콘크리트벽
③ 높이 2 m, 두께 12 cm 이상의 철근콘크리트벽
④ 높이 1.5 m, 두께 15 cm 이상의 철근콘크리트벽

[해설] 방호벽의 높이

종류	높이 두께	구조
철근콘크리트	2 m 이상 12 cm 이상	9 mm 이상의 철근을 40 cm×40 cm 이하의 간격으로 배근결속
콘크리트블록	2 m 이상 15 cm 이상	9 mm 이상의 철근을 40 cm×40 cm 이하의 간격으로 배근결속
박강판	2 m 이상 3.2 mm 이상	
후강판	2 m 이상 6 mm 이상	1.8 m 이하의 간격으로 지주를 세움

정답 23. ① 24. ① 25. ③

26 일반도시가스사업자는 공급권역을 구역별로 분할하고 원격조작에 의한 긴급차단장치를 설치하여 대형가스누출, 지진발생 등 비상 시 가스차단을 할 수 있도록 하고 있는데 이 구역의 설정기준은?

① 수요자 수가 20만 미만이 되도록 설정
② 수요자 수가 25만 미만이 되도록 설정
③ 배관길이가 20 km 미만이 되도록 설정
④ 배관길이가 25 km 미만이 되도록 설정

해설 › 설정기준 : 수요자 수가 20만 미만이 되도록 설정

27 액화석유가스는 공기 중의 혼합비율의 용량이 얼마인 상태에서 감지할 수 있도록 냄새가 나는 물질을 섞어 용기에 충전하여야 하는가?

① $\dfrac{1}{10}$
② $\dfrac{1}{100}$
③ $\dfrac{1}{1000}$
④ $\dfrac{1}{10000}$

해설 › 부취제는 $\dfrac{1}{1000}$ 상태에서 감지할 수 있도록 한다.

28 다음은 도시가스사용시설의 월사용예정량을 산출하는 식이다. 이중 기호 "A"가 의미하는 것은?

$$Q = \frac{[(A \times 240) + (B \times 90)]}{11000}$$

① 월사용예정량
② 산업용으로 사용하는 연소기의 명판에 기재된 가스 소비량의 합계
③ 산업용이 아닌 연소기의 명판에 기재된 가스소비량의 합계
④ 가정용 연소기의 가스소비량 합계

해설 › A : 산업용으로 사용하는 연소기의 명판에 기재된 가스소비량의 합계
B : 산업용이 아닌 연소기의 명판에 기재된 가스 소비량의 합계

정답 26. ① 27. ③ 28. ②

29
고압가스의 제조시설에서 실시하는 가스설비의 점검 중 사용개시 전에 점검할 사항이 아닌 것은?
① 기초의 경사 및 침하
② 인터록, 자동제어장치의 기능
③ 가스설비의 전반적인 누출 유무
④ 배관 계통의 밸브 개폐 상황

해설 › 사용개시 전에 점검할 사항
　① 제조설비 등의 내용물의 상황
　② 인터록, 긴급용 시컨스, 경보 및 자동제어 장치의 기능
　③ 배관계통에 부착된 밸브 등의 개폐상황 명판의 탈착 현상
　④ 회전기계의 윤활유 보급상황 및 회전구동상황
　⑤ 제조설비 등 당해설비의 전반적인 누설유무
　⑥ 가연성 가스 및 독성가스가 체류하기 쉬운 곳 당해가스 농도
　⑦ 안전용 불활성가스 등의 준비상황
　⑧ 비상전력 등의 준비

참고　제조설비 등의 사용 종료시 점검사항
　① 제조설비 내의 가스액 등의 불활성가스 등에 의한 치환상황
　② 개방하는 제조설비와 다른 제조설비 등과의 치환상황
　③ 부식, 마모, 손상, 폐쇄, 결함부의 풀림, 기초의 경사 및 침하

30
저장량이 10000 kg인 산소저장설비는 제1종 보호시설과의 거리가 얼마 이상이면 방호벽을 설치하지 아니할 수 있는가?
① 9 m
② 10 m
③ 11 m
④ 12 m

해설 › 안전거리

저장능력	독성·가연성		산소		기타	
압축가스(m³) 액화가스(kg)	1종	2종	1종	2종	1종	2종
1만 이하	17 m	12 m	12 m	8 m	8 m	5 m
2만 이하	21 m	14 m	14 m	9 m	9 m	7 m
3만 이하	24 m	16 m	16 m	11 m	11 m	8 m
4만 이하	27 m	18 m	18 m	13 m	13 m	9 m
4만 초과	30 m	20 m	20 m	14 m	14 m	10 m

정답　29. ①　30. ④

31 액화천연가스(LNG) 저장탱크의 지붕 시공 시 지붕에 대한 좌굴강도(Buckling Strength)를 검토하는 경우 반드시 고려하여야 할 사항이 아닌 것은?

① 가스압력
② 탱크의 지붕판 및 지붕뼈대의 중량
③ 지붕부위 단열재의 중량
④ 내부탱크 재료 및 중량

해설 ➡ 액화천연가스 저장탱크의 지붕 시공 시 지붕에 대한 좌굴강도를 검토하는 경우 반드시 고려하여야 할 사항
① 지붕부위 단열재의 중량
② 탱크의 지붕판 및 지붕뼈대의 중량
③ 가스압력

32 압축기의 윤활에 대한 설명으로 옳은 것은?

① 산소압축기의 윤활유로는 물을 사용한다.
② 염소압축기의 윤활유로는 양질의 광유가 사용된다.
③ 수소압축기의 윤활유로는 식물성유가 사용된다.
④ 공기압축기의 윤활유로는 식물성유가 사용된다.

해설 ➡ 압축기윤활유
① 산소압축기 : 물 또는 10% 이하의 묽은 글리세린수
② 염소압축기 : 농황산
③ 공기, 수소, 아세틸렌압축기 : 양질의 광유
④ LP 압축기 : 식물성유

33 연소기의 설치방법으로 틀린 것은?

① 환기가 잘되지 않은 곳에는 가스온수를 설치하지 아니한다.
② 밀폐형 연소기는 급기구 및 배기통을 설치하여야 한다.
③ 배기통의 재료는 불연성 재료로 한다.
④ 개방형 연소기가 설치된 실내에는 환풍기를 설치한다.

해설 ➡ 밀폐형 연소용 보일러 : 연소기 공기를 직접 옥외로부터 흡입하여 폐가스를 직접 옥외로 배출하는 구조의 보일러

정답 31. ④ 32. ① 33. ②

34
고압가스 용기에 사용되는 강의 성분원소 중 탄소, 인, 황 및 규소의 작용에 대한 설명으로 옳지 않은 것은?

① 탄소량이 증가하면 인장강도는 증가한다.
② 황은 적열취성의 원인이 된다.
③ 인은 상온취성의 원인이 된다.
④ 규소량이 증가하면 충격치는 증가한다.

해설 ① 탄소량이 증가하면 인장강도, 경도, 항복점 증가하고 연신율, 단면수축률, 인성, 연성, 전성, 충격값 감소
② 황은 적열취성의 원인
③ 인은 상온취성, 청열취성의 원인
④ 규소량이 증가하면 충격치는 감소한다.

35
액주식 압력계에 사용되는 액체의 구비조건으로 틀린 것은?

① 화학적으로 안정되어야 한다.
② 모세관 현상이 없어야 한다.
③ 점도와 팽창계수가 작아야 한다.
④ 온도변화에 의한 밀도변화가 커야 한다.

해설 액주식 압력계에 사용되는 액체의 구비조건
① 온도변화에 의한 밀도변화가 적어야 한다.
② 점도와 팽창계수가 작아야한다.
③ 모세관 현상이 없어야 한다.
④ 화학적으로 안정되어야 한다.

36
압축기에서 다단 압축을 하는 목적으로 틀린 것은?

① 소요 일량의 감소
② 이용 효율의 증대
③ 힘의 평형 향상
④ 토출온도 상승

해설 압축기에서 다단 압축을 하는 목적
① 소요 일량의 감소
② 가스의 온도상승을 피할 수 있다.
③ 힘의 평형 향상
④ 이용효율의 증대

정답 34. ④ 35. ④ 36. ④

37. 가스의 성질에 대하여 옳은 것으로만 나열된 것은?

㉠ 일산화탄소는 가연성이다.
㉡ 산소는 조연성이다.
㉢ 질소는 가연성도 조연성도 아니다.
㉣ 아르곤은 공기 중에 함유되어 있는 가스로서 가연성이다.

① ㉠, ㉡, ㉣   ② ㉠, ㉡, ㉢   ③ ㉡, ㉢, ㉣   ④ ㉠, ㉢, ㉣

해설 질소, CO_2 : 불연성 가스

38. 저비점(低沸點) 액체용 펌프 사용상의 주의사항으로 틀린 것은?

① 밸브와 펌프사이에 기화가스를 방출살 수 있는 안전밸브를 설치한다.
② 펌프의 흡입, 토출관에는 신축 죠인트를 장치한다.
③ 펌프는 가급적 저장용기(貯槽)로 부터 멀리 설치한다.
④ 운전개시 전에는 펌프를 청정(淸淨)하여 건조한 다음 펌프를 충분히 예냉(豫冷)한다.

해설 펌프는 가급적 저장용기로부터 가까이 설치한다.

39. 액화가스의 이송 펌프에서 발생하는 캐비테이션현상을 방지하기 위한 대책으로서 틀린 것은?

① 흡입 배관을 크게 한다.
② 펌프의 회전수를 크게 한다.
③ 펌프의 설치위치를 낮게 한다.
④ 펌프의 흡입구 부근을 냉각한다.

해설 캐비테이션(공동현상) 방지 대책
① 펌프의 설치위치를 낮춘다.
② 임펠라를 액중에 완전히 잠기게 한다.
③ 펌프의 회전수를 줄인다.
④ 관경을 크게 한다.
⑤ 유속을 줄인다.
⑥ 양흡입 펌프를 설치한다.
⑦ 펌프를 2대 이상 설치한다.

40
저온, 고압의 액화석유가스 저장 탱크가 있다. 이 탱크를 퍼지하여 수리 점검 작업할 때에 대한 설명으로 옳지 않은 것은?
① 공기로 재치환하여 산소 농도가 최소 18%인지 확인한다.
② 질소가스로 충분히 퍼지하여 가연성가스의 농도가 폭발하한계의 1/4 이하가 될 때까지 치환을 계속한다.
③ 단시간에 고온으로 가열하면 탱크가 손상될 우려가 있으므로 국부가열이 되지 않게 한다.
④ 가스는 공기보다 가벼우므로 상부 맨홀을 열어 자연적으로 퍼지가 되도록 한다.

[해설] 가스는 공기보다 무거우므로 가스가 자연적으로 퍼지가 안됨

41
저장탱크 내부의 압력이 외부의 압력보다 낮아져 그 탱크가 파괴되는 것을 방지하기 위한 설비와 관계없는 것은?
① 압력계
② 진공안전밸브
③ 압력경보설비
④ 벤트스택

[해설] 저장탱크 내부의 압력이 외부의 압력보다 낮아져 그 탱크가 파괴되는 것을 방지하기 위한 설비
① 압력계 ② 진공안전밸브 ③ 압력경보설비 ④ 송액설비 ⑤ 냉동설비 ⑥ 균압관

42
오리피스 유량계의 특징에 대한 설명으로 옳은 것은?
① 내구성이 좋다.
② 저압, 저유량에 적당하다.
③ 유체의 압력손실이 크다.
④ 협소한 장소에는 설치가 어렵다.

[해설] 오리피스미터의 특징
① 제작이 간단하고 교환이 쉽다.
② 압력손실이 매우 크다.
③ 침전물 생성의 우려가 있다.
④ 좁은 장소에 설치가 가능하다.
⑤ 베르누이 정리를 이용한 차압식 유량계이다.

43
조정압력이 2.8 kPa인 액화석유가스 압력조정기의 안전장치 작동표준압력은?
① 5.0 kPa
② 6.0 kPa
③ 7.0 kPa
④ 8.0 kPa

[해설] ① 작동 정지압력 : 5.04~8.4 kPa ② 작동 표준압력 : 7 kPa
③ 작동 개시압력 : 5.6~8.4 kPa

정답 40. ④ 41. ④ 42. ③ 43. ③

44

고압용기나 탱크 및 라인(line) 등의 퍼지(perge)용으로 주로 쓰이는 기체는?
① 산소 ② 수소
③ 산화질소 ④ 질소

해설 ▶ 질소
① 상온에서 다른 원소와 반응하지 않는 기체이며 타지도 않는 불연성 가스
② 분자상의 질소는 안정, 원자상의 질소 화학적 반응이 활발하다.
③ Mg, Li, Ca 등과 화합하여 질화마그네슘(Mg_3N_2), 질화리튬(Li_3N_2) 등을 생성
④ 고온, 고압(550°C, 250 atm)에서 철 촉매 등을 사용 수소와 반응시키면 암모니아를 생성한다.

$$N_2 + 3H_2 \xrightarrow[550°C,\ 250atm]{Fe,\ Al_2O_3} > 2NH_3$$

⑤ 대부분 암모니아 합성원료가스
⑥ 가연성가스를 취급하는 장치의 퍼지용
⑦ 액체질소는 식품 등의 급속 동결용 냉매가스
⑧ 기기의 기밀시험용 및 치환용 가스

45

빙점 이하의 낮은 온도에서 사용되며 LPG 탱크, 저온에서도 인성이 감소되지 않는 화학공업 배관 등에 주로 사용되는 관의 종류는?
① SPLT ② SPHT
③ SPPH ④ SPPS

해설 ▶ 배관용 강관
① SPLT(저온배관용 탄소강관) : 빙점 이하의 낮은 온도에서 사용. 화학공업 배관에 사용.
② SPHT(고온배관용 탄소강관) : 350°C 이상시 사용
③ SPPH(고압배관용 탄소강관) : 압력이 100 kg/cm² 이상시 사용
④ SPPS(압력배관용 탄소강관) : 압력이 10 kg/cm² 이상 100 kg/cm² 미만

46

다음 중 유리병에 보관해서는 안 되는 가스는?
① O_2 ② Cl_2 ③ HF ④ Xe

해설 ▶ 유리병에 보관해서는 안 되는 가스 : HF(불화수소)

정답 44. ④ 45. ① 46. ③

47
맹독성이고 자극성 냄새의 황록색 기체로 임계온도는 약 144°C, 임계압력은 약 76.1 atm이고, 수은법, 격막법 등에 의해 제조하는 특징을 가지는 가스는?
① CO
② Cl_2
③ $COCl_2$
④ H_2S

해설 ☞ 염소(Cl_2)
① 맹독성(1 ppm 이하)이고 자극성 냄새의 황록색 기체
② 임계온도는 약 144°C, 임계압력은 약 76.1 atm
③ 수은법, 격막법 등에 의해 제조
④ 비점은 –34°C 이하 6~8 atm 이상의 압력을 가하면 쉽게 액화
⑤ 타 물질의 연소를 돕는 조연성 가스이다.
⑥ 수분을 함유하면 철 등의 금속과 반응 부식 발생(온도 120°C 이상)

48
다음 중 아세틸렌의 폭발과 관계가 없는 것은?
① 산화폭발
② 중합폭발
③ 분해폭발
④ 화합폭발

해설 ☞
① 산화폭발 : $C_2H_2 + 2.5O_2 \rightarrow 2CO_2 + H_2O$
② 분해폭발 : $C_2H_2 \rightarrow 2C + H_2$
③ 화합폭발 : $C_2H_2 + 2Cu \rightarrow CuC_2 + H_2$
$C_2H_2 + 2Ag \rightarrow Ag_2C_2 + H_2$
$C_2H_2 + 2Hg \rightarrow Hg_2C_2 + H_2$

49
가스의 연소 시 수소성분의 연소에 의하여 수증기를 발생한다. 가스발열량의 표현식으로 옳은 것은?
① 총발열량 = 진발열량 + 현열
② 총발열량 = 진발열량 + 잠열
③ 총발열량 = 진발열량 – 현열
④ 총발열량 = 진발열량 – 잠열

해설 ☞
① H_1(저위발열량) = $H_h - 600(9H + W)$
② H_h(총발열량) = $H_1 + 600(9H + W)$
③ H_1(저위발열량 = 진발열량)
④ $\dfrac{600(9H + W)}{잠열} = H_h - H_l$

50. 공기액화분리장치의 폭발원인으로 볼 수 없는 것은?

① 공기취입구로부터 O_2 혼입
② 공기취입구로부터 C_2H_2 혼입
③ 액체 공기 중에 O_3 혼입
④ 공기 중에 있는 NO_2의 혼입

해설 공기액화분리장치의 폭발원인
① 액체공기중의 오존의 혼입
② 공기중의 아세틸렌의 혼입
③ 공기중의 NO_2 혼입
④ 압축기용 윤활유 분해에 따른 탄화수소의 생성

51. 다음 중 압력이 가장 높은 것은?

① 10 lb/in²
② 750 mmHg
③ 1 atm
④ 1 kg/cm²

해설 압력이 높은 순서
① 1 atm
② 1 atm = 760 mmHg
  x = 750 mmHg
  $x = \dfrac{1\,\text{atm} \times 750\,\text{mmHg}}{760\,\text{mmHg}} = 0.986\,\text{atm}$
③ 1 atm = 1.0332 kg/cm²
  x = 1 kg/cm²
  $x = \dfrac{1\,\text{atm} \times 1\,\text{kg/cm}^2}{1.0332\,\text{kg/cm}^2} = 0.9678\,\text{atm}$
④ 1 atm = 14.7 lb/in²
  x = 10 lb/in²
  $x = \dfrac{1\,\text{atm} \times 10\,\text{lb/lb}^2}{14.7\,\text{lb/lb}^2} = 0.680\,\text{atm}$

52. 다음 중 압력단위의 환산이 잘못된 것은?

① 1 kg/cm³ ≒ 14.22 psi
② 1 psi ≒ 0.0703 kg/cm²
③ 1 mbar ≒ 14.7 psi
④ 1 kg/cm² ≒ 98.07 kPa

해설 1.013 bar ≒ 14.7 psi

정답 50. ① 51. ③ 52. ③

53
도시가스에 첨가되는 부취제 선정 시 조건으로 틀린 것은?
① 물에 잘 녹고 쉽게 액화될 것
② 토양에 대한 투과성이 좋을 것
③ 독성 및 부식성이 없을 것
④ 가스배관에 흡착되지 않을 것

해설〉 부취제 선정시 조건
① 독성 및 가연성이 아닐 것
② 도관을 부식시키지 말 것
③ 토양에 대한 투과성이 클 것
④ 보통 존재하는 냄새와 명확히 구별될 것
⑤ 도관 내의 상용온도에서 응축되지 말 것
⑥ 가스관이나 가스미터에 흡착되지 말 것
⑦ 부식성이 없을 것

54
표준상태에서 에탄 2 mol, 프로판 5 mol, 부탄 3 mol로 구성된 LPG에서 부탄의 중량은 몇 %인가?
① 13.2　② 24.6　③ 38.3　④ 48.5

해설〉 부탄의 중량 $= \dfrac{(3 \times 58)}{(2 \times 30 + 5 \times 44 + 3 \times 58)} \times 100 = 38.32\%$

55
다음 중 독성도 없고 가연성도 없는 기체는?
① NH_3
② C_2H_4O
③ CS_2
④ $CHClF_2$

해설〉 독성 및 가연성
① NH_3 : 25 ppm 이하, 15~28%
② C_2H_4O : 50 ppm 이하, 3~80%
③ CS_2 : 10 ppm 이하, 1.2~44%
④ Cl_2 : 1 ppm 이하

56
에틸렌(C_2H_4)의 용도가 아닌 것은?
① 폴리에틸렌의 제조
② 산화에틸렌의 원료
③ 초산비닐의 제조
④ 메탄올 합성의 원료

해설〉 에틸렌의 용도
① 초산비닐의 제조　② 산화에틸렌의 제조　③ 폴리에틸렌의 제조

정답　53. ①　54. ③　55. ④　56. ④

57 LP가스가 증발할 때 흡수하는 열을 무엇이라 하는가?
① 현열　　　　　　　　　② 비열
③ 잠열　　　　　　　　　④ 융해열

해설 ▶ 잠열 : LP가스가 증발할 때 흡수하는 열

58 다음 [보기]에서 설명하는 가스는?

[보기]
• 독성이 강하다.　　　　• 연소시키면 잘 탄다.
• 물에 매우 잘 녹는다.　　• 각종 금속에 작용한다.
• 가압·냉각에 의해 액화가 쉽다.

① HCl　　② NH_3　　③ CO　　④ C_2H_2

해설 ▶ 암모니아(NH_3)
① 가압, 냉각에 의해 액화가 쉽다.　② 독성이 강하다.
③ 연소시키면 잘 탄다.　　　　　　④ 물에 매우 잘 녹는다.
⑤ 각종 금속에 작용한다.

59 수돗물의 살균과 섬유의 표백용으로 주로 사용되는 가스는?
① F_2　　② Cl_2　　③ O_2　　④ CO_2

해설 ▶ 염소(Cl_2)
① 황록색 기체
② 독성 1 PPM 이하
③ 비점 −34°C 이하
④ 수분과 접촉시 강을 부식시킨다.

60 다음 중 암모니아 건조제로 사용되는 것은?
① 진한 황산　　　　　　② 할로겐 화합물
③ 소다석회　　　　　　④ 황산동 수용액

해설 ▶ 암모니아 건조제 : 소다석회

정답　57. ③　58. ②　59. ②　60. ③

가스기능사 모의고사문제

01 다음 중 특정고압가스에 해당되지 않은 것은?
① 이산화탄소　② 수소　③ 산소　④ 천연가스

해설 ▶ 특정고압가스
① 산소　② 수소　③ 아세틸렌　④ 액화염소
⑤ 액화암모니아　⑥ 액화알진　⑦ 압축디보레인　⑧ 압축모노실란
⑨ 오불화인　⑩ 삼불화인　⑪ 디실란　⑫ 게르만
⑬ 셀렌화수소　⑭ 삼불화붕소　⑮ 오불화비소　⑯ 사불화인
⑰ 사불화규소 등

02 고압가스 특정제조시설중 비가연성 가스의 저장탱크는 몇 m^3 이상일 경우에 지진영향에 대한 안전한 구조로 설계하여야 하는가?
① 300　② 500　③ 1000　④ 2000

해설 ▶ 저장탱크의 내진 구조
① 압축가스 : ㉠ 가연성, 독성 : 500 m^3 이상　㉡ 비가연성, 비독성 : 1000 m^3 이상
② 액화가스 : ㉠ 가연성 : 5000 kg 이상　㉡ 비가연성, 비독성 : 10000 kg 이상

03 조정압력이 3.3 kPa 이하인 LP 가스용 조정기 안전장치의 작동정지 압력은?
① 5.04~7.0 kPa　　② 5.60~7.0 kPa
③ 5.04~8.4 kPa　　④ 5.60~8.4 kPa

해설 ▶ ・작동정지압력 : 504~840 mmH$_2$O(5.04~8.4 kPa)
・작동개시압력 : 560~840 mmH$_2$O(5.6~8.4 kPa)
・작동표준압력 : 700 mmH$_2$O(7 kPa)

정답　1. ①　2. ③　3. ③

04 압축 또는 액화 그 밖의 방법으로 처리할 수 있는 가스의 용적이 1일 100 m³ 이상인 사업소는 압력계를 몇 개 이상 비치하도록 되어 있는가?
① 1　　　　② 2　　　　③ 3　　　　④ 4

해설⊃ 압축 또는 액화 그 밖의 방법으로 처리할 수 있는 가스의 용적이 1일 100 m³ 이상인 사업소는 압력계를 2개 이상 비치한다.

05 초저온 용기에 대한 정의로 옳은 것은?
① 임계온도가 50℃ 이하인 액화가스를 충전하기 위한 용기
② 강판과 동판으로 제조된 용기
③ –50℃ 이하인 액화가스를 충전하기 위한 용기로서 용기내의 가스온도가 상용의 온도를 초과하지 않도록 한 용기
④ 단열재로 피복하여 용기내의 가스온도가 상용의 온도를 초과하도록 조치된 용기

해설⊃ 초저온 용기의 정의 : 임계온도가 –50℃ 이하인 액화가스를 충전하기 위한 용기로서 용기내의 가스온도가 상용의 온도를 초과하지 않도록 한 용기

06 초저온 용기의 단열성능 시험에 있어 침입열량 산식은 다음과 같이 구해진다. 여기서 "q"가 의미하는 것은?

$$Q = \frac{W \cdot q}{H \cdot \triangle t \cdot V}$$

① 침입열량　　　　② 측정시간
③ 기화된 가스량　　④ 시험용 가스의 기화잠열

해설⊃ $Q = \dfrac{W \cdot q}{H \cdot \triangle t \cdot V}$

Q(침입열량) : kcal/L.h.℃
H(측정시간) : hr
W(측정중의 기화가스량) : kg
$\triangle t$(시험용 저온액화가스의 비점과 외기와의 온도차) : ℃
V(용기 내용적) : L
q(시험용 액화가스의 기화잠열) : kcal/kg

07
가스도매사업 제조소의 배관장치에 설치하는 경보장치가 울려야 하는 시기의 기준으로 잘못된 것은?

① 배관 안의 압력이 상용압력의 1.05배를 초과한 때
② 배관 안의 압력이 정상운전 때의 압력보다 15% 이상 강하한 경우 이를 검지한 때
③ 긴급차단밸브의 조작회로가 고장난 때 또는 긴급차단밸브가 폐쇄된 때
④ 상용압력이 5 MPa 이상인 경우에는 상용압력에 0.5 MPa를 더한 압력을 초과한 때

해설 ◆ 가스도매사업 제조소의 배관장치에 설치하는 경보장치가 올려야 하는 시기의 기준
① 긴급차단밸브의 조작회로가 고장난 때 또는 긴급차단밸브가 폐쇄된 때
② 배관 안의 압력이 정상운전 때의 압력보다 15% 이상 강하한 경우 이를 검지한 때
③ 배관 안의 압력이 상용압력의 1.05배를 초과한 때

08
아세틸렌(C_2H_2)에 대한 설명으로 틀린 것은?

① 폭발범위는 수소보다 넓다.
② 공기보다 무겁고 황색의 가스이다.
③ 공기와 혼합되지 않아도 폭발하는 수가 있다.
④ 구리, 은, 수은 및 그 합금과 폭발성 화합물을 만든다.

해설 ◆ 아세틸렌
① 공기보다 가볍고 용기도색은 황색이다.
② 폭발범위는 수소보다 넓다(C_2H_2 : 2.5~81, 수소 : 4~75%).
③ 구리, 은, 수은 및 그 합금과 폭발성 화합물을 만든다.
④ 공기와 혼합되지 않아도 폭발하는 수가 있다.
⑤ 아세톤에 25배, 벤젠 4배, 알코올 6배, 석유 2배 용해된다.
⑥ 자연발화온도 : 406~408°C

09
용기 파열사고의 원인으로 가장 거리가 먼 것은?

① 용기의 내압력 부족
② 용기내 규정압력의 초과
③ 용기내에서 폭발성 혼합가스에 의한 발화
④ 안전밸브의 작동

해설 ◆ 용기의 파열사고 원인
① 과잉충전
② 용기의 내압력 부족
③ 용기 내 규정압력 초과
④ 용기 내에서 폭발성 혼합가스에 의한 발화
⑤ 부식

정답 7. ④ 8. ② 9. ④

10 비등액체팽창증기폭발(BLEVE)이 일어날 가능성이 가장 낮은 곳은?
① LPG 저장탱크
② LNG 저장탱크
③ 액화가스 탱크로리
④ 천연가스 지구정압기

해설► 비등액체팽창증기폭발이 일어날 가능성이 있는 곳
① 액화가스 탱크로리
② LNG 저장탱크
③ LPG 저장탱크

11 고압가스 용기를 취급 또는 보관할 때의 기준으로 옳은 것은?
① 충전용기와 잔가스용기는 각각 구분하여 용기보관장소에 놓는다.
② 용기는 항상 60℃ 이하의 온도를 유지한다.
③ 충전용기는 통풍이 잘 되고 직사광선을 받을 수 있는 따스한 곳에 둔다.
④ 용기 보관장소의 주위 5 m 이내에는 화기, 인화성물질을 두지 아니한다.

해설► ㉠ 충전용기와 잔 가스 용기는 각각 구분하여 용기보관 장소에 놓을 것
㉡ 용기 보관 장소 주위 2m 이내에는 화기 또는 인화성 물질이나 발화성 물질을 두지 아니할 것
㉢ 충전 용기는 항상 40℃ 이하의 온도를 유지하고, 직사광선을 받지 않도록 조치할 것
㉣ 가연성 가스 용기보관 장소에는 방폭형 휴대용 손전등 외의 등화를 휴대하고 들어가지 아니할 것

12 부취제의 구비조건으로 적합하지 않은 것은?
① 연료가스 연소 시 완전연소될 것
② 일생생활의 냄새와 확연히 구분될 것
③ 토양에 쉽게 흡수될 것
④ 물에 녹지 않을 것

해설► 부취제의 구비조건
① 독성 및 가연성이 아닐 것
② 도관을 부식시키지 말 것
③ 도관 내의 상용온도에서 응축되지 말 것
④ 보통 존재하는 냄새와 명확히 구분될 것
⑤ 가스관이나 가스미터에 흡착되지 말 것
⑥ 토양에 대한 투과성이 클 것
⑦ 극히 낮은 농도에서도 냄새를 확인할 수 있을 것
⑧ 연소 시 완전연소될 것
⑨ 물에 녹지 않을 것 등

정답 10. ④   11. ①   12. ③

13
충전용기를 차량에 적재하여 운반 시 차량의 앞뒤 보기 쉬운 곳에 표시하는 경계표시의 글씨 색깔 및 내용으로 적합한 것은?

① 노랑 글씨 – 위험고압가스
② 붉은 글씨 – 위험고압가스
③ 노랑 글씨 – 주의고압가스
④ 붉은 글씨 – 주의고압가스

해설 ○→ 경계표시의 글씨 색깔 및 내용 : 붉은 글씨로 위험고압가스

14
고압가스안전관리법에서 정하고 있는 특정고압가스에 해당되지 않는 것은?

① 아세틸렌
② 포스핀
③ 압축모노실란
④ 디실란

해설 ○→ 특수고압가스
① 압축모노실란 ② 포스핀 ③ 디실란
④ 게르만 ⑤ 셀렌화수소 ⑥ 액화알진 등

15
독성가스 배관은 2중관 구조로 하여야 한다. 이때 외층관 내경은 내층관 외경의 몇 배 이상을 표준으로 하는가?

① 1.2 ② 1.5 ③ 2 ④ 2.5

해설 ○→ 독성가스는 2중관 구조로 한다. 외층관 내경은 내층관 외경의 1.2배 이상

16
도시가스사업법상 제1종 보호시설이 아닌 것은?

① 아동 50명이 다니는 유치원
② 수용인원이 350명인 예식장
③ 객실 20개를 보유한 여관
④ 250세대 규모의 개별난방 아파트

해설 ○→ 도시가스사업법상 제1종 보호시설
① 사람을 수용하는 건축물로서 연면적이 1000 m² 이상시
② 문화재보호법에 따라 지정문화재로 지정된 건축물
③ 아동복지시설, 장애인 복지시설로서 20인 이상 수용할 수 있는 건축물
④ 유치원, 병원, 어린이집, 학교, 공중목욕탕, 도서관, 시장, 호텔, 여관, 교회, 극장
⑤ 예식장, 장례식장 및 전시장 시설로서 300명 이상 수용할 수 있는 건축물

정답 13. ② 14. ① 15. ① 16. ④

17 용기의 내용적 40 L에 내압 시험 압력의 수압을 걸었더니 내용적이 40.24 L로 증가하였고, 압력을 제거하여 대기압으로 하였더니 용적은 40.02 L가 되었다. 이 용기의 항구 증가량과 또 이 용기의 내압시험에 대한 합격여부는?
① 1.6%, 합격 ② 1.6%, 불합격
③ 8.3%, 합격 ④ 8.3%, 불합격

해설 ▶ 40.24–40 L = 0.24 L
40.02–40 L = 0.02 L
∴ $\frac{0.02}{0.24} \times 100 = 8.33\%$ ∴ 10% 이하면 합격이므로 합격

18 독성가스 여부를 판정할 때 기준이 되는 "허용농도"를 바르게 설명한 것은?
① 해당가스를 성숙한 흰쥐 집단에게 대기 중에서 1시간 동안 계속하여 노출시킨 경우 7일 이내에 그 흰쥐의 1/2 이상이 죽게 되는 가스의 농도를 말한다.
② 해당가스를 성숙한 흰쥐 집단에게 대기 중에서 24시간동안 계속하여 노출시킨 경우 7일 이내에 그 흰쥐의 1/2 이상이 죽게 되는 가스의 농도를 말한다.
③ 해당가스를 성숙한 흰쥐 집단에게 대기 중에서 1시간동안 계속하여 노출시킨 경우 14일 이내에 그 흰쥐의 1/2 이상이 죽게 되는 가스의 농도를 말한다.
④ 해당가스를 성숙한 흰쥐 집단에게 대기 중에서 24시간동안 계속하여 노출시킨 경우 14일 이내에 그 흰쥐의 1/2 이상이 죽게 되는 가스의 농도를 말한다.

해설 ▶ 독성가스 여부를 판정할 때 기준이 되는 "허용농도" 설명 해당가스를 성숙한 흰쥐 집단에게 대기 중에서 1시간동안 계속하여 노출시킨 경우 14일 이내에 그 흰쥐의 1/2 이상이 죽게 되는 가스의 농도

19 시안화수소의 중합폭발을 방지할 수 있는 안정제로 옳은 것은?
① 수증기, 질소
② 수증기, 탄산가스
③ 질소, 탄산가스
④ 아황산가스, 황산

해설 ▶ 안정제 : 오산화인, 염화칼슘, 인산, 아황산가스, 황산

정답 17. ① 18. ③ 19. ④

20
아세틸렌 용접용기의 내압시험 압력으로 옳은 것은?
① 최고 충전압력의 1.5배
② 최고 충전압력의 1.8배
③ 최고 충전압력의 5/3배
④ 최고 충전압력의 3배

해설 ▸ 아세틸렌 용접용기의 내압시험압력 : FP×3
아세틸렌의 최고충전압력 : 15.5 kg/cm² 기밀시험압력 : FP×1.8
기타 $= FP \times \dfrac{5}{3}$

21
가연성가스 제조설비 중 전기설비는 방폭성능을 가지는 구조이어야 한다. 다음 중 반드시 방폭성능을 가지는 구조로 하지 않아도 되는 가연성 가스는?
① 수소　② 프로판　③ 아세틸렌　④ 암모니아

해설 ▸ 방폭성능을 하지 않아도 되는 가연성 가스
① 암모니아　② 브롬화메탄

22
액화석유가스 용기충전시설의 저장탱크에 폭발방지장치를 의무적으로 설치하여야 하는 경우는?
① 상업지역에 저장능력 15톤 저장탱크를 지상에 설치하는 경우
② 녹지지역에 저장능력 20톤 저장탱크를 지상에 설치하는 경우
③ 주거지역에 저장능력 5톤 저장탱크를 지상에 설치하는 경우
④ 녹지지역에 저장능력 30톤 저장탱크를 지상에 설치하는 경우

해설 ▸ 폭발방지장치설치 : 주거지역, 상업지역은 10 Ton 이상인 경우 폭발방지장치 설치

23
고압가스 배관의 설치기준 중 하천과 병행하여 매설하는 경우에 대한 설명으로 틀린 것은?
① 배관은 견고하고 내구력을 갖는 방호구조물 안에 설치한다.
② 배관의 외면으로부터 2.5 m 이상의 매설심도를 유지한다.
③ 하상(河床, 하천의 바닥)을 포함한 하천구역에 하전과 병행하여 설치한다.
④ 배관손상으로 인한 가스누출 등 위급한 상황이 발생한 때에 그 배관에 유입되는 가스를 신속히 차단할 수 있는 장치를 설치한다.

해설 ▸ 하천과 병행하여 설치하지 아니한다.

정답　20. ④　21. ④　22. ①　23. ③

24
다음 중 고압배관용 탄소강 강관의 KS규격 기호는?
① SPPS
② SPHT
③ STS
④ SPPH

해설 배관용강관
① SPP(배관용 탄소강관) : 사용압력이 10 kg/cm² 이하인 물, 기름 배관에 사용
② SPPS(압력배관용 탄소강관) : 사용압력이 10 kg/cm² 이상 100 kg/cm² 이하
③ SPPH(고압배관용 탄소강관) : 사용압력이 100 kg/cm² 이상시
④ SPLT(저온배관용 탄소강관) : 빙점 이하의 관에 사용
⑤ SPHT(고온배관용 탄소강관) : 350°C 이상에서 사용

25
가연성 물질을 공기로 연소시키는 경우 공기 중의 산소농도를 높게 하면 연소속도와 발화온도는 어떻게 변하는가?
① 연소속도는 빠르게 되고, 발화온도는 높아진다.
② 연소속도는 빠르게 되고, 발화온도는 낮아진다.
③ 연소속도는 느리게 되고, 발화온도는 높아진다.
④ 연소속도는 느리게 되고, 발화온도는 낮아진다.

해설 산소 농도를 높게 하면 연소속도와 발화온도와의 관계 : 연소속도는 빠르게 되고 발화온도는 낮아진다.

26
다음 가스 중 위험도(H)가 가장 큰 것은?
① 프로판
② 일산화탄소
③ 아세틸렌
④ 암모니아

해설 위험도

① 프로판 : 2.1~9.5% $H = \dfrac{U-L}{L} = \dfrac{9.5-2.1}{2.1} = 3.52$

② 일산화탄소 : 12.5~74% $H = \dfrac{U-L}{L} = \dfrac{74-12.5}{12.5} = 4.92$

③ 아세틸렌 : 2.5~81% $H = \dfrac{U-L}{L} = \dfrac{81-2.5}{2.5} = 31.4$

④ 암모니아 : 15~28% $H = \dfrac{U-L}{L} = \dfrac{28-15}{15} = 0.86$

정답 24. ④ 25. ② 26. ③

27
교량에 도시가스 배관을 설치하는 경우 보호조치 등 설계·시공에 대한 설명으로 옳은 것은?
① 교량첨가 배관은 강관을 사용하며, 기계적 접합을 원칙으로 한다.
② 제3자의 출입이 용이한 교량설치 배관의 경우 보행방지철조망 또는 방호철조망을 설치한다.
③ 지진발생 시 등 비상 시 긴급차단을 목적으로 첨가배관의 길이가 200 m 이상인 경우 교량 양단의 가까운 곳에 밸브를 설치토록 한다.
④ 교량첨가 배관에 가해지는 여러 하중에 대한 합성응력이 배관의 허용응력을 초과하도록 설계한다.

[해설] 교량에 도시가스 배관을 설치할 경우 보호조치 등 설계시공에 대한 내용
① 제3자의 출입이 용이한 교량설치 배관의 경우 보행방지 철조망 또는 방호철조망을 설치한다.
② 교량첨가 배관은 강관을 사용하며 용접접합을 원칙으로 한다.
③ 교량첨가 배관에 가해지는 여러 하중에 대한 합성응력이 배관의 허용응력을 초과하지 않도록 설계한다.

28
시안화수소(HCN)의 위험성에 대한 설명으로 틀린 것은?
① 인화온도가 아주 낮다.
② 오래된 시안화수소는 자체 폭발할 수 있다.
③ 용기에 충전한 후 60일을 초과하지 않아야 한다.
④ 호흡 시 흡입하면 위험하나 피부에 묻으면 아무 이상이 없다.

[해설] 시안화수소
① 인화온도가 아주 낮다.
② 연소범위 : 6~41%
③ 무색이고 복숭아 냄새가 나는 기체로 독성이 강하다.(10 ppm 이하)
④ 오래된 시안화수소는 자체 폭발할 수 있다.
⑤ 용기에 충전 후 60일을 넘지 않도록 한다.
⑥ 아세틸렌과 반응하여 아크릴로니트릴을 만들 수 있다.
$C_2H_2 + HCN \rightarrow CH_2CHCN$

29
도시가스 공급시설의 안전조작에 필요한 조명 등의 조도는 몇 럭스(lux) 이상이어야 하는가?
① 100　　② 150　　③ 200　　④ 300

[해설] 안전조작에 필요한 조명 등의 조도 : 150 lux 이상

정답 27. ②　28. ④　29. ②

30 용기에 의한 고압가스 판매시설의 충전용기보관실 기준으로 옳지 않은 것은?
① 가연성가스 충전용기 보관실은 불연성 재료나 난연성의 재료를 사용한 가벼운 지붕을 설치한다.
② 공기보다 무거운 가연성가스의 용기보관실에는 가스누출검지경보장치를 설치한다.
③ 충전용기 보관실은 가연성가스가 새어나오지 못하도록 밀폐구조로 한다.
④ 용기보관실의 주변에는 화기 또는 인화성 물질이나 발화성물질을 두지 않는다.

해설 ⊙ 충전용기 보관실은 가연성가스가 새어나오도록 통풍구조를 하여야 한다.

31 저압식(Linde-Frank 1식) 공기액화 분리장치의 정류탑 하부의 압력은 어느 정도인가?
① 1기압　　　　　　　　　② 5기압
③ 10기압　　　　　　　　④ 20기압

해설 ⊙ 저압식 공기액화 분리장치의 정류탑 하부의 압력 : 5기압
참고　정류탑 하부탑에서 약 5 atm 압력하에서 원료공기가 정류되고 동탑 상부에 98% 정도의 액체질소와 하단산소 40% 정도의 액체공기로 분리됨. 이때 상부탑 하부에서 순도 99.6~ 99.8%의 산소가 분리, 불순질소 순도는 96~98%로 상부탑 상부에서 분리되고 과냉기 액화기를 거쳐 축냉기에 이른다.

32 부식성 유체나 고점도 유체 및 소량의 유체 측정에 가장 적합한 유량계는?
① 차압식 유량계　　　　　② 면적식 유량계
③ 용적식 유량계　　　　　④ 유속식 유량계

해설 ⊙ 유량계
① 차압식 유량계 : 벤튜리미터, 플로우미터, 오리피스미터(베르누이 정리이용)
② 면적식 유량계 : 로터미터, 플루우트(부식성유체나 고점도유체 측정)
③ 용적식 유량계 : 습식, 건식, 오우벌식, 루츠식, 로터리피스톤
④ 유속식 유량계 : 수도미터

정답　30. ③　31. ②　32. ②

33
손잡이를 돌리면 원통형의 폐지 밸브가 상하로 올라가고 내려가서 밸브의 개폐를 함으로써 폐쇄가 양호하고 유량조절이 용이한 밸브는?

① 플러그 밸브
② 게이트 밸브
③ 글로브 밸브
④ 볼 밸브

해설 ▶ 글로브 밸브 : 손잡이를 돌리면 원통형의 폐지 밸브가 상.하로 올라가고 내려가서 밸브의 개폐를 함으로써 폐쇄가 양호하고 유량 조절이 용이

34
자동제어의 용어 중 피드백 제어에 대한 설명으로 틀린 것은?

① 자동제어에서 기본적인 제어이다.
② 출력측의 신호를 입력측으로 되돌리는 현상을 말한다.
③ 제어량의 값을 목표치와 비교하여 그것들을 일치하도록 정정동작을 행하는 제어이다.
④ 미리 정해진 순서에 따라서 제어의 각 단계가 순차적으로 진행되는 제어이다.

해설 ▶ 피드백 제어
① 출력측의 신호를 입력측으로 되돌리는 현상
② 자동제어에서 기본적인 제어이다.
③ 제어량의 값을 목표치와 비교하여 그것들을 일치하도록 정정동작을 행하는 제어

35
펌프의 유량이 $100 \text{ m}^3/\text{s}$, 전양정 50 m, 효율이 75%일 때 회전수를 20% 증가시키면 소요 동력은 몇 배가 되는가?

① 1.44
② 1.73
③ 2.36
④ 3.73

해설 ▶ $kW' = kW \times \left(\dfrac{N_2}{N_1}\right)^3 = (1.2)^3 = 1.728$

36
공기에 의한 전열은 어느 압력까지 내려가면 급히 압력에 비례하여 적어지는 성질을 이용하는 저온장치에 사용되는 진공단열법은?

① 고진공 단열법
② 분말 진공 단열법
③ 다층진공 단열법
④ 자연진공 단열법

해설 ▶ 고진공 단열법 : 공기에 의한 전열은 어느 압력까지 내려가면 압력에 비례하여 적어지는 성질을 이용하는 저온장치

정답 33. ③ 34. ④ 35. ② 36. ①

37 가스용품 제조허가를 받아야 하는 품목이 아닌 것은?
① PE배관　　　　　　② 매몰형 정압기
③ 로딩암　　　　　　④ 연료전지

해설 › 가스용품제조허가를 받아야 하는 품목
① 연료전지
② 로딩암
③ 매몰형 정압기

38 모듈 3, 잇수 10개, 기어의 폭이 12 mm인 기어펌프를 1200 rpm으로 회전할 때 송출량은 약 얼마인가?
① 9030 cm²/s　　　　② 11260 cm²/s
③ 12160 cm²/s　　　　④ 13570 cm²/s

해설 › $Q = 2\pi m^2 zbN = 2 \times 3.14 \times 3^2 \times 10 \times 1.2 \times 1200 = 813888 \text{ cm}^2/\text{min}$
$$\frac{813888 \text{ cm}^2/\text{min}}{60 \text{ sec/min}} = 13564.8 \text{ cm}^2/\text{sec}$$

39 온도계의 선정방법에 대한 설명 중 틀린 것은?
① 지시 및 기록 등을 쉽게 행할 수 있을 것
② 견고하고 내구성이 있을 것
③ 취급하기가 쉽고 측정하기 간편할 것
④ 피측 온체의 화학반응 등으로 온도계에 영향이 있을 것

해설 › 피측 온체의 화학반응 등으로 온도계에 영향이 있을 것

40 다음 중 저온장치의 가스 액화 사이클이 아닌 것은?
① 린데식 사이클　　　　② 클라우드식 사이클
③ 필립스식 사이클　　　④ 카자레식 사이클

해설 › 저온장치의 가스 액화 사이클
① 클라우드식 사이클　② 필립스식 사이클　③ 린데식 사이클
④ 캐스케이드사이클　⑤ 카피자사이클

정답　37. ①　38. ④　39. ④　40. ④

41
압축기를 이용한 LP가스 이·충전 작업에 대한 설명으로 옳은 것은?

① 충전시간이 길다.
② 잔류가스를 회수하기 어렵다.
③ 베이퍼록 현상이 일어난다.
④ 드레인 현상이 일어난다.

해설 ➡ 압축기 이·충전시 특징
① 이·충전시간이 짧다.
② 잔가스 회수가 가능하다.
③ 베이퍼록의 우려가 없다.

42
고압식 액화산소분리 장치의 원료공기에 대한 설명 중 틀린 것은?

① 탄산가스가 제거된 후 압축기에서 압축된다.
② 압축된 원료공기는 예냉기에서 열교환하여 냉각된다.
③ 건조기에서 수분이 제거된 후에는 팽창기와 정류탑의 하부로 열교환하여 들어간다.
④ 압축기로 압축한 후 물로 냉각한 다음 축냉기에 보내진다.

해설 ➡ 고압식 액화산소분리 장치의 원료공기
① 건조기에서 수분이 제거된 후에는 팽창기와 정류탑의 하부로 열교환하여 들어간다.
② 압축된 원료공기는 예냉기에서 열교환하여 냉각된다.
③ 탄산가스가 제거된 후 압축기에서 압축된다.

43
다음 [보기]의 특징을 가지는 펌프는?

[보기]
- 고압, 소유량에 적당하다.
- 토출량이 일정하다.
- 송수량의 가감이 가능하다.
- 맥동이 일어나기 쉽다.

① 원심 펌프
② 왕복 펌프
③ 축류 펌프
④ 사류 펌프

해설 ➡ 왕복 펌프
① 맥동이 일어나기 쉽다.
② 송수량의 가감이 가능
③ 토출량이 일정하다.
④ 고압, 소유량에 적당하다.

정답 41. ④ 42. ④ 43. ②

44 다음 가스 분석 중 화학분석법에 속하지 않는 방법은?
① 가스크로마토그래피법   ② 중량법
③ 분광광도법   ④ 요오드적정법

[해설] 화학분석법
① 중량법   ② 분광광도법   ③ 요오드적정법
[참고] 기기분석법 : 가스크로마토그래피

45 저온 액체 저장설비에서 열의 침입요인으로 가장 거리가 먼 것은?
① 단열재를 직접 통한 열대류   ② 외면으로부터의 열복사
③ 연결 파이프를 통한 열전도   ④ 밸브 등에 의한 열전도

[해설] 열의 침입요인
① 안전밸브 등에 의한 열전도
② 지지요크 등에 의한 열전도
③ 연결되는 파이프를 따라오는 열전도
④ 외면으로부터 열복사
⑤ 단열재를 충전한 공간에 남은 가스분자의 열전도

46 다음 가스 중 기체밀도가 가장 작은 것은?
① 프로판   ② 메탄   ③ 부탄   ④ 아세틸렌

[해설] 기체밀도
① 프로판(C_3H_8 = 12×3+8 = 44 g÷22.4 ℓ = 1.96g/ℓ)
② 메탄(CH_4 = 12+4 = 16 g÷22.4 ℓ = 0.71g/ℓ)
③ 부탄(C_4H_{10} = 12×4+10 = 58 g÷22.4 ℓ = 2.589 g/ℓ)
④ 아세틸렌(C_2G_2 = 12×2+2×26 g÷22.4 ℓ = 1.16g/ℓ)

47 기체의 성질을 나타내는 보일의 법칙(Boyles law)에서 일정한 값으로 가정한 인자는?
① 압력   ② 온도   ③ 부피   ④ 비중

[해설] (1) 보일의 법칙(온도 일정)
$$P_1V_1 = P_2V_2 \qquad V_2 = \frac{P_1 \times V_1}{P_2}$$
∴ 온도가 일정할 때 기체의 체적은 압력에 반비례한다.

정답 44. ①　45. ①　46. ②　47. ②

(2) 샤를의 법칙(압력 일정)

$$\frac{V_1}{T_1} = \frac{V_2}{T_2} \qquad V_2 = \frac{V_1 \times T_2}{T_1}$$

∴ 압력이 일정할 때 기체의 체적은 절대온도(T_2)에 비례한다.

48
도시가스 제조방식 중 촉매를 사용하여 사용온도 400~800℃에서 탄화수소와 수증기를 반응시켜 수소, 메탄, 일산화탄소, 탄산가스 등의 저급 탄화수소로 변환시키는 프로세스는?

① 열분해 프로세스 ② 접촉분해 프로세스
③ 부분연소 프로세스 ④ 수소화분해 프로세스

해설 가스 제조방식
① 접촉분해 프로세스 : 촉매를 사용하여 사용온도 400~800℃에서 탄화수소와 수증기를 반응시켜 H_2, CH_4, CO, CO_2 등의 저급탄화수소로 변환시키는 프로세스
② 열분해 프로세스 : 나프타, 원유, 중유 등의 분자량이 큰 탄화수소 원료를 고온 800~900 ℃로 분해하여 10,000 kcal/Nm³ 정도의 고열량가스를 제조하는 방식
③ 부분연소 프로세스 : 메탄에서 원유까지의 원료까지의 원료를 가스화 하는 것으로 산소 또는 공기 및 수증기를 이용하여 CH_4, H_2, CO, CO_2로 변환하는 방법
④ 수소화분해 프로세스 : 수소기류 중 탄화수소 원료를 열분해 또는 접촉 분해하여 메탄을 주성분으로 하는 고열량의 가스를 제조하는 방법

49
어떤 기구가 1 atm, 30℃에서 10000 L의 헬륨으로 채워져 있다. 이 기구가 압력이 0.6 atm이고 온도가 −20℃인 고도까지 올라갔을 때 부피는 약 몇 L가 되는가?

① 10000 ② 12000
③ 14000 ④ 16000

해설 $\frac{P_1 V_1}{T_1} = \frac{P_2 V_2}{T_2}$, $V_2 = \frac{P_1 V_1 T_2}{T_1 \times P_2} = \frac{1 \times 1,000(273 + (-20))}{(273+30) \times 0.6} = 13916.39 L$

50
부양기구의 수소 대체용으로 사용되는 가스는?
① 아르곤 ② 헬륨 ③ 질소 ④ 공기

해설 부양기구의 수소 대체용 가스 : He(헬륨)

정답 48. ④ 49. ③ 50. ②

51. 염소(Cl_2)에 대한 설명으로 틀린 것은?
① 황록색의 기체로 조연성이 있다.
② 강한 자극성의 취기가 있는 독성기체이다.
③ 수소와 염소의 등량 혼합기체를 염소폭명기라 한다.
④ 건조 상태의 상온에서 강재에 대하여 부식성을 갖는다.

해설 건조상태의 상온에서는 강재에 대하여 부식성을 갖지 않는다.

52. 수소에 대한 설명으로 틀린 것은?
① 상온에서 자극성을 가지는 가연성 기체이다.
② 폭발범위는 공기 중에서 약 4~75%이다.
③ 염소와 반응하여 폭명기를 형성한다.
④ 고온·고압에서 강재 중 탄소와 반응하여 수소취성을 일으킨다.

해설 ① 가스 중 확산속도가 가장 빠르다.
② 수소는 고온에서 금속산화물을 환원시키는 성질이 있다.
③ 산소 또는 공기와 혼합하여 폭발할 수 있다.
④ 상온에서 무색, 무미, 무취의 가연성 가스이다.
⑤ 수소취성을 일으킨다.
⑥ 고온에서 금속산화물을 환원시키는 성질이 있다.

53. 다음 중 제백효과(Seebeck effect)를 이용한 온도계는?
① 열전대 온도계
② 광고 온도계
③ 서미스터 온도계
④ 전기저항 온도계

해설 열전대 온도계 : 제백효과를 이용한 온도계로서 열기전력을 이용

54. 산소의 물리적인 성질에 대한 설명으로 틀린 것은?
① 산소는 약 –183°C에서 액화한다.
② 액체산소는 청색으로 비중이 약 1.13이다.
③ 무색, 무취의 기체이며 물에는 약간 녹는다.
④ 강력한 조연성 가스이므로 자신이 연소한다.

해설 조연성 가스이므로 연소하는데 도움만 주는 가스이다.

정답 51. ④ 52. ① 53. ① 54. ④

55
다음 중 가장 높은 온도는?
① -35℃   ② -45°F   ③ 213K   ④ 450°R

해설 ① $K = ℃ + 273 = -35 + 273 = 238K$
② $K = \dfrac{5}{9}(°F - 32) = \dfrac{5}{9}(-45 - 32) = -42.77℃ = -42.77 + 273 = 230.23K$
③ 213K
④ $°R = 1.8K$
$K = \dfrac{450}{1.8} = 250K$

56
임계온도에 대한 설명으로 옳은 것은?
① 기체를 액화할 수 있는 절대온도
② 기체를 액화할 수 있는 평균온도
③ 기체를 액화할 수 있는 최저의 온도
④ 기체를 액화할 수 있는 최고의 온도

해설 · 임계온도 : 액화할 수 있는 최고의 온도
· 임계압력 : 액화할 수 있는 최저의 압력

57
다음 중 온도의 단위가 아닌 것은?
① 섭씨온도   ② 화씨온도
③ 켈빈온도   ④ 헨리온도

해설 온도의 단위
① ℃(섭씨온도)= $\dfrac{5}{9}(°F - 32)$
② °F(화씨온도)= $\dfrac{9}{5} × ℃ + 32$
③ K(절대온도)=℃+273
④ °R(랭킨온도)=°F+460

58
다음 중 시안화수소의 중합을 방지하는 안정제가 아닌 것은?
① 아황산가스   ② 가성소다
③ 황산   ④ 염화칼슘

해설 시안화수소의 중합방지제
① 오산화인   ② 염화칼슘   ③ 인산
④ 아황산가스   ⑤ 동   ⑥ 황산

정답 55. ④   56. ④   57. ④   58. ②

59 천연가스의 성질에 대한 설명으로 틀린 것은?
① 주성분은 메탄이다.
② 독성이 없고 청결한 가스이다.
③ 공기보다 무거워 누출 시 바닥에 고인다.
④ 발열량은 약 9500~10500 kcal/m³ 정도이다.

[해설] 공기보다 가볍다.

60 브롬화메탄에 대한 설명으로 틀린 것은?
① 용기가 열에 노출되면 폭발할 수 있다.
② 알루미늄을 부식하므로 알루미늄 용기에 보관할 수 없다.
③ 가연성이며 독성가스이다.
④ 용기의 충전구 나사는 왼나사이다.

[해설] 용기의 충전구 나사는 오른나사이다.
[참고] 가연성 가스 : 왼나사, 기타 : 오른나사

정답 59. ③ 60. ④

가스기능사 모의고사문제

01 고압가스 특정제조시설에서 배관을 해저에 설치하는 경우의 기준으로 틀린 것은?
① 배관은 해저면 밑에 매설한다.
② 배관은 원칙적으로 다른 배관과 교차하지 아니하여야 한다.
③ 배관은 원칙적으로 다른 배관과 수평거리로 20 m 이상을 유지하여야 한다.
④ 배관의 입상부에는 보호시설물을 설치한다.

해설◦→ 배관은 원칙적으로 다른 배관과 수평거리로 30 m 이상을 유지하여야 한다.

02 액화염소 가스의 1일 처리능력이 38000kg일 때 수용정원이 350명인 공연장과의 안전거리는 얼마를 유지해야 하는가?
① 17m
② 21m
③ 24m
④ 27m

해설◦→ 액화염소가스 1일 처리능력에 따른 안전거리
10,000kg 이하 = 17m
10,000kg 이상 ~ 20,000kg 이하 = 21m
20,000kg 이상 ~ 30,000kg 이하 = 24m
30,000kg 이상 ~ 40,000kg 이하 = 27m

03 다음 가연성 가스 중 위험성이 가장 큰 것은?
① 수소
② 프로판
③ 산화에틸렌
④ 아세틸렌

해설◦→ ① 수소 : 4 – 75%   ② 프로판 : 2.1 – 9.5%
③ 산화에틸렌 : 3 – 80%   ④ 아세틸렌 : 2.5 – 81%

정답 01. ③ 02. ④ 03. ④

04
다음 중 가연성이며 독성 가스는?
① 암모니아 ② 염소
③ 불소 ④ 프로판

해설 ▶ 가연성이며 독성인 가스
① HCN(시안화수소) ② C_6H_6(벤젠)
③ C_2H_4O(산화에틸렌) ④ H_2S(황화수소)
⑤ NH_3(암모니아) ⑥ CO(일산화탄소)
⑦ CS_2(이황화탄소)

05
액화석유가스 충전시설에서 방류둑의 내측과 그 외면으로부터 몇 m 이내에는 저장탱크 부속설비외 것을 설치하지 않아야 하는가?
① 5 m ② 10 m
③ 15 m ④ 20 m

해설 ▶ 방류둑의 내측 및 그 외면으로부터 10 m 이내의 저장탱크, 부속설비 외의 것을 설치하면 안됨

06
다음 중 2중배관으로 하지 않아도 되는 가스는?
① 포스겐 ② 일산화탄소
③ 염소 ④ 시안화수소

해설 ▶ 2중배관으로 해야 할 독성가스 대상기준
① 포스겐 ② 황화수소 ③ 시안화수소
④ 아황산가스 ⑤ 산화에틸렌 ⑥ 암모니아
⑦ 염소 ⑧ 염화메탄

07
다음 중 허용농도 1ppb에 해당하는 것은?
① 1/천 ② 1/10만
③ 1/10억 ④ 1/100억

해설 ▶ 1ppm(parts per million) : 1/100만
1ppb(parts per billion) : 1/10억

정답 04. ① 05. ② 06. ② 07. ③

08

내화구조의 가연성가스 저장탱크에서 탱크 상호간의 거리가 1 m 또는 두 저장 탱크의 최대지름을 합산한 길이의 1/4 길이 중 큰 쪽의 거리를 유지하지 못한 경우 물분무장치의 수량기준으로 옳은 것은?

① 4 L/m² · min
② 5 L/m² · min
③ 6.5 L/m² · min
④ 8 L/m² · min

해설 ① 노출된 경우 : 8L/m² · min
② 준내화구조 : 6.5L/m² · min
③ 내화구조 : 4L/m² · min

09

산화에틸렌 충전 용기에는 질소 또는 탄산가스를 충전하는데 그 내부가스 압력의 기준으로 옳은 것은?

① 상온에서 0.2 MPa 이상
② 35℃에서 0.2 MPa 이상
③ 40℃에서 0.4 MPa 이상
④ 45℃에서 0.4 MPa 이상

해설 산화에틸렌 충전 용기에는 질소 또는 탄산가스를 충전하는데 그 내부가스 압력의 기준 : 45℃에서 0.4 MPa 이상

10

후부취출식 탱크에서 탱크 주밸브 및 긴급차단장치에 속하는 밸브와 차량의 뒷범퍼와의 수평거리는 얼마 이상 떨어져 있어야 하는가?

① 20cm
② 30cm
③ 40cm
④ 60cm

해설 ① 주밸브 : 40cm이상
② 조작상자 : 20cm이상
③ 저장탱크 후면 : 30cm이상

정답 08. ① 09. ④ 10. ③

11 시안화수소를 충전한 용기는 충전 후 얼마를 정치해야 하는가?
① 4시간   ② 8시간
③ 16시간   ④ 24시간

해설 ▶ 시안화수소
① 인화성액체이다.
② 시안화수소를 충전한 용기는 충전 후 24시간 정치
③ 아세틸렌과 반응하여 아크릴로니트릴을 만들 수 있다.
　$C_2H_2 + HCN \rightarrow CH_2CHCN$
④ 시안화수수의 안정제로는 오산화인, 염화칼슘, 인산, 아황산가스, 동, 황산 등이 있다.
⑤ 오래된 시안화수소는 급격한 중합에 의해 폭발의 위험이 있으므로 충전 후 60일을 넘지 않도록 한다.
⑥ 무색의 복숭아향 냄새가 나는 기체로서 독성이 강하다.

12 고압가스일반제조의 시설기준에 대한 내용 중 틀린 것은?
① 가연성가스제조시설의 고압가스설비는 다른 가연성가스 고압가스설비와 2m이상거리를 유지한다.
② 가연성가스설비 및 저장설비는 화기와 8m이상의 우회거리를 유지한다.
③ 사업소에는 경계표지와 경계책을 설치한다.
④ 독성가스가 누출될 수 있는 장소에는 위험표지를 한다.

해설 ▶ 가연성가스 제조시설의 고압가스설비는 다른가연성가스 고압가스설비와 5m이상의 거리유지

13 도시가스 사용시설에서 가스계량기는 절연조치를 하지 아니한 전선과 몇 cm 이상의 거리를 유지해야 하는가?
① 5cm   ② 15cm
③ 30cm   ④ 60cm

해설 ▶ ① 절연조치를 하지 아니한 전선 : 15cm이상
② 절연조치를 한 전선 : 10cm이상

정답 11. ④   12. ①   13. ②

14

다음 각 독성가스 누출 시 사용하는 제독제로서 적합하지 않은 것은?

① 염소 : 탄산소다수용액
② 산화에틸렌 : 소석회
③ 포스겐 : 소석회
④ 황화수소 : 가성소다수용액

해설 제독제
① 염소 : 소석회, 가성소다, 탄산소다
② 포스겐 : 가성소다, 소석회
③ 황화수소 : 가성소다, 탄산소다
④ 시안화수소 : 가성소다
⑤ 산화에틸렌, 암모니아, 염화메탄 : 다량의 물

15

저장탱크 내부의 압력이 외부의 압력보다 낮아져 그 탱크가 파괴되는 것을 방지하기 위한 설비와 관계없는 것은?

① 벤트스택   ② 진공안전밸브
③ 압력계   ④ 압력경보설비

해설 저장탱크 내부의 압력이 외부의 압력보다 낮아져 그 탱크가 파괴되는 것을 방지하기 위한 설비
① 압력계   ② 진공안전밸브   ③ 압력경보설비
④ 송액설비   ⑤ 냉동설비   ⑥ 균압관

16

지하에 매설된 도시가스 배관의 전기방식 기준으로 틀린 것은?

① 전기방식전류가 흐르는 상태에서 토양 중에 있는 배관 등의 방식전위 상한 값은 포화황산동 기준전극으로 –0.85 V 이하일 것
② 전기방식전류가 흐르는 상태에서 자연전위와의 전위변화가 최소한 –300 mV일 것
③ 배관에 대한 전위측정은 가능한 배관 가까운 위치에서 실시할 것
④ 전기방식시설의 관대지전위 등을 2년에 1회 이상 점검할 것

해설 전기방식시설의 관대지전위 등을 1년에 1회 이상 점검할 것

정답 14. ② 15. ① 16. ④

17 고압가스 일반제조시설에서 저장탱크 및 가스홀더는 몇 m³ 이상의 가스를 저장하는 것에 가스방출장치를 설치해야 하는가?
① 5　　　　② 10
③ 15　　　　④ 20

해설 ➡ 가스방출장치 설치 : 5m³이상

18 습식아세틸렌발생기의 표면온도는 몇 ℃ 이하로 유지하여야 하는가?
① 30　　　　② 40
③ 60　　　　④ 70

해설 ➡ 가스발생기 적당한 온도 50~60℃ 정도, 습식아세틸렌 발생기 표면온도 70℃ 이하 유지

19 품질검사 기준 중 산소의 순도측정에 사용되는 시약은?
① 동·암모니아 시약　　② 발연황산 시약
③ 피롤카롤 시약　　　　④ 하이드로 썰파이드 시약

해설 ➡ 고압가스 품질검사
① 산소 : ㉠ 동·암모니아 시약의 오르자트법　㉡ 순도 : 99.5% 이상
② 수소 : ㉠ 하이드로썰파이드 시약의 오르자트법　㉡ 순도 : 98.5% 이상
③ 아세틸렌 : ㉠ 발연황산시약의 오르자트법, 브롬시약의 뷰렛법
　　　　　　㉡ 순도 : 98% 이상

20 가스 중독의 원인이 되는 가스가 아닌 것은?
① 시안화수소　　② 염소
③ 아황산가스　　④ 수소

해설 ➡ 독성가스가 아닌 것을 찾으면된다. (LC₅₀인 경우)
① 시안화수소 : 140ppm
② 염소 : 293ppm
③ 아황산가스 : 2520ppm

정답 17. ①　18. ④　19. ①　20. ④

21
고압가스 용기 중 동일 차량에 혼합적재하여 운반하여도 무방한 것은?
① 산소와 질소, 탄산가스
② 염소와 아세틸렌, 암모니아 또는 수소
③ 동일 차량에 용기의 밸브가 서로 마주보게 적재한 가연성가스와 산소
④ 충전용기와 위험물안전관리법이 정하는 위험물

해설 산소는 조연성가스, 질소와 탄산가스는 불연성가스 이므로 혼합적재가능

22
도시가스 사용 시설 중 20A가스관에 대한 고정장치의 간격으로 옳은 것은?
① 1m ② 2m ③ 3m ④ 4m

해설 배관의 고정
① 관경이 13mm미만 : 1m마다
② 관경이 13mm이상 33mm미만 : 2m마다
③ 관경이 33mm이상 : 3m마다

23
도시가스 공급시설 중 저장탱크 주위의 온도상승방지를 위하여 설치하는 고정식 물분무장치의 단위면 적당 방사 능력의 기준은? (단, 단열재를 피복한 준내화구조 저장탱크가 아니다.)
① 2.5 L/분·m^2 이상
② 5 L/분·m^2 이상
⑤ 7.5 L/분·m^2 이상
④ 10 L/분·m^2 이상

해설 저장탱크 주위의 온도상승 방지를 위하여 설치하는 고정식 물분무장치의 단위면적당 방사량 : 5 L/m^2분 이상
준내화구조 : 2.5L/m^2·min 이상

24
압축천연가스자동차 충전소에 설치하는 압축가스설비의 설계압력이 25 MPa인 경우 이 설비에 설치하는 압력계의 지시눈금은?
① 최소 25.0 MPa까지 지시할 수 있는 것
② 최소 27.5 MPa까지 지시할 수 있는 것
③ 최소 37.5 MPa까지 지시할 수 있는 것
④ 최소 50.0 MPa까지 지시할 수 있는 것

해설 압축천연가스자동차 충전소에 설치하는 압축가스설비의 설계압력이 25 MPa인 경우 이 설비에 설치하는 압력계의 지시눈금 : 25×1.5=37.5 MPa

정답 21. ① 22. ② 23. ② 24. ③

25. 도시가스사용시설의 정압기실에 설치된 가스누출경보기의 점검주기는?
① 1일 1회 이상
② 1주일 1회 이상
③ 2주일 1회 이상
④ 1개월 1회 이상

해설 · 정압기실 가스누출 경보기의 점검주기 : 1주일에 1회 이상
· 도시가스 사용이설의 정압기 분해점검 : 3년에 1회 이상

26. 액화석유가스를 자동차에 충전하는 충전호스의 길이는 몇 m이내여야 하는가?(단, 자동차 제조공정 중에 설치된 것을 제외 한다)
① 3
② 5
③ 8
④ 10

해설 ① 액화석유가스를 자동차에 충전하는 호스의 길이 : 5m이상
② 압축천연가스를 충전하는 호스의 길이 : 8m이상 (버스)

27. 도시가스사업법에 정한 중압의 기준은?
① 0.1MPa 미만의 압력
② 1MPa 미만의 압력
③ 0.1MPa 이상 1MPa 미만의 압력
④ 1MPa 이상의 압력

해설 도시가스의 압력 기준
① 저압 : 0.1 MPa 미만
② 중압 : 0.1 MPa 이상 1 MPa 미만
③ 고압 : 1 MPa 이상

28. 압축가연성가스를 몇 m^3 이상을 차량에 적재하여 운반하는 때에 운반책임자를 동승시켜 운반에 대한 감독 또는 지원을 하도록 되어 있는가?
① 100
② 300
③ 600
④ 1000

해설 압축 가연성 가스 300m^3 이상을 차량에 적재하여 운반하는 때에는 운반책임자를 동승시켜 운반에 대한 감독 또는 지원을 한다.

정답 25. ② 26. ② 27. ③ 28. ②

29 0°C, 1atm에서 4L 이던 기체는 273°C, 1atm일 때 몇 L가 되는가?
① 2
② 4
③ 8
④ 12

해설 ▶ 샤를의 법칙(압력 일정)

$$\frac{V_1}{T_1} = \frac{V_2}{T_2} \qquad V_2 = \frac{V_1 \times T_2}{T_1}$$

∴ 압력이 일정할 때 기체의 체적은 절대온도(T_2)에 비례한다.

$$V_2 = \frac{4L \times (273+273)}{(0+273)} = 8L$$

30 일산화탄소의 경우 가스누출검지 경보장치의 검지에서 발신까지 걸리는 시간은 경보 농도의 1.6배 농도에서 몇 초 이내로 규정되어 있는가?
① 10
② 20
③ 30
④ 60

해설 ▶ 검지경보장치의 검지에서 발신까지 걸리는 시간은 경보농도의 1.6배 농도에서 보통 30초 이내일 것. 다만 검지경보장치의 구조상 또는 이론상 30초가 넘게 걸리는 가스(암모니아, 일산화탄소 또는 이와 유사한 가스)에 있어서는 1분 이내로 한다.

31 다음 염소에 대한 설명 중 틀린 것은?
① 상온, 상압에서 황록색의 기체로 조연성이 있다.
② 강한 자극성의 취기가 있는 독성기체이다.
③ 수소와 염소의 등량 혼합기체를 염소폭명기라 한다.
④ 건조 상태의 상온에서 강재에 대하여 부식성을 갖는다.

해설 ▶ 건조한 상태의 상온에서 강재에 내한 부식이 없다.

정답 29. ③ 30. ④ 31. ④

32 프로판가스 60%, 부탄가스 40%의 혼합가스 1mol을 완전연소 시키기 위하여 필요한 이론공기량은 약 몇 mol인가?(단, 공기 중 산소는 21%이다)
① 17.7
② 20.7
③ 23.7
④ 26.7

해설⇨ $C_3H_8 + 5O_2 \rightarrow 3CO_2 + 4H_2O$
$C_4H_{10} + 6.5O_2 \rightarrow 4CO_2 + 5H_2O$
(5×0.6+6.5×0.4) = 5.6mol
이론공기량 = 이론산소량/0.21 = 5.6/0.21=26.666mol

33 열역학적 계(system)가 주위와의 열교환을 하지 않고 진행되는 과정을 무슨과정이라고 하는가?
① 등온과정
② 단열과정
③ 등압과정
④ 등적과정

해설⇨ 단열과정 : 주위와의 열교환을 하지않고 진행되는 과정

34 메탄 95% 및 에탄 5%로 구성된 천연가스 1m³ 의 진발열량은 약 몇 kcal인가?(단, 표준상태에서 메탄의 진발열량은 8124cal/L, 에탄은 14,602cal/ℓ이다)
① 8,151
② 8,242
③ 8,353
④ 8,448

해설⇨ 진발열량 = (8124×0.95+14602×0.05) = 8447.9kcal

35 다음 중 주로 부가(첨가)반응을 하는 가스는?
① CH_4
② C_2H_4
③ C_3H_8
④ C_4H_{10}

해설⇨ 에틸렌(C_2H_4)이 수소와 반응시 일으키는 현상 : 첨가반응

정답 32. ④ 33. ② 34. ④ 35. ②

36
다음 중 표준상태에서 비점이 가장 높은 것은?
① 나프타 ② 프로판 ③ 에탄 ④ 부탄

해설 비점
① 나프타 : 200℃ ② 프로판 : –42.1℃ ③ 에탄 : –88.3℃
④ 부탄 : –0.5℃ ⑤ 메탄 : –161.5℃

37
기체의 체적이 커지면 밀도는?
① 작아진다. ② 커진다.
③ 일정하다. ④ 체적과 밀도는 무관하다.

해설 밀도 : kg/m^3, 체적이 커지면 밀도는 작아진다.

38
다음 표준대기압에 해당되지 않는 것은?
① 760mmHg ② 14.7psi
③ 0.101MPa ④ 1013bar

해설 표준대기압=1atm=76cmHg=760mmHg=0.76mHg=1.0332kg/cm²=10332kg/cm²
=1033.2g/cm²=10.332mH₂O=1033.2cmH₂O=10332mmH₂O=29.92inHg
=14.7psi=760Torr=1.013bar=1013mbar=101325pa=101325N/m²
=101.325kPa=0.101MPa

39
다음 중 표준상태에서 가스상 탄화수소의 점도가 가장 높은 가스는?
① 프로필렌 ② 메탄 ③ 부탄 ④ 프로판

해설 비점이 낮을수록 점도가 높다
① 프로필렌 : –47.7℃ ② 메탄 : –161.5℃
③ 부탄 : –0.5℃ ④ 프로판 : –42.1℃

정답 36. ① 37. ① 38. ④ 39. ②

40 다음 중 같은 조건하에서 기체의 확산속도가 가장 느린 것은?
① O_2
② CO_2
③ C_3H_8
④ C_4H_{10}

해설 ◯▶ 분자량이 적을수록 기체의 확산속도는 빠르다.
① O_2 : 16×2=32g
② CO_2 : 12+16×2=44g
③ C_3H_8 : 12×3+8=44g
④ C_4H_{10} : 12×4+10=58g

41 다음의 가스가 누출될 때 사용되는 시험지와 변색상태를 옳게 짝지어진 것은?
① 포스겐 : 하리슨시약 – 청색
② 황화수소 : 초산납시험지 – 흑색
③ 시안화수소 : 초산벤젠지 – 적색
④ 일산화탄소 : 요드칼륨전분지 – 황색

해설 ◯▶ 시험지명 및 변색상태
· 암모니아 : 적색리트머스 시험지 : 청색
· 염소 : KI전분지 : 청색
· 시안화수소 : 질산구리벤젠지 : 청색
· 일산화탄소 : 염화파라듐지 : 흑색
· 황화수소 : 연당지(초산납시험지) : 흑색
· 포스겐 : 하리슨시험지 : 심등색(오렌지색)
· 아세틸렌 : 염화제1동착염지 : 적색
· 아황산가스 : 암모니아 적신헝겊 : 흰연기

42 아세틸렌의 분해폭발을 방지하기 위해 첨가하는 희석제가 아닌 것은?
① 에틸렌
② 산소
③ 메탄
④ 질소

해설 ◯▶ 희석제
① 메탄
② 일산화탄소
③ 에틸렌
④ 질소

정답 40. ④ 41. ② 42. ②

43

섭씨온도(℃)의 눈금과 일치하는 화씨온도(℉)는?
① 0 ② −10
③ −30 ④ −40

해설 섭씨온도의 눈금과 일치하는 화씨온도(℉) : −40℃

$$℃ = \frac{5}{9}(℉ - 32) = \frac{5}{9}(-40-32) = -40℃$$

$$℉ = \frac{9}{5} \times ℃ + 32 = \frac{9}{5} \times -40 + 32 = -40℉$$

44

도시가스 배관이 10m 수직상승했을 경우 배관내의 압력상승은 약 몇 pa이 되겠는가? (단, 도시가스의 비중은 0.65이다.)
① 44 ② 64
② 86 ④ 105

해설 H=1.293(S−1)h = 1.293×(1−0.65)×10 = 4.53mmH$_2$O

10332mmH$_2$O = 101325Pa

4.53mmH$_2$O = x

$$x = \frac{(101325 \times 4.53)}{10332} = 44.42 Pa$$

45

공기 중에서 폭발하한이 가장 낮은 탄화수소는?
① CH_4 ② C_4H_{10} ③ C_3H_8 ④ C_2H_6

해설 연소범위
① C_4H_{10}(부탄) : 1.8~8.4%
② C_2H_2(아세틸렌) : 2.5~81%
③ C_3H_8(프로판) : 2.1~9.5%
④ CH_4(메탄) : 5~15%

정답 43. ④ 44. ① 45. ②

46

고압배관용 탄소강관의 규격 기호는?
① SPPH
② SPHT
③ SPLT
④ SPPW

해설 배관용강관
① SPP(배관용 탄소강관) : 사용압력이 1MPa 이하인 물, 기름 배관에 사용
② SPPS(압력배관용 탄소강관) : 사용압력이 1MPa 이상 10MPa 이하
③ SPPH(고압배관용 탄소강관) : 사용압력이 10MPa 이상시
④ SPLT(저온배관용 탄소강관) : 빙점 이하의 관에 사용
⑤ SPHT(고온배관용 탄소강관) : 350℃ 이상에서 사용

47

기화기, 혼합기에 의해서 기화한 부탄에 공기를 혼합하여 만들어지며 부탄을 다량 소비하는 경우에 적절한 공급방식은?
① 생가스 공급방식
② 공기혼합 공급방식
③ 변성가스 공급방식
④ 자연기화 공급방식

해설 강제기화방식
㉠ 생가스 공급방식
  · 기화기(베이퍼라이져)에 의하여 기화된 그대로의 가스를 공급하는 방식
  · 단점 : 0℃ 이하가 되면 재액화가 쉽기 때문에 가스 배관은 보온 처리
㉡ 공기혼합가스 공급방식
  기화한 부탄에 공기를 혼합하여 공급하는 방식. 부탄을 다량 소비하는 경우 사용
㉢ 변성가스 공급방식
  · 부탄을 고온의 촉매로서 분해하여 메탄, 수소, 일산화탄소 등의 연질가스로 변성시켜 공급
  · 용도 : 금속의 열처리나 특수제품 가열 등 사용

48

시간당 200톤의 물을 20cm의 내경을 갖는 PVC파이프로 수송하였다. 관내의 평균유속은 약 몇 m/s인가?
① 0.9
② 1.2
③ 1.8
④ 3.6

해설 $Q = A \times V$
$V = Q/A = 200m^3 / 0.785 \times 0.2^2 \times 3600 = 1.769 m/s$

정답 46. ① 47. ② 48. ③

49 압축된 가스를 단열 팽창시키면 온도가 강하하는 것은 어떤 효과에 해당하는가?
① 줄-톰슨효과
② 단열효과
③ 블로워 효과
④ 서징효과

해설 ⇒ 줄-톰슨효과 : 압축된 가스를 단열·팽창시키면 온도와 압력이 내려간다.

50 수소나 헬륨을 냉매로 사용한 냉동방식으로 실린더 중에 피스톤과 보조피스톤으로 구성되어 있는 액화 사이클은?
① 클라우드 공기액화사이클
② 필립스 공기액화사이클
③ 캐피자 공기액화사이클
④ 린데 공기액화사이클

해설 ⇒ ① 캐스케이드 액화사이클 : 비점이 점차 낮은 냉매를 사용하여 저비점의 기체를 액화하는 사이클
② 필립스의 공기액화사이클 : 수소나 헬륨을 냉매로 한 효율적인 냉동방식
③ 캐피자 공기액화사이클 : 공기의 압축 압력이 약 7 atm 정도 낮고 열교환에 축냉기를 사용

51 원통형의 관을 흐르는 물의 중심부의 유속을 피토우관으로 측정하였더니 정압과 동압의 차가 수주10m이었다. 이때 중심부의 유속은 약 몇 m/s인가?
① 10
② 14
③ 20
④ 26

해설 ⇒ $V = \sqrt{2gh} = \sqrt{2 \times 9.8 \times 10} = 14$ m/s

52 펌프의 회전수를 1000rpm에서 1200rpm으로 변화시키면 동력은 약 몇 배가 되는가?
① 1.3
② 1.5
③ 1.7
④ 2.0

해설 ⇒ 동력 $= \left(\dfrac{N_2}{N_1}\right)^3 = \left(\dfrac{1200}{1000}\right)^3 = 1.728$

정답 49. ① 50. ② 51. ② 52. ③

53
다음 보온재 중 안전사용 온도가 가장 높은 것은?
① 석면
② 플라스틱 폼
③ 규산칼슘
④ 세라믹 화이버

해설 안전사용온도
① 석면 : 400℃ 이하
② 플라스틱폼 : 80℃이하
③ 규산칼슘 : 650℃이하
④ 세라믹화이브 : 1300℃이하
⑤ 암면 : 600℃이하
⑥ 실리카화이브 : 1100℃이하
⑦ 탄산마그네슘 : 250℃이하
⑧ 그라스울 : 300℃이하 등

54
LPG용기의 사용되는 조정기의 기능으로 가장 옳은 것은?
① 가스의 유량 조정
② 가스의 유출압력 조정
③ 가스의 밀도 조정
④ 가스의 유속 조정

해설 LPG조정기의 기능
① 가스의 공급압력 조절
② 가스를 차단

55
다음 흡수분석법 중 오르자트법에 의해서 분석되는 가스가 아닌 것은?
① CO_2
② C_2H_6
③ O_2
④ CO

해설 오르자트법
CO_2 : KOH 30% 수용액
O_2 : 알칼리성 피로카롤 용액
CO : 암모니아성 염화제1동 용액

56
다음 중 비접촉식 온도계에 해당되는 것은?
① 열전온도계
② 압력식온도계
③ 광고온도계
④ 저항온도계

해설 비접촉식 온도계
① 광고온도계
② 광전관식 온도계
③ 색온도계
④ 방사온도계

정답 53. ④ 54. ② 55. ② 56. ③

57

공기액화분리기 내의 CO_2를 제거하기 위해 NaOH 수용액을 사용한다. 1.0 kg의 CO_2를 제거하기 위해서는 약 몇 kg의 NaOH를 가해야 하는가?

① 1.0
② 1.8
③ 3.0
④ 4.0

해설 $2NaOH + CO_2 \rightarrow Na_2CO_3 + H_2O$
2×40 kg   44 kg
x 1 kg

$x = \dfrac{2 \times 40 \text{ kg} \times 1 \text{ kg}}{44 \text{ kg}} = 1.818 \text{ kg}$

58

다음 중 수성가스의 주성분은?

① $H_2 + CH_4$
② $CO + H_2$
③ $CH_4 + CO$
④ $CO + C_3H_8$

해설 수성가스의 주성분 : $C + H_2O \rightarrow CO + H_2$

59

펌프의 캐비테이션 발생에 따라 일어나는 현상이 아닌 것은?

① 양정곡선이 증가한다.
② 효율곡선이 저하한다.
③ 소음과 진동이 발생한다.
④ 깃에 대한 침식이 발생 한다.

해설 캐비테이션(공동현상)
급격한 압력강하로 인하여 액체로부터 기체가 분리되면서 소음, 진동, 충격을 발생하는 현상
① 영향
  ㉠ 소음과 진동 발생
  ㉡ 양정곡선과 효율곡선 저하
  ㉢ 깃에 대한 침식

60

흡수식냉동기에서 냉매로 물을 사용 할 경우 흡수제로 사용하는 것은?

① 암모니아
② 사염화탄소
③ 리튬브로마이드
④ 파라핀유

해설 흡수식냉동기에서 냉매로 물을 사용시 흡수제는 리튬브로마이드
흡수식냉동기에서 냉매로 암모니아 사용시 흡수제는 물

정답 57. ② 58. ② 59. ① 60. ③

가스기능사 모의고사문제

01 액화가스를 충전하는 탱크는 그 내부에 액면요동을 방지하기 위하여 무엇을 설치하여야 하는가?
① 방파판
② 보호판
③ 박강판
④ 후강판

해설 ☞ 방파판 : 액면요동방지

02 아세틸렌 용기에 대한 다공물질 충전검사 적합판정기준은?
① 다공물질은 용기 벽을 따라서 용기안지름인 1/200 또는 1 mm를 초과하는 틈이 없는 것으로 한다.
② 다공물질은 용기 벽을 따라서 용기안지름인 1/200 또는 3 mm를 초과하는 틈이 없는 것으로 한다.
③ 다공물질은 용기 벽을 따라서 용기안지름인 1/100 또는 5 mm를 초과하는 틈이 없는 것으로 한다.
④ 다공물질은 용기 벽을 따라서 용기안지름인 1/100 또는 10 mm를 초과하는 틈이 없는 것으로 한다.

해설 ☞ 다공물질은 용기 벽을 따라서 용기안지름이 1/200 또는 3mm를 초과하는 틈이 없는 것으로 한다.

03

다음 중 산소 없이 분해폭발을 일으키는 물질이 아닌 것은?
① 아세틸렌
② 시안화수소
③ 히드라진
④ 산화에틸렌

해설 • 분해폭발
① 아세틸렌 ② 산화에틸렌 ③ 히드라진
• 중합폭발
① 시안화수소 ② 산화에틸렌
• 촉매폭발
① 염소와 수소 ② 염소와 아세틸렌 ③ 염소와 암모니아

04

천연가스 지하 매설 배관의 퍼지용으로 주로 사용되는 가스는?
① H_2
② CO
③ O_2
④ N_2

해설 천연가스 지하 매설 배관의 퍼지용 : N_2(질소)

05

선박용 액화석유가스 용기의 표시방법으로 옳은 것은?
① 용기의 상단부에 폭 2cm의 황색 띠를 두 줄로 표시한다.
② 용기의 상단부에 폭 2cm의 백색 띠를 두 줄로 표시한다.
③ 용기의 상단부에 폭 5cm의 황색 띠를 한 줄로 표시한다.
④ 용기의 상단부에 폭 2cm의 백색 띠를 한 줄로 표시한다.

해설 용기상단부에 폭 2cm의 백색띠를 두 줄로 표시한다.

06

LP 가스설비를 수리할 때 내부의 LP가스를 질소 또는 물로 치환하고, 치환에 사용된 가스나 액체를 공기로 재치환하여야 하는데, 이때 공기에 의한 재치환 결과가 산소농도 측정기로 측정하여 산소농도가 얼마의 범위 내에 있을 때까지 공기로 재치환하여야 하는가?
① 4 – 6%
② 7 – 11%
③ 12 – 16%
④ 18 – 22%

해설 산소농도의 안전한계
① 18% 이상~22% 이하
② 독성가스 : 허용농도 이하
③ 가연성가스 : 폭발하한계의 $\frac{1}{4}$ 이하

07 내용적이 300 L인 용기에 액화암모니아를 저장하려고 한다. 이 저장설비의 저장능력은 얼마인가? (단, 액화암모니아의 충전정수는 1.86이다.)

① 161 kg ② 232 kg
③ 279 kg ④ 558 kg

해설 $G = \dfrac{V}{C} = \dfrac{300}{1.86} = 161.29$ kg

08 도시가스 공급배관에서 입상관의 밸브는 바닥으로부터 몇 m범위로 설치하여야 하는가?

① 1m이상 1.5m 이내 ② 1.6m이상 2m이내
③ 1m이상 2m이내 ④ 1.5m이상 3m이내

해설 일반도시가스사업 가스공급시설의 입상관 밸브 바닥으로부터 높이 1.6 m 이상 2 m 이내에 설치한다.

09 다음 가스의 저장시설 중 반드시 통풍구조로 하여야 하는 것은?

① 산소 저장소 ② 질소 저장소
③ 헬륨 저장소 ④ 부탄 저장소

해설 환기구를 갖추는 등의 조치 : 가연성 가스(부탄, 프로판 등)

10 독성가스 제조시설 식별표지의 글씨 색상은? (단, 가스의 명칭은 제외한다.)

① 백색 ② 적색
③ 노란색 ④ 흑색

해설 식별표지 : 독성가스(염소) 제조시설
① 백색 바탕에 흑색글씨(가스명칭은 적색)
② 문자의 크기는 가로 및 세로 10 cm 이상
③ 식별거리 30 m 이상

정답 07. ① 08. ② 09. ④ 10. ④

11
산화에틸렌의 충전시 산화에틸렌의 저장탱크는 그 내부의 분위기 가스를 질소 또는 탄산가스로 치환하고 몇 ℃이하로 유지하여야 하는가?

① 5
② 15
③ 40
④ 60

해설 ▶ 산화에틸렌의 저장탱크는 그 내부의 분위기 가스를 질소 또는 탄산가스로 치환하고 5℃이하로 유지

12
LP가스의 용기 보관실 바닥면적이 $3m^2$이라면 통풍구의 크기는?

① $500cm^2$
② $700cm^2$
③ $900cm^2$
④ $1100cm^2$

해설 ▶ 바닥면적이 $1m^2 = 300cm^2$이므로 $900cm^2$이다.

13
고압가스 품질검사에서 산소의 경우 동·암모니아 시약을 사용한 오르자트법에 의한 시험에서 순도가 몇 % 이상 이어야 하는가?

① 98
② 98.5
③ 99
④ 99.5

해설 ▶ 고압가스 품질검사 기준
① 산소 : ㉠ 순도 : 99.5% 이상
㉡ 동 암모니아 시약의 오르자트법
② 수소 : ㉠ 순도 : 98.5% 이상
㉡ 피롤카롤 또는 하이드로썰파이드 시약의 오르자트법
③ 아세틸렌: ㉠ 순도 : 98% 이상
㉡ 발연황산 시약의 오르자트법, 브롬시약의 뷰렛법
㉢ 질산은 시약의 정성시험에 합격할 것

정답 11. ① 12. ③ 13. ④

14 지하에 매몰하는 도시가스 배관의 재료로 사용할 수 없는 것은?
① 가스용 폴리에틸렌관
② 압력 배관용 탄소강관
③ 압축식 폴리에틸렌 피복강관
④ 분말융착식 폴리에틸렌 피복강관

해설 ◇ 지하에 매몰하는 도시가스 배관의 재료
① 분말융착식 폴리에틸렌 피복강관
② 압축식 폴리에틸렌 피복강관
③ 가스용 폴리에틸렌관

15 아세틸렌 용기에 다공질 물질을 고루 채운 후 아세틸렌을 충전하기전에 침윤시키는 물질은?
① 아세톤
② 알코올
③ 규조토
④ 탄산마그네슘

해설 ◇ 아세틸렌을 충전하기 전에 침윤시키는 물질 : 아세톤, DMF(Dimethylformamide)

16 아르곤가스 충전용기의 도색은 어떤 색상으로 하여야 하는가?
① 백색
② 회색
③ 갈색
④ 녹색

해설 ◇ 공업용기 도색
<u>청</u><u>탄</u><u>산</u> <u>산</u><u>녹</u>에서 <u>황</u><u>아</u><u>체</u> 안주삼아 <u>소</u><u>주</u><u>잔</u> 높이들고 <u>백</u><u>암</u><u>산</u> 바라보니 <u>염</u><u>소</u>는 <u>갈</u>색으로
　　① ② ③　　　④　　　　　⑤　　　　　⑥
보이고 <u>쥐</u>들은 <u>기</u><u>타</u>를 치더라
　　　　⑦
① 탄산가스 : 청색　　② 산소 : 녹색　　③ 아세틸렌 : 황색
④ 수소 : 주황　　⑤ 암모니아 : 백색　　⑥ 염소 : 갈색
⑦ 기타 : 쥐색(회색) LPG, Ar

정답 14. ② 15. ① 16. ②

17 압축 또는 액화 그 밖의 방법으로 처리할 수 있는 가스의 용적이 1일 100 m³ 이상인 사업소는 압력계를 몇 개 이상 비치하도록 되어 있는가?
① 1 ② 2 ③ 3 ④ 4

해설 ▶ 압축 또는 액화 그 밖의 방법으로 처리할 수 있는 가스의 용적이 1일 100m³ 이상인 사업소는 압력계를 2개 이상 비치한다.

18 다음 중 아세틸렌, 암모니아 또는 수소와 동일 차량에 적재 운반할 수 없는 가스는?
① 질소 ② 일산화탄소
③ 염소 ④ 액화석유가스

해설 ▶ 촉매폭발(직사일광에 의한 폭발)
① 염소와 암모니아
② 염소와 수소
③ 염소와 아세틸렌

19 가스도매사업시설에서 배관 지하매설의 설치 기준으로 옳은 것은?
① 산과 들에서의 배관의 매설깊이는 1m 이상
② 배관은 그 외면으로부터 수평거리로 건축물까지 1.2m이상 거리 유지
③ 배관은 그 외면으로부터 지하의 다른 시설물과 1.2m이상 거리 유지
④ 산과들 이외의 지역에서 배관의 매설깊이는 1.5m 이상

해설 ▶ 배관의 매설깊이
① 철도 경계와 수평거리, 도로 경계와 수평거리, 산이나 들 : 1 m 이상
② 시가지외 도로 노면 밑, 인도, 보도, 방호구조물 내 : 1.2 m 이상
③ 시가지의 도로 노면 밑 : 1.5 m 이상

20 도시가스 지하 매설용 중압배관의 색상은?
① 황색 ② 적색
③ 청색 ④ 흑색

해설 ▶ 도시가스 중압배관 매몰시 적당한 색상 : 적색
도시가스 저압배관 매몰시 적당한 색상 : 황색

정답 17. ② 18. ③ 19. ① 20. ②

21 고압가스 특정제조시설 중 비가연성 가스의 저장탱크는 몇 m³ 이상일 경우에 지진영향에 대한 구조로 설계하여야 하는가?
① 100 ② 250
③ 500 ④ 1000

해설 ▶ 저장탱크의 내진 구조
① 압축가스 : ㉠ 가연성, 독성 : 500m³ 이상   ㉡ 비가연성, 비독성 : 1000m³ 이상
② 액화가스 : ㉠ 가연성 : 5000kg 이상   ㉡ 비가연성, 비독성 : 10000kg 이상

22 독성가스의 저장탱크에는 가스의 용량이 그 저장탱크 내용적의 90%를 초과하는 것을 방지하는 장치를 설치하여야 한다. 이 장치를 무엇이라고 하는가?
① 경보장치 ② 액면계
③ 긴급차단장치 ④ 과충전방지장치

해설 ▶ 과충전방지장치 : 독성가스 저장탱크에서 가스의 용량이 그 저장탱크 내용적의 90%를 초과하는 것 방지

23 다음 가스 중 착화온도가 가장 낮은 것은?
① 아세틸렌 ② 에틸렌
③ 일산화탄소 ④ 메탄

해설 ▶ 착화온도
① 아세틸렌 : 400~440℃
② 에틸렌 : 500~519℃
③ 일산화탄소 : 637~658℃
④ 메탄 : 615~682℃

24 산소운반 차량에 고정된 탱크의 내용적은 몇 L를 초과할 수 있는가?
① 12,000 ② 18,000
③ 24,000 ④ 30,000

해설 ▶ 차량에 고정된 탱크 내용적
① 가연성, 산소 : 18,000L이하
② 독성 : 12,000L이하

정답 21. ④   22. ④   23. ①   24. ②

25

다음은 도시가스사용시설의 월사용예정량을 산출하는 식이다. 이중 기호 "A"가 의미하는 것은?

$$Q = \frac{[(A \times 240) + (B \times 90)]}{11000}$$

① 가정용 연소기의 가스소비량의 합계
② 산업용이 아닌 연소기의 명판에 기재된 가스소비량의 합계
③ 월사용예정량
④ 산업용으로 사용하는 연소기의 명판에 기재된 가스소비량의 합계

해설 ➤ A : 산업용으로 사용하는 연소기의 명판에 기재된 가스소비량의 합계
B : 산업용이 아닌 연소기의 명판에 기재된 가스 소비량의 합계

26

LPG 충전·집단공급 저장시설의 공기에 의한 내압 시험 시 상용압력의 일정 압력 이상으로 승압한 후 단계적으로 승압시킬 때, 상용압력의 몇 %씩 증가시켜 내압시험압력에 달하였을 때 이상이 없어야 하는가?

① 5   ② 10
③ 15   ④ 20

해설 ➤ LPG 충전 집단공급 저장시설의 공기에 의한 내압시험시 상용압력의 50% 이상으로 승압 후 단계적으로 승압시 상용압력의 10%씩 증가시켜 내압시험압력에 달하였을 때 이상이 없어야 한다.

27

지상에 액화석유가스 저장탱크를 설치할 때 냉각살수장치는 일반적인 경우 그 외면으로부터 몇 m 이상 떨어진 곳에서 조작 할 수 있어야 하는가?

① 2   ② 3
③ 5   ④ 7

해설 ➤ ① 냉각살수장치 : 5m이상
② 물분무장치 : 15m이상

정답 25. ④ 26. ② 27. ③

28
아세틸렌가스를 제조하기 위한 설비를 설치하고자 할 때 아세틸렌가스가 통하는 부분에 동합금을 사용할 경우 동함유량은 몇 % 이하의 것을 사용하여야 하는가?
① 62
② 72
③ 82
④ 85

해설 동 및 동합금 62% 이하의 것 사용

29
다음 중 동이나 동합금이 함유된 장치를 사용하였을 때 폭발의 위험성이 가장 큰 가스는?
① 수소
② 황화수소
③ 아르곤
④ 산소

해설 동 및 동합금 사용금지
① 아세틸렌 ② 암모니아 ③ 황화수소

30
가연성가스를 취급하는 장소에는 누출된 가스의 폭발사고를 방지하기 위하여 전기설비를 방폭구조로 한다. 다음 중 방폭구조가 아닌 것은?
① 내압방폭구조
② 안전증방폭구조
③ 내열방폭구조
④ 압력방폭구조

해설 방폭구조의 종류
내압방폭구조, 유입방폭구조, 압력방폭구조, 본질안전증방폭구조, 안전증방폭구조, 특수방폭구조

31
표준상태에서 염소가스의 증기 비중은 약 얼마인가?
① 1
② 1.5
③ 2
④ 2.4

해설 염소가스 증기비중
$Cl_2 = 35.5 \times 2 = 71g/29g = 2.448$

정답 28. ① 29. ② 30. ③ 31. ④

32

다음 가스 중 표준 상태에서 공기보다 가벼운 가스는?
① 메탄
② 에탄
③ 프로판
④ 프로필렌

해설 공기의 비중

① CH_4(메탄) : $\dfrac{16\,g}{29\,g} = 0.551$

② C_2H_6(에탄) : $\dfrac{30\,g}{29\,g} = 1.034$

③ 프로판(C_3H_8) : $\dfrac{44\,g}{29\,g} = 1.517$

④ 프로필렌(C_3H_6) : $\dfrac{42\,g}{29\,g} = 1.448$

33

샤를의 법칙에서 기체의 압력이 일정할 때 모든 기체의 부피는 온도가 1°C 상승함에 따라 0°C때의 부피보다 어떻게 되는가?
① 22.4배씩 증가한다.
② 1/273씩 증가한다.
③ 22.4배씩 감소한다.
④ 1/273배씩 감소한다.

해설 1/273씩 증가한다.

34

다음 각 가스의 특성에 대한 설명으로 틀린 것은?
① 수소는 고온·고압하에서 탄소강과 반응하여 수소취성을 일으킨다.
② 일산화탄소의 국내 독성 허용농도는 LC_{50} 기준으로 50ppm이다.
③ 암모니아는 붉은 리트머스를 푸르게 변화시키는 성질을 이용하여 검출할 수 있다.
④ 산소는 공기액화분리장치를 통해 제조하며 질소와 분리시 비등점차를 이용한다.

해설 일산화탄소의 국내 독성 허용농도는 LC_{50} 기준으로 3760ppm이다.

정답 32. ① 33. ② 34. ②

35
다음 중 이상기체상수 R값이 1.987일 때 이에 해당되는 단위는?
① J/mol · K
② cal/mol · K
③ N · m/mol · K
④ atm · L/mol · K

해설） 기체상수값
① 0.082 L · atm/mol · K   ② 1.987 cal/mol · K   ③ 848 kg · m/kmol · K

36
섭씨온도로 측정할 때 상승된 온도가 5°C이었다. 이때 화씨온도로 측정하면 상승온도는 몇 도인가?
① 7.8
② 8.5
③ 9.0
④ 10.5

해설） $°F = \dfrac{9}{5} \times °C + 32 = \dfrac{9}{5} \times 5 = 32 = 41$
∴ 41−32 = 9
또는 °F = 1.8°C = 1.8×5 = 9°F

37
부탄 1m³을 완전 연소시키는데 필요한 이론 공기량은 약 몇 m³인가? (단, 공기 중의 산소농도는 21v%이다.)
① 5
② 6.5
③ 23.8
④ 31

해설） $C_4H_{10} + 6.5O_2 \rightarrow 4CO_2 + 5H_2O$
이론공기량 $= \dfrac{이론산소량}{0.21} = \dfrac{6.5}{0.21} = 30.95$

38
메탄의 성질에 대한 설명 중 틀린 것은?
① 무색, 무극의 기체로 잘 연소한다.
② 염소와 반응시키면 염소화합물을 만든다.
③ 무극성이며 물에 대한 용해도가 크다.
④ 니켈 촉매하에 고온에서 산소 또는 수증기를 반응 시키면 CO와 H_2를 생성한다.

해설） 극성 : 물에 잘 녹는 것, 무극성 : 물에 녹지 않는 것
메탄은 물에 녹지 않는다.

정답 35. ②   36. ③   37. ④   38. ③

39
물을 전기분해하여 수소를 얻고자 할 때 주로 사용 되는 전해액은 무엇인가?
① 1% 정도의 묽은 염산수용액
② 10% 정도의 탄산칼슘수용액
③ 20% 정도의 수산화나트륨수용액
④ 25% 정도의 황산 수용액

해설 ▶ 전해액 : 20% 정도의 수산화나트륨 수용액

40
다음 중 LP가스의 제조법이 아닌 것은?
① 석유정제공정으로부터의 제조
② 일산화탄소의 전환법에 의한 제조
③ 나프타 분해 생성물로 부터의 제조
④ 습성천연가스 및 원유로 부터의 제조

해설 ▶ LP가스의 제법
① 나프타 분해공정 부산물로 생산
② 석유정제공정에서 부산물로 생산
③ 원유를 정제하여 부산물로 생산

41
하버–보시법으로 암모니아 44g을 제조하려면 표준상태에서 수소는 약 몇 L가 필요한가?
① 25　　② 55　　③ 87　　④ 97

해설 ▶ $N_2+3H_2 \rightarrow 2NH_3$
　　$3 \times 22.4\ L$　　$34g$
　　x　　　　　　$44g$
　　$x = \dfrac{3 \times 22.4 \times 44g}{34\ g} = 86.96\ L$

42
2중 결합을 가지므로 각종 부가반응을 일으키며 무색 독특한 감미로운 냄새를 지닌 기체로 물에는 거의 용해하지 않으나 알콜, 에테르에 잘 용해되며 아세트알데히드, 산화에틸렌, 에탄올 등을 얻는 성질을 갖는 기체는?
① 에틸렌
② 아세틸렌
③ 프로필렌
④ 프로판

해설 ▶ 이중결합 : 에틸렌

정답　39. ③　40. ②　41. ③　42. ①

43 다음 중 수분이 존재하였을 때 일반강재를 부식시키는 가스는?
① 수소
② 황화수소
③ 질소
④ 일산화탄소

해설 ⇒ 수분과 존재 시 강재를 부식시키는 가스
① 황화수소   ② 염소   ③ 아황산가스   ④ 탄산가스   ⑤ 포스겐

44 가스의 비열비 값은?
① 언제나 1보다 작다.
② 언제나 1보다 크다.
③ 1보다 크기도 하고 작기도 하다.
④ 0.5와 1사이의 값이다.

해설 ⇒ 가스의 비열비의 값은 항상 1보다 크다.

45 다음 중 "제2종 영구기관은 존재할 수 없다 제2종 영구기관은 존재가능성을 부인한다."라고 표현되는 법칙은?
① 열역학 제0법칙
② 열역학 제1법칙
③ 열역학 제2법칙
④ 열역학 제3법칙

해설 ⇒ 열역학 제2법칙
① 일은 열로 변환시킬 수 있지만 열은 일로 변환시킬 수 없다.
② 100%의 열효율을 가진 기관은 존재할 수 없다.
③ 열은 고온에서 저온으로 흐른다.
④ 외부에서 일을 하여 주지 않고는 열은 저온에서 고온으로 이동할 수 없다.

정답 43. ②   44. ②   45. ③

46
펌프를 운전할 때 송출압력과 송출유량이 주기적으로 변동하여 펌프의 토출구 및 흡입구에서 압력계의 지침이 흔들리는 현상을 무엇이라고 하는가?
① 맥동현상 (서징현상)   ② 진동현상
③ 공공현상   ④ 수격현상

해설 ① 서징현상(맥동현상) : 송출압력과 송출유량이 주기적으로 변동하여 펌프 입구 및 출구에 설치된 압력계의 지침이 흔들리는 현상
② 캐비테이션 현상(공동현상) : 유수 중의 어느 부분의 정압이 그때 물의 온도에 해당하는 증기압 이하로 되어 물이 증발을 일으키고 수중에 용입되어 있던 공기가 낮은 압력으로 인하여 기포가 발생하는 현상

47
다음 중 왕복식 펌프에 해당하는 것은?
① 기어펌프   ② 베인펌프
③ 플런저펌프 ④ 터빈펌프

해설 1) 왕복식 펌프
     ① 피스톤 펌프 ② 플런저 펌프 ③ 다이어프램 펌프
2) 원심펌프
     ① 터빈펌프   ② 볼류트 펌프
3) 회전펌프
     ① 베인펌프   ② 기어펌프   ③ 나사펌프

48
다음 배관 부속품 중 관 끝을 막을 때 사용하는 것은?
① 소켓   ② 캡
③ 니플   ④ 엘보

해설 배관 끝을 막을 때 사용하는 부속품
① 플러그   ② 캡
· 직선배관 연결 시 : 소켓, 유니온, 니플, 플랜지
· 서로다른 배관연결 시 : 이경티, 이경엘보, 레듀샤, 붓싱
· 배관의 방향을 바꿀 때 : 티, 와이, 엘보, 크로스

정답 46. ①   47. ③   48. ②

49 다이어프램식 압력계의 특징에 대한 설명 중 틀린 것은?
① 정확성이 높다.   ② 반응속도가 빠르다.
③ 미소압력을 측정시 유리하다.   ④ 온도에 따른 영향이 적다.

해설 ▶ 다이어프램식 압력계의 특징
① 미소압력을 측정할 수 있다.   ② 부식성유체 측정가능
③ 온도의 영향을 받는다.   ④ 정확성이 높다.
⑤ 반응속도가 빠르다.

50 부하변화가 큰 곳에 사용되는 정압기의 특성을 의미 하는 것은?
① 정특성   ② 동특성
③ 유량특성   ④ 사용차압

해설 ▶ 정압기의 특성
① 정특성 : 유량과 2차압력의 관계
② 동특성 : 부하변동이 심한곳, 응답의 신속성과 안정성
③ 유량특성 : 메인밸브열림과 유량과의 관계
④ 사용최대차압 및 최소차압

51 다음 중 저온장치에서 사용되는 저온단열법의 종류가 아닌 것은?
① 고진공 단열법   ② 분말진공 단열법
③ 단층진공 단열법   ④ 다층진공 단열법

해설 ▶ 저온단열법의 종류
① 다층진공 단열법
② 고진공 단열법
③ 분말진공 단열법 (분말 : 펄라이트, 규조토, 알루미늄 분말)

정답 49. ④   50. ②   51. ③

52
루트 미터에 대한 설명으로 옳은 것은?
① 스트레이너가 필요 없다. ② 일반수용가에 적합하다.
③ 대용량의 가스측정에 적합하다. ④ 설치공간이 크다.

해설 루트미터
① 대유량 가스 측정에 적합하다. ② 중압가스 계량
③ 설치면적이 적다. ④ 소유량에서는 부동의 우려가 있다.
⑤ 스트레이너 설치 후 유지관리 필요하다.

53
다음 중 상온취성의 원인이 되는 원소는?
① S ② P
③ Cr ④ Mn

해설 ① P(인) : 상온취성, 청열취성(200–300°C) 원인
② S(황) : 적열취성의 원인

54
2000 rpm으로 회전하는 펌프를 3500 rpm으로 변환하였을 경우 펌프의 유량과 양정은 각각 몇 배가 되는가?
① 유량 : 2.65, 양정 : 4.12 ② 유량 : 3.06, 양정 : 1.75
③ 유량 : 3.06, 양정 : 5.36 ④ 유량 : 1.75, 양정 : 3.06

해설
· 유량 $= Q \times \left(\dfrac{N_2}{N_1}\right)^1 = \left(\dfrac{3500}{2000}\right)^1 = 1.75$

· 양정 $= H \times \left(\dfrac{N_2}{N_1}\right)^2 = \left(\dfrac{3500}{2000}\right)^2 = 3.0625$

· 동력 $= KW \times \left(\dfrac{N_2}{N_1}\right)^3 = \left(\dfrac{3500}{2000}\right)^3 = 5.359$

정답 52. ③ 53. ② 54. ④

55 LP가스 이송설비 중 압축기에 의한 공급방식에 의한 설명으로 틀린 것은?
① 이송시간이 짧다.
② 재액화의 우려가 없다.
③ 잔가스 회수가 용이 하다.
④ 베이퍼록 현상의 우려가 없다.

해설> 압축기 사용시 장·단점
① 장점
  ㉠ 충전시간이 짧다.
  ㉡ 잔가스회수가 가능
  ㉢ 베이퍼록의 우려가 없다.
② 단점
  ㉠ 재액화의 우려가 없다.
  ㉡ 드레인우려가 있다.

56 소용돌이를 유체 중에 일으켜 소용돌이의 발생수가 유속과 비례하는 것을 응용한 형식의 유량계는?
① 오리피스
② 와류식
③ 전자식
④ 부자식

해설> 와류식유량계 : 소용돌이를 유체중에 일으켜 소용돌이의 발생수가 유속과 비례하는 것을 응용한 형식

57 도로에 매설된 도시가스 배관의 누출여부를 검사하는 장비로서 적외선 흡광특성을 이용한 가스누출 검지기는?
① FID
② OMD
③ CO 검지기
④ 반도체식 검지기

해설> OMD(Optical Methane Detector) : 도로에 매설된 배관의 누출여부를 검사하는 장비

정답 55. ② 56. ② 57. ②

58
다음 중 전기방식법에 속하지 않은 것은?
① 강제배류법
② 희생양극법
③ 피복방식법
④ 외부전원법

해설 전기방식법
① 강제배류법 ② 유전양극법(희생양극법)
③ 선택배류법 ④ 외부전원법

59
주로 탄광 내에서 CH_4의 발생을 검출하는데 사용되며 청염(푸른 불꽃)의 길이로써 그 농도를 알 수 있는 가스 검지기는?
① 안전등형
② 간섭계형
③ 열선형
④ 흡광광도형

해설 ① 안전등형 : 주로 탄광내에서 CH_4의 발생을 검출하고 푸른 불꽃의 길이로서 그 농도를 알 수 있음
② 간섭계형 : 가스의 굴절률 차를 이용 측정

60
액화가스의 비중이 0.8, 배관직경이 50mm이고. 시간당 유량이 15톤일 때 배관내의 평균 유속은 약 몇 m/s 인가?
① 1.80
② 2.66
③ 7.56
④ 8.6

해설 $Q = r \times V \times A$

$$V = \frac{Q}{r \times A} = \frac{15 \text{ m}^3/\text{h}}{0.8 \times 0.785 \times 0.05^2 \times 3600} = 2.653 \text{ m/sec}$$

정답 58. ③ 59. ① 60. ②

가스기능사 모의고사문제

CBT 5회

01 도시가스의 가스발생설비, 가스정제설비, 가스홀더등이 설치된 장소 주위에는 철책 또는 철망 등의 경계책을 설치하여야 하는데 그 높이는 몇 m 이상으로 하여야 하는가?
① 1
② 1.5
③ 20
④ 30

해설 → 가스발생설비·가스정제설비·가스홀더·액화석유가스저장탱크·가스혼합기를 설치한 장소 주위에는 높이 1.5m 이상의 철책이나 철망 등의 경계책을 설치하여 일반인의 출입이 통제되도록 필요한 조치를 한다.

02 독성가스 사용시설에서 처리설비의 저장능력이 35,000 kg인 경우 제 2종 보호시설까지 안전거리는 얼마 이상 유지하여야 하는가?
① 14 m
② 16 m
③ 18 m
④ 20 m

해설 →

저장능력	독성·가연성		산소		기타	
압축가스(m³) 액화가스(kg)	1종	2종	1종	2종	1종	2종
1만 이하	17 m	12 m	12 m	8 m	8 m	5 m
1만초과 2만이하	21 m	14 m	14 m	9 m	9 m	7 m
2만초과 3만이하	24 m	16 m	16 m	11 m	11 m	8 m
3만초과 4만이하	27 m	18 m	18 m	13 m	13 m	9 m
4만 초과	30 m	20 m	20 m	14 m	14 m	10 m

정답 01. ② 02. ②

03 가연성 물질을 취급하는 설비의 주위라 함은 방류둑을 설치한 가연성가스 저장탱크에서 당해 방류둑 외면으로부터 몇 m이내를 말하는가?
① 5
② 10
③ 15
④ 20

해설⊃ 방류둑을 설치한 가연성가스 저장탱크 : 방류둑 외면으로부터 10[m] 이내

04 다음 중 독성가스의 가스설비 배관을 2중관으로 하지 않도록 되는 가스는?
① 암모니아
② 불소
③ 황화수소
④ 염소

해설⊃ 2중관으로 하여야 하는 고압가스
① 포스겐 ② 황화수소 ③ 시안화수소 ④ 아황산가스
⑤ 산화에틸렌 ⑥ 염화메탄 ⑦ 염소 ⑧ 암모니아

05 고압가스용 이음매 없는 용기의 재검사 시 내압시험 합격판정의 기준이 되는 영구증가율은?
① 1% 이하
② 5% 이하
③ 8% 이하
④ 10% 이하

해설⊃ 영구증가율 = $\dfrac{\text{영구증가량}}{\text{전증가량}} \times 100$

기준이 되는 영구증가율 : 10% 이하시 합격

06 400kg의 액화프레온 12(R-12)가스를 내용적 50L의 용기에 충전할 때 필요한 용기의 개수는? (단, 가스정수는 0.86이다)
① 5개
② 6개
③ 7개
④ 8개

해설⊃ $G = \dfrac{V}{C} = \dfrac{50}{0.86} = 58.14$ kg/개

1개 = 58.14 kg
x = 400kg
$X = \dfrac{1개 \times 400 \text{ kg}}{58.14} = 6.88$개 ∴ 7개

정답 03. ② 04. ② 05. ④ 06. ③

07
다음 독성가스 중 제독제로 물을 사용 할 수 없는 것은?
① 암모니아　　② 아황산가스
③ 염화메탄　　④ 황화수소

해설▶ 제독제
① 염소 : 소석회, 가성소다, 탄산소다
② 포스겐 : 가성소다, 소석회
③ 황화수소 : 가성소다, 탄산소다
④ 시안화수소 : 가성소다
⑤ 암모니아, 산화에틸렌, 염화메탄 : 다량의 물

08
건축물 내 도시가스 매설 배관으로 부적합한 것은?
① 동관　　② 스텐레스강
③ 강관　　④ 가스용금속플렉시블호스

해설▶ 건축물 내 도시가스 매설배관
① 동관
② 스테인리스강
③ 가스용 금속플렉시블호스

09
폭발등급은 안전간격에 따라 구분한다. 다음 중 폭발3등급에 해당되는 것은?
① 수소　　② 메탄
③ 암모니아　　④ 일산화탄소

해설▶ 폭발등급
① 폭발 1등급(0.6 mm 초과) : 아세톤, 가솔린, 벤젠, 일산화탄소, 암모니아, 에탄, 메탄, 프로판
② 폭발 2등급(0.4 mm 초과 0.6mm 이하) : 에틸렌, 석탄가스
③ 폭발 3등급(0.4 mm 이하) : 수소, 수성가스, 아세틸렌, 이황화탄소

10
일반도시가스사업자의 가스공급시설 중 정압기 분해점검 주기 기준은?
① 1년에 1회 이상　　② 2년에 1회 이상
③ 3년에 1회 이상　　④ 4년에 1회 이상

해설▶ ① 일반도시가스사업자 정압기 분해점검 : 2년에 1회 이상
② 사용시설의 정압기 분해점검 : 3년에 1회 이상

정답 07. ④　08. ③　09. ①　10. ②

11 일반도시가스사업 정압기실에 설치되는 기계환기설비 중 배기구의 관경은 얼마 이상으로 하여야 하는가?

① 100mm   ② 200mm
③ 300mm   ④ 500mm

해설⊃ 일반도시가스 정압기실에 설치하는 기계환기설비 중 배기구의 관경은 10cm(100mm) 이상으로 한다.

12 압력조정기 출구에서 연소기 입구까지의 호스는 얼마 이상의 압력으로 기밀시험을 실시하는가?

① 2.3 kPa   ② 3.3 kPa   ③ 5.63 kPa   ④ 8.4 kPa

해설⊃ 압력조정기 출구에서 연소기 입구까지의 호스는 8.4 kPa(840 mmH$_2$O) 이상(840~1,000 mmH$_2$O)의 압력으로 기밀시험을 한다.

13 액화석유가스가 공기 중에 누출시 그 농도가 몇 % 일 때 감지할 수 있도록 냄새가 나는 물질을 섞는가?

① 0.1   ② 0.2
③ 0.8   ④ 1

해설⊃ 부취제 농도 $\frac{1}{1,000}$ (0.1% 이하)

참고 구비조건
① 독성이 아닐 것   ② 도관을 부식시키지 말 것
③ 도관내의 상용온도에서 응축되지 말 것   ④ 토양에 대한 투과성이 클 것
⑤ 보통 존재하는 냄새와 명확히 구분할 것 ⑥ 가스관이나 가스미터에 부착되지 않을 것

14 가연성가스를 취급하는 장소에서 공구의 재질로 사용하였을 경우 불꽃이 발생할 가능성이 가장 큰 것은?

① 가죽   ② 알루미늄합금
③ 고무   ④ 나무

해설⊃ 불꽃방지공구
① 플라스틱   ② 나무   ③ 고무
④ 베아론, 베릴륨합금   ⑤ 가죽

정답 11. ①   12. ④   13. ①   14. ②

15
특정고압가스사용시설에서 독성가스 감압설비와 그 가스의 반응설비 간의 배관에 반드시 설치하여야 하는 설비는?
① 역류방지밸브　　　　② 역화방지장치
③ 안전밸브　　　　　　④ 기화기

해설▶ 역류방지밸브 설치
① 아세틸렌압축기의 유분리기와 고압건조기와의 사이
② 가연성가스압축기와 충전용주관과의 사이
③ 암모니아, 메탄올의 합성탑이나 정제탑과 압축기와의 사이
④ 독성가스 감압설비와 그 가스의 반응설비간의 배관

16
가연성 가스용 가스누출경보 및 자동차단장치의 경보농도설정치의 기준은?
① ±5% 이하　　　　　② ±10% 이하
③ ±15% 이하　　　　　④ ±25% 이하

해설▶ ·가연성 가스용 : ±25% 이하　　·독성가스용 : ±30% 이하

17
가연성가스의 지상 저장탱크의 경우 외부에 바르는 도료의 색깔은 무엇인가?
① 청색　　　　　　　　② 녹색
③ 은·백색　　　　　　④ 검정색

해설▶ 가연성가스의 지상저장 탱크의 경우 외부에 바르는 도료의 색상 : 은·백색

18
LPG 충전·집단공급 저장시설의 공기에 의한 내압시험시 상용압력의 일정 압력 이상으로 승압한 후 단계적으로 승압시킬 때, 상용압력의 몇 % 씩 증가시켜 내압시험 압력에 달하였을 때 이상이 없어야 하는가?
① 5%　　　　　　　　② 10%
③ 15%　　　　　　　　④ 20%

해설▶ LPG 충전, 집단공급 저장시설의 공기에 의한 내압시험시 상용압력의 50% 이상으로 승합한 후 단계적으로 승압시킬 때 상용압력의 10%씩 증가시켜 내압시험 압력에 달하였을 때 이상이 없어야 한다.

정답　15. ①　16. ④　17. ③　18. ②

19
액화가스를 충전하는 차량에 고정된 탱크는 그 내부에 액면요동을 방지하기 위하여 액면요동방지조치를 하여야 한다. 다음 중 액면요동방지조치로 올바른 것은?

① 액면계 ② 방파판 ③ 스톱밸브 ④ 온도계

해설 방파판 : 액면요동방지

20
용기에 의한 액화석유가스 저장소에서 실외저장소 주위의 경계 울타리와 용기보관장소 사이에는 얼마 이상의 거리를 유지하여야 하는가?

① 5m ② 10m ③ 15m ④ 20m

해설 용기에 의한 액화석유가스 저장소에서 실외저장소 주위의 경계 울타리와 용기보관 장소 사이에는 20 m 이상의 거리 유지

21
가스도매사업 제조소의 배관장치에 설치하는 경보장치가 울려야 하는 시기의 기준으로 잘못된 것은?

① 상용압력이 5 MPa 이상인 경우에는 상용압력에 0.5 MPa를 더한 압력을 초과한 때
② 긴급차단밸브의 조작회로가 고장난 때 또는 긴급차단밸브가 폐쇄된 때
③ 배관 안의 압력이 상용압력의 1.05배를 초과한 때
④ 배관 안의 압력이 정상운전 때의 압력보다 15% 이상 강하한 경우 이를 검지한 때

해설 가스도매사업 제조소의 배관장치에 설치하는 경보장치가 올려야 하는 시기의 기준
① 긴급차단밸브의 조작회로가 고장난 때 또는 긴급차단밸브가 폐쇄된 때
② 배관 안의 압력이 정상운전 때의 압력보다 15% 이상 강하한 경우 이를 검지한 때
③ 배관 안의 압력이 상용압력의 1.05배를 초과한 때
④ 배관내의 유량이 정상운전 시 유량보다 7% 이상 변동
⑤ 상용압력이 4MPa 이상인 경우는 상용압력에 0.2MPa를 더한 압력을 초과한 때

22
천연가스 발열량이 10400 kcal/Sm³이다. SI 단위인 MJ/Sm³으로 나타내면?

① 24.7 ② 43.69 ③ 2478 ④ 43680

해설 ① $1MJ = 10^6 J$
② $1kcal = 4186J$
   $10400kcal = x$
   $x = \dfrac{10400 \times 4186}{1kcal} = 43534400 J \div 10^6 J/MJ = 43.53 MJ$

정답 19. ② 20. ④ 21. ① 22. ②

23 LPG충전소에는 시설의 안전확보 상 "충전 중 엔진 정지"를 주위의 보기 쉬운 곳에 설치해야 한다. 이 표지판의 바탕색과 문자색은?

① 흑색바탕에 백색글씨 ② 흑색바탕에 황색글씨
③ 황색바탕에 흑색글씨 ④ 백색바탕에 흑색글씨

해설 · 충전 중 엔진 정지 : 황색바탕에 흑색글씨
· 화기엄금 : 백색바탕에 적색글씨

24 다음 중 보일러 중독사고의 주원인이 되는 가스는?

① 이산화탄소 ② 염소
③ 질소 ④ 일산화탄소

해설 보일러 중독사고의 주원인 : CO(일산화탄소)

25 액화 암모니아 20 kg을 기화시키면 표준상태에서 약 몇 m³의 기체로 되는가?

① 5 ② 10 ③ 13 ④ 26

해설 NH_3 : 14+3 = 17 kg
∴ 17 kg = 22.4 m³
20 kg = x
$x = \dfrac{20 \text{ kg} \times 22.4 \text{ m}^3}{17 \text{ kg}} = 26.35 \text{ m}^3$

26 산소압축기의 내부 윤활제로 주로 사용되는 것은?

① 황산 ② 10%이하의 묽은글리세린수
③ 유지 ④ 석유

해설 압축기 윤활유
① 공기, 수소, 아세틸렌 : 양질의 광유
② 산소 : 물 또는 10% 이하의 묽은 글리세린수
③ 염소 : 농황산
④ LPG : 식물성유
⑤ 염화메탄, 아황산가스 : 화이트유

정답 23. ③ 24. ④ 25. ④ 26. ②

27
신규검사 후 20년이 경과한 용접용기(액화석유가스용 용기는 제외한다)의 재검사 주기는?
① 6개월마다　　② 1년마다
③ 2년마다　　　④ 3년마다

해설 ⇨ 용접용기

내용적	15년 미만	15~20년 미만	20년 이상
500L 미만	3	2	1
500L 이상	5	2	1

이음매 없는 용기

500L 미만	신규검사 후 경사연수가 10년 이하는 5년마다, 10년 초과는 3년마다
500L 이상	5년 마다

기화기 : 3년마다

28
다음 중 연소형태가 아닌 것은?
① 표면연소　　② 증발연소
③ 버너연소　　④ 확산연소

해설 ⇨ 연소형태
① 표면연소 : 코크스, 목탄, 금속분
② 분해연소 : 석탄, 목재, 종이, 플라스틱
③ 증발연소 : 알코올, 에테르, 등유, 경유, 나프탈렌, 장뇌
④ 자기연소 : TNT(트리니트로톨루엔), 피크린산
⑤ 확산 연소 : 수소, 메탄

29
내용적 1000L 이하인 염소를 충전하는 용기를 제조 할 때 부식여유의 두께는 몇 mm 이상으로 하여야 하는가?
① 1　　② 2
③ 3　　④ 4

해설 ⇨ 부식여유 두께 수치
· 염소 1,000 L 이하 : 3 mm
　　　　1,000 L 초과 : 5 mm
· 암모니아 1,000 L 이하 : 1 mm
　　　　　1,000 L 초과 : 2 mm

정답 27. ②　28. ③　29. ③

30
다음 용기종류별 부속품의 기호가 옳지 않은 것은?
① LPG : 액화가스 충전용기 부속품
② LT : 초저온 및 저온용기 부속품
③ AG : 아세틸렌가스를 충전하는 용기 부속품
④ PG : 압축가스를 충전하는 용기 부속품

해설 용기 부속품 및 기호
① AG : 아세틸렌가스를 충전하는 용기 부속품
② PG : 압축가스를 충전하는 용기 부속품
③ LT : 초저온 및 저온가스를 충전하는 용기 부속품
④ LG : 액화석유가스 외의 가스를 충전하는 용기 부속품
⑤ LPG : 액화석유가스를 충전하는 용기 부속품

31
부취체를 외기로 분출하거나 부취설비로부터 부취제가 흘러나오는 경우 냄새를 감소시키는 방법으로 가장 거리가 먼 것은?
① 자동조절
② 연소법
③ 활성탄에 의한 흡착
④ 화학적 산화처리

해설 부취제를 외기로 분출하거나 부취설비로부터 부취제가 흘러나오는 경우 냄새를 감소시키는 방법
① 연소법　② 활성탄에 의한 흡착　③ 화학적 산화처리

32
압력배관용 탄소강관의 사용압력 범위로 가장 적당한 것은?
① 1~2 MPa
② 1~10 MPa
③ 10~20 MPa
④ 10~50 MPa

해설 배관용강관
① SPP(배관용탄소강관) : 사용압력이 10 kg/cm² (1 MPa) 이하인 물, 증기, 기름 배관에 사용
② SPPS(압력배관용탄소강관) : 사용압력이 10 kg/cm² 이상 100 kg/cm² 미만(1 MPa 이상~10 MPa 미만)
③ SPPS(고압배관용탄소강관) : 사용압력이 100 kg/cm² 이상(10 MPa 이상)
③ SPHT(고온배관용탄소강관) : 350℃ 이상시 사용
④ SPLT(저온배관용탄소강관) : 빙점 이하의 관에 사용, 주로 화학공업 배관에 사용

정답 30. ① 31. ① 32. ②

33
상용압력 15 MPa, 배관내경 15 mm, 재료의 인장강도 480 N/mm², 관내면 부식여유 2 mm, 안전율 4, 외경과 내경의 비가 1.2 미만인 경우 배관의 두께는?

① 2 mm ② 3 mm ③ 4 mm ④ 5 mm

[해설] $t = \dfrac{PD}{2 \times \dfrac{f}{s} - P} + C = \dfrac{15 \times 15}{(2 \times \dfrac{480}{4}) - 15} + 2 = 3\,\text{mm}$

34
다음은 탄화수소(C_mH_n)의 완전연소식에서 괄호안에 알맞은 것은?

$$C_mH_n + (m + \dfrac{n}{4})\,O_2 \rightarrow mCO_2 + (\quad)H_2O$$

① n/2 ② m/2
③ m   ④ n

35
다음 중 표준대기압으로 틀린 것은?

① 1.0332 kg/cm²   ② 14.2 Psi
③ 10.332 mH₂O   ④ 760 mmHg

[해설] 1 atm = 101325 N/m² = 1.0332 kg/cm² = 1033.2 g/cm² = 10332 kg/cm² = 76 cmHg
760 mmHg = 0.76 mHg = 29.92 inHg = 14.7 Psi = 10.332 mH₂O = 1033.2 cmH₂O
= 10332 mmH₂O = 100 N/cm² = 1.013 bar = 1013 mbar
= 101325 Pa = 101325 N/m² = 101.3 kPa = 0.10332 MPa = 1013 hPa = 760 Torr

36
다음 각 가스의 특성에 대한 설명으로 틀린 것은?

① 암모니아는 붉은 리트머스를 푸르게 변화시키는 성질을 이용하여 검출할 수 있다.
② 수소는 고온·고압에서 탄소강과 반응하여 수소취성을 일으킨다.
③ 산소는 공기액화 분리장치를 통해 제조하며 질소와 분리시 비등점차를 이용한다.
④ 염소의 국내 독성 허용농도는 LC_{50} 기준 350 ppm이다.

[해설] 염소의 국내독성허용농도는 LC_{50} 기준 293 ppm이다.

정답 33. ② 34. ① 35. ② 36. ④

37 1단 감압식 저압조정기의 성능에서 조정기 최대 폐쇄압력은?
① 3.5 kPa 이하
② 4.5 kPa 이하
③ 5.5 kPa 이하
④ 6.5 kPa 이하

해설 ▶ 조정기의 최대 폐쇄압력
① 1단 감압 저압조정기, 2단 감압식 2차용 조정기, 자동절체식 일체형 조정기 : 3.5kPa
② 2단 감압식 1차용 조정기, 자동절체식 분리형 조정기 : 0.095MPa
③ 1단 감압식 준저압 조정기 : 조정압력의 1.25배 이상

38 액화가스의 이송 펌프에서 발생하는 캐비테이션현상을 방지하기 위한 대책으로서 틀린 것은?
① 펌프의 설치위치를 낮게 한다.
② 흡입배관을 크게한다.
③ 임펠러를 액중에 완전히 잠기게 한다.
④ 펌프의 회전수를 크게한다.

해설 ▶ 캐비테이션(공동현상) 방지 대책
① 펌프의 설치위치를 낮춘다.
② 임펠라를 액중에 완전히 잠기게 한다.
③ 펌프의 회전수를 줄인다.
④ 관경을 크게 한다.
⑤ 유속을 줄인다.
⑥ 양흡입 펌프를 설치한다.
⑦ 펌프를 2대 이상 설치한다.

39 고압가스 공급자의 안전점검 항목이 아닌 것은?
① 충전 용기의 설치위치
② 충전 용기와 화기와의 거리
③ 독성가스의 경우 흡수장치, 제해장치 및 보호구 등에 대한 적합여부
④ 충전 용기의 운반방법 및 설치상태

해설 ▶ 고압가스 공급자의 안전점검 항목
① 충전용기의 설치위치
② 독성가스의 경우 제해장치 및 보호구 등에 대한 적합여부
③ 충전용기와 화기와의 거리
④ 충전용기와 배관의 설치 상태

정답 37. ① 38. ④ 39. ④

40

공기액화분리기 내의 CO_2를 제거하기 위해 NaOH 수용액을 사용한다. 2.0 kg의 CO_2를 제거하기 위해서는 약 몇 kg의 NaOH를 가해야 하는가?

① 1kg
② 1.8kg
③ 2.8kg
④ 3.6kg

해설 $2NaOH + CO_2 \rightarrow Na_2CO_3 + H_2O$

2×40 kg   44 kg
x 2 kg

$x = \dfrac{2 \times 40 \text{ kg} \times 2 \text{ kg}}{44 \text{ kg}} = 3.63 \text{ kg}$

41

가스종류에 따른 용기의 재질로서 부적합한 것은?

① LPG : 탄소강
② 암모니아 : 동
③ 수소 : 망간강
④ 염소 : 탄소강

해설 암모니아는 동을 쓰면 착이온 생성(부식)

42

압축천연가스자동차 충전소에 설치하는 압축가스설비의 설계압력이 30 MPa인 경우 이 설비에 설치하는 압력계의 지시눈금은?

① 최소 25.0 MPa까지 지시할 수 있는 것
② 최소 30.0 MPa까지 지시할 수 있는 것
③ 최소 45.0 MPa까지 지시할 수 있는 것
④ 최소 50.0 MPa까지 지시할 수 있는 것

해설 압축천연가스자동차 충전소에 설치하는 압축가스설비의 설계압력이 30 MPa인 경우 이 설비에 설치하는 압력계의 지시눈금 : 30×1.5=45.0 MPa

43

저온장치에 사용하는 열의 침입 원인으로 가장 거리가 먼 것은?

① 내면으로부터의 열복사
② 지지 요크 등에 의한 열전도
③ 단열재를 넣은 공간에 남은 가스분자의 열전도
④ 연결배관 등에 의한 열전도

해설 열의 침입 원인
① 안전밸브, 밸브 등에 의한 열전도

정답 40. ④   41. ②   42. ③   43. ①

② 지면으로부터의 열복사
③ 연결되는 파이프를 따라오는 열전도
④ 단열재를 충전한 공간에 남은 가스 분자의 열전도
⑤ 지지 요크 등에 의한 열전도

44 저장탱크 내부의 압력이 외부의 압력보다 낮아져 그 탱크가 파괴되는 것을 방지하기 위한 설비와 관계없는 것은?
① 압력계 ② 진공안전밸브
③ 벤트스택 ④ 압력경보설비

해설> 저장탱크 내부의 압력이 외부의 압력보다 낮아져 그 탱크가 파괴되는 것을 방지하기 위한 설비
① 송액설비 ② 냉동설비
③ 균압관 ④ 진공안전밸브
⑤ 압력계 ⑥ 압력경보설비

45 차량에 고정된 고압가스 탱크를 운행할 경우에 휴대하여야 할 서류가 아닌 것은?
① 차량등록증 ② 탱크 테이블(용량환산표)
③ 고압가스 이동계획서 ④ 탱크 제조시방서

해설> 휴대서류 : 차량등록증, 용량환산표, 운전면허증, 이동계획서, 자격증

46 진공도 300 mmHg는 절대압력으로 약 몇 kg/cm² · abs인가?
① 0.6 ② 0.8
③ 0.9 ④ 1.0

해설> 760−300=460 mmHg ∴ $\dfrac{460}{760} \times 1.0332$ kg/cm²=0.625 kg/cm²

47 도시가스의 제조공정이 아닌 것은?
① 수소화분해 공정 ② 열분해 공정
③ 접촉분해 공정 ④ 상압증류 공정

해설> ① 접촉분해 공정 ② 대체천연가스 공정 ③ 부분연소 공정
④ 수소화분해 공정 ⑤ 열분해 공정

정답 44. ③ 45. ④ 46. ① 47. ④

48
LPG(C_4H_{10}) 공급방식에서 공기를 3배 희석했다면 발열량은 약 몇 kcal/Sm^3인가?
(단, 부탄의 발열량은 30000cal/Sm^3로 가정한다)
① 5000
② 7500
③ 10000
④ 12000

[해설] 발열량 = $\dfrac{부탄\ 발열량}{1+x} = \dfrac{30,000}{1+3} = 7,500\,kcal/Sm^3$

49
다음 중 벨로우즈식 압력측정 장치와 가장 관계가 있는 것은?
① 전기식
② 탄성식
③ 피스톤식
④ 액체봉입식

[해설] 탄성식 압력계
① 브르돈관
② 벨로우즈
③ 다이어프램

50
산소용기의 최고충전압력이 15MPa일 때 이 용기의 내압시험 압력은 얼마인가?
① 15MPa
② 20MPa
③ 23MPa
④ 25MPa

[해설] $TP = FP \times \dfrac{5}{3} = 15 \times \dfrac{5}{3} = 25\,MPa$

51
회전펌프의 일반적인 특징으로 틀린 것은?
① 흡입양정이 적다.
② 연속회전하므로 토출액의 맥동이 적다.
③ 점성이 있는 액체에 대해서도 성능이 좋다.
④ 토출압력이 높다.

[해설] 회전펌프의 특징
① 토출압력이 높다.
② 점성이 있는 액체에 대해서도 성능이 좋다.
③ 연속회전하므로 토출액의 맥동이 적다.
④ 흡입양정이 크다.

52 LP가스 용기로서 갖추어야 할 조건으로 틀린 것은?
① 사용 중에 견딜 수 있는 연성, 점성 강도를 가질 것
② 충분한 내식성, 내마모성이 있을 것
③ 완성된 용기는 균열 뒤틀림 찌그러짐 기타 해로운 결함이 없을 것
④ 중량이면서 충분한 강도를 가질 것

해설 ▶ LP가스용기로서 갖추어야 할 조건
① 경량일 것
② 내식성, 내마모성이 있을 것
③ 가공성, 용접성이 좋고 가공 중 결함이 생기지 않을 것
④ 저온 및 충격하중 등에 견디는 연성, 점성 강도를 가질 것

53 부유 피스톤형 압력계에서 실린더 지름이 5cm, 추와 피스톤의 무게가 130kg 이 때 이 압력계에 접속된 부르돈관의 압력계 눈금이 7kg/cm²를 나타내었다. 그 부르돈관 압력계의 오차는 약 몇 %인가?
① 5.7
② 6.6
③ 9.8
④ 11.5

해설 ▶ $P_2 = \dfrac{w+w'}{A} + P_1 = \dfrac{130kg}{0.785 \times 5^2 cm^2} = 6.62 kg/cm^2$

∴ 오차 $= \dfrac{7-6.62}{6.62} \times 100 = 5.74\%$

54 다음 배관 부속품 중 유니온 대용으로 사용 할 수 있는 것은?
① 플랜지
② 레듀서
③ 부싱
④ 엘보우

해설 ▶ 유니온 대용으로 사용가능 : 플랜지

정답 52. ④ 53. ① 54. ①

55
도시가스에는 가스 누출시 신속한 인지를 위해 냄새가 나는 물질(부취제)을 첨가하고 정기적으로 농도를 측정하도록 하고 있다. 다음 중 농도측정방법이 아닌 것은?

① 오더미터법
② 주사기법
③ 냄새주머니법
④ 오르자트법

해설 ▶ 부취제농도 측정방법
① 오더미터법
② 냄새주머니법
③ 주사기법
④ 무취실법

56
열전대 온도계 보호관의 구비조건에 대한 설명 중 틀린 것은?

① 압력에 견디는 힘이 강할 것
② 보호관 재료가 열전대에 유해한 가스를 발생시키지 않을 것
③ 외부 온도변화를 열전대에 전하는 속도가 느릴 것
④ 고온에서도 변형되지 않고 온도의 급변에도 영향을 받지 않을 것

해설 ▶ 외부온도변화를 열전대에 전하는 속도가 빠를 것

57
송수량이 12000L/min, 전양정이 45m 볼류트펌프의 회전수를 1000rpm에서 1200rpm으로 변화시킨 경우 펌프의 축 동력은 약 몇 ps 인가?(단, 펌프의 효율은 80% 이다)

① 170
② 200
③ 220
④ 260

해설 ▶ $PS = \dfrac{r \times Q \times H}{75 \times \eta \times 60} = \dfrac{1,000 \times 12 \times 45}{75 \times 0.8 \times 60} = 150 PS$

∴ 축마력(PS) $= PS \times \left(\dfrac{N_2}{N_1}\right)^3 = 150 \times \left(\dfrac{1,200}{1,000}\right)^3 = 259.2 PS$

58
저온장치의 분말진공단열법에서 충진용 분말로 사용되지 않는 것은?

① 펄라이트
② 규조토
③ 탄산마그네슘
④ 알루미늄분말

해설 ▶ 분말진공법에서 충진용 분말
① 펄라이트 ② 규조토 ③ 알루미늄분말

정답 55. ④ 56. ③ 57. ④ 58. ③

59 20°C 의 물 50 kg을 100°C로 올리기 위해 LPG를 사용하였다면, 이때 필요한 LPG의 양은 몇 kg인가? (단, LPG발열량은 12000 kcal/kg이고, 열효율은 65%이다.)
① 0.5   ② 0.6   ③ 0.7   ④ 0.8

해설ㅇ LPG의 양 = $\dfrac{50 \times (100-20)}{12000 \times 0.65} = 0.51$

60 터보 압축기의 특징에 대한 설명으로 옳은 것은?
① 서징현상이 발생하지 않는다.
② 연속토출로 맥동현상이 크다.
③ 압축비가 크며 효율이 대단히 높다.
④ 용량 조종범위는 비교적 좁고 어려운 편이다.

해설ㅇ 터보 압축기의 특징
① 무급유식이며 원심형이다.
② 기체의 맥동이 없고 연속적이다.
③ 서징현상이 있으므로 운전 중 주의
④ 고속회전이므로 형태가 적고 경량이다.
⑤ 용량조절이 가능하나 비교적 어렵고 범위도 좁다.
⑥ 대용량에 적당하고 설치면적이 적다.
원심압축기특징
① 대용량의 용량제어가 가능하다.
② 왕복압축기와 같은 맥동현상이 없다.
③ 소형이므로 설치면적이 적고 기계적 진동이 있다.
④ 압축유체에 윤활유가 혼입되지 않는다.
⑤ 무급유식이다.
⑥ 효율이 좋다.

정답 59. ① 60. ④

가스기능사 모의고사문제

01 다음 독성가스의 제독제로 가성소다 수용액이 사용되지 않는 것은?
① 포스겐
② 시안화수소
③ 암모니아
④ 아황산가스

해설 ➜ 제독제
① 염소 : 소석회, 가성소다, 탄산소다
② 포스겐 : 가성소다, 소석회
③ 황화수소 : 가성소다, 탄산소다
④ 시안화수소 : 가성소다
⑤ 산화에틸렌, 암모니아, 염화메탄 : 다량의 물

02 가연성가스를 취급하는 장소에는 누출된 가스의 폭발사고를 방지하기 위하여 전기설비를 방폭구조로 한다. 다음 중 방폭구조가 아닌 것은?
① 내압방폭구조
② 압력방폭구조
③ 안전증방폭구조
④ 내열방폭구조

해설 ➜ 방폭구조의 종류
① 안전증방폭구조 : 정상운전중에 가연성가스의 점화원이 될 전기불꽃, 아크 고온부분등의 발생을 방지하기 위하여 기계적, 전기적, 구조상 또는 온도상승에 대해 특히 안전도를 증가시킨 구조
② 본진안전증방폭구조 : 정상시 및 사고(단선, 단락, 지락 등)시에 발생하는 전기불꽃. 아크 또는 고온부에 의하여 가연성가스가 점화되지 아니하는 것이 점화시험, 기타 방법에 의하여 확인된 구조를 말한다.
③ 내압방폭구조 : 용기내부에 가스 폭발 시 용기가 폭발압력에 견디고 접합면, 개구부 등을 통해 용기 외부의 가연성가스에 인화되지 않도록 한 구조
④ 압력방폭구조 : 용기내부에 보호가스를 압입하여 내부압력을 유지함으로서 용기외부의 가연성가스가 용기내부로 침입하지 못하도록 한 구조

정답 01. ③ 02. ④

03. 특정고압가스 사용시설의 시설기준 및 기술기준으로 틀린 것은?

① 저장시설의 주의에는 보기 쉽게 경계표지를 할 것.
② 독성가스의 감압설비와 그 가스의 반응설비간의 배관에는 역화방지장치를 설치 할 것.
③ 고압가스의 저장량이 300kg 이상인 용기보관실의 벽은 방호벽으로 할 것.
④ 사용시설은 습기등으로 인한 부식을 방지하는 조치를 할 것.

해설 독성가스 감압설비와 그 가스 반응설비간의 배관 : 역류방지밸브설치

04. 우리나라도 지진으로부터 안전한 지역이 아니라는 판단하에 고압가스 설비를 설치할 때에는 내진설계를 하도록 의무화 하고 있다. 다음 중 내진설계 대상이 아닌 것은?

① 동체부의 높이가 3m인 증류탑
② 저장능력이 1000m³인 수소 저장탱크
③ 저장능력이 5톤인 염소 저장탱크
④ 저장능력이 10톤인 액화질소 저장탱크

해설 내진설계대상
　　① 액화가스 – 가연성 : 5ton 이상
　　　　　　　　– 비가연성 : 10ton 이상
　　② 압축가스 – 가연성 : 500m³ 이상
　　　　　　　　– 비가연성 : 1000m³ 이상

05. 다음 중 가연성이며 독성가스인 것은?

① H_2　　　　　　　　　② CH_4
③ NH_3　　　　　　　　④ N_2

해설 가연성이며 독성가스
　　① C_2H_4O(산화에틸렌) : 50 PPM 이하, 3~80%
　　② C_6H_6(벤젠) : 10 PPM 이하, 1.4~7.1%
　　③ CS_2(이황화탄소) : 10 PPM 이하, 1.2~44%
　　④ NH_3(암모니아) : 25 PPM 이하, 15~28%
　　⑤ CO(일산화탄소) : 50 PPM 이하, 12.5~74%
　　⑥ HCN(시안화수소) : 10 PPM 이하, 6~41%
　　⑦ H_2S(황화수소) : 10 PPM 이하, 4.3~45.5%

정답 03. ②　04. ①　05. ③

06 일반도시가스사업의 가스공급시설 중 최고사용압력이 저압인 유수식 가스홀더에서 갖추어야 할 기준이 아닌 것은?

① 수조에 물공급관과 물넘쳐 빠지는 구멍을 설치한 것 일 것.
② 모든 관의 입·출구에는 반드시 신축을 흡수하는 조치를 할 것.
③ 봉수의 동결방지 조치를 한 것 일 것
④ 가스방출장치를 설치한 것일 것

해설 → 입·출구배관에는 신축흡수장치를 설치하지 않음

07 고압가스운반시 사고가 발생하여 가스 누출부분의 수리가 불가능한 경우의 조치사항으로 틀린 것은?

① 독성가스가 누출한 경우에는 가스를 제독 할 것
② 상황에 따라 안전한 장소로 운반 할 것
③ 비상연락망에 따라 관계업소에 원조를 의뢰 할 것
④ 착화된 경우 파열등의 위험이 없다고 인정 될 때 그대로 둘 것

08 액화암모니아 50kg을 충전하기 위하여 용기 내용적은 몇 L로 하여야 하는가?

① 30 ② 40
③ 70 ④ 93

해설 → $G = \dfrac{V}{C}$ $V = G \times C = 50 \times 1.86 = 93L$

09 LP가스가 충전된 납붙임 용기 또는 접합용기는 얼마의 온도범위에서 가스누출 시험을 할 수 있는 온수시험탱크를 갖추어야 하는가?

① 20℃ 이상 32℃ 미만   ② 40℃ 이상 45℃ 미만
③ 46℃ 이상 50℃ 미만   ④ 50℃ 이상 60℃ 미만

해설 → 납붙임 또는 접합용기는 46~50℃에서 가스 누출시험

정답 06. ② 07. ④ 08. ④ 09. ③

10 액화석유가스 충전사업시설 중 두 저장탱크의 최대직경을 합산한 길이의 1/4이 0.5m 일 경우 저장탱크간의 거리는 몇 m 이상을 유지하여야 하는가?
① 0.5
② 1
③ 2
④ 3

해설▶ 유지거리= $\dfrac{D_1 + D_2}{4}$ (계산값이 1m미만 시 1m이상으로 한다.)

11 다음 중 초저온 용기에 대한 신규검사 항목에 해당되지 않는 것은?
① 압궤시험
② 파열시험
③ 단열성능시험
④ 용접부에 관한 방사선검사

해설▶ 초저온용기신규검사항목 : 인장시험, 기밀시험, 내압시험, 외관검사, 용접부시험, 단열성능시험, 압궤시험

12 다음 중 고압가스관련설비가 아닌 것은?
① 안전밸브, 긴급차단장치, 역화방지장치
② 액화석유가스용 용기잔류가스 회수장치
③ 자동차용 압축천연가스 완속충전설비
④ 일반압축가스배관용 밸브

해설▶ 고압가스관련설비
① 저장탱크
② 긴급차단장치
③ 역화방지장치
④ 역류방지밸브
⑤ 안전밸브
⑥ 기화기
⑦ 액화석유가스용 용기잔류가스회수장치
⑧ 자동차용 압축천연가스 완속충전설비
⑨ 냉동설비
⑩ 압력용기
⑪ 독성가스 배관용 밸브
⑫ 특정고압가스용 실린더 캐비넷

13 도시가스사용시설의 노출배관에 의무적으로 표시해야 하는 사항이 아닌 것은?
① 사용가스명
② 가스의 흐름방향
③ 공급자명
④ 최고사용압력

해설▶ 도시가스노출배관표시사항
① 최고사용압력
② 가스흐름방향
③ 사용가스명

정답 10. ② 11. ② 12. ④ 13. ③

14 액화염소가스 1400kg을 50L인 용기에 충전하려면 몇 개의 용기가 필요한가? (단, 액화염소가스의 정수는 0.8이다)
① 20　　　　　　　　　　② 23
③ 25　　　　　　　　　　④ 28

해설) $G = \dfrac{V}{C} = \dfrac{50}{0.8} = 62.5 \text{kg}/1개$

1개 = 62.5kg

∴ $X = \dfrac{1개 \times 1400 \text{kg}}{62.5 \text{kg}} = 22.4개$

15 긴급차단장치 조작 동력원이 아닌 것은?
① 액압　　　　　　　　　② 차압
③ 전기　　　　　　　　　④ 기압

해설) 긴급차단조작동력원 : 액압(유압), 기압, 전기(보안전력 사용), 스프링 등

16 다음 중 고압가스 처리설비로 볼 수 없는 것은?
① 저장탱크에 부속된 안전밸브　　② 저장탱크에 부속된 기화장치
③ 저장탱크에 부속된 펌프　　　　④ 저장탱크에 부속된 압축기

해설) 처리설비 : ① 압축기, ② 펌프, ③ 기화장치

17 일반도시가스의 배관을 철로부지 밑에 매설할 경우 배관의 외면과 지표면과의 거리는 몇 m이상으로 하여야 하는가?
① 1.0　　　　　　　　　　② 1.2
③ 1.3　　　　　　　　　　④ 1.5

해설) 일반도시가스의 배관을 철도부지 밑에 매설할 경우 배관의 외면과 지표면과의 거리 : 1.2m 이상

정답 14. ②　15. ②　16. ①　17. ②

18
아세틸렌가스 또는 압력이 9.8MPa 이상인 압축가스를 용기에 충전하는 경우에 압축기와 그 충전장소 사이에 다음 중 반드시 설치하여야 하는 것은?
① 안전밸브
② 압력계와 액면계
③ 방호벽
④ 가스방출장치

해설 방호벽 설치(저장능력이 300kg이상 시)
① 압축기와 충전장소와의 사이
② 압축기와 충전용기보관소 사이
③ 충전장소와 충전용기 보관장소 사이
④ 기화설비 주위
⑤ 용기보관실 벽

19
프로판가스의 위험도(H)는 약 얼마인가? (단, 공기 중의 폭발범위는 2.1~9.5v%이다.)
① 2.5
② 3.5
③ 4.5
④ 5.5

해설 $H = \dfrac{U-L}{L} = \dfrac{9.5-2.1}{2.1} = 3.5$

20
가연성 액화가스를 충전하여 200km를 초과하여 운반할 경우 몇 kg일 때 운반책임자를 동승시켜야 하는가?
① 1000
② 2000
③ 3000
④ 5000

해설 운반책임자의 동승
① 액화가스
  ㉠ 독성 : 1000 kg 이상 ㉡ 가연성 : 3000 kg 이상 ㉢ 조연성 : 6000 kg 이상
② 압축가스
  ㉠ 독성 : 100 m³ 이상 ㉡ 가연성 : 300 m³ 이상 ㉢ 조연성 : 600 m³ 이상

21
저장탱크의 방류둑 용량은 저장능력 상당용적 이상의 용적이어야 한다. 다만, 액화산소 저장탱크의 경우에는 저장능력 상당용적의 몇 %용량 이상으로 할 수 있는가?
① 20
② 30
③ 50
④ 60

해설 방류둑 용량은 액화산소 저장탱크 저장능력의 60%에 상당하는 용적이상

정답 18. ③ 19. ② 20. ③ 21. ④

22

고압가스 용기의 어깨부근에 FP : 15MPa 라고 표기되어 있다. 이 의미를 옳게 설명한 것은?

① 내압시험압력이 15MPa이다.
② 최고충전압력이 15MPa이다.
③ 설계압력이 15MPa이다.
④ 사용압력이 15MPa이다.

해설ㆍ FP : 최고충전압력

23

가스폭발에 대한 설명 중 틀린 것은?

① 폭발범위가 넓은 것은 위험하다
② 가스 비중이 큰 것은 낮은 곳에 체류할 위험이 있다.
③ 안전간격이 큰 것일수록 위험하다.
④ 폭굉은 화염 전파속도가 음속보다 크다

해설ㆍ 안전간격이란 8ℓ의 구형 용기 안에 폭발성 혼합가스를 채우고 점화시켜 발생된 화염이 용기 외부의 폭발성 혼합가스에 전달되는가의 여부를 측정하였을 때 화염을 전달시킬 수 없는 한계의 틈(안전간격 적은 가스 위험)

24

도시가스 매설 배관의 보호판은 누출가스가 지면으로 확산되도록 구멍을 뚫는데 그 간격의 기준으로 옳은 것은?

① 1m이하의 간격
② 2m이하의 간격
③ 3m이하의 간격
④ 4m이하의 간격

해설ㆍ 도시가스배설 배관에 설치하는 보호판은 누출가스가 지면으로 확산되도록 구멍을 뚫는데 3m 이하의 간격 유지

25

긴급용 벤트스택 방출구의 위치는 작업원이 정상작업을 하는데 필요한 장소 및 작업원이 항상 통행하는 장소로부터 몇 m 이상 떨어진 곳에 설치해야 되는가?

① 5
② 7
③ 8
④ 10

해설ㆍ 긴급용 벤트스택은 방출구의 위치는 작업원이 정상 작업을 하는데 필요한 장소 및 작업원이 항시 통행하는 장소로부터 10[m] 이상 떨어진 곳에 설치할 것.

정답 22. ② 23. ③ 24. ③ 25. ④

26 배관 표지판은 배관이 설치되어 있는 경로에 따라 배관위치를 정확히 알 수 있도록 설치 하여야 한다. 지상에 설치된 배관은 표지판을 몇 m 이하의 간격으로 설치하여야 하는가?
① 300   ② 500
③ 700   ④ 1000

해설⇨ 표지판설치 : 1km 이하의 간격으로 설치

27 도시가스가 안전하게 공급되어 사용되기 위한 조건으로 옳지 않은 것은?
① 공급하는 가스에 공기 중의 혼합비율의 용량이 1/1000 상태에서 감지할 수 있는 냄새가 나는 물질을 첨가해야 한다.
② 정압기출구에서 측정한 가스압력은 1.5kPa 이상 2.5kPa 이내를 유지해야 한다.
③ 웨버지수는 표준웨버지수의 ±4.5% 이내를 유지해야 한다.
④ 도시가스 중 유해성분은 건조한 도시가스 1m³ 당 황전량은 0.5g 이하를 유지해야 한다.

해설⇨ 정압기 출구에서 측정한 가스압력 : 1kPa이상 2.5kPa이내

28 가연성가스의 제조설비 중 전기설비를 방폭성능을 가지는 구조로 갖추지 아니하여도 되는 가스는?
① 암모니아   ② 염화메탄
③ 산화에틸렌   ④ 아세트알데히드

해설⇨ 전기설비 방폭성능을 가지는 구조로 갖추지 않아도 되는 가스
  ① 암모니아   ② 브롬화메탄

29 고압가스 장치에서 누출되고 있는 것을 그 냄새로 알 수 있는 가스는?
① 아르곤   ② 일산화탄소
③ 수소   ④ 염소

해설⇨ 냄새로 누출여부를 쉽게 알 수 있는 가스(독성가스 찾으면 됨)
  ① 염소   ② 암모니아   ③ 포스겐
  ④ 산화에틸렌   ⑤ 시안화수소 등

정답 26. ④   27. ②   28. ①   29. ④

30
LP가스 충전설비의 작동상황 점검 주기로 옳은 것은?
① 1일 1회 이상
② 1주일에 1회 이상
③ 1월 1회 이상
④ 1년에 1회 이상

[해설] 운전 중인 액화석유가스 충전설비의 작동상황에 대해 1일 1회 이상 점검

31
산소가스가 27°C에서 130kgf/cm²의 압력으로 50kg이 충전되어 있다. 이때 부피는 몇 m³인가?(단, 산소의 정수는 26.5kgf·m/kg·K)
① 0.25m³
② 0.28m³
③ 0.30m³
④ 0.43m³

[해설] $PV = GRT$ ∴ $V = \dfrac{GRT}{P} = \dfrac{50kg \times 26.5 \times (273+27)}{130 \times 10^4 kg/m^2} = 0.3 m^3$

32
다음 중 불연성 가스는?
① 아세틸렌
② 수소
③ 헬륨
④ 산소

[해설] 불연성가스 : 질소, 이산화탄소, 헬륨, 네온, 아르곤, 크립톤 등

33
이상기체에 대한 설명으로 옳은 것은?
① 일정한 온도에서 기체 부피는 압력에 비례한다.
② 일정압력에서 부피는 온도에 반비례 한다.
③ 일정부피에서 압력은 온도에 반비례 한다.
④ 보일-샤를의 법칙을 따르는 기체이다.

[해설] 이상기체(완전가스)의 성질
① 기체 분자 상호간의 작용하는 인력과 분자의 크기 무시, 분자간의 충돌은 완전 탄성체로 이루어짐.
② 보일-샤를의 법칙을 만족
③ 아보가드로 법칙을 따른다.
④ 온도에 관계없이 비열비 일정
⑤ 내부에너지는 체적에 관계없이 온도에 의해서만 결정(∵ 주울의 법칙 성립)

정답 30. ① 31. ③ 32. ③ 33. ④

34
화씨 86°F는 절대온도로 몇 K인가?
① 233　　　　　　　　② 303
③ 500　　　　　　　　④ 520

해설) $K = °C + 273$
$K = \dfrac{5}{9}(°F - 32) + 273 = \dfrac{5}{9}(86 - 32) + 273 = 303K$

35
냄새가 나는 물질(부취제)의 구비조건이 아닌 것은?
① 독성이 없을 것
② 완전연소하고 연소 후에는 유해물질을 남기지 말 것
③ 일상생활의 냄새와 구분되지 않을 것
④ 저농도에서도 냄새를 알 수 있을 것

해설) 부취제의 구비조건
① 독성 및 가연성이 아닐 것
② 도관을 부식시키지 말 것
③ 도관 내의 상용온도에서 응축되지 말 것
④ 보통 존재하는 냄새와 명확히 구분될 것
⑤ 가스관이나 가스미터에 흡착되지 말 것
⑥ 토양에 대한 투과성이 클 것
⑦ 극히 낮은 농도에서도 냄새를 확인할 수 있을 것
⑧ 연소 시 완전연소될 것
⑨ 물에 녹지 않을 것 등

36
염소의 용도로 적합하지 않은 것은?
① 냉매로 쓰인다.　　　　② 표백제로 쓰인다.
③ 소독용으로 쓰인다.　　④ 염화비닐 제조의 원료로 쓰인다.

해설) 염소의 용도
① 상수도 살균용　　② 표백제로 사용　　③ 염화비닐 제조의 원료
④ 포스겐의 제조　　⑤ 염화수소　　　　⑥ 펄프, 종이제조

정답　34. ②　35. ③　36. ①

37
다음 중 제 2종 영구기관은 존재할 수 없다. 제2종 영구기관은 존재가능성을 부인한다. 라고 표현되는 법칙은?

① 열역학 제0법칙
② 열역학 제1법칙
③ 열역학 제2법칙
④ 열역학 제3법칙

해설 열역학 제2법칙
① 일은 열로 변환시킬 수 있지만 열은 일로 변환시킬 수 없다.
② 100%의 열효율을 가진 기관은 존재할 수 없다.
③ 열은 고온에서 저온으로 흐른다.
④ 외부에서 일을 하여 주지 않고는 열은 저온에서 고온으로 이동할 수 없다.
[1종영구기관]
한번작동시키면 더 이상의 에너지를 공급시키지 않고도 영원히 작동하는 가상의 기관
[2종영구기관]
단 하나의 열원으로부터 흡수한 열을 모두 일로 바꿀 수 있는 열효율이 100%의 가상의 기관

38
다음 중 SI 기본단위가 아닌 것은?

① 질량 : 킬로그램(kg)
② 온도 : 켈빈(K)
③ 물질량 : 몰(mol)
④ 주파수 : 헤르츠(Hz)

해설 기본단위
① 길이　② 질량　③ 시간　④ 전류(A)
⑤ 몰질량(mol)　⑥ 온도(K)　⑦ 칸델라(광도)

39
프로판(C_3H_8) 1m³을 완전연소 시킬 때 필요한 이론공기량은 얼마인가?

① 5.5
② 13.8
③ 15.5
④ 23.8

해설 $C_3H_8 + 5O_2 \rightarrow 3CO_2 + 4H_2O$

$A_o = \dfrac{5}{0.21} = 23.80$

정답 37. ③　38. ④　39. ④

40. 수소의 성질에 대한 설명 중 틀린 것은?
① 무색, 무미, 무취의 가연성 기체다.
② 가스 중 최소의 밀도를 가진다.
③ 열전도율이 작다.
④ 높은 온도일 때는 강재, 기타 금속재료라도 쉽게 투과한다.

해설 수소의 성질
① 열전도율이 크다.
② 폭명기를 생성한다.
③ 수소취성을 일으킨다.
④ 밀도가 아주 작아 확산 속도가 빠르다.
⑤ 무색, 무미, 무취의 가연성 기체이다.

41. 다음 중 가스크로마토그래피 캐리어가스로 사용되는 것은?
① 산소　　② 헬륨　　③ 염소　　④ 불소

해설 캐리어 가스 : H_2, He, N_2, Ar
캐리어가스는 분석 대상물질을 컬럼으로 이동시키는 역할을 하며, 일반적으로 반응성이 적고 안정적인 가스가 사용이 된다.

42. 다음 압력이 가장 큰 것은?
① 1.01MPa　　② 5atm
③ 100inHg　　④ 88psi

해설 ① 1atm = 0.101MPa
　　　　x = 1.01
　　　$x = \dfrac{1atm \times 1.01}{0.101} = 10atm$

② 5atm

③ 1atm = 29.92inHg
　　x = 100inHg
　　$x = \dfrac{1 \times 100}{29.92} = 3.34atm$

④ 1atm = 14.7PSI
　　x = 88PSI
　　$x = \dfrac{1 \times 88}{14.7} = 5.98atm$

정답 40. ③　41. ②　42. ①

43
다음 중 독성가스에 해당하는 것은?(TLV-TWA)
① 탄산가스 ② 에틸렌
③ 산화에틸렌 ④ 에탄

[해설] 독성가스 : 허용농도가 200 ppm 이하인 가스
① 암모니아 : 25 ppm 이하 (LC_{50} 경우 ; 7338ppm 이하)
② 아황산가스 : 5 ppm 이하 (LC_{50} 경우 ; 2520ppm 이하)
③ 일산화탄소 : 50 ppm 이하 (LC_{50} 경우 ; 3760ppm 이하)
④ 황화수소 : 10 ppm 이하 (LC_{50} 경우 ; 444ppm 이하)
⑤ 벤젠 : 10 ppm 이하
⑥ 산화에틸렌 : 50 ppm 이하 (LC_{50} 경우 ; 2900ppm 이하)

44
탄소 2kg을 완전연소 시켰을 때 발생되는 연소가스는 약 몇 kg인가?
① 3.67 ② 7.33
③ 5.87 ④ 8.89

[해설] $C + O_2 \rightarrow CO_2$
12kg 32kg 44kg
2kg   x

$x = \dfrac{2kg \times 44kg}{12kg} = 7.33kg$

45
기준물질의 밀도에 대한 측정물질의 밀도의 비를 무엇이라고 하는가?
① 비중 ② 비중량
③ 밀도 ④ 비체적

[해설] 비중 : 표준물질에 대한 어떤 물질의 밀도의 비

46
암모니아 합성공정 중 고압 합성에 사용되는 방식은?
① 케미크법 ② 구우데법
③ 뉴 파우더법 ④ 카자레법

정답 43. ③ 44. ② 45. ① 46. ④

해설 ▸ 암모니아 합성공정
① 고압합성법(600kg/cm² 전 . 후) : 클로드법, 카자레법
② 중압합성법(300kg/cm² 전 . 후) : 뉴우데법, IG법, 케미그법, 뉴파우더법, 동공시법
③ 저압합성법(150kg/cm² 전 . 후) : 케로그법, 구우데법

47 액화산소 등과 같은 극저온 저장탱크의 액면 측정에 주로 사용되는 액면계는?
① 고정튜브식 액면계
② 플로우트식 액면계
③ 햄프슨식 액면계
④ 방사선식 액면계

해설 ▸ 햄프슨식 액면계 : 액화산소 등과 같은 극저온 저장탱크의 액면 측정

48 2종 금속의 양끝의 온도차에 따른 열기전력을 이용하여 온도를 측정하는 온도계는?
① 바이메탈식 온도계
② 열전대 온도계
③ 베크만 온도계
④ 전기저항식 온도계

해설 ▸ 열전대 온도계 : 제백효과를 이용한 온도계로서 열기전력을 이용

49 유속이 일정한 장소에서 전압과 정압의 차이를 측정하여 속도수두에 따른 유속을 측정하는 형식의 유량계는?
① 전자식유량계
② 열선식 유량계
③ 초음파식 유량계
④ 피토우관식 유량계

해설 ▸ 피토우관 유량계의 특징
① 기체의 속도가 5 m/sec 이하는 부적합
② 유체의 흐름방향에 평형하게 피토우관 설치
③ 노즐의 마모나 관내의 속도 분포에 따라 오차가 발생
④ 유체의 압력에 대한 충분한 강도를 가져야 한다.

50 요오드화 칼륨지(KI전분지)를 이용하여 어떤가스의 누출여부를 검지한 결과 시험지가 청색으로 변하였다. 이때 누출된 가스의 명칭은?
① 시안화수소
② 아황산가스
③ 염소
④ 황화수소

해설 → 시험지명 및 변색상태
- 암모니아 : 적색리트머스 시험지 : 청색
- 염소 : KI전분지 : 청색
- 시안화수소 : 질산구리벤젠지 : 청색
- 일산화탄소 : 염화파라듐지 : 흑색
- 황화수소 : 연당지(초산납시험지) : 흑색
- 포스겐 : 하리슨시험지 : 심등색(오렌지색)
- 아세틸렌 : 염화제1동착염지 : 적색
- 아황산가스 : 암모니아 적신헝겊 : 흰연기

51 20RT의 냉동능력을 갖는 냉동기에서 응축온도가 30℃, 증발온도가 −25℃일 때 냉동기를 운전하는데 필요한 냉동기의 성적계수는 얼마인가?
① 4.5
② 7.5
③ 14.5
④ 17.5

해설 → 성적계수 $= \dfrac{T_2}{T_1 - T_2} = \dfrac{(273-25)}{(273+30)-(273-25)} = 4.5$

52 다음 중 비접촉식 온도계에 해당되지 않는 것은?
① 광고 온도계
② 색온도계
③ 광전관식 온도계
④ 바이메탈 온도계

해설 → 비접촉식 온도계
① 광고온도계
② 광전관식 온도계
③ 색온도계
④ 방사온도계

53 압력계의 측정방법에는 탄성을 이용하는 것과 전기적 변화를 이용하는 방법등이 있다. 다음 중 전기적 변화를 이용하는 압력계는?
① 부르돈관 압력계
② 벨로우즈 압력계
③ 스트레인 게이지
④ 다이어프램 압력계

해설 → 탄성에 의한 압력계
① 부르동관 압력계
② 벨로우즈 압력계
③ 다이어프램 압력계

정답 51. ① 52. ④ 53. ③

54 주로 탄광내에서 CH₄의 발생을 검출하는데 사용되며 청염(푸른불꽃)의 길이로써 그 농도를 알 수 있는 가스 검지기는?
① 간섭계형
② 안전등형
③ 열선형
④ 흡광광도법

해설 ① 안전등형 : 주로 탄광내에서 CH₄의 발생을 검출하고 푸른 불꽃의 길이로서 그 농도를 알 수 있음
② 간섭계형 : 가스의 굴절률 차를 이용 측정

55 가스액화분리장치의 축냉기에 사용되는 축냉체는?
① 규조토
② 자갈
③ 희가스
④ 암모니아

해설 가스액화분리장치의 축냉기에 사용하는 축냉체 : 자갈

56 액화가스의 비중이 0.8, 배관직경이 50mm이고, 시간당 유량이 15톤일 때 평균 유속은 약 몇 m/s인가?
① 2.0
② 2.66
③ 7.55
④ 8.65

해설 $Q = r \times V \times A$

$$V = \frac{Q}{r \times A} = \frac{15 \text{ m}^3/\text{h}}{0.8 \times 0.785 \times 0.05^2 \times 3600} = 2.653 \text{ m/sec}$$

57 압축된 가스를 단열팽창시키면 온도가 강하한다는 것은 무슨 효과라 하는가?
① 주울-톰슨효과
② 단열효과
③ 팽윤효과
④ 정류효과

해설 줄-톰슨효과 : 압축된 가스를 단열·팽창시키면 온도와 압력이 내려간다.

정답 54. ② 55. ② 56. ② 57. ①

58 왕복펌프에 사용하는 밸브 중 점성액이나 고형물이 들어 있는 액에 적합한 밸브는?
① 원판밸브　　　　② 플레이트 밸브
③ 윤형밸브　　　　④ 구밸브

해설⊳ 구밸브 : 점성액이나 고형물이 들어 있는 액에 접합

59 왕복식 압축기에서 피스톤과 크랭크샤프트를 연결하여 왕복운동을 시키는 역할을 하는 것은?
① 피스톤링　　　　② 톱클리어런스
③ 크랭크　　　　　④ 커넥팅로드

해설⊳ 커넥팅로드 : 왕복식 압축기에서 피스톤과 크랭크샤프트를 연결하여 왕복운동을 시키는 역할

60 2단감압 조정기의 장점이 아닌 것은?
① 공급압력이 안정하다.
② 배관이 가늘어도 된다.
③ 장치가 간단하다.
④ 각 연소기구에 알맞은 압력으로 공급이 가능하다.

해설⊳ 2단 감압조정기 사용시 단점
　① 공급압력이 일정하다.
　② 중간 배관이 가늘어도 된다.
　③ 배관 입상에 의한 압력 강하 보정
　④ 각 연소기구에 알맞은 압력으로 공급 가능

정답　58. ④　59. ④　60. ③

가스기능사 모의고사문제

01 습식아세틸렌발생기의 표면온도는 몇 ℃ 이하로 유지해야 하는가?
① 3   ② 40
③ 60   ④ 70

해설▸ 가스발생기 적당한 온도 50~60℃ 정도, 습식아세틸렌 발생기 표면온도 70℃ 이하 유지

02 저장탱크 내부의 압력이 외부의 압력보다 낮아져 그 탱크가 파괴되는 것을 방지하기 위한 설비와 관계없는 것은?
① 송액설비   ② 벤트스텍
③ 압력경보설비   ④ 진공안전밸브

해설▸ 저장탱크 내부의 압력이 외부의 압력보다 낮아져 그 탱크가 파괴되는 것을 방지하기 위한 설비
① 송액설비   ② 냉동설비
③ 균압관   ④ 진공안전밸브
⑤ 압력계   ⑥ 압력경보설비

03 진공도가 200mmHg 일 경우 절대압력은 얼마인가?
① 0.52kg/cm²   ② 0.65kg/cm²
③ 0.74kg/cm²   ④ 0.86kg/cm²

해설▸ 760−200 = 560 mmHg   ∴ $\frac{560}{760} \times 1.0332$ kg/cm² = 0.76 kg/cm²

정답 01. ④   02. ②   03. ③

04. 도시가스 배관의 해저설치시의 기준으로 틀린 것은?

① 배관은 해저면 아래 설치한다.
② 배관의 입상부에는 방호시설물을 설치한다.
③ 배관은 원칙적으로 다른 배관과 교차하지 아니 하도록 한다.
④ 배관은 원칙적으로 다른 배관과 20m 이상의 수평거리를 유지한다.

해설 배관의 입상부는 보호시설물을 설치할 것

05. 암모니아 합성방법 중 고압 합성법은?

① 클로드법
② 케로그법
③ 뉴파우더법
④ 구우데법

해설 암모니아 합성공정
① 고압합성법($600kg/cm^2$ 전 . 후) : 클로드법, 카자레법
② 중압합성법($300kg/cm^2$ 전 . 후) : 뉴데법, IG법, 케미그법, 뉴파우더법, 동공시법
③ 저압합성법($150kg/cm^2$ 전 . 후) : 케로그법, 구우데법

06. 액화석유가스 지상 저장탱크 주위에는 저장능력이 얼마 이상일 때 방류둑을 설치하는가?

① 1000톤
② 1000kg
③ 2000kg
④ 300kg

07. 흡수식 냉동설비의 냉동능력 정의로 맞는 것은?

① 발생기를 가열하는 1시간의 입열량 3320kcal를 1일의 냉동능력 1톤으로 본다.
② 발생기를 가열하는 1시간의 입열량 6640kcal를 1일의 냉동능력 1톤으로 본다.
③ 발생기를 가열하는 24시간의 입열량 3320kcal를 1일의 냉동능력 1톤으로 본다.
④ 발생기를 가열하는 24시간의 입열량 6640kcal를 1일의 냉동능력 1톤으로 본다.

해설 · 흡수식 냉동설비의 냉동능력 : 발생기를 가열하는 1시간의 입열량 6640 kcal/day를 냉동능력 1 Ton으로 본다.
· 원심식 압축기의 1일 냉동능력 : 1.2 kW, 3320 kcal/h(1톤)

정답 04. ④ 05. ① 06. ① 07. ②

08 액화석유가스를 자동차에 충전하는 충전호스의 길이는 몇 m이내이어야 하는가?
① 3　　　　　　　　　　　② 5
③ 8　　　　　　　　　　　④ 10

해설⇨ ① 액화석유가스를 자동차에 충전하는 호스의 길이 : 5m이상
　　　② 압축천연가스를 충전하는 호스의 길이 : 8m이상 (버스)

09 일반도시가스 사업자 정압기의 분해점검 실시 주기는?
① 3개월에 1회 이상　　　　② 6개월에 1회 이상
③ 1년에 1회 이상　　　　　④ 2년에 1회 이상

해설⇨ ① 일반도시가스사업자 정압기 분해점검 : 2년에 1회 이상
　　　② 사용시설의 정압기 분해점검 : 3년에 1회 이상

10 액화가스를 충전하는 탱크는 그 내부에 액면요동을 방지하기 위하여 무엇을 설치하여야 하는가?
① 안전밸브　　　　　　　　② 액면계
③ 방파판　　　　　　　　　④ 긴급차단장치

해설⇨ 방파판 : 액면요동방지

11 질소 0.2mol 과 수소 0.8mol이 반응시 암모니아 몇 몰이 생성 되는가?
① 0.2mol　　　　　　　　② 0.5mol
③ 0.6mol　　　　　　　　④ 0.8mol

해설⇨ $1N_2\ +\ 3H_2\ \rightarrow\ 2NH_3$
　　　4mol　　　　　2mol
　　　1mol　　　　　x
　　　$x = \dfrac{1mol \times 2mol}{4mol} = 0.5mol$

정답　08. ②　09. ④　10. ③　11. ②

12 내화구조의 가연성가스 저장탱크에서 탱크 상호간의 거리가 1m 또는 두 저장탱크의 최대지름을 합산한 길이의 1/4 길이 중 큰 쪽의 거리를 유지하지 못한 경우 물분무장치의 수량기준으로 옳은 것은?

① $4L/m^2 \cdot min$
② $5L/m^2 \cdot mim$
③ $6.5L/m^2 \cdot min$
④ $8L/m^2 \cdot min$

13 독성가스 제독작업에 반드시 갖추지 않아도 되는 보호구는?

① 보호장화
② 공기 호흡기
③ 보호용 면수건
④ 격리식 방독마스크

[해설] 독성가스 제독작업시 갖추어야 하는 보호구
① 공기호흡기
② 격리식 방독마스크
③ 보호장화
③ 보호의
⑤ 보호장갑

14 프로판 5kg 연소시 이론공기량은 얼마인가?(단, 공기중의 산소농도는 21% 이다.)

① 50
② 60
③ 70
④ 80

[해설]
C_3H_8 + $5O_2$ → $3CO_2$ + $4H_2O$
44kg   5×32kg   3×44kg   4×18kg
22.4m³ 5×22.4m³ 3×22.4m³ 4×22.4m³

∴ 44kg = 5×22.4m³
  5kg = x

$x = \dfrac{5kg \times 5 \times 22.4m^3}{44kg} = 12.72$

$A_o = \dfrac{12.72}{0.21} = 60.60$

15 프로판의 발화온도는 얼마인가?

① 460 - 520
② 400 - 440
③ 500 - 519
④ 580 - 590

[해설] 프로판 : 460~520°C

정답 12. ①   13. ③   14. ②   15. ①

16
희가스의 종류가 아닌 것은?
① 헬륨
② 네온
③ 질소
④ 아르곤

해설 희가스
① 주기율표 0족 다른 원소와 거의 화합하지 않는 불활성가스이다.
② 무색, 무미, 무취
③ 종류 : He, Ne, Ar, Kr, Xe, Rn 등

17
자동교체식 조정기 사용시 장점이 아닌 것은?
① 전체용기 수량이 수동교체식 보다 적어도 된다.
② 잔액이 거의 소비될 때 까지 사용이 가능하다.
③ 용기교환 주기의 폭을 넓힐 수 있다.
④ 분리형을 사용시 도관의 압력손실을 적게 해도 된다.

해설 자동교체식 조정기 사용 시 장점
① 용기 교환주기의 폭을 넓힐 수 있다.
② 잔액이 거의 없어질 때까지 소비된다.
③ 배관의 압력손실을 크게 해도 된다.
④ 전체용기 수량이 수동식보다 적어도 된다.

18
0℃ 얼음 30kg을 100℃ 물로 바꿀 때 프로판의 질량은 몇 g 인가?(단, 프로판의 저위 발열량은 12000kcal/kg이다.)
① 150g
② 250g
③ 350g
④ 450g

해설 (1) 0℃얼음 → 0℃물
$Q_1 = 30 \times 80 = 2400 kcal$
(2) 0℃ 물 → 100℃물
$Q_2 = 30 \times 1 \times (100-0) = 3000 kcal$
∴ $Q_1 + Q_2 = 5400 kcal$
∴ $\dfrac{5400 kcal}{12000 kcal/kg} = 0.45 kg \times \dfrac{1000g}{1kg} = 450g$

정답 16. ③ 17. ④ 18. ④

19
이중관으로 하여야 하는 고압가스가 아닌 것은?
① 아황산가스 ② 벤젠
③ 암모니아 ④ 황화수소

해설 ① 포스겐, 황화수소, 시안화수소, 아황산가스, 산화에틸렌, 염화메탄, 염소
② 이중관의 규격 : 2중관의 바깥층관 안지름은 안층관 바깥지름의 1.2배 이상

20
다단압축의 목적이 아닌 것은?
① 힘의 평형이 유지 된다. ② 소요일량을 줄일 수 있다.
③ 가스가 온도 상승이 된다. ④ 이용 효율이 증가 한다.

해설 다단압축의 목적
① 소요일량이 절약된다.
② 가스의 온도 상승을 방지할 수 있다.
③ 힘의 평형이 양호해진다.
④ 이용효율이 증가한다.

21
다음 중 폭굉속도로 맞는 것은?
① 0.1 – 10m/s ② 100 – 500m/s
③ 1000 – 1500m/s ④ 1000 – 3500m/s

해설 가스의 연소속도(폭굉속도) : 1000~3500 m/sec

22
착화온도가 낮아지는 조건이 아닌 것은?
① 분자구조가 간단할수록 ② 압력이 높을수록
③ 산소농도가 짙을수록 ④ 발열량이 높을수록

정답 19.② 20.③ 21.④ 22.①

23
캐비테이션의 방지법으로 틀린 것은?
① 양흡입 펌프를 사용 한다.
② 관경을 크게한다.
③ 회전수를 크게한다.
④ 임펠러를 액중에 완전히 잠기게 한다.

해설 캐비테이션 발생 방지법
① 펌프의 회전수를 줄인다.
② 관경을 크게 한다.
③ 흡입관의 배관을 간단하게 한다.
④ 펌프의 위치를 흡수면 위에 가깝게 한다.
⑤ 흡입관의 내면에 마찰저항을 적게 한다.
⑥ 임펠러를 액 중에 완전히 잠기게 한다.

24
산소의 임계압력은 얼마인가?
① 12.8atm
② 33.5atm
③ 50.1atm
④ 76.1atm

해설
· 산소의 임계압력 : 50.1 atm
· 산소의 임계온도 : –118.4℃

25
허용농도가 100만분의 5000 이하인 독성가스 용기운반차량은 몇 km 이상의 거리를 운행할 때 중간에 충분한 휴식을 취한 후 운행 하여야 하는가?
① 100km
② 200km
③ 300km
④ 400km

해설 허용농도가 100만분의 200 이하인 독성가스 용기운반차량은 200 km 이상의 거리를 운행할 때 중간에 충분한 휴식을 취한 후 운행한다.

26
헨리의 법칙에 적용이 안되는 가스는 무엇인가?
① 산소
② 수소
③ 질소
④ 암모니아

해설 · 헨리의 법칙에 적용되는 가스
　　① 산소　② 수소　③ 질소　④ 이산화탄소
　　⑤ 일산화탄소　⑥ 메탄　⑦ 황화수소
· 적용 불가
　　① SO_2(아황산가스)　② HCl(염화수소)
　　③ NH_3(암모니아)　④ H_2S(황화수소)

27
독성가스 허용농도에서 해당가스를 (①) 흰쥐 집단에게 대기중에서 (②) 시간 동안 계속하여 노출시킨 경우 (③)일 이내에 그 흰쥐의 1/2이상이 죽게 되는 농도에서 다음 괄호속에 들어갈 내용으로 맞는 것은?
① 성숙한, 1, 14
② 성숙한, 2, 24
④ 성숙한, 14, 1
④ 성숙한, 2, 14

해설 독성가스 여부를 판정할 때 기준이 되는 "허용농도" 설명 해당가스를 성숙한 흰쥐 집단에게 대기 중에서 1시간동안 계속하여 노출시킨 경우 14일 이내에 그 흰쥐의 1/2 이상이 죽게 되는 가스의 농도

28
가스계량기와 전기계량기와는 최소 몇 cm 이상의 거리를 유지해야 하는가?
① 15cm
② 30cm
③ 60cm
④ 80cm

해설 · 가스계량기와 전기계량기 및 전기개폐기와의 거리 60[cm] 이상
· 굴뚝, 전기점멸기, 전기접속기와의 거리 30[cm]
· 절연조치하지 아니한 전선과 15[cm] 이상

29
아세틸렌 발생기의 종류가 아닌 것은?
① 투입식
② 주입식
③ 주수식
④ 접촉식

해설 아세틸렌발생기의 종류
　　① 투입식　② 주수식　③ 접촉식(침지식)

정답　26. ④　27. ①　28. ③　29. ②

30

수분접촉시 부식을 일으키는 가스가 아닌 것은?

① CO_2 ② SO_2
③ Cl_2 ④ H_2

해설▶ 수분접촉시 부식을 일으키는 가스
① $SO_2 + H_2O \rightarrow H_2SO_3$
② $CO_2 + H_2O \rightarrow H_2CO_3$
③ $Cl_2 + H_2O \rightarrow HCl + HClO$
④ $COCl_2 + H_2O \rightarrow CO_2 + 2HCl$

31

탄소량이 적으면 확산속도는 어떻게 되는가?

① 느리다.   ② 같다.
③ 빨라진다.   ④ 일정하지 않다.

32

다음 각 독성가스 누출시 사용하는 제독제로서 적합하지 않은 것은?

① 염소 : 탄산소다수용액   ② 포스겐 : 소석회
③ 황화수소 : 가성소다수용액   ④ 산화에틸렌 : 소석회

해설▶ 제독제
① 염소 : 소석회, 가성소다, 탄산소다
② 포스겐 : 가성소다, 소석회
③ 황화수소 : 가성소다, 탄산소다
④ 시안화수소 : 가성소다
⑤ 산화에틸렌, 암모니아, 염화메탄 : 다량의 물

33

고압가스 일반제조시설 중 에어졸의 제조기준에 대한 설명으로 틀린 것은?

① 에어졸 분사제는 독성가스를 사용하지 아니한다.
② 35℃에서 그 용기의 내압이 0.8MPa 이하로 한다.
③ 에어졸 제조설비는 화기 또는 인화성 물질과 5m이상의 우회거리를 유지한다.
④ 내용적이 30cm³ 이상인 용기는 에어졸의 제조에 재사용하지 아니한다.

해설▶ 에어졸 제조설비는 화기 또는 인화성 물질과 8 m 이상의 우회거리

정답 30. ④   31. ③   32. ④   33. ③

34
가연성가스용 가스누출경보 및 자동차단장치의 경보농도 설정치의 기준은?
① ±5% 이하
② ±10% 이하
③ ±15% 이하
④ ±25% 이하

해설⊃ 경보기의 정밀도는 경보농도 설정값에 대하여 가연성가스용에 있어서는 ±25[%] 이하, 독성가스용에 있어서는 ±30[%] 이하로 할 것.

35
공기액화분리장치 폭발원인이 아닌 것은?
① 액체공기 중의 오존의 혼입
② 압축기용 윤활유 분해에 따른 탄화수소의 혼입
③ 공기 중의 질소 산화물 혼입
④ 공기중의 아세틸렌의 혼입

해설⊃ 공기액화분리장치의 폭발원인
① 액체공기 중의 오존의 혼입
② 공기 중의 질소화합물 혼입
③ 압축기용 윤활유 분해에 따른 탄화수소 생성
④ 공기취입구로부터 아세틸렌 혼입

36
탄성식 압력계 중 대표적인 압력계는 무엇인가?
① 부르돈관식 압력계
② 피에조 전기 압력계
③ 벨로우즈 압력계
④ 다이어프램 압력계

해설⊃ 탄성식 압력계
① 브르돈관 ② 벨로우즈 ③ 다이어프램

37
아세틸렌의 폭발의 종류가 아닌 것은?
① 산화폭발
② 촉매폭발
③ 분해폭발
④ 화합폭발

해설⊃ ① 산화폭발 : $C_2H_2 + 2.5O_2 \rightarrow 2CO_2 + H_2O$
② 분해폭발 : $C_2H_2 \rightarrow 2C + H_2$
③ 화합폭발 : $C_2H_2 + 2Cu \rightarrow Cu_2C_2 + H_2$
$C_2H_2 + 2Ag \rightarrow Ag_2C_2 + H_2$
$C_2H_2 + 2Hg \rightarrow Hg_2C_2 + H_2$

정답 34. ④ 35. ② 36. ① 37. ②

38 가연성가스의 지상저장 탱크의 경우 외부에 바르는 도료의 색깔은 무엇인가?
① 청색
② 녹색
③ 은·백색
④ 회색

해설) 가연성가스의 지상저장 탱크의 경우 외부에 바르는 도료의 색상 : 은·백색

39 고압가스 특정제조시설 중 비가연성 가스의 저장탱크는 몇 m^3 이상일 때 진진 영향에 대한 안전한 구조로 설계해야 하는가?
① 300
② 500
③ 1000
④ 2000

해설) 저장탱크의 내진 구조
① 압축가스 : ㉠ 가연성, 독성 : 500 m3 이상   ㉡ 비가연성, 비독성 : 1000 m3 이상
② 액화가스 : ㉠ 가연성 : 5000 kg 이상   ㉡ 비가연성, 비독성 : 10000 kg 이상

40 용기 종류별 부속품 기호로 틀린 것은?
① AG : 아세틸렌가스를 충전하는 용기 부속품
② PG : 압축가스를 충전하는 용기 부속품
③ LPG : 액화석유가스를 충전하는 용기 부속품
④ TL : 초저온 및 저온용기의 부속품

해설) 용기 종류별 부속품 기호
① PG : 압축가스를 충전하는 용기 부속품
② AG : 아세틸렌가스를 충전하는 용기 부속품
③ LT : 초저온 및 저온가스를 충전하는 용기 부속품
④ LPG : 액화석유가스를 충전하는 용기 부속품
⑤ LG : 액화석유가스 외의 가스를 충전하는 용기 부속품

41 다음 중 표준상태에서 가스상 탄화수소의 점도가 가장 높은 가스는?
① 프로판
② 메탄
③ 부탄
④ 프로필렌

해설) 탄화수소의 점도
메탄 > 프로판 > 에탄 > 부탄

정답 38. ③ 39. ③ 40. ④ 41. ②

42
프로판을 완전연소시켰을 때 주로 생성되는 물질은?
① CO_2, H_2O
② CO_2, H_2
③ H_2O, C_2H_4
④ CO, CO_2

해설 ⇒ 완전연소 반응식
① $C_3H_8 + 5O_2 \rightarrow 3CO_2 + 4H_2O$
② $CH_4 + 2O_2 \rightarrow CO_2 + 2H_2O$
③ $C_2H_2 + 2.5O_2 \rightarrow 2CO_2 + H_2O$
④ $C_4H_{10} + 6.5O_2 \rightarrow 4CO_2 + 5H_2O$

43
표준상태에서 에탄 2mol, 프로판 5mol, 부탄 3mol로 구성된 LPG에서 부탄의 중량은 몇 % 인가?
① 13.2
② 25.6
③ 30.5
④ 38.3

해설 ⇒ 부탄의 중량 $= \dfrac{(3 \times 58)}{(2 \times 30 + 5 \times 44 + 3 \times 58)} \times 100 = 38.32\%$

44
압축기 사용시 장·단점에 해당되지 않는 것은?
① 충전시간이 짧다.
② 재액화 우려가 없다.
③ 베이퍼록의 우려가 있다.
④ 잔류가스 회수가 가능하다.

해설 ⇒ 압축기 사용시 장점
① 충전시간이 짧다.
② 잔가스 회수가 가능하다.
③ 베이퍼록의 우려가 없다.
④ 저온에서 부탄가스가 재액화된다.

45
수소나 헬륨을 냉매로 사용한 냉동방식으로 실린더 중에 피스톤과 보조 피스톤으로 구성되어 있는 액화 사이클은?
① 캐피자 공기액화사이클
② 필립스 공기액화사이클
③ 클라우드 공기액화사이클
④ 린데 공기액화사이클

해설 ⇒ ① 캐스케이드 액화사이클 : 비점이 점차 낮은 냉매를 사용하여 저비점의 액체를 사용하는 사이클
② 필립스의 공기액화사이클 : 수소나 헬륨을 냉매로 한 효율적인 냉동방식
③ 캐피자 공기액화사이클 : 공기의 압축 압력이 약 7 atm 정도 낮고 열교환에 축냉기를 사용

46 인화성 또는 유독액이 강한 액일 때 누설되면 응고되는 액일 때 사용하는 축봉장치는?

① 더블시일형
② 싱글시일형
③ 밸런스시일형
④ 언밸런스시일형

해설⇨ 메카니컬 시일 방식 중 더블 시일형을 사용할 경우
① 인화성 또는 유독액이 강한 액일 때
② 기체를 시일할 때
③ 보온·보냉이 필요한 때
④ 내부가 고진공일 때
⑤ 누설되면 응고되는 액일 때

47 나사압축기에서 숫로터 직경이 150mm, 로터길이가 100mm, 숫로터회전수 350rpm이라고 할 때 이론적 토출량은 약 몇 m^3/min인가? (단, 로터형상에 의한 계수(C_v)는 0.476이다)

① 0.16
② 0.25
③ 0.37
④ 0.57

해설⇨ 이론적 토출량 = $D^2 \times L \times N \times C_V = 0.15^2 \times 0.1 \times 350 \times 0.476 = 0.37485$

48 도로에 매설된 도시가스 배관의 누출여부를 검사하는 장비로서 적외선 흡광특성을 이용한 가스누출검지기는?

① FID
② TCD
③ 반도체식 검지기
④ OMD

해설⇨ OMD(Optical Methane Detector) : 도로에 매설된 배관의 누출여부를 검사하는 장비

정답 46. ① 47. ③ 48. ④

49
다음 배관재료 중 사용온도 350℃이하, 압력 1MPa에서 10MPa까지의 LPG 및 도시가스의 고압광에 사용되는 것은?
① SPP
② SPPS
③ SPPH
④ SPLT

해설 ▸ 배관용 강관
① SPP(배관용 탄소강관) : 사용압력 1 MPa 이하로 증기, 기름, 물 배관에 사용
② SPPS(압력배관용 탄소강관) : 사용압력이 1 MPa 이상 10 MPa 미만 사용
③ SPPH(고압배관용 탄소강관) : 사용압력이 10 MPa 이상시 사용
④ SPHT(고온배관용 탄소강관) : 온도가 350℃ 이상시 사용
⑤ SPLT(저온배관용 탄소강관) : 빙점 이하의 관에 사용

50
가연성가스 검출기 중 탄광에서 발생하는 CH_4의 농도를 측정하는데 주로 사용되는 것은?
① 안전등형
② 반도체형
③ 간섭계형
④ 열선형

해설 ▸ • 안전등형 : 탄광에서 발생하는 CH_4의 농도를 측정
• 간섭계형 : 가스의 굴절율차 이용

51
다이어프램식 압력계 특징에 대한 설명 중 틀린 것은?
① 정확성이 높다.
② 반응속도가 빠르다.
③ 온도에 따른 영향이 적다.
④ 미소압력을 측정할 때 유리하다.

해설 ▸ 다이어프램식 압력계의 특징
① 미소압력을 측정할 수 있다.
② 부식성유체 측정가능
③ 온도의 영향을 받는다.
④ 정확성이 높다.
⑤ 반응속도가 빠르다.

52
내산화성이 우수하고 양파썩는 냄새가 나는 부취제는?
① T.H.T
② T.B.M
③ D.M.S
④ NAPHTHA

해설 ▸ 부취제
① THT(테트라히드로티오펜) : 석탄가스 냄새

정답 49. ② 50. ① 51. ③ 52. ②

② TBM(터시어리부틸메르캅탄) : 양파 썩는 냄새
③ DMS(디메틸썰파이드) : 마늘냄새

53. 관내를 흐르는 유체의 압력강하에 대한 설명으로 틀린 것은?
① 가스비중에 비례한다.
② 관내경의 5승에 반비례한다.
③ 관길이에 비례한다.
④ 유량에 비례한다.

해설⇨ $Q = \sqrt[5]{\dfrac{D^5 \cdot H}{S \cdot L}}$ $H = \dfrac{Q^2 \times S \times L}{D^5}$

여기서, Q : 유량, S : 가스비중, L : 관 길이, D : 관 내경
① 관내경의 5승에 반비례한다.
② 관 길이에 비례한다.
③ 유량의 제곱에 비례한다.
④ 가스비중에 비례한다.

54. 압축기 윤활유에 대한 설명으로 옳은 것은?
① 산소압축기의 윤활유는 물을 사용한다.
② 염소압축기의 윤활유는 식물성유를 사용한다.
③ 수소압축기의 윤활유는 농황산을 사용한다.
④ 공기압축기의 윤활유는 식물성유를 사용한다.

해설⇨ 압축기 윤활유
① 공기·수소·아세틸렌압축기 : 양질의 광유
② 산소 : 물 또는 10% 이하의 묽은 글리세린 수
③ 염소 : 농황산
④ LP가스 : 식물성유

55. 저온액체 저장설비에서 열의 침입요인으로 가장 거리가 먼 것은?
① 외면으로부터의 열복사
② 연결파이프를 통한 열전도
③ 단열재를 직접통한 열대류
④ 밸브등에 의한 열전도

해설⇨ 열의 침입 원인
① 안전밸브, 밸브 등에 의한 열전도
② 지면으로부터의 열전도
③ 연결되는 파이프를 따라오는 열전도
④ 단열재를 충전한 공간에 남은 가스 분자의 열전도
⑤ 지지 요크 등에 의한 열전도

정답 53. ④ 54. ① 55. ③

56
상용압력 15MPa, 배관내경 15mm, 재료의 인장강도 480N/mm², 관내면 부식여유 1mm, 안전율 4, 외경과 내경의 비가 1.2미만인 경우 배관의 두께는?

① 1mm
② 2mm
③ 3mm
④ 4mm

해설▷ $t = \dfrac{PD}{2S\eta - 1.2P} + C = \dfrac{15 \times 15}{2 \times \dfrac{480}{4} - 1.2 \times 15} + 1 = 2.01$

57
가스누출자동차단장치의 구성요소에 해당되지 않는 것은?

① 검지부
② 제어부
③ 차단부
④ 지시부

해설▷ 가스누출 자동차단기의 구성요소
  ① 검지부 ② 제어부 ③ 차단부

58
가스사용시설인 가스보일러의 급배기방식에 따른 구분으로 틀린 것은?

① 반밀폐형 자연배기식(CF)
② 반밀폐형 강제배기식(FE)
③ 밀폐형 자연배기식(RF)
④ 밀폐형 강제급,배기식(FF)

해설▷ 가스보일러의 급배기 방식에 따른 구분
  ① 반밀폐형 자연배기식(CF)
  ② 반밀폐형 강제배기식(FE)
  ③ 밀폐형 강제배기식(FE)
  ④ 밀폐형 강제 급·배기식(FF)

59
정압기를 평가, 선정할 경우 고려해야 할 특성이 아닌 것은?

① 정특성
② 동특성
③ 유량특성
④ 압력특성

해설▷ 정압기를 평가·선정할 경우 고려해야 할 특성
  ① 정특성 : 유량과 2차압력의 관계
  ② 동특성 : 부하변동에 대한 응답의 신속성과 응답성
  ③ 유량특성 : 메인밸브의 열림과 유량과의 관계
  ④ 사용최대차압 및 최소차압

정답 56. ② 57. ④ 58. ③ 59. ④

60 소용돌이를 유체중에 일으켜 소용돌이의 발생수가 유속과 비례하는 것을 응용한 형식의 유량계는?

① 오리피스식 ② 부자식
③ 볼텍스식   ④ 전자식

해설 ○ 와류식유량계 : 소용돌이를 유체중에 일으켜 소용돌이의 발생수가 유속과 비례하는 것을 응용한 형식

정답 60. ③

가스기능사 모의고사문제

01 다음 가스의 용기보관실 중 그 가스가 누출된 때에 체류하지 않도록 통풍구를 갖추고, 통풍이 잘 되지 않는 곳에는 강제환기시설을 설치하여야 하는 곳은?
① 질소저장소
② 탄산가스 저장소
③ 헬륨 저장소
④ 부탄저장소

[해설] 통풍이 잘 되지 않는 곳에 강제환기시설 설치 : 부탄저장소

02 공업용 질소 용기의 문자 색상은?
① 백색
② 적색
③ 흑색
④ 녹색

03 고압가스의 충전용기는 항상 몇 °C 이하의 온도를 유지하여야 하는가?
① 15
② 20
③ 30
④ 40

[해설] 고압가스 충전 용기는 항상 40°C 이하로 유지

정답 01. ④ 02. ① 03. ④

04
다음 중 허용농도 1ppb에 해당하는 것은?
① $1/10^3$ ② $1/10^6$
③ $1/10^9$ ④ $1/10^{10}$

해설ㅇ 1ppm(parts per million) : 1/100만
1ppb(parts per billion) : 1/10억

05
후부취출식 탱크에서 탱크 주밸브 및 긴급차단장치에 속하는 밸브와 차량의 뒷범퍼와의 수평거리는 얼마 이상 떨어져 있어야 하는가?
① 20cm ② 30cm
③ 40cm ④ 60cm

해설ㅇ ① 주밸브 : 40cm이상
② 조작상자 : 20cm이상
③ 저장탱크 후면 : 30cm이상

06
저장탱크 내부의 압력이 외부의 압력보다 낮아져 그 탱크가 파괴되는 것을 방지하기 위한 설비와 관계없는 것은?
① 벤트스택 ② 진공안전밸브
③ 압력계 ④ 압력경보설비

해설ㅇ 저장탱크 내부의 압력이 외부의 압력보다 낮아져 그 탱크가 파괴되는 것을 방지하기 위한 설비
① 압력계 ② 진공안전밸브 ③ 압력경보설비

07
겨울철 LP가스용기 표면에 성에가 생겨 가스가 잘 나오지 않을 경우 가스를 사용하기 위한 가장 적절한 조치는?
① 연탄불로 쪼인다. ② 용기를 힘차게 흔든다.
③ 열 습포를 사용한다. ④ 90°C 정도의 물을 용기에 붓는다.

해설ㅇ 열습포를 사용한다.

정답 04. ③ 05. ③ 06. ① 07. ③

08
도시가스 사용 시설 중 20A가스관에 대한 고정장치의 간격으로 옳은 것은?
① 1m
② 2m
③ 3m
④ 4m

해설 ▷ 배관의 고정
① 관경이 13mm미만 : 1m마다
② 관경이 13mm이상 33mm미만 : 2m마다
③ 관경이 33mm이상 : 3m마다

09
공기 중에서의 폭발범위가 가장 넓은 가스는?
① 황화수소
② 암모니아
③ 산화에틸렌
④ 프로판

해설 ▷ 폭발범위
① 황화수소 : 4.3~45.5%
② 암모니아 : 15~28%
③ 산화에틸렌 : 3~80%
④ 프로판 : 2.1~9.5%
⑤ 아세틸렌 : 2.5~81%
⑥ 부탄 : 1.8~8.4%

10
다음 운전 중의 제조설비에 대한 일일점검 항목이 아닌 것은?
① 회전기계의 진동, 이상음, 이상온도상승
② 인터록의 작동
③ 제조설비 등으로부터의 누출
④ 제조설비의 조업조건의 변동상황

11
다음 중 용기보관장소에 충전용기를 보관할 때의 기준으로 틀린 것은?
① 충전용기와 잔가스용기는 각각 구분하여 보관할 것
② 가연성가스, 독성가스 및 산소의 용기는 각각 구분하여 보관할 것
③ 충전용기는 항상 50°C 이하의 온도를 유지하고 직사광선을 받지 아니하도록 할 것
④ 용기보관 장소의 주위 2m이내에는 화기 또는 인화성 물질이나 발화성 물질을 주지 아니할 것

정답 08. ② 09. ③ 10. ② 11. ③

12

다음 중 독성가스의 가스설비 배관을 2중관으로 하지 않도록 되는 가스는?
① 암모니아 ② 불소
③ 황화수소 ④ 염소

해설 ▶ 2중관으로 하여야 하는 고압가스
① 포스겐 ② 황화수소 ③ 시안화수소 ④ 아황산가스
⑤ 산화에틸렌 ⑥ 염화메탄 ⑦ 염소 ⑧ 암모니아

13

가스용기의 취급 및 주의사항에 대한 설명으로 틀린 것은?
① 충전 시 용기는 용기 재검사 기간이 지나지 않았는지 확인한다.
② LPG용기나 밸브를 가열할 때는 뜨거운 물(40°C 이상)을 사용한다.
③ 충전한 후에는 용기밸브의 누출 여부를 확인한다.
④ 용기 내에 잔류물이 있을 때에는 잔류물을 제거하고 충전한다.

해설 ▶ LPG용기나 밸브를 가열시 40°C 이하의 물을 사용한다.

14

산화에틸렌의 충전시 산화에틸렌의 저장탱크는 그 내부의 분위기 가스를 질소 또는 탄산가스로 치환하고 몇 °C이하로 유지하여야 하는가?
① 5   ② 15
③ 40 ④ 60

해설 ▶ 산화에틸렌의 저장탱크는 그 내부의 분위기 가스를 질소 또는 탄산가스로 치환하고 5°C이하로 유지

정답 12. ② 13. ② 14. ①

15
액화석유가스가 공기 중에 누출시 그 농도가 몇 % 일 때 감지할 수 있도록 냄새가 나는 물질을 섞는가?
① 0.1
② 0.2
③ 0.8
④ 1

해설 부취제 농도 $\dfrac{1}{1,000}$ (0.1% 이하)

참고 구비조건
① 독성이 아닐 것
② 도관을 부식시키지 말 것
③ 도관내의 상용온도에서 응축되지 말 것
④ 토양에 대한 투과성이 클 것
⑤ 보통 존재하는 냄새와 명확히 구분할 것
⑥ 가스관이나 가스미터에 부착되지 않을 것

16
가스도매사업시설에서 배관 지하매설의 설치기준으로 옳은 것은?
① 산과 들 이외의 지역에서 배관의 매설 깊이는 1.5 m 이상
② 산과 들에서의 배관의 매설깊이는 1 m 이상
③ 배관은 그 외면으로부터 수평거리로 건축물까지 1.2 m 이상 거리 유지
④ 배관은 그 외면으로부터 지하의 다른 시설물과 1.2 m 이상 거리 유지

해설 배관의 매설
① 철도부지와 수평거리, 도로경계와 수평거리, 산이나 들 도로폭이 8m 미만 : 1m 이상
② 시가지의 도로노면 밑, 인도, 보도 등, 방호구조물 내 도로폭이 8m 이상 : 1.2m
③ 공동주택부지내 : 0.6m 이상

17
독성가스의 저장탱크에는 가스의 용량이 그 저장탱크 내용적의 90%를 초과하는 것을 방지하는 장치를 설치하여야 한다. 이 장치를 무엇이라고 하는가?
① 경보장치
② 액면계
③ 긴급차단장치
④ 과충전방지장치

해설 과충전방지장치 : 독성가스 저장탱크에서 가스의 용량이 그 저장탱크 내용적의 90%를 초과하는 것 방지

정답 15. ① 16. ② 17. ④

18

다음은 도시가스사용시설의 월사용예정량을 산출하는 식이다. 이 중 기호 "A"가 의미하는 것은?

$$Q = \frac{[(A \times 240) + (B \times 90)]}{11000}$$

① 월사용예정량
② 산업용으로 사용하는 연소기의 명판에 기재된 가스 소비량의 합계
③ 산업용이 아닌 연소기의 명판에 기재된 가스소비량의 합계
④ 가정용 연소기의 가스소비량 합계

해설⊙ A : 산업용으로 사용하는 연소기의 명판에 기재된 가스소비량의 합계
B : 산업용이 아닌 연소기의 명판에 기재된 가스 소비량의 합계

19

전기시설물과의 접촉 등에 의한 사고의 우려가 없는 장소에서 일반도시가스사업자정압기의 가스방출관 방출구는 지면으로부터 몇 m 이상의 높이에 설치하여야 하는가?

① 1   ② 2
③ 3   ④ 5

해설⊙ 가스방출관의 높이 : 지면으로부터 5m 이상

20

다음 용기종류별 부속품의 기호로 옳지 않은 것은?

① 저온용기의 부속품 : LT
② 압축가스 충전용기 부속품 : PG
③ 액화가스 충전용기 부속품 : LPG
④ 아세틸렌가스 충전용기 부속품 : AG

해설⊙ 용기 부속품 및 기호
① AG : 아세틸렌가스를 충전하는 용기 부속품
② PG : 압축가스를 충전하는 용기 부속품
③ LT : 초저온 및 저온을 충전하는 용기 부속품
④ LG : 액화석유가스 외의 용기를 충전하는 용기 부속품
⑤ LPG : 액화석유가스를 충전하는 용기 부속품

정답 18. ②   19. ④   20. ③

21
다음 중 가연성이며 독성 가스인 것은?
① NH_3
② H_2
③ CH_4
④ N_2

[해설] 가연성이며 독성인 가스
① HCN(시안화수소) ② C_6H_6(벤젠)
③ C_2H_4O(산화에틸렌) ④ H_2S(황화수소)
⑤ NH_3(암모니아) ⑥ CO(일산화탄소)
⑦ CS_2(이황화탄소)

22
액화석유가스 충전사업시설 중 두 저장탱크의 최대직경을 합산한 길이의 1/4이 0.5m 일 경우 저장탱크간의 거리는 몇 m 이상을 유지하여야 하는가?
① 0.5
② 1
③ 2
④ 3

[해설] 유지거리 = $\dfrac{D_1 + D_2}{4}$ (계산값이 1m미만 시 1m이상으로 한다.)

23
가연성 액화가스를 충전하여 200km를 초과하여 운반할 경우 몇 kg일 때 운반책임자를 동승시켜야 하는가?
① 1000
② 2000
③ 3000
④ 5000

[해설] 운반책임자의 동승
① 액화가스
  ㉠ 독성 : 1000 kg 이상   ㉡ 가연성 : 3000 kg 이상   ㉢ 조연성 : 6000 kg 이상
② 압축가스
  ㉠ 독성 : 100 m³ 이상   ㉡ 가연성 : 300 m³ 이상   ㉢ 조연성 : 600 m³ 이상

정답 21. ① 22. ① 23. ③

24

배관 표지판은 배관이 설치되어 있는 경로에 따라 배관위치를 정확히 알 수 있도록 설치하여야 한다. 지상에 설치된 배관은 표지판을 몇 m 이하의 간격으로 설치하여야 하는가?

① 100
② 300
③ 500
④ 1000

해설 표지판설치 : 1km 이하의 간격으로 설치

25

도시가스사용시설에서 도시가스 배관의 표시등에 대한 기준으로 틀린 것은?

① 지하에 매설하는 배관은 그 외부에 사용가스명, 최고사용압력, 가스의 흐름방향을 표시한다.
② 지상배관은 부식방지 도장 후 황색으로 도색한다.
③ 지하매설배관은 최고사용압력이 저압인 배관은 황색으로 한다.
④ 지하매설배관은 최고사용압력이 중압이상인 배관은 적색으로 한다.

해설 지상에 설치하는 배관

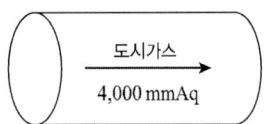

① 최고사용압력 : 4,000 mmAq
② 가스 흐름방향 : →
③ 사용가스명 : 도시가스

26

LP가스 충전설비의 작동 상황 점검주기로 옳은 것은?

① 1일 1회 이상
② 1주일 1회 이상
③ 1월 1회 이상
④ 1년 1회 이상

해설 LP가스 충전설비의 작동상황 점검주기 : 1일 1회 이상

정답 24. ④ 25. ① 26. ①

27
독성가스의 충전용기를 차량에 적재하여 운반 시 그 차량의 앞뒤 보기 쉬운 곳에 반드시 표시해야 할 사항이 아닌 것은?

① 위험 고압가스
② 독성가스
③ 위험을 알리는 도형
④ 제조회사

해설 독성가스충전용기 차량 적재 시 차량의 앞뒤 보기 쉬운 곳에 반드시 표시해야 할 사항
① 위험고압가스 ② 독성가스 ③ 위험을 알리는 도형

28
일반도시가스사업 정압기실에 설치되는 기계환기설비 중 배기구의 관경은 얼마 이상으로 하여야 하는가?

① 10 cm
② 20 cm
③ 30 cm
④ 50 cm

해설 일반도시가스 정압기실에 설치하는 기계환기설비 중 배기구의 관경은 10 cm 이상으로 한다.

29
LPG 자동차에 고정된 용기충전시설에서 저장탱크의 물분무장치는 최대수량을 몇 분 이상 연속해서 방사할 수 있는 수원에 접속되어 있도록 하여야 하는가?

① 20분
② 30분
③ 40분
④ 60분

해설 물분무장치는 최대수량을 30분 이상 연속해서 방사할 수 있는 수원에 접속

30
가연성 물질을 공기로 연소시키는 경우 공기 중의 산소농도를 높게 하면 연소속도와 발화온도는 어떻게 변하는가?

① 연소속도는 빠르게 되고, 발화온도는 높아진다.
② 연소속도는 빠르게 되고, 발화온도는 낮아진다.
③ 연소속도는 느리게 되고, 발화온도는 높아진다.
④ 연소속도는 느리게 되고, 발화온도는 낮아진다.

해설 산소 농도를 높게 하면 연소속도와 발화온도와의 관계 : 연소속도는 빠르게 되고 발화온도는 낮아진다.

정답 27. ④ 28. ① 29. ② 30. ②

31
다음 중 공기보다 가벼운 가스는?
① O_2
② SO_2
③ CO
④ CO_2

해설 ➡ 공기의 비중

① O_2(산소) : $\dfrac{32\,g}{29\,g} = 1.103$

② SO_2(아황산가스) : $\dfrac{64\,g}{29\,g} = 2.206$

③ CO(일산화탄소) : $\dfrac{28\,g}{29\,g} = 0.965$

④ CO_2(이산화탄소) : $\dfrac{44\,g}{29\,g} = 1.52$

32
열역학적 계(system)가 주위와의 열교환을 하지 않고 진행되는 과정을 무슨과정이라고 하는가?
① 단열과정
② 등온과정
③ 등압과정
④ 등적과정

해설 ➡ 단열과정 : 주위와의 열교환을 하지않고 진행되는 과정

33
다음 LNG와 SNG에 대한 설명으로 옳은 것은?
① 액체 상태의 나프타를 LNG라고 한다.
② SNG는 대체 천연가스 또는 합성 천연가스를 말한다.
③ LNG는 액화석유가스를 말한다.
④ SNG는 각종 도시가스의 총칭이다.

해설 ➡ · LPG : 액화석유가스
· LNG : 액화천연가스
· SNG : 대체천연가스

정답 31. ③ 32. ① 33. ②

34

암모니아에 대한 설명 중 틀린 것은?

① 무색, 무취의 가스이다.
② 물에 잘 용해된다.
③ 비료의 제조에 이용된다.
④ 암모니아가 분해하면 질소와 수소가 된다.

[해설] 무색의 자극성의 기체이다.

35

$CH_4+Cl_2 \rightarrow CH_3Cl+HCl$, $CH_3Cl+Cl_2 \rightarrow CH_2Cl_2+HCl$와 같은 반응은 어떤 반응인가?

① 첨가
② 치환
③ 중합
④ 축합

[해설] 두 물질이 반응하여 다른 화합물을 만드는 반응

36

다음 중 1기압(1atm)과 같지 않은 것은?

① 760 mmHg
② 0.9807 bar
③ 10.332 mH$_2$O
④ 101.3 kPa

[해설] 1기압
= 1 atm = 1.0332 kg/cm^2 = 10,332 kg/cm^2
= 1033.2 g/cm^2 = 76 cmHg = 760 mmHg
= 0.76 mHg = 10.332 mH$_2$O = 1033.2 cmH$_2$O
= 10332 mmH$_2$O = 29.92 mHgO = 14.7 PSI
= 1.013 bar = 1013 mbar = 101325 Pa
= 101325 N/m^2 = 101.325 kPa = 0.10332 MPa

37

다음 가스의 일반적인 성질에 대한 설명으로 옳은 것은?

① 질소는 안정된 가스로 불활성가스라고도 하며 고온, 고압에서도 금속과 화합하지 않는다.
② 산소는 액체공기를 분류하여 제조하는 반응성이 강한 가스로 그 자신이 잘 연소한다.
③ 염소는 반응성이 강한 가스로 강재에 대하여 상온, 건조한 상태에서도 현저한 부식성을 갖는다.
④ 아세틸렌은 은(Ag), 수은(Hg) 등의 금속과 반응하여 폭발성물질을 생성한다.

정답 34. ① 35. ② 36. ② 37. ④

38

다음 중 같은 조건하에서 기체의 확산속도가 가장 느린 것은?

① O_2
② CO_2
③ C_3H_8
④ C_4H_{10}

해설 분자량이 적을수록 기체의 확산속도는 빠르다.
① O_2 : 16×2=32g
② CO_2 : 12+16×2=44g
③ C_3H_8 : 12×3+8=44g
④ C_4H_{10} : 12×4+10=58g

39

다음 중 NH_3의 용도가 아닌 것은?

① 요소제조
② 질산제조
③ 유안제조
④ 포스겐제조

해설 암모니아의 용도
① 냉매 ② 요소제조 ③ 질산제조 ④ 유안제조

40

국제단위계는 7가지의 SI기본단위로 구성된다. 다음 중 기본량과 SI기본단위가 틀리게 짝지어진 것은?

① 질량–킬로그램(kg)
② 길이–미터(m)
③ 시간–초(s)
④ 몰질량–몰(mole)

해설 ① 길이 : 미터(m) ② 질량 : 킬로그램(kg)
③ 시간 : 세크(sec) ④ 전류 : 암페어(A)
⑤ 물질량 : 몰(mole) ⑥ 온도 : 켈빈(K)
⑦ 광도 : 칸델라(Cd)

정답 38. ④ 39. ④ 40. ④

41 다음은 탄화수소(CmHn)의 완전연소식 에서 괄호안에 알맞은 것은?

$$C_mH_n + (m + \frac{n}{4}) O_2 \rightarrow mCO_2 + (\quad)H_2O$$

① n/2 ② m/2
③ m ④ n

[해설] $C_mH_n + (m + \frac{n}{4})O_2 \rightarrow mCO_2 + \frac{m}{2} H_2O$

42 1몰의 프로판을 완전 연소시키는데 필요한 산소의 몰수는?
① 3몰 ② 4몰
③ 5몰 ④ 6몰

[해설] 프로판의 완전연소 반응식 : $1C_3H_8 + 5O_2 \rightarrow 3CO_2 + 4H_2O$

43 고압가스의 성질에 따른 분류가 아닌 것은?
① 가연성 가스 ② 액화 가스
③ 조연성 가스 ④ 불연성 가스

[해설] 고압가스 성질에 따른 분류
① 가연성 가스 ② 조연성 가스 ③ 불연성 가스

44 어떤 물질의 고유의 양으로 측정하는 장소에 따라 변함이 없는 물리량은?
① 질량 ② 중량 ③ 부피 ④ 밀도

[해설] 어떤 물질의 고유의 양으로 측정하는 장소에 따라 변함이 없는 물리량 : 질량

정답 41. ② 42. ③ 43. ② 44. ①

45

프로판가스 224 L가 완전 연소하면 약 몇 kcal의 열이 발생되는가? (단, 표준상태기준이며, 1 mol당 발열량은 530 kcal이다.)

① 530
② 1060
③ 5300
④ 12000

해설) C_3H_8 + $5O_2$ → $3CO_2$ + $4H_2O$ + 530 kcal/mol
22.4 ℓ   5×22.4 ℓ   3×22.4 ℓ   4×22.4 ℓ

∴ 22.4 ℓ = 530 kcal/mol
    224 ℓ = x

$$x = \frac{224\,\ell \times 530\,\text{kcal/mol}}{22.4\,\ell} = 5300$$

46

빙점 이하의 낮은 온도에서 사용되며 LPG탱크, 저온에도 인성이 감소되지 않는 화학공업 배관 등에 주로 사용되는 관의 종류는?

① SPLT
② SPHT
③ SPPH
④ SPPS

해설) 배관용강관
① SPP(배관용탄소강관) : 사용압력이 10 kg/cm² 이하인 물, 증기, 기름에 사용
② SPPS(압력배관용탄소강관) : 사용압력이 10 kg/cm² 이상 100 kg/cm² 미만
③ SPHT(고온배관용탄소강관) : 350℃ 이상시 사용
④ SPLT(저온배관용탄소강관) : 빙점 이하의 관에 사용, 주로 화학공업 배관에 사용

47

가스관(강관)의 특징으로 틀린 것은?

① 구리관보다 강도가 높고 충격에 강하다.
② 관의 치수가 큰 경우 구리관보다 비경제적이다.
③ 관의 접합 작업이 용이하다.
④ 연관이나 주철관에 비해 가볍다.

해설) 강관의 특징
① 관의 치수가 큰 경우 구리관보다 경제적이다.
② 관의 접합작업이 용이하다.
③ 연관이나 주철관에 비해 가볍다.
④ 구리관보다 강도가 높고 충격에 강하다.

정답) 45. ③   46. ①   47. ②

48
송수량 12000 L/min, 전양정 45 m인 볼류트 펌프의 회전수를 1000 rpm에서 1100 rpm으로 변화시킨 경우 펌프의 축동력은 약 몇 PS 인가? (단, 펌프의 효율은 80%)

① 165 ② 180 ③ 200 ④ 250

해설〉 $PS = \dfrac{r \times Q \times H}{75 \times E \times 60} = \dfrac{1000 \times 12 \times 45}{75 \times 0.8 \times 60} = 150 \text{ PS}$

상사법칙 적용 $= 150 \times \left(\dfrac{1100}{1000}\right)^3 = 199.65 \text{ PS}$

49
가스버너의 일반적인 구비조건으로 옳지 않은 것은?
① 화염이 안정될 것
② 부하조절비가 적을 것
③ 저공기비로 완전 연소할 것
④ 제어하기 쉬울 것

50
서로 다른 두 종류의 금속을 연결하여 폐회로를 만든 후, 양접점에 온도차를 두면 금속 내에 열기전력이 발생하는 원리를 이용한 온도계는?
① 광전관식 온도계
② 바이메탈 온도계
③ 서미스터 온도계
④ 열전대 온도계

해설〉 열전대온도계(제백효과이용)
서로 다른 두 종류의 금속을 연결하여 폐회로를 만든 후, 양접점에 온도차를 두면 금속 내에 열기전력이 발생하는 원리를 이용

51
다음 중 주철관에 대한 접합법이 아닌 것은?
① 기계적 접합
② 소켓 접합
③ 플레어 접합
④ 빅토리 접합

해설〉 주철관의 접합법
① 소켓 접합
② 기계적 접합
③ 빅토리 접합
④ 타이톤 접합

정답 48. ③ 49. ② 50. ④ 51. ③

52
배관 속을 흐르는 액체의 속도를 급격히 변화시키면 물이 관벽을 치는 현상이 일어나는데 이런 현상을 무엇이라 하는가?

① 캐비테이션 현상
② 워터햄머링 현상
③ 서징현상
④ 맥동현상

해설
① 수격작용(워터햄머링 현상) : 배관 속에 흐르는 액체의 속도를 급격히 변화시키면 물이 관벽을 치는 현상
② 서장현상(맥동현상) : 송출압력과 송출유량의 주기적인 변동으로 인하여 펌프 입구 및 출구에 설치된 진공계 및 압력계 지침이 흔들리는 현상
③ 캐비테이션
  ㉠ 유수 중에 어느 부분의 정압이 그때 물의 온도에 해당하는 증기압 이하로 되어 물이 증발을 일으키고 수중에 용입되어 있던 공기가 낮은 압력으로 인하여 기포가 발생하는 현상
  ㉡ 급격한 압력강하로 인하여 액체로부터 기포가 분리되면서 진동이나 소음을 발생하는 현상

53
수소와 염소에 직사광선이 작용하여 폭발하였다. 폭발의 종류는?

① 산화폭발
② 분해폭발
③ 중합폭발
④ 촉매폭발

해설 촉매폭발(직사일광에 의한 폭발)
① 염소와 수소
② 염소와 암모니아
③ 염소와 아세틸렌

54
40L의 질소 충전용기에 20°C, 150atm의 질소가스가 들어있다. 이 용기의 질소분자의 수는 얼마인가? (단, 아보가드로수는 6.02×10^{23} 이다.)

① 4.8×10^{21}
② 1.5×10^{24}
③ 2.4×10^{24}
④ 1.5×10^{26}

해설 $PV = nRT$

$$n = \frac{PV}{RT} = \frac{150 \times 40}{0.082 \times (273+20)} = 249.729 \times 6.02 \times 10^{23} = 1.5 \times 10^{26}$$

정답 52. ② 53. ④ 54. ④

55 LP가스가 누출될 때 감지할 수 있도록 첨가하는 냄새가 나는 물질의 측정방법이 아닌 것은?
① 유취실법
② 주사기법
③ 냄새주머니법
④ 오더(odor)미터법

해설 냄새가 나는 물질의 측정방법
① 오더미터 법
② 주사기법
③ 냄새주머니법

56 다음 [보기]와 관련 있는 분석방법은?

[보기]
• 쌍극자모멘트의 알짜변화
• 진동 짝지움
• Nernst 백열등
• Fourier 변환분광계

① 질량분석법
② 흡광광도법
③ 적외선 분광분석법
④ 킬레이트 적정법

해설 적외선 분광분석법
① 진동 짝지움
② Fourier 변환분광계
③ Nernst 백열등
④ 쌍극자모멘트의 알짜변화

57 압축된 가스를 단열 팽창시키면 온도가 강하하는 것은 어떤효과에 해당하는가?
① 줄-톰슨효과
② 단열효과
③ 블로워 효과
④ 서징효과

해설 줄-톰슨효과 : 압축된 가스를 단열·팽창시키면 온도와 압력이 내려간다.

정답 55. ① 56. ③ 57. ①

58

증기압축식 냉동기에서 냉매가 순환되는 경로로 옳은 것은?

① 압축기 → 증발기 → 응축기 → 팽창밸브
② 증발기 → 응축기 → 압축기 → 팽창밸브
③ 증발기 → 팽창밸브 → 응축기 → 압축기
④ 압축기 → 응축기 → 팽창밸브 → 증발기

해설 ☞ 증기압축기 냉동기에서 냉매가 순환되는 경로 : 압축기 → 응축기 → 팽창밸브 → 증발기

59

다음 중 저온 단열법이 아닌 것은?

① 분말섬유 단열법
② 고진공 단열법
③ 다층진공 단열법
④ 분말진공 단열법

해설 ☞ 저온단열법
① 고진공 단열법
② 분말진공단열법 : 퍼얼라이트, 규조토, 알루미늄분말
③ 다층진공단열법

60

요오드화 칼륨지(KI전분지)를 이용하여 어떤가스의 누출여부를 검지한 결과 시험지가 청색으로 변하였다. 이때 누출된 가스의 명칭은?

① 시안화수소
② 아황산가스
③ 염소
④ 황화수소

해설 ☞ 시험지명 및 변색상태
· 암모니아 : 적색리트머스 시험지 : 청색
· 염소 : KI전분지 : 청색
· 시안화수소 : 질산구리벤젠지 : 청색
· 일산화탄소 : 염화파라듐지 : 흑색
· 황화수소 : 연당지(초산납시험지) : 흑색
· 포스겐 : 하리슨시험지 : 심등색(오렌지색)
· 아세틸렌 : 염화제1동착염지 : 적색
· 아황산가스 : 암모니아 적신헝겊 : 흰연기

정답 58. ④ 59. ① 60. ③

가스기능사 모의고사문제

01 고압가스의 분출에 대하여 정전기가 가장 발생되기 쉬운 경우는?
① 가스가 충분히 건조되어 있을 경우
② 가스 속에 고체의 미립자가 있을 경우
③ 가스의 분자량이 작은 경우
④ 가스의 비중이 큰 경우

해설 → 가스 속에 고체의 미립자가 있을 경우 정전기 발생이 쉽다.

02 다음 중 지진감지장치를 반드시 설치하여야 하는 도시가스 시설은?
① 가스도매사업자 인수기지
② 가스도매사업자 정압기지
③ 일반도시가스사업자 제조소
④ 일반도시가스사업자 정압기

해설 → 지진감지장치를 반드시 설치해야 하는 곳 : 가스도매사업자 정압기지

03 가정에서 액화석유가스(LPG)가 누출될 때 가장 쉽게 식별 할 수 있는 방법은?
① 냄새로서 식별
② 리트머스 시험지 색깔로 식별
③ 누출 시 발생되는 흰색 연기로 식별
④ 성냥 등으로 점화시켜 봄으로써 식별

해설 → 액화석유가스 누출시 냄새로 식별한다.

정답 01. ② 02. ② 03. ①

04

고압가스 용기에 사용되는 강의 성분원소 중 탄소, 인, 황 및 규소의 작용에 대한 설명으로 옳지 않은 것은?

① 탄소량이 증가하면 인장강도는 증가한다.
② 황은 적열취성의 원인이 된다.
③ 인은 상온취성의 원인이 된다.
④ 규소량이 증가하면 충격치는 증가한다.

해설 ① 탄소량이 증가하면 인장강도, 경도, 항복점 증가하고 연신율, 단면수축률, 인성, 연성, 전성, 충격값 감소
② 황은 적열취성의 원인
③ 인은 상온취성, 청열취성의 원인
④ 규소량이 증가하면 충격치는 감소한다.

05

도시가스시설의 설치공사 또는 변경공사를 하는 때에 이루어지는 전공정 시공감리 대상은?

① 도시가스사업자외의 가스공급시설설치자의 배관 설치공사
② 가스도매사업자의 가스공급시설 설치공사
③ 일반도시가스사업자의 정압기 설치공사
④ 일반도시가스사업자의 제조소 설치공사

해설 도시가스시설의 설치공사 또는 변경공사를 하는 때에 이루어지는 전공정 시공감리 대상
도시가스사업자 외의 가스공급시설 설치자의 배관설치공사

06

방류둑의 성토 윗부분의 폭은 얼마 이상으로 규정되어 있는가?

① 30cm 이상 ② 50cm 이상
③ 100cm 이상 ④ 120cm 이상

해설 방류둑 성토 윗부분의 폭 : 30 cm 이상

정답 04. ④ 05. ① 06. ①

07 내화구조의 가연성가스 저장탱크에서 탱크 상호간의 거리가 1m 또는 두 저장 탱크의 최대지름을 합산한 길이의 1/4 길이 중 큰 쪽의 거리를 유지하지 못한 경우 물분무장치의 수량기준으로 옳은 것은?

① $4L/m^2 \cdot min$
② $5L/m^2 \cdot min$
③ $6.5L/m^2 \cdot min$
④ $8L/m^2 \cdot min$

해설 ➔ 노출된 경우 : $8L/m^2 \cdot min$, 내화구조 : $4L/m^2 \cdot min$, 준내화구조 : $6.5L/m^2 \cdot min$

08 다음 중 아세틸렌의 폭발과 관계가 없는 것은?

① 산화폭발
② 중합폭발
③ 분해폭발
④ 화합폭발

해설 ➔ ① 산화폭발 : $C_2H_2 + 2.5O_2 \rightarrow 2CO_2 + H_2O$
② 분해폭발 : $C_2H_2 \rightarrow 2C + H_2$
③ 화합폭발 : $C_2H_2 + 2Cu \rightarrow Cu_2C_2 + H_2$
$C_2H_2 + 2Ag \rightarrow Ag_2C_2 + H_2$
$C_2H_2 + 2Hg \rightarrow Hg_2C_2 + H_2$

09 다음 각 가스의 공업용 용기 도색이 옳지 않게 짝지어진 것은?

① 질소(N_2) – 회색
② 수소(H_2) – 주황색
③ 액화암모니아(NH_3) – 백색
④ 액화염소(Cl_2) – 황색

해설 ➔ 공업용 용기 도색
<u>청</u>탄산 <u>산</u>녹에서 <u>황</u>아체 안주삼아 <u>수주</u>잔 높이 들고 <u>백암</u>산 바라보니 <u>염</u>소는 갈색으로
① ② ③ ④ ⑤ ⑥
보이고 <u>쥐</u>들은 <u>기타</u>를 치더라.
⑦

① 탄산가스 : 청색
② 산소 : 녹색
③ 아세틸렌 : 황색
④ 수소 : 주황
⑤ 암모니아 : 백색
⑥ 염소 : 갈색
⑦ 기타 : 쥐색(회색)

정답 07. ① 08. ② 09. ④

10
차량에 고정된 저장탱크로 염소를 운반할 때 용기의 내용적(L)은 얼마 이하가 되어야 하는가?
① 10000　　　　　　　② 12000
③ 15000　　　　　　　④ 18000

해설 용기 내용적
① 독성 : 12,000 l 이하(암모니아 제외)
② 가연성, 산소 : 18,000 l 이하(LPG 제외)

11
다음 가스 중 이중관 구조로 하지 않아도 되는 것은?
① 아황산가스　　　　② 산화에틸렌
③ 염화메탄　　　　　④ 브롬화메탄

해설 ① 포스겐, 황화수소, 시안화수소, 아황산가스, 산화에틸렌, 염화메탄, 염소
② 이중관의 규격 : 2중관의 바깥층관 안지름은 안층관 바깥지름의 1.2배 이상

12
압송기 출구에서 도시가스의 연소성을 측정한 결과 총발열량이 10700kcal/m³, 가스비중이 0.56이었다. 웨베지수(WI)는 얼마인가?
① 14298　　　　　　　② 19107
③ 1.8　　　　　　　　④ 6.9×10⁻⁵

해설 웨버지수 = $\dfrac{H_g}{\sqrt{d}} = \dfrac{10700}{\sqrt{0.56}} = 14298.47$

13
가스분석방법 중 연소 분석법에 해당되지 않는 것은?
① 완만 연소법　　　　② 분별 연소법
③ 폭발법　　　　　　④ 크로마토그래피법

해설 가스분석법 중 연소분석법
① 폭발법　② 분별연소법　③ 완만연소법

정답 10. ②　11. ④　12. ①　13. ④

14
다음 특정설비 중 재검사 대상에서 제외되는 것이 아닌 것은?
① 역화방지장치
② 자동차용 가스 자동주입기
③ 차량에 고정된 탱크
④ 독성가스 배관용 밸브

해설) 특정설비에서 재검사 대상
① 독성가스 배관용 밸브
② 자동차용 가스자동주입기
③ 역화방지장치
④ 저장탱크
⑤ 긴급차단장치
⑥ 안전밸브
⑦ 기화장치
⑧ 자동차용가스자동주입기
⑨ 독성가스용배관용밸브
⑩ LPG잔류가스회수장치
⑪ 특정고압가스실린더캐비넷

15
독성가스용 가스누출검지경보장치의 경보농도 설정치는 얼마 이하로 정해져 있는가?
① ±5%
② ±10%
③ ±25%
④ ±30%

해설) ① 가연성 가스용 : ±25% 이하
② 독성가스용 : ±30% 이하

16
다음 중 가장 높은 압력을 나타내는 것은?
① 101.325kPa
② 10.33mH$_2$O
③ 1013hPa
④ 30.69psi

해설) 압력이 높은 순서
① 101.325 kPa
② 101.325 kPa = 10.332 mH$_2$O
　　　x = 10.33 mH$_2$O
$$x = \frac{101.325 \text{ kPa} \times 10.33 \text{ mH}_2\text{O}}{10.332 \text{ mH}_2\text{O}} = 101.305 \text{ kPa}$$
③ 101.325 kPa = 14.7 PSI
　　　x = 30.69 PSI
$$x = \frac{101.325 \times 30.69}{14.7 \text{ PSI}} = 211.54 \text{ kPa}$$

정답 14. ③ 15. ④ 16. ④

17
일정한 압력에서 20℃인 기체의 부피가 2배 되었을 때의 온도는 몇 ℃인가?
① 293　　② 313
③ 323　　④ 486

해설 $\dfrac{V_1}{T_1} = \dfrac{V_2}{T_2}$, $T_2 = \dfrac{T_1 \times V_2}{V_1} = \dfrac{(273+20) \times 2}{1} = 586\,\text{K} - 273 = 313\,°\text{C}$

18
고압가스(산소, 아세틸렌, 수소)의 품질검사 주기의 기준은?
① 1월 1회 이상　　② 1주 1회 이상
③ 3일 1회 이상　　④ 1일 1회 이상

해설 산소, 아세틸렌, 수소의 품질검사 주기 : 1일 1회 이상

19
가스분석 시 이산화탄소 흡수제로 주로 사용되는 것은?
① NaCl　　② KCl
③ KOH　　④ Ca(OH)$_2$

해설 오르잣트분석
① CO_2 : KOH 30%수용액
② O_2 : 알카리성 피롤카롤용액
③ CO : 암모니아성 염화제1동용액

20
이동식부탄연소기의 용기연결방법에 따른 분류가 아닌 것은?
① 카세트식　　② 직결식
③ 분리식　　　④ 일체식

해설 이동식 부탄연소기의 용기연결방법에 따른 분류
① 카세트식　② 직결식　③ 분리식

정답 17. ②　18. ④　19. ③　20. ④

21
파일럿 정압기 중 구동압력이 증가하면 개도도 증가하는 방식으로서 정특성, 동특성이 양호하고 비교적 컴팩트한 구조의 로딩형 정압기는?
① Fisher 식　　　　　　② axial flow 식
③ Reynolds 식　　　　　④ KRF 식

해설 피셔식 정압기 : 구동압력이 증가하면 개도도 증가하는 방식으로서 정특성, 동특성이 양호하고 비교적 컴팩트한 구조

22
천연가스 발열량이 10400kcal/Sm³이다. SI 단위인 MJ/Sm³으로 나타내면?
① 24.7　　　② 43.69　　　③ 2478　　　④ 43680

해설
① $1MJ = 10^6 J$
② $1kcal = 4186J$
　$10,400kcal = x$
$x = \dfrac{10,400 \times 4186}{1kcal} = 43534400J \div 10^6 J/MJ = 43.53MJ$

23
다음 중 흡수 분석법의 종류가 아닌 것은?
① 헴펠법　　　　　　② 활성알루미나겔법
③ 오르자트법　　　　④ 게겔법

해설 흡수 분석법
　① 오르자트법　② 헴펠법　③ 게겔법

24
액화석유가스 충전사업자의 영업소에 설치하는 용기저장소 용기보관실 면적의 기준은?
① 9m² 이상　　　　　② 12m² 이상
③ 19m² 이상　　　　　④ 21m² 이상

해설 충전사업자의 영업소에 설치하는 용기저장소 용기보관실 면적 : 19m² 이상

정답 21. ①　22. ②　23. ②　24. ③

25

아황산가스의 제독제로 갖추어야 할 것이 아닌 것은?

① 가성소다수용액　　　② 소석회
③ 탄산소다수용액　　　④ 물

해설 제독제
① 염소 : 소석회, 가성소다, 탄산소다(620, 670, 870kg)
② 포스겐 : 가성소다, 소석회(390, 360kg)
③ 황화수소 : 가성소다, 탄산소다(1140, 1500kg)
④ 시안화수소 : 가성소다(250kg)
⑤ 아황산가스 : 물, 가성소다(530kg), 탄산가스(700kg)
⑥ 암모니아, 산화에틸렌, 염화메탄 : 다량의 물

26

아세틸렌이 은, 수은과 반응하여 폭발성의 금속 아세틸라이드를 형성하여 폭발하는 형태는?

① 분해폭발　　② 화합폭발　　③ 산화폭발　　④ 압력폭발

해설 화합폭발
① $C_2H_2 + 2Cu \rightarrow Cu_2C_2 + H_2$
② $C_2H_2 + 2Ag \rightarrow Ag_2C_2 + H_2$
③ $C_2H_2 + 2Hg \rightarrow Hg_2C_2 + H_2$

27

도시가스사업법에 정한 중압의 기준은?

① 0.1MPa 미만의 압력　　　② 0.1MPa 이상 1MPa 미만의 압력
③ 1MPa 이상의 압력　　　　④ 1.5MPa 이상의 압력

해설 도시가스의 압력 기준
① 저압 : 0.1 MPa 미만
② 중압 : 0.1 MPa 이상 1 MPa 미만
③ 고압 : 1 MPa 이상

정답 25. ② 　26. ② 　27. ②

28
"모든 기체 1몰의 체적(V)은 같은 온도(T), 같은 압력(P)에서 모두 일정하다."을 설명하는 법칙은?

① Dalton의 법칙　　② Henry의 법칙
③ Avogadro의 법칙　　④ Hess의 법칙

해설 아보가드로 법칙
표준상태에서 모든 기체의 체적은 1mol당 22.4L이고 분자수는 6.02×10^{23}개다.

29
주로 탄광 내에서 CH_4의 발생을 검출하는데 사용되며 청염(푸른 불꽃)의 길이로써 그 농도를 알 수 있는 가스 검지기는?

① 안전등형　　② 간섭계형
③ 열선형　　④ 흡광 광도형

해설 ① 안전등형 : 주로 탄광내에서 CH_4의 발생을 검출하고 푸른 불꽃의 길이로서 그 농도를 알 수 있음
② 간섭계형 : 가스의 굴절률 차를 이용 측정, 가연성가스·메탄의 농도 측정

30
다음 가스 분석 중 화학분석법에 속하지 않는 방법은?

① 가스크로마토그래피법　　② 중량법
③ 분광광도법　　④ 요오드적정법

해설 화학분석법
　① 중량법　　② 분광광도법　　③ 요오드적정법
참고 기기분석법 : 가스크로마토그래피

정답 28. ③　29. ①　30. ①

31 액화석유가스의 냄새측정 기준에서 사용하는 용어에 대한 설명으로 옳지 않은 것은?
① 시험가스란 냄새를 측정할 수 있도록 액화석유가스를 기화시킨 가스를 말한다.
② 시험자란 미리 선정한 정상적인 후각을 가진 사람으로서 냄새를 판정하는 자를 말한다.
③ 시료기체란 시험가스를 청정한 공기로 희석한 판정용 기체를 말한다.
④ 희석배수란 시료기체의 양을 시험가스의 양으로 나눈 값을 말한다.

해설 › 시험자 : 냄새농도 측정에 있어서 희석조작을 하여 냄새농도를 측정하는 자

32 다음 중 엔트로피의 단위는?
① kcal/h
② kcal/kg
③ kcal/kg · m
④ kcal/kg · K

해설 › $\triangle s = \dfrac{\triangle Q}{T} = \dfrac{kcal/kg}{K} = kcal/kg \cdot K$

33 수분이 존재할 때 일반 강재를 부식시키는 가스는?
① 황화수소
② 수소
③ 일산화탄소
④ 질소

해설 › 수분과 존재 시 강재를 부식시키는 가스
① 황화수소 ② 염소 ③ 아황산가스 ④ 탄산가스 ⑤ 포스겐

34 가스를 그대로 대기 중에 분출시켜 연소에 필요한 공기를 전부 불꽃의 주변에서 취하는 연소방식은?
① 적화식
② 분젠식
③ 세미분젠식
④ 전1차공기식

해설 › 적화식 : 가스를 그대로 대기 중에 분출시켜 연소에 필요한 공기를 전부 불꽃의 주변에서 취하는 연소방식

정답 31. ② 32. ④ 33. ① 34. ①

35
LPG나 액화가스와 같이 비점이 낮고 내압이 0.4~0.5MPa 이상인 액체에 주로 사용되는 펌프의 메카니컬 시일의 형식은?

① 더블 시일형
② 인사이드 시일형
③ 아웃사이드 시일형
④ 밸런스 시일형

[해설] (1) 밸런스 시일
  ① 내압이 4~5 kg/cm² 이상시(0.4~0.5 MPa)
  ② 하이드로 카본일 때
  ③ LPG 액화가스와 같이 낮은 비점의 액일 때
 (2) 더블 시일형
  ① 인화성 또는 유독액이 강한 액일 때
  ② 기체를 시일할 때
  ③ 보온·보냉이 필요한 때
  ④ 내부가 고진공시
  ⑤ 누설되면 응고되는 액일 때
 (3) 아웃사이드형
  ① 저응고점의 액일 때
  ② 점성계수가 100 CP(센티포아즈)를 초과하는 액일 때
  ③ 구조재 스프링재가 액의 내식성에 문제점이 있을 때
  ④ 스타핑 박스 내가 고진공시

36
다음 중 게이지압력을 옳게 표시한 것은?

① 게이지압력=절대압력-대기압
② 게이지압력=대기압-절대압력
③ 게이지압력=대기압+절대압력
④ 게이지압력=절대압력+진공압력

[해설] 절대압력＝게이지 압력+대기압
게이지압력＝절대압력-대기압
대기압＝절대압력-게이지압력

정답 35. ④ 36. ①

37 대형 저장탱크 내를 가는 스테인리스관으로 상하로 움직여 관내에서 분출하는 가스상태와 액체상태의 경계면을 찾아 액면을 측정하는 액면계로 옳은 것은?
① 슬립튜브식 액면계 ② 유리관식 액면계
③ 클링커식 액면계 ④ 플로트식 액면계

38 가연성가스를 냉매로 사용하는 냉동제조시설의 수액기에는 액면계를 설치한다. 다음 중 수액기의 액면계로 사용할 수 없는 것은?
① 환형유리관 액면계 ② 차압식 액면계
③ 초음파식 액면계 ④ 방사선식 액면계

해설 ▶ 수액기 액면계로 사용할 수 있는 것
① 초음파식 액면계
② 차압식 액면계
③ 방사선식 액면계

39 용기 신규검사에 합격된 용기 부속품 각인에서 초저온 용기나 저온용기의 부속품에 해당하는 기호는?
① LT ② PT ③ MT ④ UT

해설 ▶ 부속품기호
① PG : 압축가스를 충전하는 용기 부속품
② AG : 아세틸렌을 충전하는 용기 부속품
③ LT : 저온용기 및 초저온용기를 충전하는 용기 부속품
④ LPG : 액화석유가스를 충전하는 용기 부속품
⑤ LG : 액화석유가스외의 가스를 충전하는 용기 부속품

정답 37. ① 38. ① 39. ①

40 압축, 액화 등의 방법으로 처리할 수 있는 가스의 용적이 1일 100m³ 이상인 사업소에는 표준이 되는 압력계를 몇 개 이상 비치하여야 하는가?

① 1개　　② 2개　　③ 3개　　④ 4개

해설⊃ 압축, 액화 등의 방법으로 처리할 수 있는 가스의 용적이 1일 100 m³ 이상인 사업소에서 표준이 되는 압력계를 2개 이상 비치한다.

41 사용 압력이 2MPa, 관의 인장강도가 20kg/mm²일 때의 스케줄 번호(Sch No)는? (단, 안전율은 4로 한다.)

① 10　　　　　　　② 20
③ 40　　　　　　　④ 80

해설⊃ Sch No.$= \dfrac{P}{S} \times 10 = \dfrac{2 \times 10}{\left(\dfrac{20}{4}\right)} \times 10 = 40$

여기서, S : 허용응력 $= \dfrac{인장강도}{안전율}$

42 압축기에서 다단 압축을 하는 목적으로 틀린 것은?

① 소요 일량의 감소　　② 이용 효율의 증대
③ 힘의 평형 향상　　　④ 토출온도 상승

해설⊃ 압축기에서 다단 압축을 하는 목적
① 소요 일량의 감소
② 가스의 온도상승을 피할 수 있다.
③ 힘의 평형 향상
④ 이용효율의 증대

정답　40. ②　41. ③　42. ④

43

오리피스 유량계는 어떤 형식의 유량계인가?

① 차압식   ② 면적식   ③ 용적식   ④ 터빈식

해설

차압식 유량계	용적식 유량계	면적식 유량계
① 벤투리미터 ② 오리피스미터 ③ 플로우미터	① 습식 ② 건식 ③ 오우벌식 ④ 루츠식 ⑤ 로터리피스톤	① 로터미터

44

금속재료의 저온에서의 성질에 대한 설명으로 가장 거리가 먼 것은?

① 강은 암모니아 냉동기용 재료로서 적당하다.
② 탄소강은 저온도가 될수록 인장강도가 감소한다.
③ 구리는 액화분리장치용 금속재료로서 적당하다.
④ 18-8 스테인리스강은 우수한 저온장치용 재료이다.

해설 탄소강은 저온도가 될수록 인장강도가 증가한다.

45

액화산소 저장탱크 저장능력이 $1000m^3$일 때 방류둑의 용량은 얼마 이상으로 설치하여야 하는가?

① $400\ m^3$ ② $500\ m^3$ ③ $600\ m^3$ ④ $1000\ m^3$

해설 액화산소는 저장탱크 저장능력의 60% 이상으로 한다.
∴ $1,000\ m^3 \times 0.6 = 600m^3$

정답 43. ①   44. ②   45. ③

46
오르자트법으로 시료가스를 분석할 때의 성분분석 순서로서 옳은 것은?

① $CO_2 \to O_2 \to CO$
② $CO \to CO_2 \to O_2$
③ $O_2 \to CO \to CO_2$
④ $O_2 \to CO_2 \to CO$

[해설] 오르자트법
CO_2 : KOH 30% 수용액
O_2 : 알칼리성 피로카롤 용액
CO : 암모니아성 염화제1동 용액

47
암모니아 충전용기로서 내용적이 1000L 이하인 것은 부식여유 두께의 수치가 (A) mm이고, 염소 충전용기로서 내용적이 1000L 초과하는 것은 부식여유 두께의 수치가 (B)mm이다. A 와 B에 알맞은 부식 여유치는?

① A : 1, B : 3
② A : 2, B : 3
③ A : 1, B : 5
④ A : 2, B : 5

[해설] 부식여유 두께 수치
· 암모니아 1,000 L 이하 : 1 mm
  1,000 L 초과 : 2 mm
· 염소 1,000 L 이하 : 3 mm
  1,000 L 초과 : 5 mm

48
수은을 이용한 U자관 압력계에서 액주높이(h) 600 mm, 대기압(P_1)은 1 kg/cm²일 때 P_2는 약 몇 kg/cm²인가?

① 0.22
② 0.92
③ 1.82
④ 9.16

[해설] $P_2 = P_1 + r \times h$
= 1 kg/cm² + 13.595 g/cm³ × 60 cm
= 1 kg/cm² + 815.7 g/cm² = 1.82 kg/cm²

정답 46. ① 47. ③ 48. ③

49

다음 ( )안에 들어갈 수 있는 경우로 옳지 않은 것은?

액화천연가스의 저장설비와 처리설비는 그 외면으로부터 사업소 경계까지 일정규모 이상의 안전거리를 유지하여야 한다. 이 때 사업소 경계가 ( )의 경우에는 이들의 반대편 끝을 경계로 보고 있다.

① 산 ② 호수 ③ 하천 ④ 바다

해설 ➡ 사업소 경제가 바다, 호수, 하천 그밖에 산업통상자원부 장관이 정하여 고시하는 연못 등의 경우에는 이들이 반대편 끝을 경계로 본다.

50

고압가스 특정제조시설중 비가연성 가스의 저장탱크는 몇 m^3 이상일 경우에 지진영향에 대한 안전한 구조로 설계하여야 하는가?

① 300 ② 500 ③ 1000 ④ 2000

해설 ➡ 저장탱크의 내진 구조
① 압축가스 : ㉠ 가연성, 독성 : 500m^3 이상   ㉡ 비가연성, 비독성 : 1000m^3 이상
② 액화가스 : ㉠ 가연성 : 5000kg 이상   ㉡ 비가연성, 비독성 : 10000kg 이상

51

흡수식 냉동설비의 냉동설비의 냉동능력 정의로 옳은 것은?

① 발생기를 가열하는 1시간의 입열량 3천 320kcal를 1일의 냉동능력 1톤으로 본다.
② 발생기를 가열하는 1시간의 입열량 6천 640kcal를 1일의 냉동능력 1톤으로 본다.
③ 발생기를 가열하는 24시간의 입열량 3천 320kcal를 1일의 냉동능력 1톤으로 본다.
④ 발생기를 가열하는 24시간의 입열량 6천 640kcal를 1일의 냉동능력 1톤으로 본다.

해설 ➡ • 흡수식 냉동설비의 냉동능력 : 발생기를 가열하는 1시간의 입열량 6640kcal/day를 냉동능력 1Ton으로 본다.
• 원심식 압축기의 1일 냉동능력 : 1.2kW, 3320kcal/h(1톤)

52
가연성가스의 폭발등급 및 이에 대응하는 본질안전방폭구조의 폭발등급 분류 시 사용하는 최소점화전류비는 어느 가스의 최소점화전류를 기준으로 하는가?
① 메탄　② 프로판　③ 수소　④ 아세틸렌

해설 가연성가스의 폭발등급 및 이에 대응하는 본질안전 방폭구조의 폭발등급 분류 시 사용하는 최소점화전류비는 메탄가스의 최소점화전류를 기준

53
정압기를 평가·선정할 경우 고려해야 할 특성이 아닌 것은?
① 정특성　② 동특성　③ 유량특성　④ 압력특성

해설 정압기를 평가·선정할 경우 고려해야 할 특성
① 정특성 : 유량과 2차압력의 관계
② 동특성 : 부하변동에 대한 응답의 신속성과 안정성
③ 유량특성 : 메인밸브의 열림과 유량과의 관계
④ 사용최대차압 및 최소차압

54
실제기체가 이상기체의 상태식을 만족시키는 경우는?
① 압력과 온도가 높을 때
② 압력과 온도가 낮을 때
③ 압력이 높고 온도가 낮을 때
④ 압력이 낮고 온도가 높을 때

해설 실제기체가 이상기체의 상태식을 만족시키는 경우 : 압력이 낮고 온도가 높을 때

55
가스의 폭발한계에 대한 설명으로 틀린 것은?
① 메탄계 탄화수소가스의 폭발한계는 압력이 상승함에 따라 넓어진다.
② 가연성가스에 불활성가스를 첨가하면 폭발범위는 좁아진다.
③ 가연성가스에 산소를 첨가하면 폭발범위는 넓어진다.
④ 온도가 상승하면 폭발하한은 올라간다.

해설 가스의 폭발한계
① 온도가 상승하면 폭발하한은 내려간다.
② 가연성 가스에 산소를 첨가하면 폭발범위는 넓어진다.
③ 가연성 가스에 불활성 가스를 첨가하면 폭발범위는 좁아진다.
④ 메탄계 탄화수소가스의 폭발한계는 압력이 상승함에 따라 넓어진다.

정답 52. ①　53. ④　54. ④　55. ④

56 액주식 압력계에 사용되는 액체의 구비조건으로 틀린 것은?
① 화학적으로 안정되어야 한다.
② 모세관 현상이 없어야 한다.
③ 점도와 팽창계수가 작아야 한다.
④ 온도변화에 의한 밀도변화가 커야 한다.

해설 ▶ 액주식 압력계에 사용되는 액체의 구비조건
① 온도변화에 의한 밀도변화가 적어야 한다.
② 점도와 팽창계수가 작아야한다.
③ 모세관 현상이 없어야 한다.
④ 화학적으로 안정되어야 한다.

57 다음 중 제백효과(Seebeck effect)를 이용한 온도계는?
① 열전대 온도계　　② 광고 온도계
③ 서미스터 온도계　　④ 전기저항 온도계

해설 ▶ 열전대 온도계 : 제백효과를 이용한 온도계로서 열기전력을 이용

58 도시가스 사용 시설 중 20A가스관에 대한 고정장치의 간격으로 옳은 것은?
① 1m　　② 2m　　③ 3m　　④ 4m

해설 ▶ 배관의 고정
① 관경이 13mm미만 : 1m마다
② 관경이 13mm이상 33mm미만 : 2m마다
③ 관경이 33mm이상 : 3m마다

정답 56. ④　57. ①　58. ②

59 액화염소가스 1400kg을 50L인 용기에 충전하려면 몇 개의 용기가 필요한가? (단, 액화염소가스의 정수는 0.8이다)
① 20   ② 23
③ 25   ④ 28

해설 $G = \dfrac{V}{C} = \dfrac{50}{0.8} = 62.5 \text{kg}/1개$

1개 = 62.5kg

∴ $X = \dfrac{1개 \times 1400\,\text{kg}}{62.5\,\text{kg}} = 22.4개$

60 단열공간 양면간에 복사방지용 실드판으로서의 알루미늄박과 글라스울을 서로 다수 포개어 고진공 중에 둔 단열법은?
① 상압 단열법   ② 고진공 단열법
③ 다층진공 단열법   ④ 분말진공 단열법

해설 다층진공 단열법 : 단열공간 양면간에 복사방지용 실드판으로서의 알루미늄박과 글라스울을 서로 다수 포개어 고진공 중에 둔 단열법

정답 59. ② 60. ③

가스기능사 모의고사문제

01 의료용 가스용기의 도색구분이 틀린 것은?
① 산소 – 백색
② 액화탄산가스 – 회색
③ 질소 – 흑색
④ 에틸렌 – 갈색

해설 ⇨ 의료용 가스용기의 도색 구분
질흑 같은 밤에 자고 탄회를 싸게 주면 청아한 산소에서 백로가 헬기로 갈아채가더라
① ② ③ ④ ⑤ ⑥ ⑦
① 질소 : 흑색 ② 에틸렌 : 자색 ③ 탄산가스 : 회색
④ 싸이크로프로판 : 주황 ⑤ 아산화질소 : 청색 ⑥ 산소 : 백색
⑦ 헬륨 : 갈색
가스명칭 : ① 산소 : 녹색 ② 기타 : 백색

02 탄화수소에서 탄소의 수가 증가할수록 높아지는 것은?
① 증기압
② 발화점
③ 비등점
④ 폭발 하한계

해설 ⇨ 탄화수소에서 탄소의 수가 증가할수록 비등점은 높아진다.
① C_4H_{10} : $-0.5°C$
② C_3H_8 : $-42.1°C$
③ CH_4 : $-161.5°C$
④ C_3H_6 : $-47.7°C$

정답 01. ④ 02. ③

03

20atm의 공기 중에서 질소의 분압은?

① 16atm ② 4atm
③ 10atm ④ 12atm

해설 ⇒ 질소의 분압
  20atm × 0.79 = 15.8atm

04

습식아세틸렌발생기의 표면온도는 몇 °C 이하로 유지해야 하는가?

① 10°C ② 20°C
③ 50°C ④ 70°C

해설 ⇒ 가스발생기 적당한 온도 50~60°C 정도, 습식아세틸렌 발생기 표면온도 70°C 이하 유지

05

고압가스 제조설비에 설치하는 가스누출경보 및 자동차단장치에 대한 설명으로 틀린 것은?

① 계기실 내부에도 1개 이상 설치한다.
② 수소의 경우 경보 설정치를 1% 이하로 한다.
③ 경보부는 붉은 램프가 점멸함과 동시에 경보가 울리는 방식으로 한다.
④ 가연성 가스의 제조설비에 격막 갈바니 전지방식의 것을 설치한다.

해설 ⇒ 가스누출경보장치
  ① 접촉연소방식 : 가연성가스
  ② 격막갈바니방식 : 산소가스
  ③ 반도체방식 : 가연성, 독성

06

용기에 충전한 시안화수소는 충전 후 며칠이 경과되기 전에 다른 용기에 충전 하여야 하는가?(단, 순도 98% 이상으로서 착색된 것에 한한다)

① 5 ② 20 ③ 40 ④ 60

해설 ⇒ 용기에 충전 후 60일을 초과하지 않아야 한다.

정답 03. ① 04. ④ 05. ④ 06. ④

07
"차량에 고정된 탱크 운반시 충전탱크는 그 온도를 항상 40℃이하로 유지하고, 액화가스가 충전된 탱크는 (①) 또는 (②)를 적절히 측정할 수 있는 장치를 설치 할 것" (   )안에 적합한 것은?

① 압력계, 압력
② 압력계, 온도
③ 온도계, 온도
④ 온도계, 압력

해설⇨ 차량에 고정된 탱크운반 시 충전탱크는 그 온도를 항상 40℃이하로 유지하고 액화가스가 충전된 탱크는 온도계 또는 온도를 적절히 측정할 수 있는 장치 설치

08
다음 중 방류둑 설치 대상인 저장탱크는?

① 저장능력이 200톤 이상인 액화석유가스 저장탱크
② 저장능력이 500톤 이상인 액화석유가스 저장탱크
③ 저장능력이 800톤 이상인 액화석유가스 저장탱크
④ 저장능력이 1000톤 이상인 액화석유가스 저장탱크

해설⇨ 방류둑 설치
① 가연성, 산소 : 1000톤 이상
② 독성 : 5톤 이상
③ 특정제조 : 500톤 이상
④ 암모니아를 사용하는 수액기 내용적 : 10,000L 이상

09
암모니아 냉매의 누설검지법으로 잘못된 것은?

① 적색리트머스 시험지를 갈색으로 변화
② 자극성 냄새로 발견
③ 유황불꽃과 접촉되면 백연을 발생
④ 페놀프탈렌 시험지와 반응하여 적색 변화

해설⇨ 암모니아 : 적색리트머스 시험지 : 청색

정답 07. ③   08. ④   09. ①

10
다음 비파괴 검사 중 검사자에 따른 차이가 많은 것은?
① 음향검사법
② 전위차법
③ 설파 프린트법
④ 자기 검사법

해설▶ 비파괴검사법 중 검사에 따른 차이가 가장 많은 것 : 음향검사법

11
다음 중 기체 연료의 연소 형태는 어느 것인가?
① 증발연소
② 확산연소
③ 분해연소
④ 표면연소

해설▶ 기체연료의 연소형태
① 확산연소
② 예혼합연소

12
왕복펌프의 유량의 맥동을 감소시키기 위하여 설치하는 것은?
① 서지탱크
② 체크밸브
③ 공기실
④ 스트레이너

해설▶ ・공기실 설치 : 왕복펌프의 유량의 맥동을 감소시키기 위해 설치
・체크밸브 : 유체의 역류방지
・스트레이너 : 배관내의 불순물을 제거하여 장치보호

13
다단 압축을 하는 목적은?
① 압축일과 체적효율 증가
② 압축일 증가와 체적효율 감소
③ 압축일 감소와 체적효율 증가
④ 압축일과 체적효율 감소

해설▶ 압축기에서 다단 압축을 하는 목적
① 소요 일량의 감소
② 가스의 온도상승을 피할 수 있다.
③ 힘의 평형 향상
④ 이용효율의 증대

정답 10. ① 11. ② 12. ③ 13. ③

14
LPG의 연소 방식 중 모두 연소용 공기를 2차 공기로만 취하는 방식은?
① 분젠식　　　　　　　　② 전1차 공기식
③ 세미분젠식　　　　　　④ 적화식

해설 ► LPG연소방식
① 적화식 연소방식 : 2차공기량만으로 연소, 온도 1,000℃
② 분젠식 연소방식 : 1차공기량 60%+2차공기량 40%, 온도 : 1,300℃
③ 세미분젠식 연소방식 : 1차공기량 40%+2차공기량 60%, 온도 : 900℃
④ 전1차공기식 : 1차 공기량만으로 연소, 온도 : 900℃

15
유압 펌프 중 가장 큰 압력을 얻을 수 있는 펌프는?
① 기어 펌프　　　　　　② 베인 펌프
③ 원심 펌프　　　　　　④ 플런저 펌프

해설 ► 유압펌프 중 가장 큰 압력을 얻을 수 있는 펌프 : 플런저 펌프

16
비중이 0.5인 LPG를 제조하는 공장에서 1일 10만L를 생산하여 24시간 정치 후 모두 산업현장으로 보낸다. 이 회사에서 생산하는 LPG를 저장하려면 저장용량이 10톤인 저장탱크 몇 개를 설치해야 하는가?
① 5　　　　② 8　　　　③ 10　　　　④ 15

해설 ► 저장능력＝액비중×체적＝0.5×100,000＝50,000l＝50ton/10ton＝5개

17
저온 장치용 금속 재료는?
① 9% 크롬강　　　　　　② 탄소강
③ 니켈–몰리브덴강　　　④ 9% 니켈강

해설 ► 저온재료
① 9% 니켈강　　　　　② 황동
③ Al 합금　　　　　　④ 18–8 스테인리스강

정답　14. ④　15. ④　16. ①　17. ④

18
고압가스 설비 중 소형저장 탱크라 함은 용량이 얼마 미만의 것을 말하는가?

① 1000kg ② 2000kg ③ 3000kg ④ 4000kg

해설⊃ 소형저장탱크 : 저장능력이 3톤 미만인 것

19
고순도의 수소를 제조하기 위해 수소 중의 산소를 제거 하는 방법으로 옳은 것은?

① 분해연소 ② 심랭분리 ③ 원심분리 ④ 확산연소

해설⊃ 심랭분리 : 고순도의 수소를 제조하기 위해서 수소중의 산소를 제거하는 방법

20
다음 중 프레온 가스의 용도로 옳은 것은?

① 형광등 등 방전관의 충진제
② 합성고무의 제조
③ 알루미늄의 절단 및 용접용
④ 냉동기의 냉매로 사용

해설⊃ 프레온가스의 용도 : 냉동기 냉매

21
다음 중 수성가스의 조성에 해당하는 것은?

① $CO + H_2$
② $CO_2 + H_2$
③ $CO + N_2$
④ $CO_2 + N_2$

해설⊃ 수성가스의 주성분 : $C+H_2O \rightarrow CO+H_2$

22
다음은 산소의 물리적 성질을 나타내고 있다. 이 중 틀린 것은?

① 산소는 약 −183°C에서 액화한다.
② 액체산소는 비중이 1.13의 청색의 액체이다.
③ 무색, 무취의 기체이며 물에는 약간 녹는다.
④ 강력한 조연성 가스이므로 자신이 연소한다.

해설⊃ 조연성 가스이므로 연소하는데 도움만 주는 가스이다.

정답 18. ③ 19. ② 20. ④ 21. ① 22. ④

23

염화메틸을 사용하는 배관재료로 부적합한 것은?

① 철
② 알루미늄 합금
③ 니켈강
④ 동합금

해설 염화메틸은 알루미늄합금을 부식시킨다.

24

가연성, 독성가스 처리 및 저장능력 $10000m^3$ 초과 $20000m^3$ 이하의 저장설비에 제1종 및 제2종 보호시설과의 안전거리는?

① 1종 : 12m, 2종 : 8m
② 1종 : 14m, 2종 : 9m
③ 1종 : 21m, 2종 : 14m
④ 1종 : 18m, 2종 : 13m

해설 안전거리

저장능력 압축가스(m^3) 액화가스(kg)	독성·가연성		산소		기타	
	1종	2종	1종	2종	1종	2종
1만 이하	17 m	12 m	12 m	8 m	8 m	5 m
2만 이하	21 m	14 m	14 m	9 m	9 m	7 m
3만 이하	24 m	16 m	16 m	11 m	11 m	8 m
4만 이하	27 m	18 m	18 m	13 m	13 m	9 m
4만 초과	30 m	20 m	20 m	14 m	14 m	10 m

25

도시가스 배관을 지하에 매설하는 경우 공동 주택 등의 부지내에서는 지면으로부터 몇 m 이상인 곳에 매설하는가?

① 지면으로부터 0.6m 이상인 곳에 매설
② 지면으로부터 1.0m 이상인 곳에 매설
③ 지면으로부터 1.2m 이상인 곳에 매설
④ 지면으로부터 1.5m 이상인 곳에 매설

해설 배관의 매설(지하)
① 공동주택부지내 : 0.6m 이상
② 철도부지와 수평거리, 도로경계와 수평거리, 산이나 들 도로폭이 8m 미만시 : 1m 이상
③ 시가지의 도로노면밑, 인도, 보도 등, 방호구조물 내 도로폭이 8m 이상시 : 1.2m 이상
④ 배관의 외면으로부터 지하의 다른 시설물과 0.3m 이상 유지
⑤ 궤도 중심 : 4m 이상

정답 23. ② 24. ③ 25. ①

26
가연성 물질의 착화점이 낮아질 수 있는 조건이 아닌 것은?
① 화학적으로 발열량이 높을수록
② 반응 활성도가 클수록
③ 분자구조가 간단할수록
④ 산소농도가 클수록

해설 ☞ 착화점이 낮아질 수 있는 조건
① 분자구조가 복잡할수록
② 발열량이 높을수록
③ 산소농도가 클수록
④ 반응활성도가 클수록

27
가연성가스 제조시설의 고압가스 설비는 그 외면과 산소제조 시설의 고압가스 설비와 얼마이상 이격시켜야 하는가?
① 5m
② 8m
③ 10m
④ 15m

해설 ☞ 유지거리
① 가연성가스 제조시설과 산소제조시설의 고압가스설비와의 거리 : 5m 이상
② 가연성가스 제조시설과 화기취급장소와의 거리 : 8m 이상
③ 산소제조시설과 고압가스 설비와의 거리 : 10m 이상

28
저온장치 내부에 CO_2와 수분이 있으면 어떻게 되는가?
① 얼음, 드라이아이스로 변한다.
② 윤활제 역할을 한다.
③ 가연성가스가 들어오면 안전가스 역할을 한다.
④ 오존이 침입하는 것을 방지 한다.

해설 ☞ 저온장치에 CO_2와 수분이 존재시
① CO_2 : 드라이아이스가 되어 배관동결폐쇄
② 수분 : 얼음이 되어 배관동결폐쇄

정답 26. ③ 27. ① 28. ①

29 운반차량의 적재방법 중 세워서 적재하기 곤란할 때 눕혀서 적재할 수 있는 것은?
① 아세틸렌 용기
② 액화석유가스 용기
③ 압축산소 용기
④ 액화염소 용기

해설 ➔ 운반차량의 적재방법 중 세워서 적재하기 곤란할 때 눕혀서 적재할 수 있는 것
① 압축산소 ② 압축수소 ③ 압축질소

30 저장능력 얼마 이상인 액화염소 사용시설의 저장설비는 그 외면으로부터 보호시설까지 규정된 안전거리를 유지해야 하는가?
① 100kg ② 200kg ③ 300kg ④ 500kg

해설 ➔ 안전거리 유지 : 액화염소 사용시설에서 저장능력이 500kg이상 시
저장능력이 300kg이상 시 : 방호벽, 안전밸브 설치

31 가스용기를 운반하던 중 가스 누출 우려가 있는 경우 소방서 및 경찰서에 반드시 신고하여야 할 가스는?
① 가연성가스
② 산소
③ 독성가스
④ 모든 고압가스

해설 ➔ 가스운반 중 가스누출 우려가 있는 경우 소방서 및 경찰서에 반드시 신고
독성가스

32 왕복식 압축기 간극용적에 대한 설명 중 옳은 것은?
① 피스톤이 하사점에 있을 때 가스가 차지하는 체적
② 상사점과 하사점사이의 체적
③ 피스톤이 상사점에 있을 때 가스가 차지하는 체적
④ 실린더의 전체적

해설 ➔ 왕복식 압축기 간극용적 : 피스톤이 상사점에 있을 때 가스가 차지하는 체적

정답 29. ③   30. ④   31. ③   32. ③

33
수소를 취급하는 고온고압 장치용 재료로서 사용할 수 있는 것은 어느 것인가?
① 탄소강, 18-8스텐레스강
② 탄소강, 니켈강
③ 탄소강, 망간강
④ 18-8스텐레스강, 크롬-바나듐강

해설 ▶ 수소를 취급하는 고온, 고압장치용 재료
① 18-8 스텐레스강(오스테나이크계 스텐레스강)
② 5~6% 크롬강
③ 크롬-바나듐강

34
자연적인 저온방법이 아닌 것은?
① 고체 융해열 활용
② 고체 승화열 활용
③ 진공화 하여 증발열 이용
④ 액체 증발잠열 이용

해설 ▶ 자연적인 저온방법
① 고체 승화열 활용
② 고체 융해열 활용
③ 진공화하여 증발열 이용

35
LPG 연소 특성으로 거리가 먼 것은?
① 증발잠열이 크다.
② 연소시 다량의 공기가 필요하다.
③ LP가스가 완전연소하면 물과 일산화탄소가 생긴다.
④ 착화온도가 높다.

해설 ▶ LPG 연소특성
① 연소 시 다량의 공기가 필요하다.
② 연소범위가 좁다.
③ 연소속도가 늦다.
④ 착화온도가 높다.
⑤ 발열량이 크다.

정답 33. ④ 34. ④ 35. ③

36 양정 90 m, 유량이 90 m³/h인 송수 펌프의 소요동력은 약 몇 kW인가? (단, 펌프의 효율은 60%이다.)
① 30.6kW ② 36.8kW ③ 50.2kW ④ 56.8kW

해설) 소요동력 = $\dfrac{r \times Q \times H}{102 \times E \times 3600} = \dfrac{1000 \times 90 \times 90}{102 \times 0.6 \times 3600} = 36.76$ kW

37 다음에서 비접촉식 온도계가 아닌 것은?
① 광고온도계 ② 방사온도계
③ 광전관온도계 ④ 열전대온도계

해설) 비접촉식 온도계
 ① 광고온도계 ② 광전관식 온도계
 ③ 색온도계 ④ 방사온도계

38 다음 중 압력의 단위는?
① J ② W ③ N/m² ④ dyn

해설) 압력의 단위
① atm ② Pa ③ kPa ④ bar
⑤ N/m² ⑥ kg/cm² ⑦ mH₂O 등

39 표준상태에서 500L의 아세틸렌 질량은 약 몇 g인가?
① 150 ② 210 ③ 380 ④ 580

해설) 26g = 22.4L
x = 500L
$x = \dfrac{26g \times 500L}{22.4L} = 580.35g$

정답 36. ② 37. ④ 38. ③ 39. ④

40

암모니아 합성법 중 중압 합성법은?
① 켈로그법　　② JCI법
③ 구우데법　　④ 클로드법

해설 ▶ 암모니아 합성법
① 고압 합성법(600 kg/cm² 전 . 후) : 클로오드법, 카자레법
② 중압 합성법(300 kg/cm² 전 . 후) : 뉴우데법, IG법, JCI법, 케미그법
③ 저압 합성법(150 kg/cm² 전 . 후) : 케로그법, 구우데법

41

다음 중 절대압력을 정하는데 기준이 되는 것은?
① 게이지 압력　　② 국소 대기압
③ 완전 진공　　　④ 표준 대기압

해설 ▶ • 절대압력을 정하는 기준 : 완전진공
• 게이지압력을 정하는 기준 : 표준대기압

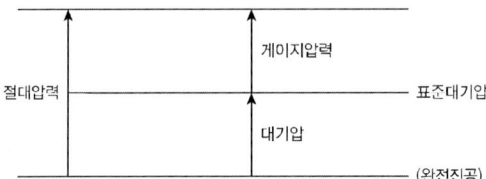

42

다음 중 염소가스를 검지 할 때 사용되는 시험지는?
① 적색 리트머스지　　② 요오드칼륨 전분지
③ 하리슨 시험지　　　④ 염화파라듐지

해설 ▶ 시험지명 및 변색상태
· 암모니아 : 적색리트머스 시험지 : 청색
· 염소 : KI(요오드칼륨)전분지 : 청색
· 시안화수소 : 질산구리벤젠지 : 청색
· 일산화탄소 : 염화파라듐지 : 흑색
· 황화수소 : 연당지(초산납시험지) : 흑색
· 포스겐 : 하리슨시험지 : 심등색(오렌지색)
· 아세틸렌 : 염화제1동착염지 : 적색
· 아황산가스 : 암모니아 적신헝겊 : 흰연기

정답　40. ②　41. ③　42. ②

43
주거지역, 상업지역의 저장탱크에 폭발방지 장치를 설치해야 하는 저장능력 규모는?
① 10톤 이상
② 15톤 이상
③ 20톤 이상
④ 30톤 이상

해설 ▶ 폭발방지장치설치 : 주거지역, 상업지역은 10 Ton 이상인 경우 폭발방지장치 설치

44
액화산소의 저장탱크 방류둑은 저장능력 상당 용적의 몇 %이상으로 하는가?
① 40%   ② 60%   ③ 80%   ④ 100%

해설 ▶ 액화산소 저장탱크의 경우에는 저장능력 상당용적의 60% 이상으로 할 수 있다.

45
최고 사용압력이 저압인 유수식 가스홀더에 갖추어야 할 사항 중 잘못된 것은?
① 맨홀 또는 검사구를 설치 할 것
② 가스 방출장치를 설치한 것일 것
③ 수조에 물공급관과 물넘쳐 빠지는 구멍을 설치한 것일 것
④ 봉수의 동결방지 조치를 한 것일 것

해설 ▶ 유수식 가스홀더가 갖추어야 할 사항
① 동결방지 장치를 할 것
② 가스방출장치를 설치한 것일 것
③ 수조에 물공급관과 물넘쳐 빠지는 구멍을 설치한 것일 것

46
시안화수소의 중합폭발을 방지할 수 있는 안정제는?
① 질소, 탄산가스
② 아황산가스, 염화칼슘
③ 수증기, 질소
④ 탄산가스, 일산화탄소

해설 ▶ 시안화수소 중합폭발 안정제
① 황산   ② 아황산가스   ③ 염화칼슘   ④ 인산   ⑤ 오산화인   ⑥ 동망

정답 43. ① 44. ② 45. ① 46. ②

47 2개 이상의 탱크를 동일한 차량에 고정하여 운반할 때 충전관에 설치하는 것이 아닌 것은?

① 온도계
② 안전밸브
③ 압력계
④ 긴급 탈압밸브

해설: 충전관에 설치 : ① 안전밸브   ② 압력계   ③ 긴급탈압밸브

48 염소가스를 취급하다가 눈이 중독되어 충혈 되었을 때 응급처치의 가장 이상적인 방법은?

① 알콜로 소독한다.
② 비누로 세수한다.
③ 붕산수 3% 정도로 씻어낸다.
④ 눈을 감고 쉰다.

해설: 염소가스를 취급하다가 눈이 중독되어 충혈되었을 때 응급처치의 가장 이상적인 방법 붕산수 3%정도로 씻어낸다.

49 가스의 폭발등과 같이 급속한 압력변화를 측정하는 것에 이용되는 압력계는?

① 부르돈관 압력계
② 피스톤식 압력계
③ 피에조 전기 압력계
④ U자관 압력계

해설: 피에조전기압력계 : 가스의 폭발등과 같이 급격한 압력변화 측정

50 용기 밸브 그랜드너트의 6각 모서리에 V형의 홈을 낸 것은 무엇을 표시하기 위한 것인가?

① 왼나사임을 표시
② 오른나사임을 표시
③ 암나사임을 표시
④ 수나사임을 표시

해설: 용기 밸브 그랜드너트의 6각 모서리에 V형의 홈을 낸 것은 "왼나사"임을 표시하는 것

정답 47. ①   48. ③   49. ③   50. ①

51 수소 0.6몰과 질소 0.2몰이 반응하면 몇 몰의 암모니아가 생성 되는가?
① 0.2mol
② 0.3mol
③ 0.4mol
④ 0.6mol

해설 $1N_2$ + $3H_2$ → $2NH_3$
　　　　　　4mol　　　　　2mol
　　(0.6+0.2)mol　　　　　x

$$x = \frac{2mol \times 0.8mol}{4mol} = 0.4mol$$

52 폭발성 혼합가스의 폭발 2등급 안전 간격은?
① 0.1 – 0.3mm
② 0.8 – 1.0mm
③ 0.4 – 0.6mm
④ 1.5 – 2.0mm

해설 폭발등급
① 폭발 1등급(0.6 mm 초과) : 아세톤, 가솔린, 벤젠, 일산화탄소, 암모니아, 에탄, 메탄, 프로판
② 폭발 2등급(0.4 mm 초과 0.6mm 이하) : 에틸렌, 석탄가스
③ 폭발 3등급(0.4 mm 이하) : 수소, 수성가스, 아세틸렌, 이황화탄소

53 일산화탄소와 공기의 혼합가스 폭발범위는 고압일수록 어떻게 변하는가?
① 넓어진다.
② 변하지 않는다.
③ 좁아진다.
④ 일정치 않다.

해설 일산화탄소는 고압일수록 연소범위가 좁아진다.

정답 51. ③　52. ③　53. ③

54
도시가스 사용시설의 기밀시험 압력은?
① 최고 사용 압력의 1.1배 또는 8.4kPa 중 높은 압력 이상
② 최고 사용 압력의 1.5배 또는 8.4kPa 중 높은 압력 이상
③ 최고 사용 압력의 1.2배 또는 8.4kPa 중 높은 압력 이상
④ 최고 사용 압력의 2배 또는 8.4kPa 중 높은 압력 이상

[해설] 기밀시험 압력
최고사용 압력의 1.1배 또는 840 mmH₂O 중 높은 압력
840 mmH₂O = 8.4 kPa

55
다음 중 유리병에 보관해서는 안 되는 가스는?
① O_2 ② Cl_2 ③ HF ④ Xe

[해설] 유리병에 보관해서는 안 되는 가스 : HF(불화수소)

56
압력이 650mmHg인 10리터의 질소는 압력 760mmHg에서는 약 몇 리터 인가?
① 8.5 ② 10.5 ③ 15.5 ④ 20.5

[해설] $P_1 V_1 = P_2 V_2$
$$V_2 = \frac{P_1 \times V_1}{P_2} = \frac{650 \times 10}{760} = 8.55 L$$

57
액화석유가스의 냄새측정 기준에서 사용하는 용어에 대한 설명으로 옳지 않은 것은?
① 시험가스란 냄새를 측정할 수 있도록 액화석유가스를 기화시킨 가스를 말한다.
② 시험자란 미리 선정한 정상적인 후각을 가진 사람으로서 냄새를 판정하는 자를 말한다.
③ 시료기체란 시험가스를 청정한 공기로 희석한 판정용 기체를 말한다.
④ 희석배수란 시료기체의 양을 시험가스의 양으로 나눈 값을 말한다.

[해설] 시험자 : 냄새농도 측정에 있어서 희석조작을 하여 냄새농도를 측정하는 자

정답 54. ① 55. ③ 56. ① 57. ②

58
내부용적이 25000L인 액화산소 저장탱크의 저장능력은 얼마인가? (단, 비중은 1.14이다.)
① 28500kg
② 21930kg
③ 24780kg
④ 25650kg

해설> $W = 0.9 d V_2 = 0.9 \times 1.14 \times 25000 = 25650$ kg

59
도시가스 공급시설의 정압기실에 설치하는 가스 누출경보기 검지부는 바닥면 둘레 몇 m에 대해 1개 이상의 비율로 설치해야 되는가?
① 20m
② 30m
③ 40m
④ 50m

해설> 도시가스 공급시설의 정압기실에 설치하는 가스누출경보기 검지부는 바닥면둘레 20m에 대해 1개이상 비율로 설치

60
고압가스의 분출에 대하여 정전기가 가장 발생되기 쉬운 경우는?
① 가스가 충분히 건조되어 있을 경우
② 가스 속에 고체의 미립자가 있을 경우
③ 가스의 분자량이 작은 경우
④ 가스의 비중이 큰 경우

해설> 가스 속에 고체의 미립자가 있을 경우 정전기 발생이 쉽다.

가스기능사 모의고사문제

01 처리능력이 1일 35,000 m³인 산소 처리설비로 전용공업지역이 아닌 지역일 경우 처리설비 외면과 사업소 밖에 있는 병원과는 몇 m 이상 안전거리를 유지하여야 하는가?

① 16 m ② 17 m ③ 18 m ④ 20 m

해설) 안전거리

저장능력 압축가스(m³) 액화가스(kg)	독성·가연성		산소		기타	
	1종	2종	1종	2종	1종	2종
1만 이하	17 m	12 m	12 m	8 m	8 m	5 m
2만 이하	21 m	14 m	14 m	9 m	9 m	7 m
3만 이하	24 m	16 m	16 m	11 m	11 m	8 m
4만 이하	27 m	18 m	18 m	13 m	13 m	9 m
4만 초과	30 m	20 m	20 m	14 m	14 m	10 m

정답 01. ③

02. 고압가스 운반책임자를 꼭 동승하여야 하는 경우이다. 잘못된 것은?

① 압축가스인 수소 500m³를 적재하여 운반할 경우
② 압축가스인 산소 800m³를 적재하여 운반할 경우
③ 액화석유가스를 충전한 납붙임용기 1000kg을 적재하여 운반하는 경우
④ 액화천연가스를 충전한 탱크로리로서 3000kg을 적재하여 운반하는 경우

해설〉 운반책임자 동승기준

성질	압축가스	액화가스
독성	100m³ 이상	1ton 이상
가연성	300m³ 이상	3ton 이상
조연성	600m³ 이상	6ton 이상

03. 노출된 배관(매달린 배관)의 점검 통로는 노출된 배관의 길이가 몇 m를 넘는 경우에 설치해야 하는가?

① 5m   ② 10m   ③ 15m   ④ 20m

해설〉 도로굴착공사 배관 손상 기준
① 노출된 가스배관 길이가 15m이상 시 점검통로 및 조명시설 설치
② 배관주위 굴착 시 배관 좌우 1m 이내에는 인력으로 굴착한다.
③ 배관이 있을 예상지점 2m이내에 줄파기 시 안전관리전담자 입회

04. 금속재료에서 고온일 때 가스에 의한 부식으로 옳지 않은 것은?

① 이산화탄소에 의한 금속 카보닐화
② 황화수소에 의한 황화
③ 암모니아에 의한 강의 질화
④ 수소에 의한 탈탄

해설〉 가스에 의한 부식현상
① 일산화탄소에 의한 금속의 카르보닐화
② 황화수소에 의한 철의 부식
③ 암모니아에 의한 강의 질화
④ 수소에 의한 탈탄작용
⑤ 산소 및 탄산가스에 의한 산화

정답 02. ③   03. ③   04. ①

05
다음 온도계 중에서 접촉식 방법의 온도 측정을 하는 온도계가 아닌 것은?
① 더미스터 온도계　　② 광고 온도계
③ 압력 온도계　　　　④ 열전대 온도계

해설 ▸ 비접촉식 온도계
① 광고온도계　　② 광전관식 온도계
③ 색온도계　　　④ 방사온도계

06
차량에 고정된 탱크중 독성가스는 내용적을 얼마로 제작하여야 하는가?
① 12000L　　② 18000L
③ 15000L　　④ 16000L

해설 ▸ 차량에 고정된 탱크 내용적
① 가연성, 산소 : 18000ℓ이하
② 독성 : 12000ℓ이하

07
액화석유가스 용기 저장실의 통풍구는 어디에 설치하는 것이 옳은 방법인가?
① 저장실 중간 부분에　　② 아무데나
③ 저장실 상부에서 30cm 에　　④ 저장실 하부 바닥면에 가까운 위치

해설 ▸ LPG저장실 통풍구 설치 : 저장실 하부로부터 30cm 이내

08
저장탱크에 물분무장치를 설치시 수원의 수량이 몇 분 이상 연속 방사할 수 있어야 하는가?
① 20분　　② 30분
③ 40분　　④ 60분

해설 ▸ 물분무장치
① 조작거리 : 15m 이상
② 수원의 수량 : 30분 연속 방사

정답　05. ②　06. ①　07. ④　08. ②

09 가스누출 검지경보장치의 설치에 관한 다음 사항 중 틀린 것은?
① 가스의 누출을 검지하여 그 농도를 지시함과 동시에 경보를 울릴 것
② 경보를 울린 후에 주위의 농도가 변화되면 경보가 자동적으로 정지 될 것
③ 암모니아의 경우 검지에서 발신까지의 시간은 60초 이내 일 것
④ 지시계의 눈금범위는 가연성 가스용은 0에서 폭발 하한계 값일 것

해설⊃ 경보를 울린 후에 주위 농도가 변화되어도 경보는 계속 울릴 것

10 탄화수소에서 탄소의 수가 증가할 때 생기는 현상이 아닌 것은?
① 증기압이 낮아진다.   ② 발화점이 낮아진다.
③ 폭발하한계가 낮아진다.   ④ 비등점이 낮아진다.

해설⊃ 탄소수증가 시 생기는 현상
① 발화점이 낮아진다.
② 점화에너지 감소
③ 증기압이 낮아진다.
④ 폭발하한계가 낮아진다.
⑤ 비등점이 높아진다.

11 LPG 사용시설의 고압배관에 안전장치를 설치해야되는 저장능력은?
① 250kg   ② 300kg
③ 400kg   ④ 550kg

해설⊃ 안전장치를 설치하여야 하는 저장능력 : 250 kg 이상

정답 09. ② 10. ④ 11. ①

12

다음 가스 중 착화온도가 가장 낮은 것은?

① 메탄
② 에틸렌
③ 아세틸렌
④ 일산화탄소

해설 착화온도
① 아세틸렌 : 400~440°C
② 에틸렌 : 500~519°C
③ 일산화탄소 : 637~658°C
④ 메탄 : 615~682°C

13

실내에 설치된 도시가스정압기의 가스누출검지 통보설비에서 검지부의 설치 개수는 몇 개인가?

① 연소기 반경 8m마다 1개
② 바닥둘레 20m마다 1개
③ 연소기 반경 4m마다 1개
④ 바닥둘레 10m마다 1개

해설 실내에 설치된 도시가스 정압기의 가스누출검지 통보설비에서 검지부 설치갯수 : 바닥면 둘레 20m마다 1개 설치

14

도시가스 배관의 보호판은 배관의 정상부에서 몇 cm 이상 높이에 설치하는가?

① 20cm
② 30cm
③ 40cm
④ 60cm

해설 보호판
① 중압이상, 타공사로 지장 초래 시 설치
② 배관정상부로부터 30cm 이상
③ 30~50mm의 구멍을 3m이하의 간격으로 뚫음

정답 12. ③ 13. ② 14. ②

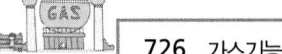

15 다음 중 가연성가스이며 독성가스가 아닌 것은?
① 일산화탄소
② 시안화수소
③ 아황산가스
④ 아크릴로니트릴

해설 ▶ 가연성가스이며 독성가스
① 벤젠 ② 시안화수소 ③ 황화수소 ④ 일산화탄소
⑤ 암모니아 ⑥ 이황화탄소 ⑦ 염화메탄 ⑧ 산화에틸렌 ⑨ 아크릴로니트릴

16 다음은 긴급차단 장치에 관한 설명이다 이 중 옳지 않은 것은?
① 긴급차단 장치는 저장탱크 주밸브와 겸용 할 수 있다
② 긴급차단 장치는 당해 저장탱크로부터 5m이상 떨어진 곳에서 조작할 수 있어야 한다.
③ 긴급차단 장치의 동력원은 그 구조에 따라 액압, 기압, 전기 또는 스프링을 사용 할 수 있다.
④ 긴급차단 장치는 저장탱크 주밸브의 외측으로서 가능한 한 저장탱크 가까운 위치에 설치해야 한다.

해설 ▶ 긴급차단장치
① 조작거리 : 5m 이상
② 동력원 : 액압, 기압, 전기, 스프링
③ 긴급차단장치는 저장탱크 주밸브와 겸용할 수 없다.
④ 긴급차단장치는 저장탱크 주밸브의 외측으로서 가능한 한 저장탱크와 가까운 위치에 설치

17 다음 중 가스종류에 따른 용기재질이 부적합한 것은?
① LPG : 탄소강
② 암모니아 : 동
③ 수소 : 망간강
④ 염소 : 탄소강

해설 ▶ 암모니아는 동을 쓰면 착이온 생성(부식)

정답 15. ③ 16. ① 17. ②

18 아세틸렌 검지를 위한 시험지와 반응 색은?

① KI전분지 : 청색
② 초산납시험지 : 흑색
③ 염화파라듐지 : 적색
④ 염화 제1동 착염지 : 적색

해설 ➔ 시험지명 및 변색상태
  • 암모니아 : 적색리트머스 시험지 : 청색
  • 염소 : KI전분지 : 청색
  • 시안화수소 : 질산구리벤젠지 : 청색
  • 일산화탄소 : 염화파라듐지 : 흑색
  • 황화수소 : 연당지(초산납시험지) : 흑색
  • 포스겐 : 하리슨시험지 : 심등색(오렌지색)
  • 아세틸렌 : 염화제1동착염지 : 적색
  • 아황산가스 : 암모니아 적신헝겊 : 흰연기

19 캐비테이션의 방지책으로 틀린 것은?

① 펌프의 설치높이를 낮춘다.
② 양흡입 펌프를 사용한다.
③ 펌프의 회전수를 높게한다.
④ 수직축 펌프를 사용하고 회전차를 수중에 잠기게 한다.

해설 ➔ 캐비테이션 발생 방지법
  ① 펌프의 회전수를 줄인다.
  ② 관경을 크게 한다.
  ③ 흡입관의 배관을 간단하게 한다.
  ④ 펌프의 설치위치를 낮춘다.
  ⑤ 흡입관의 내면에 마찰저항을 적게 한다.
  ⑥ 임펠러를 액 중에 완전히 잠기게 한다.

정답 18. ④   19. ③

20 펌프의 종류 중 용적형 펌프가 아닌 것은?
① 피스톤 펌프　② 터보펌프　③ 베인펌프　④ 기어펌프

해설 ▸ 용적형 펌프
① 왕복식 펌프
　· 피스톤펌프
　· 플런저펌프
　· 다이어프램
② 회전식펌프
　· 베인펌프(편심펌프)
　· 기어펌프(치차펌프)
　· 나사펌프(스크류펌프)

21 압축기 윤활유의 구비조건에 해당되지 않는 것은?
① 사용가스와 반응 하지 않을 것
② 항유화성이 클 것
③ 인화점이 높고 응고점이 낮을 것
④ 정제도가 높아 잔류탄소량이 클 것

해설 ▸ 윤활유의 구비조건
① 사용가스와 화학적으로 안정할 것
② 인화점이 높을 것
③ 점도가 적당하고 항유화성이 클 것
④ 수분 및 불순물이 없을 것
⑤ 정제도가 높고 잔류탄소량이 적을 것
⑥ 안전성이 있을 것

22 물을 전기분해하여 수소를 얻고자 할 때 전해액으로 무엇을 사용하는가?
① 10 ~ 25%의 황산용액
② 10 ~ 25의 수산화나트륨 용액
③ 묽은 염산
④ 10 ~ 25%의 탄산칼슘 용액

해설 ▸ 전해액 : 20% 정도의 수산화나트륨 수용액

정답　20. ②　21. ④　22. ②

23
펌프의 축봉장치에서 스타핑박스내가 고진공이고 점성계수가 100cp(센티포아즈)를 초과하는 액등에 사용하는 시일 방식은?
① 더블 시일형
② 밸런스시일형
③ 언밸런스 시일형
④ 아웃사이드 시일형

[해설]
- 아웃사이드 형식
  ① 스타핑 박스 내가 고진공시
  ② 점성계수가 100 cP를 초과하는 고점도 액일 때
  ③ 구조재, 스프링재가 액의 내식성에 문제가 있을 때
  ④ 저 응고점 액일 때
- 더블 시일형
  ① 인화성 또는 유독액이 강한 액일 때
  ② 기체를 시일할 때
  ③ 보온, 보냉이 필요한 때
  ④ 내부가 고진공시
- 밸런스 시일형
  ① LPG, 액화가스와 같이 낮은 비점의 액체일 때
  ② 내압이 0.4~0.5MPa 이상시
  ③ 하이드로 카본일 때

24
아세틸렌 제조에 이용되는 카바이드의 1급에 해당되는 가스발생량은 몇 L/kg인가?
① 225   ② 255   ③ 280   ④ 360

[해설] 가스발생량에 따라
① 1급 : 280L/kg
② 2급 : 260L/kg
③ 3급 : 230L/kg

25
수분을 함유한 다음 가스 중 탄소강을 부식 시키지 않는 가스는?
① CO   ② CO_2 ③ Cl_2 ④ SO_2

[해설] 수분함유 시 탄소강을 부식시키는 가스
① CO_2 ② SO_2 ③ $COCl_2$ ④ Cl_2 ⑤ H_2S

정답 23. ④   24. ③   25. ①

26
도시가스 배관이 10m 수직상승 했을 경우 배관내의 압력상승은 몇 Pa이 되겠는가?(단 가스의 비중은 0.65이다)

① 44.33Pa ② 63.94Pa
③ 85.32Pa ④ 105.91Pa

해설 ▷ H=1.293(S−1)h = 1.293×(1−0.65)×10 = 4.53mmH$_2$O
10332mmH$_2$O = 101325Pa
4.53mmH$_2$O = x
$x = \dfrac{(101325 \times 4.53)}{10332} = 44.42 Pa$

27
모든 조건이 동일 할 때 다음 중 어느 기체의 확산속도가 가장 느리게 진행되는가?

① O_2 ② CO_2 ③ C_3H_8 ④ C_4H_{10}

해설 ▷ 기체의 확산속도는 분자량이 적을수록 빠르다.

28
다음 중 일반 기체상수(R)의 단위는?

① kg · m/kmol · K ② kg · m/kcal · K
③ kg · m/m^3 · K ④ kcal/kg · ℃

해설 ▷ 기체상수의 값
① 848kg · m/kmol · K ② 1.987cal/mol · K
③ 8.314J/mol · K ④ 0.082L · atm/mol · K

29
표준상태에서 1000L의 체적을 갖는 가스상태의 부탄은 약 몇 kg인가?

① 2.59 ② 3.2 ③ 4.5 ④ 5.5

해설 ▷ C_4H_{10}(55 g/mol)
58 g = 22.4 L
x = 1,000 L
$x = \dfrac{58 \text{ g} \times 1,000 \text{ L}}{22.4 \text{ L}} = 2589.28 g = 2.589 kg$

정답 26. ① 27. ④ 28. ① 29. ①

30
다음 독성가스 중에서 가성소다(NaOH)를 제독제로 사용할 수 없는 것은?

① 염소　　② 황화수소　　③ 산화에틸렌　　④ 시안화수소

해설 ➔ 제독제
① 염소 : 소석회, 가성소다수용액, 탄산소다수용액
② 포스겐 : 가성소다수용액, 소석회
③ 황화수소 : 가성소다수용액, 탄산소다수용액
④ 아황산가스 : 물, 가성소다수용액, 탄산소다수용액
⑤ 암모니아, 산화에틸렌, 염화메탄 : 다량의 물

31
냉동설비의 수액기 방류둑 용량을 결정하는데 있어서 암모니아의 경우 수액기 내의 압력이 0.7MPa 이상 2.1MPa 미만일 경우 내용적은?

① 방류둑에 설치된 수액기 내용적의 60%
② 방류둑에 설치된 수액기 내용적의 70%
③ 방류둑에 설치된 수액기 내용적의 80%
④ 방류둑에 설치된 수액기 내용적의 90%

해설 ➔ 방류둑용량
① 산소 : 저장능력 상당용적의 60%
② 냉동설비수액기 : 내용적 90%
　　(단, NH_3는 압력이 0.7~2.1MPa미만 : 90%, 압력이 2.1MPa 이상 : 80%)

32
가연성가스와 산소의 혼합비가 완전산화에 가까울수록 발화지연은 어떻게 되는가?

① 길어진다.　　② 짧아진다.
③ 변함이 없다.　　④ 일정치 않다.

해설 ➔ 발화지연 : 어느온도에서 가열하기 시작하여 발화에 이르기까지의 시간
① 고온, 고압일수록
② 가연성가스와 산소의 혼합비가 완전산화에 가까울수록 발화지연은 짧아진다.

정답　30. ③　31. ④　32. ②

33
차량에 고정된 고압가스탱크 및 용기의 안전밸브 작동압력은?

① 사용압력의 8/10 이하
② 내압시험압력의 8/10 이하
③ 기밀시험압력의 8/10 이하
④ 최고충전압력의 8/10 이하

해설 안전밸브작동압력 = $TP \times \dfrac{8}{10}$ 배 이하

34
내압시험에 합격하려면 용기의 전증가량이 500cc일 때 영구 증가량은 얼마인가?(단, 이음매 없는 용기는 신규 검사시)

① 50cc 이하
② 60cc 이하
③ 70cc 이하
④ 80cc 이하

해설 영구증가율(10%이하 가합격) = $\dfrac{영구증가량}{전증가량} \times 100$

$10\% = \dfrac{영구증가량 \times 100}{500cc}$

∴ 영구증가량 = $\dfrac{10\% \times 500cc}{100\%} = 50cc$

35
LPG 충전 및 저장시설 내압 시험시 공기를 사용하는 경우 우선 상용압력의 몇 %까지 승압 하는가?

① 상용압력의 30%까지
② 상용압력의 40%까지
③ 상용압력의 50%까지
④ 상용압력의 60%까지

해설 LPG충전 및 저장시설 내압시험 시 공기를 사용하는 경우 우선상용압력의 50%까지 승압하고 단계적으로 10%로씩 승압한다.

36
저압가스 사용시설의 배관의 중간밸브로 사용시 적당한 밸브는?

① 플러그 밸브
② 글로우브 밸브
③ 볼밸브
④ 슬루우스 밸브

해설 저압가스 사용시설의 배관의 중간밸브로 사용 : 볼밸브

정답 33. ② 34. ① 35. ③ 36. ③

37
가스설비 및 저장설비는 그 외면으로부터 화기를 취급하는 장소까지 몇 m 이상의 우회거리를 두어야 하는가?
① 2m   ② 5m   ③ 8m   ④ 10m

[해설] 가스설비 또는 저장설비의 외면으로부터 화기를 취급하는 장소 사이에 유지해야하는 거리는 우회거리 2m 이상으로 한다.

38
아세틸렌 용기의 기밀시험은 최고충전압력의 얼마로 해야 하는가?
① 0.8배   ② 1.1배   ③ 1.5배   ④ 1.8배

[해설]
- 내압시험압력(TP)
  ① 아세틸렌 = FP×3
  ② 기타 = FP×$\frac{5}{3}$
- 기밀시험압력(AP)
  ① 아세틸렌 = FP×1.8
  ② 초저온 및 저온 = FP×1.1
  ③ 기타 = FP이상

39
방류둑의 내측 및 그 외면으로부터 몇m 이내에는 그 저장탱크의 부속설비외의 것을 설치하지 않아야 하는가?
① 10m   ② 20m   ③ 30m   ④ 40m

[해설] 방류둑의 내측 및 그 외면으로부터 10m 이내의 저장탱크, 부속설비 외의 것을 설치하면 안됨

40
독성가스 제조시설 식별표지의 가스 명칭 색상은?
① 노란색   ② 청색   ③ 적색   ④ 흰색

[해설] 식별표지 : 독성가스(염소) 제조시설
① 백색 바탕에 흑색글씨(가스명칭은 적색)
② 문자의 크기는 가로 및 세로 10cm 이상
③ 식별거리 30m 이상

정답 37. ①   38. ④   39. ①   40. ③

41
이산화탄소 제거방법이 아닌 것은?
① 암모니아 흡수법
② 고압수세정법
③ 열탄산칼륨법
④ 알킬아민법

해설 ▸ 이산화탄소 제거법
① 열탄산칼륨법
② 가성소다흡수법
③ 암모니아 흡수법
④ 알킬아민법
⑤ 알카티드에 의한 흡수

42
다음 중 열과 같은 차원을 갖는 것은?
① 밀도
② 비중
③ 비중량
④ 에너지

43
다음 중 왕복압축기 용량제어 방법으로 적당하지 않은 것은?
① 깃 각도 조정에 의한 방법
② 타임드 밸브에 의한 방법
③ 회전수 변경에 의한 방법
④ 바이패스 밸브에 의하여 압축가스를 흡입측으로 되돌리는 방법

해설 ▸ 왕복압축기 용량제어 방법
① 회전수 변경법
② 타임드 밸브에 의한 방법
③ 바이패스 밸브에 의해 압축가스를 흡입측으로 되돌리는 방법
④ 흡입 주밸브를 폐쇄시키는 방법

정답 41. ② 42. ④ 43. ①

44
진탕형 오토클레이브의 특징이 아닌 것은?
① 가스 누출의 가능성이 없다.
② 고압력에 사용할 수 있고 반응물의 오손이 없다
③ 뚜껑판에 뚫어진 구멍에 촉매가 끼여 들어갈 염려가 있다.
④ 교반효과가 뛰어나며 교반형에 비하여 효과가 크다.

해설 ☞ 진탕형 오토클레이브의 특징
① 가스 누출의 가능성이 없다.
② 고압력에 사용할 수 있고 반응물의 오손이 없다.
③ 뚜껑판 뚫어진 구멍에 촉매가 끼여들어갈 염려가 있다.
④ 장치 전체가 진동하므로 압력계는 본체로부터 떨어져 설치한다.

45
원심펌프를 직렬로 연결하여 운전할 때 양정과 유량의 변화는?
① 양정-일정, 유량-일정
② 양정-증가, 유량-증가
③ 양정-증가, 유량-일정
④ 양정-일정, 유량-증가

해설 ☞ · 직렬연결 : 양정 증가, 유량 일정
· 병렬연결 : 유량 증가, 양정 일정

46
염소가스의 건조제로 사용되는 것은?
① 진한황산
② 염화칼슘
③ 활성알루미나
④ 진한염산

해설 ☞ · 염소가스의 건조제 : 진한황산
· 아세틸렌의 건조제 : 염화칼슘

정답 44. ④ 45. ③ 46. ①

47. 다음 가스 중 비점이 가장 낮은 것은?
① 아르곤　　② 질소
③ 헬륨　　　④ 수소

해설 비점
① 헬륨 : –268.9°C　② 네온 : 245.9°C
③ 수소 : –252°C　　④ 산소 : –183°C
⑤ 질소 : –196°C　　⑥ 메탄 : –161.5°C

48. 고압가스안전관리법의 적용을 받는 가스는?
① 철도차량의 에어콘디셔너 안의 고압가스
② 냉동능력 3톤 미만인 냉동설비 안의 고압가스
③ 용접용 아세틸렌가스
④ 액화브롬화메탄 제조설비 외에 있는 액화브롬화메탄

해설 고압가스안전관리법의 적용을 받지 않는 가스
① 액화브롬화메탄 제조설비 외에 있는 액화브롬화메탄
② 냉동능력 3톤 미만인 냉동설비 안의 고압가스
③ 철도차량의 에어컨디셔너 안의 고압가스
④ 등화용의 아세틸렌가스
⑤ 오토클레이브 내의 고압가스(수소제외)
⑥ 광산법의 적용받는 고압가스
⑦ 선박법의 적용받는 고압가스
⑧ 원자력법의 적용받는 고압가스

49. 액화독성가스 1000kg 이상을 이동시 휴대해야 할 제독제인 소석회는 몇 kg이상을 휴대하여야 하는가?
① 20kg　　② 30kg　　③ 40kg　　④ 60kg

해설 액화독성가스 운반질량
① 1,000 kg 미만 : 20 kg 이상
② 1,000 kg 이상 : 40 kg 이상

정답 47. ③　48. ③　49. ③

50 용적이 25000L인 액화산소 저장탱크의 저장능력은 얼마인가? (단, 비중은 1.14이다)

① 28,500kg
② 21,900kg
③ 24,790kg
④ 25,650kg

[해설] $W = 0.9 d V_2 = 0.9 \times 1.14 \times 25,000 = 25,650$ kg

51 도로에 도시가스배관을 매설하는 경우에 라인마크는 구부러진 지점 및 그 주위 몇 cm 이내에 설치하는가?

① 15cm ② 30cm ③ 50cm ④ 100cm

[해설] 도로에 도시가스배관을 매설하는 경우 라인마크는 구부러진 지점 및 그 주위 50cm 이내에 설치

52 0°C 얼음 30kg을 100°C 물로 만들 때 필요한 프로판의 질량은 몇 g인가? (단, 프로판의 발열량은 50,400kJ/kg, 얼음의 융해잠열 336kJ/kg, 물의 증발잠열 2,264kJ/kg)

① 1650 ② 1685 ③ 1745 ④ 1797

[해설]
① 0°C 얼음 → 0°C 물(잠열)
$Q_1 = 30kg \times 336kJ/kg = 10,080 kJ$

② 0°C 물 → 100°C 물(현열)
$Q_2 = G_2 \cdot C_2 \cdot \triangle t_2$
$= 30kg \times 4.2 kJ/kg°C \times (100-0)$
$= 12,600 kJ/kg$

③ 100°C 물 → 100°C 수증기
$Q_3 = G \times r = 30kg \times 2,264 kJ/kg = 67,914 kJ$

∴ $Q_T = 10,080 + 12,600 + 67,914 = 90,594 kJ$

$\dfrac{90,594 kJ}{50,400 kJ/kg} = 1.7975 kg$

∴ 1.7975×1,000g/kg = 1,797.5g

정답 50. ④ 51. ③ 52. ④

53
도시가스배관의 설치에서 직류 전철 등에 의한 누출전류의 영향을 받는 배관의 가장 적합한 전기 방식법은?

① 배류법
② 정류법
③ 외부전원법
④ 희생양극법

해설⇨ 배류법 : 직류전철등에 의한 누출전류의 영향을 받는 배관의 전기방식법

54
고압가스 냉매설비의 기밀시험시 압축공기를 공급 할 때 공기의 온도는?

① 50℃ 이하
② 100℃ 이하
③ 140℃ 이하
④ 200℃ 이하

해설⇨ 고압가스 냉매설비의 기밀시험시 압축공기를 공급시 공기의 온도 : 140℃이하

55
프로판 10kg이 완전연소에 필요한 공기량은 몇 m^3인가?(단, 공기중 산소 21%이다)

① 25.45m^3
② 36.35m^3
③ 121.25m^3
④ 175.25m^3

해설⇨ C_3H_8 + $5O_2$ → $3CO_2$ + $4H_2O$
44kg   5×32kg   3×44kg   4×18kg
22.4m^3 5×22.4m^3 3×22.4m^3 4×22.4m^3
∴ 44kg = 5×22.4m^3
    10kg = x
$$x = \frac{10kg \times 5 \times 22.4m^3}{44kg} = 25.45m^3(O_0)$$
$$\therefore A_0 = \frac{O_0}{0.21} = \frac{25.45}{0.21} = 121.19m^3$$

정답   53. ①   54. ③   55. ③

56 비중이 0.58인 액화 부탄가스 1L를 표준상태에서 기화시키면 약 몇 L가 되는가?
① 58 ② 110 ③ 224 ④ 324

해설) 58g = 22.4L
580g = x
$x = \dfrac{580g \times 22.4L}{58g} = 224L$

57 고압용기의 내용적이 105L인 암모니아 용기에 법정가스 충전량은 약 몇 kg인가?
① 20.5kg ② 30.5kg ③ 45.5kg ④ 56.5kg

해설) $G = \dfrac{V}{C} = \dfrac{105}{1.86} = 56.45 \text{kg}$

58 일반도시가스 공급시설에서 도로가 평탄할 경우 배관의 기울기는?
① 1/50 – 1/100
② 1/200 – 1/300
③ 1/500 – 1/1000
④ 1/1500 – 1/2000

해설) 일반도시가스 공급시설에서 도로가 평탄할 경우 배관의 기울기
$\dfrac{1}{500} \sim \dfrac{1}{1,000}$

59 일반도시가스 사업의 가스 공급시설중 수봉기를 설치하여야 하는 설비는?
① 최고사용압력이 저압인 가스정제설비
② 최고사용압력이 저압인 가스발생설비
③ 최고사용압력이 고압인 경보설비
④ 최고사용압력이 고압인 차단장치

해설) 일반도시가스 사업의 가스공급시설 중 수봉기를 설치해야 하는 설비
최고사용압력이 저압인 가스정제설비

정답 56. ③ 57. ④ 58. ③ 59. ①

60 고압인 도시가스공급 시설은 통로·공지 등으로 구획된 안전구역 안에 설치하되 그 안전구역의 면적은 몇 m² 미만이어야 하는가?
① 10,000　　　　　　② 20,000
③ 30,000　　　　　　④ 40,000

해설⊃ 고압인 가스공급시설은 통로·공지 등으로 구획된 안전구역 내에 설치하되 면적은 2만m² 미만일 것

정답 60. ②

가스기능사 모의고사문제

01 다음 중 고압가스 처리설비로 볼 수 없는 것은?
① 저장탱크에 부속된 펌프
② 저장탱크에 부속된 안전밸브
③ 저장탱크에 부속된 압축기
④ 저장탱크에 부속된 기화장치

[해설] 처리설비 : ① 압축기, ② 펌프, ③ 기화장치

02 도시가스 사용시설 중 호스의 길이는 연소기까지 몇 m 이내로 하여야 하는가?
① 1   ② 2   ③ 3   ④ 4

[해설] LP 가스 사용시설에서 호스의 길이는 연소기까지 3m 이내로 하여야 한다.

03 고압가스 저장능력 산정기준에서 액화가스의 저장탱크 저장능력을 구하는 식은? (단, Q, W는 저장능력, P는 최고충전압력, V는 내용적, C는 가스 종류에 따른 정수, d는 가스의 비중이다.)
① Q=(10P+1)V
② Q=10PV
③ W=V/C
④ W=0.96dV

[해설] 저장능력
① 압축가스 $= (10P+1)V_1$ 여기서, P(MPa) : 최고충전압력
② 액화가스(W)=0.96dV   여기서, d : 액화가스비중
③ 용기의 질량$(G) = \dfrac{V}{C}$ 여기서, C : 정수

정답 01. ② 02. ③ 03. ④

04 도시가스 본관 중 중압 배관의 내용적이 $9m^3$일 경우, 자기압력기록계를 이용한 기밀시험 유지시간은?

① 24분 이상　　　　　　　② 40분 이상
③ 216분 이상　　　　　　　④ 240분 이상

해설⇨ 자기압력기록계를 이용한 기밀시험 유지시간
① 중압배관
　㉠ $1m^3$ 이하 : 24분
　㉡ $1m^3$ 초과 $10m^3$ 이하 : 240분
② 고압배관
　㉠ $1m^3$ 이하 : 48분
　㉡ $1m^3$ 초과 $10m^3$ 이하 : 480분

05 다음 가스폭발의 위험성 평가기법 중 정량적 평가방법은?

① HAZOP(위험성운전 분석기법)　　② FTA(결함수 분석기법)
③ Check List 법　　　　　　　　④ WHAT–IF(사고예상질문 분석기법)

해설⇨ 정량적 평가 방법
① 결함수 분석기법　　　② 사건수분석법
③ 원인결과분석법　　　　④ 작업자실수분석법

06 고압가스 저장능력 산정 시 액화가스의 용기 및 차량에 고정된 탱크의 산정식은? (단, W는 저장능력(kg), d는 액화가스의 비중(kg/l), V_2는 내용적(l), C는 가스의 종류에 따르는 정수이다.)

① $W=0.9dV_2$　　② $W=V_2/C$　　③ $W=0.9dC_2$　　④ $W=V_2/C_2$

정답　04. ④　05. ②　06. ②

07
비중이 공기보다 무거워 바닥에 체류하는 가스로만 된 것은?

① 프로판, 염소, 포스겐
② 프로판, 수소, 아세틸렌
③ 염소, 암모니아, 아세틸렌
④ 염소, 포스겐, 암모니아

[해설] 비중이 공기보다 큰 가스
① 프로판(C_3H_8 = 12×3+8 = 44 g÷29 g = 1.52)
② 염소(Cl_2 = 35.5×2 = 71 g÷29 g = 2.448)
③ 포스겐($COCl_2$ = 12+16+35.5×2 = 99g÷29g = 3.4113)
(비중이 1보다 크면 공기보다 무거워 바닥에 체류)

08
공정에 존재하는 위험요소들과 공정의 효율을 떨어뜨릴 수 있는 운전상의 문제점을 찾아내어 그 원인을 제거하는 정성적 안정성 평가기법을 의미하는 것은?

① FTA   ② ETA   ③ CCA   ④ HAZOP

[해설] • 위험과 운전분석기법(HAZOP) : 공정에 존재하는 위험요소들과 공정의 효율을 떨어뜨릴 수 있는 운전상의 문제점을 찾아내어 그 원인을 제거하는 방법

09
수소폭명기는 수소와 산소의 혼합비가 얼마일 때를 말하는가? (단, 수소 : 산소의 비이다.)

① 1 : 2   ② 2 : 1   ③ 1 : 3   ④ 3 : 1

[해설] 수소폭명기
$$2H_2 + O_2 \rightarrow 2H_2O$$
2 : 1

10
사람이 사망하기 시작하는 폭발압력은 약 몇 kPa인가?

① 70   ② 700   ③ 1,700   ④ 2,700

[해설] 사람이 사망하기 시작하는 폭발압력 : 700kPa

정답 07. ① 08. ④ 09. ② 10. ②

11

도시가스 배관에 설치하는 전위 측정용 터미널의 간격을 옳게 나타낸 것은?

① 희생양극법 : 300m 이내, 외부전원법 : 400m 이내
② 희생양극법 : 300m 이내, 외부전원법 : 500m 이내
③ 희생양극법 : 400m 이내, 외부전원법 : 500m 이내
④ 희생양극법 : 400m 이내, 외부전원법 : 600m 이내

해설 도시가스배관에 설치하는 전위측정용 터미널 간격
① 희생양극법(유전양극법) : 300 m 이내, 선택배류법 : 300 m 이내
② 외부전원법 : 500 m 이내

12

액화석유가스 사용시설에서 소형저장탱크의 저장능력이 몇 kg 이상인 경우에 과압안전장치를 설치하여야 하는가?

① 100   ② 150   ③ 200   ④ 250

해설 소형저장탱크의 저장능력이 250kg 이상 시 과압안전장치 설치

13

가연성가스와 산소의 혼합비가 완전산화에 가까울수록 발화지연은 어떻게 되는가?

① 길어진다.   ② 짧아진다.   ③ 변함없다.   ④ 일정치 않다.

해설 발화지연 : 어느온도에서 가열하기 시작하여 발화에 이르기까지의 시간
① 고온, 고압일수록
② 가연성가스와 산소의 혼합비가 완전산화에 가까울수록 발화지연은 짧아진다.

14

유독성 가스를 검지하고자 할 때 하리슨 시험지를 사용하는 가스는?

① 염소   ② 아세틸렌   ③ 황화수소   ④ 포스겐

해설 시험지명 및 변색상태
· 암모니아 : 적색리트머스 시험지 : 청색
· 염소 : KI(요오드칼륨)전분지 : 청색
· 시안화수소 : 질산구리벤젠지 : 청색
· 일산화탄소 : 염화파라듐지 : 흑색

정답 11. ② 12. ④ 13. ② 14. ④

• 황화수소 : 연당지(초산납시험지) : 흑색
• 포스겐 : 하리슨시험지 : 심등색(오렌지색)
• 아세틸렌 : 염화제1동착염지 : 적색
• 아황산가스 : 암모니아 적신헝겊 : 흰연기

15. 의료용 가스용기의 도색 구분 표시로 틀린 것은?
① 산소–백색   ② 질소–청색   ③ 헬륨–갈색   ④ 에틸렌–자색

해설 의료용 가스용기의 도색 구분
질흑 같은 밤에 자고 탄화를 싹게 주면 청아한 산소에서 백로가 헬기로 갈아채가더라
①   ②   ③   ④   ⑤   ⑥   ⑦

① 질소 : 흑색   ② 에틸렌 : 자색   ③ 탄산가스 : 회색
④ 싸이크로프로판 : 주황   ⑤ 아산화질소 : 청색   ⑥ 산소 : 백색
⑦ 헬륨 : 갈색
가스명칭 : ① 산소 : 녹색   ② 기타 : 백색

16. 도시가스 공급배관을 차량이 통행하는 폭 8m 이상인 도로에 매설할 때의 깊이는 몇 m 이상으로 하여야 하는가?
① 1.0   ② 1.2   ③ 1.5   ④ 2.0

해설 차량이 통행하는 도로 폭이 8m 미만 : 1m 이상
차량이 통행하는 도로 폭이 8m 이상 : 1.2m 이상

17. 사업소 내에서 긴급사태 발생 시 필요한 연락을 하기 위해 안전관리자가 상주하는 사업소와 현장사업소 간에 설치하는 통신설비가 아닌 것은?
① 구내전화   ② 인터폰   ③ 페이징설비   ④ 메가폰

해설 통신시설
① 사업소내전체 : ㉠ 사이렌 ㉡ 휴대용확성기 ㉢ 구내방송설비 ㉣ 페이징설비 ㉤ 메가폰
② 사무소와 사무소간 : ㉠ 인터폰 ㉡ 구내전화 ㉢ 구내방송설비 ㉣ 페이징설비
③ 종업원상호간 : ㉠ 페이징설비 ㉡ 휴대용확성기 ㉢ 메가폰 ㉣ 트랜시버

정답 15. ②   16. ②   17. ④

18 독성가스를 운반하는 차량에 반드시 갖추어야 할 용구나 용품에 해당되지 않는 것은?
① 방독면　　② 제독제　　③ 고무장갑　　④ 소화장비

해설 ➔ 독성가스를 운반하는 차량에 반드시 갖추어야 할 용구
① 방독면　② 제독제　③ 고무장갑　④ 고무장화

19 도시가스배관의 전기방식 전류가 흐르는 상태에서 자연 전위와의 전위 변화는 최소한 몇 mV 이하이어야 하는가? (단, 다른 금속과 접촉하는 배관은 제외한다.)
① −100　　② −200　　③ −300　　④ −500

해설 ➔ 전기방식 전유가 흐르는 상태에서 자연전위와의 전위변화가 최소한 −300 mV 이하일 것

20 독성가스 배관은 2중관 구조로 하여야 한다. 이때 외층관 내경은 내층관 외경의 몇 배 이상을 표준으로 하는가?
① 1.2　　② 1.5　　③ 2　　④ 2.5

해설 ➔ 독성가스는 2중관 구조로 한다. 외층관 내경은 내층관 외경의 1.2배 이상

21 액화석유가스 충전사업자의 영업소에 설치하는 용기저장소 용기보관실 면적의 기준은?
① 9 m² 이상　　② 12 m² 이상
③ 19 m² 이상　　④ 21 m² 이상

해설 ➔ 사무실 면적 : 9m² 이상
용기보관실 면적 : 19m² 이상

정답　18. ④　19. ③　20. ①　21. ③

22
고압가스의 인허가 및 검사의 기준이 되는 "처리능력"을 산정함에 있어 기준이 되는 온도 및 압력은?

① 온도 : 섭씨 15도, 게이지압력 : 0파스칼
② 온도 : 섭씨 15도, 게이지압력 : 1파스칼
③ 온도 : 섭씨 0도, 게이지압력 : 0파스칼
④ 온도 : 섭씨 0도, 게이지압력 : 1파스칼

해설 ➔ 처리능력이란 : 0°C, 0Pa·g

23
방폭지역이 0종인 장소에는 원칙적으로 어떤 방폭구조의 것을 사용하여야 하는가?

① 내압방폭구조
② 압력방폭구조
③ 본질안전방폭구조
④ 안전증방폭구조

해설 ➔ 0종 장소에는 원칙적으로 본질안전방폭구조 설치
1종장소는 내압방폭구조이다.

24
고압가스 충전용기의 운반기준으로 틀린 것은?

① 염소와 아세틸렌, 암모니아 또는 수소는 동일차량에 적재하여 운반하지 아니한다.
② 가연성가스와 산소를 동일차량에 적재하여 운반하는 때에는 그 충전용기의 밸브가 서로 마주보도록 적재한다.
③ 충전용기와 위험물 안전관리법에서 정하는 위험물과는 동일 차량에 적재하여 운반하지 아니한다.
④ 독성가스를 차량에 적재하여 운반할 때에는 그 독성가스의 종류에 따른 방독면, 고무장갑, 고무장화 그 밖의 보호구를 갖춘다.

해설 ➔ 가연성가스와 산소를 동일차량에 적재하여 운반 시 그 충전용기의 밸브가 서로 마주보지 않도록 하고 적재한다.

정답 22. ③ 23. ③ 24. ②

25 고압가스안전관리법상 "충전용기"라 함은 고압가스의 충전질량 또는 충전압력의 몇 분의 몇 이상이 충전되어 있는 상태의 용기를 말하는가?
① 1/5 ② 1/4 ③ 1/2 ④ 3/4

해설 · 충전용기 : 액화가스의 충전질량이 $\frac{1}{2}$ 이상 충전되어 있는 것

26 다음 중 분해에 의한 폭발을 하지 않는 가스는?
① 시안화수소 ② 아세틸렌 ③ 히드라진 ④ 산화에틸렌

해설 · 분해폭발 : 아세틸렌, 산화에틸렌, 히드라진
· 중합폭발 : 시안화수소, 산화에틸렌
[참고] 산화에틸렌은 분해폭발과 중합폭발을 동시에 일으키므로 화재 위험성이 높다.

27 후부취출식 탱크에서 탱크 주밸브 및 긴급차단장치에 속하는 밸브와 차량이 뒷범퍼와의 수평거리는 얼마 이상 떨어져 있어야 하는가?
① 20cm ② 30cm ③ 40cm ④ 60cm

해설 ① 주밸브 : 40cm 이상
② 조작상자 : 20cm 이상
③ 저장탱크 후면 : 30cm 이상

28 산소 또는 천연메탄을 수송하기 위한 배관과 이에 접속하는 압축기와의 사이에 반드시 설치하여야 하는 것은?
① 표지판 ② 압력계 ③ 수취기 ④ 안전밸브

해설 천연메탄을 수송하기 위한 배관과 이에 접속하는 압축기와의 사이에 반드시 수취기를 설치하여야 한다.

정답 25. ③ 26. ① 27. ③ 28. ③

29 노출된 도시가스의 보호를 위한 안전조치 시 노출해 있는 배관부분의 길이가 몇 m를 넘을 때 점검자가 통행이 가능한 점검통로를 설치하여야 하는가?

① 10   ② 15   ③ 20   ④ 30

해설 ➾ 도로굴착공사 배관손상 방지기준
① 노출된 가스배관길이가 15m이상 시 점검통로 설치
② 배관 좌우 1m이내에는 인력으로 굴착한다.
③ 배관이 있을 예상지점 2m 이내에 줄파기시 안전관리전담자 입회

30 일반도시가스사업자 정압기 입구측의 압력이 0.6MPa일 경우 안전밸브 분출부의 크기는 얼마 이상으로 해야 하는가?

① 20A 이상   ② 30A 이상   ③ 50A 이상   ④ 100A 이상

해설 ➾ 안전밸브 분출부 크기
① 정압기 입구측 압력이 : 0.5MPa이상시 : 50A 이상
② 정압기 입구측 압력이 0.5MPa 미만 시
  ㉠ 정압기 설계유량이 1,000Nm³/h미만 : 25A 이상
  ㉡ 정압기 설계유량이 1,000Nm³/h이상 : 50A 이상

31 다음 중 가스크로마토그래피의 캐리어가스로 사용되는 것은?

① 헬륨   ② 산소   ③ 불소   ④ 염소

해설 ➾ 캐리어 가스 : H_2, He, N_2, Ar
캐리어가스는 분석 대상물질을 컬럼으로 이동시키는 역할을 하며, 일반적으로 반응성이 적고 안정적인 가스가 사용이 된다.

정답 29. ②   30. ③   31. ①

32

다음 압력이 가장 큰 것은?
① 1.01MPa   ② 5atm   ③ 100inHg   ④ 88psi

해설
① 1atm = 0.101MPa
   x = 1.01
   $x = \dfrac{1atm \times 1.01}{0.101} = 10atm$
② 5atm
③ 1atm = 29.92inHg
   x = 100inHg
   $x = \dfrac{1 \times 100}{29.92} = 3.34atm$
④ 1atm = 14.7PSI
   x = 88PSI
   $x = \dfrac{1 \times 88}{14.7} = 5.98atm$

33

탄소 2kg을 완전 연소시켰을 때 발생되는 연소가스는 약 몇 kg인가?
① 3.67   ② 7.33   ③ 5.87   ④ 8.89

해설
C + O_2 → CO_2
12kg 32kg   44kg
2kg x
$x = \dfrac{2kg \times 44kg}{12kg} = 7.33kg$

34

프로판(C_3H_8) $1m^3$을 완전 연소시킬 때 필요한 이론 산소량은 몇 m^3인가?
① 5   ② 10   ③ 15   ④ 20

해설
C_3H_8 + $5O_2$ → $3CO_2$ + $4H_2O$
44kg   5×32kg   3×44kg
$22.4m^3$ $5×22.4m^3$ $3×22.4m^3$
∴ $22.4m^3$ = $5×22.4m^3$
  $1m^3$ = x
$x = \dfrac{1m^3 \times 5 \times 22.4m^3}{22.4m^3} = 5m^3$(이론산소량)

∴ A_O(이론공기량) = $\dfrac{O_o}{0.21} = \dfrac{5}{0.21} = 23.8m^3$

정답 32 ①   33 ②   34 ①

35

다음 중 "제 2종 영구기관은 존재할 수 없다. 제 2종 영구기관은 존재 가능성을 부인한다."라고 표현되는 법칙은?

① 열역학 제0법칙　　② 열역학 제1법칙
③ 열역학 제2법칙　　④ 열역학 제3법칙

해설 〉 열역학 제2법칙
① 일은 열로 변환시킬 수 있지만 열은 일로 변환시킬 수 없다.
② 100%의 열효율을 가진 기관은 존재할 수 없다.
③ 열은 고온에서 저온으로 흐른다.
④ 외부에서 일을 하여 주지 않고는 열은 저온에서 고온으로 이동할 수 없다.
[1종 영구기관]
한번 작동시키면 더 이상의 에너지를 공급시키지 않고도 영원히 작동하는 가상의 기관
[2종 영구기관]
단 하나의 열원으로부터 흡수한 열을 모두 일로 바꿀 수 있는 열효율이 100%의 가상의 기관

36

아세틸렌 충전 시 첨가하는 다공질물의 구비조건이 아닌 것은?

① 화학적으로 안정할 것　　② 기계적 강도가 클 것
③ 가스의 충전이 쉬울 것　　④ 다공도가 적을 것

해설 〉 다공질물의 구비조건
① 고다공도일 것　　② 기계적 강도가 있을 것
③ 가스의 충전이 쉬울 것　　④ 화학적으로 안정할 것
⑤ 안정성이 있을 것　　⑥ 경제적일 것

37

냄새가 나는 물질(부취제)의 구비조건이 아닌 것은?

① 독성이 없을 것
② 저농도에서도 냄새를 알 수 있을 것
③ 완전연소하고 연소 후에는 유해물질을 남기지 말 것
④ 일상생활의 냄새와 구분되지 않을 것

해설 〉 부취제의 구비조건
① 독성 및 가연성이 아닐 것
② 도관을 부식시키지 말 것
③ 도관 내의 상용온도에서 응축되지 말 것

정답　35 ③　36 ④　37 ④

④ 보통 존재하는 냄새와 명확히 구분될 것
⑤ 가스관이나 가스미터에 흡착되지 말 것
⑥ 토양에 대한 투과성이 클 것
⑦ 극히 낮은 농도에서도 냄새를 확인할 수 있을 것
⑧ 연소 시 완전연소될 것
⑨ 물에 녹지 않을 것 등

38

화씨 86°F는 절대온도로 몇 K인가?

① 233　　② 303　　③ 490　　④ 522

해설 K = °C + 273

$$K = \frac{5}{9}(°F - 32) + 273 = \frac{5}{9}(86 - 32) + 273 = 303K$$

39

이상기체에 대한 설명으로 옳은 것은?

① 일정온도에 기체 부피는 압력에 비례한다.
② 일정압력에서 부피는 온도에 반비례한다.
③ 일정부피에서 압력은 온도에 반비례한다.
④ 보일-샤를의 법칙을 따르는 기체이다.

해설 이상기체(완전가스)의 성질
① 기체 분자 상호간의 작용하는 인력과 분자의 크기 무시, 분자간의 충돌은 완전 탄성체로 이루어짐.
② 보일-샤를의 법칙을 만족
③ 아보가드로 법칙을 따른다.
④ 온도에 관계없이 비열비 일정
⑤ 내부에너지는 체적에 관계없이 온도에 의해서만 결정(∵ 주울의 법칙 성립)

40

프로판의 착화온도는 약 몇 °C정도인가?

① 460~520　　② 550~590　　③ 600~660　　④ 680~740

해설 착화온도
① <u>**프로판 : 460~520°C**</u>　　② 부탄 : 430~510°C
③ 메탄 : 615~682°C　　④ 수소 : 580~590°C

정답 38 ②　39 ④　40 ①

41
다음 중 가장 낮은 압력은?
① 1bar ② 0.99atm ③ 28.56inHg ④ 10.3mH$_2$O

해설 ① 1atm = 1.013bar
    x = 1bar
$$x = \frac{1atm \times 1bar}{1.013bar} = 0.987atm$$
② 0.99atm
③ 1atm = 29.92inHg
    x = 28.56inHg
$$x = \frac{1atm \times 28.56}{29.92} = 0.954atm$$
④ 1atm = 10.332mH$_2$O
    x = 10.3mH$_2$O
$$x = \frac{1atm \times 10.3mH_2O}{10.332mH_2O} = 0.996atm$$

42
염소가스의 건조제로 사용되는 것은?
① 진한 황산 ② 염화칼슘 ③ 활성 알루미나 ④ 진한 염산

해설 ・염소가스의 건조제 : 진한황산
・아세틸렌의 건조제 : 염화칼슘

43
다음 중 공기 중에서 가장 무거운 가스는?
① C$_4$H$_{10}$ ② SO$_2$ ③ C$_2$H$_4$O ④ COCl$_2$

해설 ① C$_4$H$_{10}$: 12×4+10 = 58g/mol ÷ 29g/mol = 2
② SO$_2$: 32+16×2 = 64g/mol ÷ 29g/mol = 2.2
③ C$_2$H$_4$O : 12×2+4+16 = 44g/mol ÷ 29g/mol = 1.52
④ COCl$_2$: 12+16+35.5×2 = 99g/mol ÷ 29g/mol = 3.4

정답 41 ③ 42 ① 43 ④

44

2100kJ/h의 열량을 일(kgf·m/s)로 환산하면 얼마가 되겠는가?

① 59.3　　② 500　　③ 4,215.5　　④ 213,500

해설 4.2kJ = 427kgf·m
2,100kJ = x
$$x = \frac{2,100kJ \times 427kgf \cdot m}{4.2kJ} = 213,500 kgf \cdot m/3,600s = 59.3 kgf \cdot m/s$$

45

수소 20v%, 메탄 50v%, 에탄 30v%조성의 혼합가스가 공기와 혼합된 경우 폭발하한 계의 값은? (단, 폭발하한계 값은 각각 수소는 4v%, 메탄은 5v%, 에탄은 3v%이다.)

① 3　　② 4　　③ 5　　④ 6

해설 르샤틀리에 법칙
$$\frac{100}{L} = \frac{V_1}{L_1} + \frac{V_2}{L_2} + \frac{V_3}{L_3} + \cdots + \frac{V_n}{L_n}$$
$$\frac{100}{L} = \frac{20}{4} + \frac{50}{5} + \frac{30}{3}$$
$$\frac{100}{L} = 25 \quad \therefore L = \frac{100}{25} = 4\%$$

46

다음 중 비접촉식 온도계에 해당하지 않는 것은?

① 광전관 온도계　　② 색 온도계
③ 방사 온도계　　④ 압력식 온도계

해설 비접촉식 온도계
① 광고온도계　　② 광전관식 온도계
③ 색온도계　　④ 방사온도계

정답 44 ①　45 ②　46 ④

47 다음 중 저온 단열법이 아닌 것은?
① 분말섬유 단열법
② 고진공 단열법
③ 다층진공 단열법
④ 분말진공 단열법

해설 ▷ 저온단열법
① 고진공 단열법
② 분말진공단열법 : 퍼얼라이트, 규조토, 알루미늄분말
③ 다층진공단열법

48 20RT의 냉동능력을 갖는 냉동기에서 응축온도가 30℃, 증발온도가 −25℃일 때 냉동기를 운전하는데 필요한 냉동기의 성적계수(COP)는 약 얼마인가?
① 4.5
② 7.5
③ 14.5
④ 17.5

해설 ▷ 성적계수 $= \dfrac{T_2}{T_1 - T_2} = \dfrac{(273-25)}{(273+30)-(273-25)} = 4.5$

49 유속이 일정한 장소에서 전압과 정압의 차이를 측정하여 속도수두에 따른 유속을 측정하는 형식의 유량계는?
① 피토관식 유량계
② 열선식 유량계
③ 전자식 유량계
④ 초음파식 유량계

해설 ▷ 피토우관 유량계의 특징
① 기체의 속도가 5m/sec 이하는 부적합
② 유체의 흐름방향에 평형하게 피토우관 설치
③ 노즐의 마모나 관내의 속도 분포에 따라 오차가 발생
④ 유체의 압력에 대한 충분한 강도를 가져야 한다.

정답 47 ① 48 ① 49 ①

50
암모니아 합성법 중에서 고압 합성에 사용되는 방식은?
① 카자레법   ② 뉴 파우더법   ③ 케미그법   ④ 구우데법

해설 암모니아 합성공정
① 고압합성법(600kg/cm² 전·후) : 클로드법, 카자레법
② 중압합성법(300kg/cm² 전·후) : 뉴우데법, IG법, 케미그법, 뉴파우더법, 동공시법
③ 저압합성법(150kg/cm² 전·후) : 케로그법, 구우데법

51
2단 감압 조정기의 장점이 아닌 것은?
① 공급압력이 안정하다.
② 배관이 가늘어도 된다.
③ 장치가 간단하다.
④ 각 연소기구에 알맞은 압력으로 공급이 가능하다.

해설 2단 감압조정기 사용 시 장점
① 공급압력이 일정하다.
② 중간 배관이 가늘어도 된다.
③ 배관 입상에 의한 압력 강하 보정할 수 있다.
④ 각 연소기구에 알맞은 압력으로 공급 가능하다.

52
가스 액화분리장치의 구성요소가 아닌 것은?
① 한냉발생장치   ② 정류장치   ③ 불순물제거장치   ④ 유회수장치

해설 가스액화분리장치 구성요소
① 한랭발생장치
② 정류장치
③ 불순물제거장치

정답 50 ①   51 ③   52 ④

53
내용적 50L의 용기에 수압 30kgf/cm²의 수압을 걸었을 때 용기의 용적이 50.5L로 늘어났고, 압력을 제거하여 대기압으로 하니 용기용적은 50.025L로 되었다. 항구증가율은 얼마인가?

① 0.3% ② 0.5% ③ 3% ④ 5%

해설 영구증가율(항구증가율) = $\dfrac{영구증가량}{전증가량} \times 100$

① 50.5 − 50 = 0.5L
② 50.025 − 50 = 0.025L = $\dfrac{0.025}{0.5} \times 100 = 5\%$

54
유체가 5m/s의 속도로 흐를 때 이 유체의 속도수두는 약 몇 m인가? (단, 중력가속도는 9.8m/s²이다.)

① 0.98 ② 1.28 ③ 12.2 ④ 14.1

해설 $H = \dfrac{V^2}{2g} = \dfrac{5^2}{2 \times 9.8} = 1.2755 ≒ 1.28$

55
초저온 저장탱크의 측정에 많이 사용되며 차압에 의해 액면을 측정하는 액면계는?

① 햄프슨식 액면계 ② 전기저항식 액면계
③ 초음파식 액면계 ④ 크링카식 액면계

해설 차압에 의해 액면을 측정 : 햄프슨식 액면계

56
가스 충전구에 따른 분류 중 가스 충전구에 나사가 없는 것은 무슨 형으로 표시하는가?

① A ② B ③ C ④ D

해설 ① A형 : 충전구나사가 숫나사
② B형 : 충전구나사가 암나사
③ **C형 : 충전구나사가 없는 것**

정답 53 ④ 54 ② 55 ① 56 ③

57

배관 속을 흐르는 액체의 속도를 급격히 변화시키면 물이 관벽을 치는 현상이 일어나는데 이런 현상을 무엇이라 하는가?

① 케비테이션 현상 ② 워터햄머링 현상
③ 서징 현상 ④ 맥동 현상

해설 ① <u>수격작용(워터햄머링 현상)</u> : 배관 속에 흐르는 액체의 속도를 급격히 변화시키면 물이 관벽을 치는 현상
② 서장현상(맥동현상) : 송출압력과 송출유량의 주기적인 변동으로 인하여 펌프 입구 및 출구에 설치된 진공계 및 압력계 지침이 흔들리는 현상
③ 캐비테이션
㉠ 유수 중에 어느 부분의 정압이 그때 물의 온도에 해당하는 증기압 이하로 되어 물이 증발을 일으키고 수중에 용입되어 있던 공기가 낮은 압력으로 인하여 기포가 발생하는 현상
㉡ 급격한 압력강하로 인하여 액체로부터 기포가 분리되면서 진동이나 소음을 발생하는 현상

58

상용압력이 10MPa인 고압가스설비에 압력계를 설치하려고 한다. 압력계의 최고눈금 범위는?

① 11~15MPa   ② 15~20MPa   ③ 18~20MPa   ④ 20~25MPa

해설 고압가스설비 압력계 눈금범위 : 상용압력의 1.5배 이상, 2배 이하
<u>상용압력 10MPa : 15 ~ 20MPa</u>

59

원통형의 관을 흐르는 물의 중심부의 유속을 피토관으로 측정하였더니 수주의 높이가 10m이었다. 이때 유속은 약 몇 m/s인가?

① 10   ② 14   ③ 20   ④ 26

해설 $H = \dfrac{V^2}{2g}$

$V = \sqrt{2gh} = \sqrt{2 \times 9.8 \times 10} = 14 \text{ m/sec}$

60 정압기를 평가·선정할 경우 고려해야 할 특성이 아닌 것은?
① 정특성　　　② 동특성　　　③ 유량특성　　　④ 압력특성

해설⊃ 정압기를 평가·선정할 경우 고려해야 할 특성
① 정특성 : 유량과 2차압력의 관계
② 동특성 : 부하변동에 대한 응답의 신속성과 안정성
③ 유량특성 : 메인밸브의 열림과 유량과의 관계
④ 사용최대차압 및 최소차압

정답　60 ④

가스기능사 모의고사문제

01 냉동설비에서 암모니아 수액기 내용적이 암모니아의 경우 압력이 2.1MPa이상인 경우 수액기 내용적은 얼마인가?
① 70% ② 80%
③ 90% ④ 100%

해설 ▶ 방류둑용량
① 산소 : 저장능력 상당용적의 60%
② 냉동설비수액기 : 내용적 90%
(단, NH_3는 압력이 0.7~2.1MPa미만 : 90%, 압력이 2.1MPa 이상 : 80%)

02 가연성가스 저온저장탱크에는 탱크내부의 압력이 외부압력보다 낮아짐에 따라 탱크가 파괴되는 것을 방지하는 조치를 하지 않아도 되는 것은?
① 송액설비 ② 냉동제어설비
③ 안전밸브 ④ 균압관

해설 ▶ 가연성가스 저온 저장 탱크에는 탱크내부 압력이 외부압력보다 낮아짐에 따라 탱크가 파괴되는 것을 방지하는 조치할 것
압력계, 압력 경보 설비, 진공 안전 밸브, 가스 도입배관(균압관), 냉동제어설비, 송액 설비등

정답 01 ②   02 ③

03

다음은 가스설비의 내진구조이다. 액화가스의 비가연성인 경우 저장 능력은 얼마인가?
① 5톤
② 10톤
③ 15톤
④ 20톤

해설 저장탱크의 내진 구조
① 압축가스 : ㉠ 가연성, 독성 : 500m³ 이상 ㉡ 비가연성, 비독성 : 1,000m³ 이상
② 액화가스 : ㉠ 가연성 : 5,000kg 이상 ㉡ <u>비가연성, 비독성 : 10,000kg 이상</u>

04

용기 내부에서 가연성가스가 폭발시 그 용기가 폭발 압력에 견디고 접합면이나 개구부등을 통하여 외부의 가연성가스에 점화되지 않도록 한 방폭구조는?
① 유입방폭구조
② 안전증방폭구조
③ 내압방폭구조
④ 압력방폭구조

해설 방폭구조
① 내압방폭구조 : 용기 내부에서 가연성 가스의 폭발이 발생할 경우 그 용기가 폭발압력에 견디고 접합면 개구부 등을 통하여 외부의 가연성 가스에 인화되지 않도록 한 구조
② 유입방폭구조 : 용기 내부에 기름을 주입하여 불꽃 아크 또는 고온발생부분이 기름속에 잠기게 함으로써 기름면 위에 존재하는 가연성 가스에 인화되지 않도록 한 구조
③ 압력방폭구조 : 용기 내부에 보호가스를 압입하여 내부압력을 유지함으로써 가연성 가스가 용기 내부로 유입되지 않도록 한 구조

05

가연성가스 압축기와 오토클레이브와의 사이에는 무엇을 설치해야 하는가?
① 역류방지밸브
② 긴급차단밸브
③ 안전밸브
④ 역화방지장치

해설 역화방지장치를 설치
① <u>가연성가스 압축기와 오토클레이브와의 사이배관</u>
② 아세틸렌 고압건조기와 충전용 교체밸브 사이의 배관
③ 수소화염 또는 산소아세틸렌화염 사용시설
④ 아세틸렌 충전용 지관

정답 03 ② 04 ③ 05 ④

06

산소, 천연메탄을 수송하기 위한 배관과 압축기 사이에는 무엇을 설치해야 하는가?
① 수취기
② 여과기
③ 공기액화분리기
④ 압력계

해설 천연메탄을 수송하기 위한 배관과 이에 접속하는 압축기와의 사이에 반드시 <u>수취기</u>를 설치하여야 한다.

07

액화산소 5L 중 탄화수소의 탄소의 질량이 몇 mg 초과시 운전을 정지하고 액화산소를 방출해야 하는가?
① 5mg
② 50mg
③ 500mg
④ 5,000mg

해설 액화 산소 통내의 액화 산소 5L중
① 아세틸렌 : 5mg넘을 시, 운전 정지 후 액화 산소 방출
② 탄화수소의 탄소의 질량 : **500mg넘을 시, 운전 정지 후 액화 산소 방출**

08

산화에틸렌의 충전후 45℃에서 압력이 몇 MPa 이상이 되도록 질소나 탄산가스를 충전하는가?
① 0.4MPa
② 0.5MPa
③ 0.6MPa
④ 0.8MPa

해설 산화에틸렌 충전 용기에는 질소 또는 탄산가스를 충전하는데 그 내부가스 압력의 기준 **45℃에서 0.4 MPa 이상**

09

에어졸 버너의 불꽃 길이는 몇 cm 이하로 조절 하는가?
① 150-250mm
② 300-350mm
③ 450-550mm
④ 550-650mm

해설 불꽃길이 시험
버너의 불꽃 길이를 **4.5~5.5cm** 이하로 조절하고, 시료가스를 분사시켜 불꽃길이를 측정한다.

정답 06 ① 07 ③ 08 ① 09 ③

10
암모니아 충전용기의 내용적이 1,000L 초과시 부식여유치로 맞는 것은?
① 1mm
② 2mm
③ 3mm
④ 5mm

해설 부식여유 두께 수치
- 암모니아 1,000 L 이하 : 1 mm
  1,000 L 초과 : 2 mm
- 염소 1,000 L 이하 : 3 mm
  1,000 L 초과 : 5 mm

11
가스로 구멍을 뚫을시 가장자리 깎음은 몇 mm 이상으로 하는가?
① 1.5mm 이상
② 2mm 이상
③ 2.5mm 이상
④ 3mm 이상

해설 펀칭가공시 1.5mm 이상, <u>가스로 구멍 뚫을 시 **3mm 이상**</u>

12
냉동기 냉매설비로서 초음파 탐상시험에 합격해야할 재료는?
① 두께가 5mm 이상인 9% 니켈강
② 두께가 30mm 이상인 저합금강
③ 두께가 20mm 이상인 탄소강
④ 두께가 19mm 이상이고 최소 인장강도가 5.8MPa 이상인 강

해설 냉동기 냉매설비로서 초음파 탐상시험에 합격해야할 재료
(1) 두께가 50mm이상인 탄소강
(2) 두께가 38mm이상인 저합금강
(3) <u>두께가 **19mm**이상이고 최소 인장강도가 **5.8MPa**이상인 강</u>
(4) 두께가 19mm이상으로서 저온(0°C미만)에서 사용 가능하는 강
(5) 두께가 13mm이상인 2.5%니켈강, 또는 3.5%니켈강
(6) 두께가 6mm이상인 9%니켈강

정답 10 ② 11 ④ 12 ④

13
특정설비에서 저장탱크는 몇 년마다 재검사를 받아야 하는가?
① 1년 마다 ② 2년 마다
③ 3년 마다 ④ 5년 마다

해설 특정설비의 재검사 시간 중 저장탱크는 **5년마다 재검사를 받아야 한다.** (다만, 재검사에 불합격되어 수리한 것은 3년마다, 다른장소로 이동하여 설치한 저장탱크(액화석유가스의 안전 및 사업관리법 시행 규칙 제2조 제1항제3호에 의한 소형저장탱크를 제외한다.)이동하여 설치할 때마다

14
다음 압축산소가스의 내압시험압력은 몇 MPa 이상인가?
① 5MPa ② 15MPa
③ 25MPa ④ 30MPa

해설 내압시험압력 = $FP \times \dfrac{5}{3}$

$= 15MPa \times \dfrac{5}{3}$

$= 25MPa$

15
액화염소는 저장능력이 몇 kg 이상인 경우 안전거리를 유지하여야 하는가?
① 200kg ② 300kg
③ 500kg ④ 800kg

해설 안전거리 유지 : 액화염소 사용시설에서 저장능력이 **500kg이상 시**
저장능력이 300kg이상 시 : 방호벽, 안전밸브 설치

16
다음 중 특정고압가스의 종류가 아닌 것은?
① 포스핀 ② 압축모노실란
③ 브롬화수소 ④ 셀렌화수소

해설 특정고압가스의 종류
산소, 수소, 아세틸렌, 액화암모니아, 액화염소, 천연가스, **압축모노실란(SiH_4)**, 압축디브레인(B_2H_6), 액화알진(AsH_3), **포스핀(PH_3)**, **셀렌화수소(H_2Se)**, 게르만(GeH_4), 디실란(SiH_2H_6)

정답 13 ④ 14 ③ 15 ③ 16 ③

17
산소저장설비와 화기와의 거리는 몇 m 이상의 거리를 유지해야 하는가?
① 3m이상　　　　　　　② 5m이상
③ 8m이상　　　　　　　④ 10m이상

[해설] 산소 저장설비와 화기 : **5m 이상**

18
주거지역, 상업지역에 설치하는 저장능력 몇 톤 이상인 탱크에는 폭발방지장치를 설치하는가?
① 5톤　　　　　　　　② 10톤
③ 15톤　　　　　　　 ④ 20톤

[해설] 폭발방지장치설치 : 주거지역, 상업지역은 **10 Ton** 이상인 경우 폭발방지장치 설치

19
가스설비에는 설비내의 압력이 허용압력초과시 즉시 그 압력을 허용압력이하로 되돌릴 수 있는 안전장치를 설치하는데 해당되지 않는 것은?
① 안전밸브　　　　　　② 파열판
③ 자동제어장치　　　　④ 긴급차단장치

[해설] 가스설비에는 설비내의 압력이 허용압력 초과 시 즉시 그 압력을 허용압력이하로 되돌릴 수 있는 안전장치를 설치
안전밸브, **파열판**, 바이패스 밸브, **자동제어장치** 등

20
초음파 탐상시험의 종류에 해당되지 않는 것은?
① 극간법　　　　　　　② 투과법
③ 공진법　　　　　　　④ 펄스반사법

[해설] 초음파 탐상시험의 종류
① 투과법
② 펄스 반사법
③ 공진법

정답 17 ②　18 ②　19 ④　20 ①

21
부취제 냄새 측정방법이 아닌 것은?
① 오더미터법　　② 냄새 주머니법
③ 화학처리법　　④ 주사기법

해설 부취제농도 측정방법
① 오더미터법
② 냄새주머니법
③ 주사기법
④ 무취실법

22
저장설비 및 가스설비는 가스누출 경보기를 설치하는데 건축물 밖의 경우, 가열로등 발화원이 있는 제조설비는 바닥면 둘레 몇 m당 경보기를 설치하는가?
① 10m　　② 20m
③ 30m　　④ 40m

해설 저장 설비 및 가스 설비실에는 가스 누출 경보기를 설치
① 건축물 내의 경우 : 특수 반응 설비 : 바닥면 둘레 10m당 1개
② 건축물 밖의 경우 : 가열로등 발화원이 있는 제조 설비 : **바닥면 둘레 20m**당 1개
③ 용기보관장소, 저장실, 지하의 저장탱크, 처리설비 : 바닥면 둘레 20m당 1개

23
애노우드와 캐소우드를 이용하여 배관을 방식하는 전기방식법은?
① 강제배류법　　② 희생양극법
③ 선택배류법　　④ 외부전원법

해설 외부전원법 : 땅 속의 애노드(+극)에 강제 전압을 가하여 피방식 금속제를 캐소드(-극)로 하는 전기방식법

정답 21 ③　22 ②　23 ④

24
LPG판매 사업 및 영업소 용기저장 장소의 시설기준 및 기술기준에서 용기 보관실 면적과 사무실 면적으로 맞는 것은?

① 9m², 19m²
② 8m², 18m²
③ 19m², 9m²
④ 19m², 29m²

해설 ▸ LPG판매사업 및 영업소 용기저장 장소의 시설기준 및 기술기준
면적 : 용기 보관실의 면적 **19m²**, 사무실의 면적은 **9m²** 이상일 것

25
1단 감압식 저압조정기의 폐쇄압력으로 맞는 것은?

① 2.5kPa 이하
② 3.5kPa 이하
③ 4.5kPa 이하
④ 5.5kPa 이하

해설 ▸ 조정기 폐쇄 압력
① 1단 감압식 저압, 2단 감압식 2차용, 자동절체식 일체형 : **3.5kPa이하**
② 2단 감압식 1차용, 자동절체식 분리형 : 0.095MPa이하
③ 1단 감압식 준저압, 자동절체식 일체형 준저압, 기타 조정기 : 조정압력×1.25배이하

26
충전용기와 잔가스용기 보관장소는 몇 m 간격을 두어 구분 하는가?

① 1.5m
② 2m
③ 2.5m
④ 3.5m

해설 ▸ 충전용기 직접에 의한 저장(30L이하의 용접 용기에 한함)
(1) 실외저장소 주위에 경계책 설치
(2) 경계책과 용기 보관장소 사이에 20m이상의 거리유지
(3) **충전용기와 잔가스용기 보관 장소는 1.5m 간격을 두어 구분**

27
보호판은 30-50mm의 구멍을 몇 m 이하의 간격으로 뚫어야 하는가?

① 1m
② 2m
③ 3m
④ 4m

해설 ▸ 보호판(중압 이상, 타 공사로 지장 초래 시 설치)
① 배관정상부로부터 30cm 이상
② **30~50mm의 구멍을 3m 이하의 간격으로 뚫음**

정답 24 ③ 25 ② 26 ① 27 ③

28
압력조정기는 공동주택에서 가스압력이 중압으로서 전체세대수가 몇 세대 미만인 경우에 설치 하는가?
① 50   ② 100
③ 150 ④ 250

해설 공동주택 등에 도시가스를 공급하기 위한 것으로서 압력 조정기의 설치가 가능한 경우
- 가스 압력이 중압으로서 전체 세대수가 **150**세대 미만인 경우
- 가스 압력이 저압으로서 전체 세대수가 250세대 미만인 경우

29
요오드칼륨 전분지로 검지할 수 있는 가스는?
① 일산화탄소   ② 염소
③ 포스겐   ④ 암모니아

해설 시험지명 및 변색상태
- 암모니아 : 적색리트머스 시험지 : 청색
- **염소 : KI(요오드칼륨)전분지 : 청색**
- 시안화수소 : 질산구리벤젠지 : 청색
- 일산화탄소 : 염화파라듐지 : 흑색
- 황화수소 : 연당지(초산납시험지) : 흑색
- 포스겐 : 하리슨시험지 : 심등색(오렌지색)
- 아세틸렌 : 염화제1동착염지 : 적색
- 아황산가스 : 암모니아 적신형겊 : 흰연기

30
월사용 예정량 공식으로 맞는 것은?
① (A×240+B×90)/11,000
② (A×240+B×90)/10,000
③ (A×220+B×90)/11,000
④ (A×90+B×240)/10,000

해설 Q = [(A×240)+(B×90)] ÷ 11,000
여기서, Q : 월 사용 예정량(m^3)
A : 산업용으로 연소기 명판에 기재한 가스소비량의 합계(kcal/h)
B : 산업용이 아닌 연소기 명판에 기재한 가스소비량의 합계(kcal/h)

정답 28 ③   29 ②   30 ①

31 회전펌프의 특징에 대한 설명으로 틀린 것은?
① 고압에 적당하다.
② 점성이 있는 액체에 성능이 좋다.
③ 송출량의 맥동이 거의 없다.
④ 왕복펌프와 같은 흡입, 토출밸브가 있다.

해설 회전 펌프의 특징
① 흡입·토출밸브가 없다.
② 송출량의 맥동이 거의 없다.
③ 점성이 있는 액체에 성능이 좋다.
④ 고압에 적당하다.

32 관내를 흐르는 유체의 압력강하에 대한 설명으로 틀린 것은?
① 가스비중에 비례한다.
② 관내경의 5승에 반비례한다.
③ 관길이에 비례한다.
④ 밀도의 제곱에 비례한다.

해설 $Q = \sqrt[5]{\dfrac{D^5 \cdot H}{S \cdot L}}$ $H = \dfrac{Q^2 \times S \times L}{D^5}$

여기서, Q : 유량, S : 가스비중, L : 관 길이, D : 관 내경
① <u>관내경의 5승에 반비례한다.</u>
② <u>관 길이에 비례한다.</u>
③ 유량의 제곱에 비례한다.
④ <u>가스비중에 비례한다.</u>

33 공기액화분리기에서 이산화탄소 10kg을 제거하기위해 필요한 건조제(NaOH)의 양은 얼마인가?
① 10kg
② 14kg
③ 18kg
④ 20kg

해설 $2NaOH + CO_2 \rightarrow Na_2CO_3 + H_2O$
    2×40kg   44kg
      x   10kg
$x = \dfrac{2 \times 40 \times 10}{44kg} = 18.18 kg$

정답 31 ④ 32 ④ 33 ③

34

LP가스 수송관의 이음부분에 사용할수 있는 패킹재료로 적합한 것은?
① 천연고무　　② 실리콘 고무
③ 종이　　　　④ 구리

해설 LP가스 수송관의 이음부분에 사용할 수 있는 패킹재료 : 실리콘 고무

35

나사압축기에서 숫로터의 직경이 150mm, 로터길이 100mm 회전수가 350rpm이라고 할 때 이론적 토출량은 약 몇 m³/min인가? (단, 로터형상에 의한계수는 0.476이다)
① 0.21　　　　② 0.37
③ 0.47　　　　④ 0.57

해설 이론적 토출량 $= D^2 \times L \times N \times C_V = 0.15^2 \times 0.1 \times 350 \times 0.476 = 0.37485 ≒ 0.37$

36

다음 중 연소기구에서 발생할 수 있는 역화의 원인이 아닌 것은?
① 염공이 적게 되었을 때
② 가스의 압력이 너무 낮을 때
③ 콕이 충분히 열리지 않은 경우
④ 버너위에 큰 용기를 올려서 장시간 사용할 경우

해설 역화의 원인
　① 부식에 의해 염공이 크게 되었을 때
　② <u>가스의 공급압력이 너무 낮은 경우</u>
　③ <u>콕이 충분히 열리지 않았을 경우</u>
　④ 콕에 먼지나 이물질이 부착 시
　⑤ <u>버너 위에 큰 용기를 올려서 장시간 사용할 경우</u>
　⑥ 노즐 구경이 큰 경우

정답 34 ②　35 ②　36 ①

37 일반공업지역의 암모니아를 사용하는 A공장에서 저장능력 35톤의 저장탱크를 지상에 설치하고자 한다. 저장설비 외면으로부터 사업소외의 주택까지 몇 m 이상의 안전거리를 유지해야 하는가?

① 14m ② 16m
③ 18m ④ 20m

해설▷ 안전거리

저장능력 압축가스(m³) 액화가스(kg)	독성·가연성		산소		기타	
	1종	2종	1종	2종	1종	2종
1만 이하	17 m	12 m	12 m	8 m	8 m	5 m
2만 이하	21 m	14 m	14 m	9 m	9 m	7 m
3만 이하	24 m	16 m	16 m	11 m	11 m	8 m
4만 이하	27 m	18 m	18 m	13 m	13 m	9 m
4만 초과	30 m	20 m	20 m	14 m	14 m	10 m

35톤 : 35×1,000=35,000kg이므로 18m이다.

38 고압가스 매설배관에 실시하는 전기방식법 중 외부전원법의 장점이 아닌 것은?

① 전극의 수명이 길다. ② 전식에 대해서도 방식이 가능하다.
③ 전압, 전류의 조정이 용이하다. ④ 과방식의 염려가 없다.

해설▷ 각종 방식법의 특징
 ① 외부전원법의 장점
  ㉠ 방식범위가 넓다.
  ㉡ 대형설비에는 전원장치수를 적게 할 수 있어 경제적이다.
  ㉢ 전극수명이 길다.
  ㉣ 전압, 전류의 조정이 가능하다.
 ② 강제배류법 장점
  ㉠ 전류, 전압조정이 용이하며 효과가 좋다.
  ㉡ 외부전원방식에 비해 유지비용이 적다.
  ㉢ 전철의 휴지기간 중에도 방식이 가능하고 간접작용이 없다.
 ③ 선택배류법 장점
  ㉠ 전철의 전류를 활용할 수 있으므로 별도의 유지비가 필요하다.
  ㉡ 시공비가 별도로 들지 않는다.
  ㉢ 전철운행 동안에는 자연히 방식된다.

정답 37 ③ 38 ④

④ 유전양극법의 장점
  ㉠ 시공이 단순하다.
  ㉡ 소규모설비에는 경제적이다.
  ㉢ 다른 매설 금속체에 방해 작용이 없다.
  ㉣ 과방식의 염려가 없다.

39 부유피스톤형 압력계에서 실린더지름이 0.02m, 추와 피스톤의 무게가 20,000g일 때 이 압력계에 접속된 부르돈관 압력계 눈금이 7kg/cm²를 나타내었다. 이 부르돈관 압력계의 오차는 약 몇%인가?

① 5
② 10
③ 15
④ 20

해설 ⇨ $P = \dfrac{W}{A} = \dfrac{20kg}{\dfrac{3.14 \times 2^2}{4}} = 6.366 kg/cm^2$

오차 $= \dfrac{측정값 - 참값}{참값} = \dfrac{7kg/cm^2 - 6.366kg/cm^2}{6.366kg/cm^2} \times 100 ≒ 10\%$

40 공기에 의한 전열은 어느압력까지 내려가면 급히 압력에 비례하여 적어지는 성질을 이용하는 저온장치에 사용되는 진공단열법은?

① 자연진공 단열법
② 고진공 단열법
③ 분말진공 단열법
④ 다층진공 단열법

해설 ⇨ 고진공 단열법 : 공기에 의한 전열은 어느 압력까지 내려가면 압력에 비례하여 적어지는 성질을 이용하는 저온장치

41 고압식 공기액화분리장치의 복식정류탑 하부에서 분리되어 액체산소 저장탱크에 저장되는 액체산소의 순도는 약 얼마인가?

① 88-90%
② 90-92%
③ 96-98%
④ 99.6-99.8%

해설 ⇨ 공기액화 분리장치의 복식정류탑 하부에서 분리되어 액체산소저장탱크에 저장되는 액체산소의 순도 : 99.6%~99.8%

정답 39 ② 40 ② 41 ④

42 저장능력 10톤 이상의 저장탱크에는 폭발방지장치를 설치한다. 이때 사용되는 폭발방지재의 재질로서 가장 적당한 것은?
① 구리
② 알루미늄
③ 스텐레스
④ 탄소강

해설 ➡ 폭발방지재질(저장탱크) : 알루미늄

43 다음 중 1차압력계는?
① 부르돈관 압력계
② 전기저항식 압력계
③ U자관식 마노미터
④ 벨로우즈 압력계

해설 ➡
• 1차 압력계
① **U자관형 압력계** ② 단관식 압력계 ③ 경사관식 압력계 ④ 2액마노미터
• 2차 압력계
① 부르동관 압력계 ② 벨로우즈 압력계 ③ 다이어프램 압력계

44 터보식 펌프로서 비교적 저양정에 적합하며, 효율변화가 비교적 급한 펌프는?
① 왕복펌프
② 원심펌프
③ 축류펌프
④ 베인펌프

해설 ➡ 축류펌프 : 저양정에 적합하며, 효율 변화가 비교적 급한 펌프

45 액체산소의 색깔은?
① 담황색
② 담적색
③ 회백색
④ 담청색

해설 ➡ 산소의 성질
① 상자성을 가지고 있다.
② <u>액체산소는 담청색이다.</u>
③ 화학적으로 활성이 강하며, 많은 원소와 반응하여 산화물을 만든다.
④ 자신은 폭발위험은 없으나 연소를 돕는 조연제이다.
⑤ 유지류, 용제 등이 부착하면 산화폭발의 위험이 있다.
⑥ 액체가 기화되면 약 800배 체적의 기체가 된다.

정답 42 ② 43 ③ 44 ③ 45 ④

46
펌프에서 유량을 Q(m³/min), 양정을 H(m), 회전수 N(rpm)이라 할 때 다단펌프에서 비교 회전도를 구하는 식은?

① $\eta s = \dfrac{Q^2 \sqrt{N}}{H^{3/4}}$ ② $\eta s = \dfrac{N^2 \sqrt{Q}}{H^{3/4}}$

③ $\eta s = \dfrac{N \sqrt{Q}}{H^{3/4}}$ ④ $\eta s = \dfrac{\sqrt{NQ}}{H^{3/4}}$

해설 비교회전도 $= \dfrac{N \sqrt{Q}}{H^{\frac{3}{4}}}$ (1단 펌프), 다단 펌프 $= \dfrac{N \times \sqrt{Q}}{\left(\dfrac{H}{n}\right)^{\frac{3}{4}}}$

47
27°C, 1기압 하에서 메탄가스 80g이 차지하는 부피는 약 몇 L인가?

① 112   ② 123
③ 224   ④ 240

해설 $PV = \dfrac{WRT}{M}$

$V = \dfrac{WRT}{PM} = \dfrac{80 \times 0.082 \times (273 + 27)}{1 \times 16} = 123 L$

48
다음 중 보관시 유리를 사용할 수 없는 것은?

① HF   ② $NaHCO_3$
③ CH_3Br ④ CH_4

해설 **HF(불화수소)**는 반응성과 독성이 매우강하며 유리를 부식시키고 녹이는 성질이 있기에 보관시 유리를 사용할 수 없다.

49
고압가스용기를 내압 시험한 결과 전증가량은 400mL, 영구증가량은 20mL이었다. 영구증가율은 얼마인가?

① 1%   ② 3%
③ 5%   ④ 10%

해설 영구증가율 $= \dfrac{\text{영구증가량}}{\text{전증가량}} \times 100$ $\dfrac{20mL}{400mL} \times 100 = 5\%$

50 부취제 주입용기를 가스압으로 밸런스시켜 중력에 의해서 부취제를 가스 흐름 중에 주입하는 방식은?

① 펌프주입방식
② 적하주입방식
③ 미터연결바이패스방식
④ 위크증발식

[해설] ① **적하 주입 방식**: 부취제 주입용기를 가스압력으로 균형을 유지시켜 중력에 의해 떨어지게 하는 방식
② 미터연결 바이패스 방식: 가스 배관에 설치되어 있는 오리피스의 차압으로 바이패스 라인과 가스 유량을 변화시켜 가스 흐름 중에 주입하는 방식
③ 펌프 주입 방식: 소용량의 다이어프램 펌프 등으로 직접 주입, 규모 큰 부취 설비 적합
④ 위크 증발식: 석연(아스베스토)심을 통하여 부취제가 상승하고 여기에 가스가 접촉하는데 따라 부취제가 증발되어 부취

51 사용압력이 2MPa, 관의 인장강도가 20kg/mm²일 때의 스케줄번호는?(단, 안전율은 4로 한다)

① 10
② 20
③ 40
④ 80

[해설] $Sch\ No. = \dfrac{P}{S} \times 10 = \dfrac{2 \times 10}{\left(\dfrac{20}{4}\right)} \times 10 = 40$

여기서, S : 허용응력 = $\dfrac{인장강도}{안전율}$

52 공급가스인 천연가스 비중이 0.6이라 할 때 45m 높이의 아파트 옥상까지 압력손실은 약 몇 Pa인가?

① 177
② 228
③ 342
④ 461

[해설] $H = 1.293(1-S)h = 1.293 \times (1-0.6) \times 45 = 23.27 mmH_2O$
여기서, $1mmH_2O = 9.8Pa$ 이므로
$23.27 mmH_2O \times \dfrac{9.8Pa}{1mmH_2O} ≒ 228Pa$

정답 50 ② 51 ③ 52 ②

53

프로판가스 224L가 완전연소하면 약 몇 kcal의 열이 발생되는가?(단, 표준상태 기준이며 1mol 당 발열량은 530kcal이다)

① 530
② 2500
③ 5300
④ 6500

해설
$C_3H_8 + 5O_2 \rightarrow 3CO_2 + 4H_2O + 530\text{kcal/mol}$
22.4L   5×22.4L   3×22.4L   4×22.4L

∴ 22.4L = 530kcal/mol
   224L = x

$x = \dfrac{224L \times 530 kcal/mol}{22.4L} = 5,300$

54

가스의 연소시 수소성분의 연소에 의하여 수증기를 발생한다. 가스발열량의 표현식으로 옳은 것은?

① 총발열량= 진발열량 + 현열
② 총발열량= 진발열량 + 잠열
③ 총발열량= 진발열량 − 현열
④ 총발열량= 진발열량 − 잠열

해설
$H_l = H_h - 2.5(9H - W)$
$H_h = H_l + 2.5(9H + W)$

55

LP가스가 불완전 연소되는 원인으로 가장거리가 먼 것은?

① 공기 공급량 부족시
② 가스의 조성이 맞지 않을 때
③ 가스기구 및 연소기구가 맞지 않을 때
④ 산소공급이 과잉 일 때

해설 LP 가스 불완전연소의 원인
① 공기 공급량 부족시
② 가스 조성이 맞지 않을 때
③ 가스기구가 맞지 않을 때
④ 배기 및 환기 불충분시
⑤ 프레임의 냉각시

정답 53 ③ 54 ② 55 ④

56
2단감압조정기 사용시의 장점으로 틀린 것은?

① 공급압력이 일정하다.
② 용기교환주기의 폭을 넓힐 수 있다.
③ 중간배관이 가늘어도 된다.
④ 입상에 의한 압력손실을 보정 할 수 있다.

해설 2단 감압조정기 사용 시 장점
① 공급압력이 일정하다.
② 중간 배관이 가늘어도 된다.
③ 배관 입상에 의한 압력 강하 보정
④ 각 연소기구에 알맞은 압력으로 공급 가능

57
같은 조건일 때 액화시키기 쉬운 가스는?

① 수소
② 암모니아
③ 아세틸렌
④ 네온

해설 액화시키기 쉬운 가스
① <u>액화암모니아 : −33.3°C</u>
② 아세틸렌 : −84°C
③ 네온 : −249°C
④ 수소 : −253°C
비점이 낮을수록 액화가 어려움

58
양정이 90m, 유량이 90m³/h인 송수펌프의 소요 동력은 약 몇 kW인가?(단, 펌프의 효율은 60%이다.)

① 31.6
② 36.8
③ 45.8
④ 55.5

해설 소요동력 $= \dfrac{r \times Q \times H}{102 \times E \times 3{,}600} = \dfrac{1{,}000 \times 90 \times 90}{102 \times 0.6 \times 3{,}600} ≒ 36.8\,kW$

정답 56 ② 57 ② 58 ②

59 재료가 일정온도 이상에서 응력이 작용할 때 시간이 경과함에 따라 변형이 증대되고 때로는 파괴되는 현상을 무엇이라 하는가?
① 피로
② 에로션
③ 탄성변형
④ 크리프

해설 → 크리프현상 : 재료가 일정온도 이상에서 응력이 작용할 때 시간이 경과함에 따라 변형이 증대되고 때로는 파괴되는 현상

60 저압가스 수송배관의 유량공식에 대한 설명으로 틀린 것은?
① 관내경의 5승에 비례 한다.
② 가스비중에 반비례 한다.
③ 배관길이에 비례 한다.
④ 허용압력 손실에 비례 한다.

해설 → $Q = K\sqrt{\dfrac{D^5 \cdot h}{S \cdot L}}$

여기서, Q : 유량 K : 유량계수 D : 관의 내경 h : 압력손실 S : 가스의 비중 L : 관의 길이
① 관의 내경 5승에 비례한다.
② 허용압력손실에 비례한다.
③ 가스비중에 반비례한다.
④ **관의 길이에 반비례한다.**
⑤ 유량계수에 비례한다.

정답 59 ④   60 ③

이러닝 강의 및 교재내용 문의

올배움 홈페이지 www.kisa.co.kr 에
방문하시면 본 교재의 저자직강 강의를 통하여
자격증 단기합격을 할 수 있습니다.
또한 본 교재의 정오표는
올배움 홈페이지를 통해 확인이 가능하며
그 밖의 다른 의견 및 오탈자를 제보해주시면
더 좋은 강의와 교재로 보답하겠습니다.

www.kisa.co.kr

1544-8509   카톡 ID : kisa

올배움BOOK
홈페이지
바로가기 >

가스기능사 필기

1판 1쇄 발행 2018년 02월 25일	2판 1쇄 발행 2019년 03월 30일
3판 1쇄 발행 2020년 01월 20일	4판 1쇄 발행 2021년 01월 10일
5판 1쇄 발행 2022년 01월 10일	6판 1쇄 발행 2023년 01월 10일
7판 1쇄 발행 2024년 01월 10일	8판 1쇄 발행 2025년 03월 10일
9판 1쇄 발행 2026년 01월 10일	

지 은 이 • 최 갑 규
펴 낸 이 • 이 정 훈
펴 낸 곳 •
주   소 • 서울시 금천구 가산디지털1로 168 B동 B105(가산동, 우림라이온스밸리)
전   화 • 1544-8509 / FAX 0505-909-0777
홈페이지 • www.kisa.co.kr

법인등록번호 • 110111-5784750
I S B N • 979-11-6517-193-3 (13530)

정가 27,000원

이 책에서 내용의 일부 또는 도해를 다음과 같은 행위자들이 사전 승인없이 인용할 경우에는
저작권법 제93조 「손해배상청구권」에 적용 받습니다.
① 단순히 공부할 목적으로 부분 또는 전체를 복제하여 사용하는 학생 또는 복사업자
② 공공기관 및 사설교육기관(학원, 인정직업학교), 단체 등에서 영리를 목적으로 복제·배포
 하는 대표, 또는 당해 교육자
③ 디스크 복사 및 기타 정보 재생 시스템을 이용하여 사용하는 자

※ 파본은 구입하신 서점에서 교환해 드립니다.